现代化学基础丛书·典藏版 28

荧光分析法

（第三版）

许金钧 王尊本 主编

科学出版社
北京

内 容 简 介

本书对荧光分析法作了较全面的介绍。阐述了荧光分析法的基本概念和原理、荧光与分子结构的关系、环境因素对荧光光谱和荧光强度的影响以及溶液荧光的猝灭；介绍了荧光仪器的组件、荧光光谱的校正和荧光仪器的灵敏度以及市场上常见仪器的性能；介绍了各种荧光分析方法，其中包括常规的荧光分析法、同步荧光分析法、三维荧光光谱分析法、时间分辨和相分辨荧光分析法、荧光偏振测定、低温荧光分析法、固体表面荧光分析法、动力学荧光分析法、空间分辨荧光分析技术、单分子荧光检测、荧光免疫分析法和导数荧光分析法等；对近 70 种元素和脂肪族、芳族、维生素、氨基酸、蛋白质、核酸、胺类、甾族、酶、辅酶、药物、毒物以及农药等有机化合物的荧光分析法作了简要的评述。

本书内容丰富，应用面广，可作为高等院校相关专业本科生和研究生的教材或教学参考书，也可供科研和生产部门的有关科学技术人员参考。

图书在版编目(CIP)数据

荧光分析法/许金钩，王尊本主编. —3 版. —北京：科学出版社，2006
ISBN 978-7-03-017295-2

Ⅰ.荧… Ⅱ.①许…②王… Ⅲ.荧光分析 Ⅳ.O657.32
中国版本图书馆 CIP 数据核字(2006)第 052462 号

责任编辑：黄 海 / 责任校对：张 琪
责任印制：赵 博 / 封面设计：陈 敬

科学出版社出版
北京东黄城根北街 16 号
邮政编码：100717
http://www.sciencep.com
三河市骏杰印刷有限公司印刷
科学出版社发行 各地新华书店经销
*
1975 年 4 月第 一 版 开本：B5(720×1000)
2006 年 7 月第 三 版 印张：30
2025 年 5 月第八次印刷 字数：588 000

定价：176.00 元
(如有印装质量问题，我社负责调换)

第三版前言

本书为《荧光分析法》的第三版，内容包括荧光分析法的基本原理、荧光分析方法和化合物的荧光分析等三个部分。自本书第二版于 1990 年出版后的十多年来，荧光分析法又有了长足的进步，尤其是在荧光分析方法及其应用方面又有了很大的进展。第三版系在第二版的基础上除个别章节外重新编写，增添了大量的内容和文献资料。

荧光分析法在生命科学、环境科学、材料科学、食品科学、公安情报以及工农业生产等诸多领域中的应用与日俱增，其原因在于荧光分析法具有灵敏度高、线性范围宽以及可供选择的参数多而有利于提高方法的选择性等优点。荧光分析法已经发展成为一种十分重要且有效的光谱化学分析手段，正在并将继续在有关的领域发挥其应有的作用。

与第二版相比，第三版在荧光分析方法部分增加了空间分辨荧光分析技术和单分子荧光检测等几章的内容。这些新方法和新技术进一步提高了荧光分析法的各方面性能，同时也扩展了荧光分析法的应用范围。其他方面的内容也做了一定的修改和补充。

在本书第三版出版之际，我们深切地怀念本书第一版和第二版的主编者、我们敬爱的导师陈国珍教授。陈国珍教授在创导和推进荧光分析法在我国的发展和应用方面作出了不懈的努力和很大的贡献。在筹备编写本书第三版时，他还与我们一起研究书稿的大纲，但终因病于 2000 年 2 月 2 日离开了我们，未能见到本书第三版的面世。

参加本书第三版编写工作的有许金钩、王尊本、李耀群、郭祥群、张勇、李庆阁、杨薇、朱庆枝和杨黄浩等同志。本专业方向的几位研究生在收集资料和制图等方面予以协助，谨表谢意。

由于水平所限，本版错误之处在所难免，望读者不吝指正。

编著者

2006 年春于厦门大学

第二版前言

本书为《荧光分析法》的第二版，内容仍包括基本原理、分析仪器、分析方法及无机化合物与有机化合物的测定方法等四部分。自从第一版于 1975 年出版以后，十余年来荧光分析法有长足的进步，尤其是在荧光分析仪器和荧光分析方法方面已有巨大的进展。第二版系在第一版的基础上重新编写，增添大量资料，以冀能包括最新发展内容。

荧光分析法在生物化学、医学、工业和化学研究中的应用与日俱增，其原因在于荧光分析法具有本身的高灵敏度的优点，且因荧光现象具有有利的时间标度。荧光发射发生在吸光之后约 10^{-8}s(10ns)，在此时间内会发生许多时间差异的分子过程，而这些过程会影响荧光化合物的光谱特征。据此建立的时间分辨荧光法和相分辨荧光法，对于复杂的多组分荧光体混合物的分析和许多生物化学现象的研究大有帮助。

有机化合物常因其荧光谱带宽阔、相互重叠而不易识别，自从发现在适当溶剂中和在低温条件下可呈现尖锐谱线的低温荧光法以及其后固体表面荧光法的建立，这方面的工作大有改善。

采用同步荧光法可使谱带众多的光谱简化和使谱带宽度窄化，以减小或消除谱带重叠现象，并可删除拉曼、瑞利散射光的干扰。同步荧光法与导数荧光法以及三维荧光技术的使用，可使复杂混合物的组分易于识别和测定。

免疫分析用于生物样品的分析，以往多采用放射免疫分析法。荧光免疫分析法既具有与放射免疫分析法同等的灵敏度，又免除了放射性的防护问题，近年来不断发展，颇有取代放射免疫分析之势。

偏振荧光法可用以测量分子膜的微黏度和生物分子间的缔合反应等，对于生物化学方面的研究工作颇有帮助。

动力学分析法与荧光检测手段结合而成的荧光动力学分析法，可使测定的灵敏度进一步提高，故亦常为分析工作者所采用。

上述各种新的荧光分析方法的发展实倚赖于荧光分析仪器的改进，这两者相互促进，相辅相成。氮分子、氩离子激光器及染料激光器等激发光源，激发光的调制器、偏振器，同步与导数设备，高灵敏度快速响应的光电倍增管与光二极管阵列等检测器以及电子计算机和光导纤维的采用，使荧光分析法蓬勃发展。

荧光分析法的灵敏度比分光光度法高约两个数量级，又具有荧光寿命、荧光量子产率、激发峰波长、发射峰波长等多种参数，因而有较好的选择性，且仪器设备亦不复杂、昂贵，近年来已为地质、冶金、化工、环保、医学、生物、化学等方面所采用，实有良好的发展前途。

本书对荧光分析法的原理作系统的阐述，对荧光分析方法及分析仪器，尤其是十余年来的进展，作了较详细的介绍，对文献上发表的各种无机化合物和有机化合物的分析方法分别按元素和种类进行介绍。此外，由于磷光分析与荧光分析在方法原理和测定手段方面有许多相似之处，近年来磷光分析法也有很大发展，可与荧光分析法相互补充以扩大应用范围，故本书另辟专章对磷光分析法的发展与应用作一简要介绍。

作者们水平有限，错误之处希读者不吝指正。

作　者

1989 年春

目　　录

第二部分 荧光分析方法

第三部分　化合物的荧光分析

第一部分
荧光分析法的基本原理

第一章　荧光分析导论

§1.1　概　　述[1]

当紫外线照射到某些物质的时候，这些物质会发射出各种颜色和不同强度的可见光，而当紫外线停止照射时，所发射的光线也随之很快地消失，这种光线被称为荧光。

1575 年西班牙的内科医生和植物学家 N. Monardes 第一次记录了荧光现象。17 世纪，Boyle 和 Newton 等著名科学家再次观察到荧光现象，并给予了更详细的描述。尽管在 17 世纪和 18 世纪中还陆续发现了其他一些发荧光的材料和溶液，然而在荧光现象的解释方面却几乎没有什么进展。直到 1852 年 Stokes 在考察奎宁和叶绿素的荧光时，用分光计观察到其荧光的波长比入射光的波长稍长，才判明这种现象是这些物质在吸收光能后重新发射不同波长的光，而不是由光的漫射所引起的，从而导入了荧光是光发射的概念。他还由发荧光的矿物“萤石”推演而提出“荧光”这一术语。Stokes 还对荧光强度与浓度之间的关系进行了研究，描述了在高浓度时以及外来物质存在时的荧光猝灭现象。此外，他似乎还是第一个（1864 年）提出应用荧光作为分析手段的人。1867 年，Goppelsröder 进行了历史上首次的荧光分析工作，应用铝-桑色素配合物的荧光进行铝的测定。1880 年，Liebeman 提出了最早的关于荧光与化学结构关系的经验法则。到 19 世纪末，人们已经知道了包括荧光素、曙红、多环芳烃等 600 种以上的荧光化合物。

20 世纪以来，荧光现象被研究得更多了。例如，1905 年 Wood 发现了共振荧光；1914 年 Frank 和 Hertz 利用电子冲击发光进行定量研究；1922 年 Frank 和 Cario 发现了增感荧光；1924 年 Wawillow 进行了荧光产率的绝对测定；1926 年 Gaviola 进行了荧光寿命的直接测定等等。

荧光分析方法的发展，与仪器应用的发展是分不开的。19 世纪以前，荧光的观察是靠肉眼进行的，直到 1928 年，才由 Jette 和 West 研制出第一台光电荧光计。早期的光电荧光计的灵敏度是有限的，1939 年 Zworykin 和 Rajchman 发明光电倍增管以后，在增加灵敏度和容许使用分辨率更高的单色器等方面，是一个非常重要的阶段。1943 年 Dutton 和 Bailey 提出了一种荧光光谱的手工校正步骤，1948 年由 Studer 推出了第一台自动光谱校正装置，到 1952 年才出现商品化的校正光谱仪器。

近十几年来，在其他学科迅速发展的影响下，激光、微处理机、电子学、光导纤维和纳米材料等方面的一些新技术的引入，大大推动了荧光分析法在理论和应用方面的进展，促进了诸如同步荧光测定、导数荧光测定、时间分辨荧光测定、相分辨荧光测定、荧光偏振测定、荧光免疫测定、低温荧光测定、固体表面荧光测定、近红外荧光分析法、荧光反应速率法、三维荧光光谱技术、荧光显微与成像技术、空间分辨荧光技术、荧光探针技术、单分子荧光检测技术和荧光光纤化学传感器等荧光分析方面的某些新方法、新技术的发展，并且相应地加速了各式各样新型的荧光分析仪器的问世，使荧光分析法不断朝着高效、痕量、微观、实时、原位和自动化的方向发展，方法的灵敏度、准确度和选择性日益提高，方法的应用范围大大扩展，遍及工业、农业、生命科学、环境科学、材料科学、食品科学和公安情报等诸多领域。如今，荧光分析法已经发展成为一种十分重要且有效的光谱化学分析手段，并不断地有介绍其新方法、新技术、新应用和研究进展的专著出版[2~18]。

在我国，20 世纪 50 年代初期仅有极少数的分析化学工作者从事荧光分析方面的工作，但到了 70 年代后期，荧光分析法已引起国内分析界的广泛重视，在全国众多的分析化学工作者中，已逐步形成一支从事这一领域工作的队伍。而且，在除分析学科以外的其他科学领域里，应用荧光光谱法作为研究手段的也日益增多。近年来，国内发表的有关荧光分析方面的论文数量增长很快，所涉及的内容也已从经典的荧光分析法逐步扩展到新近发展起来的一些新方法和新技术。在仪器应用方面，也陆续有几种类型的国产的商品化荧光分光光度计问世，为这一分析方法的发展和普及提供了一定的物质条件。有了上述的基础，相信在今后一段时间内，在我国社会发展需要的推动下和广大分析化学工作者的共同努力下，荧光分析法必将在我国得到更迅速的发展。

§1.2　分子的激发与弛豫

物质在吸收入射光的过程中，光子的能量传递给了物质分子。分子被激发后，发生了电子从较低的能级到较高能级的跃迁。这一跃迁过程经历的时间约 10^{-15} s。跃迁所涉及的两个能级间的能量差，等于所吸收光子的能量。紫外、可见光区的光子能量较高，足以引起分子中的电子发生电子能级间的跃迁。处于这种激发状态的分子，称为电子激发态分子。

电子激发态的多重态用 $2S+1$ 表示，S 为电子自旋角动量量子数的代数和，其数值为 0 或 1。分子中同一轨道里所占据的两个电子必须具有相反的自旋方向，即自旋配对。假如分子中的全部电子都是自旋配对的，即 $S=0$，该分子便处于单重态（或称单线态），用符号 S 表示。大多数有机物分子的基态是处于单重态的。倘若分子吸收能量后电子在跃迁过程中不发生自旋方向的变化，这时分子处于激发的单重态；如果电子在跃迁过程中还伴随着自旋方向的改变，这时分子便具有两个自旋不配对的电子，即 $S=1$，分子处于激发的三重态（或称三线态），用符号 T 表示。符号 S_0、S_1 和 S_2 分别表示分子的基态、第一和第二电子激发单重态，T_1 和 T_2 则分别表示第一和第二电子激发三重态。

处于激发态的分子不稳定，它可能通过辐射跃迁和非辐射跃迁的衰变过程而返回基态。当然，激发态分子也可能经由分子间的作用过程而失活，这种过程将在第四章里加以讨论。

辐射跃迁的衰变过程伴随着光子的发射，即产生荧光或磷光；非辐射跃迁的衰变过程，包括振动松弛（VR）、内转化（ic）和系间窜越（isc），这些衰变过程导致激发能转化为热能传递给介质。振动松弛是指分子将多余的振动能量传递给介质而衰变到同一电子态的最低振动能级的过程。内转化指相同多重态的两个电子态间的非辐射跃迁过程（例如 $S_1 \rightsquigarrow S_0$，$T_2 \rightsquigarrow T_1$）；系间窜越则指不同多重态的两个电子态间的非辐射跃迁过程（例如 $S_1 \rightsquigarrow T_1$，$T_1 \rightsquigarrow S_0$）。图 1.1 为分子内所发生的激发过程以及辐射跃迁和非辐射跃迁衰变过程的示意图。

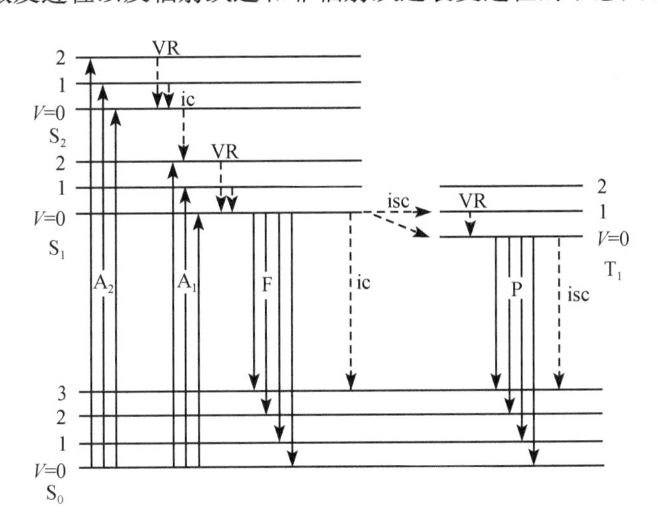

图 1.1　分子内的激发和衰变过程

A_1，A_2. 吸收；F. 荧光；P. 磷光；ic. 内转化；isc. 系间窜越；VR. 振动松弛

假如分子被激发到 S_2 以上的某个电子激发单重态的不同振动能级上，处于这种激发态的分子很快（约 $10^{-12} \sim 10^{-14}$ s）发生振动松弛而衰变到该电子态的最低振动能级，然后又经由内转化及振动松弛而衰变到 S_1 态的最低振动能

级。接着，有如下几种衰变到基态的途径：①$S_1 \rightarrow S_0$的辐射跃迁而发射荧光；②$S_1 \rightsquigarrow S_0$内转化；③$S_1 \rightsquigarrow T_1$系间窜越。而处于T_1态的最低振动能级的分子，则可能发生$T_1 \rightsquigarrow S_0$的辐射跃迁而发射磷光，也可能同时发生$T_1 \rightsquigarrow S_0$系间窜越。

激发单重态间的内转化速率很快（速率常数约为$10^{11} \sim 10^{13}\,s^{-1}$），$S_2$以上的激发单重态的寿命通常很短（$10^{-11} \sim 10^{-13}\,s$），因而除了极少数例外，通常在发生辐射跃迁之前便发生了非辐射跃迁而衰变到S_1态。所以，所观察到的荧光现象通常是自S_1态的最低振动能级的辐射跃迁。由于系间窜越是自旋禁阻的，因而其速率常数小得多（约为$10^2 \sim 10^6\,s^{-1}$）。

内转化和系间窜越过程的速率，与该过程所涉及的两个电子态的最低振动能级间的能量间隔有关；能量间隔越大，速率越小。S_0和S_1态两者的最低振动能级之间的能量差，通常远比其他相邻的两个激发单重态之间的能量差大，因而$S_1 \rightsquigarrow S_0$的内转化速率常数相对较小（约为$10^6 \sim 10^{12}\,s^{-1}$）。类似地，$T_1 \rightsquigarrow S_0$的系间窜越速率常数也较小（约为$10^2 \sim 10^5\,s^{-1}$）。

§1.3 分子发光的类型

分子发光的类型，可按激发模式即提供激发能的方式来分类，也可按分子激发态的类型加以分类。

按激发的模式分类时，如分子通过吸收辐射能而被激发，所产生的发光称为光致发光；如果分子的激发能量是由反应的化学能或由生物体释放出来的能量所提供，其发光分别称为化学发光或生物发光。此外，还有热致发光、场致发光和摩擦发光等。本书所讨论的内容，仅涉及光致发光的有关问题。

按分子激发态的类型分类时，由第一电子激发单重态所产生的辐射跃迁而伴随的发光现象称为荧光；而由最低的电子激发三重态发生的辐射跃迁所伴随的发光现象则称为磷光。应当指出的是，荧光和磷光之间并不总是能够很清楚地加以区分，例如某些过渡金属离子与有机配体的配合物，显示了单-三重态的混合态，它们的发光寿命可以处于400ns～数μs之间。

荧光可分为瞬时（prompt）荧光（即一般所指的荧光）和迟滞（delayed）荧光。瞬时荧光是由激发过程最初生成的S_1激发态分子或S_1激发态分子与基态分子形成的激发态二聚体（excimer）所产生的发射。这两种过程可分别表示如下：

$$S_1 \longrightarrow S_0 + h\nu$$

$$S_1 + S_0 \rightleftharpoons (S_1 \cdot S_0)^* \longrightarrow 2S_0 + h\nu$$

这两种过程所产生的荧光现象有所差别，后者的荧光光谱相对红移，且缺乏结构特征。某些物质在浓度较高的溶液中，可能观察到激发态二聚体的荧光现象。

偶尔在刚性的或黏稠的介质中，可以观察到磷光和迟滞荧光的现象。迟滞荧光发射的谱带波长与瞬时荧光的谱带波长相符，但其寿命却与磷光相似。迟滞荧光有以下三种类型：

(1) E-型迟滞荧光　它是由处于 T_1 态的分子经热活化后处于 S_1 态，然后自 S_1 态经历辐射跃迁而发射荧光。在这种情况下，单重态与三重态的布居是处于热平衡的，因而 E-型迟滞荧光的寿命与所伴随的磷光的寿命相同。该过程可简单表示如下：

$$T_1 \xrightarrow{\text{热活化}} S_1 \longrightarrow S_0 + h\nu$$

(2) P-型迟滞荧光　这种类型的荧光，是由两个处于 T_1 态的分子相互作用（这种过程称为“三重态-三重态粒子湮没”），产生一个 S_1 态分子，再由 S_1 态发射的荧光。其过程可表示如下：

$$T_1 + T_1 \longrightarrow S_1 + S_0$$
$$S_1 \longrightarrow S_0 + h\nu$$

(3) 复合荧光（recombination fluorescence）　这种荧光，其 S_1 态的布居是由自由基离子和电子复合或具有相反电荷的两个自由基离子复合而产生的。

从比较荧光与激发光的波长这一角度出发，荧光又可分为斯托克斯(Stokes) 荧光、反斯托克斯荧光以及共振荧光。斯托克斯荧光的波长比激发光的长，反斯托克斯荧光的波长则比激发光的短，而共振荧光具有与激发光相同的波长。在溶液中观察到的通常是斯托克斯荧光。

由荧光在电磁辐射中所处的波段范围，又有 X 射线荧光、紫外荧光、可见荧光和红外荧光之分。

§1.4　荧光的激发光谱和发射光谱

既然荧光是一种光致发光现象，那么，由于分子对光的选择性吸收，不同波长的入射光便具有不同的激发效率。如果固定荧光的发射波长（即测定波长）而不断改变激发光（即入射光）的波长，并记录相应的荧光强度，所得到的荧光强度对激发波长的谱图称为荧光的激发光谱（简称激发光谱）。如果使激发光的波长和强度保持不变，而不断改变荧光的测定波长（即发射波长）并记录相应的荧光强度，所得到的荧光强度对发射波长的谱图则为荧光的发射光谱（简称发射光谱）。激发光谱反映了在某一固定的发射波长下所测量的荧光强度对激发波长的依赖关系；发射光谱反映了在某一固定的激发波长下所测量的荧光的波长分布。

激发光谱和发射光谱可用以鉴别荧光物质，并可作为进行荧光测定时选择合适的激发波长和测定波长的依据。

由于荧光测量仪器的特性，如光源的能量分布、单色器的透射率和检测器的敏感度都随波长而改变，因而一般情况下测得的激发光谱和发射光谱，皆为表观的光谱。同一份荧光化合物的溶液，在不同的荧光测量仪器上所测得的表观光谱，彼此间往往有所差异。只有对上述仪器特性的波长因素加以校正之后，所获得的校正光谱（或称真实光谱）才可能是彼此一致的。

某种化合物的荧光激发光谱的形状，理论上应与其吸收光谱的形状相同，然而由于上述仪器特性的波长因素，表观激发光谱的形状与吸收光谱的形状大都有所差异，只有校正的激发光谱才与吸收光谱非常相近。在化合物的浓度足够小，对不同波长激发光的吸收正比于其吸光系数，且荧光的量子产率与激发波长无关的条件下，校正的激发光谱在形状上将与吸收光谱相同。

化合物溶液的发射光谱通常具有如下特征。

§1.4.1 斯托克斯位移

在溶液的荧光光谱中，所观察到的荧光的波长总是大于激发光的波长。斯托克斯在 1852 年首次观察到这种波长移动的现象，因而称为斯托克斯位移。

斯托克斯位移说明了在激发与发射之间存在着一定的能量损失。如前所述，激发态分子在发射荧光之前，很快经历了振动松弛或/和内转化的过程而损失部分激发能，致使发射相对于激发有一定的能量损失，这是产生斯托克斯位移的主要原因。其次，辐射跃迁可能只使激发态分子衰变到基态的不同振动能级，然后通过振动松弛进一步损失振动能量，这也导致了斯托克斯位移。此外，溶剂效应以及激发态分子所发生的反应，也将进一步加大斯托克斯位移现象。

应当提及的是，在以激光为光源双光子吸收的情况下，会出现荧光测定波长（发射波长）比激发波长来得短的现象。

§1.4.2 发射光谱的形状通常与激发波长无关

虽然分子的吸收光谱可能含有几个吸收带，但其发射光谱却通常只含有一个发射带。绝大多数情况下即使分子被激发到 S_2 电子态以上的不同振动能级，然而由于内转化和振动松弛的速率是那样的快，以致很快地丧失多余的能量而衰变到 S_1 态的最低振动能级，然后发射荧光，因而其发射光谱通常只含一个发射带，且发射光谱的形状与激发波长无关，只与基态中振动能级的分布情况以及各振动带的跃迁概率有关。

不过也有例外，例如薁，由于其 S_1 与 S_2 两个电子态之间的能量间隔比一般分子来得大，因而它可能由 S_2 和 S_1 电子态发生荧光。又如某些荧光体具有两个电离态，而每个电离态显示不同的吸收和发射光谱。

在 pH～9 的吖啶的甲醇溶液中，若以 313nm 或 365nm 光激发时，观察到的是通常的荧光光谱。然而，若以 385、405 或 436nm 光激发时，便会观察到光谱的突然红移，形状也有改变，该荧光光谱则是相应于吖啶阳离子的发射。这种现象被称为边缘激发红移（edge excitation red-shift，简称 EERS）现象，且被认为是与激发态的质子迁移反应有关。

§1.4.3　与吸收光谱呈镜像关系

图 1.2 分别表示苝的苯溶液和硫酸奎宁的稀硫酸溶液的吸收光谱和荧光发射光谱。可以看出，它们的荧光发射光谱与它们的吸收光谱之间存在着“镜像对称”关系。

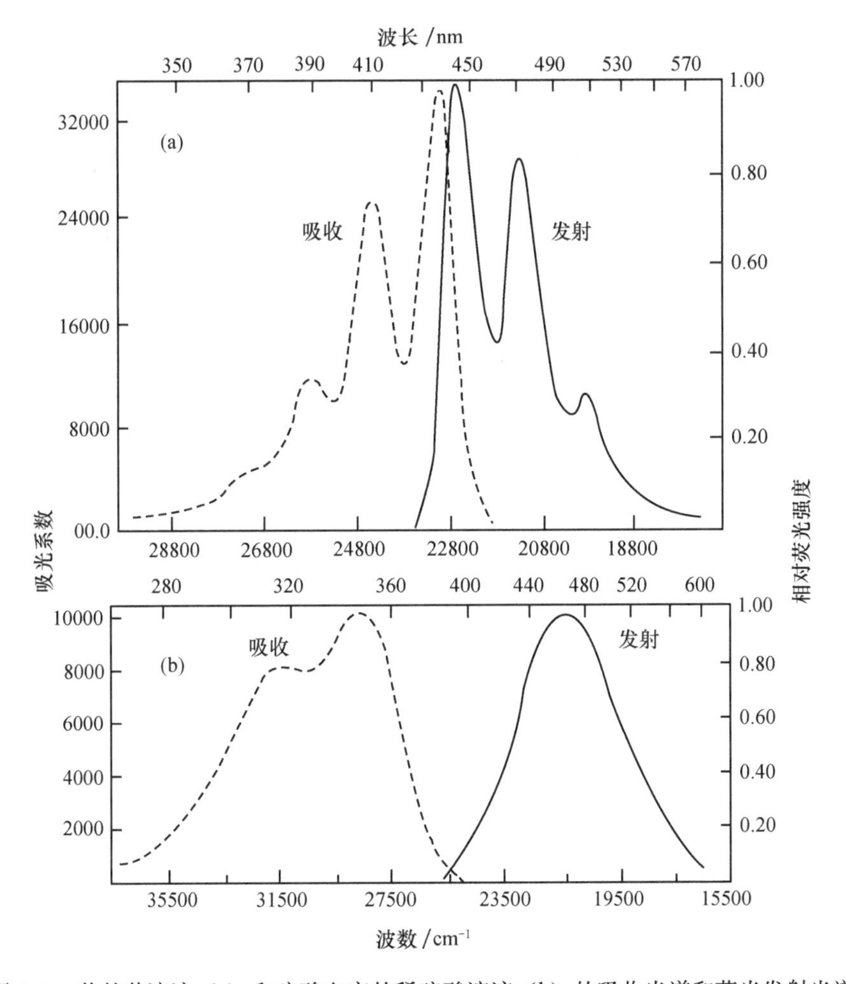

图 1.2　苝的苯溶液（a）和硫酸奎宁的稀硫酸溶液（b）的吸收光谱和荧光发射光谱

为何发射光谱与吸收光谱的第一吸收带之间呈“镜像对称”？这是因为荧光发射通常是由处于第一电子激发单重态最低振动能级的激发态分子的辐射跃迁而产生的，所以发射光谱的形状与基态中振动能级间的能量间隔情况有关。吸收光谱中的第一吸收带是由于基态分子被激发到第一电子激发单重态的各个不同振动能级而引起的，而基态分子通常是处于最低振动能级的，因而第一吸收带的形状与第一电子激发单重态中振动能级的分布情况有关。一般情况下，基态和第一电子激发单重态中振动能级间的能量间隔情况彼此相似。此外，根据 Frank-Condon 原理可知，如吸收光谱中某一振动带的跃迁概率大，则在发射光谱中该振动带的跃迁概率也大。由于上述两个原因，荧光发射光谱与吸收光谱的第一吸收带两者之间呈现“镜像对称”关系。

吸收光谱与发射光谱必须以适当的单位加以表示时，两者之间才会出现严格的镜像对称关系。当用 $\varepsilon(\nu) \sim \nu$ 和 $F(\nu) \sim \nu^3$ 分别表示吸收光谱和发射光谱时，吸收光谱与发射光谱之间存在着最密切的镜像对称关系。$\varepsilon(\nu)$ 表示在波数 ν 的吸光系数，$F(\nu)$ 表示在波数增量（$\Delta\nu$）范围内的相对光子通量。

从图 1.2 中还可以看出，虽然吸收光谱与发射光谱中 0-0 振动带具有相同的能量，但两者的峰波长并不重合，发射光谱的 0-0 带略向长波方向移动。其原因是激发态的电子分布不同于基态，从而它们的永久偶极矩和极化率也有所不同，因而两者的溶剂化程度也有差异。室温下，溶液中的溶剂分子在吸光过程中来不及重新取向，因此分子在激发后的瞬间仍是处于一种比平衡条件下具有稍高能量的溶剂化状态。在荧光发射之前，分子将有时间松弛到能量较低的平衡构型。荧光发射后的瞬间，返回基态的分子的溶剂化状态还是处于能量稍高的非平衡构型，最后又松弛到基态的平衡构型。这一过程用图 1.3 表示，可以看出，虽然都为 0-0 跃迁，但光吸收过程所需的能量略高于光发射过程所释放的能量。两者的能量差在松弛过程中以热的形式传递给溶剂。

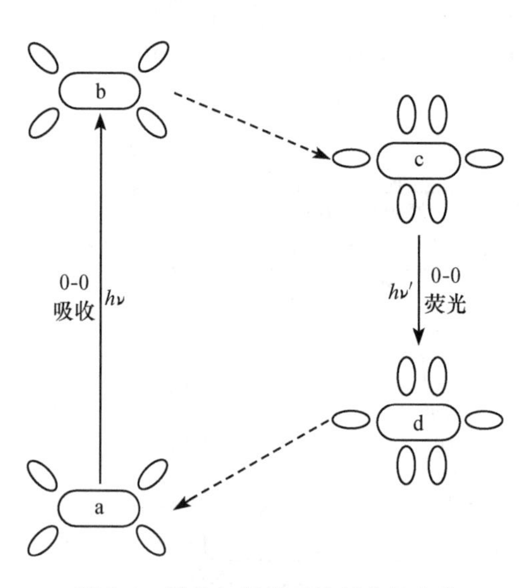

图 1.3　激发与发射后溶剂化的变化

a，c. 分别代表稳定的基态构型和激发态构型；
b，d. 分别代表不稳定的激发态构型和基态构型

应用镜像对称规则，可以帮助判别某个吸收带究竟是属于第一吸收带中的另一振动带，还是更高电子态的吸收带。根据镜像对称规则，如不是吸收光谱镜像对称的荧光峰出现，表示有散射光或杂质存在。

诚然，也存在少数偏离镜像对称规则的现象，究其原因，或是由于激发态时核的几何构型与基态时不同，或是由于在激发态时发生了质子转移反应或形成激发态二聚体（或激发态复合物）等而引起的。

§1.5 荧光寿命和荧光量子产率

荧光寿命和荧光量子产率是荧光物质的重要发光参数。荧光寿命（τ）定义为当激发光切断后荧光强度衰减至原强度的 1/e 所经历的时间。它表示了荧光分子的 S_1 激发态的平均寿命。

$$\tau = 1/\left(k_f + \sum K\right) \tag{1.1}$$

式中：k_f表示荧光发射的速率常数；$\sum K$ 代表各种分子内的非辐射衰变过程的速率常数的总和。

荧光发射是一种随机的过程，只有少数激发态分子才是在 $t=\tau$ 的时刻发射光子的。荧光的衰变通常属于单指数衰变过程，这意味着在 $t=\tau$ 之前有 63%的激发态分子已经衰变了，37%的激发态分子则在 $t>\tau$ 的时刻衰变。

激发态的平均寿命与跃迁概率有关，两者的关系可大致表示为

$$\tau \approx 10^{-5}/\varepsilon_{max} \tag{1.2}$$

式中：ε_{max}为最大吸收波长下的摩尔吸光系数（单位以 m^2/mol 表示）。$S_0 \rightarrow S_1$是许可的跃迁，一般情况下 ε 值约为 10^3，因而荧光的寿命大致为 10^{-8}s；$S_0 \rightarrow T_1$的跃迁是自旋禁阻的，ε 值约为 10^{-3}，因而磷光的寿命大致为 10^{-2}s。

没有非辐射衰变过程存在的情况下，荧光分子的寿命称为内在的寿命（intrinsic lifetime），用 τ_0 表示

$$\tau_0 = 1/k_f \tag{1.3}$$

荧光强度的衰变，通常遵从以下方程式

$$\ln I_0 - \ln I_t = t/\tau \tag{1.4}$$

式中：I_0与 I_t分别表示 $t=0$ 和 $t=t$ 时刻的荧光强度。如果通过实验测量出不同时刻所相应的 I_t值，并作出 $\ln I_t \sim t$ 的关系曲线，由所得直线的斜率便可计算荧光寿命值。

荧光量子产率（Y_f）定义为荧光物质吸光后所发射的荧光的光子数与所吸收的激发光的光子数之比值。由于激发态分子的衰变过程包含辐射跃迁和非辐射跃迁，故荧光量子产率也可表示为

$$Y_f = k_f/(k_f + \sum K) \tag{1.5}$$

可见荧光量子产率的大小取决于荧光发射过程与非辐射跃迁过程的竞争结果。假如非辐射跃迁的速率远小于辐射跃迁的速率，即 $\sum K \ll k_f$，Y_f的数值便接近于

1。通常情况下，Y_f的数值总是小于1。Y_f的数值越大，化合物的荧光越强。荧光量子产率的数值大小，主要决定于化合物的结构与性质，同时也与化合物所处的环境因素有关。

除荧光量子产率外，在以往的著作中也曾出现“荧光的能量产率”和“荧光量子效率”等术语，并且不加区别地应用。文献上分别给后两个术语以不同的定义。荧光的能量产率用Y_{ef}表示，定义为荧光所发射的能量与所吸收的能量的比值。由于存在斯托克斯位移现象，荧光的能量产率也总是小于1。荧光量子效率用η_F表示，定义为处于发射荧光的激发电子态的分子百分数。

荧光量子产率的数值，有多种测定方法，这里仅介绍参比的方法。这种方法是通过比较待测荧光物质和已知荧光量子产率的参比荧光物质两者的稀溶液在同样激发条件下所测得的积分荧光强度（即校正的发射光谱所包括的面积）和对该激发波长入射光的吸光度而加以测量的。测量结果按下式计算待测荧光物质的荧光量子产率，

$$Y_u = Y_s \cdot \frac{F_u}{F_s} \cdot \frac{A_s}{A_u} \tag{1.6}$$

式中：Y_u、F_u和A_u分别表示待测物质的荧光量子产率、积分荧光强度和吸光度；Y_s、F_s和A_s分别表示参比物质的荧光量子产率、积分荧光强度和吸光度。

有分析应用价值的荧光化合物，其荧光量子产率的数值通常处于0.1～1之间。

任何能影响激发态分子的光物理过程的速率常数的因素，都将使荧光的寿命和量子产率发生变化。例如，随着温度的升高，由于增大非辐射跃迁过程的速率常数，从而使荧光的寿命和量子产率下降；具有重原子或非键电子的分子，通常具有较高的$S_1 \rightsquigarrow T_1$系间窜越的速率常数，从而使荧光的寿命缩短，量子产率下降。

§1.6 荧光强度与溶液浓度的关系

荧光既然是物质在吸光之后所发射的辐射，因而溶液的荧光强度（I_f）应与该溶液吸收的光强度（I_a）及该物质的荧光量子产率（Y_f）有关，即

$$I_f = Y_f I_a \tag{1.7}$$

而吸收的光强度等于入射的光强度（I_0）减去透射的光强度（I_t），于是

$$I_f = Y_f(I_0 - I_t) = Y_f I_0(1 - I_t/I_0) \tag{1.8}$$

从比尔-朗伯定律可知$I_t/I_0 = e^{-abc}$，因此

$$I_f = Y_f I_0(1 - e^{-abc}) \tag{1.9}$$

而e^{-abc}可以表示为

$$e^{-abc} = 1 - abc + (abc)^2/2! - (abc)^3/3! + (abc)^4/4! + \cdots \tag{1.10}$$

当abc非常小（≪0.05）时，$e^{-abc} \approx 1 - abc$，代入式（1.9）后得

$$I_f = Y_f I_0 abc \tag{1.11}$$

当用摩尔吸光系数 ε 代替 a 时，

$$I_f = 2.303 Y_f I_0 \varepsilon bc \tag{1.12}$$

由式（1.12）可以知道，对于某种荧光物质的稀溶液，在一定的频率及强度的激发光照射下，当溶液的浓度足够小使得对激发光的吸光度很低时，所测溶液的荧光强度才与该荧光物质的浓度成正比。然而，如果 $\varepsilon bc \geqslant 0.05$ 时，则荧光强度和溶液的浓度不呈线性关系，此时应考虑幂级数中的二次方甚至三次方项。

随着溶液浓度的进一步增大，将会出现荧光强度不仅不随溶液浓度线性增大，甚至随着浓度的增大而下降的现象，这是由浓度效应而导致的。这种浓度效应可能由以下几方面的原因造成的。

第一方面的原因是内滤效应。当溶液浓度过高时，溶液中杂质对入射光的吸收作用增大，相当于降低了激发光的强度。另一方面，浓度过高时，入射光被液池前部的荧光物质强烈吸收后，处于液池中、后部的荧光物质，则因受到的入射光大大减弱而使荧光强度大大下降；而仪器的探测窗口通常是对准液池中部的，从而导致了所检测到的荧光强度大大下降。

其次，在较高浓度的溶液中，可能发生溶质间的相互作用，产生荧光物质的激发态分子与其基态分子的二聚物（excimer）或与其他溶质分子的复合物（exciplex），从而导致荧光光谱的改变和/或荧光强度的下降。当浓度更大时，甚至会形成荧光物质的基态分子聚集体，导致荧光强度更严重地下降。

假如荧光物质的发射光谱与其吸收光谱呈现重叠，便可能发生所发射的荧光被部分再吸收的现象，导致荧光强度下降。溶液的浓度增大时会促使再吸收的现象加剧。

§1.7　散射光对荧光分析的影响

在测量溶液的荧光强度时，通常应注意溶剂的散射光（瑞利散射和拉曼散射）、胶粒的散射光（丁铎尔效应）以及容器表面的散射光的影响问题。上述几种散射光除拉曼散射外均具有与激发光相同的波长。拉曼散射光的波长与激发波长不同，通常要比激发波长稍长一些，且随激发波长的改变而改变，但与激发波长维持一定的频率差。

图 1.4 为奎宁的 0.05mol/L 硫酸溶液在 320nm 激发波长下所观测到的荧光光谱。谱图中 320nm 的峰为瑞利散射和丁铎尔散射，360nm 的峰为溶剂的拉曼散射，450nm 的峰才是奎宁硫酸盐的荧光峰，而 640nm 和 720nm 的峰则分别为二级瑞利散射与丁铎尔散射和二级拉曼散射。除荧光峰外，其他由散射光引起的峰都将在空白试验中出现。

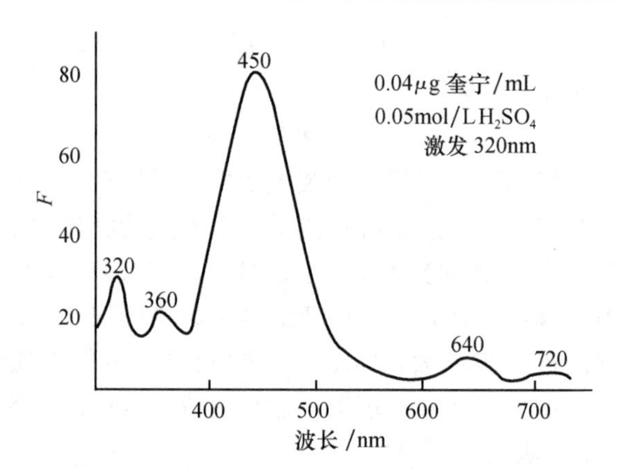

图 1.4　奎宁硫酸盐溶液的荧光光谱

拉曼光发生的时间比荧光发生的时间约快 10^7 倍，但其强度很弱，仅及荧光强度的数千分之一。如上所述，拉曼光没有固定的波长，其波长随激发波长的改变而改变，但拉曼光的频率与激发光的频率却有一定的差值。如将某些双原子分子的主拉曼线和激发光的频率差值，与这些分子的近红外光谱的主吸收谱带的频率相比较，两者数值相当符合，足见主拉曼线的形成是由于分子和光子相互作用时振动能级跃迁的结果。在主拉曼线左右的弱拉曼线，是由于分子和光子相互作用时转动能级发生跃迁的结果。拉曼谱线与激发线的频率差值是分子的振动能级与转动能级跃迁的结果，是分子及分子中各种基团和键的特性。因此，拉曼谱线常用于分子结构的研究。

拉曼光的频率与激发光的频率之间的差值既然相当于分子的振动-转动频率，因此，对于某一给定的物质，频率差值或波数差值是固定的常数值，和激发光的频率无关。例如水在不同的汞射线的照射之下，它的拉曼光的频率随激发光的频率而异，但波数的差值却保持在 0.335～0.340μm^{-1}。

由图 1.5 可看出水溶剂的拉曼光对奎宁硫酸盐溶液的荧光的干扰情况。用 365nm 射线为激发光时，水溶剂的拉曼光的波长是 416nm。在测绘浓度为 0.1μg/mL 的奎宁硫酸盐溶液的荧光光谱时，因仪器的灵敏度调得不高，溶剂的拉曼光的干扰还不大明显，但在测绘浓度为 0.01μg/mL 的溶液的荧光光谱时，因需调高仪器的灵敏度，这时候拉曼光的强度随之加大，它的峰高甚至高过奎宁硫酸盐的荧光峰，干扰相当严重。

散射光的干扰常是提高荧光分析灵敏度的主要限制因素，因而实际工作中要注意加以克服。选择适当的激发波长和测定波长，可以大大降低或排除散射光的影响。在测量微弱的荧光强度时，常要加大狭缝宽度以获得足够的荧光强度测量值，但狭缝加大后散射光的影响也将加大，因而实际测定时应选择合适的狭缝宽

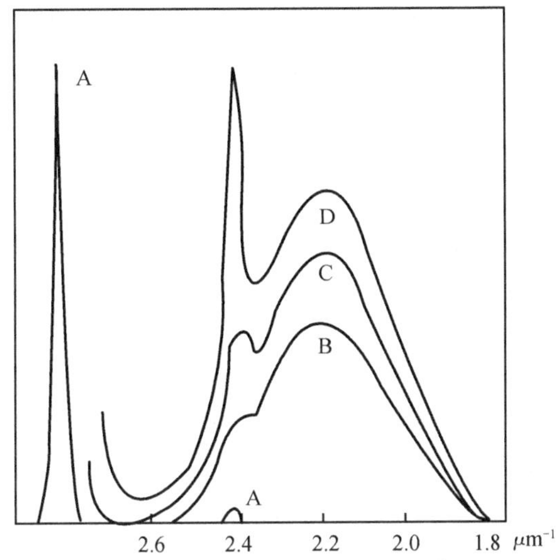

图 1.5　硫酸奎宁的荧光光谱受水溶剂的拉曼光的干扰

A. 水溶剂的拉曼光，低灵敏度；B. 0.1μg/mL 溶液，低灵敏度；C. 0.033μg/mL 溶液，较高灵敏度；D. 0.01μg/mL 溶液，更高灵敏度

度。通过空白测定，亦可对散射光的影响进行校正。

§1.8　荧光分析法的灵敏度和选择性

荧光分析法之所以发展如此迅速，应用日益广泛，其原因之一是荧光分析法具有很高的灵敏度。在微量物质的各种分析方法中，应用最为广泛的至今仍首推比色法和分光光度法。但在方法的灵敏度方面，荧光分析法的灵敏度一般要比这两种方法高 2～3 个数量级。在吸收光度法中，是由吸光度的数值来测定试样溶液中吸光物质的含量，而吸光度的数值则决定于溶液的浓度、光程的长度和该吸光物质的摩尔吸光系数，几乎与入射光的强度无关。在荧光分析中，是由所测得的荧光强度来测定试样溶液中荧光物质的含量，而荧光强度的测量值不仅和被测溶液中荧光物质的本性及其浓度有关，而且与激发光的波长和强度以及荧光检测器的灵敏度有关。加大激发光的强度，可以增大荧光强度，从而提高分析的灵敏度。不过对于光敏物质来说，激发光强度的增大程度应有所限制，否则会加大荧光物质的光解作用。随着现代电子技术的发展，对于微弱光信号检测的灵敏度已大大提高，因此荧光分析的灵敏度一般都高于吸收光度法。荧光分析的灵敏度常可达亿分之几，目前，在与毛细管电泳分离技术结合、采用激光诱导荧光检测法时，已能接近或达到单分子检测的水平[19]。荧光分析的另一个优点是选择性高。这主要是指有机化合物的分析而言。吸光物质由于内在本质的差别，不一定都会发荧光，况且，发荧光的物质彼此之间在激发波长和发射波长方面可能有所差异，因而通过选择适当的激发波长和荧光测定波长，便可能达到选择性测定的目的。此外，由于荧光的特性参数较多，除量子产率、激发与发射波长之外，还有荧光寿命、荧光偏振等。因此，还可以通过采用同步扫描、导数光谱、三维光谱、时间分辨和相分辨等一些荧光测定的新技术，以进一步提高测定的选择性。

至于金属离子的荧光分析法，其选择性并不高，这是由于许多金属离子常与同一有机试剂组成结构相近的配合物，而这些配合物的荧光发射波长又极为靠近的缘故。

除灵敏度高和选择性好之外，动态线性范围宽，方法简便，重现性好，取样量少，仪器设备不复杂等等，也是荧光分析法的优点。

当然，荧光分析法也有其不足之处。由于不少物质本身不发荧光，不能进行直接的荧光测定，从而妨碍了荧光分析应用范围的扩展。因此，对于荧光的产生与化合物结构的关系还需要进行更深入的研究，以便合成为数更多的灵敏度高、选择性好的新荧光试剂，使荧光分析的应用范围进一步扩大。

§1.9 荧光表征

荧光光谱分析法除了可以用作组分的定性检测和定量测定的手段之外，还被广泛地作为一种表征技术应用于表征所研究体系的物理、化学性质及其变化情况。例如，在生命科学领域的研究中，人们经常可以利用荧光检测的手段，通过检测某种荧光特性参数（如荧光的波长、强度、偏振和寿命）的变化情况来表征生物大分子在性质和构象上的变化。

许多化合物由于本身具有大的共轭体系和刚性的平面结构，因而具有能发射荧光的内在本质，我们称这些化合物为荧光化合物。在某些所要研究的体系中，由于体系自身含有这种荧光团（或称荧光体，fluorophore）而具有内源荧光，人们就可以利用其内源荧光，通过检测某种荧光特性参数的变化，对该体系的某些性质加以研究。例如，由于蛋白质分子中含有色氨酸、酪氨酸和苯丙氨酸等残基，因而具有内源荧光，我们就可能利用蛋白质的内源荧光性质，应用荧光光谱法对蛋白质的结构与性质方面加以研究。然而，如果所要研究的体系本身不含有荧光团而不具有内源荧光，或者其内源荧光性质很弱，这时候就必需在体系中外加一种荧光化合物即所谓荧光探针，再通过测量荧光探针的荧光特性的变化来对该体系加以研究。例如我们要检测体系的 pH（或极性或黏度），便可以将对 pH（或极性或黏度）敏感的荧光探针加入到体系中，然后通过对荧光探针的荧光特性的检测，求得体系的 pH（或极性或黏度），或通过探针的荧光特性的变化来表征体系的 pH（或极性或黏度）的变化情况。

参考文献

[1] 陈国珍等. 荧光分析法. 第二版. 北京：科学出版社，1990：1～3.
[2] Wehry E. L. Ed. Modern Fluorescence Spectroscopy. Vol. 1. New York：Plenum Press，1976.
[3] Wehry E. L. Ed. Modern Fluorescence Spectroscopy. Vol. 2. New York：Plenum Press，1976.
[4] Wehry E. L. Ed. Modern Fluorescence Spectroscopy. Vol. 3. New York：Plenum Press，1981.
[5] Wehry E. L. Ed. Modern Fluorescence Spectroscopy. Vol. 4. New York：Plenum Press，1981.
[6] Lakowicz J. R. Principles of Fluorescence Spectroscopy. New York：Plenum Press，1983.
[7] Lakowicz J. R. Principles of Fluorescence Spectroscopy. 2nd ed. New York：Plenum Press，1999.
[8] Lakowicz J. R. Ed. Topics in Fluorescence Spectroscopy：Techniques. Vol. 1. New York：Plenum Press，1991.
[9] Lakowicz J. R. Ed. Topics in Fluorescence Spectroscopy：Principles. Vol. 2. New York：Plenum Press，1991.
[10] Lakowicz J. R. Ed. Topics in Fluorescence Spectroscopy：Biochemical Applications. Vol. 3. New York：Plenum Press，1992.
[11] Lakowicz J. R. Ed. Topics in Fluorescence Spectroscopy：Probe Design and Chemical Sensing. Vol. 4. New York：Plenum Press，1994.
[12] Lakowicz J. R. Ed. Topics in Fluorescence Spectroscopy：Nonlinear and Two-Photon-Induced Fluorescence. Vol. 5. New York：Plenum Press，1997.
[13] Schulman S. G. Ed. Molecular Luminescence Spectroscopy：Methods and Applications. Part 1. New York：John Wiley & Sons，1985.
[14] Schulman S. G. Ed. Molecular Luminescence Spectroscopy：Methods and Applications. Part 2. New York：John Wiley & Sons，1988.
[15] Schulman S. G. Ed. Molecular Luminescence Spectroscopy：Methods and Applications. Part 3. New York：John Wiley & Sons，1993.
[16] Guilbault G. G. Ed. Practical Fluorescence. 2nd ed. New York：Marcel Dekker，1990.
[17] Baeyens W. R. G.，De Keukeleire D.，Korkidis K. Eds. Luminescence Techniques in Chemical and Biochemical Analysis. New York：Marcel Dekker，1991.
[18] Wolfbeis O. S. Ed. Fluorescence Spectroscopy：New Methods and Applications. Berlin Heidelberg：Springer-Verlag，1993.
[19] 慈云祥等. 生命科学中的荧光光谱分析//高鸿主编. 分析化学前沿. 北京：科学出版社，1991：31.

（本章编写者：许金钧）

第二章　荧光与分子结构的关系

为了更有效地运用荧光分析技术，人们有必要了解荧光与荧光体结构的关系，以便能把非荧光体转变为荧光体，把弱荧光体转变为强荧光体。下面将对有机物和无机物的荧光特性与结构的关系进行介绍。

§2.1　有机化合物的荧光

荧光体的荧光（或磷光）发生于荧光体吸光之后，因此，荧光体要发光首先要吸收光，即荧光体要有吸光的结构。

发荧光的荧光体，大多为有机芳族化合物或它们与金属离子形成的配合物。这类化合物在紫外线区和可见光区的吸收光谱和发射光谱，都是由该化合物分子的价电子重新排列（跃迁）引起的，为此，我们有必要着重探讨荧光体分子价电子和分子轨道的特性。

§2.1.1　分子的电子结构[1,3]

1. σ键

沿核间联线方向由电子云重叠而形成的化学键称为σ键，每个键可容纳两个电子。σ键可分为共价键和配位键两种，共价键的两个电子分别来自两个原子，配位键两个电子来自同一原子而后由两个原子共享。当电子云集中于其中一原子时，这种键称为极性共价键。σ键的电子云多集中于两原子之间，原子间结合较牢，因此，要使这类电子激发到空着的反键轨道上去，就需要有相当大的能量，这就意味着分子的σ键的电子跃迁发生于真空紫外区（波长短于200nm），这种键的跃迁我们不感兴趣，我们感兴趣的是吸收光谱位于近紫外线区至近红外线区，即波长落于220～800nm区。

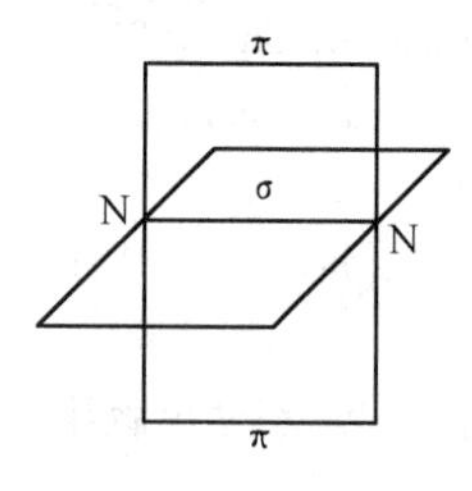

图2.1　N_2分子的三键示意图

2. π键

当两个原子的轨道（p轨道）从垂直于成键原子的核间联线的方向接近，发生电子云重叠而成键，这样形成的共价键称为π键。π键通常伴随σ键出现，π键的电子云分布在σ键的上下方，图2.1为N_2分子三键的示意图。σ键的电子被紧紧地定域在成键的两个原子之间，π键的电子相反，它可以在分子中自由移动，并且常常分布于若干原子之间。如果

分子为共轭的 π 键体系，则 π 电子分布于形成分子的各个原子上，这种 π 电子称为离域 π 电子，π 轨道称为离域轨道。某些环状有机物中，共轭 π 键延伸到整个分子，例如多环芳烃就具有这种特性。

由于 π 电子的电子云不集中在成键的两原子之间，所以它们的键合远不如 σ 键牢固，因此，它们的吸收光谱出现在比 σ 键所产生的波长更长的光区。单个 π 键电子跃迁所产生的吸收光谱位于真空紫外区或近紫外线区；有共轭 π 键的分子，视共轭度大小而定，共轭度小者其 π 电子跃迁所产生的电子光谱于紫外线区，共轭度大者则位于可见光区或近红外线区。

3. 未成键的电子（亦称 n 电子）

在元素周期表中，有些元素的原子，其外层电子数多于 4（例如 N，O 和 S），它们在化合物中往往有未参与成键的价电子，这些电子称为 n 电子，例如甲醛

```
   σ  π
   ↓  ↓  ..
H—C═O :← n
   |
   H
```

中有 4 个未参与键合的 n 电子。因为 n 电子的能量比 σ 电子和 π 电子的都高，因此，在考虑电子光谱时，应该首先考虑 $n \rightarrow \pi^*$ 和 $\pi \rightarrow \pi^*$ 跃迁。

4. 配位共价键

一般地说，分子中的 n 电子对不参与成键，但当它们遇到合适的接受体时，其电子可能转入接受体的空轨道上而形成配位共价键。共价键是否形成，对解释具有 n 电子的荧光体的吸收光谱、发射光谱和荧光强度的变化很有帮助。

5. 反键轨道

物质的分子，除了组成分子化学键的那些能量低的分子轨道外，每个分子还具有一系列能量较高的分子轨道。在一般的情况下，能量较高的轨道是空着的，如果给分子以足够的能量，那么能量较低的电子可能被激发到能量较高的那些空着的轨道上去，这些能量较高的轨道称为反键轨道。

根据价键轨道理论，有机物分子中的价电子也是排列在能量不同的轨道上，这些轨道能量高低顺序为 σ 轨道＜π 轨道＜n 轨道＜π^* 轨道＜σ^* 轨道（见图 2.2）。

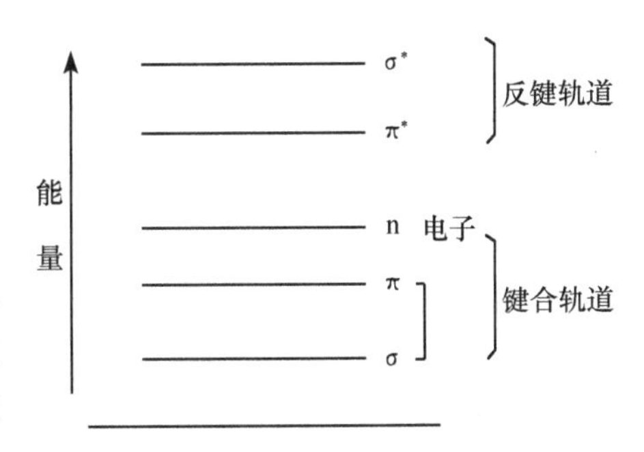

图 2.2 有机分子吸光所涉及的能层

跃迁类型	$\epsilon_{最大}$	波长区
$n \rightarrow \pi^*$	100	紫外-可见
$\pi \rightarrow \pi^*$	12 000	紫外-可见
$\sigma \rightarrow \pi^*$	200	真空-紫外

6. 轨道及状态

大部分有机物分子，其紫外-可见区的电子光谱（吸光和发光）仅涉及 π 电子和 n 电子的跃迁。为了使分子电子结构的讨论简化，通常都把 σ 电子和原子内层电子的影响略去不计。

分子的电子激发态：分子一旦吸收光子，分子的价电子（或 n 电子）就由基态分子中已被占据的轨道激发到基态未被占据的轨道上去，这种分子称为电子激发态分子。

每个分子都有几个未被占据的轨道，所以每个分子都可能存在着几种电子激发态。分子中每个电子态都以电荷的特殊分布来表征，因此，这也就意味着激发态分子其偶极矩通常不同于基态的偶极矩。图 2.3 以吡啶为例说明其分子轨道和能层的顺序。图 2.3（a）为基态，它的 π_1, π_2, π_3 和 n 轨道都各被两个电子占据。图 2.3（b）为电子激发态（n，π_1^*，π，π_1^*，…），它是从 n 或 π 轨道激发一个电子到 π_1^*，π_2^* 和 π_3^* 轨道上去而产生的。该分子的 n，π_2^*，n，π_3^* 跃迁比 n，π_1^* 弱得多，实际上难以观测到。

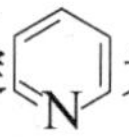

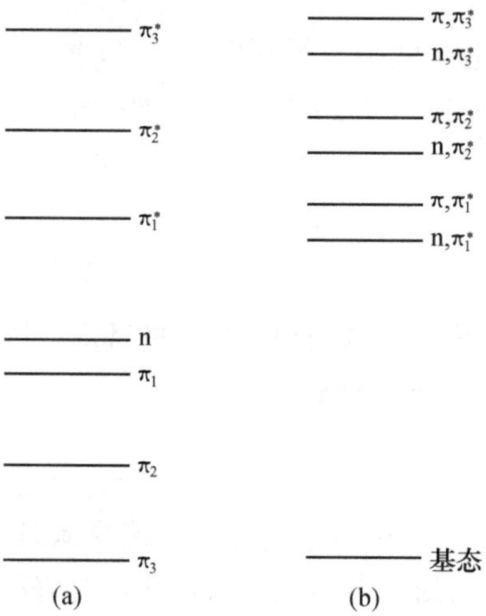

图 2.3
（a）吡啶的分子轨道及能层顺序；
（b）吡啶分子较低电子激发态的能层顺序

§2.1.2　两类电子激发态

化学中讨论的分子，一般是指处在电子基态的分子。这些分子里的价电子数目大多数是偶数的，即二的整数倍，电子绕着它本身的轴旋转，称为自旋，一半的自旋方向正好和另一半的自旋方向相反，所以价电子自旋的总和（自旋角动量数）刚好互相抵消为 0，这一类分子我们称它为处于单线态。个别物质的分子，正向自旋和反向自旋数并不相等，两者相差为 2，自旋总和抵消不了，我们称这类分子处于三线态（例如 O_2）。

激发态和基态分子相似，也有单线态和三线态两类，前者的自旋角动量子数为 0，后者为 1。

单线态的电子基态（S_0）的分子被激发时，容易跃迁到单线态的电子激发态（S_1，S_2，…），而不容易跃迁到三线态的电子激发态（T_1，T_2，…），因为后一种为电子自旋不允许的禁戒（forbidden）跃迁。同样 $T_0 \rightarrow T_1$ 或 $T_1 \rightarrow T_0$ 容易，$T_1 \rightarrow S_0$ 或 $S_1 \rightarrow T_0$ 难。

荧光（或磷光）所涉及的分子，其基态都处于单线态。当分子吸收适当波长的光子后，一个或多个的成对电子（通常为 π 电子）跃迁到单线态的电子激发态，其电子自旋方向没有变，自旋净结果仍为 0，但在某些情况下，多少总有些单线态的电子激发态分子，通过系间跨越转入三线态的电子激发态（T_1），而后由三线态的最低振动能层返回电子基态并发射出磷光。

图 2.4 表明处于单线态的电子基态和电子激发态分子与处于三线态的电子激发态的差别，图的左边为分子处于单线态电子基态，图中部为分子处于单线态电子激发态，图的右边为分子处于三线态电子激发态。

T_{π,π^*} 通常低于 T_{n,π^*}：如果单线态 S_1 是 π，π_1^* 型，那么通过系间跨越将使分子迅速转为三线态 T_1 的 π，π_1^* 型。可是，如果单线态 S_1 是 n，π_1^* 型，那么三线态 T_1 可能是 n，π_1^* 型（例如苯甲醛、乙酰苯和苯乙酮），也可能是 π，π_1^* 型，后者较为常见。T_1 的 π，π_1 能层低于 T_1 的 n，π_1^* 能层的原因被解释为，T_1 的 π，π_1^* 态电子的离域性比 T_1 的 n，π_1^* 态的离域性大得多，因而 T_1 的 π，π_1^* 态电子间的斥力比 T_{n,π^*} 小，造成 S_1 的 π，π_*^* 与 T_1 的 π，π_1^* 能层间隔比 S_1 的 n，π_1^* 与 T_1 的 n，π_1^* 能层间隔大，结果 T_1 的 π，π_1^* 能层位于 T_1 的 n，π_1^* 能层下方（见图 2.5）。

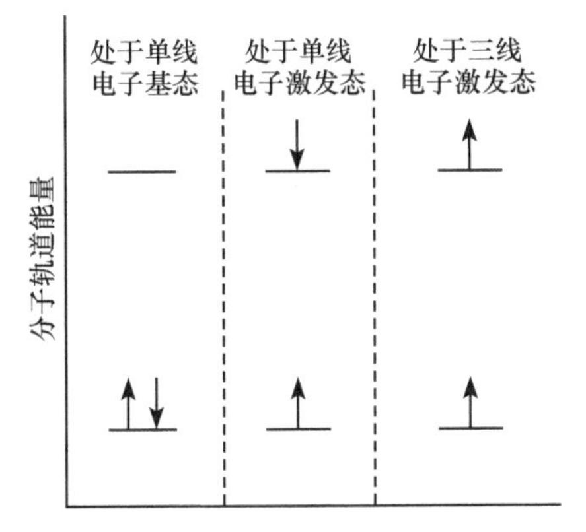

图 2.4　处于单线态和三线态下的分子的 π 电子受激发

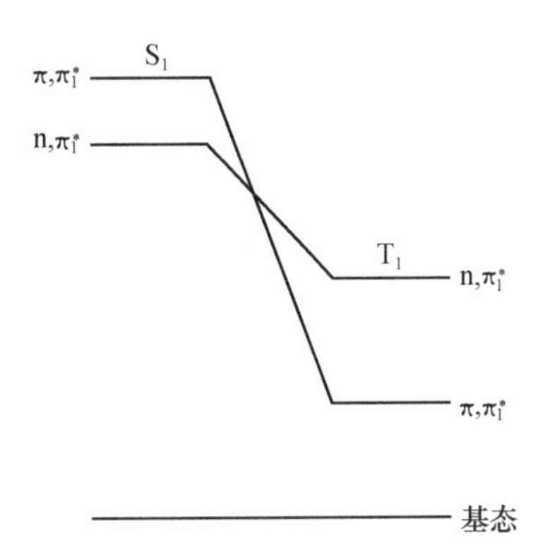

图 2.5　S_1 的 π，π_1^*，n，π_1^* 与 T_1 的 π，π_1^*，n，π_1^* 能层的分布示意图

§ 2.1.3　荧光与分子结构的关系

已知的大量有机和无机物中，仅有小部分会发生强的荧光，它们的激发光谱、发射光谱和荧光强度都与它们的结构有密切的关系。要了解荧光与结构的关系，就必需了解分子的吸光类型（例如 n→π* 或 π→π* 跃迁），以及分子吸光后各个过程的竞争情况。当分子因吸光而被激发到电子激发态后，它可能以一系列的不同途径失去本身过剩的能量而返回电子基态，这些途径有：①发射荧光；②非辐射衰减（内转换）；③光化学反应。这三者中哪个过程的速率常数最大，

哪个过程即占主导地位。要使荧光体发强的荧光，则发荧光过程的速率常数要大于另外两者。因此，强荧光物质往往具备如下特征：

（1）具有大的共轭 π 键结构；

（2）具有刚性的平面结构；

（3）具有最低的单线电子激发态 S_1 为 π，π_1^* 型；

（4）取代基团为给电子取代基。

1. 共轭 π 键体系

发生荧光（或磷光）的物质，其分子都含有共轭双键（π 键）体系。共轭体系越大，离域 π 电子越容易激发，荧光（或磷光）越容易产生。大部分荧光物质都具有芳环或杂环，芳环越大，其荧光（或磷光）峰越移向长波长方向，且荧光强度往往也较强，例如苯和萘的荧光位于紫外区，蒽位于蓝区，丁省位于绿区，戊省位于红区（见表 2.1）。

表 2.1　几种线状多环芳烃的荧光

化合物	ϕ_F	λ_{ex}/nm	λ_{em}/nm	化合物	ϕ_F	λ_{ex}/nm	λ_{em}/nm
苯	0.11	205	278	丁省	0.60	390	480
萘	0.29	286	321	戊省	0.52	580	640
蒽	0.46	365	400				

同一共轭环数的芳族化合物，线性环结构者的荧光波长比非线性者要长，例如蒽和菲，其共轭环数相同，前者为线性环结构，后者为“角”形结构，前者荧光峰位于 400nm，后者位于 350nm；又如丁省和苯［a］蒽，它们的荧光峰分别为 480nm 和 380nm；Se-重氮配合物亦有类似现象，3，4-苯并硒二唑荧光波长约位于 400nm，荧光很弱，而 4，5-苯并硒二唑荧光波长约位于 526nm，且荧光强得多。

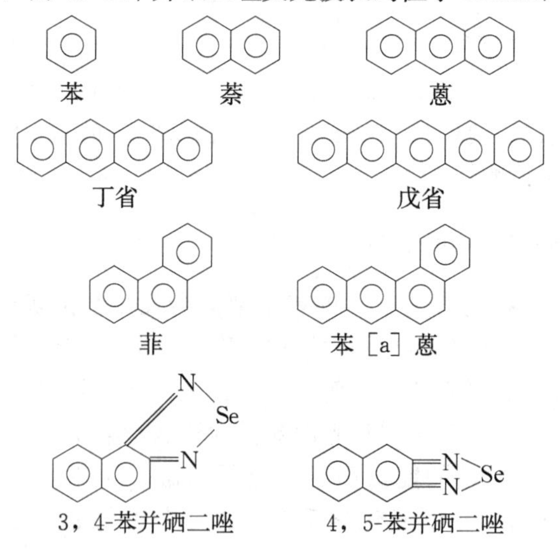

多环芳烃的第一激发带光谱和发射光谱常呈现镜像对称关系，且往往具有精细的振动结构，即使是室温溶液亦一样。多环芳烃是重要的大气污染物，其中苯［a］芘

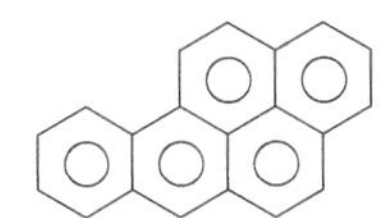

是著名的强致癌物，是环境必需监测的项目。这些化合物的 0-0 带斯托克斯位移较小，一般为 2～5nm，样品溶液只要各组分浓度不大（$<10^{-6}$mol/L），则可以在不分离的情况下采用 $\Delta\lambda=3$nm 的同步荧光法或同步-导数荧光法，同时进行多组分的鉴别和测定[10,11]。图 2.6 为含有菌、芴、芘、蒽、苯［a］芘、苝和丁省等多组分空气样品萃取液的一般荧光光谱及采用 $\Delta\lambda=3$nm 的同步荧光光谱（参见§6.1）[10]。

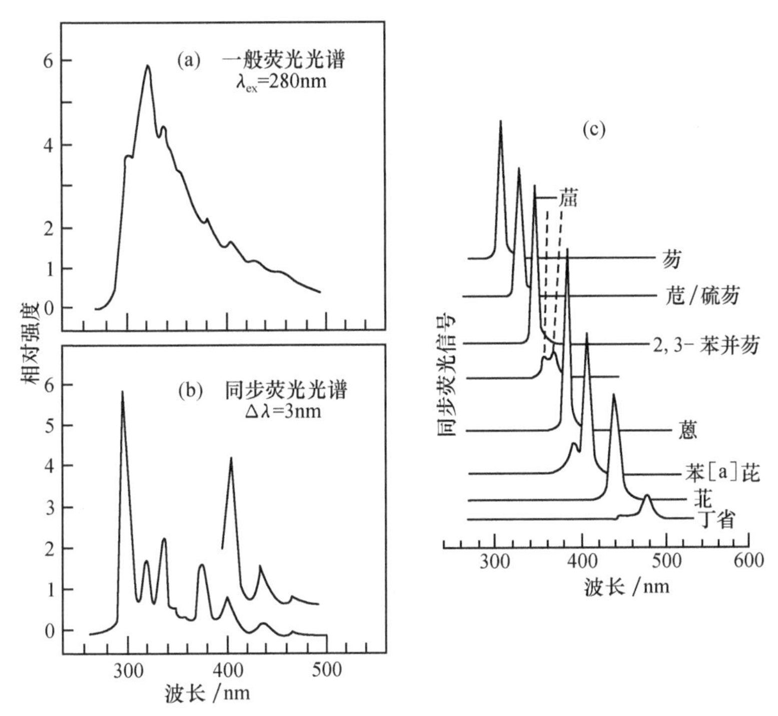

图 2.6　多环芳烃的发射光谱和 $\Delta\lambda=3$nm 的同步光谱

（a）大气样品萃取物的发射光谱 $\lambda_{ex}=280$nm；（b）大气样品萃取物的同步光谱；（c）为与（b）相应的单独组分的同步光谱

2. 刚性平面结构

荧光效率高的荧光体，其分子多是平面构型且具有一定的刚性，例如荧光黄（亦称荧光素）呈平面构型，是强荧光物质，它在 0.1mol/L NaOH 溶液中

的荧光效率为0.92，而酚酞没有氧桥，其分子不易保持平面，不是荧光物质；芴和联苯，在类似的条件下，前者的荧光效率接近于1，而后者仅为0.20，看来它们的差别也在于前者（芴）有了亚甲基的加入，使芴的刚性增强的缘故；萘和维生素A都具有5个共轭π键，前者为平面结构，后者为非刚性结构，因而萘的荧光强度为维生素A的5倍；同样道理，偶氮苯不发荧光，而杂氮菲会发荧光。

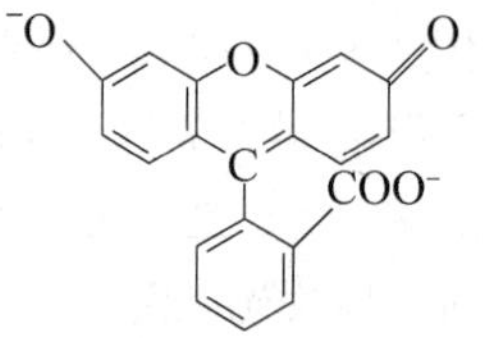

荧光黄会发荧光 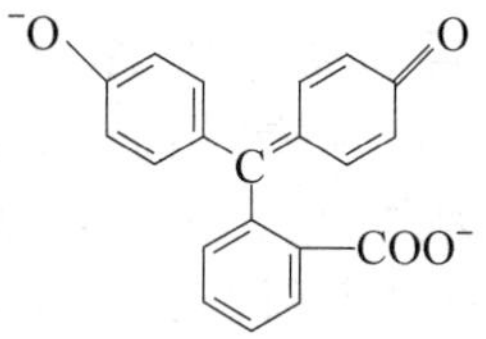　　酚酞不发荧光

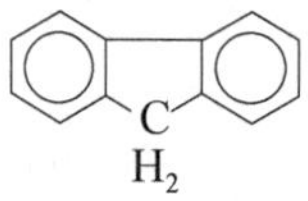

芴 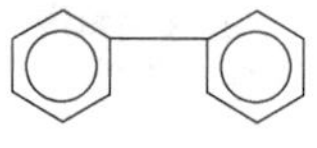　　联苯

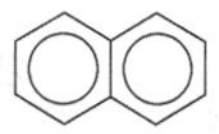

萘 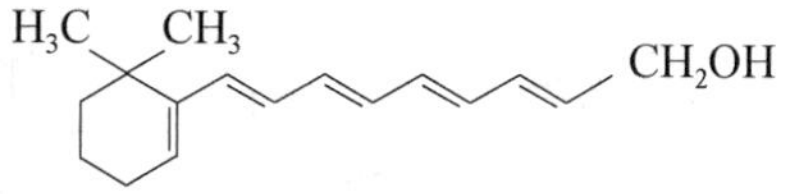　　维生素A

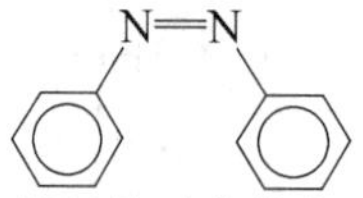

偶氮苯不发荧光 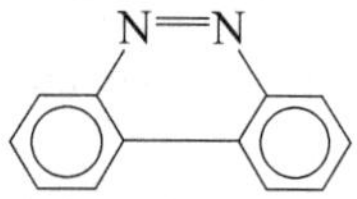　　杂氮菲会发荧光

刚性的影响，也可以由有机配合剂与非过渡金属离子组成配合物时荧光大大加强的现象来加以解释，例如滂铬BBR本身不发荧光，它与Al^{3+}离子在pH4.5时形成的配合物会发红色的荧光，它们的结构如下。

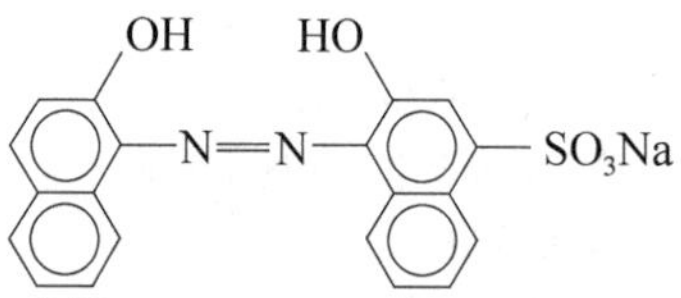

滂铬BBR不发荧光 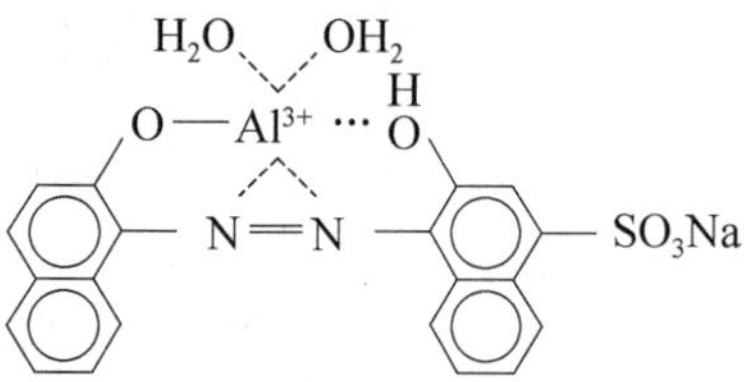　　Al^{3+}-滂铬BBR配合物会发荧光

刚性的影响还可从取代基之间形成氢键，从而加强分子刚性结构和增强荧光强度来得到解释，例如水杨酸（即邻羟基苯甲酸）

邻羟基苯甲酸

的水溶液，由于能生成氢键，因而其荧光强度比对（或间）羟基苯甲酸大。

一些有趣的发光现象与荧光体的非刚性平面结构有关。这些荧光体往往含有两个或多个会发荧光的结构，例如 2-苯萘的荧光，常可观测到其荧光峰波长与激发光波长有关，这违背了荧光波长、荧光产率与激发光波长无关的一般规律。这种反常现象被归因于存在着 2-苯萘的基态转动构型（conformers）分布。

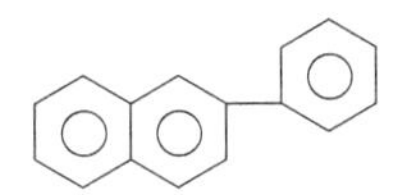

由烷链（或 C—C 单键）隔开的芳烃分子亦常呈现不一般的荧光光谱，其光谱可能简单地类似于两个或多个没有相互作用的芳烃，例如 1，1-二萘，

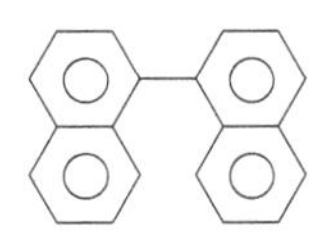

其荧光几乎和萘没有差别，尤其是低温时更是这样。

能量转移：某些化合物可能发生分子内能量转移，例如

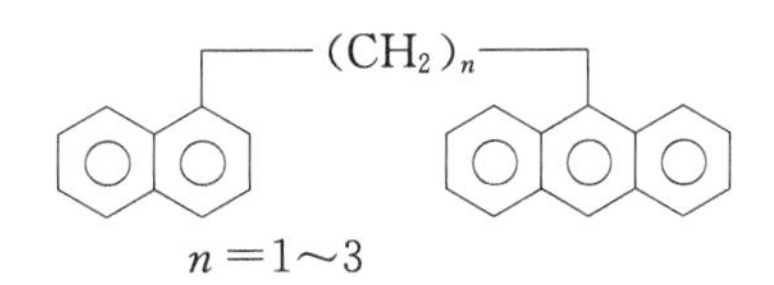

这种荧光体含有一个萘分子和一个蒽分子，中间以 $n=1\sim3$ 的烷基链连接在一起。众所周知，萘和蒽的吸收光谱有很大的差别，当用萘的吸收光谱中的波长光激发上述的荧光体时，即使是 $n=3$，也只能观察到蒽的荧光。该荧光体的吸收光谱实际上是 1-甲基萘和 9-甲基蒽“双分子”吸收光谱的组合，可见其基态和激发态通过烷基共轭是不大可能的。因此，人们猜测，可能是在该荧光体的寿命期间内，由于萘和蒽靠得很近，通过 Forster 的共振偶合作用，使能量由萘转移给蒽。

生成激发态二聚物：在个别情况下，非刚性分子亦可能由一激发分子和一基态分子组成一过渡性的激发态-基态分子二聚物，当这种二聚物分解为两个基态分子时会发射出荧光，其过程可表示为

$$A_{基态}+A^{*}_{激发态}\longrightarrow (A-A^{*})_{二聚物}\longrightarrow A+A+h\nu$$

式中：$h\nu$ 为所发射出的光子。例如，二-β-萘基烷

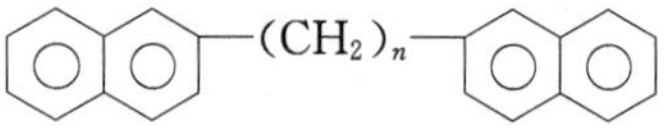

当 $n>3$ 时，仅有一个荧光带；当 $n\leqslant 3$ 时，则出现两个荧光带，其一出现于长波长区，且缺少精细结构，这种现象被归因于前者不生成二聚体，后者生成二聚体。分子二聚体亦可由一种电子激发态分子生成，例如 1，3-二 α 萘基丙烯[12]。在高浓度的情况下，其他“简单”的芳族化合物亦常观测到类似的现象。

异构体的影响：某些荧光体存在着异构体，其立体异构现象对它的荧光强度也有显著影响，因而其顺式和反式同分异构体具有不同的荧光强度，例如 1，2-二苯乙烯

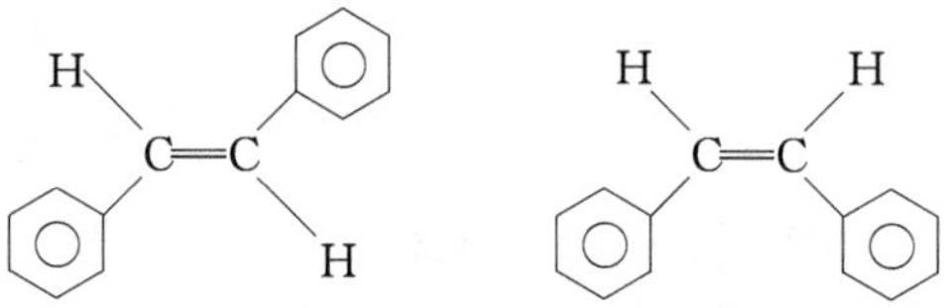

反式强荧光　　顺式不发荧光

其分子结构为反式者，分子空间处于同一平面，顺式者则不处于同一平面，因而反式者呈强荧光，顺式者不发荧光。通常 1，2-二苯乙烯的顺式结构随着温度的下降和黏度的增加而增加。

3. 取代基的影响

取代基（尤其是发色基团）的性质对荧光体的荧光特性和强度均有强烈的影响。芳烃和杂环化合物的荧光光谱和荧光产率常随取代基而变，取代基对荧光体的激发光谱、发射光谱和荧光效率的影响规律和机理，是人们甚为关注的领域，可惜人们对激发态分子的性质了解甚少，其影响规律多出自实验总结和猜测，尚不能真正从机制上揭开其影响的秘密。

（1）给电子取代基

属于这类基团的有$—NH_2$，—NHR，$—NR_2$，—OH，—OR，—CN。含这类基团的荧光体，其激发态常由环外的羟基或氨基上的 n 电子激发转移到环上而产生的。由于它们的 n 电子的电子云几乎与芳环上的 π 轨道成平行，因而实际上它们共享了共轭 π 电子结构，同时扩大了其共轭双键体系。因此，这类化合物的吸收光谱与发射光谱的波长，都比未被取代的芳族化合物的波长长，荧光效率也提高了许多（见表 2.2）。这类荧光体的跃迁特性不同于一般的 $n\rightarrow\pi_1^*$ 跃迁，而接近于 $\pi\rightarrow\pi_1^*$ 跃迁，为区别于一般的 n，π_1^* 态，通常称它为 $\pi_1\rightarrow\pi_1^*$ 跃迁。为简化起见，下面把它归于 π，π_1^* 型中讨论。

表 2.2　取代基对苯荧光的影响（乙醇溶液）

化　合　物	分　子　式	荧光波长/nm	荧光相对强度
苯	C_6H_6	270～310	10
苯酚	C_6H_5OH	285～365	18
苯胺	$C_6H_5NH_2$	310～405	20
苯基氰	C_6H_5CN	280～390	20
苯甲醚	$C_6H_5OCH_3$	285～345	20

在讨论这类取代基对荧光特性的影响时要特别小心，因为这类基团都有未键合的 n 电子，它们容易与极性溶剂生成氢键。当取代基具有酸基或碱基时，则在酸、碱性介质中容易转化为相应的盐或质子化，例如酚类在碱性介质中转为酚盐，—OH 基转为—O^- 离子，通常酚盐的荧光强度要比其共轭酸弱得多。胺类的—NH_2 基在酸性介质中会质子化为—NH_3^+，荧光强度也相应变弱。

（2）得电子取代基

这类取代基取代的荧光体，其荧光强度一般都会减弱，而其磷光强度一般都会相应增强。属于这类取代基者有羰基（ $-\overset{O}{\overset{\|}{C}}-$ ，COOH， $-\overset{H}{\overset{|}{C}}=O$ ）、硝基（—NO_2）和重氮类。这类取代基也都含有 n 电子，然而其 n 电子的电子云并不与芳环上的 π 电子云共平面，不像给电子基团那样与芳环共享共轭 π 键和扩大其共轭 π 键。这类化合物的 $n\rightarrow\pi_1^*$ 跃迁是属于禁戒跃迁，摩尔吸光系数很小（约为 10^2），最低单线激发态 S_1 为 n，π_1^* 型，$S_1\rightarrow T_1$ 的系间窜越强烈，因而荧光强度都很弱，而磷光强度相应增强。例如二苯甲酮

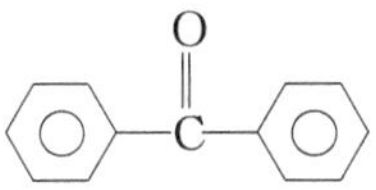

其 $S_1\rightarrow T_1$ 的系间窜越产率接近于 1，它在非酸性的介质中的磷光很强。硝基—NO_2 对荧光体荧光的抑制作用尤为突出。例如硝基苯

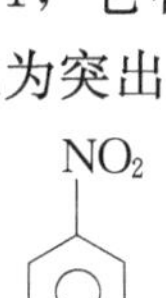

它不发荧光，其 $S_1\rightarrow T_1$ 系间窜越产率为 0.60，可是令人费解的是其磷光强度也很弱（$\phi_P<10^{-3}$），因此，人们认为，可能产生比磷光速率更快的非辐射 $T_1\rightarrow S_0$ 的系间窜越或产生光化学反应。由于硝基苯不发荧光和 $S_1\rightarrow T_1$ 的产率为 0.60，可见硝基苯的 $S_1\rightarrow S_0$ 非辐射跃迁的产率接近于 0.40。

和给电子基团取代基一样，由于它们亦都含有未键合的 n 电子，一样对溶剂的极性和酸碱度都较为敏感，例如某些硝基芳烃，在酸性的玻璃体中会发荧光而

不发磷光，这种现象被归因于硝基的质子化，使得原来最低单线态 S_1 为 n，π_1^* 者转为 S_1 为 π，π_1^*。

应指出的是，不论给电子基团或得电子基团的取代，不仅影响到荧光体的荧光强度和波长，而且往往使荧光体的激发谱和发射谱中的精细振动结构丧失。

（3）取代基的位置

取代基位置对芳烃荧光的影响通常为：邻位、对位取代者增强荧光，间位取代者抑制荧光，—CN 取代者例外（—CN 取代的芳烃一般都有荧光）。随着芳烃共轭体系的增大，取代基的影响相应减少，两种性质不同的取代基共存时，可能其中一个取代基起主导作用，例如 4-二甲基胺-4-硝基苯乙烯有荧光。

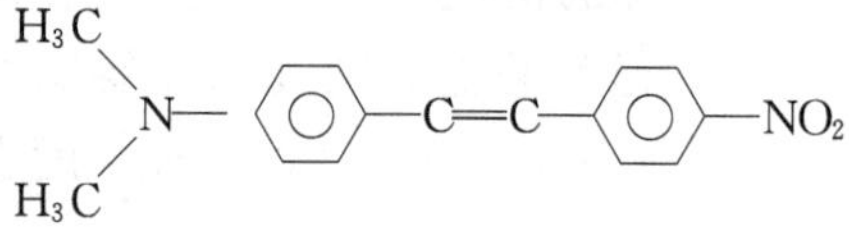

H_3C
N—⌬—C=C—⌬—NO_2
H_3C

（4）重原子的取代

荧光体取代上重原子之后，荧光减弱，而磷光往往相应增强。所谓重原子取代，一般指的是卤素（Cl，Br 和 I）取代，芳烃取代上卤素之后，其荧光强度随卤素原子量增加而减弱，而磷光通常相应地增强，这种效应通称为“重原子效应”。这种效应被解释为，由于重原子的存在，使得荧光体中的电子自旋-轨道偶合作用加强、$S_1 \rightarrow T_1$ 的系间窜越显著增加，结果导致荧光强度减弱、磷光强度增加，表 2.3 和图 2.7 说明了这种效应。有趣的是氟取代的芳烃，其荧光比原芳烃弱，而 $S_1 \rightarrow T_1$ 系间窜越并没有明显提高，显然氟的取代主要是提高了非发光的 $S_1 \rightarrow S_0$ 的内转换过程。

表 2.3　卤素取代的“重原子效应”

化合物	ϕ_P/ϕ_F	荧光波长/nm	磷光波长/nm	τ_P/s
萘	0.093	315	470	2.6
1-甲基萘	0.053	318	476	2.5
1-氟萘	0.068	316	473	1.4
1-氯萘	5.2	319	483	0.23
1-溴萘	6.4	320	484	0.014
1-碘萘	>1000	没观察到	488	0.0023

研究一下卤代荧光素的发光情况亦是有益的（见表 2.4）。荧光素和氯代荧光素的磷光极弱，难以观测到；而溴和碘的取代物则表现出磷光；溴和碘的充分取代物，其磷光反而减弱，寿命缩短，ϕ_P/ϕ_F 比值没有显著增大。由上可见，重原子卤素的取代，不仅促进了 $S_1 \rightarrow T_1$ 的系间窜越，而且也促进了 $S_1 \rightarrow S_0$ 非发光的内转换过程。

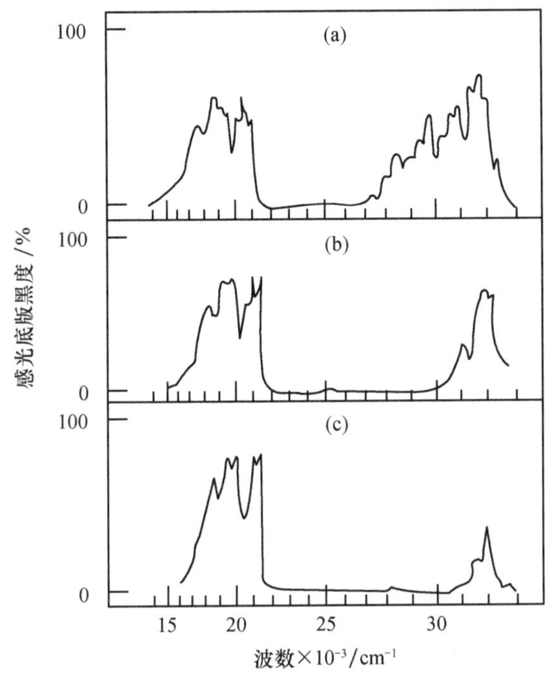

图 2.7　萘的卤取代物的发射光谱

(a) 为 2-Cl 萘；(b) 为 2-Br 萘；(c) 为 2-I 萘。图右边为荧光，左边为磷光，77K EPA 介质

表 2.4　卤代荧光素的发光 (77K)

取代数	ϕ_F	ϕ_P/ϕ_F	τ_P/ms
无	0.83	0	…
Cl2	0.79	0	…
Br1	0.60	0.13	50
Br2	0.29	0.21	44
Br4	0.40	0.082	9.4
I1	0.15	0.67	15.8
I2	0.054	1.05	10.4
I3	0.061	0.71	5.1
I4	0.066	0.40	1.3

重原子效应不局限于重原子卤素的取代物，其他重元素也有类似的效应，例如咖啡因和 6-硫代咖啡因，前者的 $\phi_F=0.22$，$\phi_P=0.14$，$\tau_P=1.9s$，后者的 $\phi_F=10^{-5}$，$\phi_P=0.43$，$\tau_P=0.24s$。

咖啡因　　6-硫代咖啡因

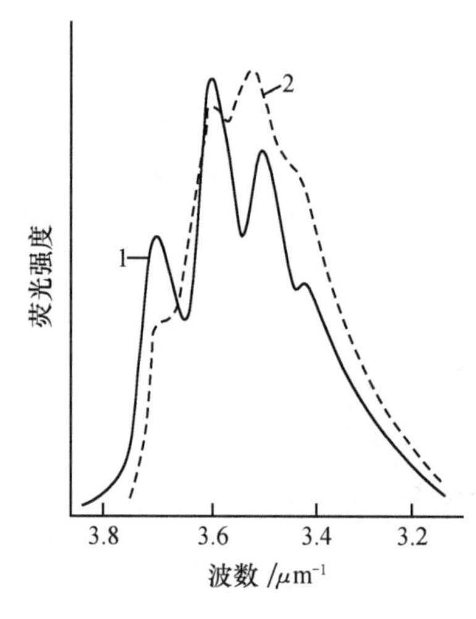

图 2.8 苯（1）和甲苯（2）的发射光谱（室温，乙醇溶液）

重原子效应不仅出现于重原子取代物的荧光体上，也出现于含重原子的溶剂。当溶剂含有重原子时，没有被重原子取代的荧光体亦会出现上述的效应（参见第三章）。

（5）饱和烃（烷基）的取代

此类取代基对荧光体的荧光强度影响不大，可是，由于可动的饱和烃基的引入，增加了荧光体的振动和转动的自由度，因而削弱了荧光激发光谱和发射光谱振动结构的分辨率，同时其激发峰和发射峰亦略向红移。图 2.8 为苯（曲线 1）和甲苯（曲线 2）的发射光谱，可见与苯相比，甲苯发射光谱的振动结构已模糊得多，且荧光峰亦略向长波长方向移动。

综上所述，不同取代基对芳烃荧光影响的一般规律如表 2.5 所列。在推测含有 n 电子取代基的影响时，应留意溶剂极性和酸碱度的影响。此外，表中所列者仅供一般性参考，要记得每一规律都可能出现一些例外。

表 2.5 不同取代基对芳烃荧光的影响

取 代 基	对波长的影响	对荧光强度的影响
烷基	不明显	微弱增加或减少
OH，OCH_3，OC_2H_5	向长波长移动	增加
NH_2，NHR，NR_2	向长波长移动	增加
NO_2，NO	向长波长移动	减少
CN	不明显	增加
SH	向长波长移动	减少
F，Cl，Br，I	向长波长移动	减少
SO_3^-	不明显	不明显

4. 最低单线激发态 S_1 的性质

（1）最低单线激发态 S_1 为 π，π_1^* 者

不含杂原子（N，O，S 等）的有机荧光体均属于这一类，其特点是：最低单线电子激发态 S_1 为 π，π_1^* 型，即 $\pi\rightarrow\pi_1^*$ 跃迁。它属于电子自旋允许的跃迁，摩尔吸光系数大约为 10^4，比 $n\rightarrow\pi_{1*}$ 或 $n\rightarrow\sigma_1^*$ 型跃迁大百倍以上（见图 2.2）；荧光强度大，因荧光是吸光的逆过程，只有强吸收光才有可能发强荧光；在刚性的溶剂中

常有数量级与荧光强度相当的磷光。这类型荧光体除薁及其衍生物等极少数荧光体的荧光产生自 $S_2 \rightarrow S_0$ 的跃迁外（见图 2.9），均属于 $S_1 \rightarrow S_0$ 的跃迁。

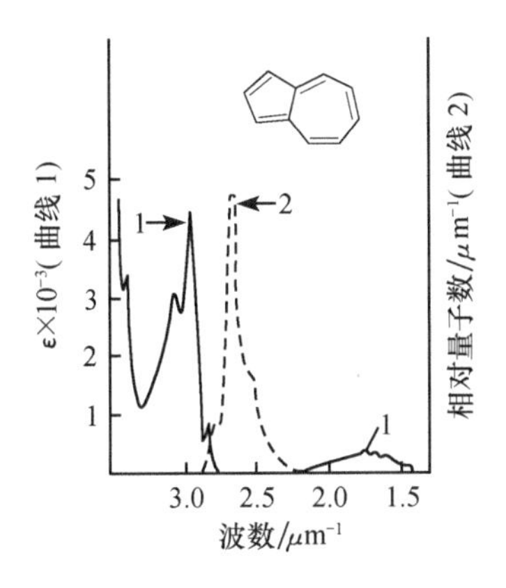

图 2.9　薁于乙醇中的吸收和发射光谱

ε_x=313nm；曲线 1. 吸收光谱；曲线 2. 发射光谱

（2）最低单线激发态 S_1 为 n，π_1^* 者

含有杂原子氮、氧、硫等的有机物多数属于这一类，它们都含有未键合的 n 电子，其特点是：最低单线激发态 S_1 为 n，π_1^* 型，即 $n \rightarrow \pi_1^*$ 跃迁；属于电子自旋禁戒跃迁，摩尔吸光系数小，约为 10^2；荧光微弱或不发荧光，因为其分子 $S_1 \rightarrow T_1$ 系间窜越强烈；在低温和刚性溶剂中有较强的磷光；溶剂的极性、酸碱度对它们的发光性质影响强烈，容易与溶剂生成氢键、或质子化、或形成盐类。下面将对含氮、氧（羰基）的部分有机荧光体分别进行介绍。

（i）含氮杂环有机物

含氮杂环有机物是研究得较多的杂环有机物，它们的每个分子都含有一个或多个的氮原子。在非极性的介质中，它们的荧光很弱，随着介质（溶剂）极性的提高，其荧光强度亦随之提高，例如喹啉

N

它在苯、酒精和水介质中的荧光强度分别为 1∶30∶1000[4]。又如 8-羟基喹啉和铁试剂（7-碘-8-羟基喹啉-5-磺酸）在强酸性的介质中会质子化，从而使原来最低单线激发态 S_1 为 n，π_1^* 型者转为 S_1 为 π，π_1^* 型，荧光也由弱变强。

+H⁺　N　OH　N　O H　H⁺

8-羟基喹啉荧光微弱　　8-羟基喹啉质子化荧光强

有两种说法用来解释这类荧光体的发光行为：一是认为此类化合物的最低单线态 S_1 为 n，π_1^*，而 S_1 的 n，π_1^* 能层与三线态 T_1 的 n，π_1^* 能层间隔很小，导致 $S_1 \rightarrow T_1$ 的系间窜越效率增大，同时还存在着光化学反应及较强的 $S_1 \rightarrow S_0$ 的非辐射内转换，因此荧光很弱；二是以电子自旋轨函耦合作用来说明。El-Sayed[13]认为，有效的 $S_1 \rightarrow T_1$ 系间窜越的先决条件是存在着低于 S_1 态 n，π_1^* 能层的 T_1 态的 π，π_1^* 能层（见图 2.10）。若低于 S_1 态 n，π_1^* 能层者是 T_1 态 n，π_1^* 能层，而不是 T_1 态 π，π_1^* 能层，则系间窜越效率低，可望观测到弱的荧光，例如吡啶、对（二）氮苯和 1，2，4，5-四嗪都被认为是 $\pi^* \rightarrow n$ 跃迁发出的荧光，它们的荧光

强度顺序为：

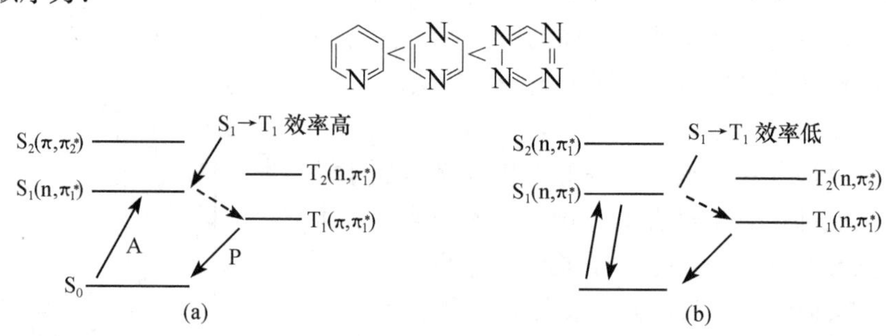

图 2.10 两 S_1，T_1 态能层的不同排列

(a) T_1 态 π，π_1^* 能层在 S_1 态 n，π_1^* 能层下方；

(b) T_1 态 n，π_1^* 能层在 S_1 态 n，π_1^* 能层下方

酞嗪

的磷光产率与激发光波长有关，这违背了能量由 $S_n \to S_1$ 的内转换过程速率高于其他过程的一般规律，这种现象被解释为酞嗪激发态分子由单线态的高能层 S_3 或 S_2 直接向三线态 T 快速系间窜越，而不是像通常的那样由 $S_1 \to T_1$ 跃迁。

(ii) 含羰基的有机物

a. 含羰基的芳族化合物

大多数羰基芳族化合物的单线最低电子激发态 S_1 为 n，π_1^* 能层，由于 S_1 的 n，π_1^* 能层和 T_1 的 π，π_1^* 能层间隔很小，加上电子自旋轨函耦合作用，$S_1 \to T_1$ 的系间窜越很强烈，其效率接近于 1（表 2.6 为几种芳酮的 $S_1 \to T_1$ 产率），因而大量芳醛和芳酮都会发强烈的磷光而不发荧光，仅有少数例外，例如 9-芴酮可观测到荧光，这种现象被解释为，其单线第一电子激发态 S_1 为 π，π_1^* 能层而不是 n，π_1^* 能层。某些芳酮在惰性和除氧的溶液中会发荧光和发热激活的迟滞荧光。

表 2.6 几种芳酮 $S_1 \to T_1$ 系间窜越的产率

化 合 物	ϕ_{ST}	化 合 物	ϕ_{ST}
乙酰苯	0.99	9-芴酮	0.93
苯酰苯	1.00	偶酰苯	0.87
Michler 酮	1.01	9，10-蒽醌	0.87
2-乙酰酮	0.84		

这类化合物的磷光都产生自最低的三线态 T_1 的 π，π_1^* 能层或 n，π_1^* 能层。要弄清磷光产生自 π，π_1^* 或 n，π_1^* 能层并不难，可用重原子效应的办法来加以辨

别，重原子取代对磷光强度影响强者其 T_1 态为 π，π_1^* 能层，影响弱者其 T_1 态为 n，π_1^* 能层。

能量转移：有些芳酮会发生分子内能量转移，例如 4-苯基苯酰苯

这种分子的吸收光谱很像苯酰苯，而它的磷光却很像联苯，因此，人们猜测，联苯的最低三线态 T_1 的 π，π_1^* 能层位于苯酰苯的最低三线态 T_1 的 n，π_1^* 能层的下方，造成能量由苯酰苯的 T_1 态向联苯的 T_1 态转移，最后由联苯的 T_1 态 π，π_1^* 能层返回基态并发射出磷光。以烷基链（n=1～3）隔开的苯酰苯和萘的化合物

n=1～3

亦有类似的能量转移的现象。这种化合物的吸收光谱基本上是 4-甲基苯酰苯和 1-甲基萘两者的组合。前者的最低单线态 S_1 为 n，π_1^* 能层，后者的最低单线态 S_1 为 π，π_1^* 能层。根据一般规律，其 S_1 的 n，π_1^* 能层位于 S_1 的 π，π_1^* 能层下方，其 T_1 的 n，π_1^* 能层位于 T_1 的 π，π_1^* 能层的上方。当选用甲基萘激发光谱中的波长光激发该化合物时，甲基萘基团受激发，通过快速地内转换之后（约 10^{-12}s）降至甲基萘的 S_1 态的 π，π_1^* 能层，紧接着能量转移给 4-甲基苯酰苯基团，并形成 4-甲基苯酰苯 S_1 的 n，π_1^* 激发态。4-甲基苯酰苯的 S_1 态又经历着本身的系间窜越而降至 T_1 态的 n，π_1^* 能层，接着又发生能量由 4-甲基苯酰苯的 T_1 态转移给甲基萘的 T_1 态 π，π_1^* 能层，最后由甲基萘的 T_1 态 π，π_1^* 能层返回基态并发射出磷光。这种能量在甲基萘和 4-甲基苯酰苯间来回快速转移，导致其磷光光谱与甲基萘相似，而磷光量子产率远远大于甲基萘。其能量转移过程见图 2.11。

b. 脂肪族醛和酮

脂肪族醛和酮常会发弱的荧光，但比多数含羰基的芳香物的荧光要强得多。这种现象被解释为最低的三线态 T_1 为 n，π_1^* 能层而不是 π，π_1^* 能层。由于最低单线态 S_1 为 n，π_1^* 者向最低三线态 T_1 为 n，π_1^* 者的系间窜越（即 $S_1 \rightarrow T_1$）效率差，因而会发射出弱的荧光。

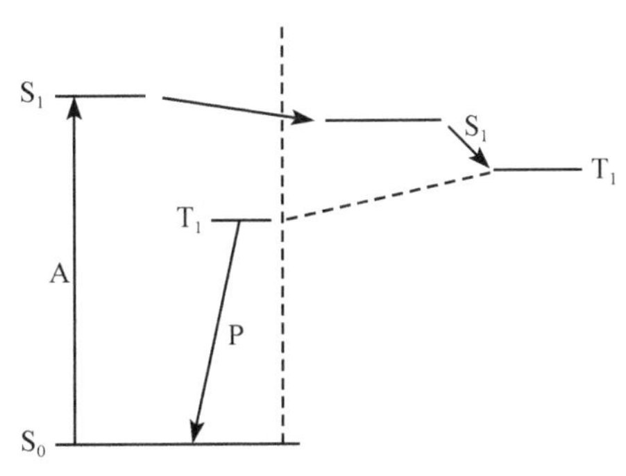

图 2.11　萘 $(CH_2)_n$-苯酰苯分子内的能量转移示意图

(iii) 叶绿素[14～21]

叶绿素（chlorophyll）在植物的光合

作用中起着极重要的作用。叶绿素中主要有叶绿素 a 和叶绿素 b 两种。

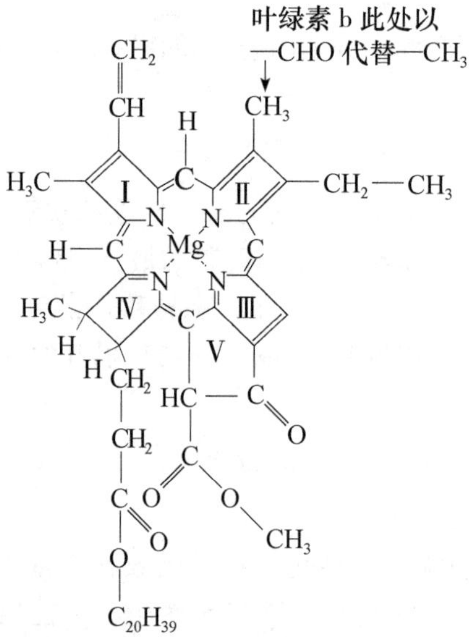

在高等植物中叶绿素 a 和叶绿素 b 二者之比约为 3∶1。叶绿素 a 和叶绿素 b 都不溶于水，但能溶于酒精、丙酮和石油醚等有机溶剂。叶绿素 a 呈蓝绿色，而叶绿素 b 呈黄绿色。叶绿素的化学组成为

叶绿素 a　　$C_{55}H_{72}O_5N_4Mg$

叶绿素 b　　$C_{55}H_{70}O_6N_4Mg$

按化学性质来说，叶绿素是叶绿酸的酯，其羧基中的羟基分别被甲醇 CH_3OH 和叶绿醇 $C_{20}H_{39}OH$ 所酯化，所以叶绿素 a 和叶绿素 b 的分子式亦可写为

叶绿素 a　　$C_{32}H_{30}ON_4Mg\begin{cases}COOCH_3\\COOC_{20}H_{39}\end{cases}$

叶绿素 b　　$C_{32}H_{28}O_2N_4Mg\begin{cases}COOCH_3\\COOC_{20}H_{39}\end{cases}$

叶绿素分子含有四个吡咯环，由 CH 的“桥”连成一个主环（卟吩），它是所有卟啉的母体。每一卟啉中心都有一个金属原子，血红色素中为铁，叶绿素中为镁。另外有一个含羰基和羧基的副环（即第Ⅴ环），羧基以酯键和甲醇结合，叶绿醇则以酯键和第Ⅳ吡咯环侧键上的丙酸相结合。叶绿醇是高分子量的碳氢化合物，是叶绿素的亲脂部分，它具有亲脂性。叶绿素分子的“头部”是金属卟啉环，其镁原子倾向于带正电性，而氮原子含有未键合的 n 电子，所以其头部具有亲水性，可以和蛋白质结合。叶绿素的另一特点是第Ⅳ环上少了一个双键，是二氢卟吩的衍生物。

叶绿素有两个特异的强吸收带，其一位于蓝紫区，另一位于红色区。位于蓝区的吸收带通常称为索瑞带（Soret band），它为卟啉类衍生物所共有；位于红色区的吸收带只有叶绿素和其他二氢卟吩衍生物才具有。

叶绿素 a 和叶绿素 b 的吸收光谱很相似，但略有不同。溶于乙醚中的叶绿素 a，其索瑞带峰位于 430nm，其红色区吸收峰位于 660nm；叶绿素 b 的两个吸收带距离较近，索瑞带位于 435nm，红色区带位于 643nm（见图 2.12）。

在不同的溶剂中，叶绿素 a 和叶绿素 b 的荧光产率不尽相同（见表 2.7）。由于荧光光谱与红色区的吸收峰有较大程度的重叠（见图 2.12 和图 2.13），因此，当叶绿素 a 和叶绿素 b 两者共存且浓度大于 1×10^{-6} mol/L 时，则会产生内滤效应和分子间能量转移现象。作者根据叶绿素的吸收光谱和发射光谱特性，已建立叶绿素 a 和叶绿素 b 的同步荧光分析[16]、二阶导数分析[17]和多波长荧光法[18]。

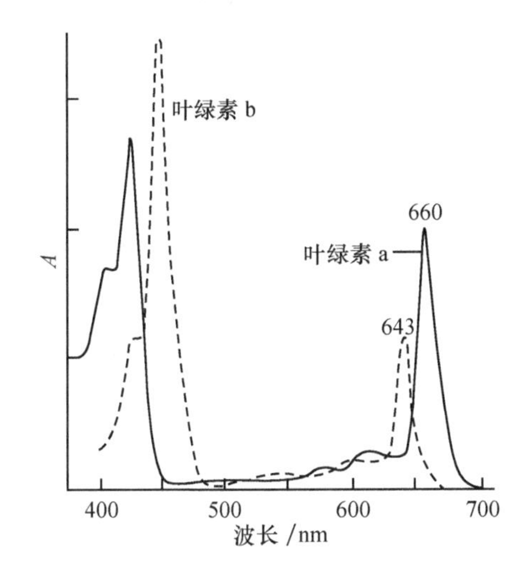

图 2.12　叶绿素 a 和 b 的吸收光谱

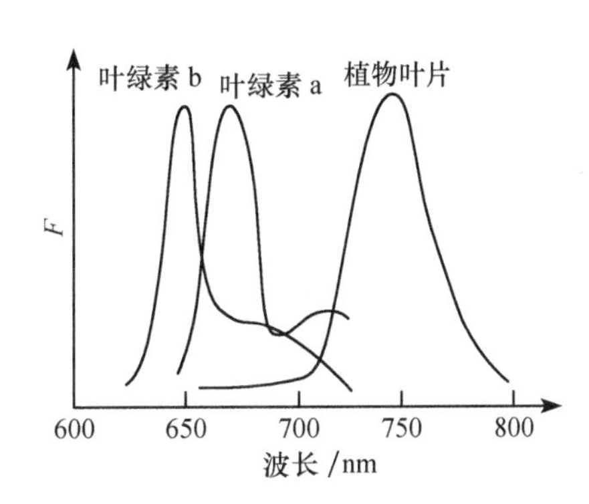

图 2.13　叶绿素 a 和 b 的发射光谱

表 2.7　叶绿素的荧光产率

化 合 物	溶　剂	荧光产率
叶绿素 a	苯、乙醚、二噁烷	0.32
	丙酮、环己烷	0.30
	乙醇、甲醇	0.23
	苯	0.18

续表

化合物	溶剂	荧光产率
叶绿素 b	苯	0.11
	乙醚	0.12
	丙酮	0.09
	甲醇	0.10
脱镁叶绿素 a	苯	0.18

由于叶绿素具有两个很难得的特性：一是有约 250nm 的斯托克斯位移（用索瑞带激发），这是其他荧光体难以办到的；其二是叶绿素的头部亲极性溶剂，尾部亲非极性溶剂，因此已被建议作为免疫分析的荧光探针[19,20]。

随着光合作用研究的逐步深入，人们越来越注意活体叶绿素的研究。据报道，全绿的叶片含有干重 5%的叶绿素（a∶b=3∶1），它相当于一个细胞内的浓度为 0.1mol/L[21]。活体外叶绿素 a 的荧光产率约为 30%，而活体内的仅为 3%～6%。活体内叶绿素的荧光峰有显著红移，例如小球藻的荧光主峰为 689nm、次峰为 725nm，而高等植物叶片的荧光主峰红移至 745nm（见图 2.13），其作用机理尚不清楚。但通过光合作用研究和电子顺磁共振实验得知，叶绿素在吸收光子几纳秒之后，发生电子的跃迁或迁移，而余下两个叶绿素分子共享一个未配对电子，因此，人们设想，光反应中心是一对平行的叶绿素环，靠蛋白质氨基酸基团上的氢键或水的氢键，紧密地结合在一起（见图 2.14）[15]。

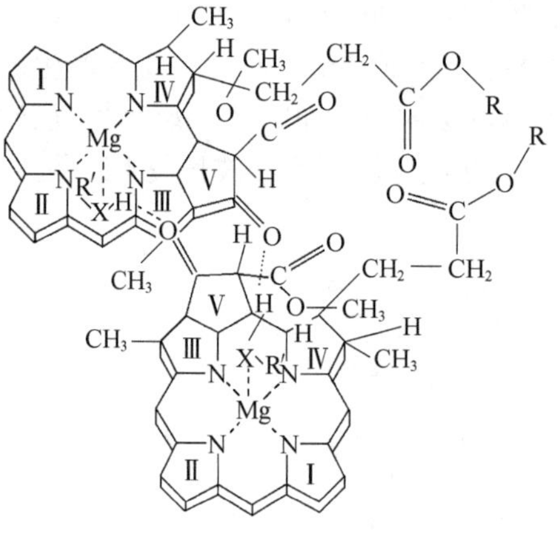

图 2.14　设想活体内叶绿素的结构

§2.2　无机盐的荧光[2,3,5,9,22]

本身会发荧光的无机化合物有镧系元素（Ⅲ）化合物，U(Ⅵ）化合物，类汞离子化合物 Tl(Ⅰ)，Sn(Ⅱ)，Pb(Ⅱ)，As(Ⅲ)，Sb(Ⅲ)，Bi(Ⅲ)，Se(Ⅳ)，Te(Ⅳ)，过渡金属 Cr(Ⅲ)，Re(Ⅰ)，Ru(Ⅱ)，Os(Ⅱ)，Pt(Ⅱ)，Rh(Ⅲ)，Ir(Ⅲ)等。

分析化学工作者主要利用镧系元素（Ⅲ），U(Ⅵ)，类汞离子和 Cr(Ⅲ）等化合物的低温荧光，因为在低温（液氮）下测定此类化合物时，它们都具有较高的荧光效率和较好的选择性。

§2.2.1　镧系元素

镧系元素三价离子的无机盐和磷光晶体都会发光，这些元素有 Ce，Pr，Nd，Pm，Sm，Eu，Gd，Tb 和 Dy 诸元素。其中 Ce(Ⅲ)，Pr(Ⅲ) 和 Nd(Ⅲ) 盐发射的光谱谱带很宽，它属于电子从 5d 层向 4f 层跃迁的发射；而 Sm(Ⅲ)，Eu(Ⅲ)，Tb(Ⅲ) 和 Dy(Ⅲ) 盐发射线状光谱，它属于 4f 层电子跃迁的发射。在磷光晶体中，由 Ce(Ⅲ) 到 Yb(Ⅲ) 诸元素会发射线状光谱，它属于 f 层电子的跃迁。Ce(Ⅲ) 的磷光体，其发射光谱落于近红外线区，而 Gd(Ⅲ) 的磷光体，其发射光谱却落于紫外线区。

磷光晶体的发光与下述的吸收谱带被激发有关，这些吸收谱带为：

(1) 允许的 4f→5d 跃迁，这些元素为 Ce(Ⅲ) 和 Tb(Ⅲ)。

(2) 4f 层内的禁带跃迁，这些元素为 Nd(Ⅲ)，Dy(Ⅲ)，Ho(Ⅲ)，Eu(Ⅲ) 和 Tu(Ⅲ)。

(3) 由 O^{2-} 基团到镧系离子的电荷转移。

(4) 由基体的 ${VO_4}^{3-}$，${NbO_4}^{3-}$ 和 ${Mo_3}^{3-}$ 基团到镧系离子的电荷转移。

磷光晶体中，如有痕量的活化剂杂质存在，其发光强度将受到很大影响，这种效应已用于荧光分析，用来测定某些非发光离子，例如用 $BaSO_4$ · Eu 的发光来测定 ${PO_4}^{3-}$，以及用 CaF_2 · Fr 的发光来测定 Y(Ⅲ)，La(Ⅲ) 和 Gd(Ⅲ) 等镧系元素（达 $1\times10^{-6}\%$）[22,23]。

§2.2.2　类汞离子

属于这类离子的有 Tl(Ⅰ)，Sn(Ⅱ)，Pb(Ⅱ)，As(Ⅲ)，Sb(Ⅲ)，Bi(Ⅲ)，Se(Ⅳ) 和 Te(Ⅳ)，它们具有汞原子的电子层结构，即 $1s^2\cdots np^6 nd^{10}(n+1)S^2$。在固化的碱金属卤化物（或氧化物）溶液中，它们的磷光体都会发磷光。室温时，Tl(Ⅰ)，Sn(Ⅱ) 和 Pb(Ⅱ) 的卤素配合物，其磷光较弱，低温时，其磷光转为强烈。As(Ⅲ)，Sb(Ⅲ)，Bi(Ⅲ)，Se(Ⅳ) 等的卤素配合物，仅在冷冻时才能观测到磷光。由大量的实验得知，这类发光体的吸光中心和磷光中心都是类汞离子，它们的能级受介质的作用而变形，卤化物中离子的能级比晶体中的能级相互更加靠近，结果吸收光谱红移不明显，而磷光有较大的红移。吸收光谱由短波区的一个宽谱带（$^1S_0\rightarrow{}^1P_1$ 跃迁）和长波长区的三个分辨率较差的谱带（$^1S_0\rightarrow{}^3P_{0,1,2}$）所组成。磷光光谱包括了与 $^3P_{0,1,2}\rightarrow{}^1S_0$ 跃迁有关的相互重叠的谱带，根据选择规则，最大可能的跃迁是 $^3P_0\rightarrow{}^1S_0$ 和 $^3P_1\rightarrow{}^1S_0$ 的跃迁。类汞离子的卤化物配合物，只有在 $^1S_0\rightarrow{}^3P_{0,1,2}$ 跃迁区被激发才会发光。

§2.2.3 铬

铬具有 $1s^2\cdots3p^6 3d^3$ 的电子构型，它与无机或有机配位体所形成的配合物，其固态、溶液都会发光。

图 2.15 为 Cr(Ⅲ) 的八面体配合物中各能级的位置，根据配位场的强度，其最低的激发态可能是 ^2E_g 和 $^4T_{2g}$，并可能观测到 $^4T_{2g}\rightarrow{}^4A_{2g}$ 跃迁的荧光或 $^2E_{2g}\rightarrow{}^2A_{2g}$ 跃迁的磷光。磷光光谱结构比荧光光谱更有规则，使得磷光法测定铬比荧光法更有价值。铬配合物的发光强度与温度有密切关系，一般温度要降至 4K，其温度猝灭作用才能停止[22]。

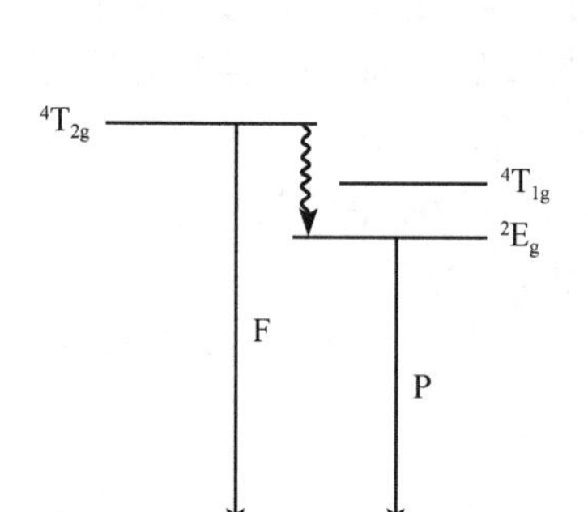

图 2.15 Cr(Ⅲ) 八面体配合物中的电子能级和电子跃迁

§2.2.4 铀

铀(Ⅳ) 具有 $1s^2\cdots5s^2 5p^6 5d^{10} 6s^2 6p^6$ 的电子构型，而 O^{2-} 具有 $1s^2 2s^2 2p^6$ 的电子构型。这两种元素原子轨道的叠加形成 $UO_2{}^{2+}$ 的分子轨道。许多铀（Ⅲ，Ⅳ和Ⅵ）的无机物均会发光，分析化学中应用得较多的是 $UO_2{}^{2+}$ 与无机或有机配位体所形成的配合物和磷光晶体。

U(Ⅵ) 的无机盐在 200～300nm 波长区有强吸收带，而在 330～550nm 波长区有弱吸收带。对 U(Ⅵ) 的高氯酸溶液的吸收光谱和发射光谱研究则揭示出有 24 种跃迁，它们被划分为 7 个主要谱带，在520～620nm 波长区，也存在着几个谱带且其荧光光谱与吸收光谱很相似。这种盐类荧光寿命很长，τ 约为 10^{-4} s；当猝灭剂不存在时，其荧光产率 ϕ_F 约为 1。铀（Ⅵ）盐的吸收和发光本质尚不清楚，说法不一，这里不再赘述。

铀（Ⅵ）的荧光分析多采用水溶液体系和磷光晶体两种方法。

水溶液体系：多采用 $Na_3P_3O_9$，HF，H_3PO_4 和 H_2SO_4 的水溶液。$UO_2{}^{2+}$ 的荧光强度与配位体的性质、浓度、酸度、U(Ⅵ) 的离子态、杂质等条件有关。通常采用在 EDTA 存在下用 TBP 溶液进行萃取，然后用 $Na_3P_3O_9$ 溶液或有关的酸进行反萃取。近来，多采用在 pH7～8 的焦磷酸介质中，以 337.1nm 的氮分子脉冲激光激发，用时间分辨荧光法进行测定，该法 $UO_2{}^{2+}$ 的检测灵敏度达 0.01ppb[24～26]。

磷光体体系：铀（Ⅵ）的磷光体测定法多用碱金属、碱土金属的磷酸盐、碳酸盐和氟化钠为基体。当以氟化钠为基体时，可检测 $10^{-5}\mu g$ 的 U(Ⅵ)。过渡金属离子是强烈的猝灭剂，测定前应预先除去。

§2.3　二元配合物的荧光

§2.3.1　概述

由于大多数无机盐类的金属离子与溶剂之间的相互作用很强烈，使得激发态的分子或离子的能量因分子碰撞去活化作用，以非辐射的方式返回基态，或发生光化学作用，因而在紫外或可见光激发下发荧光者甚少。为了扩大荧光分析的应用范围，多数把不发荧光的无机离子与有吸光结构的有机试剂发生配合，生成会发荧光的配合物，然后进行荧光测定。

显然，金属离子与有机配位体所形成的配合物的发光能力，与金属离子以及有机配位体结构特性有很大关系。金属离子可分为三类：第一类是离子的外电层具有与惰性气体相同的结构，为抗磁性的离子，它与含有芳基的有机配体形成配合物时多数会发生较强的荧光。因为这类离子与有机配位体配合时，会使原来有机配位体的单线最低电子激发态 S_1 为 n，π_1^* 能层转变为 π，π_1^* 能层，并使原来的非刚性平面构型转变为刚性的平面构型（见§2.1.3），使原来不发荧光（或弱荧光）的有机配位体转变为发强荧光者。此类配合物的荧光强度随金属离子的原子量增加而减弱，吸收峰和发射峰也相应向长波长方向移动（见表 2.8）。这一类配合物系由配位体 L 吸光和发光，故称为 $L^* \rightarrow L$ 发光。

表 2.8　不同金属离子-8-羟基喹啉配合物的荧光物性

金属离子	原子序数	吸收峰/nm	发射峰/nm	相对荧光强度
Al^{3+}	13	384	520	1
Ga^{3+}	31	391	537	0.38
In^{3+}	49	393	544	0.35
Tl^{3+}	81	395	550	<0.025

第二类金属离子亦具有惰性气体的外层电子结构和抗磁性，然而其次外电子层为含有未充满电子的 f 层。这类金属离子会产生 $f \rightarrow f^*$ 吸光跃迁，亦会产生产 $f^* \rightarrow f$ 发光跃迁，但都较微弱。可是当它们和有机配位体生成二元配合物之后，由于 f^* 能层多在配位体最低单线态 S_1 的 π，π_1^* 能层下方，因此，被激发的有机配位体的能量可能转移给金属离子 m 而产生金属离子激发态 m^*（即产生 $m \rightarrow m^*$ 跃迁），然后由激发态金属离子 m^* 返回基态离子 m 而产生 $m^* \rightarrow m$ 发光。这类发光通称为 $m^* \rightarrow m$ 发光，Tb^{3+}，Eu^{3+}，Sm^{3+} 和 Gd^{3+} 等是属于这类的金属离子。

第三类金属离子为过渡金属离子。它们与有机配位体所生成的配合物，大多不发生荧光和磷光，其原因尚不清楚。目前有两种说法：一是认为它们是顺磁性物质，可能产生可逆性的电荷转移作用而导致荧光猝灭；二是认为顺磁性和过渡金属的重原子效应引起电子自旋-轨函耦合作用，使激发态分子由单线态转入三线态，而后通过内转换去活化。在少数情况下，亦发现过渡金属离子会发光，例如 3∶1 的 8-羟基喹啉-Cr(Ⅲ) 配合物会发磷光，这种情况吸光者为芳族配位体，发光者为过渡金属络离子的 d 轨道跃迁。

图 2.16 为二元配合物 $f \rightarrow f^*$ 和 $d^* \rightarrow d$ 跃迁发光的示意图。

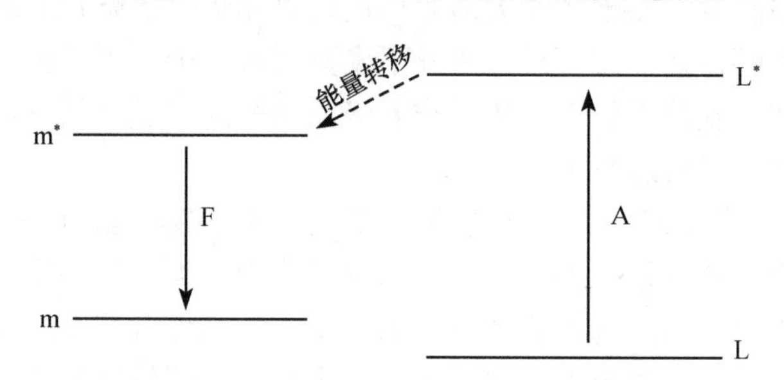

图 2.16　$f \rightarrow f^*$ 及 $d^* \rightarrow d$ 跃迁发光示意图

能够与金属离子形成会发荧光的配合物的有机试剂，绝大多数是芳族化合物。这些有机配位体通常含有两个或两个以上的官能团，其中一个官能团能与金属离子形成 σ 键，例如—OH，$—NH_2$，—SH 和—COOH 基团；另一官能团含有未配对电子（n 电子）的原子，例如 N，—OR，O 等。这些官能团能与金属离子生成五元或六元环的配合物，生成配合物之前，这些试剂不发荧光或者荧光很微弱，配合之后则会发荧光，例如 8-羟基喹啉和 8-羟基喹啉-Zn（2∶1）配合物

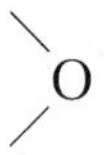

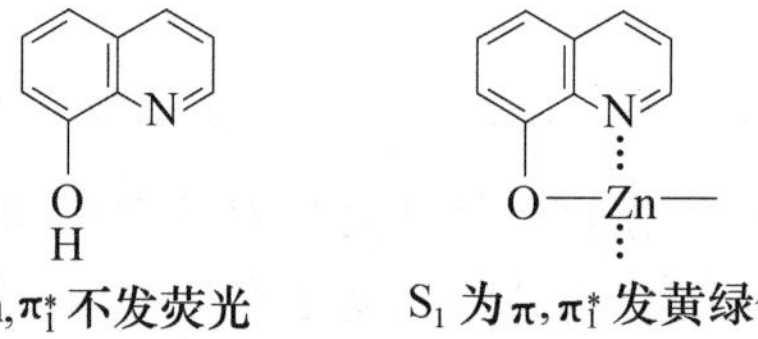

S_1 为 n,π_1^* 不发荧光　　S_1 为 π,π_1^* 发黄绿色荧光

8-羟基喹啉（HQ）金属配合物的结构已较细致地研究过，它与二价、三价和四价金属离子所生成的配合物分别为 MQ_2、MQ_3 和 MQ_4。含有下列官能团

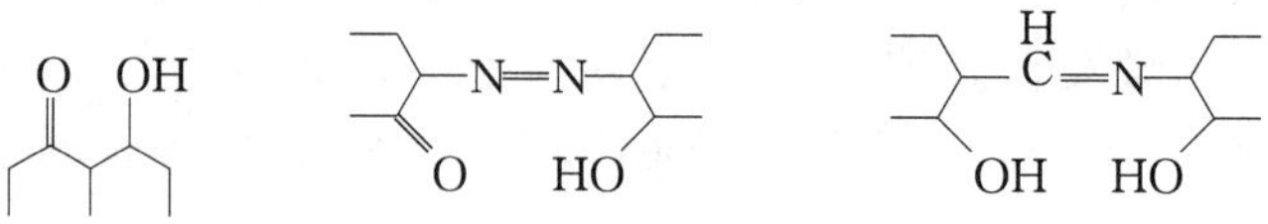

的羟基蒽醌染料和偶氮染料与 Al^{3+}，Be^{2+}，Ga^{3+}，Sc^{3+}，In^{3+}，Th^{4+}，Zr^{4+}，Zn^{2+} 等离子所形成的配合物在紫外线照射下会发荧光。具有下列官能团

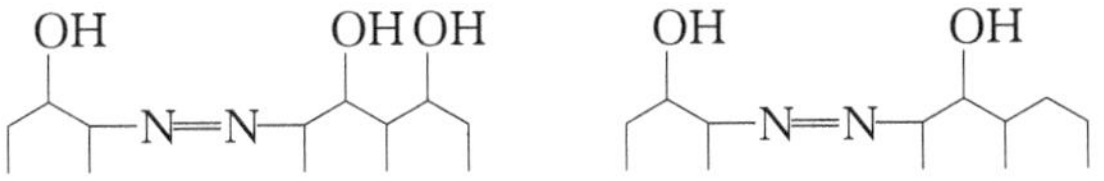

的染料能与 Ga^{3+}，具有官能团

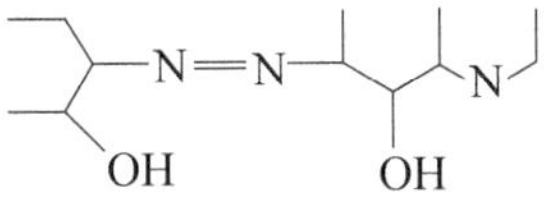

结构者能与 Mg^{2+}，具有官能团

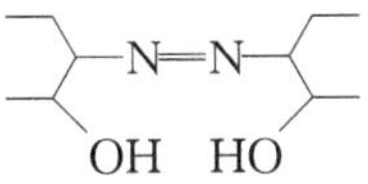

结构者能与 Mg^{2+}，Al^{3+}，In^{3+}，Ga^{3+}，Zn^{2+}，Be^{2+}，Co^{2+} 等离子，形成会发荧光的配合物。

近来，某些本身发荧光，又能与金属离子配合的有机试剂，已引起人们的注意。例如 α，β，γ，σ-四苯基卟啉

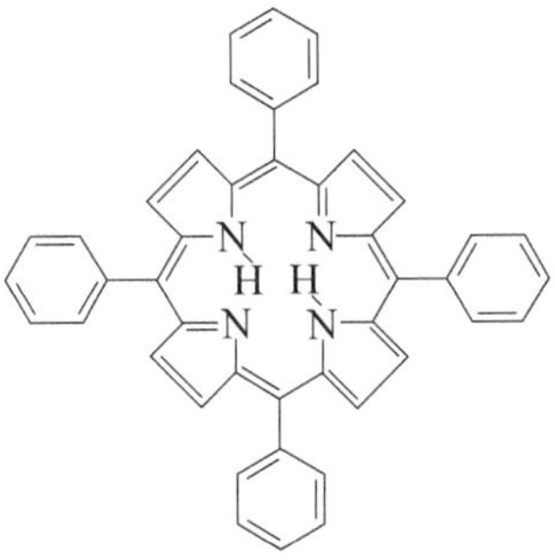

会发生红色的荧光，荧光峰位于 555nm，当与 Pd(Ⅱ) 离子配合时，其荧光则猝灭[27]。锑与 4，5-二溴苯基荧光酮的配合亦有类似现象[28]。

二元配合物中的发光类型，除上述的主要类型 $L^* \rightarrow L$ 发光和次要类型 $m^* \rightarrow m$ 发光者外，尚可能存在少数的 $\pi^* \rightarrow d$ 型及 $d^* \rightarrow d$ 型发光。

§2.3.2　能层分布与发光类型

至今，人们普遍认为，金属离子-有机配位体配合物的发光特性，与配合物中有机配位体及金属离子的那些较低的激发态能层的相对位置及性质有关。图 2.17 表示这类配合物中较低激发态能层的相对位置和最可能的跃迁。如果金属的 m_1 电子能层在配合物的 S_1 能层之上［图 2.17 (a)］，则分子可能发生荧光（或磷光）。在此种情况下，金属离子相当于一惰性原子，与有机配位体的不同部位形成一附加的环。金属离子起了促使原配位体的 S_1 态的 n，π_1^* 能层转变为 S_1 态的 π，π_1^* 能层，同时亦加强了原配位体的刚性平面结构，因而使原不发光的配

位体变为会发荧光。这种类型的发光其发射谱带都较宽，偶尔具有模糊的振动光谱结构，荧光强度随金属离子原子序数增大而减弱，发射峰随之而略有红移。如果金属离子激发态 m^* 能层介于 S_1 和 T_1 之间［见图 2.17（b)］，则由于发生 $S_1 \rightarrow m^* \rightarrow T_1$ 及 $S_1 \rightarrow T_1$ 的非辐射跃迁过程，其配合物不发荧光，随着温度的下降，可能产生 $T_1 \rightarrow S_0$ 的发磷光跃迁；如果配合物中的金属离子 m^* 位于配合物 T_1 的下方［见图 2.17（c)］，则可能产生分子内的能量转移，即发生 $S_1 \rightarrow T_1 \rightarrow m^*$ 的非辐射跃迁过程，而后由金属离子的激发态 m^* 向基态 m 跃迁 $m^* \rightarrow m$ 而发射出线状荧光。这类配合物的金属离子，由于有机配位体能量的传递而得到敏化，其荧光强度比该金属的纯无机离子的强得多。在上述的三类型能层分布与发光特性中，非过渡元素的离子属于第一类，过渡金属离子属于第二类，部分稀土元素属于第三类，例如 Sm^{3+}，Eu^{3+}，Gd^{3+}，Tb^{3+} 和 Dy^{3+}。同一稀土元素离子与不同有机配位体所形成的配合物，其发光类型可能不同，可能是 $L^* \rightarrow L$ 型，亦可能是 $m^* \rightarrow m$ 型。例如 Dy^{3+} 离子与二苯酰甲烷所形成的配合物属 $L^* \rightarrow L$ 型发光，而 Dy^{3+} 离子与苯酰丙酮所形成的配合物具有 $m^* \rightarrow m$ 型发光的特征。

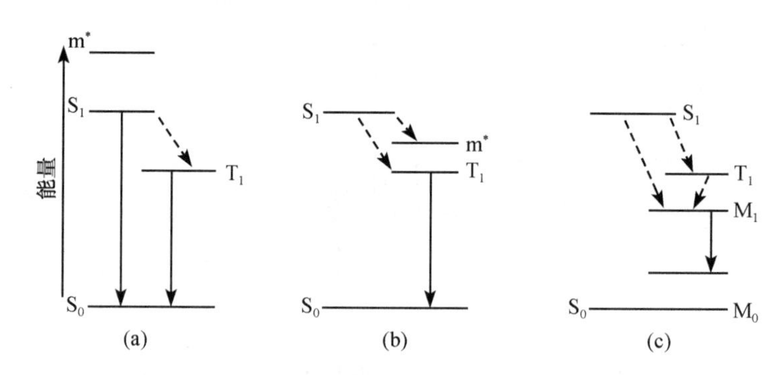

图 2.17　配合物中最低激发态能层的可能分布

S_1 为配位体的最低单线激发态；T_1 为配位体的最低三线激发态；m^* 为金属离子的最低激发态

§2.3.3　金属离子的发光类型

1. $L^* \rightarrow L$ 型发光

属于这一类发光的金属离子最多，在荧光分析中应用也较广泛。除碱金属、碱土金属的离子之外，属于这一类的金属离子还有 Al(Ⅲ)，Ga(Ⅲ)，In(Ⅲ)，Tl(Ⅲ)，Ge(Ⅳ)，Sn(Ⅱ，Ⅳ)，Pb(Ⅱ，Ⅳ)，Sb(Ⅲ，Ⅴ)，Sc(Ⅲ)，Y(Ⅲ)，La(Ⅲ)，Zr(Ⅳ)，Hf(Ⅳ)，V(Ⅴ)，Nb(Ⅴ)，Ta(Ⅴ)，Mo(Ⅵ)，W(Ⅵ)，Cu(Ⅰ)，Ag(Ⅰ)，Zn(Ⅱ)，Cd(Ⅱ)，Hg(Ⅱ)，Gd(Ⅲ)，Lu(Ⅲ)，Th(Ⅳ)，

Pr(Ⅲ)，Nd(Ⅲ)，Ho(Ⅲ)，Er(Ⅲ)，Tu(Ⅲ) 和 Yb(Ⅲ) 等离子。其中 Tl，Pb，Sb 具有两种氧化态，与有机配位体所形成的配合物只呈现微弱的荧光；Gd，Lu 和 Th 属于 $L^* \rightarrow L$ 发光，最后 6 种元素属于弱的 $L^* \rightarrow L$ 型发光，因为它们基本上都是顺磁性的，其 m_1 能层位于配位体 T_1 能层下方，同时在 T_1 与 S_0 能层间存在着多个 f 能层，增加了激发态热猝灭的可能性；Gd(Ⅲ) 虽具有 $4f^7$ 能层，但与不同的配位基配位时，其 m_1 能层可能位于 S_1 能层的上方而呈现强的 $L^* \rightarrow L$ 发光。

2. $m^* \rightarrow m$ 发光

属于这类发光者有 Eu^{3+}，Tb^{3+}，Dy^{3+}，Sm^{3+} 和 Cm^{3+}，这类离子的次外层电子的 f 层电子都未填满，它们几乎都是顺磁性的，此外，m^* 能层（即 $f \rightarrow f^*$ 跃迁的 f^* 能层）位于配位体的 T_1 能层下方，且 m^* 与 S_0 能层之间不存在多个能层，因此，这些离子会发射特征的线状荧光。

3. $\pi^* \rightarrow d$ 型发光或 $d^* \rightarrow d$ 型发光

属于这类型的元素的主要氧化态是 Ru(Ⅱ)，Os(Ⅱ)，Co(Ⅲ)，Rh(Ⅲ)，Ir(Ⅲ)，Ni(Ⅱ)，Pd(Ⅳ) 和 Pt(Ⅱ)。除 Pt(Ⅱ) 外，其他元素的价电子逸去之后的离子都处于低自旋 d^6 构型，是抗磁性的。由于这些离子形成的配合物，其配位体轨函与金属轨函之间相互作用强烈，因此，它们的发光可能属于 $\pi^* \rightarrow d$ 型，也可能属于 $d^* \rightarrow d$ 型。

属于 $\pi^* \rightarrow d$ 型发光者有：

Ru　2，2′-二吡啶、2，2′，2″-三吡啶、8-羟基喹啉等；

Os　2，2′-二吡啶、2，2′，2″-三吡啶、4，6-双（甲硫基-3-氨基-嘧啶）等；

Co　水杨基荧光酮、1-(2-吡啶偶氮)-2-萘酚等；

Rh　8-羟基喹啉等；

Ir　8-羟基喹啉、2，2′-二吡啶、2，2′，2″-三吡啶等；

Ni　2，2′-二氨基联苯-4，4′-二羧基-*N*，*N*，*N*′，*N*′-四乙酸等；

Pd　*N*-二甲基-氨基苯亚甲基罗丹明等。

属于 $d^* \rightarrow d$ 型发光者有：

Rh　吡啶；

Ir　吡啶。

§2.4　三元配合物的荧光[5,8]

近 30 多年来，有关三元配合物的荧光研究和应用颇为热烈，有关报道日益增多。三元配合物大体可分为两类：其一是离子缔合三元配合物，它又可分为阳离子荧光染料-金属配阴离子缔合物和阴离子荧光染料-金属配阳离子缔合物两种。另一是芳族化合物配位的三元配合物。三元配合物的发光行为和上述的二元配合物相似，即可分为 $L^* \rightarrow L$ 型发光和 $m^* \rightarrow m$ 型发光。可是在某些情况下，三元配合物可大大提高荧光分析法的灵敏度和选择性。目前已有多种元素采用三元配合物的荧光分析。

§2.4.1 离子缔合物

1. 阳离子荧光染料-金属配阴离子

此类三元配合物系由二元配阴离子和阳离子荧光染料缔合而成。作为阳离子荧光染料的有机试剂主要为罗丹明类染料（见表 2.9）

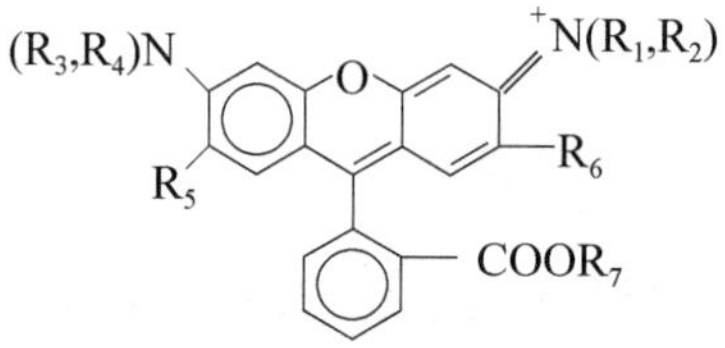

它们的荧光强度顺序为罗丹明 B<罗丹明 3B<罗丹明 4G<丁基罗丹明 B<罗丹明 6G。其他常用的荧光染料有吖啶橙、吖啶黄和藏红。

表 2.9 各种罗丹明染料相应的 R 基团

名称	R_1	R_2	R_3	R_4	R_5	R_6	R_7
罗丹明 B	C_2H_5	C_2H_5	C_2H_5	C_2H_5	H	H	H
罗丹明 3B	C_2H_5	C_2H_5	C_2H_5	C_2H_5	H	H	C_2H_5
丁基罗丹明 B	C_2H_5	C_2H_5	C_2H_5	C_2H_5	H	H	C_4H_9
罗丹明 3GO	C_2H_5	C_2H_5	H	H	CH_3	H	C_2H_5
罗丹明 4G	C_2H_5	C_2H_5	C_2H_5	H	H	H	C_2H_5
罗丹明 6G	H	C_2H_5	H	C_2H_5	CH_3	CH_3	C_2H_5
罗丹明 6J	H	C_2H_5	H	C_2H_5	H	H	C_2H_5

作为阴离子配位体的有卤素离子（Cl^-，Br^-，I^-和 F^-）及 SCN^-离子。

作为配位中心的金属离子有 Ga(Ⅲ)，Sn(Ⅱ)，Ta(Ⅴ)，Te(Ⅳ)，In(Ⅲ)，Tl(Ⅲ)，Zn(Ⅱ) 和 Mo(Ⅴ) 等离子。

首先金属离子与阴离子配位体生成二元配阴离子，例如生成 $TlCl_4^-$，$HgBr_4^{2-}$，TaF_6^-，$AuCl_4^-$，$SbCl_6^-$等，然后再与阳离子荧光染料生成三元配合物。这类三元配合物的吸光（激发）和发光中心均是阳离子荧光染料，均属 $L^* \rightarrow L$ 发光，其激发光谱和发射光谱均与该阳离子荧光染料相似。阳离子荧光染料仅起着二元配阴离子的计数作用，可是它在荧光分析应用中却起了提高方法灵敏度和提高选择性的作用。

2. 阴离子荧光染料-金属配阳离子

这类三元配合物主要以卤代荧光素类作为阴离子荧光染料，例如曙红（2′，4′，5′，7′-四溴荧光素）、四碘荧光素、四氯四碘荧光素、四溴二氯荧光素等，它们的荧光强度随卤代程度增加而减弱，不同卤代物的荧光强度顺序为 Cl＞Br＞I。

作为配位中心的金属离子有 Ag(Ⅰ)，Zn(Ⅱ) 和 Cd(Ⅱ) 等的金属离子。

作为碱性配位体的有吡啶、8-羟基喹啉、α，α′-联吡啶、吡啶-2-醛-吡啶腙（PAPHY）等。

金属离子先与碱性配位体生成配阳离子，而后与阴离子染料生成三元配合物，例如 Ag^+ 离子先与 8-羟基喹啉生成二元配阳离子配合物，而后与曙红生成三元配合物。

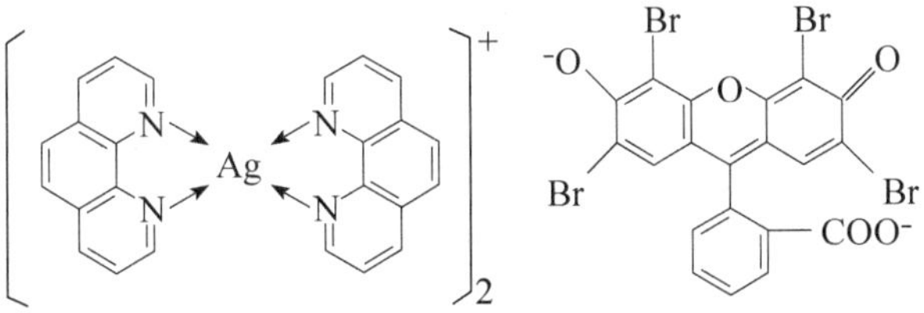

曙红会发荧光（$\lambda_{em}=545nm$），它与 Ag-菲绕啉配阳离子生成三元配合物后其荧光猝灭。

§2.4.2　三元配合物

1. $L^* \rightarrow L$ 型发光

当一中心离子与一配位体形成二元配合物而尚有能力与另一配位体结合时，可能形成三元配合物，例如 B(Ⅲ) 与桑色素的反应，当草酸盐不存在时，硼与桑色素生成 B-桑色素二元配合物，草酸盐存在时则生成 B-桑色素-草酸三元配合物。

这种三元配合物的荧光光谱与它的二元配合物相叠，而其荧光强度却增强了 10 倍。可见其发光中心仍是 B-桑色素二元配合物，另一配位体的加入可能抑制溶剂的碰撞去活化作用（内转换作用）而使荧光得到加强。

这类三元配合物是否能形成，要看金属离子（或非金属离子）的配位数和辅助配位剂的配位数而定。例如 Nb(Ⅴ) 有 8 个配位，配位剂邻苯二酚有 2 个配位，作为辅助配位剂的 EDTA 有 6 个配位，因此，三者在一起时可生成邻苯二酚-Nb-EDTA 三元配合物。若加入的辅助配位剂是四配位或八配位者，则与

Nb(Ⅴ) 可能生成配位饱和的 1∶2 或 1∶1 二元配合物。在上例中，如用 EDTA 作为 Nb(Ⅴ) 的辅助配位剂，则还可以同时消除六配位金属离子（例如 Fe^{3+} 和 Ti^{4+} 离子）的干扰。

具有 $3d^1$ 的钪、$4d^1$ 的钇和 $5d^1$ 电子的镧、钆、镥的三价金属离子，可形成会发荧光的三元配合物，例如钪和镥的三价离子与桑色素、安替比啉可形成此类的三元配合物。

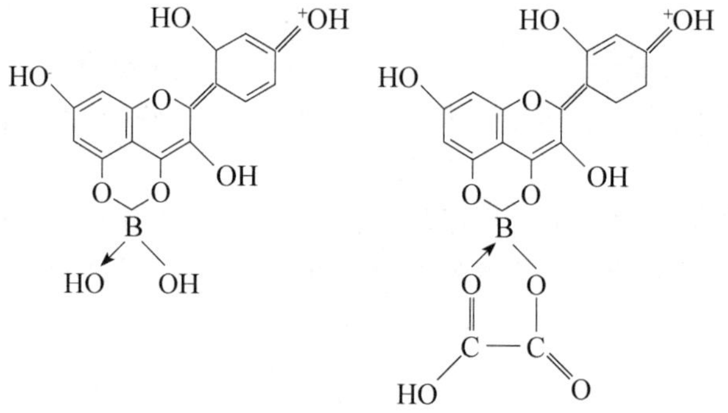

2. $m^* \rightarrow m$ 型发光

在上节的二元配合物中已提到，某些具有 f 电子未填满的稀土金属离子，它们与芳族配位体配合时会形成发 $m^* \rightarrow m$ 型荧光的二元配合物，其特点是配位体 L 吸光，而后能量转移给金属离子 m（使 m 激发为 m^*），最后由金属离子产生 $m^* \rightarrow m$ 型的发光。属于这类的金属离子有 Sm^{3+}，Eu^{3+}，Gd^{3+}，Tb^{3+} 和 Dy^{3+} 离子。可惜这一类 $m^* \rightarrow m$ 型发光，由于溶剂的碰撞猝灭作用，荧光产率一般都不高，然而加入所谓“协同配位剂”后，溶剂的碰撞猝灭作用将大大减弱，相应地其荧光却大大增强（即荧光效率大为提高）。

“协同配位剂”的条件：这种“协同配位剂”应具备如下三个条件。

(1) 要满足金属离子的配位数，排斥溶剂进入配位界内，形成新的三元配合物。

(2) 要一端能与金属离子配位的合适原子（例如氧原子），另一端为远离金属离子的饱和烃链，形成荧光中心的“绝缘套”。

(3) 不应是能量接受体，不会破坏二元配合物的荧光。

已知的“协同配位剂”有三辛基氧化膦（TOPO）、三氟乙酰丙酮、磷酸三丁酯、二己硫氧化物等。

据报道，已采用 $m^* \rightarrow m$ 发光的三元配合物的分析体系有 Sm(Eu)-2-萘-三氟丙酮[29]、Tb-Triron-EDTA[30]、Eu(Sm-Tb)-六氟乙酰丙酮-TOPO[31]、Eu(Sm)-噻吩甲酰三氟丙酮（TTA）-TOPO[32]、Eu-TTA-8-羟基喹啉[33]和 Tb-EDTA-磺

基水杨酸（SSA）[34]等体系。

§2.4.3　胶束增敏及多元体系

胶束增敏荧光的现象早在几十年前就已被人们注意到，然而应用于荧光分析则是近 30 多年的事。胶束的增敏作用可以表现在提高溶液中荧光体的荧光量子产率，亦可表现在荧光体吸光系数的提高，或者两者兼而有之。有些作者报道了胶束（表面活性剂）参与形成配合物并定出它们的结构[35]。

从现有资料看，胶束增敏的二元配合物体系或三元配合物体系，其吸光和发光中心仍然是芳族的配位体，其发光类型仍然是以 $L^* \rightarrow L$ 型发光或 $m^* \rightarrow m$ 型发光为主。具体分析应用中，既可以是荧光增强法，亦可以是荧光猝灭法。

荧光增强法增敏的有如：Cd-铁试剂-CTMAB[36,37]、Tb-Tiron-CTMAB[30,38]、Eu(Sm)-TTA-TOP-Triton X-100[32]和 Eu-Gd-TTA-Phen-Triton X-100[39]。

荧光猝灭法增敏的有如：Pd-水杨基荧光酮（SAF）-CTMAB[40]、Pd-α-β-γ-δ-四苯基卟啉-十二烷基磺酸钠[41]、Ti(Ⅳ)-4，5-二溴苯基荧光酮-CTMAB[42]和 Cd-罗丹明 B-I^--PVA-124[43]等体系。

参 考 文 献

[1] Guilbault G. G. Practied Fluorescence, Theory, Methods, and Techniques, Chapter 3. New York: Marcel Dekker, 1973: 79～99.

[2] Parker C. A. et al. Photoluminescence of Solutions with applications to photochem istry and analytical chemistry. Amsterdam-Loadoa, New York: Elsevier, 1968: 428～438, 479～483.

[3] Schulman S. G. Fluorescence and Phosphorescence Spectroseopy, Physicochemical Princi-ples and Practic. New York: Oxfordpress, 1977: 1～40.

[4] Rohatgi-Mukherjee K. K. Fundanmentals of Photochemistry, New York: Toronto, 1978: 140～144.

[5] Haddad P. R. Talanta, 1977, 24: 1.

[6] Lytle F. E. Appl. Spectrosc., 1970, 24: 319.

[7] 陈国珍主编. 荧光分析法. 北京：科学出版社，1975：12～39.

[8] 徐其亨. 理化检验，1980，16（5）：4～8.

[9] Gomez-Hens A. et al. Analyst, 1982, 107: 465.

[10] Vo-Dinh T. et al. Anal. Chem., 1980, 53: 253.

[11] 黄贤智. 光学与光谱技术，1985，4：31.

[12] Chandross E. A. et al. J. Amer. Chem. Soc., 1970, 92: 3586.

[13] El-Sayed M. A. J. Chem. Phys., 1963, 38: 2834.

[14] 黄贤智等. 厦门大学学报（自然科学版），1983，22：321.

[15] 美国化学科学机会调查委员会等. 化学中的机会. 曹家桢等译. 北京：中国科学院化学

部、中国化学会、中国科学院文献情报中心，1986：29～30，90～91.
[16] 黄贤智等. 高等学校化学学报，1987，8：418.
[17] 黄贤智等. 分析化学，1987，15：293.
[18] 黄贤智等. 中国化学会全国第一届发光分析学术讨论会论文集. 编号 44. 西安，1986.
[19] kronick M. N. et al. Clin. Chem. ，1983，29：1582.
[20] Headerix J. L. Clin. Chem，1983，29：1003.
[21] 拉宾诺维奇 E. 等. 光合作用. 中国科学院植物研究所光合组译. 北京：科学出版社，1973：191～205.
[22] 彭采尔等著. 分子发光分析法（荧光法和磷光法）. 祝大昌等译. 上海：复旦大学出版社，1985：116～216.
[23] Johnston M. V. et al. Anal. Chem. ，1979，51：1774.
[24] 郑企克等. 核化学与放射化学，1981，3：27.
[25] Yamada S. et al. Anal. Chim. Acta，1981，127：195.
[26] Knorr F. J. et al. Anal. Chem. ，1981，53：272.
[27] 欧阳耀国等. 化学试剂，1986，8：70.
[28] 蔡维平等. 分析化学，1987：15（9）：828.
[29] Shigematsu T. et al. Anal. Chim. Acta，1969，46：101.
[30] 胡继明等. 中国化学会全国第一届发光分析学术讨论会论文集. 编号 10. 西安，1986.
[31] Fisher R. P. et al. Anal. Chem. ，1971，43：454.
[32] 刘绍荣等. 全国化学分析分离方法学术讨论会论文汇编. 上海，1985.
[33] 杨景和等. 中国化学会第二届多元络合物光度分析法会议论文集. 二卷. 济南，1984：13～16.
[34] 李隆弟等. 分析化学，1985，13：548.
[35] 史慧明等. 化学学报，1983，41：1029.
[36] 林清赞等. 化学试剂，1988，10（2）：106.
[37] 江淑芙等. 分析化学，1986，14：934.
[38] 慈云祥等. 中国化学会全国第一届发光分析学术讨论会论文集. 编号 13. 西安，1986.
[39] 杨景和等. 中国化学会全国第一届发光分析学术讨论会论文集. 编号 5. 西安，1986.
[40] 胡守坤等. 中国化学会全国第一届发光分析学术讨论会论文集. 编号 19. 西安，1986.
[41] 欧阳耀国等. 化学试剂，1988，10（1）：11.
[42] 欧阳耀国等. 分析化学，1987，15（9）：828.
[43] 胡承苓等. 分析化学，1986，14：276.

（本章编写者：黄贤智）

第三章　环境因素对荧光光谱和荧光强度的影响

虽然物质产生荧光的能力主要取决于其分子结构，然而环境因素尤其是介质对分子荧光可能产生强烈的影响。了解和利用环境因素的影响，有助于寻求提高荧光分析方法的灵敏度和选择性的途径。

§3.1　溶剂性质的影响[1~4]

同一种荧光体在不同的溶剂中，其荧光光谱的位置和强度可能发生显著的变化。由于溶液中溶质与溶剂分子之间存在着静电相互作用，而溶质分子的基态与激发态又具有不同的电子分布，从而具有不同的偶极矩和极化率，导致基态和激发态两者与溶剂分子之间的相互作用程度不同，这对荧光的光谱位置和强度有很大影响。

如前所述，光的吸收与再发射之间存在着一定的能量损失，即发生 Stokes 位移现象。这种现象是几种动态过程所造成的结果。这些过程包括振动松弛、激发态荧光体的偶极矩改变所引起的周围溶剂分子中的电子重排、溶剂分子围绕激发态偶极的重新定向和荧光体与溶剂分子间的特殊作用等。光的吸收过程极其迅速，约 10^{-15}s，以致于核间来不及发生有效的移动，但对于电子的重排时间却是足够的。通常，芳族化合物的电子激发态所具有的偶极矩（μ^*）比其基态的偶极矩（μ）大，结果，荧光体在吸收光子被激发后产生瞬间的偶极，从而使其周围的溶剂分子受到微扰，导致重新组成周围的溶剂笼（solvent cage）。这个过程称为溶剂松弛，费时约 10^{-11}s，该过程的速率与溶剂的物理性质及化学性质有关。

许多荧光体，尤其是那些在芳环上含有极性取代基的荧光体，它们的荧光光谱易受溶剂的影响。溶剂的影响可分为一般的溶剂效应和特殊的溶剂效应，前者指的是溶剂的折射率和介电常数的影响，后者指的是荧光体和溶剂分子间的特殊化学作用，如形成氢键和配合作用。一般的溶剂效应是普遍存在的，而特殊的溶剂效应则决定于溶剂和荧光体的化学结构。特殊的溶剂效应所引起的荧光光谱的移动值，往往大于一般的溶剂效应所引起的。

§3.1.1　一般的溶剂效应

描述一般的溶剂效应对荧光光谱的影响，较常应用的是 Lippert 方程式。溶剂和荧光体间的相互作用影响了荧光体的基态和激发态之间的能量差，这一能量

差的一级近似值用 Lippert 方程式描述如下

$$\nu_a - \nu_f \cong \frac{2}{hc}\left(\frac{\varepsilon-1}{2\varepsilon+1} - \frac{n^2-1}{2n^2+1}\right)\frac{(\mu^* - \mu)^2}{a^3} + 常数 \tag{3.1}$$

式中：ν_a和 ν_f分别为吸收和发射的波数；h 为普朗克常量；c 为光速；ε 和 n 分别为溶剂的介电常数和折射率；μ^* 和 μ 分别为荧光体的电子激发态和基态的偶极矩；a 为荧光体居留的腔体（cavity）的半径。该近似计算式在没有羟基和其他能生成氢键的基团的溶剂中，能量损失的观测值与计算值之间还是有合理的相关性。

折射率 n 和介电常数 ε 对于 Stokes 位移的影响是相互对立的，增大 n 值将使能量损失减小，而 ε 值增大通常导致（$\nu_a - \nu_f$）的值增大。由于折射率增大，溶剂分子内部电子的运动使荧光体的基态和激发态瞬即稳定，这种电子的重排导致基态和激发态之间的能量差减小。介电常数增大也将导致基态和激发态的稳定作用，不过，激发态的能量下降只发生于溶剂的偶极重新定向之后，这一过程需要整个溶剂分子发生运动，结果使得与介电常数有关的荧光体的基态和激发态的稳定作用与时间有关，其速率与溶剂的温度及黏度有关。所以，在溶剂重新定向的时间范围内，激发态移到更低的能量。

式（3.1）中括弧内的整项称为定向极化率（orientation polarizability）Δf。其中第一项（$\varepsilon-1$）/（$2\varepsilon+1$）说明了由溶剂偶极的重新定向和溶剂分子中电子重排这两种因素所引起的光谱移动，第二项（n^2-1）/（$2n^2+1$）只说明电子重排所引起的光谱移动，这两项之差则说明了溶剂分子重新定向所引起的光谱移动。根据上述道理，由于溶剂分子内电子的重排发生于瞬间，该过程使基态和激发态两者被稳定的程度大致相同，因而对 Stokes 位移的影响较小，而溶剂分子的重新定向，则会导致较严重的 Stokes 位移。

许多共轭芳族化合物，激发时发生了 $\pi \rightarrow \pi^*$ 跃迁，其荧光光谱受溶剂极性的影响较大。由于这些分子受激发时，其激发态比基态具有更大的极性，随着溶剂极性的增大，对激发态比对基态产生更大的稳定作用，结果使荧光光谱随溶剂的极性增大而向长波方向移动。从 Lippert 方程式来考虑，随着溶剂的极性增大，定向极化率 Δf 的数值增大，从而使荧光光谱向长波方向移动。某些普通溶剂的 Δf 值列于表 3.1。

表 3.1 某些普通溶剂的 Δf 值

	水	甲醇	乙醇	乙醚	己烷
ε	78.3	33.1	24.3	4.35	1.89
n	1.33	1.33	1.35	1.35	1.37
Δf	0.32	0.31	0.30	0.25	0.001

上述 Lippert 方程式可以用来测定溶剂的极性。由于该方程式描述了某种给定的荧光体在不同极性的溶剂中所预期的 Stokes 位移，荧光体对溶剂极性的敏

感度正比于 $(\mu^*-\mu)^2$，那么，对于某种给定的荧光体，$(\mu^*-\mu)^2$ 的数值为常数，因而，只要测定某一给定荧光体在几种极性不同的溶剂中的位移值 $(\nu_a-\nu_f)$，并作出 $(\nu_a-\nu_f)$ 对 Δf 的校正曲线，然后测定同一荧光体在待测溶剂中的 $(\nu_a-\nu_f)$ 值，即可从校正曲线查出该溶剂的极性值。另一方面，应用 Stokes 位移对溶剂极性 Δf 的敏感度，可以估定荧光体在激发时偶极矩发生的变化。激发时偶极矩改变最大的荧光体，对溶剂的极性应当是最敏感的，即其 $(\nu_a-\nu_f)\sim\Delta f$ 线性关系的斜率值应当最大。

生物化学研究中广为应用的荧光探针，其特点是对溶剂极性的敏感度高，在水溶液中的荧光量子产率很低，而当它们结合到蛋白质或膜上时，荧光量子产率大为提高。这样，可以用来指示在蛋白质和膜上的结合位置的极性。

§3.1.2 特殊的溶剂效应

特殊的溶剂效应，往往可以通过检查在各种溶剂中的发射光谱来加以鉴别。图 3.1 表明，在环已烷中加入小量的、不足以改变母体溶剂性质的乙醇之后，就能使 2-苯胺基萘的荧光光谱发生很大的移动。例如，加入的乙醇量小于 3%时，便使荧光峰从 372nm 移到 400nm，而乙醇含量从 3%增大到 100%时，才使荧光峰移到 430nm。加入微量乙醇时，原先的光谱强度下降了，同时出现了新的红移的光谱，这种新的光谱组分的出现，是特殊溶剂效应的反映。

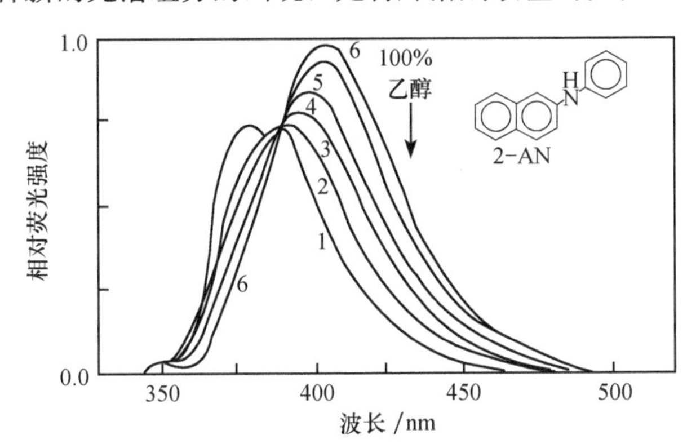

图 3.1 2-苯胺基萘在混有乙醇的环已烷溶液中的荧光光谱

乙醇含量为：1. 0%；2. 0.2%；3. 0.4%；4. 0.7%；5. 1.7%；6. 2.7%。

箭头表示在 100%乙醇中的荧光发射最大值

特殊溶剂效应的存在，也可通过 Lippert 图（如图 3.2）来判断。例如，1-萘胺的 Stokes 位移，对于某些溶剂来说，大致与定向极化率成正比，但对另一些溶剂（如丙醇、甲酰胺和甲醇等）来说则产生例外的光谱移动，这是因为在这些溶剂中会形成氢键的缘故。

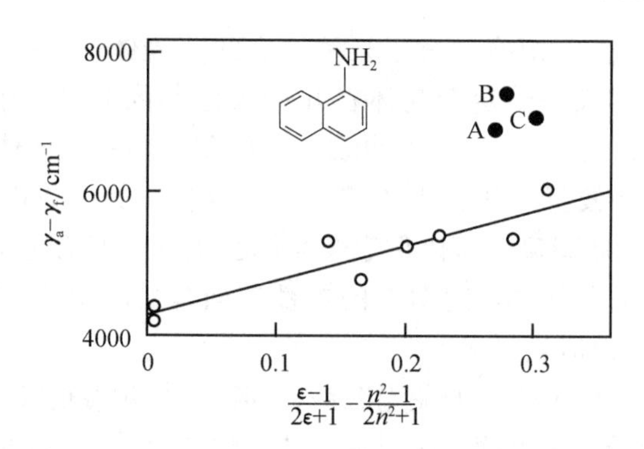

图 3.2 溶剂极性对 1-萘胺的 Stokes 位移的影响

A，B 和 C 分别为丙醇、乙酰胺和甲醇。其他溶剂为不能生成氢键的溶剂

荧光物质与溶剂分子或其他溶质分子之间所发生的氢键作用可能有两种情况：一种是荧光物质的基态分子与溶剂分子或其他溶质分子产生氢键配合物；另一种是荧光物质的激发态分子与溶剂分子或其他溶质分子产生激发态氢键配合物。前一种情况下，荧光物质的吸收光谱和荧光光谱都将由于形成氢键配合物而受到影响；后一种情况下，由于只在激发之后才形成激发态氢键配合物，因而只有荧光光谱才受到氢键作用的影响。

一般地说，由于在 $n\rightarrow\pi^*$ 跃迁和某些分子内电荷转移跃迁中涉及到非键的孤对电子，故溶剂的氢键形成能力对这一跃迁类型的光谱位置有较大的影响：随着溶剂形成氢键的能力增大，最低激发单重态与基态之间的能量间隙加大，荧光光谱向短波方向移动。而在 $\pi\rightarrow\pi^*$ 跃迁和某些分子内电荷转移跃迁中，因为伴随着电子的重排而产生较大的偶极矩变化，所以这一类型的光谱极易受溶剂极性的影响：随着溶剂的极性增大，荧光光谱向长波方向移动。

激发态氢键对于氮杂环化合物发光的影响，取决于其最低激发单重态是（n，π^*）态或（π，π^*）态。氮杂环化合物的碱性，在（π，π^*）激发单重态时通常要比在基态时强得多，因而其激发态要比基态更强烈地与质子溶剂发生氢键作用，故随着溶剂的氢键供体能力提高，吸收光谱和荧光光谱将向长波方向移动。反之，氮杂环化合物的（n，π^*）激发单重态比基态在碱性方面要弱得多，因此对于氢键作用应该是比较不敏感的。所以，尽管 $n\rightarrow\pi^*$ 跃迁的吸收光谱随着溶剂的氢键供体能力的增大而显著地向短波方向移动，但 $\pi^*\rightarrow n$ 跃迁的荧光光谱对于溶剂的氢键性质却不那么敏感。

芳环上的给电子取代基（如—NH_2 和—OH）上的非键孤对电子，与芳环之间存在着激发态电荷转移作用而扩大了共轭体系。在氢键供体溶剂中，这一作用受到抑制，导致荧光光谱相对于在烷烃溶剂中而言，移向了短波方向。反之，在氢键受体溶剂中，有利于这一激发态电荷转移作用，导致荧光光谱向长波方向移动。然而，从芳环到吸电子取代基（如羰基）上的激发态电荷转移作用，在氢键供体溶剂中却得到增强，从而导致荧光光谱相对于在烷烃溶剂的情况下向长波方向移动；氢键受体溶剂的效应则相反，促使荧光光谱朝短波方向移动。

当形成激发态的氢键配合物时，往往会减小荧光物质的荧光量子产率。由于激发态氢键的形成，导致 $S_1 \rightsquigarrow S_0$ 内转化的效率增大，荧光量子产率下降。8-羟基喹啉与 5-羟基喹啉两种化合物的吸收光谱几乎相同，但在同样的溶剂中 8-羟基喹啉的荧光量子产率约比 5-羟基喹啉的荧光量子产率小 100 倍。解释这一差别的原因，看来只能是两者在结构上的差异。8-羟基喹啉的羟基与芳环上的氮原子相距较近，因此除了形成分子间氢键之外，还可能形成分子内氢键；而在 5-羟基喹啉的情况下，则只有形成分子间氢键的可能性。这样一来，使得 8-羟基喹啉的荧光量子产率明显低于 5-羟基喹啉。

某些芳族羰基化合物和氮杂环化合物，它们的（π，π^*）单重态的能量比（n，π^*）单重态的能量并不高太多，这些化合物在非极性的、疏质子溶剂中，由于其最低激发单重态是（n，π^*）态，因而荧光很弱或不发荧光。但在加入高极性的氢键溶剂时，由于（n，π^*）态和（π，π^*）态能量的移动，使得其最低激发单重态变为（π，π^*）态，从而使荧光量子产率迅速增大。例如异喹啉在环己烷中不发荧光而发强磷光，而在水溶液中却能发荧光。

§3.1.3　ICT 或 TICT 态的形成

还应指出的是，除上述一般的和特殊的溶剂效应之外，某些荧光体由于自身所具有的化学结构，可能因为溶剂极性的改变而形成分子内电荷转移态（intramolecular charge-transfer，ICT）或扭转的分子内电荷转移态（twisted intramolecular charge-transfer，TICT）。例如，假定分子内同时含有电子供体基团和电子受体基团，在激发之后，荧光体分子内的电荷分离程度可能增加。如果这时溶剂是极性的，那么这时 ICT 态可能成为产生发射的最低能态；而在非极性的溶剂中，没有电荷分离的型体，即所谓的局部激发态（locally excited state，LE）则可能具有最低的能态。因此，溶剂极性的作用不仅是由于一般的溶剂效应而降低激发态的能量，而且也控制哪一种激发态具有最低的能量。某些情况下，ICT 态的形成还需要荧光体上的某些基团发生扭转，即形成 TICT 态[5]。

§3.2　介质酸碱性的影响[2～4,6]

如果荧光物质是一种有机弱酸或弱碱，该弱酸或弱碱的分子及其相应的离子，可视为两种不同的型体，各具有不同的荧光特性（如不同的荧光光谱、荧光量子产率或荧光寿命)，溶液的酸碱性变化将使荧光物质的两种不同型体的比例发生变化，从而对荧光光谱的形状和强度产生很大的影响。

具有酸性基团或碱性基团的芳香族化合物，其酸性基团的离解作用或碱性基团的质子化作用，可能改变与发光过程相竞争的非辐射跃迁过程的性质和速率，从而影响到化合物的荧光光谱和强度。例如水杨醛，由于其最低激发单重态是（n，π^*）态，很快发生 $S_1 \rightsquigarrow T_1$ 的系间窜越，因而不发荧光而显现强磷光。然而在碱性溶液中由于酚基离解，或在浓的无机酸溶液中由于羰基质子化，使得水杨醛变为呈现强荧光性而不发磷光。显然这是由于处在阳离子或阴离子形式时，其最低激发单重态已是（π，π^*）态，而不是分子形式下的最低激发单重态（n，π^*）态[6]。

质子离解作用或质子化作用均使得分子的基态与激发态之间的能量间隔发生变化，从而导致发光光谱的移动。相对于磷光来说，荧光光谱移动的趋势更大。吸电子基团如羧基、羰基和吡啶氮的质子化作用，导致发光光谱向长波方向移动；而给电子基团如氨基的质子化作用，则引起发光光谱向短波方向移动。给电子基团如羟基、巯基和吡咯氮的质子离解作用，引起发光光谱向长波方向移动；而吸电子基团如羧基的质子离解作用，则使发光光谱向短波方向移动[6]。

当分子由基态被激发到较高的电子激发态时，其偶极矩也将发生变化。由于激发态与基态两者的电荷分布情况不同，因而它们的化学性质也会有所差别，溶液的 pH 改变将会影响到基态分子或激发态分子的酸碱性质。例如，假定分子处于激发态时其酸性或碱性基团的电子密度比处于基态时来得低，那么该分子在被激发后其酸性将增强，或其碱性将减弱。假如激发时发生电荷转移到酸性基团或碱性基团，那么激发态分子与基态分子相比较将是更弱的酸或更强的碱。

发光分子在其激发态寿命期间，可能发生激发态的质子转移过程（即质子化或离解过程），致使人们不能仅仅在基态酸碱化学的基础上来预期荧光与 pH 的关系。处于最低激发单重态的分子，其寿命通常在 $10^{-11} \sim 10^{-7}$ s，而质子转移反应过程的平均时间变化很大，可能比最低激发单重态的寿命长几个数量级或短几个数量级。倘若激发态的质子转移反应的速率远比荧光的速率慢，这意味着激发态在发射荧光之前来不及发生质子转移反应，这种情况下激发与发射应是同样的型体，因此由发光分子的酸型和共轭碱型所发射的相对荧光强度，取决于基态分子的 pK_a 值。假如激发态的质子转移反应的速率远比荧光的速率来得快，这种情况下，在发射荧光之前，将达到最低激发单重态下的质子转移平衡。这时，决定荧光行为的是激发态分子的 pK_a^* 值。激发态与基态在酸碱性方面通常有较大的差别，pK_a^* 与 pK_a之间的差值一般在 6 个单位以上，这意味着激发态的质子转移反应与基态的质子转移反应可能发生于差别较大的 pH 范围。要是质子转移反应过程与荧光发射过程两者的速率不相上下，情况则比较复杂，限于篇幅这里不予讨论，读者如有必要和兴趣，可参阅有关的专著[4]。

2-萘酚是激发态酸碱化学的一个很好例子。2-萘酚分子在水溶液中显现的荧光峰位于 359nm，其阴离子的荧光峰位于 429nm。2-萘酚的 pK_a值约为 9.5，而通过测量 2-萘酚的中性分子和阴离子的相对荧光强度与 pH 的函数关系，求得 2-萘酚的 pK_a^* 值约为 3.1，这意味着 2-萘酚的激发单重态比基态具有更强的酸性。因此，在 pH<9.5 的介质中，虽然中性分子的型体在基态分子中占统治地位，但由于在激发态时发生了质子转移反应，故仍将观察到 2-萘酚阴离子的荧光占很大的比例。若要使分子型体的发光在荧光光谱中占主要地位，必须调节溶液的 pH 值小于 3.1。由此可见，了解激发态质子转移反应的平衡常数以及两个酸碱共轭型体的相对荧光量子产率，对提高某些含可离解官能团化合物的荧光分析灵敏度是很有价值的[7]。

酚类、硫醇类和芳香胺类化合物，在激发态时酸性变得更强；而含氮和硫的杂环化合物、羧酸类、醛类和酮类化合物，在其最低激发单重态为（π，π*）态时碱性变得更强[3]。

在金属离子的测定中，改变溶液的 pH 将会影响到金属离子与有机试剂所生成的发光配合物的稳定性和组成，从而影响它们的荧光性质。例如 Ga^{3+} 离子与邻、邻-二羟基偶氮苯在 pH3～4 溶液中形成 1∶1 的荧光配合物，而在 pH6～7 溶液中则生成不发荧光的 1∶2 配合物[8]。

有些情况下，荧光物质的共轭酸碱两种型体都发荧光，而且它们的荧光光谱相互重叠，荧光量子产率相同，这样一来在两种型体的荧光光谱中便可能出现类似于吸光光度法中等吸收点的等发射点[9]。在等发射点所监测的荧光强度只与分析物的总浓度成正比，而与两种共轭型体的相对浓度无关，这样便可避免某些与溶液 pH 有关的分析误差。

介质的酸碱性对荧光光谱和荧光强度的影响，可以用来提高荧光分析的选择性。例如 8-羟基喹啉的 pK_a值为 5.1，5-氟-8-羟基喹啉的 pK_a值为 4.9，而两者的 pK_a^* 值分别为－7 和－11。这样便可以用硫酸将试液的哈米特（Hammett）酸度调至－9 以单独测定 8-羟基喹啉的量，然后再调高酸度以测定 8-羟基喹啉和 5-氟-8-羟基喹啉的合量。这种类型的选择性，在电位测定法和吸光光度法中显然是不可能获得的。

此外，溶剂松弛现象常使荧光光谱向长波方向移动，不过由于荧光物质分子与其离子的溶剂松弛现象所引起的荧光光谱移动情况往往并不相同，例如邻菲绕啉和它的质子化酸相比，后者的荧光光谱移动到更长的波长范围[10]。因而可以利用这种效应，通过调节溶液的 pH 值以产生某种所要求的型体，该型体的荧光光谱移动后可与干扰组分的荧光光谱分离开来，达到提高选择性的目的。

§3.3　温度的影响

温度对于溶液的荧光强度有着显著的影响。通常，随着温度的降低，溶液的荧光量子产率和荧光强度将增大。图 3.3 列示了罗丹明 B 的甘油溶液与硫酸铀酰的硫酸溶液在不同温度下的荧光量子产率。硫酸铀酰的水溶液在其沸点时荧光消失殆尽，但它的吸收光谱及吸光能力并无多大改变。罗丹明 B 的甘油溶液在荧光量子产率随着温度升高而下降的过程中，它的吸收光谱和吸光能力并无多大改变。有些荧光物质在溶液的温度上升时不仅荧光量子产率下降，而且吸收光谱也发生显著变化，这表示在该情况下荧光量子产率的下降涉及分子结构的改变。

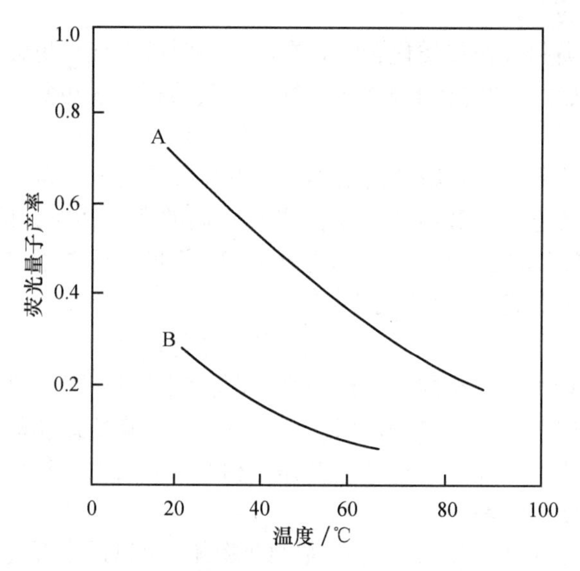

图 3.3　荧光量子产率与温度的关系

A. 罗丹明 B 的甘油溶液；B. 硫酸铀酰的硫酸溶液

当溶液中不存在猝灭剂时，荧光量子产率的大小与辐射过程及非辐射过程的相对速率有关。辐射过程的速率被认为不随温度而变，因此，荧光量子产率的变化反映了非辐射跃迁过程速率的改变。此外，随着溶液的温度上升，介质的黏度变小，从而增大了荧光分子与溶剂分子碰撞猝灭的机会。

温度上升而使溶液的荧光强度下降的一个主要原因是分子的内部能量转化作用。多原子分子的基态和激发态的位能曲线可能相交或相切于一点，如图 3.4 所示。当激发态分子接受额外的热能而沿激发态位能曲线 AC 移动至交点 C 时，则转换至基态的位能曲线 NC，使激发能转换为基态的振动能量，随后又通过振动松弛而丧失振动能量。

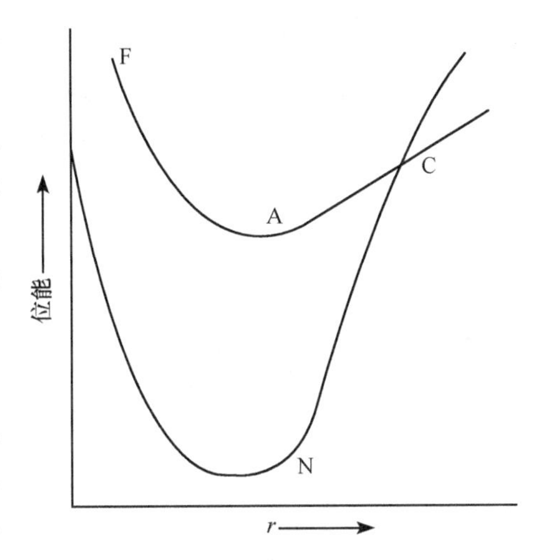

图 3.4 内部能量转化的位能曲线

溶液的荧光强度与温度的关系曲线可表示为

$$(F_0 - F)/F = k\mathrm{e}^{-E/RT} \qquad (3.2)$$

式中：F_0与 F 分别为溶液温度上升前后的荧光强度；R 为气体常量；T 为热力学温度；E 为激发态分子转移至基态曲线时所需的额外热能，亦即激发热，相当于图 3.4 中 A 至 C 的高度。实验求得的 E 值通常为 4～7kcal/mol，约为由分子的红外光谱所求得的振动能量的两倍。对于像蒽这样的刚性分子，E 值受溶剂黏度的影响较小，而像二-9-蒽基乙烷这样可挠曲的分子，E 值随溶剂黏度的变化较大。

也有少数荧光物质例外，如喹啉红的水溶液或乙醇溶液，在 0～100℃的范围内，其荧光量子产率并不改变。此外，倘若荧光分子的 S_1 态与 T_1 态的能量差很小时，则在足够高的温度下，便可能因热激发而发生由 $T_1 \rightsquigarrow S_1$ 的逆过程，导致迟滞荧光的产生，其结果可能使荧光强度随温度升高而增强。

溶液中如有猝灭剂存在时，温度对于荧光强度的影响将更为复杂，这是由于温度对于分子的扩散、活化、分子内部能量转化以及对于溶液中的各种平衡均有一定的影响。如荧光猝灭作用系由于荧光物质分子和猝灭剂分子之间的碰撞所引起的，则荧光强度将随温度升高而降低；如荧光猝灭作用系由于荧光物质分子与猝灭剂分子组成化合物，则荧光强度可能随温度的升高而增强。

在进行荧光测定时，由于荧光计光源的温度相当高，容易引起测定溶液的温度上升，加上分析过程中室温可能发生变化，从而导致荧光强度的变化，因而样品室四周的温度在测定过程中应尽可能保持恒定。

§3.4 重原子效应

有一类溶剂效应，可能影响到溶质的荧光强度和磷光强度，但对跃迁的频率没有可觉察的影响。这一类溶剂效应，既不是由于溶剂的极性，也不是由于溶剂的氢键性质所引起的，而是由于溶剂分子中含有高原子序的原子所造成的。这种效应，即通常所说的“外重原子效应”。

在含重原子的溶剂（例如含碘原子的碘化乙酯、二碘烷和含溴原子的溴化正丙酯）中，重原子的高核电荷引起溶质分子的自旋角动量与轨函角动量彼此间强烈地相互作用。自旋-轨函耦合的结果，使得 $S_0 \rightarrow S_1$ 的吸收跃迁、$S_1 \rightsquigarrow T_1$ 的系间窜越、磷光以及 $T_1 \rightsquigarrow S_0$ 的系间窜越等过程的概率增大。这样一来，原来在非重原子溶剂中会发荧光的物质，在重原子溶剂中由于 $S_1 \rightsquigarrow T_1$ 过程的概率增大，便会减小 S_1 激发态分子的布居，并同时增大 T_1 激发态分子的布居，从而导致荧光强度减弱，磷光强度增强。因此，在重原子溶剂中，通常使分子的荧光量子产率下降，磷光量子产率升高[11]。重原子效应虽然会同时增大 $T_1 \rightsquigarrow S_0$ 系间窜越和磷光这两个过程的速率，但通常对磷光过程的影响较大，因而净结果增大了磷光的量子产率[12]。

在含有卤素原子的重原子微扰剂如卤代烷或碱金属卤化物的情况下，已有有力的证据表明在溶质的激发态与重原子微扰剂之间形成 1∶1 配合物[2]。在这种激态复合物（exciplex）中，自旋-轨函耦合作用的程度要大得多。这种激态复合物，具有强的电荷转移性质，越来越多地被认为是一般的荧光猝灭过程[3]。但是，有的重原子效应的实际过程并非形成激态复合物[2]。

芳族化合物分子中的重原子取代基团，同样会引起荧光强度减弱、磷光强度增强的现象，这类重原子效应通常称为“内重原子效应”。

不过，在偶尔情况下重原子效应也会减小有机分子中 $S_1 \rightsquigarrow T_1$ 系间窜越的速率，或是对 $T_1 \rightsquigarrow S_0$ 系间窜越过程的促进作用比对磷光过程的促进作用更大，这些情况下将使磷光的量子产率减小[2]。因此，在某些特殊情况下，可能观察到重原子存在时使得荧光和磷光两者的量子产率均下降的现象。

§3.5 有序介质的影响

表面活性剂或环糊精溶液这样的有序介质，对发光分子的发光特性有着显著的影响，在发光分析中得到了广泛的应用。

表面活性剂是一类两亲的分子，具有明显的亲水部分和疏水部分。根据头基的性质，分别有阳离子、阴离子、两性和非离子型表面活性剂（见表 3.2）。在低浓度的水溶液中，表面活性剂分子绝大部分被分散为单体，也有少数的二聚体或三聚体等形式存在。当表面活性剂的浓度达到临界胶束浓度（CMC）时，表面活性剂分子便会动态地缔合形成聚集体，称为胶束。在水溶液中，胶束具有由烷烃链形成的疏水内核，而极性的头基朝向母体水溶液。在非极性的溶剂中，表面活性剂可能形成具有由极性头基形成的亲水内核、而烷烃链朝向母体有机溶剂的胶束，这类胶束称为“反相胶束”。组成胶束的表面活性剂分子的平均数目，称为“平均簇集数”（N）。表面活性剂的烷烃链的长度、头基的结构大小、烷烃链彼此间的相互作用、头基间的相互作用以及烷烃链与溶剂间的相互作用，将决定胶束的大小、CMC 值、平均簇集数和胶束的结构。胶束通常很小，直径为3～6nm，以致胶束溶液在宏观上近似于真溶液，在常规的光谱测定法中并不引起可测量的光散射误差。

表 3.2　某些典型的表面活性剂[13]

表面活性剂	CMC/(mol/L)	N
阳离子型		
溴化十六烷基三甲铵（CTAB）	9.2×10^{-4}	61
$C_{16}H_{33}N^+(CH_3)_3Br^-$		
氯化十六烷基三甲铵（CTAC）	1.3×10^{-3}	78
$C_{16}H_{33}N^+(CH_3)_3Cl^-$		
氯化十四烷基二甲基苄铵（zephiramine，zeph）	3.7×10^{-4}	—
$C_{14}H_{29}N^+(CH_3)_2CH_2C_6H_5Cl^-$		
阴离子型		
十四烷基硫酸钠（NaTDS）	2.2×10^{-3}	—
$C_{14}H_{29}SO_4^-Na^+$		
十二烷基硫酸钠（NaLS，SDS）	8.1×10^{-3}	62
$C_{12}H_{25}SO_4^-Na^+$		
两性型		
N-十二烷基-*N*，*N*-二甲基铵-3-丙烷-1-磺酸（sulfobetaine，SB-12）	3.3×10^{-3}	55
$C_{12}H_{25}N^+(CH_3)_2(CH_2)_3SO_3^-$		
N，*N*-二甲基-*N*-(羧甲基)-辛铵（octylbetaine）1)	0.25	24
$C_8H_{17}N^+(CH_3)_2CH_2COO^-$		
非离子型		
聚氧化乙烯（23）十二烷醇（brij-35）	9.0×10^{-5}	40
$C_{12}H_{25}(OC_2H_4)_{23}OH$		
聚氧化乙烯（9.5）对-特辛苯酚（Triton X-100）	3.0×10^{-4}	143
$C_8H_{17}C_6H_4O(C_2H_4O)_{9.5}H$		
聚氧化乙烯（6）十二烷醇1)	9×10^{-5}	400
$C_{12}H_{25}(OC_2H_4)_6OH$		

1）引自文献 [14]。

表面活性剂一般是非光活性物质，毒性小，价格便宜，使用方便，其胶束溶液光学上透明、稳定，对发光物质具有增溶、增敏和增稳的作用，实践证明是提高发光分析法灵敏度和选择性的有效途径之一，吸引了人们的重视和研究兴趣，得到了日益广泛的应用。

对于极性较小而难溶于水的荧光物质，可在胶束水溶液体系中加以测定，避免了使用有机溶剂萃取的步骤，这样既简化了操作，又避免了有机溶剂的毒性。

目前胶束溶液在发光分析中的主要应用是提高测定灵敏度。例如在 Triton X-100 胶束溶液中以 TTA 和 TOPO 测定 5×10^{-6}mol/L 的 Eu 或 Sm 时，其荧光强度比用某些有机溶剂（如苯、四氯化碳、二氯乙烷）萃取法的荧光增强数10倍至100多倍。胶束溶液之所以能增强发光分子的发光强度，其主要原因在于发光分子在胶束溶液中所处的微环境不同。在胶束溶液中，发光分子被分散进入胶束的内核或栏栅部位，或者被束缚在胶束-水界面，这样一来，既降低了发光分子活动的自由度，又对发光分子起了屏蔽作用，从而减小了发光分子与溶剂分子或其他溶质分子的碰撞猝灭作用，减小了非辐射衰变过程的速率；且由于所处微环境的黏度增大，也减小了氧对发光的猝灭作用。这些影响的结果，有利于发光过程与非辐射衰变过程及猝灭过程的竞争，从而提高了发光的量子产率，增大了发光强度。

许多化合物由于不发荧光或荧光量子产率很低而不能直接进行荧光测定，需要在测定之前转化为发荧光的型体，常用荧光衍生反应来达到此目的。不过，许多情况下这样的衍生反应速率太慢而实用价值不大。如果选择适当的胶束，则有可能加速所要求的衍生反应。此外，在胶束溶液中进行荧光测定时，增大了荧光体随时间的稳定性，且通常可以不必除氧，还能在一定程度上改善实验条件，如提高选择性和扩大 pH 范围等。

另一方面，金属离子在胶束溶液中形成荧光配合物的过程中，表面活性剂也可能参与组成更高次的配合物，从而增大了配合物分子的有效吸光截面积，增大了分子的摩尔吸光系数，导致荧光强度的增大[15]。

值得注意的是，这种对发光的增敏作用表现出对表面活性剂有较强的选择性。如果发光型体是荷电的，那么具有与发光型体相同电性的表面活性剂，通常对该发光型体不起增敏作用或增敏效果差。

环糊精是另一种常用于发光分析的有序介质。它们是由环糊精葡萄糖基转移酶作用于淀粉而形成的一类环状低聚糖，目前发现有含6～12个葡萄糖单元的多种环糊精，最常见的有 α-、β-和 γ-环糊精，分别由6、7和8个葡萄糖单元组成，其中，β-环糊精的应用最为广泛。随着研究的不断深入，近年来已开发了一系列 β-环糊精的衍生物，以改善 β-环糊精的性能，使其用途更为广泛。

环糊精类化合物的特点是分子结构中存在一个亲水的外缘和一个疏水的空腔，其疏水的空腔能与许多有机物结合形成主客体包合物，这一结构特点是它们获得广泛应用的基础。某些荧光物质分子，它们对于环糊精的疏水空腔有更大的亲和力，如果分子的尺寸大小合适，便能够与环糊精分子结合形成包合物而进入环糊精的腔体。这样的包合物是稳定的，并且能够增强荧光强度。

由于上述胶束、环糊精等有序介质所具有的优点和操作技术上的简单方便，有序介质增敏荧光分析便成为荧光分析法的重要的、有发展前景的研究领域之一。对于增敏机理和有关的动力学研究，发展具有特殊功能团的表面活性剂和对环糊精进行修饰的环糊精衍生物，探索新的有序介质，是今后这一领域继续研究的重要内容。

§3.6 其他溶质的影响

有机分子的荧光，不仅受到溶剂效应的影响，也会因为与其他溶质的相互作用而受到影响。这一节我们将要简要地介绍芳族配位体与金属离子发生配位作用之后对配位体的荧光光谱和强度的影响。至于荧光体可能与其他溶质发生化学反应、能量转移、电荷转移或碰撞作用等过程而导致荧光体的荧光猝灭现象，将在第四章中加以介绍。

荧光配位体与金属离子的配位作用，实际上可以看成为是一种酸-碱反应，金属离子作为路易斯酸，配位体作为路易斯碱。因此，金属离子与配位体的配位作用，可以预计类似于配位体的质子化作用，由金属离子配位作用所产生的配位体电子光谱的许多变化，将与配位体的光谱受溶液 pH 的影响情况相类似。不过，配位体的质子化作用同配位作用两者所引起的配位体电子光谱变化，并没有绝对的类似关系，有时候会观察到两者的光谱变化情况并不相同。

芳族配位体与非过渡金属离子（如 Zn^{2+}、Cd^{2+}、Al^{3+} 和 Ga^{3+} 等）的配位作用，在配位体的配位位置上产生了正极化作用，由这些金属离子的配位作用所产生的光谱移动，与配位体在配位位置上的质子化作用所产生的光谱移动相类似。例如 8-羟基喹啉在乙醇溶液中是无色的，其荧光呈蓝色；当在 8-羟基喹啉的乙醇溶液中加入氢离子或非过渡金属离子时，溶液变为黄色，其荧光呈绿色，两种情况下均显示出光谱向长波方向移动的现象[16]。不过，8-羟基喹啉的质子化作用产物，和 8-羟基喹啉的非过渡金属离子的配合物，两者的吸收峰和荧光峰略有不同，这是质子和非过渡金属离子两者在极化能力上有所差别的结果。金属离子的极化能力与其氧化态和原子序数有关，从表 3.3 可以看出，对于与同一种配位体形成配合物的、氧化态相同的不同金属离子来说，随着原子序数增大，配合物的相对荧光强度下降，吸收峰和发射峰都往长波方向移动。荧光量子产率随金属离子的原子序数增大而减小，这是自旋-轨函耦合的结果增大了分子内体系间窜越过程的概率。不过，在 8-羟基喹啉阳离子的吸收光谱并不发生变化的某个酸度范围内，其荧光却随溶液的哈米特酸度变化而变化，这是由于在最低激发单重态时 8-羟基喹啉的阳离子和两性离子两者之间建立了质子迁移平衡的结果。当然，这种情况只是在质子化作用和离解作用的速率与激发态的寿命相比是快速的条件下才可能发生。然而，金属离子的配合作用和离解作用速率要慢得多，这个过程最快的也得费时约 10^{-5}s，结果，当 8-羟基喹啉与 Mg^{2+}、Ba^{2+} 或 Al^{3+} 配合时，随着吸收光谱的红移，同时发生了荧光光谱的红移。这样一来，质子化作用和非过渡金属离子的配位作用之间，在配位作用的动力学和发射光谱的强度因素方面就没有类似的关系[4]。

表 3.3 金属离子对 8-羟基喹啉配合物荧光性质的影响

金属离子	原子序数	吸收峰/nm	发射峰/nm	相对荧光强度
Al^{3+}	13	384	520	1
Ga^{3+}	31	391	537	0.38
In^{3+}	49	393	544	0.35
Tl^{3+}	81	395	550	<0.025

芳族配位体和过渡金属离子的配位作用所产生的电子光谱的移动，比同一配位体和非过渡金属离子的配位作用所产生的光谱移动通常要大得多。许多过渡金属离子与芳族配位体配位后，往往导致配位体发光的静态猝灭。过渡金属的配位导致荧光猝灭的原因尚未完全清楚，多数认为过渡金属离子的顺磁性效应和重原子效应引起的自旋-轨函耦合作用，促进了低能量高多重态状态的布居，处于这种状态的分子然后经由内转化的途径失活。

某些具有未充满的 d 壳层或者 f 壳层的过渡金属离子，它们与芳族配位体所生成的配合物，可能观察到发光现象，其发光过程常是经由配位体的 $\pi\rightarrow\pi^*$ 跃迁被激发，接着激发能被转移到金属离子，最终发生金属离子的 $d^*\rightarrow d$ 跃迁或 $f^*\rightarrow f$ 跃迁。这种发光的带宽常常是非常窄，几乎类似于线状光谱。这种发光由于是位于金属离子上的状态间所产生的跃迁，因而受整个分子的振动结构的影响不大。有些过渡金属离子与芳族配位体所生成的配合物，如 Ru(Ⅱ) 与 2，2′-联吡啶的配合物，它们的发光是由电荷转移而产生的。这种电荷转移的带宽比 $d^*\rightarrow d$ 和 $f^*\rightarrow f$ 跃迁的发光来得宽，但又比 $\pi^*\rightarrow\pi$ 发射的带宽要窄得多[2,4]。

参考文献

[1] Lakowicz J. R. Principles of Fluorescence Spectroscopty. New York: Plenum Press, 1983: 187～214.

[2] 陈国珍等. 荧光分析法. 第二版. 北京：科学出版社，1990：75～111.

[3] Guilbault G. G. Practical Fluorescence: Theory, Methods, and Techniques. New York: Marcel Dekker, 1973: 99～112.

[4] Schulman S. G. Fluorescence and Phosphorescence Spectroscopy: Physicochemical Principles and Practice. Oxford: Pergamon Press, 1977: 46～92.

[5] Lakowicz J. R. Principles of Fluorescence Spectroscopty. 2nd ed. New York: Plenum Press, 1999: 185～191.

[6] Schulman S. G. Ed. Molecular Luminescence Spectroscopy: Methods and Applications. Part 1. New York: John Wiley & Sons, 1985: 10～11.

[7] Schulman S. G. Crit. Rev. Anal. Chem., 1971, 2: 85.

[8] Назаренко В. А. Ж. Аналит. Хим., 1967, 22: 518.

[9] Schulman S. G. et al. Talanta, 1970, 17: 67.

[10] Schulman S. G. et al. J. Am. Chem. Soc., 1971, 93: 3179.
[11] Medinger T. et al. Trans. Faraday Soc., 1965, 61: 620.
[12] Giachino G. G. et al. J. Chem. Phys., 1970, 52: 2964.
[13] Hinze W. L. et al. Trends Anal. Chem., 1984, 3: 193.
[14] Cline Love L. J. et al. Anal. Chem., 1984, 56: 1132A.
[15] 崔万苍等. 化学试剂，1984，6：16.
[16] Bhatnagar D. C. et al. Spectrochim. Acta, 1965, 21: 1803.

（本章编写者：许金钩）

第四章　溶液荧光的猝灭

§4.1　荧光猝灭作用

荧光猝灭或称荧光熄灭，广义地说是指任何可使荧光量子产率降低（也即使荧光强度减弱）的作用。这里我们所要讨论的荧光猝灭，指的是荧光物质分子与溶剂或溶质分子之间所发生的导致荧光强度下降的物理或化学作用过程。与荧光物质分子相互作用而引起荧光强度下降的物质，称为荧光猝灭剂。

猝灭过程实际上是与发光过程相互竞争从而缩短发光分子激发态寿命的过程。猝灭过程可能发生于猝灭剂与荧光物质的激发态分子之间的相互作用，也可能发生于猝灭剂与荧光物质的基态分子之间的相互作用。前一种过程称为动态猝灭，后一种过程称为静态猝灭。在动态猝灭过程中，荧光物质的激发态分子通过与猝灭剂分子的碰撞作用，以能量转移的机制或电荷转移的机制丧失其激发能而返回基态。由此可见，动态猝灭的效率受荧光物质激发态分子的寿命和猝灭剂的浓度所控制。1-萘胺的蓝绿色荧光在碱性溶液中发生猝灭现象，但它的吸收光谱并没有发生变化，这是动态猝灭的一个例子。静态猝灭的特征是猝灭剂与荧光物质分子在基态时发生配合反应，所产生的配合物通常是不发光的，即使配合物在激发态时可能离解而产生发光的型体，但激态复合物的离解作用可能较慢，以致激态复合物经由非辐射的途径衰变到基态的过程更为有效。另一方面，基态配合物的生成也由于与荧光物质的基态分子竞争吸收激发光（内滤效应）而降低了荧光物质的荧光强度。吖啶黄溶液受核酸的猝灭便是静态猝灭的一个例子。核酸使吖啶黄溶液的荧光猝灭，且使溶液的吸收光谱显著地位移。在动态猝灭中，荧光的量子产率是由光反应的动力学控制，而在静态猝灭中，荧光的量子产率通常只受基态的配合作用的热力学所控制。众所周知的猝灭剂之一是分子氧，它能引起几乎所有的荧光物质产生不同程度的荧光猝灭现象。因此，在没有驱除溶解氧的情况下进行溶液的荧光测定，通常会降低测定的灵敏度。不过，由于除氧操作麻烦，故在可以满足分析灵敏度要求的情况下，在一般的分析方法中往往免除了这一步骤。但是要获得可靠的荧光量子产率或荧光寿命的测量值，往往需要除去溶液中的溶解氧。胺类是大多数未取代芳烃的有效猝灭剂。卤素化合物、重金属离子以及硝基化合物等，也都是著名的荧光猝灭剂。卤素离子对于奎宁的荧光有显著的猝灭作用，但对某些物质的荧光并不发生猝灭作用，这表明猝灭剂和荧光物质之间的相互作用是有一定选择性的。从上面所说的，可以知道猝灭剂的存在对荧光分析有严重的影响，在荧光测定之前必须考虑猝灭剂的消除或分离问题。

诚然，荧光猝灭作用在荧光分析中有降低待测物质的荧光强度的不良作用一面，但另一方面，人们也可以利用某种物质对某一荧光物质的荧光猝灭作用而建立对该猝灭剂的荧光测定方法。一般地说，荧光猝灭法比直接荧光测定法更为灵敏，并具有更高的选择性。此外，猝灭效应的研究还可以用于揭示猝灭剂的扩散速率，或在生物化学研究中用于推测蛋白质上结合点的位置和蛋白质的形状。

§4.2　动 态 猝 灭

双分子作用过程的基本条件是两个分子的紧密接近，即通常所谓的“碰撞”。对于基态分子的动力学碰撞来说，要求两个分子相互接触；而对于处于激发态的分子来说，并不一定需要两个作用分子的直接接触，它们之间便可能发生光学的碰撞作用。光学碰撞的有效截面可能比动力学碰撞的有效截面大得多（图 4.1）。光学碰撞的有效截面（$\sigma=\pi R_{AB}^2$）与距离 R_{AB} 的平方成正比，在 R_{AB} 的距离下，激发态分子可能与其他分子相互作用而引起物理变化或化学变化。

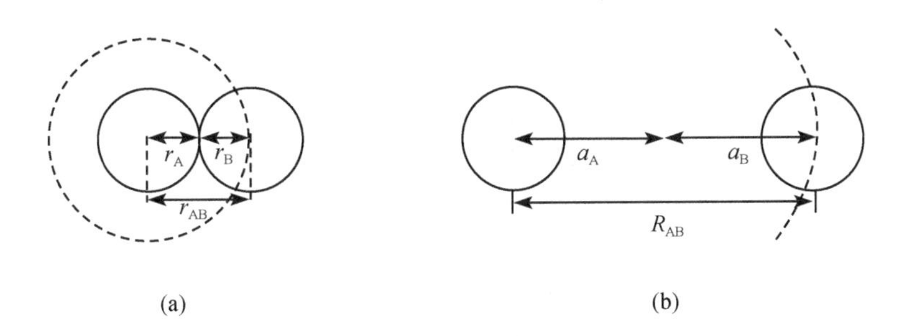

图 4.1　动力学碰撞（a）和光学碰撞（b）的图解表示

在溶液中，为溶剂分子所包围的两个邻近的溶质分子，在它们漂离之前，彼此可能进行多次重复的碰撞，这称为一次遭遇，每次遭遇约包含 20～100 次碰撞。每次遭遇所含的碰撞次数及遭遇持续的时间，与溶液的黏度及温度有关。最初互相远离的溶质分子，只有通过比较缓慢的扩散过程彼此才能相互靠近。假如在一次遭遇中重复碰撞的次数大于发生相互作用所需要的碰撞次数，那么相互作用的双分子反应的速率，为通过扩散而产生新的遭遇的速率所限制，因而溶液的黏度成了控制的因素。由于各种因素的平衡结果，在低黏度的普通液体中，双分子反应的速率常数 k_2 约为 10^9～10^{10} L/(mol · s)。双分子反应的速率常数 k_2 可表示如下

$$k_2 = p\frac{4\pi R_{AB}N(D_A + D_B)}{1000} \tag{4.1}$$

式中：D_A和D_B分别表示两个相互碰撞的分子的扩散系数；R_{AB}表示遭遇半径，其数值等于作用半径之和（$R_{AB}=a_A+a_B$）；p表示每次遭遇的概率系数。扩散系数用Stokes-Einstein方程式表示

$$D = \frac{kT}{6\pi\eta r} \tag{4.2}$$

式中：k为玻尔兹曼常量；T为热力学温度；η为黏度；r为扩散分子的动力学半径。如令r_A和r_B为两个扩散分子对的半径，那么

$$D_A + D_B = \frac{kT}{6\pi\eta}\left(\frac{1}{r_A} + \frac{1}{r_B}\right) \tag{4.3}$$

假设①$a_A=a_B$，以致$R_{AB}=2a$，②$r_A=r_B=r$，那么，代入式（4.1）后得到

$$k_2 = p\frac{8RT}{3000\eta}\cdot\frac{a}{r} \tag{4.4}$$

进一步假设相互作用半径和动力学半径相等，即$a=r$，概率系数$p=1$，我们将得到表示有效反应的方程式的最后形式

$$k_2 = 8RT/3000\eta \tag{4.5}$$

由此可见，双分子反应的速率常数只与溶剂的黏度和温度有关。

溶液中扩散控制的双分子反应速率常数的上述计算，是假定在反应的高限条件。不过，如果扩散分子比溶剂分子小得多，滑动摩擦系数等于零，即溶质分子在与溶剂分子接触时可以自由地运动，在这样的情况下

$$k_2 = 8RT/2000\eta \tag{4.6}$$

在黏性溶液中氧对多环芳烃荧光的猝灭作用可用式（4.6）得到较好的近似表示。在介电常数为ε的介质中，对于荷电为Z_A和Z_B的离子溶液，在式（4.6）的分母中要包括库仑作用项f，

$$f = \delta/(e^{\delta} - 1);\qquad \delta = Z_A Z_B e^2/\varepsilon kTr_{AB}$$

动态猝灭过程是与自发的发射过程相竞争从而缩短激发态分子寿命的过程。溶液中荧光物质分子M与猝灭剂Q相互碰撞而引起荧光猝灭的最简单情况可表示如下

(1) $M + h\nu \longrightarrow {}^1M^*$	（吸光过程）	I_a 速率
(2) ${}^1M^* \xrightarrow{k_f} M + h\nu'$	（荧光过程）	$k_f[{}^1M^*]$
(3) ${}^1M^* + Q \xrightarrow{k_q} M + Q$	（猝灭过程）	$k_q[{}^1M^*][Q]$

根据恒定态的假设，在连续的照射下，激发态荧光体${}^1M^*$会达到一个恒定值，即${}^1M^*$的生成速率与其衰变速率相等，${}^1M^*$的浓度保持不变，即

$$d[^1M^*]/dt = 0 \tag{4.7}$$

在没有猝灭剂存在的情况下，$^1M^*$ 的浓度表示为 $[^1M^*]^0$，根据以上反应式可得

$$I_a - (k_f + \sum k_i)[^1M^*]^0 = 0$$

$$[^1M^*]^0 = I_a/(k_f + \sum k_i) \tag{4.8}$$

式中：I_a为吸光速率，即$^1M^*$生成的速率；k_f为荧光发射的速率常数；$\sum k_i$ 为分子内所有非辐射衰变过程的速率常数的总和。

在猝灭剂存在的情况下，$^1M^*$ 的浓度以 $[^1M^*]$ 表示，同理可得

$$I_a - (k_f + \sum k_i)[^1M^*] - k_q[Q][^1M^*] = 0$$

$$[^1M^*] = I_a/(k_f + \sum k_i + k_q[Q]) \tag{4.9}$$

式中：k_q为双分子猝灭过程的速率常数。因而，当猝灭剂不存在和存在的情况下，荧光的量子产率分别为

$$\phi_f^0 = \frac{k_f[^1M^*]^0}{I_a} = \frac{k_f}{k_f + \sum k_i} \tag{4.10}$$

$$\phi_f = \frac{k_f[^1M^*]}{I_a} = \frac{k_f}{k_f + \sum k_i + k_q[Q]} \tag{4.11}$$

于是，没有猝灭剂存在时的荧光强度 F_0与猝灭剂存在时的荧光强度 F 的比值为

$$F_0/F = \phi_f^0/\phi_f = \frac{k_f + \sum k_i + k_q[Q]}{k_f + \sum k_i} = 1 + k_q[Q]/(k_f + \sum k_i)$$

$$= 1 + k_q\tau_0[Q] = 1 + K_{SV}[Q] \tag{4.12}$$

式（4.12）称为 Stern-Volmer 方程式。式中：τ_0为没有猝灭剂存在下测得的荧光寿命；K_{SV}称为 Stern-Volmer 猝灭常数，是双分子猝灭速率常数与单分子衰变速率常数的比率（因次为 L/mol），它意味着这两种衰变途径之间的竞争。

根据没有猝灭剂存在与猝灭剂存在时荧光寿命的不同，可以得到 Stern-Volmer 方程式的另一表示形式

$$\tau_0/\tau = 1 + K_{SV}[Q] \tag{4.13}$$

式中：τ 为猝灭剂存在下测得的荧光寿命。

由上所述，若以 F_0/F（或 τ_0/τ）对 [Q] 作图将得一直线，其斜率为 K_{SV}。直观地看，$1/K_{SV}$的数值等于 50%的荧光强度被猝灭时猝灭剂的浓度。假如测定了猝灭剂不存在时的荧光寿命 τ_0，便可由 $k_q\tau_0 = K_{SV}$的关系求得双分子猝灭过程的速率常数 k_q [L/(mol · s)]。

对于有效的猝灭剂，$K_{SV} \approx 10^2 \sim 10^3$ L/mol，假如荧光分子的平均寿命 $\tau_0 \approx 10^{-8}$ s，那么 k_q的数值约为 10^{10} L/(mol · s)。k_q的这一数值，与遭遇频率数量级

相同，在这种情况下，猝灭作用是扩散控制的，可由式（4.5）直接计算获得 k_q 的高限值。

$1/K_{SV}$的数值等于 50%的荧光强度被猝灭时猝灭剂的浓度（以 $[Q]_{1/2}$ 表示），即

$$K_{SV} = k_q\tau_0 = 1/[Q]_{1/2} \tag{4.14}$$

假定猝灭作用（k_q）是扩散控制的，那么在已知 K_{SV}及 k_q数值的情况下，可以从式（4.14）估算出没有猝灭剂存在时荧光分子的平均寿命。

由式（4.14）可以知道，假如猝灭作用是扩散控制的（即 $k_q \approx 10^{10}$），那么，长寿命的磷光就比短寿命的荧光更容易被痕量的猝灭剂所猝灭。

在有些体系中，猝灭作用远比通过扩散控制的遭遇频率所预计的要小得多，在这种情况下，K_{SV}显得与溶剂的黏度无关。例如溴苯是多环芳烃荧光的弱猝灭剂，它的猝灭常数在己烷中和在黏稠的链烷烃中几乎相同。

对于离子溶液，离子强度是影响猝灭系数的重要因素，双分子猝灭作用的速率常数应当对极限值 k_q^0 作如下校正

$$\lg k_q = \lg k_q^0 + 0.5\Delta Z^2 \sqrt{\mu} \tag{4.15}$$

式中：μ 为离子强度，$\Delta Z^2 = Z_{MQ}^2 - (Z_M^2 + Z_Q^2)$，$Z_{MQ}$、$Z_M$和 Z_Q分别为中间配合物 MQ、荧光分子 M 和猝灭剂 Q 所带电荷的数目和性质。随着离子强度增大，猝灭作用可能增大、减小或保持不变，取决于 ΔZ^2的符号。

§4.3 静态猝灭

在前一节里，我们讨论了激发态荧光分子在其寿命期间由于扩散遭遇而和猝灭剂之间发生的碰撞猝灭，这是一种与时间有关的动态猝灭过程。而有些荧光猝灭现象却不能用上述碰撞猝灭来加以解释。有些荧光物质溶液在加入猝灭剂后荧光强度显著下降，吸收光谱也发生明显变化。又如某些荧光物质溶液在加入猝灭剂后，其荧光强度随着温度的升高而增强。这些现象可能是由于荧光分子和猝灭剂之间形成不发光的基态配合物的结果。这种猝灭现象称为静态猝灭。

荧光分子和猝灭剂之间形成的不发光的基态配合物，可以下式表示

$$M + Q \rightleftharpoons MQ$$

配合物的形成常数为

$$K = [MQ]/[M][Q] \tag{4.16}$$

荧光强度和猝灭剂浓度之间的关系，可以推导如下

$$[M]_0 = [M] + [MQ]$$

$$(F_0 - F)/F = ([M]_0 - [M])/[M] = [MQ]/[M] = K[Q]$$

即

$$F_0/F = 1 + K[\mathrm{Q}] \tag{4.17}$$

式中：$[\mathrm{M}]_0$为荧光分子的总浓度；F_0与F分别为猝灭剂加入之前和加入之后所测得的荧光强度。

上述静态猝灭F_0/F与$[\mathrm{Q}]$的关系式与动态猝灭所获得的关系式相似，只是在静态猝灭的情况下用配合物的形成常数代替了猝灭常数。不过应当指出，只有荧光物质与猝灭剂之间形成1∶1的配合物的情况下，静态荧光猝灭才符合上述关系式。对于非1∶1配合以及对于具有多个结合位点的生物大分子，其静态荧光猝灭的关系式需另加推导。

不难理解，单独通过测量荧光强度所得到的荧光猝灭数据而没有提供其他信息的情况下，是难以判断所发生的猝灭现象究竟属于动态猝灭还是静态猝灭。可以提供的附加信息有如猝灭现象与寿命、温度和黏度的关系，以及吸收光谱的变化情况。区分静态猝灭与动态猝灭最确切的方法是寿命的测量。在静态猝灭的情况下，猝灭剂的存在并没有改变荧光分子激发态的寿命，即$\tau_0/\tau=1$；而在动态猝灭情况下，猝灭剂的存在使荧光寿命缩短，$\tau_0/\tau=F_0/F$。

动态猝灭由于与扩散有关，而温度升高时溶液的黏度下降，同时分子的运动加速，其结果将使分子的扩散系数增大，从而增大双分子猝灭常数。反之，温度升高可能引起配合物的稳定度下降，从而减小静态猝灭的程度。

此外，由于碰撞猝灭只影响到荧光分子的激发态，因而并不改变荧光物质的吸收光谱。相反，基态配合物的生成往往将引起荧光物质吸收光谱的改变。

§4.4 动态和静态的联合猝灭[1]

在有些情况下，荧光体不仅能与猝灭剂发生动态猝灭，而且能与同一猝灭剂发生静态猝灭，即同时发生动态和静态的猝灭现象。这种情况下实验所获得的Stern-Volmer图不是一条直线，而是一条弯向Y轴的上升曲线。这时，所保留下的荧光分数（F/F_0）应是没有被络合的荧光分子的分数（f）与没有为碰撞遭遇所猝灭的荧光分子的分数两者的乘积，即

$$\frac{F}{F_0} = f\frac{\gamma}{\gamma + k_{\mathrm{q}}[\mathrm{Q}]} \tag{4.18}$$

式中：$\gamma=\tau_0^{-1}$；k_{q}为双分子猝灭常数。由静态猝灭我们知道$f=1+K[Q]$，K为荧光体-猝灭剂配合物的形成常数。将式（4.18）倒转并加以重新整理后得到下式

$$\frac{F_0}{F} = (1 + K[\mathrm{Q}])(1 + K_{\mathrm{SV}}[\mathrm{Q}]) \tag{4.19}$$

$$\frac{F_0}{F} = 1 + (K_{\mathrm{SV}} + K)[\mathrm{Q}] + K_{\mathrm{SV}} \times K[\mathrm{Q}]^2 \tag{4.20}$$

进一步整理后得到

$$K_{app}=\left(\frac{F_0}{F}-1\right)/[Q]=(K_{SV}+K)+K_{SV}\times K[Q] \tag{4.21}$$

以$\left(\frac{F_0}{F}-1\right)/[Q]$ 对 [Q] 作图，得到一条直线，其截距 I 等于（$K_{SV}+K$），斜率 S 等于$K_{SV}\times K$，由实验所获得的直线的截距和斜率值，通过以下联立方程式(4.22)，即可求出 K_{SV}与 K 的值。

$$K^2-IK+S=0 \tag{4.22}$$

§4.5 电荷转移猝灭

有些物质虽然并不满足能量转移猝灭的条件，但却能够有效地猝灭某些荧光物质的荧光。这些物质对荧光的猝灭作用，是通过它们与荧光物质的激发态分子之间发生电荷转移而引起的。由于激发态分子往往比基态分子具有更强的氧化还原能力，也就是说激发态分子是比基态分子更强的电子受体或电子供体，因此，荧光物质的激发态分子比其基态分子更容易与其他物质的分子发生电荷转移作用。那些强的电子受体的物质，往往是有效的荧光猝灭剂。例如，某些多环芳烃的荧光被对二氰基苯[2]、N，N-二甲基苯胺[3,4]及 N，N-二乙基苯胺[5]等电子受体所猝灭，是荧光的电荷转移猝灭的一些例子。

当荧光物质的激发态分子与猝灭剂分子相互碰撞时，彼此有相互吸引的趋势，吸引趋势的大小取决于它们的极性和极化率。相互碰撞和吸引的结果，可能形成某种激态复合物（exciplex）。与荧光物质和猝灭剂之间形成基态配合物的情况不同，形成这种激态复合物时，通常并不改变荧光物质的吸收光谱。

在电荷转移猝灭中，荧光物质的激发态分子$^1M^*$与猝灭剂分子 Q 相互碰撞时，最初形成了“遭遇配合物”(encounter complex)，而后成为实际的激态电荷转移配合物[6]：

$$^1M^*+Q \rightleftharpoons {}^1M^*\cdots Q \longrightarrow (M^+Q^-)^* \longrightarrow M+Q+h\nu'$$

$$(M^+Q^-)^* \longrightarrow M+Q+KT$$

在介电常数小于 10 的非极性溶液中，可以观察到有激态电荷转移配合物$^1(M^+Q^-)^*$所产生的荧光。但所产生的荧光相对于$^1M^*$的荧光来说，光谱处于更长的波长范围，且没有精细结构。例如在蒽或联苯与 N，N-二乙基苯胺同处于非极性溶剂中时，蒽或联苯的荧光为一处于较长波长范围、形状宽而无结构特征的发射光谱所代替。然而吸收光谱并没有改变，表明在基态时没有发生配合作用，而是生成了激态电荷转移配合物[4]：

$$^1M^* + \phi N(C_2H_5)_2 \longrightarrow (\phi N(C_2H_5)_2^+ M^-)^*$$
$$\longrightarrow M + \phi N(C_2H_5)_2 + h\nu_f$$

在电子转移过程中，可能会有一部分激发态分子的电子能量以振动能的形式传递到溶剂，因而激态电荷转移配合物的荧光量子产率往往比较低，于是在非极性溶剂中激发态电荷转移作用的净结果，通常会造成荧光物质分析的灵敏度有较大的下降。

在极性溶剂中，$^1M^*$ 的荧光被猝灭剂 Q 猝灭时，通常并不伴随由激态电荷转移配合物所产生的荧光，代之而发生的是遭遇配合物形成离子对，再经溶剂化作用而转变为游离的溶剂化离子 M_S^+ 和 Q_S^-

$$^1M^* + Q \rightleftharpoons {}^1M^* \cdot \cdots \cdot Q \longrightarrow M_S^+ + Q_S^-$$

例如，在萘、菲、芘、六苯并苯等某些多环芳烃（荧光物质）和对二氰基苯（猝灭剂）的乙腈溶液中，经闪光光谱实验证实了荧光猝灭的电荷转移机理的普遍性，从闪光光谱中可以检查出荧光物质和猝灭剂的自由基离子。而且，在大多数情况下上述多环芳烃的三重态激发分子似乎是荧光猝灭反应的中间产物，可以被检出。这种三重态的起源还不清楚，它们也许是由所产生的自由基离子的重新结合反应而生成的[2]

$$M^+ + Q^- \longrightarrow {}^3M^* + Q$$

具有重原子的猝灭剂分子，它们与荧光物质的激发态分子所生成的电荷转移配合物，有利于电子自旋的改变，以致发生电荷转移配合物的离解并伴随着经由三重态的能量递降

$$^1M^* + Q \longrightarrow {}^1(M^+Q^-)^* \longrightarrow {}^3M^* + Q \longrightarrow M + Q$$

氙、溴苯、溴化物、碘化物以及某些稀土化合物是这类猝灭剂的例子[7]。

某些染料如甲基蓝的荧光可被 Fe^{2+} 离子猝灭，这是由于甲基蓝的激发态分子与 Fe^{2+} 离子发生下列氧化还原反应

$$^1M^* + Fe^{2+} \longrightarrow M^- + Fe^{3+}$$

所生成的 M^- 离子进一步发生下列反应而成为无色染料

$$M^- + H^+ \longrightarrow MH(\text{半醌})$$
$$2MH \longrightarrow M + MH_2(\text{无色染料})$$

I^-、Br^-、CNS^- 和 $S_2O_3^{2-}$ 等易于给出电子的阴离子对奎宁、罗丹明及荧光素等有机荧光物质也会发生猝灭作用。这些染料的荧光为上述阴离子猝灭的强弱顺序如下

$$I^- > CNS^- > Br^- > Cl^- > C_2O_4^{2-} > SO_4^{2-} > NO_3^- > F^-$$

这一顺序与电离势的增大相关联，表明这些离子对染料荧光的猝灭效率与它们给出电子的难易程度有关。

在分子内也可能形成激态配合物，9-甲氧基-10-菲甲缩苯胺（9-methoxy-10-

phenanthrenecarboxanil）便是一个例子。该分子中的苯胺基团并不是与菲共平面，而是垂直定向于菲。定域在苯胺 N 原子上的 n 电子与激发的 π 电子体系相互作用，在刚性的玻璃状介质中，由于转动受到限制，形成了 T 形骨架结构的分子内激态复合物[7]。吡啶阳离子和 *N*-甲基咪唑啉阳离子直接或通过甲叉桥联接到蒽发色团，可以得到分子内猝灭性质的化合物[8]。

§4.6 能量转移猝灭

根据能量转移过程中作用机理的不同，能量转移可分为辐射能量转移和非辐射能量转移两种类型。非辐射能量转移又有两种不同的机理假设，即通过偶极-偶极耦合作用的共振能量转移和通过电子交换作用的交换能量转移[6,7,9~11]。

§4.6.1 辐射能量转移

这种能量转移过程事实上是荧光的再吸收过程。即荧光分子（能量供体）所发射的荧光为猝灭剂（能量受体）所吸收，从而导致后者被激发。这一过程可以表示如下

$$D^* \longrightarrow D + h\nu$$

$$A + h\nu \longrightarrow A^*$$

这种能量转移过程不需要供体和受体间的任何能量相互作用，它仅仅是供体发射的荧光按照比尔定律为受体所吸收。这种能量转移过程的效率决定于供体的发射光谱与受体的吸收光谱两者重叠的程度。重叠的程度越大，能量转移的效率越高。如果溶液中受体的浓度足够大，可能引起供体的荧光光谱发生畸变和造成荧光强度测量的误差。假定在试样中待测的组分（供体）和干扰组分（受体）的存在量差不多，可以简单地通过稀释溶液以使干扰组分对待测组分所发射的荧光的吸收程度降到非常小，便可以抑制干扰组分的表观猝灭现象。假如待测组分相对于干扰组分来说是微量组分，那么，在荧光测定之前只好采用预先分离的办法。

§4.6.2 共振能量转移

当供体分子和受体分子相隔的距离远大于供体-受体的碰撞直径（甚至相距远大于 70～100Å）时，只要供体分子的基态和第一激发态两者的振动能级间的能量差相当于受体分子的基态和第一激发态两者的振动能级间的能量差，这种情况下，仍然可以发生从供体到受体的非辐射能量转移。这种能量转移过程，也常称为长距离能量转移。

这种非辐射的能量转移过程，是通过偶极-偶极耦合作用的共振能量转移过

程。分子具有特征的振动能层，因而可能提供许多近似的共振途径，这种共振途径越多，共振能量转移的概率越大。在图 4.2 所示的状况下，A、B、C 和 A′、B′、C′所表示的跃迁是耦合的跃迁，当激发态的供体分子和基态的受体分子相距于某一适当的距离时，供体分子通过 A、B、C 的跃迁而衰变到基态时，同时诱发了受体分子通过 A′、B′、C′的跃迁而被激发到激发态。

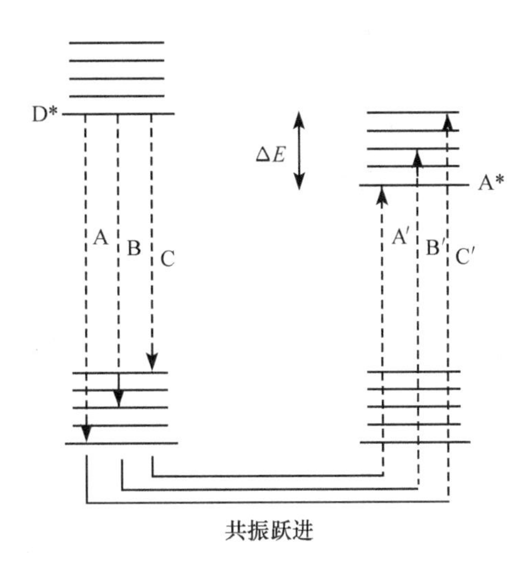

图 4.2　供体 D 和受体 A 共振能量转移的能级图

当供体的发射光谱和受体的吸收光谱处于大致相同的波长范围时，供体和受体的能级间相对应的概率比较高，产生共振能量转移的概率因而也比较高。因此，能量转移的概率是供体的发射光谱与受体的吸收光谱两者重叠程度的函数。此外，这种能量转移过程的效率也与 D→D* 和 A→A* 两个跃迁过程的跃迁概率有关。如果这两个过程都是充分许可的跃迁，并且光谱重叠程度很大，共振能量转移的效率便很高，其速率可能是非常快的，可以超过供体和受体的扩散速率。

对于以固定距离 r 相隔的某个供体-受体对来说，其共振能量转移的速率可表示如下

$$K_{\mathrm{T}} = \frac{9000(\ln 10)K^2\phi_{\mathrm{D}}}{128\pi^5 n^4 N r^6 \tau_{\mathrm{D}}}\int_0^{\infty} \frac{F_{\mathrm{D}}(\bar{\nu})\varepsilon_{\mathrm{A}}(\bar{\nu})}{\bar{\nu}^4}\mathrm{d}\bar{\nu} \tag{4.23}$$

式中：ϕ_D为没有受体存在的情况下供体的发射量子产率；n 为介质的折射率；N 为阿伏伽德罗常量；r 为供体偶极中心到受体偶极中心的平均距离；τ_D为没有受体存在下供体的辐射寿命；$F_D(\bar{\nu})$ 为供体在 $\bar{\nu}$ 至 $\bar{\nu}+\mathrm{d}\bar{\nu}$ 波数间隔内的校正荧光强度，荧光总强度归一化等于 1；$\varepsilon_A(\bar{\nu})$ 为受体在波数 $\bar{\nu}$ 的摩尔吸光系数；λ_D（$=\phi_D/\tau_D$）为供体的发射速率；K^2 为定向系数，它描述供体和受体的跃迁偶极在空间的相对定向（图 4.3）。式中的积分项表示供体发射和受体吸收两者的光谱重叠程度。

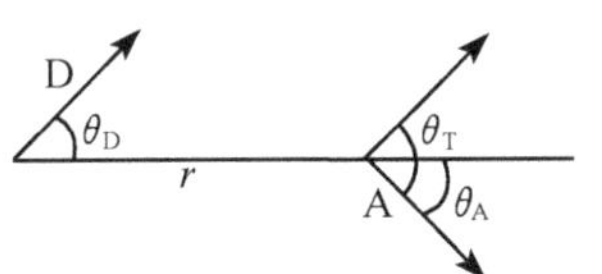

图 4.3　相隔固定距离 r 的供体和受体偶极

$$K^2 = (\cos\theta_{\mathrm{T}} - 3\cos\theta_{\mathrm{D}}\cos\theta_{\mathrm{A}})^2 \tag{4.24}$$

由式（4.23）可知，共振能量转移的速率与供体-受体两者的距离、供体发射与受体吸收之间的光谱重叠程度及它们的跃迁概率、供体发射的量子产率以及供体激发态的寿命等因素有关。

方程式（4.23）中的常数项通常合并一起并定义为Förster距离（某一给定供体-受体对的临界转移距离）R_0，在这一距离下，能量转移速率K_T等于没有受体存在的情况下供体的衰变速率（$\Gamma_D = \tau_D^{-1}$），也就是说在这一距离下，从供体到受体的能量转移概率等于供体衰变的概率。由方程式（4.23）和$K_T = \tau_D^{-1}$，可以得到下式

$$R_0^6 = \frac{9000(\ln 10)K^2\phi_D}{128\pi^5 N n^4}\int_0^\infty \frac{F_D(\bar{\nu})\varepsilon_A(\bar{\nu})}{\bar{\nu}^4}d\bar{\nu} \tag{4.25}$$

方程式（4.23）与（4.25）联立后得

$$K_T = \frac{1}{\tau_D}\left(\frac{R_0}{r}\right)^6 \tag{4.26}$$

由式（4.26）可知，当$R_0 > r$时，能量转移的概率比供体分子衰变（如以发光的形式）的概率更大；当$R_0 < r$时，大多数的激发态供体分子将衰变到基态，而能量转移的概率较小。

能量转移的效率（E）可表示为

$$E = \frac{K_T}{\tau_D^{-1} + K_T} = \frac{1}{1 + (r/R_0)^6} \tag{4.27}$$

在供体与受体的分子间距离等于R_0的情况下，能量转移与供体的衰变两者的概率相等。R_0的实验值（单位 Å）可以通过下式加以计算

$$R_0 = \left[\frac{3 \times 1000}{4\pi N[A]_{1/2}}\right]^{1/3} \tag{4.28}$$

式中：$[A]_{1/2}$表示当供体溶液的荧光有 50%被猝灭的情况下受体的浓度。R_0与$[A]_{1/2}$对于经由共振能量转移的任何供体-受体对，是两个重要的常数。供体和受体两者的浓度越大，r值便越小，共振能量转移的效率将越大。因此，共振能量转移现象与浓度有关。

当受体处于比供体更低的能级时，才可能发生有效的能量转移。不同类分子之间的能量转移，比同类分子之间的能量转移更为有效。假如受体的跃迁概率很大（$\varepsilon_{max} \approx 1 \times 10^5$），供体的发射光谱与受体的吸收光谱又有很大程度的光谱重叠，而且供体的发光量子产率在 0.1～1.0 之间，那么R_0的数值可能达 50～100Å，能量转移的速率常数可能超过扩散控制的速率常数。

原则上，共振能量转移可能从供体分子的电子激发单重态$^*D(S_1)$或三重态$^*D(T_1)$到受体分子的电子激发单重态$^*A(S_1)$或三重态$^*A(T_1)$。不过，由于受体分子中发生单重态-三重态跃迁［即$A(S_0) \rightarrow {}^*A(T_1)$］和供体分子中发生三重态-单重态跃迁［即$^*D(T_1) \rightarrow D(S_0)$］两者都是自旋禁阻的，跃迁概率都很低，因而单重态-三重态和三重态-三重态共振能量转移的概率极小，结果，通常观察不到由共振能量转移所引起的单重态或三重态敏化磷光。最可能的共振能量转移过程是单重态-单重态和三重态-单重态能量转移过程，如下列

方程式所示

$$^{*}D(S_1) + A(S_0) \longrightarrow D(S_0) + {}^{*}A(S_1)$$

$$^{*}D(T_1) + A(S_0) \longrightarrow D(S_0) + {}^{*}A(S_1)$$

由于$^{*}D(S_1) \rightarrow D(S_0)$ 和 $A(S_0) \rightarrow {}^{*}A(S_1)$ 两个跃迁的概率都高，因此单重态-单重态共振能量转移过程可能在比较大的临界距离内发生，并且速率常数也比较高（表 4.1）。单重态-单重态共振能量转移的结果，通常产生了受体的敏化荧光。假如受体的吸收足够弱（例如联乙酰的 $n \rightarrow \pi^*$ 跃迁），R_0变得接近于动力学碰撞直径，单重态-单重态能量转移为扩散控制的，在这样的短距离范围内，起作用的是交换机理的能量转移。

表 4.1 单重态-单重态共振能量转移[7]

供　体	受　体	K_T	R_0/Å
1-氯蒽	苝	2×10^{11}	41
1-氯蒽	红荧烯	2×10^{11}	48
1-氰蒽	红荧烯	3×10^{11}	84

三重态-单重态共振能量转移过程，虽然因为供体分子所发生的跃迁是自旋禁阻的，跃迁概率小，但这方面可由供体分子的激发三重态的长寿命所弥补，因而这种能量转移过程虽然速率比较慢，但仍然可以有效地发生（表 4.2）。发生这种能量转移过程的必要条件是供体的磷光光谱与受体的单重态-单重态吸收光谱必须重叠。发生这种能量转移过程的表观现象是供体的磷光寿命缩短和显现受体的荧光。由三重态-单重态共振能量转移所产生的受体的敏化荧光，其寿命通常将和供体分子的激发三重态的寿命差不多，比受体分子直接被激发时所观察到的荧光寿命要长得多。

表 4.2 某些三重态-单重态能量转移过程的临界能量转移距离 R_0[6]

供　体	受　体	R_0/Å
菲	荧光素	35
三苯胺	叶绿素	54
N，*N*-二甲胺	9-甲蒽	24

共振能量转移过程的两个最重要的判别标准是：①能量转移应当在远大于碰撞半径的距离上发生；②能量转移效率与介质的黏度变化无关。

在复杂的荧光混合物体系中，往往能够满足共振能量转移的某些条件，而这种能量转移形式对待测物质的荧光猝灭作用往往不容易简单地通过稀释试样溶液来加以消除，因而是分析工作上的重要妨害因素[6]。要使这种猝灭作用降低到不重要的地位，猝灭剂的浓度必须降低到 10^{-4}mol/L 以下[12]。

§4.6.3 交换能量转移

交换能量转移是发生在比共振能量转移更短的距离内的能量转移现象，这种能量转移形式也称为短距离能量转移，其特征是：

(1) 只有当供体分子和受体分子两者的电子云相互接触时，这种能量转移的形式才是重要的。在这种情况下，供体分子和受体分子之间能量最高的电子可能相互交换位置，也就是说，激发态供体分子的光电子可能改变位置成为原先处于基态的受体分子的电子结构部分，而供体分子又从基态受体分子那里交换取得一个电子从而返回到基态[9]。当供体的平衡激发态的能量比受体的 Frank-Condon 激发态的能量略高时，交换能量转移是很有效的。交换能量转移的速率是扩散控制的，因而其速率与介质的黏度有关。

(2) 交换作用的大小与供体及受体的跃迁概率无关。对于如单重态-三重态这样的禁阻跃迁来说，在短距离的间隔内，交换能量转移过程将占支配的地位。

交换能量转移过程，必须遵守 Wigner 的自旋保守规则，即始态和终态的总自旋保持不变。因此，最重要的交换能量转移过程有下述两种形式

$$
\begin{array}{cccc}
{}^{*}D(S_1) + & A(S_0) \longrightarrow & D(S_0) + & {}^{*}A(S_1) \\
S=0 & S=0 & S=0 & S=0 \\
{}^{*}D(T_1) + & A(S_0) \longrightarrow & D(S_0) + & {}^{*}A(T_1) \\
S=1 & S=0 & S=0 & S=1
\end{array}
$$

上述两种能量转移形式，其 $S_D{}^{*}=S_A{}^{*}$ 和 $S_D=S_A$（S 表示总自旋），遵循自旋保守规则。前一种形式导致敏化荧光，后一种形式导致敏化磷光。后一种形式的能量转移过程，对于某些 $S_1 \rightsquigarrow T_1$ 系间窜越效率很低的分子来说是很重要的，因为它提供了一条增大三重态分子布居数的途径。萘和二苯甲酮之间的三重态-三重态能量转移，便是一个典型的例子（图 4.4）。

二苯甲酮分子的系间窜越效率很高（量子产率接近于 1），因而是一种合适的能量供体（或称敏化剂）。在没有二苯甲酮存在的情况下，观察不到萘的磷光。二苯甲酮存在的情况下，当直接激发二苯甲酮时，发生如图 4.4 所示途径的敏化作用，从而观察到萘的敏化磷光。用卤代萘代替萘作为能量受体时，没有发现能量转移效率有所提高，而卤代萘的 $T_1 \rightsquigarrow S_0$ 的跃迁概率显然要比萘的高，这一事实说明这种能量转移过程与跃迁概率没有关系[7]。

联乙酰可作为三重态-三重态能量转移的供体或受体，它在某些体系中的三重态-三重态能量转移速率常数列于表 4.3 中。

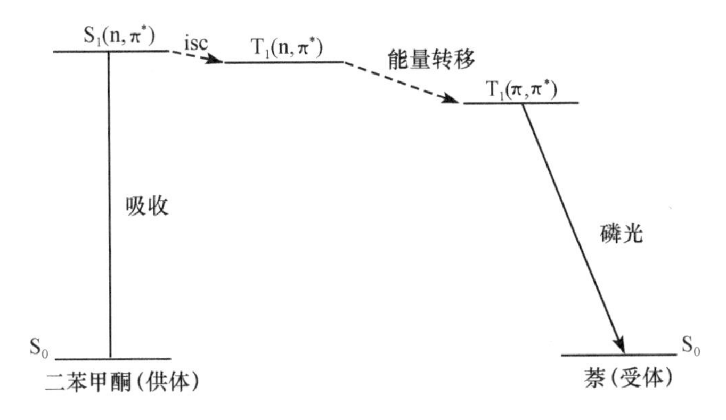

图 4.4　萘和二苯甲酮之间的三重态-三重态能量转移

表 4.3　20℃在苯溶液中联乙酰（E_T=234kJ/mol）作为供体和受体时的速率常数（K_T）[10]

	E_T/(kJ/mol)	能量转移到联乙酰的 K_T	能量从联乙酰转移的 K_T
萘	255	1×10^{10}	2×10^6
1-氯萘	246	4×10^9	3×10^7
2，2′-联萘	234	1×10^9	3×10^9
荧蒽	226	2×10^7	5×10^9
1，2-苯并芘	226	5×10^7	6×10^9
芘	205	2×10^4	8×10^9

在三重态-三重态能量转移中，猝灭剂的有效性主要决定于它的三重态的相对能量，当 $E_{T(D)}>E_{T(A)}$，差值为 3～4kcal/mol 时，几乎每次碰撞都发生能量转移，能量转移速率为扩散控制的；当 $E_{T(D)}\approx E_{T(A)}$ 时，转移速率突然下降，接受能量后的受体分子发生能量逆转移的概率增大；当 $E_{T(D)}<E_{T(A)}$，其差值等于或大于 3～4kcal/mol 时，转移速率远比扩散控制的速率小得多。

§4.6.4　分子内的能量转移

激发能的转移不仅能够在两个分子之间进行，也可能发生于同一分子中的两个发色团之间。这些化合物的吸收光谱，是分子中各个发色团的吸收光谱的总和，这一事实表明在基态时各发色团之间几乎没有发生什么相互作用。例如，4-苯酰联苯（I）的吸收光谱和二苯甲酮的吸收光谱很相似，但它的磷光发射却是联苯的特征磷光，表明在 4-苯酰联苯分子中发生激发能的转移。在羰基上发生激发作用，最低激发态是 S_1(n，π*)。由于联苯的 T_1(π，π*）态的能量比二苯甲酮的 T_1(n，π*）态的能量来得低，所以在羰基上的 S_1(n，π*）激发态在发生体系间窜越下降到 T_1(n，π*）态之后，很快将激发能通过三重态-三重态交换能量转移机理传递给联苯。萘甲酮（Ⅱ）也有类似的情况。

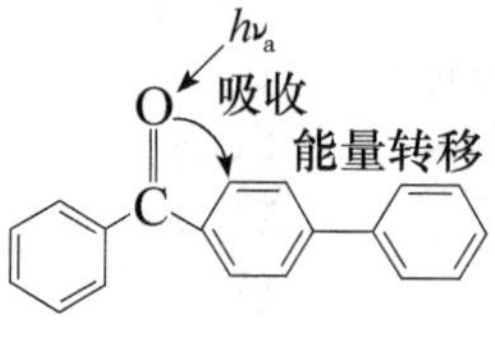

$h\nu_a$ 吸收 能量转移

(Ⅰ)

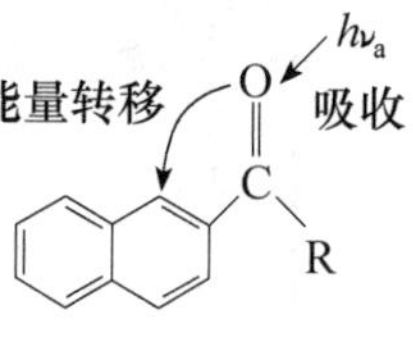

能量转移 $h\nu_a$ 吸收

(Ⅱ)

在类似下述结构

$-(CH_2)_n-$

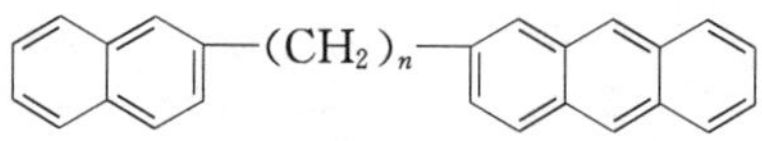

的化合物中，当只有萘发色团被光激发的情况下，可能发生有效的单重态-单重态交换能量转移过程，结果只观察到蒽的荧光。增加—CH_2基团的数目以增大两个发色团的距离，并不影响能量转移的效率。假如萘基被类似地附到含二苯甲酮基团的分子组成中，便可能发生单重态-单重态和三重态-三重态能量转移，能量转移的途径如下

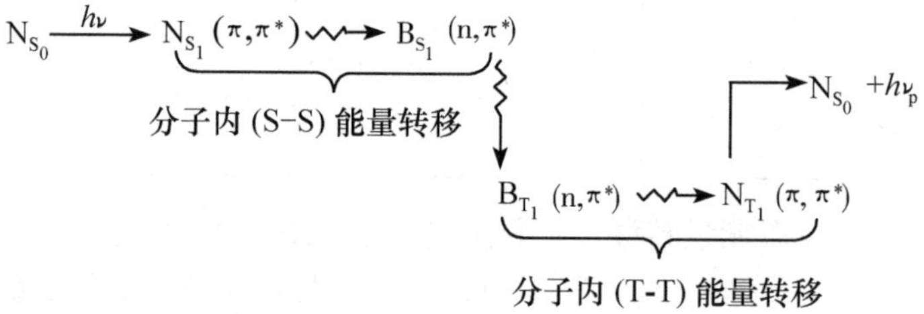

$$N_{S_0} \xrightarrow{h\nu} N_{S_1}(\pi,\pi^*) \rightsquigarrow B_{S_1}(n,\pi^*)$$

分子内(S-S)能量转移

$$B_{S_1}(n,\pi^*) \rightsquigarrow B_{T_1}(n,\pi^*) \rightsquigarrow N_{T_1}(\pi,\pi^*) \longrightarrow N_{S_0} + h\nu_p$$

分子内(T-T)能量转移

N代表萘基团，B代表二苯甲酮基团。

某些稀土离子，尤其是具有 f^5 至 f^9 电子构型的 Eu^{3+}、Sm^{3+}、Gd^{3+}、Tb^{3+} 和 Dy^{3+} 等，从它们的4f能层发射特征的线状光谱。由于这些能层的能量相当低，这些稀土离子是很有用的能量转移受体。当这些稀土离子与二酮-1及3-丙二酮这类有机配位体配合时，假如配位体的三重态能量高于金属离子的发射能层，由配位体所吸收的激发能便会通过如下最可能的途径转移到中心金属离子，最后由金属离子产生发射：

$$L_{S_1} \rightsquigarrow L_{T_1} \rightsquigarrow M^* \longrightarrow M + h\nu$$

苯丙氨酸、酪氨酸和色氨酸等氨基酸会发荧光，它们的荧光峰分别在282nm、303nm和348nm。蛋白质由于含这些氨基酸而具有天然荧光。但是，这些单体的氨基酸共聚组成蛋白质大分子后，蛋白质的吸收和发射性质便不是这些单体组分光学性质的简单总和。

在蛋白质大分子内，由苯丙氨酸到酪氨酸或色氨酸的能量转移可能是非常有效的。例如在蛋白质的荧光中，苯丙氨酸的发射是可以忽略的，在只含酪氨酸的

蛋白质中，通常表现了酪氨酸的荧光，但是当蛋白质中含有即使是很小量的色氨酸时，色氨酸的荧光却在蛋白质所显示的荧光中占优势地位。在大多数情况下，蛋白质所显示的荧光几乎是唯一的色氨酸的荧光，这意味着蛋白质的结构对苯丙氨酸和酪氨酸的荧光的猝灭现象是有关系的。由于在蛋白质分子中，许多情况下这些氨基酸残基相互的距离在70～100Å之间，这样便可能发生共振能量转移过程而导致苯丙氨酸和酪氨酸的荧光的猝灭现象。蛋白质在脲素、酸或碱溶液作用下而发生变性（即分子内的氢键断裂）时，引起色氨酸的荧光强度下降和酪氨酸的荧光强度增大的现象，这一事实也支持了在蛋白质分子中发生上述能量转移过程的论点[9]。

能量转移速率的测量可用以计算供体和受体之间的距离，这在生物化学的研究中已用来测定蛋白质上各种结合位置之间的距离，从而推测蛋白质的形状和结合点的位置。能量转移的测定，还可用以获得揭示大分子缔合反应的信息[13,14]。

三重态-三重态能量转移也已应用于水溶液中敏化室温磷光分析[15,16]。

§4.7 光化学反应猝灭

分子的化学行为通常取决于束缚力最弱的外层电子，而处于电子激发态的分子，在能量和电子的波函数方面与基态分子不同，因此，它们的化学反应能力也有差别。由光激发的电子激发态分子所发生的化学反应，称为光化学反应，以区别于一般的由基态分子所发生的化学反应。

光化学反应包括光解反应、光氧化或还原反应、光聚合反应、光异构化反应、光取代反应和光加成反应等。光化学反应可以是单分子反应，如光解反应和光异构化反应，或者是双分子反应，如激发态分子与基态的同类分子所发生的二聚反应（二聚物称为 excimer），激发态分子与其他分子所发生的氧化还原反应、取代反应和加成反应。不难理解，光化学反应只能发生于电子激发态的寿命期间。上述几种光化学反应，在荧光分析中较常遇见并可能造成比较严重影响的要属光解反应和光氧化或还原反应。

分子处于电子激发态时，核间距往往比基态时加大，核间的束缚力相对地就比较弱，因而在强的紫外线照射下，分子比较容易发生离解，表现在荧光测定过程中荧光强度随光照时间而减弱。这种现象对于某些光敏物质分子可能显得更为严重。某些生物聚合物如脱氧核糖核酸（DNA）、多糖类和蛋白质等，在紫外线和可见光照射下可能引起光降解作用。

维生素 B_2、黄素单核苷酸（FMN）和黄素-腺嘌呤二核苷酸（FAD）等的碱性溶液，经光照后会发生光降解作用而转化为光黄素：

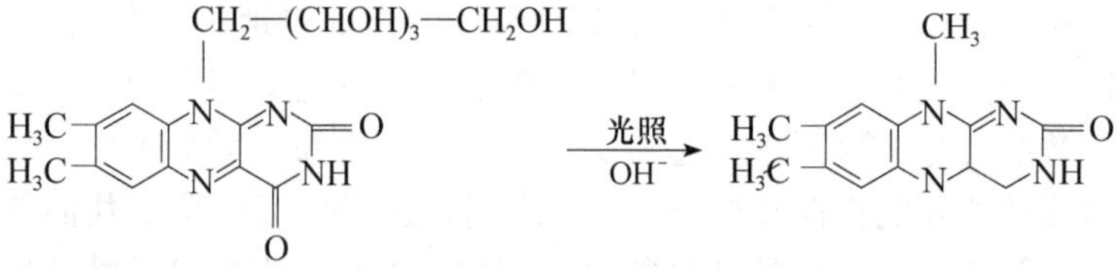

不过，光黄素的荧光强度比维生素 B_2、FMN 和 FAD 等要强得多。

激发态分子通常比基态分子具有较强的氧化还原能力，因而荧光物质在光激发过程中可能与杂质发生光氧化或还原反应，导致荧光的猝灭。例如，某些染料分子在光照下可能发生如下还原反应

$$D+RH_2 \xrightarrow{h\nu} DH_2+R$$

式中：RH_2表示还原剂；D 表示染料分子。该反应分两步进行，中间产物为半醌（DH）。在某些情况下，上述反应在氧化剂的作用下又可反向进行。

又如曙红的激发态分子，可能与某些氧化剂发生光氧化作用

$$(\text{eosin})^* + Fe(CN)_6{}^{3-} \longrightarrow [\text{eosin}]^+ + Fe(CN)_6{}^{4-}$$

（曙红）　　（半氧化的曙红）

某些荧光物质，如多环芳烃蒽和芘等，在浓度比较高的溶液中，其激发态分子可能与基态分子发生二聚作用而生成激发态二聚体（excimer）

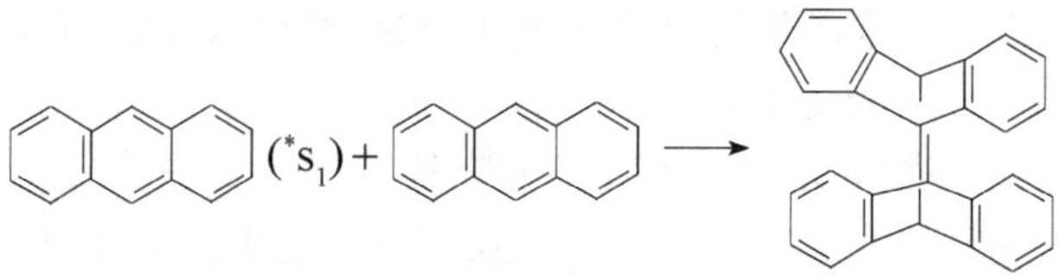

$(^*s_1)+$ →

蒽的激发态二聚体并不发光，而有些荧光物质的激发态二聚体虽会发光，但它们的荧光光谱特性往往与原来的荧光物质有所差别，从而造成原荧光物质的荧光猝灭。

在激发过程中，有些具有多官能团的荧光物质分子可能发生光互变异构作用，导致荧光猝灭现象。例如 7-羟基香豆素在基态时为中性分子（N），而在激发态时可能发生光互变异构作用而成为两性离子（Z）[9]。

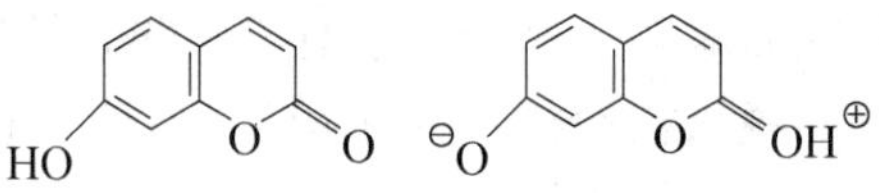

HO　O　O　　$^{\ominus}$O　O　$OH^{\oplus}$

(N)　　(Z)

§4.8　其他类型的猝灭

§4.8.1　自猝灭

当荧光物质的浓度超过 1g/L 时，常发生荧光的自猝灭现象。这种自猝灭现象，也称浓度猝灭，在大多数情况下遵守 Stern-Volmer 方程式。自猝灭现象可能包括如下几种过程

1. 荧光辐射的自吸收

假如荧光物质的吸收光谱和发射光谱有较大的重叠，由荧光物质发射的荧光，有一部分可能会被它自身的基态分子所吸收。随着荧光物质的浓度加大，自吸收的现象将会加剧。这种荧光自吸收现象，实际上也是辐射能量转移过程，只不过是能量由激发态分子转移到同一种物质的基态分子。即使基态分子在吸收荧光后受激发且重又发射荧光，但由于荧光量子产率通常小于 1，所以自吸收的结果将使荧光强度下降。

2. 荧光物质的激发态分子$^1M^*$与基态分子 M 形成激发态二聚体$^1(M^*M)$

如同上面提到的，有的激发态二聚体并不发荧光，有的虽发荧光，但其发光特性（如光谱范围、荧光峰位置、荧光量子产率和荧光寿命等）与单体的发光特性不同，这就引起原来荧光物质的荧光猝灭。例如在芘溶液中所观察到的荧光自猝灭现象，被认为是形成激发态二聚体的结果。由于在芘浓度增大时，吸收光谱并没有发生变化，且冰点下降实验的结果，都表明没有基态的二聚体存在。但芘浓度增大时，伴随着芘单体的荧光猝灭的同时，在芘单体的荧光光谱的红端，却产生了一种新的无结构特征的发射带，这是芘的激发态二聚体所产生的发射。

3. 基态的荧光物质分子的缔合

许多芳族分子，尤其是那些具有能够形成氢键的官能团的分子，它们在非极性的和非氢键的溶剂中，在高浓度时很容易形成二聚体，甚至形成多聚体。这种二聚体、多聚体与单体具有不同的吸收光谱，它们的生成可由吸收光谱辨认出来。所生成的二聚体或多聚体，往往并不发荧光或者所发射的荧光比单体的弱，因此，它们的生成将引起溶液荧光强度的下降。此外，由于二聚体的第一电子激发单重态的能量比单体的第一电子激发单重态的能量低，因而，二聚体可能通过辐射能量转移或共振能量转移的过程猝灭单体的荧光。

染料分子在水溶液中的自猝灭原因比较复杂，形成基态的二聚体或多聚体是其中的一个原因。在染料的溶液中加入盐类时常使聚合作用增强，从而导致溶液荧光的自猝灭现象加剧。

溶液的内滤作用与荧光物质的自猝灭有所不同。内滤作用系因溶液中存在的其他物质吸收了一部分激发光或吸收了一部分荧光而引起荧光强度的降低。溶液中如形成基态的二聚体，这些二聚体与单体荧光分子竞争吸收激发光，从这一意义上来说，也引起了内滤作用。

荧光自猝灭现象由于是与浓度有关的效应，因而通过在荧光测定之前稀释溶液的办法，可以避免这一现象的发生，或减小它所产生的影响。

另外，磷光的自猝灭有时候可能成为一个严重的问题。激发三重态所发射的光子，很少有机会被基态分子所吸收，因为自单重态至三重态的跃迁是自旋禁阻的。但是三重态到三重态的吸收跃迁是许可的，而且在芳族分子中这种跃迁的概率可能很大，因而一种三重态分子可以通过吸收另一种三重态所发射的光子而被激发到更高的三重态。类似的现象在荧光中一般并不重要，因为激发单重态的寿命很短。上述这种磷光再吸收的程度，与溶质的浓度、三重态的寿命、溶质在基体中分布的均匀性、激发光的强度以及试样的厚度有关。如果溶质的浓度越大、分布的均匀性越差、三重态的寿命越长、激发光强度越大以及试样的厚度越大，磷光再吸收的程度也将越大。因此，最好使用非常薄的试样以及前表面激发的方式进行磷光测定。

§4.8.2 转入三重态的猝灭

溴化物及碘化物通常是高效率的猝灭剂。如在荧光物质的分子中导入 Br 或 I 原子，其荧光产率将会下降，例如曙红（四碘荧光素）的荧光产率比荧光素低。蒽和苯都是荧光强度较大的物质，但和它们的结构相近的氮蒽和氮苯都不发荧光。某些物质在常温下不发荧光，只有在很低的温度下才能发光，而且发光的寿命长达 1s 以上，且谱带的范围较宽，所得光谱结构也较为精细。上述这些现象可以用转入三重态来加以解释。

处在基态的正常的多原子分子通常具有偶数的电子，且相互配对，每对电子占据一个轨函，两个电子的自旋方向相反，这些分子的多重态等于 1，也即它们具有单线能级。如果分子被激发后并由于内部的能量转移而导致分子中的一个电子改变原来的自旋方向，产生了电子自旋不配对的现象，此时该分子的多重态等于 3，也即具有三重线能级。这在光谱学上由于自旋和轨函的相互作用而呈现了三个能量相差不大的能级，被看作一个三重线级。由 Hund 定律推断，这三重线级的能量低于相对应的单线级。在图 4.5 位能曲线的虚线为三重线级的位能曲线，该虚线位于单线级的基态位能曲线 CBD 和单线级的第一激发态位能曲线

EJF之间。由基态分子直接激发到三重态，这属于自旋禁阻的跃迁，跃迁概率很小，因而在吸收光谱上没有呈现三重态的谱带。但某些物质的三重态的位能曲线和激发单重态的位能曲线相交（如图中的G点），且三重态的最低振动能级低于激发单重态的最低振动能级。由于内部的能量转移，由激发单重态到三重态的体系间窜越过程是可能发生的。分子从激发单重态转变到三重态时，多余的振动能将在碰撞中损失掉。溶液中绝大多数转入三重态的分子，在常温下通常是不会发光的，因三重态分子的寿命比较长，很容易把多余的能量消耗于它们与其他分子的碰撞之中，从而导致发光的猝灭。

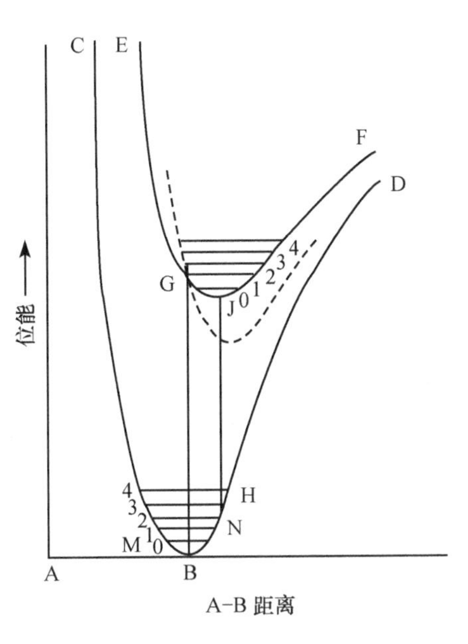

图 4.5　双原子分子的位能曲线

转入三重态的分子在低温下可由三重态发生辐射跃迁而重新返回到基态，并伴随着发射波长较长的磷光。由三重态返回到基态的跃迁也是自旋禁阻的，因而这一过程进行的速率较慢，发光分子的平均寿命较长，这便使得激发态分子在发光之前有可能发生许多振动作用，从而使所得到的光谱具有复杂的精细结构。

含溴或碘的化合物，由于溴或碘原子的重原子效应，增强了自旋-轨函的耦合作用，这将增大激发态分子的 $S_1 \rightsquigarrow T_1$ 系间窜越的效率，使得荧光的量子产率减小，磷光的量子产率增大。

羰基化合物，典型的代表物如二苯甲酮，其最低激发单重态是（n，π^*）态，在（n，π^*）状态下，有利于提高 $S_1 \rightsquigarrow T_1$ 系间窜越过程的量子产率。由于 $n \rightarrow \pi^*$ 跃迁是部分禁阻的，因而 $\pi^* \rightarrow n$ 反跃迁也是部分禁阻的，于是处于（n，π^*）态的最低激发单重态的寿命要比处于（π，π^*）态的长，从而转化为三重态的概率也就比较大。此外，（n，π^*）态的 S_1 和 T_1 之间的能量间隙通常比较小，这有利于加速 $S_1 \rightsquigarrow T_1$ 系间窜越过程的速率。

杂原子具有孤对的非键（n）电子，因而杂环化合物在受激发时通常产生 $n \rightarrow \pi^*$ 跃迁，所得到的最低激发单重态是（n，π^*）态。所以，杂环化合物的荧光，比相对应的芳烃化合物的荧光要弱得多。此外，硝基化合物、重氮化合物和羧基化合物等，其激发单重态都容易转变为三重态，因而容易产生荧光猝灭现象。

§4.8.3 氧的猝灭

氧分子可以说是最普遍存在的荧光和磷光猝灭剂。在溶液中，氧分子是十分有效的磷光猝灭剂，因而，在没有除氧的情况下，通常不可能观察到溶液的室温磷光现象。而对于溶液荧光来说，不同的荧光物质和同一种荧光物质在不同的溶剂中，对氧的猝灭作用的敏感性有所不同。Chéchan[17]曾对蒽、伞形酮、七叶灵（$C_{15}H_{16}O_9$）、水杨酸钠、荧光素钠、罗丹明 N6J、罗丹明 NB、罗丹明 B、海棠素和血卟啉等荧光物质在两种或更多种溶剂中的荧光受氧猝灭的情况进行了研究，所用的溶剂为乙醇、乙酸、氯仿、苯、环已烷、水、丙酮以及盐酸。从其实验结果来看，一般来说，以上荧光物质在有机溶剂中受氧的猝灭作用较为可观，而在水溶液中受氧的猝灭作用却较小，有时甚至难以测定。因而他认为氧的猝灭作用似乎是随着溶剂介电常数的减小而增大。

在溶液中，有机分子的激发单重态受溶解氧的猝灭作用具有很大的扩散系数，因而荧光受氧的猝灭作用可能成为一个严重的问题。

至于氧分子对溶液荧光产生猝灭作用的原因则比较复杂，可能包含了多种机理。归纳起来，已经提出的说明激发单重态受氧猝灭的机理有如下几种[18]：

（1）激发单重态的氧化作用

$$^1M^* + O_2 \longrightarrow A^+ + O_2^- \tag{a}$$

（2）能量从$^1M^*$转移到O_2

$$^1M^* + {}^3O_2 \longrightarrow {}^3M^* + {}^1O_2^* \tag{b}$$

$$^1M^* + {}^3O_2 \longrightarrow M + {}^1O_2^* \tag{c}$$

（3）增强在$^1M^*$中的体系间窜越

$$^1M^* + {}^3O_2 \longrightarrow {}^3M^* + {}^3O_2 \tag{d}$$

（4）增强在$^1M^*$中的内转化

$$^1M^* + {}^3O_2 \longrightarrow M + {}^3O_2 \tag{e}$$

（5）O_2和基态分子 M 形成配合物。

上述几种可能的机理中，究竟哪一种适合于氧对某种特定的荧光物质激发单重态的猝灭作用，这与荧光物质及介质两者的性质有关。例如，形成基态配合物的荧光猝灭机理，在溶液中几乎是不重要的，但对于刚性介质中的某些溶质则可能是重要的[19]。同样，经由激发态氧化还原反应的猝灭机理，只有对一些还原性很强的荧光物质才可能发生。

在溶液中，由电子激发态有机分子的能量转移而产生激发单重态氧分子，已被认为是可能的。不过，显然反应（b）和反应（c）都不能对氧的猝灭作用作普遍的描述。因为如果反应（b）是普遍的猝灭过程，人们终将预计那些 S_1 与 T_1 之间的能量间隙小于$^3O_2 \rightarrow {}^1O_2^*$ 所需激发能的荧光物质分子，不会受氧有效的猝灭。然而，事实上 S_1 与 T_1 之间能量间隙较小或很大的芳烃，被氧猝灭的效率相同[20]。同样，反应（c）也已被表明与反应（e）（氧增强 $S_1 \rightsquigarrow S_0$ 内转化过程）的光化学数据不一致[21]。这样一来，认为氧存在下增强了荧光物质激发态分子内的 $S_1 \rightsquigarrow T_1$ 系间窜越是普遍的氧的猝灭过程，似乎是比较合理的。

通过激光闪光光谱技术，已经取得了上述过程（d）起作用的肯定证据。当芘的含氧溶液被闪光照射时，芘三重态的产率比没有氧存在时要大得多。其基本过程在本质上被推测是电荷转移过程，当 $^1M^*$ 和氧形成遭遇配合物时，大大增强了 $^1M^*$ 分子内 $S_1 \rightsquigarrow T_1$ 的系间窜越过程[22]。大多数对氧的猝灭敏感的化合物，倾向于具有较高的电离势[23]。

由于激发三重态的寿命远比激发单重态长，它与氧或其他杂质发生碰撞猝灭的概率相应地也大得多，因此，除非溶剂和溶质都经过充分地提纯并且溶液经过严格除氧的情况下，通常是难以在溶液中观察到磷光现象的。

在流体介质中，激发三重态分子不仅可能被溶解氧和其他杂质所猝灭，也可能发生如下反应而导致三重态的猝灭[24]

$$^3M^* + {}^3M^* \longrightarrow {}^1M^* + M$$

$$^3M^* + M \longrightarrow {}^3(M^*M) \longrightarrow M + M + kT$$

参考文献

[1] Lakowicz J. R. Principles of Fluorescence Spectroscopy. 2nd ed. New York: Plenum Press, 1999: 243.

[2] Grellmann K. H. et al. J. Phys. Chem., 1972, 76: 469.

[3] Saltiel J. et al. J. Am. Chem. Soc., 1977, 99: 884.

[4] Yang N. C. et al. J. Am. Chem. Soc., 1976, 98: 6587.

[5] Nishimura T. et al. Chem. Phys. Letters, 1977, 46: 334.

[6] Guilbault G. G. Practical fluorescence. New York: Marcel Dekker, 1973: 113～123.

[7] Rohatgi-Mukherjee K. K. Fundamentals of Photochemistry. New York: John Wiley & Sons, 1978: 165～207.

[8] Blackburn G. M. et al. J. C. S. Perkin II, 1976: 1452.

[9] Schulman S. G. Fluorescence and Phosphorescence Spectroscopy: Physicochemical Principles and Practice. Oxford: Pergmon Press, 1977: 102～116.

[10] Wells C. H. J. Introduction to Molecular Photochemistry. London: Chapman and Hall, 1972: 48～58.

[11] Lakowicz J. R. Principles of Fluorescence Spectroscopy. New York: Plenum Press, 1983: 303～312.

[12] Parker C. A. Photoluminescence of Solutions. Amsterdam: Elsevier, 1968: 77.

[13] Veatch W. et al. J. Mol. Biol., 1977, 113: 89.

[14] Shaklai N. et al. Biochemistry，1977，16：5585.
[15] Donkerbroek J. J. et al. Talanta，1981，28：717.
[16] Donkerbroek J. J. et al. Anal. Chem.，1982，54：891.
[17] Chéchan C. Compt. Rend.，1946，222：80.
[18] Kearns D. R. Chem. Rev.，1971，71：395.
[19] Rosenberg J. L. et al. J. Phys. Chem.，1967，71：330.
[20] Parmenter C. S. et al. J. Chem. Phys.，1969，51：2242.
[21] Stevens B. et al. Ann. N. Y. Acad. Sci.，1970，171：50.
[22] Goldschmidt C. R. et al. J. Phys. Chem.，1971，75：1025.
[23] Brewer T. J. Am. Chem. Soc.，1971，93：775.
[24] Langelaar J. et al. Chem. Phys. Letters，1971，12：86.

（本章编写者：许金钩）

第五章　荧 光 仪 器

分析工作者必须对所使用的荧光仪器和实验细节有所了解，才能成功地运用荧光分析法。这是因为：①荧光法是一种高灵敏度的分析方法，人们总是以提高仪器的增益或放大倍数来获取可观测到的信号，但这种信号可能不是产生自我们所希望检测的荧光体，而是可能来自溶剂的背景荧光干扰、仪器的漏光、混浊溶液的散射光、瑞利散射和拉曼散射；②荧光法所使用的荧光分光光度计和仪器不是理想的仪器，不可能产生真实的激发光谱和发射光谱，因为这些仪器的光源输出不一致、单色器和光电倍增管（PMT）的效率与波长有关、荧光偏振或各向异性亦可能影响到荧光强度的测定。因此，要获取可靠的光谱数据，人们就必须了解和控制这些因素。本章将就荧光分光光度计各个组件的特性，影响有关参数测量的样品性质，以及几种商品仪器进行介绍。

在荧光分析中常用的仪器主要为荧光计和荧光分光光度计两类，它们均由光源、单色器（滤光片或光栅）、狭缝、样品室、信号检测放大系统和信号读出、记录系统组成。光源用来激发样品，单色器用来分离出所需要的单色光，信号检测放大系统用来把荧光信号转化为电信号，联结于放大装置上的读出装置用来显示或纪录荧光信号。一般荧光分光光度计如图 5.1 所示。当激发单色器改为滤光片时则为一般的荧光计。当进行荧光偏振实验时，则在样品室的入射光路和发射光路两侧分别装上起偏器和检偏器。

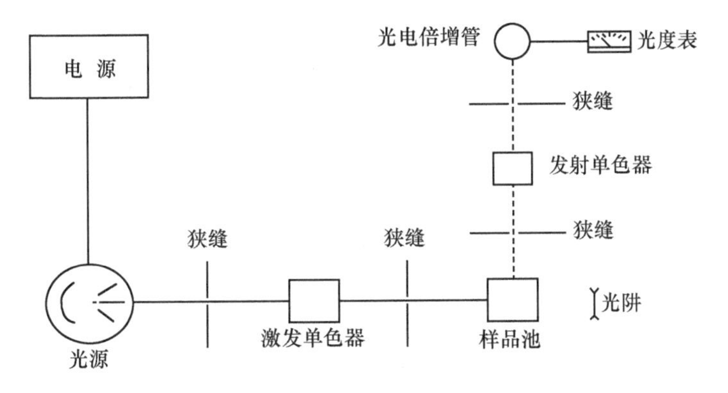

图 5.1　荧光分光光度计示意图

其他荧光仪器有激发时间分辨荧光计、相分辨荧光计和激光低温 Shpol’skii 效应荧光计及最近发展起来的各类便携式现场荧光计等。

§5.1 荧光仪器组件[1,2]

§5.1.1 激发光源

理想化的光源：由于荧光体的荧光强度与激发光的强度成正比，因此，作为一种理想的激发光源应具备：①足够的强度；②在所需光谱范围内有连续的光谱；③其强度与波长无关，亦即光源的输出应是连续平滑等强度的辐射（见图 5.2）；④光强要稳定。符合这些要求的光源实际上并不存在，这给荧光体真实激发光谱的测绘带来很大困难。

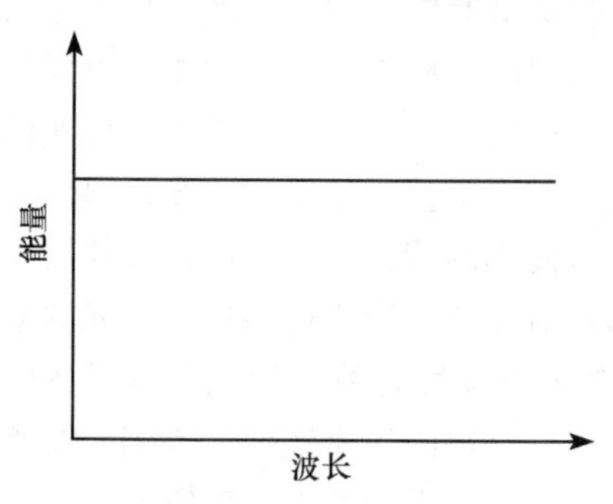

图 5.2 理想光源的光强度与波长的关系

1. 氙灯

高压氙弧灯是目前荧光分光光度计中应用最广泛的一种光源。这种光源是一种短弧气体放电灯，外套为石英，内充氙气，室温时其压力为 5atm（非法定单位，1atm＝1.01325×10^5Pa），工作时压力约为 20atm。250～800nm 光谱区呈连续光谱，450nm 附近有几条锐线（见图 5.3）。其工作时，在相距约 8mm 的钨电极间形成一强的电子流（电弧），氙原子与电子流相撞而离解为氙正离子，氙正离子与电子复合而发光。氙原子的离解发射连续光谱，而激发态的氙则发射分布于 450nm 附近的线状光谱。氙弧灯的光谱输出，短于 280nm 区的强度迅速下降。有的氙弧灯为无臭氧灯，即工作时氙灯周围不产生臭氧，这种灯所用的石英外套不透射波长短于 250nm 的光，但这种灯的输出信号强度随波长缩短而迅速下降。

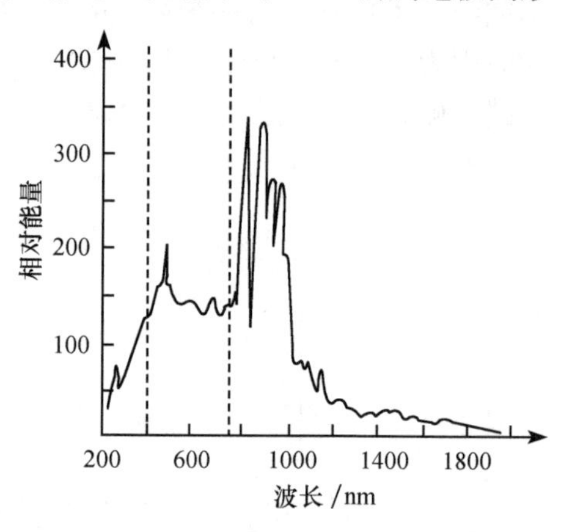

图 5.3 短弧高压氙灯的光谱能量分布

新近推出的闪烁式氙灯结合经优化的光学系统可使荧光分光光度计达到非常优异的灵敏度。由于使用闪烁式氙灯的荧光分光光度计只有在其发光时读取数据，特别适用于对光敏感的样品的测定。另一方面，闪烁式氙灯结合相应的信号处理技术，可使相应的荧光分光光度计在样品暴露于日光的情况下测定荧光数据[3]。

氙灯无论是在平时或工作时都处于高压之下，存在爆裂的危险，安装时要特别小心，应戴上安全眼镜，防止意外。为避免氙灯因受污染而失效，安装时手指不要接触到石英外套。如果不慎接触到，则应该用酒精等溶剂清洗，以免残留的指纹油污焦化，导致氙灯光谱输出失常。氙灯装于氙灯室中，氙灯室起导走氙灯的热气流和臭氧的作用。工作时，氙灯灯光很强，其射线会损伤肉眼视网膜，紫外线会损伤肉眼角膜，因此，工作者应避免直视光源。氙灯使用寿命大约为2000h，目前，长寿命的氙灯约为4000h，闪烁氙灯寿命长达20000h[4]。报废的氙灯应裹上厚纸，并把石英壳敲碎，以免留下隐患。

氙灯需用优质电源，以便保持氙灯的稳定性和延长其使用寿命。氙灯的电源亦很危险，例如500W氙灯的电流为25A，电压为20V，起动氙灯需用20～40kV电压，这种电压可能击穿皮肤，强电流将威胁人的生命安全。

2. 汞灯

汞灯是初期荧光计的主要激发光源，它是利用汞蒸气放电发光的光源，它所发射的光谱与灯的汞蒸气压有关。因此，汞灯可分为低压汞灯和高压汞灯两种。低压汞灯发射的光谱是一些分立的线状光谱，主要能量集中在紫外线区，其谱线波长分别为：253.7，296.5，302.2，312.6，313.2，365.0，365.5，366.3，404.7，435.8，546.1，557.0，579.0nm，其中253.7nm线的强度约为366nm三线的100倍。由于低压汞蒸气灯的光谱是由一些分立的线光谱组成，因此，人们常用它来校正单色器的波长。荧光分析中常用366nm线作为激发光，为了获得强的近360nm线的输出，可选择合适的磷光体涂于汞灯管的内壁，通过磷光体把短波长的紫外线转化为谱带稍宽的所需要的波长光输出，例如一个4W的低压汞蒸气磷光体灯，在360～365nm波长区有一最强的光谱输出。

高压汞灯的光谱分布与低压汞灯的有显著的差别，由于汞蒸气压力增加，汞蒸气放电的光谱由线状光谱转为略呈带状的光谱，并出现较宽的连续光谱，同时253.7，296.5，312.6，313.2nm线减弱，365.0nm线转为最强。由于高压汞灯发射出较强的365nm线，因此，一般滤光片式荧光计多采用它为激发光源。

3. 氙-汞弧灯

这种灯在紫外线区的发射比氙灯强得多，氙气的存在促使光谱变宽，然而其光谱输出的平滑度远不如氙灯（见图5.4）。

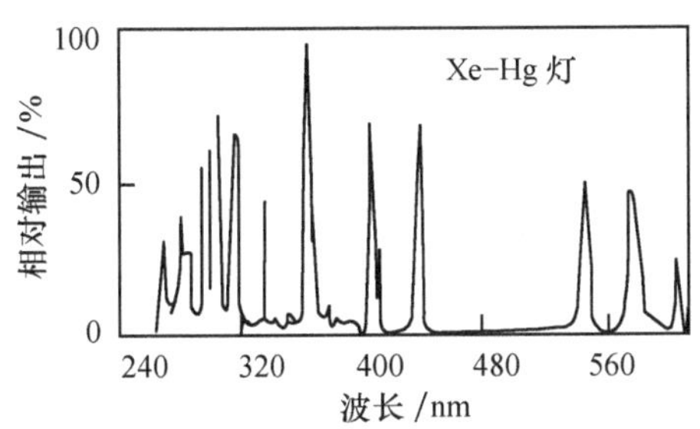

图5.4　氙-汞灯能量分布图

4. 激光器

紫外激光器、固体激光器、可调谐染料激光器和二极管激光器的运用把荧光法推向一个新的高度，激光技术的运用，使荧光法成为世界上第一个实现单分子检测的技术手段，并使其成为目前高性能荧光仪器的主要光源[5]。发射波长377nm的紫外激光器，其强度比汞灯的366nm线（三重线）强得多，且单色性好，没有杂散光。可调谐激光器可用紫外激光器为激发光源，产生波长范围为360～650nm的激光。可调谐激光器是激光Shpol'skii荧光光谱法不可少的激发光源[6,7]。

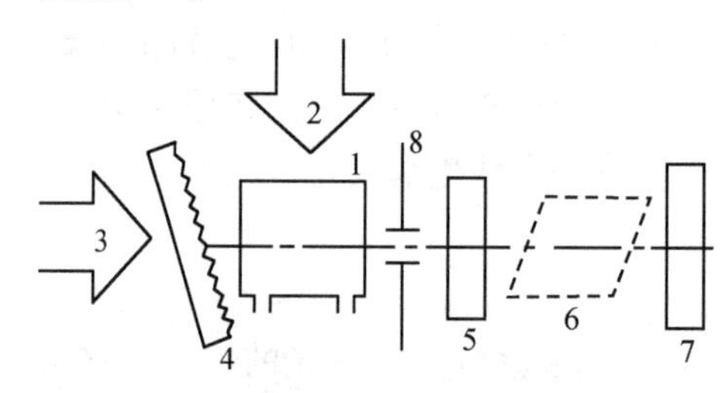

图5.5　可调谐染料激光器示意图
1. 荧光染料池；2，3. 外光源；4. 波长调节元件；5. 光学标准具；6. 输出非线性晶体；7. 反射镜；　8. 光栏

可调谐染料激光器是一种用有机荧光料作为工作溶液，用其他光源或激光作为激励的激光器。工作时荧光染料分子被外光源激发而发荧光，当满足一定的物理条件之后，这种荧光就转化为激光。图5.5为可调谐染料激光器的示意图[6]，荧光染料盛于染料池中，用外光源激发，用调谐元件（光栅等）调节所需要的波长光，用光学标准具进一步压缩谱线宽度，如果需要紫外线输出，则把非线性晶体置入激光腔内，经调谐的一部分激光由反射镜输出，余下大部分被反射，以供进一步光学放大，通过把光栏置入激光腔内，以便实现单模运转。

一般荧光染料的有效发射波长范围约为20～50nm，如果要在较大范围内获得可调谐的激光，就得使多种染料溶液分别连结流过染料池。采用可调谐激光为光源时，可略去荧光分光光度计的单色器或滤光片。

在过去的二十年中，激光技术得到了迅速的发展。各类激光光源层出不穷，如准分子激光器、二极管抽运激光器、高亮度二极管激光器、红光蓝光二极管激光器、二氧化碳激光系统、固体激光系统、染料、离子激光器，从而使各类荧光仪器的种类和型号更加完善[8～10]。

美国Raytheon公司推出了一种小型二极管激光泵浦固体激光器，Aglient公司推出了81600型高性能可调谐激光光源，Crastal GmbH公司生产的激光器在紫外可见光266、355、532nm波长间转换，脉冲重复频率范围5～15kHz，典型脉冲宽度为1ns[11,12]。

5. 闪光灯

光子计数和脉冲取样法需用带宽较窄的闪光灯。这类灯的特性随灯内所装气体的类型而变，例如氮闪光灯会发射出几条强谱线［见图 5.6（a)］，而氢或氘灯［图 5.6（b)］发出连续的紫外光谱，其强度仅为氮闪光灯的十分之一。这类灯又可分为自激和“门控”两种类型。

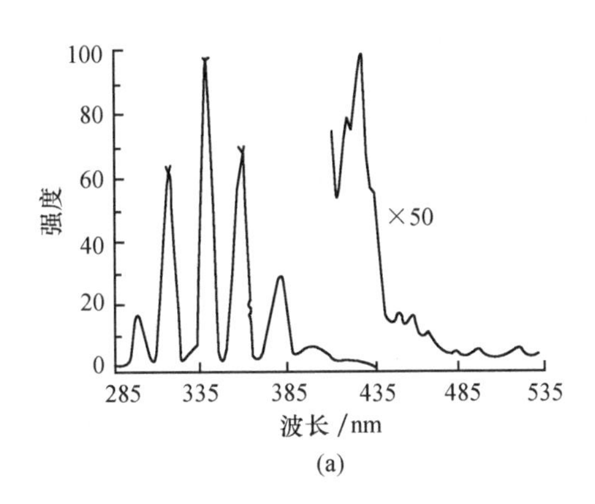

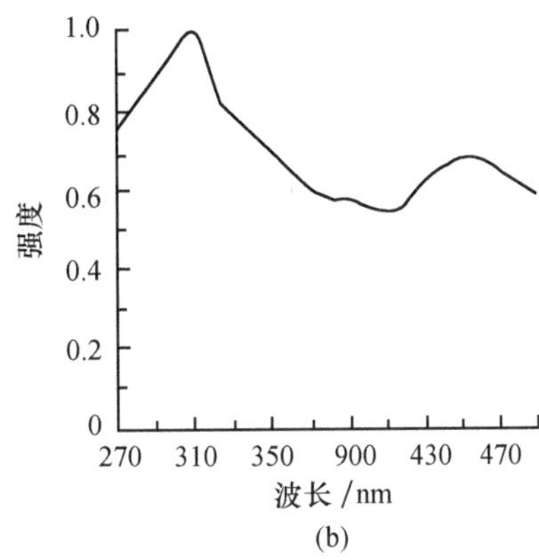

图 5.6　氮和氘闪光灯的光谱分布

（a）氮气灯；（b）氘灯

自激闪光灯：当该灯的电极达到击穿电压时则放电发光。灯内的气体类型、气压以及电极间的几何排列决定了该灯的击穿电压，而灯的电容和击穿电压决定了该灯的每秒脉冲数，因此，人们无法任意调节器脉冲频率。此外，气体和压力的变化也会引起频率的差异。由于自激闪光灯有诸多不便，因此目前已较少采用。

“门控”灯：该灯的放电受闸流管控制，而灯的频率主要由电容、气体及气压而定。这种灯的脉冲光强度大、重复性好，市场上可以买到。

这类灯的典型脉冲宽度约为 2ns（见图 5.7)，大多数灯每个脉冲中都有一个强度较弱的拖尾。由于这类灯脉冲宽度较大和存在着拖尾现象，因此人们不可能祈望这类灯能够提供无限短的脉冲激发光，同时需要对脉冲的时间分布进行校正。

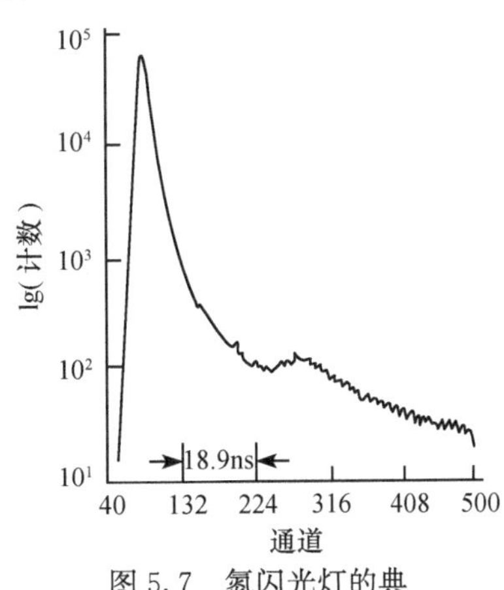

图 5.7　氮闪光灯的典型时间-强度分布

脉冲激光灯：脉冲激光灯是目前广泛应用的闪光灯，例如可锁模的氩离子激光器发射出脉冲宽度为 100ps 的 351nm 紫外线，重复频率为 76MHz[13]。锁模离子激光激发的脉冲染料激光器可提供次纳秒级的脉冲激光。目前这种装置有较低的重复速度，一般少于 1000Hz。

§5.1.2 单色器和滤光片

1. 光栅单色器

荧光分光光度计中应用最多的单色器是光栅单色器而不是棱镜单色器，理想的单色器应在整个波长区内有相同的光子通过效率，不幸的是这种理想的单色器并不存在，它亦是荧光体激发光谱和发射光谱变形的原因之一。

光栅有平面光栅和凹面光栅两类。平面光栅多采用机械刻制，一般每毫米刻有 600～1200 条的三角线槽，其闪耀波长视用途而定。机刻光栅的主要缺点是线槽不完善，杂散光较大，可能存在“鬼影”。凹面光栅常采用全息照相和光腐蚀而成，不完善程度小得多，它适于测绘激发和发射光谱，而不大适于荧光各向异性的测量。

光栅单色器有两个主要性能指标，即色散能力和杂散光水平，色散能力通常以 nm/mm 表示，其中 mm 为单色器的狭缝宽度。通常人们总是选用低杂散光的单色器来组装荧光分光光度计，以减少杂散光的干扰，同时选用高效率的单色器来提高检测弱信号的能力。对于一般荧光分光光度计来说，单色仪的分辨率不是主要问题，因为荧光计的荧光峰宽度很少小于 5nm。单色器一般都有进、出光两个狭缝，出射光的强度约与单色器狭缝宽度的平方成正比，增大狭缝宽度有利于提高信号强度，缩小狭缝宽度有利于提高光谱分辨力，但却牺牲了信号强度。对于光敏性的荧光体测量，有必要适当减少入射光的强度。

图 5.8（a）为泽尼特式光栅单色器的示意图，图 5.8（b）为衍射光栅的截面图。入射光照射于平面光栅的三角线槽上则发生反射，各反射光束间的干涉则引起色散。色散特性可由光栅方程描述。光栅方程为

$$N\lambda = d(\sin i + \sin\theta) \tag{5.1}$$

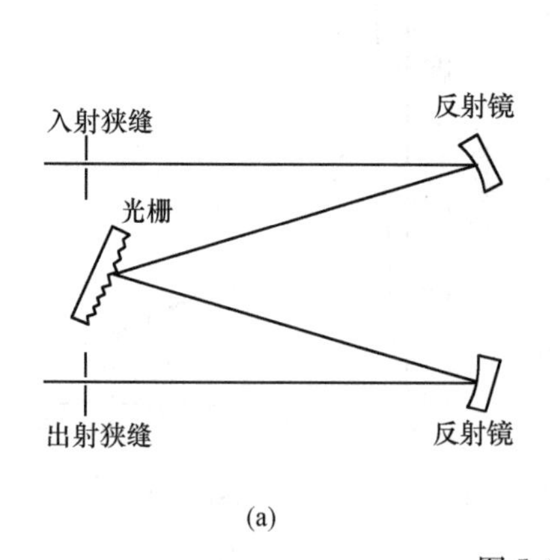

(a)

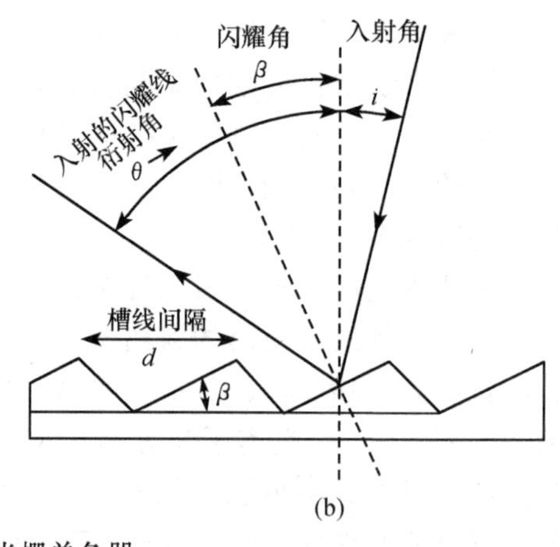

(b)

图 5.8 平面光栅单色器

式中：N 为干涉（衍射）的级数。光栅方程说明了对于某一给定的衍射角 θ，同时可能有几个不同级的谱线存在，当荧光体信号很微弱时测绘激发光谱和发射光谱尤应注意，因为此时仪器的放大（增益）处于较高档，二级光很容易被检出。例如 320nm 光激发 40ppb 的奎宁（0.1mol/LH_2SO_4）所测绘得的发射光谱，可能出现 5 个峰，它们分别出现 320，360，450，640 和 720nm 波长处，这些峰分别为水的瑞利散射、水的拉曼散射、奎宁的荧光峰、水的二级瑞利散射和水的二级拉曼散射；又如当发射单色器的波长固定在 690nm 波长处而扫描水中绿球藻的激发光谱时，会在 345nm 处出现一个尖锐的激发峰，这个峰实质上是水的二级瑞利散射所造成的，分析者需予以注意。

光栅单色器的透射率为波长的函数，机刻光栅的输出最强光的波长被称为闪耀波长。光栅的闪耀波长由光栅的闪耀角而定，而闪耀角则由光栅的线槽角而定。为了弥补激发光源（氙灯）紫外区能量弱的缺点，荧光分光光度计多选用闪耀波长落于紫外区（例如 300nm）的单色器为激发单色器。由于荧光体的荧光波长多落于 400～600nm 区，因而发射单色器常采用闪耀波长为 500nm 左右的光栅。全息光栅没有闪耀波长，其透射峰值比平面光栅小，但波长分布比平面光栅大得多，图 5.9 为几种不同闪耀波长光栅的能量分布。

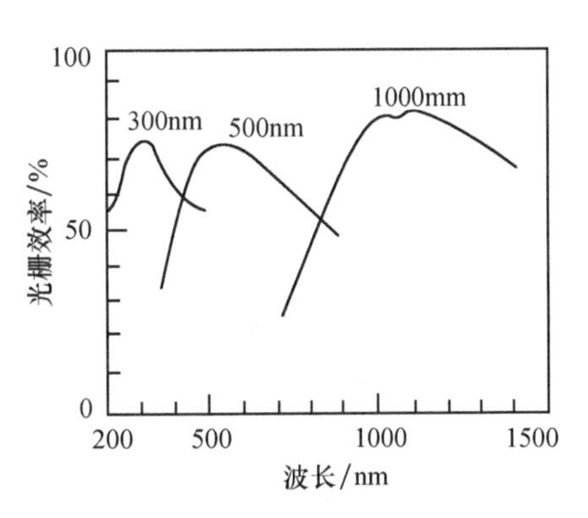

图 5.9 几种不同闪耀波长光栅的光谱能量分布

光栅单色器的另一重要特性在于它的透射率与偏振光有关，图 5.10 为平面光栅和全息凹面光栅的透射率与偏振光的关系。可见，所检测到的荧光强度与荧光的偏振有关，所检测到的发射光谱的波长可能漂移，形状可能改变，这些与记录时所用的偏振条件有关，例如用图 5.10 所示的机刻光栅和全息光栅记录发射光谱时，偏振器垂直取向者，总比水平取向者所记录得到的光谱要略向短波长

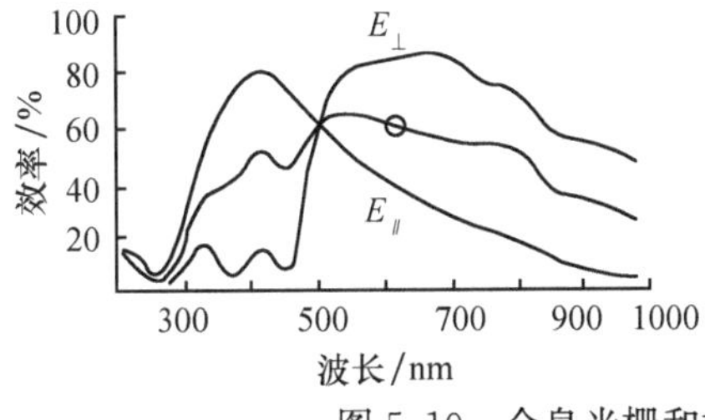

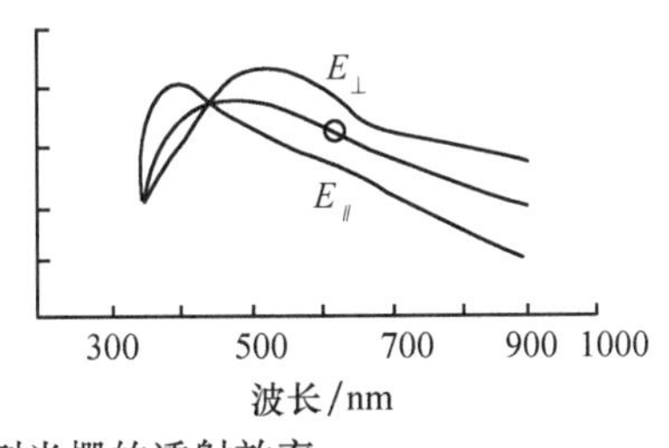

图 5.10 全息光栅和机刻光栅的透射效率

（//）为垂直偏振光；（⊥）为水平偏振光；（○）为非偏振光

方向移动，因为该单色器在短波长区的垂直偏振光有较高的透射率。这种光谱的漂移与样品无关，亦与样品是否发生偏振无关。

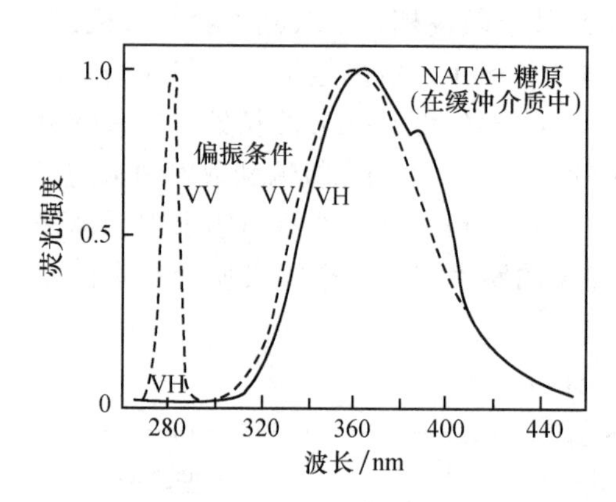

图 5.11　偏振器取向对 *N*-乙基-L-色氨酰胺（NATA）发射光谱的影响
pH=7.5，25℃；λ_{ex}=280nm

我们以图 5.11 所示的 *N*-乙基-L-色氨酰胺（NATA）的发射光谱来进一步说明这个问题。用垂直取向偏振器（V）和水平取向偏振器（H）的光所记录得到的发射光谱有明显的差别。正如意料中那样，通过垂直取向偏振器所观测到的光谱比通过水平取向偏振器者相对地蓝移。光谱中 390nm 处的额外峰系单色器的透射特性所引起的。

有一种方法可以避免光栅单色器因偏振光透射率变化而带来的影响，这种办法系采用所谓“魔鬼角”的原理（见§6.7）。实验时用垂直偏振光激发，使检偏器的取向与垂直偏振光成 54.7°角，设总荧光强度为（I_T），（I_T）$=I_{/\!/}+2I_\perp$，而 $I_{/\!/}$ 和 $I_\perp$ 分别代表垂直和水平偏振发射的荧光强度，则在此条件下所测得的信号强度正比于总荧光强度（I_T）。必须提到的是，采用偏振时，荧光信号光强度将小于原有的 1/4 左右。

由于散射光是 100%全偏振光，采用发射偏振器与激发偏振器垂直取向可大大减少散射光对荧光测量的影响（见图 5.11）。

对于荧光测量来说，单色器的杂散光指标是一个极关键的参数。杂散光被定义为除去所需要波长的光线以外，通过单色器的所有其他光线的强度。首先考虑激发单色器，通常紫外线被用来激发荧光体，而氙灯中的紫外线强度仅约为可见光的 1%。荧光体的荧光一般都很弱，通过激发单色器的长波长的杂散光，容易被当作荧光来检测。许多生物样品都有较大的浊度，结果入射的杂散光被样品散射而干扰荧光强度的测量。由于这个原因，某些荧光分光光度计采用双光栅单色器，这样一来，虽然杂散光可降至峰强度的 10^{-8}～10^{-12}，可是其灵敏度也将降低。

现在让我们考虑发射单色器。通常入射的激发光仅有非常小的一部分被荧光体吸收（小于 4%），而荧光体的荧光产率很低，其荧光强度一般小于激发光强度的千分之一。假设我们测量的是一个浊度较高的生物样品，例如测量键合蛋白质的荧光强度，该样品用 280nm 光激发，于 340nm 处测量荧光强度。由于发射单色器不完善，某些 280nm 的散射光可能于 340nm 处通过发射单色器而照射于检测器。假设 340nm 对 280nm 的分辨率为 10^{-4}，280nm 波长处的散射光强度可能比 340nm 波长处的荧光强一千多倍。因此，测得 10%的“荧光”实际上是因散射所引起的杂散光所造成的。由于散射光 100%偏振，因此，散射光所引起的杂散光可能使荧光各向异性的测量失效，这一点要特别留意。

凹面光栅多为全息光栅，其单色器较完善，很少出现“鬼影”，大面积光栅不需聚焦，反射面少，因而杂散光亦较低，但它对不同方向的偏振光的透射率相差太大，因而不宜作为发射单色器（见图 5.10）。

2. 滤光片

荧光测量的主要误差来自杂散光和散射光。消除这些误差源除用单色器外还可用滤光片。滤光片具有便宜、简单等优点，因此，它在荧光计和荧光分光光度计中都有广泛的应用。滤光片可分为玻璃滤光片、胶膜滤光片和干涉滤光片三种。

在例行荧光测量中，人们往往只需知道样品的相对荧光强度，而不需了解它与波长的关系（即光谱分布）。在这种情况下，可用便宜、灵敏的荧光计代替荧光分光光度计进行测量。荧光计系用第一滤光片代替激发单色器来获得所需波长的激发光，而用第二滤光片代替发射单色器来滤去杂散光、瑞利光、拉曼光和杂质所发射的荧光。

第一滤光片的选择：当用高压汞灯的 365nm 线为激发光源时，第一滤光片可采用让 365nm 线通过的干涉滤光片，亦可采用 2mm 厚的伍德玻璃（$SiO_2$50%，BaO25%，NiO9%，CuO1%），前者的单色性较好，但价格贵得多。当用钨灯为激发光源时，因它所发射的光含有红外线，须先让其通过盛有 5%～10%的硫酸铜溶液的液池，滤去红外线后再加上合适的滤光片，获得所需波长的激发光。

第二滤光片的选择：第二滤光片的选择应根据荧光体的发射光谱、激发光波长的溶剂拉曼光波长来决定。例如采用 365nm 汞线为激发光时，以选择能将波长短于 430nm 的光线滤去的滤光片作为第二滤光片为宜，因为它能消除溶剂的瑞利散射光、拉曼散射光及部分其他杂质的荧光。至于需选用蓝色、绿色还是黄色滤光片为好，需视荧光物质的荧光峰及样品中其他干扰物质的荧光波长而定。图 5.12 和图 5.13 为一些常用的玻璃滤光片及胶膜滤光片的吸收曲线。

玻璃滤光片：玻璃滤光片含有各种不同的金属氧化物，因而呈现不同的颜色。它们透过的光线带宽较宽，且因受金属氧化物种类的限制，品种不多。但它具有稳定、经得起长期光照和便宜等优点。

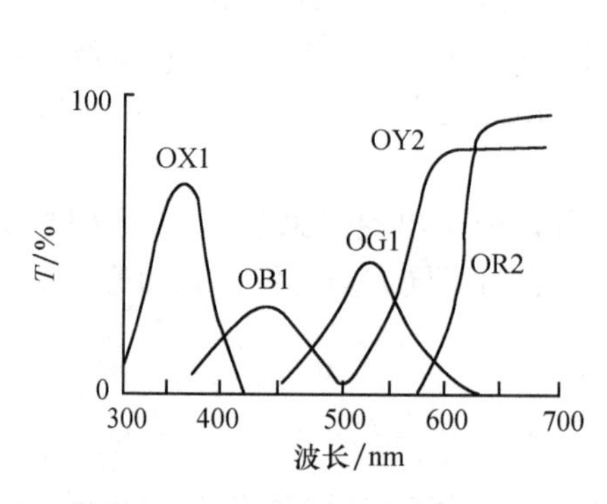

图 5.12　玻璃滤光片的吸收曲线

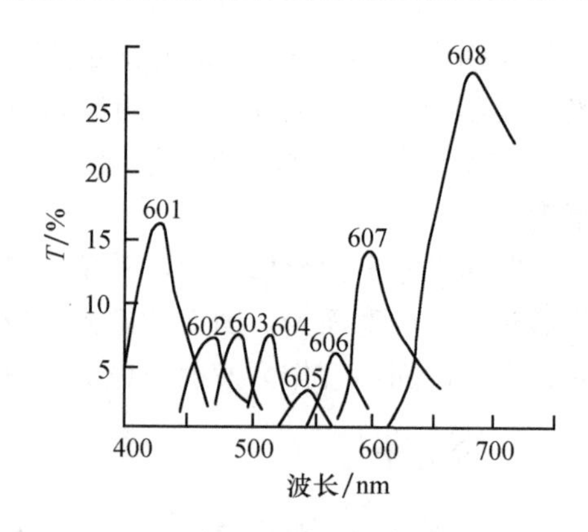

图 5.13　胶膜滤光片的吸收曲线

胶膜滤光片：胶膜滤光片是在两玻璃片之间夹一层各种不同颜色的染料胶膜，然后将玻璃粘紧。其优点是透过的谱带宽度较小，品种较多。缺点是不够稳定，容易退色，无法承受高压汞灯所散发的热量，使用时须在光源和胶膜之间设置一吸热玻璃片。

干涉滤光片：干涉滤光片是在一片玻璃上沉积两层或多层金属薄膜，每两层金属薄膜之间隔着一层不吸光的物质（例如氟化镁或氟化钙），然后在这玻璃片上粘盖着另一玻璃片以保护这些薄膜。干涉滤光片所透过光的波长取决于两金属薄膜之间的距离，干涉滤光片具有透射带宽较窄，透射率高，经得起强光源长期照射等优点。图 5.14 为多层干涉滤光片的透射性质。

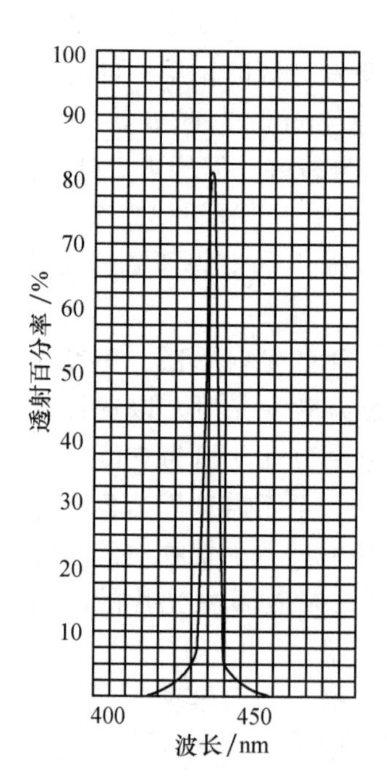

图 5.14　多层干涉滤光片的透射性质

采用荧光分光光度计测量荧光强度时，若在激发光路和发射光路中分别另插入合适的第一和第二滤光片，则可以进一步减少因激发单色器和发射单色器不完整所引起的误差。

在荧光偏振或荧光各向异性的测量中，也常用滤光片代替激发和发射单色器。由于散射光为 100%偏振光（$r=1.0$），因此，少量的散射光可能引起严重的测量误差。例如，假设第二滤光片选用不当，所测量的荧光信号有 10%来自拉曼散射，而无散射光时样品的各向异性值为 0.10，那么观测到的各向异性值为

$$V_{观测} = f_s r_s + f_F r_F \tag{5.2}$$

式中：f_s 为散射光的分配系数；f_F 为荧光的分配系

数；r_F 为荧光的各向异性；r_s 为散射光的各向异性。把有关数值代入式（5.2）得 $V_{观测}=0.19$，因此，10%的散射光使测得的各向异性值比真实值大近一倍，如果 r_F 值更小的话，则其相对误差将会更大。

§5.1.3　检测器

1. 光电倍增管

目前，几乎所有普通荧光分光光度计都采用光电倍增管（PMT）作为检测器。PMT是一种很好的电流源，在一定的条件下，其电流量与入射光强度成正比。虽然PMT对各个光子均起响应，然而平时都是测量众多光子脉冲响应的平均值。

PMT由一个光阴极和多级的二次发射电极所组成。光照射于光阴极时会引起一次电子发射，这些光电子在PMT中被电场加速飞射到第一个二次发射极（打拿极）上时，每个光电子将引起5～20个二次电子发射，这些电子又被加速到下一个电极上去，如此多次重复，最后电子被集中到阳极上去。所产生的电流被放大到可检测的水平。PMT的光电子产生率与施加于光阴极的高压值有关，一般PMT常用－500～－1000V的电压，有些型号的PMT则用－1000～－2000V。电压越高，每个二次电极发射的电子越多，因而PMT本身的放大作用就越大。

PMT的灵敏度受暗电流的限制，而暗电流主要由阴极和二次发射极的热电子发射和电极间的漏电流所形成。电极间电压低时，暗电流主要来自漏电流；电极电压高时，则主要来自热电子发射。

PMT有侧窗式和端窗式两类，图5.15为端窗式PMT和它的二次电极串示意图。

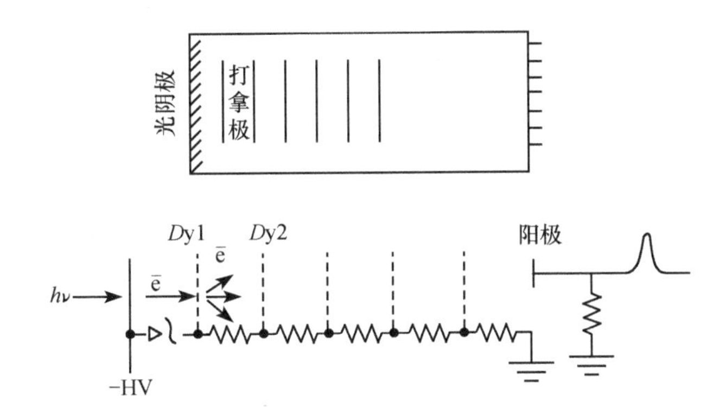

图5.15　端窗式PMT和它的二次发射电极串示意图

线性响应：要进行定量测定，PMT 的阳极电流一定要正比于光强度。但在强光照射下，光阴极电流会超过 PMT 的容许值，此时光阴极与第一打拿极间的电位差下降，引起增益下降和非线性响应。此外，过量的光电流可能损害光阴极的光敏性，造成暗电流增加，放大性能变差。要获得良好的线性响应，就要求 PMT 的高压电源很稳定，要求它与入射光量和阳极电流无关，因此把打拿极串设计成其电流量最小值应为阳极容许最大电流的 100 倍，例如一个由 6 级打拿极组成的 PMT，其电阻串每级为 100kΩ，电压为 1000V，则电阻串的电流为 1.6mA，因此其阳极容许最大电流量为 16μA。

PMT 的电压电源：典型的 PMT 电压每增加 100V，增益就提高 3 倍，因此，电压每波动 1V，增益就随之波动 3%，可见 PMT 的高压电源稳定度应为 0.01～0.03V。

PMT 的光谱特性：不同型号的 PMT，由于所采用的光阴极光敏材料不同，其光谱响应特性亦不同（见图 5.16），常见的光敏材料有碱金属及其氧化物、银和氧化银、铯和氧化铯以及金属锑等。石英泡壳的 PMT 适用于紫外线区。1P28，s-5 或 9635QB 型的 PMT，具有较高的灵敏度和较小的暗电流，但它适用于波长 200～620nm 区，波长大于 650nm 时其光谱响应率几乎为零。有些型号的 PMT，其光谱响应范围可扩展至近红外线区，但暗电流一般较大。由于单色器和 PMT 的非理想化光谱响应，因此，发射光谱就受到歪曲。要获得真实的发射光谱就必需进行校正。（详见 § 5.3）

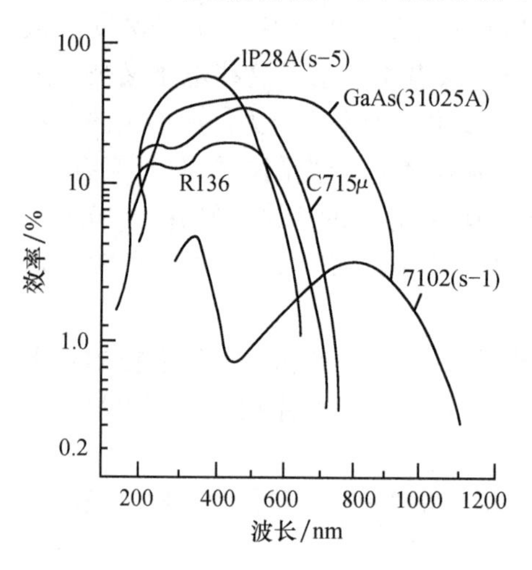

图 5.16　几种 PMT 的光谱响应特性

PMT 的响应时间：PMT 的响应时间很短，能检测出 10^{-8} 和 10^{-9} s 的脉冲光。PMT 的响应时间与两个因素有关，即与 PMT 的光电子运行时间和光阴极的颜色效应有关。对于稳态测量来说，不同 PMT 的响应时间差并不重要，而对荧光体寿命的测定来说，这种时间差却要认真对待。光子自到达 PMT 的光阴极起至 PMT 阳极脉冲电流出现之间的时间为 PMT 的运行响应时间，典型的 PMT 的运行时间约为 20ns，它既与光电子自光阴极至阳极所取的集合路线有关，亦与光电子所产生的光阴极部位有关，即使产生于同一光阴极部位的光电子，亦可能由于运行路线不同而有时间差，因此应取其运行时间的平均值。改善光阴极和阳极的集合排列有利于减少光电子的运行轨迹差，因而可减少光电子的运行时间分散。减少光阴极的受光面积和用电磁场的办法使电子直线飞行亦有利于减少光电子运行时间的分散。

PMT的光色效应：不同波长的光子，其能量不同，当它们照射于PMT时，其响应时间亦有差别，这种现象称为光色效应（color effect）。光色效应对荧光寿命的测量可能带来显著误差，应予注意。

PMT失效的预兆：①当PMT接上高压电源时可观测到脉冲电流，电压降低时可能出现信号不稳定，例如在2～20s内其增益可能变动20%乃至几倍。这种现象通常是由于管子漏气引起的。这种管子无法修复，必须更换。在某些情况下，该管子还可在低电压下进行操作；②反常高的暗电流，即无光照时PMT有反常大的信号出现，其原因通常是管子过度曝光，尤其是当PMT接上高压电源后的曝光特别危险。这种管子除了更换或用较低的电压外没有别的补救办法。有时信号不稳定并不是PMT失效，而是其他原因引起的，例如仪器是否漏光，高压电源和放大器运行是否正常，PMT的插头与管座是否连接好，样品是否具有光敏性等。此外，应小心使用PMT，它们的外壳不要蒙上灰尘或印上指印，外壳不要用裸露的手触摸。光阴极具有光敏性，最好所有操作都在弱光下进行。

2. 光导摄像管（Vidicon）[14]

光导摄像管被用来作为光学多道分析器（简称OMA）的检测器，它具有检测效率高、动态范围宽、线性响应好、坚固耐用和寿命长等优点。与PMT相比，其检测灵敏度虽不如PMT，但却能同时接受荧光体的整个发射光谱，这有利于光敏性荧光体和复杂样品的分析，且检测系统容易实现自动化。

光导摄像管是一种真空管，通常它由一个成为靶（target）的光敏区和另一个读取信号的电子枪所组成，而靶则由众多的二极管系列组成。管靶接受光信号时，光电二极管产生电子和空穴的电荷载流子并迅速移向两极，从而把光量子数记录下来。随后用电子束扫描管靶，把光量子信号输送到控制台的存储器中积累和记录，并有读出系统显示出来。

图5.17为光导摄像管管靶的示意图。管靶系由n型半导体硅片和成长在上面的一群p型半导体形成的一系列光二极管所组成，p型半导体之间用二氧化硅绝缘隔开，n型半导体朝向入射光，p型朝向电子枪。美国RCA公司的453型光导摄像管是一种紫敏管，靶高10mm，宽12.5mm，靶上二极管排成矩阵形，横竖方向每mm有72个二极管，在宽为12.5mm的靶上共有900列二极管。

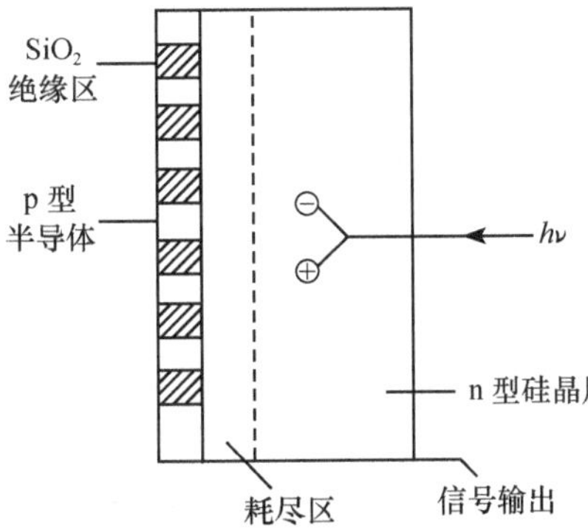

图5.17 硅摄像管靶示意图
⊖为电子；⊕为空穴

光导摄像管可分为两类，一类为简单的光导摄像管，另一类为强化光导摄像管（例如硅强化靶，简称 SIT）或强化强光光导摄像管（例如强化硅强化靶，简称 ISIT），后者的灵敏度比前者高数百倍，其时间分辨率也提高到 10^{-9}s 级。

强化光导摄像管和简单光导摄像管的主要差别在于，前者在硅靶之前附加一个光阴极和一个使光电子加速并成像于硅靶上的装置。光阴极受光时发射光电子，光电子被聚焦栅和阳极加速并成像于 n 型硅片上。由于高速的电子打在靶上所产生的电子-空穴比光子吸收法有效得多，所以硅强化靶检测器的灵敏度也大得多。图 5.18 为 SIT 检测器的横截面图。

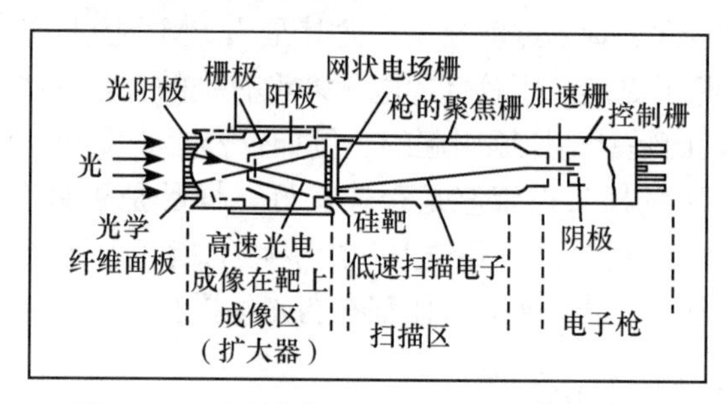

图 5.18　硅强化靶（SIT）检测器的截面图

光导摄像管的光谱响应：简单的光导摄像管内没有附加放大装置，它的靶直接用来接受入射光。不同型号的光导摄像管其光谱响应不同，图 5.19（a）为几种简单光导摄像管的光谱响应特性，1205B，E 和 G 型为硅靶，1205N 型为硫化铅靶。图 5.19（b）为强化光导摄像管的光谱响应特性，它与镀在真空管光学纤

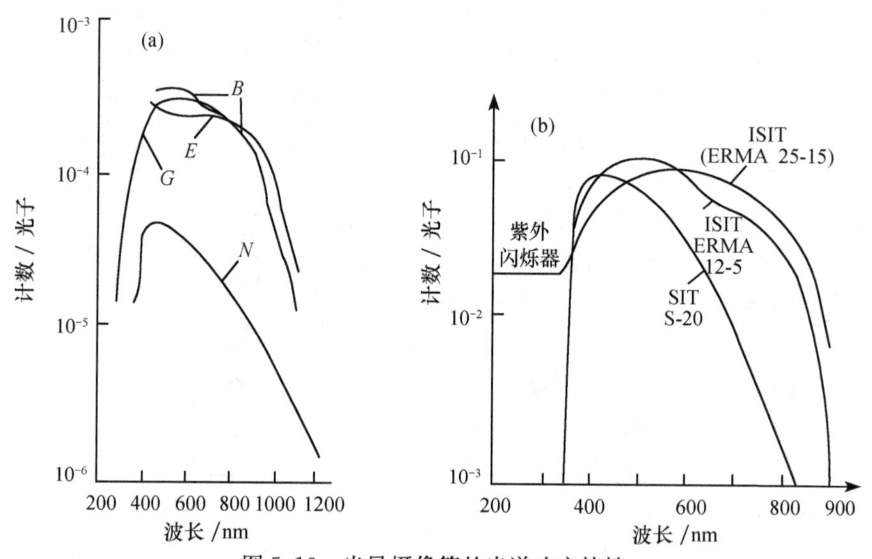

图 5.19　光导摄像管的光谱响应特性
（a）几种简单的光导摄像管；（b）几种强化的光导摄像管

维板上的光阴极材料有关。由于纤维是玻璃制成的，所以波长短于 330nm 的光线无法通过，但如果在光学纤维上安置一个闪烁器则可以使检测波长延伸至短于 200nm 的紫外线区。ISIT 是一种配有增强光学纤维的 SIT。图 5.19（b）中的 ERMA 表示能使波长红延的多碱金属光阴极。ERMA 类的光阴极都以波长 800 和 850nm 处的光谱响应来表征它们的特性。例如标准的 OMA 响应为 12～5 时，表明它在 800nm 波长处的响应为每瓦特 12mA，而在 850nm 处为每瓦特 5mA。

光导摄像管的选通：强化光导摄像管的成像区不但具有电子聚焦成像的特性，而且可以类似三极管的栅极那样操作，当栅极为负高压时，光电子被阻挡而达不到管靶。选通技术可使靶的曝光时间控制至 ns 级，甚至小于 50ps，准确时间为 1ps。

3. 电子微分器[15,16]

获得导数（亦称微分）光谱的方式有两类，一为光谱信号输出的微分，它包括电子微分、数字微分和机械转速微分；另一类为改变光路结构，例如波长调制等。荧光分光光度计采用电子微分或微处理机微分。例如 MPF-43A 型仪器配有 P-E 公司的 H200-0507 型电子微分附件。日立 650-10 型仪器配有类似电子微分附件。国产 YF-2 型仪器把电子微分器组装在主机内。日立 850 型荧光分光光度计则采用微处理机微分。

微分电路：图 5.20 为常见的电子微分电路，它实质上是 RC 电路，实验时把电子微分电路串接于荧光信号输出和记录仪之间。

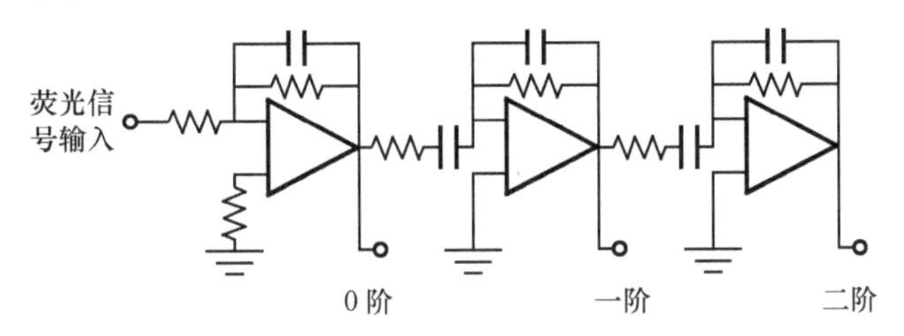

图 5.20　电子微分电路示意图

电子微分器工作原理：荧光分光光度计扫描得到的光谱是荧光强度（电压信号 I）和波长（λ）的关系，$\mathrm{d}I/\mathrm{d}\lambda$ 为光谱曲线的斜率。亦可把扫描得到的光谱看成是荧光强度与扫描时间（t）之间的关系。当扫描速度恒定时（即 $\mathrm{d}I/\mathrm{d}\lambda = \mathrm{c}$）就有如下的关系：

$$\mathrm{d}\lambda = c \cdot \mathrm{d}t \tag{5.3}$$

$$\mathrm{d}I/\mathrm{d}\lambda = \mathrm{d}I/c \cdot \mathrm{d}t \tag{5.4}$$

$$\mathrm{d}I/\mathrm{d}t = c \cdot \mathrm{d}I/\mathrm{d}\lambda \tag{5.5}$$

$\mathrm{d}I/\mathrm{d}t$ 为荧光信号对时间的微分，它与荧光光谱的斜率 $\mathrm{d}I/\mathrm{d}\lambda$ 成正比。由此可知，只要荧光光谱曲线斜率稍有变化，在一定的扫描速度下就能产生尖锐的微分信号。二阶微分是对一阶微分信号的再次微分，依此类推可获得更高阶的微分信号。较常采用的导数光谱为二阶导数光谱，为克服二阶导数信噪比低的问题，可适当加快扫描速度。

导数荧光光谱的测绘：若采用电子微分器对荧光光谱进行微分，则在实验时先把电子微分器串接于荧光信号输出和记录仪之间，然后按荧光激发光谱或荧光发射光谱的测绘方法进行扫描即可。图 5.21 为叶绿素a和b的发射光谱和二阶

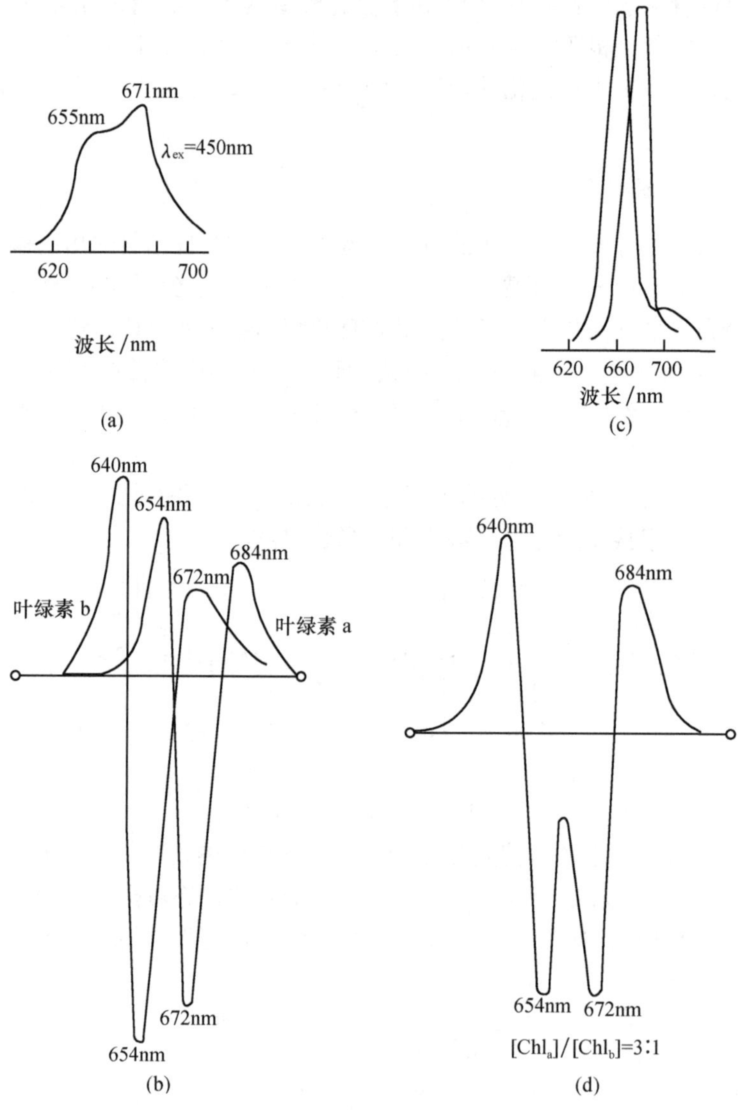

图 5.21 叶绿素 a 和 b 的发射光谱和二阶导数光谱（激发光波长为 450nm）

(a) 叶绿素 a 和 b 的发射光谱；(b) 叶绿素 a 和 b 的二阶导数发射光谱；
(c) 叶绿素 a 和 b 混合样品的发射光谱；(d) 叶绿素 a 和 b 混合样品的二阶导数发射光谱

导数光谱[17]。

4. 电荷耦合器件阵列检测器[18,19]

电荷耦合器件阵列检测器（charge-coupled device，CCD）是一类新型的光学多通道监测器，它具有光谱范围宽、量子效率高、暗电流小、噪声低、灵敏度高、线性范围宽，同时可获取彩色、三维图像等特点。CCD 是一种灵敏的固体成像装置，一般来说 CCD 的有效成像面积为 1～8cm^2。现在商品型号的 CCD 有 576×384 像素、5126×512 像素、1024×1024 像素、400 万像素、800 万像素等系列产品[12,19]。

CCD 的工作原理：当光学系统把景物成像于 CCD 像素表面时，由于光激发照射到 CCD 后其内部半导体内就会产生电子，并由此产生电荷，从而产生电子-空穴对，其中少数的载流子被附近的势阱所收集。由于其存储的载流子的数目与光强有关，因此一个光学图像就可以被转化成电荷图像，然后使电荷按一定的顺序转移，最后在输出端输出，从而使光学信号转变成视频信号。

CCD 有两种形式。一种是线阵 CCD，一种是面阵 CCD。线阵 CCD 是由许多像素排列成一行并以一定的形式联接起来的一个器件。而面阵 CCD 是由许多像素排列成一方阵并以一定的形式联接起来的一个器件。因此，线阵 CCD 就如同一个单坐标系，获取的信息少，不能处理复杂的图像。但其处理信息的速度快，后续电路简单。而面阵 CCD 就如同一个双坐标系，获取的信息大，能处理复杂的图像。但其缺点是处理信息速度慢，而且价格昂贵。

分析物 CCD 的荧光光谱：多通道的 CCD 检测器，其多色仪没有出射狭缝，分析物的荧光从入射狭缝进入多色仪，经光栅分光后，以一连续谱带照射到 CCD 光敏区，取阵列像素累加后的光致电荷输入计算机处理，即可得到分析物的荧光光谱。因此，CCD 检测器具有连续对荧光光谱多次采集，得到强度-波长-时间三维图谱的功能。不仅可以将其用于荧光反应动力学的测定，而且特别适合低光水平的成像，这一点对于克服生物样品的光漂白现象是非常重要的。

§5.1.4 读出装置

以前，荧光仪器的读出装置有数字电压表、记录仪（x-y 型或 x-t 型）和阴极示波器等几种。数字电压表用于例行定量分析，既准确、方便又便宜。记录仪多用于扫描激发光谱和发射光谱，它可分为 x-y 记录仪和 x-t 记录仪两种。x-y 记录仪的 x 轴表示荧光强度，它由光电检测器的输出来驱动其记录笔于相应的荧光强度位置，y 轴表示波长，它与单色器扫描速度同步。x-y 记录仪可来回反复扫描，其价格约为 x-t 记录仪的一倍。x-t 记录仪的 x 轴显示荧光强度，t 轴表示与时间有关的波长，它只能进行单向扫描。记录仪记录笔的响应时间一般为

0.1～0.5s。阴极示波器显示的速度比记录仪快得多，可是质量好的阴极示波器其价格比记录仪高得多。目前，计算机软硬件技术的发展使得人们可以根据不同的需要选择不同的直观的视频读出方式。

§5.1.5 荧光光子计数和模拟检测

用PMT作为检测器时，可用模拟型亦可用计数型进行检测。

光子计数型检测：光子计数型PMT常在信号很弱、需取多次扫描平均值来提高信噪比的情况下使用。它的优点是有较高的检测灵敏度和稳定性，因为光子计数是在理论极限灵敏度下进行检测和计数每个光子所引起的阳极脉冲，而且光子计数对施加于PMT上的高压电的电压波动不敏感。它的缺点是：①不能用改变PMT电压来提高它的增益；②光子计数限定于线性的计数速度内。因为，如果到达阳极的两个脉冲时间间隔太近，它们就可能以单个脉冲被计数。单个光子所产生的阳极脉冲宽度一般为10ns，这就限制了PMT对每个信号周期的响应频率为100MHz。考虑到偶然的情况，其计数速率应比这个数值小或更小些。某些仪器，每秒大于十万个光子时则呈现出明显的非线性，此时就给强信号的光子计数检测带来不便。为了维持在线性范围内，人们必需调节狭缝宽度，或用中性滤光片来调节荧光强度。此外，计数速度低于每秒一万个光子时其信噪比就会下降。

模拟型检测：模拟型检测是取各个脉冲所贡献的平均值，因此，脉冲是否同时到达无关紧要。采用模拟型检测时，检测体系的增益随放大器的增益或光电倍增电压的变动而变动，因此，可在很大的信号强度范围内检测而不必考虑其非线性响应。此外，个别测量的精度似乎会比光子计数法高些，这可能是所测量的信号一般都较大造成的结果。模拟型检测法要求放大器和高压电源要相当稳定，这一点目前的技术水平并不难达到。

§5.2 荧光仪器

荧光仪器通常可分为两大类：荧光计和荧光分光光度计。

荧光分光光度计的发展经历了手控式荧光分光光度计、自动记录式荧光分光光度计（包括未校正光谱和校正光谱）和计算机控制的荧光分光光度计三个阶段，荧光分光光度计还可细分为单光束荧光分光光度计和双光束荧光分光光度计两大系列。本节将对每一类举一二例进行介绍。

§5.2.1 荧光计

1. 单光束滤光片荧光计

单光束滤光片荧光计系用第一滤光片代替激发单色器来获得所需波长的激发

光，而用第二滤光片代替发射单色器来滤去杂散光、瑞利光、拉曼光和杂质所发射的荧光以获取样品的荧光信号。目前由于激发光源、检测系统、数据处理性能指标的进一步提高和完善，使得单光束滤光片式的荧光计在小型化、现场化方面取得了很大的进展，出现了一批针对不同类型的样品、参数的不同型号的小型、现场荧光计[9,11]。

2. 双光束滤光片荧光计

贝克曼比列荧光计属于此种类型的荧光仪器，它是采用一种特殊设计的具备斩光器作用的汞蒸气灯作为光源，使样品和标准样各接收 60Hz 的相同辐射脉冲，并使参比水平保持恒定。这类仪器最大的优点是消除了电子线路由于电压波动所引起的变化，而使仪器具有很高的稳定性。

§5.2.2 手控式荧光分光光度计

YF-1 型荧光分光光度计[20]是一种简易的、仅能测绘发射光谱的荧光仪器，波长范围为 360～800nm，波长精度约为±2nm。该仪器以高压汞灯为激发光源，干涉滤光片为第一滤光片，玻璃棱镜单色器为发射单色器，PMT 为检测元件，31/2 位数字显示，仪器灵敏度为 0.05ppb 奎宁（0.2mol/L H_2SO_4），稳定度优于 1%。该仪器的优点是灵敏度高，稳定性好，操作简便，价格低廉，其缺点是不能测绘激发光谱，图 5.22 和图 5.23 分别为该仪器的光学系统和检测器的电子学原理图。属于同一类型的仪器还有厦门分析仪器厂生产的 GFY160 型仪器。

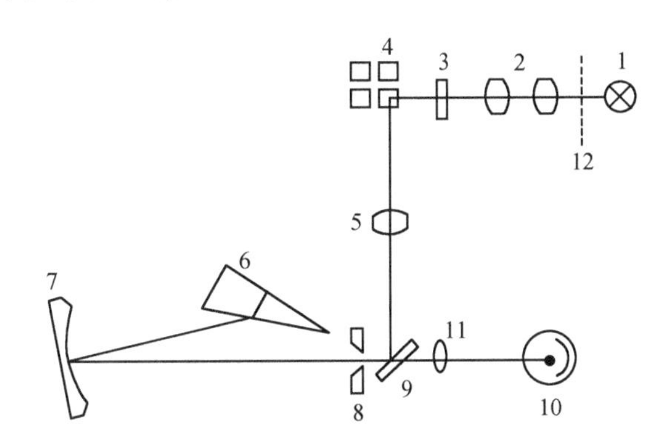

图 5.22 YF-1 型荧光分光计光学系统图

1. 光源；2. 聚光镜；3. 干涉滤光片；4. 样品池；5. 物镜（一）；6. 色散棱镜；7. 准直镜；8. 狭缝；9. 反射镜；10. 光电倍增管；11. 物镜（二）；12. 光闸

仪器工作原理：由高压汞灯发射出的光束，经干涉滤光片分离出窄带的单色光（365nm）后照射于液池，液池中的荧光物质被激发而发荧光，荧光经玻璃棱镜单色器色散后照射于 PMT，PMT 把荧光转化为光电流，光电流经放大器和电

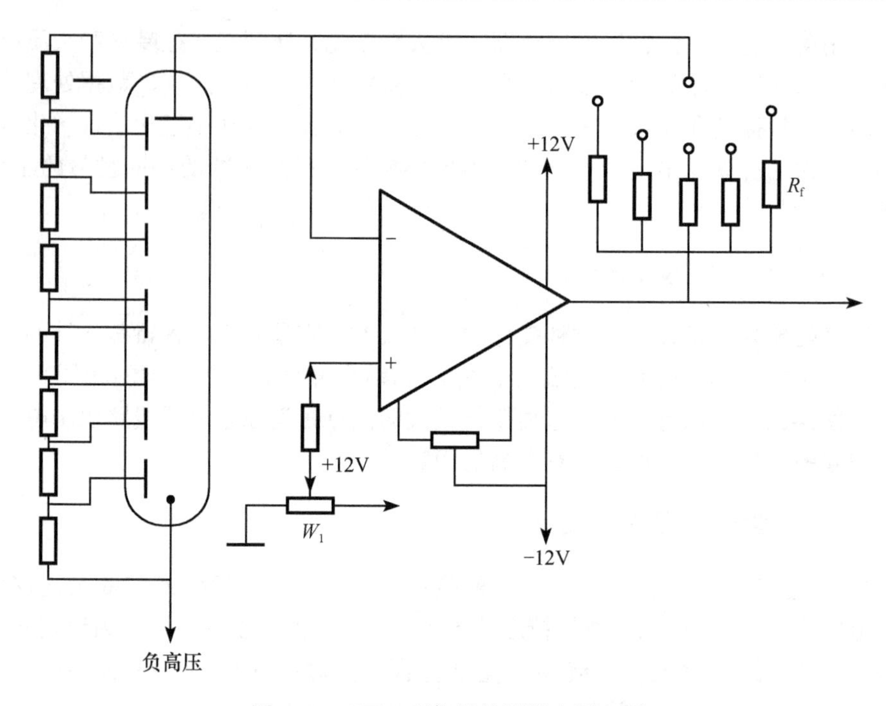

图 5.23 YF-1 型仪器检测器电原理图

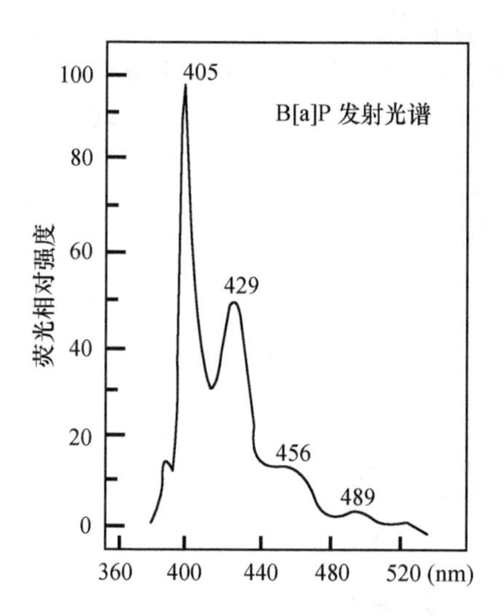

图 5.24 YF-1 型仪器测绘得的 B[a]P 的发射光谱

流电压转化后于数字电压表上显示。仪器的灵敏度可由 PMT 上的电压、单色器的狭缝和负载电阻来调节。图 5.24 为该仪器测绘得的 B[a]P 的发射光谱。

§5.2.3 自动记录式荧光分光光度计

商品化的荧光分光光度计中，自动记录者居多，它又可分为未校正光谱和校正过光谱的荧光分光光度计两类。

1. 自动记录未校正（表观）光谱的荧光分光光度计

(1) YF-2 型荧光分光光度计[15]

该仪器是 YF-1 型的改进型仪器，它用步进马达驱动的光栅单色器代替原来的棱镜单色器，因而可自动扫描荧光发射光谱。该仪器在荧光信号输出和记录仪之间串接一个电子微分器，可记录零阶、一阶或二阶导数荧光光谱。该仪器的光谱分辨率、灵敏度、稳定度等方面都优于 YF-1 型仪器。图 5.25 为 YF-2 型仪器的外观。

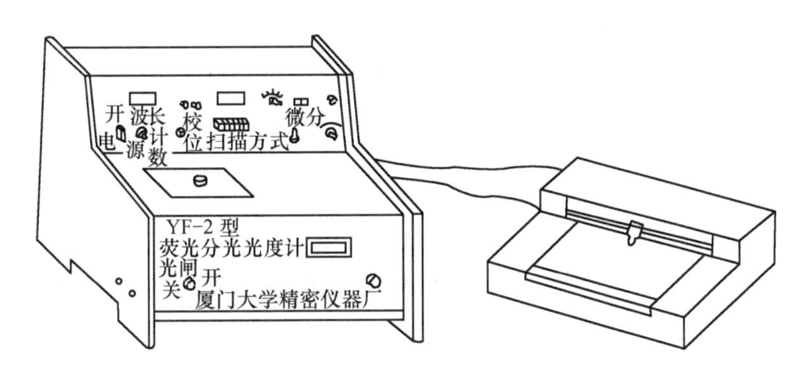

图 5.25　YF-2 型荧光分光光度计的外观

(2) 日立 650-10 型荧光分光光度计[21]

该仪器可自动记录未校正的激发光谱和发射光谱，波长范围为 220～730nm，波长精度为±2nm，仪器稳定度优于 1%，可进行同步扫描，配有一、二阶电子微分附件。该仪器的方块图如图 5.26 所示。

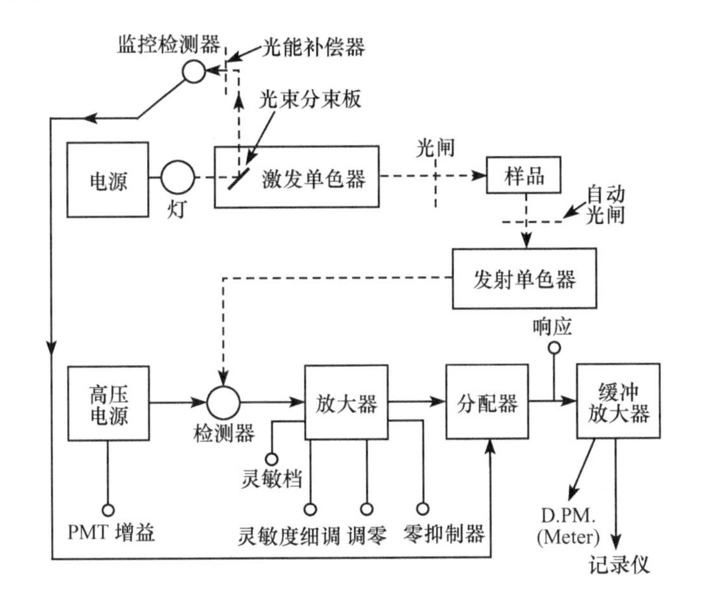

图 5.26　650-10 型荧光分光光度计的方块图

仪器的工作原理：由氙灯光源发射出的光束被聚焦并导入激发单色器。单色器入射狭缝后设置一分束板，使部分入射光束射至调制检测器。调制器前设置一个光能补偿器，用来防止因狭缝宽度调大时引起太强的光线照射调制检测器。调制检测器的信号通过位于解调器一边的输入端输送至分配器（divider）。激发单色器所留下的大部分光束被大口径的凹面光栅色散，使得特定波长的光线射出狭缝，出射光束被聚焦并照射于样品，样品的荧光被发射单色器色散后照射于PMT。PMT所检测到的信号通过放大器放大后输送到分配器的计数器，并在该处被调制电信号所分配。此法所获得的信号用来补偿光源光强度变化所带来的影响。

灵敏度范围键、灵敏度细调键、调零键和零抑制键附属于放大电路，PMT增益键提供高压电源。

样品池前的光闸供调零时用，样品池后的光闸主要用来保护PMT，以免样品室打开时PMT过度曝光。

一般荧光分光光度计的激发和发射单色器的出射与入射狭缝与样品池的排列如图5.27（a）所示。日本日立公司的设计者认为，这样的排列方法不利于提高样品测量的灵敏度。为此，他们改用如5.27（b）所示的排列方法，相应地单色器中的光栅排列也作了改变，使光栅的色散改为垂直色散，因而样品的激发和发光亦由垂直型变为水平型。

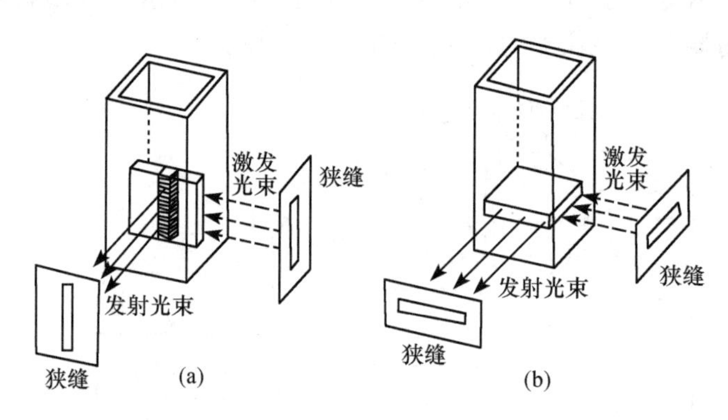

图5.27　样品室的光学排列

（a）一般荧光分光光度计；（b）日立650-10型荧光分光光度计

该仪器扫描得到的光谱（激发和发射）均为表观光谱。属于这类型的仪器颇多，例如RF-540型、LS-5型、MPF-2A型、SPF-125型等仪器。650-40型是650-10型的改进型仪器，它用微机控制纵坐标和横坐标，并可直接显示样品浓度。

2. 自动记录校正光谱的荧光分光光度计

此类仪器有单光束和双光束两种，商品化仪器中以单光束居多。

（1）单光束荧光分光光度计

这类仪器以MPF-4型为代表。MPF-4型是日立公司20世纪70年代的产品，它用光量子计-负反馈电路-程序电位器来自校正激发光谱；用发射单色器的程序电位器来自校正发射光谱（参见§5.3.1）。图 5.28（a），（b）分别为 MPF-4 型和 LS-55 型的光路示意图。图 5.29 为 MPF-4 型的光谱校正单元的功能图。

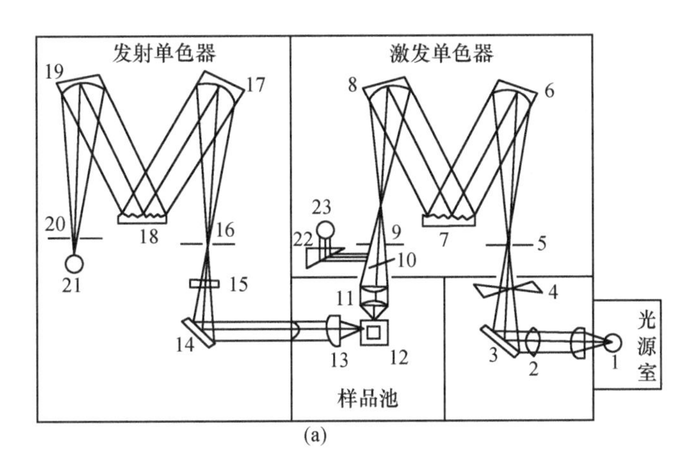

(a)

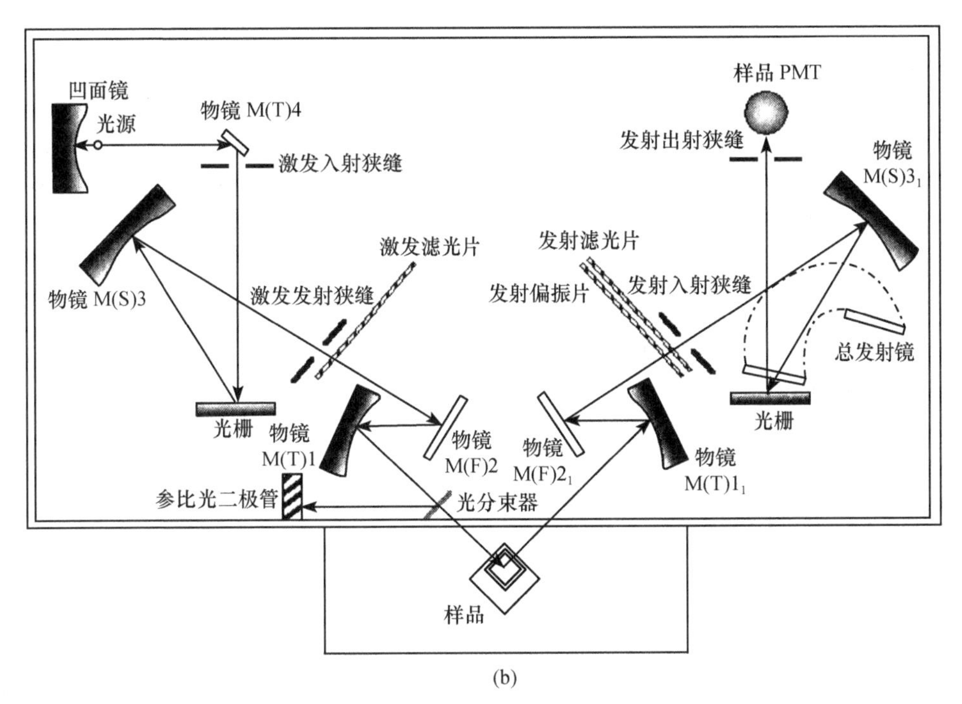

(b)

图 5.28　MPF-4 型（a）和 LS-55 型（b）荧光分光光度计光学系统示意图

1. 氙灯；2，11，13. 聚光透镜组；3，14. 平面反射镜；4. 斩波器；
5，9，16，20. 单色器狭缝；6，8，17，19. 物镜；7，18. 反射光栅；10. 分束板；12. 样品室；
15. 滤光片；22. 罗丹明 B 光量子计；21，23. 光电倍增管

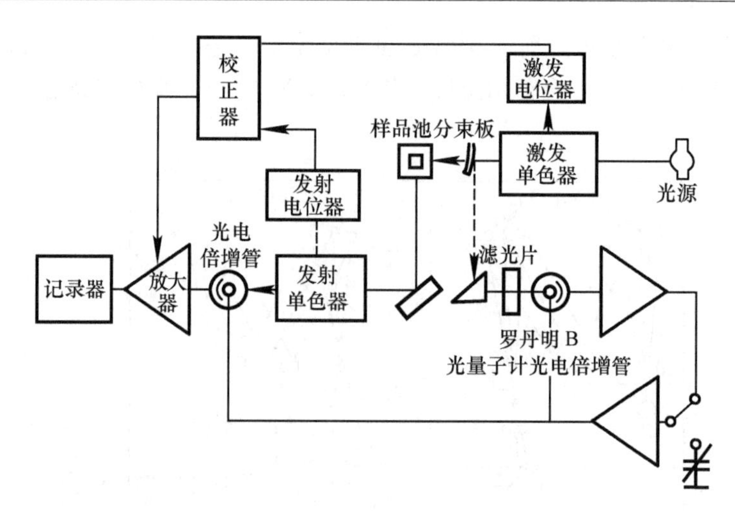

图 5.29　MPF-4 型仪器光谱校正单元功能图

MPF-4 型的工作原理：由氙灯光源来的光束，经斩波器斩波后射入激发单色器，色散后的激发光经分束板照射于样品池，样品池所发出的荧光经发射单色器色散后照射于 PMT，PMT 把荧光信号转变为电信号并经放大器放大后由记录仪记录，斩波器用来提供选通信号，以便仪器自动调节零线。分束板把部分激发光引向罗丹明 B 光量子计。罗丹明 B 光量子计起着校正光源和激发单色器光谱特性的作用，它把激发光强度正比例地转化为荧光，而监视侧的 PMT 把罗丹明 B 的荧光信号转为电信号，并以负反馈的方式控制着样品侧的 PMT 的负高压。激发单色器的电位器用来校正光束分束板负反馈未能校正的部分。发射单色器上的电位器则用来校正发射单色器和光电倍增管的光谱特性。

天津光学仪器厂生产的 WFD-9 型和厦门市分析仪器厂生产的 WFY-271 型均属这种型号仪器。

(2) 双光束荧光分光光度计[22]

图 5.30 为上海第三分析仪器厂生产的 910 型荧光分光光度计的光路示意图，其测量系统方框图如图 5.31 所示。

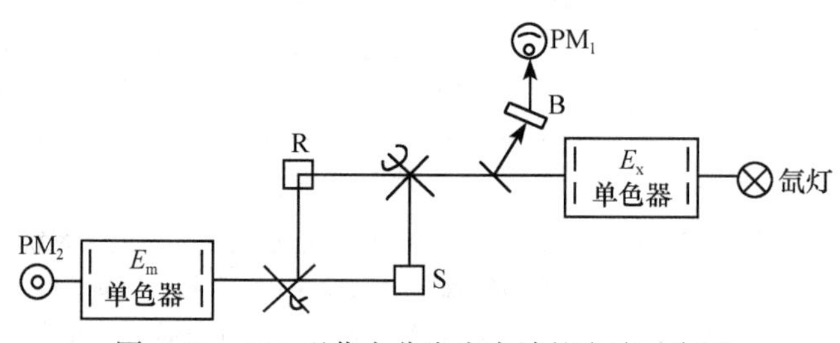

图 5.30　910 型荧光分光光度计的光路示意图

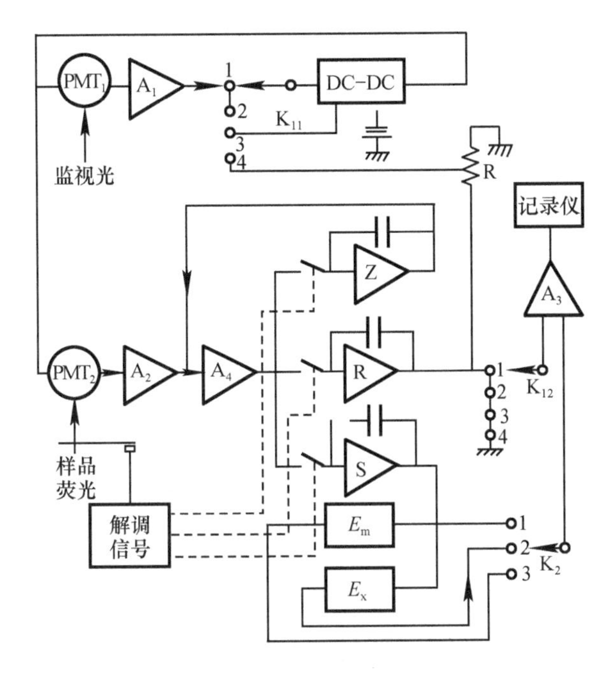

图 5.31　910 型荧光分光光度计的测量系统方框图

910 型仪器的工作原理：激发光经分束板后，由旋转镜在不同瞬间分别将光会聚于样品池 S 和参比池 R，样品受光激发而发荧光。在与样品池和参比池呈垂直方向上的荧光又经透镜及同步旋转镜再会聚于发射单色器的入射狭缝上。荧光经发射单色器色散后射至光电倍增管 PMT_2 上。PMT_2 接受到的信号是经过光学调制的参比（R)-暗-样品-暗顺序一周期的信号，频率为每秒 10 周。

PMT_2 输出的信号经前置放大器 A_2 及缓冲放大器 A_4 后，受解调信号控制分别进入 Z 通道、R 通道及 S 通道，并在它们的输出端分别获得暗信号、参比信号及样品信号。其中暗信号被反馈到 A_4 输入端，确保其输出零位恒定。参比信号在示差工作方式时，被送入 A_3 输入端，与样品信号比较后被送往记录仪，最后得到示差光谱曲线。而处于吸收工作方式时，则通过电位器 Q 送入 DC-DC 变换器作为吸收满度能量控制信号。

样品信号由光谱校正开关（K_2）选择送入 A_3 输入端，提供各种表观型、真实型和定量分析信号。

PMT_1 为监视接收器（PMT 型号 R928)，射入 PMT_1 的光束未经光学调制，因此监视前置放大器的输出信号为直流信号，其信号正比于监视光路的光强度。当处于示差比例式工作时，该信号被送入 DC-DC 变换器输入端作为负高压控制的依据。

处于能量型工作状态时，DC-DC 的输入信号来自本身的输出端，这使 DC-

DC 成为高压稳压器，只能通过手控高压调节钮来获得所需的电压，而光路对它毫无作用。

该仪器的主要指标为：激发波长为 200～750nm，发射波长为 220～800nm，波长精度为 0.5nm，检测灵敏度为 0.05ppb 奎宁（或水拉曼峰 S/N≥50），可测绘校正光谱。

日本岛津 520，RF-503 型仪器均属于这类型的荧光分光光度计。

§5.2.4 计算机化的荧光分光光度计

自 20 世纪 80 年代，性能较好的荧光分光光度计都已微机化，例如日立的 850、RF4500 型、PE 公司的 MPF-66 型、LS-55、Varian 和 SPEX 公司的 Fluorolog-2 型等仪器。原 70 年代性能较好的荧光分光光度计已另配微处理机配件，例如 MPF-4 和 MPF-44A 型等仪器。这就使荧光分光光度计的性能大大地提高。图 5.32 为荧光分光光度计主机与微机联接的工作原理图。

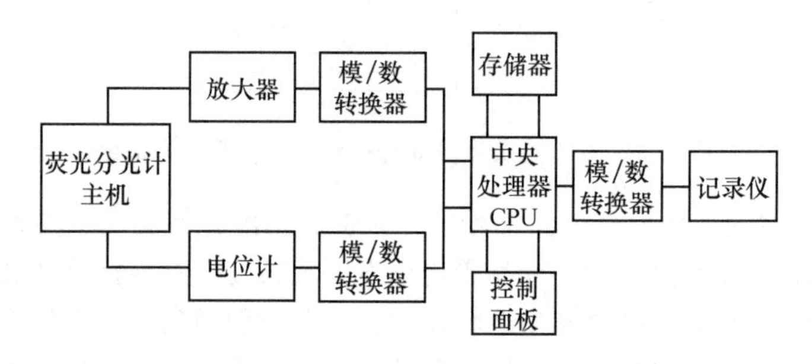

图 5.32 微机-荧光分光光度计工作原理图

数据处理工作原理：荧光分光光度计主机测得的荧光信号经放大器和经模/数转换后输入中央处理器（CPU）。另一方面由主机波长轴和电位耦合的电压信号，经模/数转换后也输入中央处理器。中央处理器根据“只读存储器（ROM）”所存入的程序进行运算。运算程序的执行指令可由面板上的操作键下达，运算结果由数/模转换器转换为光度值后以数字显示或记录、或由 CRT 显示出来。微机数据处理器一般具有如下功能：

（1）给出校正过的激发和发射光谱；

（2）给出一阶、二阶导数荧光光谱；

（3）给出扣除背景的荧光光谱；

（4）给出平均光谱；

（5）选定任一波长范围内荧光光谱的面积积分；

（6）其他。

图 5.33 为日立 850 荧光分光光度计的方块图[23]。其工作原理为：由氙灯发

射出的光束经前置激发单色器（凹面光栅）和主激发单色器而照射于样品室。开机时先把插入镜置入光路，以便供自动校正波长用的汞灯光线进入激发单色器。此时汞灯的部分光线通过光纤导入发射单色器，仪器则自动以汞灯光谱线校正单色器的波长和带宽。激发单色器射出的光束被光束分束板分离出部分光束并射至监控检测器。样品与激发单色器之间设置一个光闸；样品与发射单色器之间设置一个配有 5 个滤光片（分别用来截止波长短于 290，310，350，390 和 430nm 的光线）的滤光片架，这些滤光片根据操作盘的指令而置于光路。所有的传动部件［波长驱动马达、狭缝控制马达、滤光片置入马达、插入镜以及用作光闸的转动螺管（solenoid）］均由控制线路所提供的信号来操纵，而控制线路则联接于总线以便接受指令。

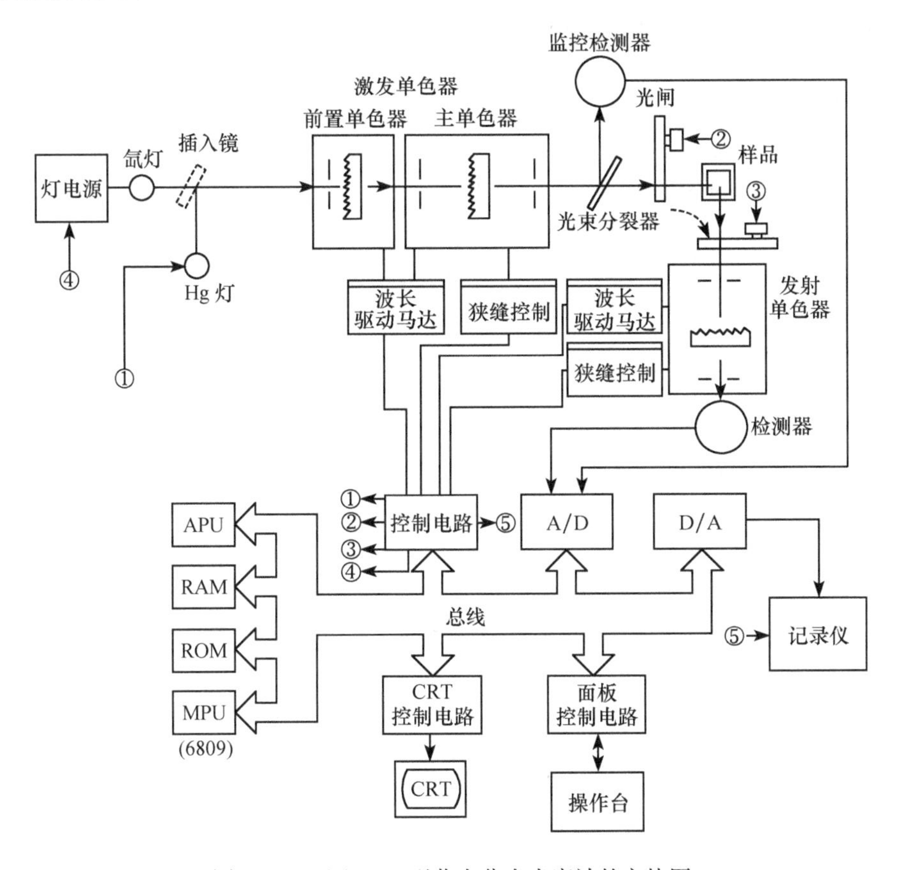

图 5.33 日立 850 型荧光分光光度计的方块图

另一方面，由监控检测器和荧光检测器来的信号通过模/数（A/D）转换器转换并进入总线，总线联接于作为该仪器计算装置的 APU，RAM，ROM 和 MPU。计算机所产生的信号通过 D/A 转换并进入记录仪，分别提供信号以便绘图。CRT 的控制线路联接于总线并为 CRT 输送必需的信号。操作盘以盘控制电路的形式与总线联接。

该仪器可方便地记录校正激发和发射光谱，一阶或二阶导数光谱、偏振光谱和同步光谱等，但无法进行同步-导数分析。

近二十年，计算机化的荧光分光光度计在其操作软件实用化方面取得了巨大的进步。计算机化的荧光分光光度计可以通过相应的软件将所有的操作功能键包含在同一操作窗口下，从而保证操作的快捷、方便。相关的软件可以在测定结束后，自动通过 e-mail 将实验数据、结果传给用户。软件的状态显示功能可让操作者随时了解当前仪器的工作状态。通过软件工具栏可方便地实现作图、添加文字、写报告等功能，并可方便地与 Word、Excel 等软件相联接。三维软件作图功能使得用户在使用时更为快捷、方便。同时，计算机化的荧光分光光度计在线帮助信息可使硬件的安装、使用等用户需要的资料图像化。图 5.34 所示为计算机化的荧光分光光度计信号处理的示意图。

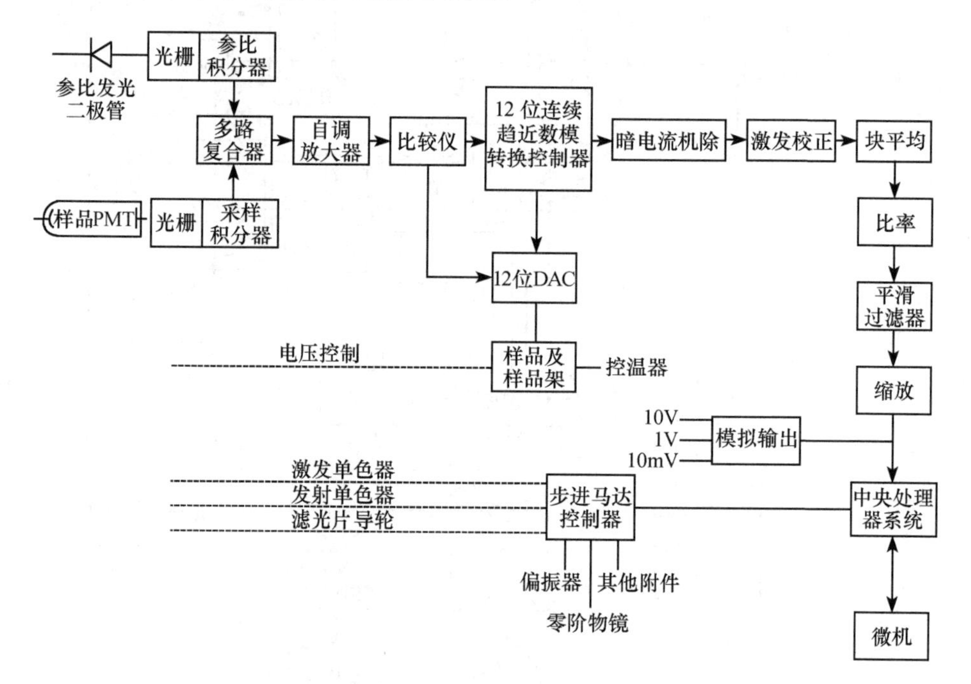

图 5.34 计算机化的荧光分光光度计信号处理示意图

LS-55 是其原有 LS-50B 的改进型，其特点是灵敏度高，可靠性、适应性强，功能强大，便于操作。可实现荧光、磷光、化学发光和生物发光测定。激发狭缝 2.5～15nm，发射狭缝为 2.5～20nm。脉冲式氙灯寿命长、电源供应简单，产生臭氧极少，不需长时间预热；大大减少了样品测定时的光解作用；每一脉冲间测定暗电流，增进低荧光量的测定；用软件控制即可测定磷光，不需附件；磷光的灵敏度不损失；脉冲率、延迟时间及门限时间均可变更；信噪比可达 750∶1（RMS，350nm 处纯水拉曼谱带），基线处为 2000∶1（RMS）；大样品室保证可安装多种计算机控制的专用附件，可提供的附件最全；包括固体样品架；新概念的软件 FL WinLab™具有强大的二维/三维显示功能，开辟了分析复杂组分混合物的新途径。新研制的自动匹配附件微孔板测量、偏振测定、各向异性分析、完整细胞研究、蛋白分析为生命科学研究提供了强有力的支持。图 5.35 为 LS-55 电子线路图。

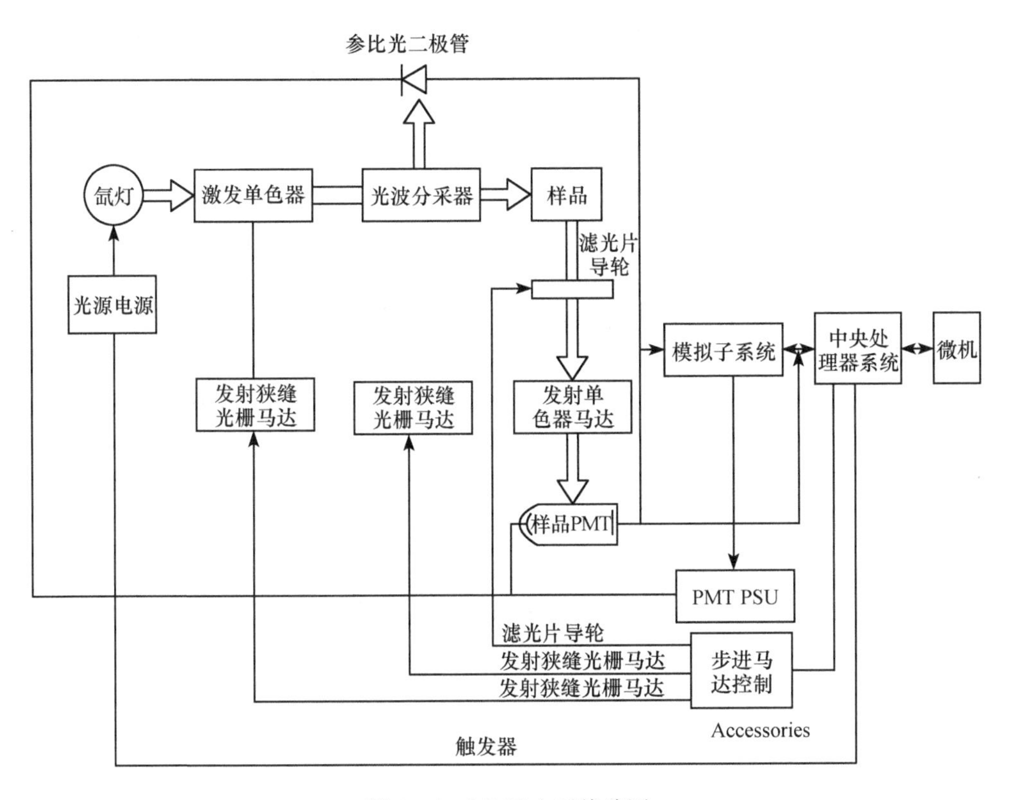

图 5.35　LS-55 电子线路图

（1）强大的软件控制所有的分析程序

FL WinLab™软件的设计能满足多种试验室的需求，且其设计可使整个操作在“视窗”环境下变得简便、易行。仪器的操作模式如扫描、动力学过程、比值数据的采集均可在应用菜单下完成。激发、发射单色器可单独或同时进行扫描，同时预扫描功能使得新方法的建立、最大激发、发射波长的定位变的极为方便。

FL WinLab™软件包括一套已确认的标准，它可以自动检测仪器的表现，从而保证每一个操作是在其设定条件下进行的。由于上一系列附件及软件的使用，

LS-55 可提供强力、方便的数据采集系统和分析系统。

（2）LS-55 的测定模式

包括：荧光、磷光、化学发光和生物发光测定；激发、发射、恒波长同步荧光、恒能量同步荧光；三维激发、发射扫描，三维同步、动力学扫描；固定波长下的微孔板测定，自动光谱数据采集；薄层色谱板，凝胶电泳或其他平板样品可由平板阅读附件分析；单波长、多波长动力学测定；多个样品的同时动力学测定；通过线性拟合定量样品含量；细胞内离子分析。

（3）适用于不同样品的附件

LS-55 拥有一个可调温的单个样品池架，它可以调控光程为 1cm 的带有或不带有磁力搅拌的标准液池或半微量液池的温度。半微量液池特别适合于稀有样品或小体积样品如细胞培养液、DNA 样品的测定。该附件还包括两个自动的偏振片转轮，每一个转轮均有水平和垂直两种选择模式。偏振片的位置可由计算机软件自动调节或手动控制以便于偏振、各向异性以及 G 因子的测定。

（4）LS-55 的附件

平板阅读器，用于多孔板测定时灵敏、简便。由 LS-55 主机控制，在很宽的紫外可见光范围内结合现有荧光染料进行生物分析。①自动杆系统和软件。可自动校正偏振、各向异性测定时温度的影响，它包括一个能对样品池温度进行传感的温度控制系统。②吸样器。该装置对于希望实现实验室日常分析、定量自动化是非常有帮助的。它可以自动将样品由样品容器中转移到测定池中，并减少对样品池操作、清洗的需求。③生物动力学测定附件。该装置由一个单位搅拌池架、温度传感、事件标记组成。适用于生命科学的基础工作，特别是偏振、各向异性，蛋白质折叠、解旋和 DNA 的溶解。④滤光片附件。该装置适用于像监测细胞内离子这类研究生物过程的数据快速采集。有数对专门为指示染料设计的滤光片分别在激发或发射光路上转换，从而实现每 40ms 的比值测定。有两对滤光片可分别嵌入到每一个转轮中。可实时观测到比值或单个强度值。例如，该装置使用 FURA-2 和 BCECF 滤光片时可同时测定 pH 值。⑤4 位自动转换样品池架。该装置包括水浴恒温和每个池位上的搅拌装置，特别适用于 4 个池位的同时多样品时间相关测定。据此可以进行像酶活性这样多个样品的多元分析。⑥前表面附件。该装置适用于薄膜、纸张、粉末等平面样品的测定，被测样品或直接置于样品架上或装入粉末样品池中。超小体积或黏度大的样品如原油及不透明、浑浊样品可由样品架或液池进行测定。⑦液相色谱流动池。液相色谱流动池与液相色谱联用是扩展 LS-55 功能的一种好方法，它可以使实验室多一个液相色谱的检测器。两个单色器可以使波长选择达到最佳而得到最大的灵敏度和选择性。⑧遥测光纤附件。该装置可以使测定直接在样品上进行而不必要将样品放置到仪器当中。这对于遥测、非损伤测定荧光纸或纤维以及遥测放射性物质是非常理想的。

⑨AS-93plus 自动进样器。该装置与 LS-55 配合使用时，单个样品池架上可测定 200 个样品，它可为微孔板阅读提供一高灵敏度的选择。改装的内置蠕动泵直接由 FL WinLab™控制。

§5.2.5　其他荧光仪器

1. 低温激光 Shpol'skii 荧光分光光度计[7]

对复杂混合物的分析，所得的 Shpol'skii 荧光光谱线过多，不易识别，需采用选择激发或选择检测。因此就需用单色性很好、谱带很狭窄的可调谐激光光源，实践中多用可调谐染料激光器为激发光源。图 5.36 为低温激光 Shpol'skii 荧光分光光度计的方框图。

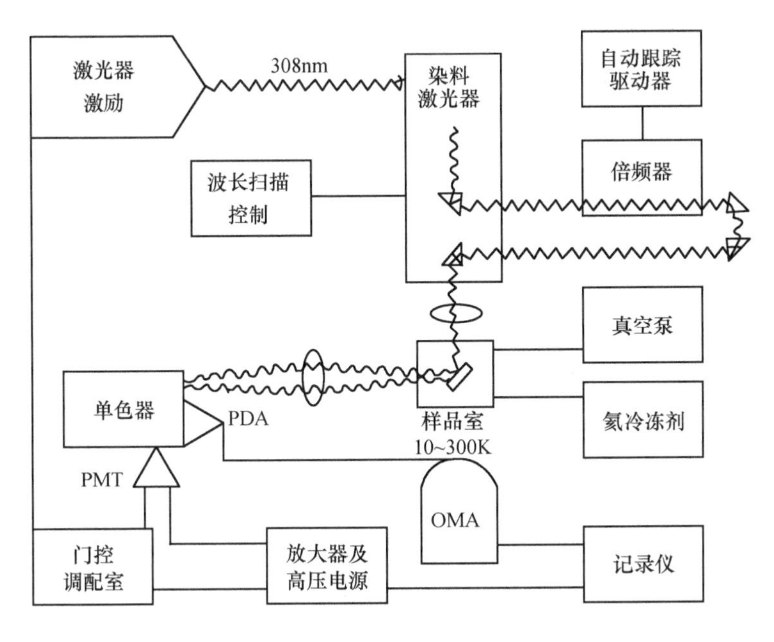

图 5.36　用于低温激光 Shpol'skii 光谱实验的仪器

仪器工作原理：可调谐染料激光器所输出的激光聚焦于被液氦冷冻（15K）的样品室中的样品，样品所发射出的荧光被聚焦于单色器的入口狭缝。单色器配有两个可变换的检测器，一为 PMT，另一为光二极管阵列（PAD）检测器。PMT 所获得的数据通过门控（选通）检测系统输入 x-y 记录仪。来自 PAD 的信号通过光学多道分析器（OMA）处理。

2. 配有寿命和相分辨测定的荧光分光光度计[24]

SLM4800，4800S 和 48000S 型寿命荧光分光光度计，都是多功能的荧光分光光度计，它们除了具备一般荧光计所具备的功能（测绘激发发射光谱、偏振光谱等）外，还可进行次纳秒级的荧光寿命和动态退偏振测定。该仪器配有相分辨荧光分光附件，可进行相分辨分析。

SLM4800 型仪器为非扫描型寿命荧光分光光度计，激发光源为 450W 氙灯，手动单光栅激发单色器，R928PMT。光调制为 6，18 和 30MHz。工作电源 110V，50/60Hz，另配数据处理附件。

SLM4800S 型为扫描型寿命荧光分光光度计，性能与 4800 型仪器相似。

SLM48000S 为扫描型寿命荧光分光光度计，与上述两种型号的主要差别在于光调制和频率合成为 1～250MHz，CRT 显示。

3. 现场荧光计[9～11]

近年来随着科学技术的不断发展，荧光仪器器件的小型化为各种特殊功能的小型化、现场用荧光计的设计生产奠定了坚实的技术基础，相继出现了原位现场的叶绿素荧光计、水下全光纤荧光计、船用荧光计、用于医疗卫生及疾病检测等多种型号的荧光仪器。

§5.3 荧光光谱的校正和荧光仪器的灵敏度

§5.3.1 荧光光谱的校正

1. 理想化的荧光分光光度计

人们总希望所使用的荧光分光光度计是理想化的荧光仪器，希望它能记录荧光体的真实激发光谱和发射光谱。这种理想化的荧光分光计应具备如下的条件：

(1) 激发光源要在各个波长处以同样的光子数发射出来（见图 5.1）；

(2) 单色器对各种波长光线的透射率应该一样，单色器的效率应与偏振光无关；

(3) 检测器（PMT）对各种波长的检测效率应该一样。

这种理想化的光学部件（见图 5.1；5.37）实际上并不存在，因此，人们不得不对荧光光谱进行校正。

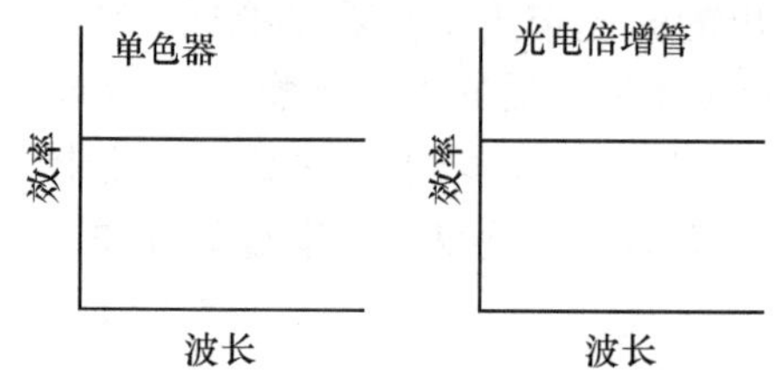

图 5.37 理想化的单色器和 PMT 的光谱特性

然而，人们不禁要问，为什么用同样的光学部件，吸收光度法测得的吸收光谱不必校正呢？要弄清这个问题得让我们回顾一下吸收光谱的测绘方法。大家记得，吸收光谱的测绘，是测量各个波长下透过样品和空白的光强度之比而绘成的，这种比值的测量是在同样的光学部件下进行的，因此，部件的非理想化特性被互相抵消了。而荧光光谱的测绘是测量各个波长下荧光体的荧光强度，空白样品不提供比较，样品的荧光强度与空白的比较毫无用处。因此光学部件的光谱特性差异无法抵消。

2. 激发和发射光谱的歪曲

激发光谱的歪曲：激发光谱是在固定发射单色器出射波长下扫描激发单色器所测得的光谱。假如所用的荧光分光光度计是理想化的仪器，则扫描得到的激发光谱应与吸收光谱一致，然而荧光分光光度计的激发光源和激发单色器都有明显的光谱特性，而并非理想化的部件，因此激发光谱与吸收光谱往往出入较大。

发射光谱的歪曲：发射光谱是在固定激发光波长下扫描发射单色器所测得的光谱。如果发射单色器和检测器（PMT）没有光谱特性分布，那么对一个已知光谱分布的标准光源进行光谱扫描得到的谱图，应与原标准谱图一致。实际上荧光分光光度计的发射单色器和检测器都有光谱特性（与波长有关），因此所测绘得到的光谱是被歪曲的光谱。

为和真实的荧光光谱区别开来，一般荧光分光光度计所测得的谱图都称为表观光谱或未校正过的光谱。在例行的定量测定中，其光谱是表观光谱或是校正光谱并不重要，但在某些情况下，例如荧光量子产率的计算，则要求采用真实光谱。为了方便用户，近来多数厂家都在荧光分光光度计上装配有光谱校正的装置，以便分析工作者能够直接记录到校正光谱。

3. 荧光激发光谱的校正

如上所述，激发光谱的失真主要是由激发光源和激发单色器的光谱特性所造成的。在校正激发光谱时，为了避开检测器的光谱特性影响，多采用光量子计，把不同波长的激发光光量子数转化为成正比例的荧光信号，而后用 PMT 检测。罗丹明 B 乙醇溶液（3g/L）是一种常用的光量子计，它在波长 200～600nm 区能全部吸收入射光，且荧光量子产率及发射最大波长（630nm）基本上与激发波长无关，因此，这种罗丹明 B 溶液能够提供一个恒定波长的荧光信号和一个正比于激发光光量子的信号，这样一来，PMT 所检测到的信号就能正确地反映激发光的光量子数与波长的关系。

光量子计-微机校正法：把盛罗丹明 B 的石英三角柱池光量子计置入样品室，在发射单色器的入口处插入一片红色滤光片以便滤去其他杂散光，并保证仅让 630nm 荧光通过。把单色器的出射波长调至 630nm 处，而后扫描激发单色器，把所检测到的信号送入微机储存和归一化处理。经微机处理后的输出信号，即激发光强度与波长的关系，在记录器上应为一条直线。取走光量子计和红色滤光片，置入分析样品，进行激发光谱扫描，此时所测绘得的激发光谱，为样品的已校正的激发光谱。

光量子计-程序电位计法：在荧光分光光度计微机化之前，有些商品仪器（例如 MPF-4 仪器）就是采用此法校正。在激发单色器与样品池的光路中插入一片石英分束片，把激发光束中部分光线反射到一个罗丹明 B 光量子计上，罗丹明 B 再把激发光转化为峰值为 630nm 的荧光后由另一支 PMT 检测，所检测到的信号经负反馈电路处理并自动调整发射单色器一侧的 PMT 的电压；另一方面由一组与激发单色器联动的程序电位器来进行细调，以抵消激发光源和激发单色器光谱特性的综合影响（参见图 5.28 和图 5.29）。

图 5.38 为荧光素的表观和校正激发光谱。在 450nm 附近，表观激发光谱呈现若干尖锐的峰信号，而校正光谱其尖锐峰已经消失且与吸收光谱很近。参阅一下氙灯（见图 5.3）的光谱输出，不难看到，表观光谱中的这些锐峰正与氙灯的锐峰一致。这就告诉我们，在此情况下，造成荧光素激发光谱失真的主要原因是氙灯的光谱特性。另一方面我们也可看到，荧光素的校正激发光谱与它的吸收光谱并不完全吻合。这表明，这种校正法还不够理想。据报道，同一荧光体用不同厂家的荧光分光光度计测得的校正光谱，其峰值波长虽一致，可是其半峰宽波长位置却有显著的差别。

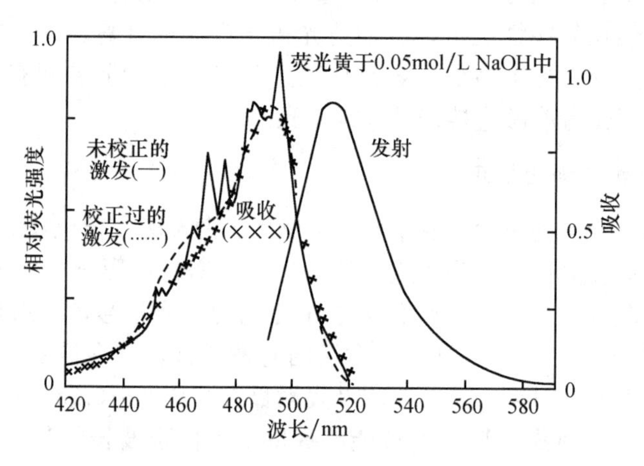

图 5.38　荧光素的未校正和校正过的激发光谱

光量子计除用上述的罗丹明 B 外，亦可用适当浓度的硫酸奎宁和荧光素代替。硫酸奎宁（4g/L0.5mol/L H_2SO_4）用于激发波长 220～340nm；荧光素（2g/L 0.1mol/LNaOH）亦用于 220～340nm 激发光，用于 340～360nm 范围时其可靠性较差。

4. 发射光谱的校正

微机-散射光法：在上述的光量子计-微机法校正激发光谱之后（激发光源

和激发单色器的综合影响已被微机化归一化，即激发光强度已与波长无关），把散射光板插入样品室，然后进行激发单色器和发射单色器同波长的同步扫描，把扫描获得的信号输送给微机储存和归一化处理，微机归一化后的信号输出应是一条与波长无关的直线（见图 5.39）。随后扫描得到的样品的发射光谱即为样品的校正发射光谱。此法简便快速，目前的电子技术容易办到。

程序电位器-散射光法：此法多在荧光分光光度计微机化之前采用，其原理与微机-散射光法相似，不同点在于用发射单色器的程序电位器校正发射光谱。该法亦在激发光校正之后，把散射板插入样品室，进行同波长同步扫描，调节电位器，使记录得到的信号为一与波长无关的直线（见图 5.39）。

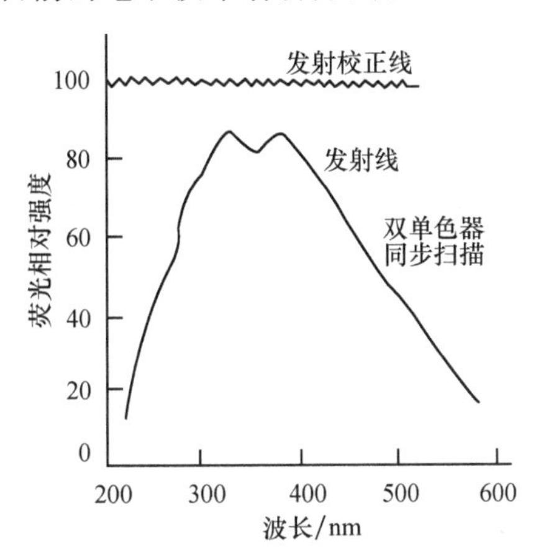

图 5.39 MPF-4 型仪器数据处理器发射光谱校正图

在缺少可自动校正发射光谱的荧光计时，不妨采用标准灯（已知光谱分布）和标准荧光物质进行校正。

标准灯校正法：采用已知光谱输出$L(\lambda)$的标准灯（例如标准钨灯）的校正依次如下：

（1）用荧光分光光度计测量标准灯各个波长的光强度 $I(\lambda)$；

（2）用 $S(\lambda)=\frac{I(\lambda)}{L(\lambda)}$式计算出各个波长下的灵敏系数 $S(\lambda)$；

（3）用这些灵敏系数除以所测得的光谱，即为校正发射光谱。

标准荧光物质校正法：本法系用标准荧光物质校正发射光谱，对照同一荧光物质的表观发射光谱而获得各波长的校正系数。这些标准荧光物质有硫酸奎宁、β-萘酚、3-氨基酞酰亚胺、m-硝基二甲苯胺以及 4-二甲基氨-4-硝基-stibene，它们都可用于 300～800nm 波长区。

上述的几种光谱校正中，以微机-光量子计法校正激发光谱和微机-散射光法校正发射光谱最为快速和较为可靠。

§5.3.2 样品几何形状的影响

样品的荧光强度和光谱分布可能与样品的吸光度和几何排列有关。样品池的最常见排列法为入射光与样品池成直角，样品中心发光（见图 5.40）。其他的几何排列法有前表面型和偏离中心型，这些方法通常用于大吸光度和大浊度的样品。

前表面型常被排列为入射光与样品成 45°角。这种排列法的缺点是：反射入发射单色器的杂散光量大，干扰测量。有人建议采用入射光与样品成 30°角的前表面法，理由是：①可减少进入发射单色器的反射光；②样品的光照面较大，可减少样品位置的敏感性。其缺点是因照射面大可能降低测量的灵敏度。

我们认为，当样品的浓度和厚度不太大时，采用后表面发光型会更好些。这种方法几乎可以完全排除发射光进入发射单色器的可能性。图 5.41 为后表面发光型的排列法。它已用来测量植物叶片和照相纸增白剂的发光。

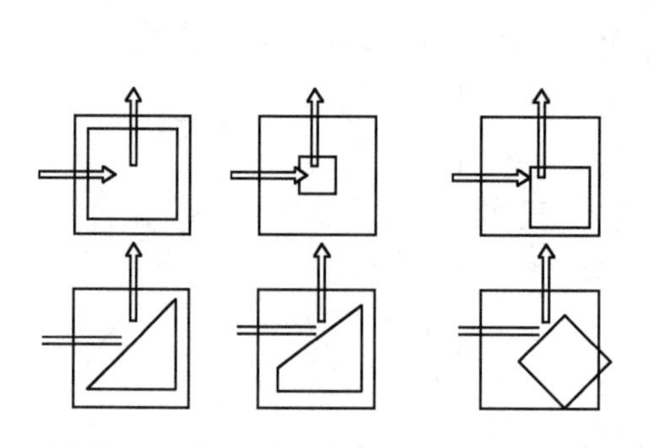

图 5.40　几种样品与光路的几何排列

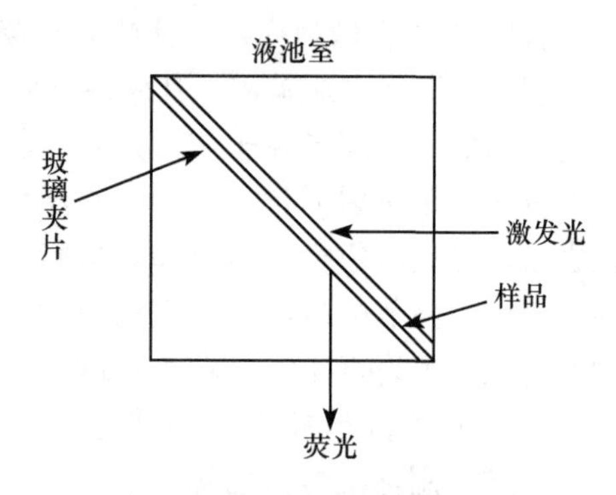

图 5.41　后表面发光型的排列

若样品的吸光度较大，则样品的发射光谱和荧光强度都可能失真，例如蒽的发射光谱中短波长带被选择性地减弱（见图 5.42），这是由于蒽的短波长发射带被蒽吸收所引起的，当荧光体的发射带的蓝边与吸收带重叠越显著时，其衰减就越明显，荧光体的斯托克斯位移越大，这种现象就越不敏感。

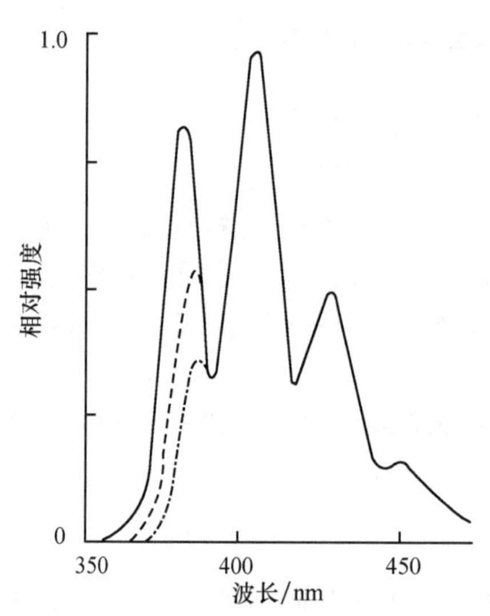

图 5.42　蒽的自吸收效应对它的发射光谱的影响
(——) 4×10^{-6}mol/L；(- - -) 10^{-5}mol/L
(-·-·-) 10^{-4}mol/L；
液池 1cm，直角形光路

高浓度荧光体的前表面发光测量亦有失真现象，例如用 265nm 和 365nm 光激发 9，10-二苯蒽时，其发射光谱有明显差别。因为用 365nm 光线激发样品时，由于它的吸光度比 265nm 光线的小，365nm 光线可进入样品的深部，荧光被样品重吸收的机会增大，因而其荧光在短波处被显著地衰减（见图 5.43）。

有意思的是在高吸光度下，前表面型的发光强度与浓度无关，在这种情况下，所有入射光均被液池的近表面吸收。前表面发光法亦被用来研究悬浮物和血红蛋白的吸光度，其强度正比于样品中荧光体的吸光度。当总吸光度≥20 时，前表面发光信号保持恒定。

§5.3.3 荧光仪器的灵敏度

荧光分析法的灵敏度通常以两方面表示之：①荧光体，即荧光体的吸光系数 ε 和荧光量子产率 ϕ 的乘积 $\phi\varepsilon$；②荧光仪器，它受光源的强度、稳定度、单色器的杂散光水平、检测装置的特性、高压电源的稳定性和放大器的特性诸因素的综合影响。通常荧光仪器都以硫酸奎宁的检出限或以纯水的拉曼光的信噪比来表示其检测灵敏度。

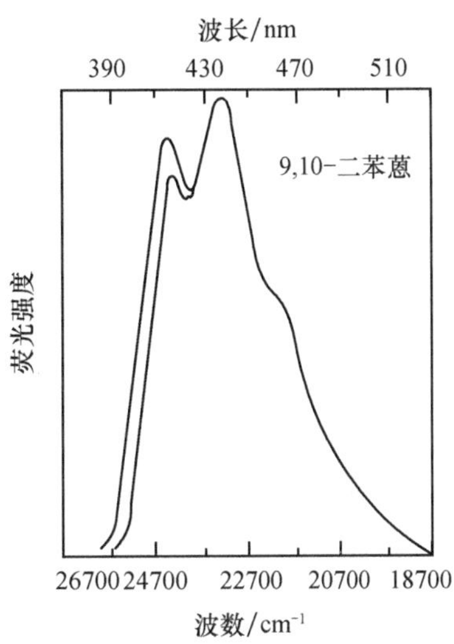

图 5.43 9，10-二苯蒽的自吸收效应对发射波长的影响用前表面发光型观察

以奎宁检出限表示：奎宁（0.05 mol/L H_2SO_4）的荧光峰在 450nm。当奎宁溶液浓度很小时（例如 0.05ppb），溶剂中的拉曼峰的拖尾对奎宁的信号干扰已相当明显，奎宁信号的噪声也已相当显著。因此，人们常以此时奎宁信号对仪器噪声比的奎宁浓度为该仪器的检测灵敏度（见图 5.44）。多数荧光仪器的检测限为 0.05ppb 奎宁，个别型号的仪器（例如 RF-540 型）的检测限为 0.005ppb 奎宁。

以水的拉曼光信噪比表示：当水分子被光激发时，水分子发生暂时的畸变，在极短的时间内（10^{-12}～10^{-15}s），该分子会向各个不同方向发射出与激发波长相等的瑞利光和波长略长的拉曼光。由于纯水易得，用同一波长光线激发所产生的拉曼光波长亦一样，便于测试，因此，近来较多的厂家多用纯水的拉曼光信噪比来表示仪器的灵敏度。图 5.45 为日立 850 型仪器所用的指标[12]。

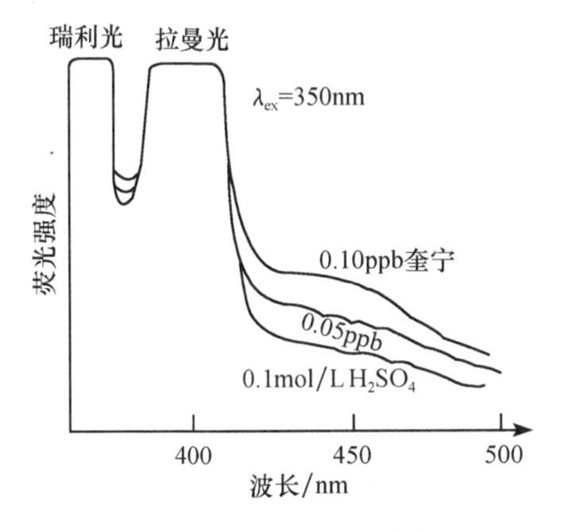

图 5.44 以奎宁检出限表示荧光仪器的灵敏度

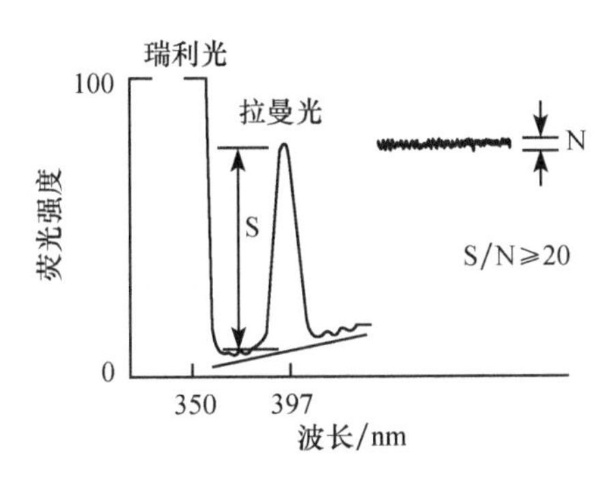

图 5.45 以水拉曼光信噪比表示荧光仪器的灵敏度（ε_x＝350nm）

§5.4 目前市场上常见仪器性能简介[4]

1. 日本 Hitachi（日立）系列荧光分光光度计

是较早进入我国的进口仪器设备之一。可测定荧光、磷光、生物发光或化学发光。

2. 美国 Cary Eclipse（瓦里安）荧光分光光度计

可选择多种操作模式：荧光、磷光、化学/生物发光模式；80 点/秒的采集速率可保证得到稳定的荧光动力学数据；可捕获到每毫秒磷光信息的变化；所具有的灵敏度可方便地检测到皮摩尔荧光素的浓度；只用 0.5mL 样品就可得到一条标准曲线，节约大量样品；小巧玲珑的机型，可节约大量桌面的空间；寿命超长的光源，最大限度地提高了仪器的使用率；内置的仪器自诊断软件可提供 Eclipse仪器性能的监控和评价；软件中的独特设置，可在实验完成后自动将结果通过 e-mail 传递给您。

3. 岛津 RF-5301PC 等系列产品

实现世界最高水平的信噪比，达 150 以上。最适合高灵敏度、高分辨率测定。提供丰富的数据处理、显示功能。测定波长范围 220～750nm；狭缝宽度 1.5，3，5，10，20nm；灵敏度：信噪比 150 以上（狭缝宽度 5nm、水拉曼峰时）；测定方式：荧光、激发、发射、同步光谱测定、定量测定、时间过程测定。

4. 上海 F95/96 等系列产品

F95/96 采用高灵敏度的大孔径非球面反射镜型发射单色仪，高稳定、长寿命的进口氙灯电源和高性能的光电倍增管。光谱区域广，稳定性好，信噪比佳。而且荧光分析法比紫外-可见分光光度法灵敏度高 2～3 个数量级，能提供激发光谱、发射光谱、发光强度、发光寿命、量子产率、荧光偏振等许多信息，工作曲线线性范围宽，广泛应用在医学和临床检验、药学和药理学、生物化学、食品工业、污染物的分析、有机和无机化学等领域。

5. 天津 WGY-10 型荧光分光光度计

采用计算机视窗界面实现自动控制和测试。汉字窗口和菜单显示，便于分析测试；高灵敏度、低杂散光；可配用激光、点阵、喷墨等多种输出打印设备；屏幕可直接显示样品浓度，测量简便、快捷、重现性好；主要数据处理功能：浓度计算，基线校正，峰值检出、打印，波长修正，光谱的平滑、微分、四则运算。

6. 美国 eXplore Optix Pre-clinical Imaging System (USA)

eXplore Optix 是一荧光光学分子成像系统，它利用特异或非特异性的探针，对活体动物体内的分子和细胞活动进行定性、定量观察并获取影像。结合时域技术，eXplore Optix 可应用于对疾病机理进行深入研究，监测疾病进展，评估治疗效果。基于时域技术，eXplore Optix 利用脉冲激光二极管发送窄光谱的激光短脉冲作为激发光，并采用单光子计数光电倍增管记录被激发荧光光子的到达时间分布（时间点扩展函数或 TPSF）。通过这些设计，eXplore Optix 可确定荧光团的组织内深度，并将之用于衰减校正计算来获取荧光团的精确相对浓度。能提供对荧光团强度、浓度和三维定位的精确测量。由于 eXplore Optix 具有纳秒级的时间分辨率，研究者可进行活体荧光寿命测量，从而辨别具有类似光谱图的荧光团。除此之外，研究者可以使用探针确定微环境，如 pH、氧水平（含量）、温度及其他已知的影响荧光寿命的因素。

7. 美国 Jobin Yvon Inc. 公司 Fluorolog-3 (USA)

美国生产的 Fluorolog-3 系统是一种既可做 ps-μs 级荧光寿命测定，又可做高灵敏度稳态测量和灵活模块选择的高档荧光光谱仪，也是目前世上组合最灵活和升级能力最强、集多种特点于一身的荧光光谱仪。Fluorolog-3 主要有光源(450W)、激发/发射单色仪（单，双光栅)、样品箱（各种附件)、检测器（可见/近红外)、仪器控制和信号采集 CPU 及外配通用的计算机等部分组成。可用于稳态测量或分子动力学研究；红外探针；能量传递；电荷传递；动态去偏振；蛋白质折叠、键合位置；分子内和分子间运动、大小和形状；分子间距和分子内距；淬灭，扩散常数；及各种不同类型的荧光实验。常被用于科研、教学和基础研究，其性能在同类产品中是顶尖的。

8. 俄罗斯 FLUORAT-02-3M，FLUORAT-2-2M，FLUORAT-AE-2，FLUORAT-02-PANORAMA (Russia)

该系列荧光分光光谱仪由于采用脉冲氙灯作光源，特别适合于微量成分的定量测定、二维图谱扫描、荧光动力学测定等。该仪器也可以用于液相色谱荧光检测器，有多种可选附件，包括低温荧光和单色仪，适用于液体试样荧光光谱分析、定性和定量测定；自动 96 位孔板阅读器适用于生物样品分析、PCR 技术；液相色谱联用配套装置可使其用于液相色谱－荧光检测联用技术，如环境样品中多环芳烃检测；CRYO-1 低温荧光装置在液氮（温度 77K）条件下检测具有线状光谱的试样；CRYO-2 低温荧光装置在液氮（温度 77K）条件下检测具有带状光谱的试样；外接光纤分光检测附件可用于有价证券上的荧光标记的检测、漂白剂的性能测试、各种粉末性能测试。

9. 荷兰 SKALAR Fluo-Imager 三维指纹扫描荧光成像分析仪

此分析仪是基于荧光光谱信号（spectral fluorescent signatures，SFS），并采用快速扫描技术，样品无需处理。此荧光成像器减少了日常工作量，缩短了实验室分析时间，提供定性和定量的系列化合物的资料。这项技术的重要功绩是其灵敏度高和实现了在一个细小的模板内快速分析，不需样品预处理时间。SKALAR 有两种工作模式：一种是分批模式，用于实验室的日常分析工作；另一是工业用模式，在线进行连续的处理。SFS 是基于激发光谱和荧光光谱的检测。这些不同的激发光谱绘制在一个二因次立体光谱图中，在确定的光谱视窗里荧光强度的矩阵在激发和发射波长的坐标座中。SFS 的精确度取决于激发和发射波长的光谱段的正确关联。产生的矩阵是独特的，因此获得不同物质的特征。使用 SFS 的特征谱图来识别物质，同时根据荧光的强度来测量该物质的数量。SFS 分析原理包括比较有机化合物的图谱库和用参照的信号库来比较测量的 SFS，鉴定样品中的物质。

10. IBH 时间分辨荧光光谱仪

采用时间相关单光子技术，时间分辨达 ns-ps 量级；多种型号可供选择。IBH 在时域荧光寿命测量中，采用时间相关单光子技术（TCSPC），使寿命测量提高到了 ns 和 ps 的水平。同时提供多种不同的配置组合，以满足不同寿命水平和稳态测量的要求。

11. 德国 LTB 公司 LIMES

LTB 设计的激光诱导多重发射光谱仪（designed laser induced multi emission spectrometer，LIMES），将先进的激光技术和高灵敏的电子检测装置紧凑组合在了这套激光荧光分析系统中。与常规荧光仪相比，灵敏度提高了 3 个数量级，大大加快了测定速度。LIMES 的主要部件：激光系统；光谱与检测单元；光纤导光系统；样品装载系统；计算机及软件。LIMES 采用小型化的紧凑组装，样品需求量小。

12. Jasco 日本分光 FP-6300、FP-6500

采用 150WXe 直流供电密闭式光源，光源强度自动补偿式设计。采用高品质的光学元件，使用优化光亮角度的凹面全息光栅，使全波长范围内保持最高的灵敏度。波长范围：220～750nm（标准），200～900nm（可选）；分辨率：2.5nm；波长重复性：±1.5nm；灵敏度：550∶1（10nm，2S，P-P）；波长扫描速度：20～10000nm/min。系统灵活，多种预调整好的附件可选，标准配备水循环单池支架，多种可选附件即插即用，无需任何调整。全电脑控制，具有卓越功能的光谱管理器软件包。可满足实验室应用研究的各种需求，如生化动力学、全自动滴定、磷光光谱分析、磷光寿命测定等。

参考文献

[1] Lakowicz，J. R. Principles of Fluorescence Spectroscopy. Chapter 2. New York and London：Plenum Press，1983，p. 19～52.

[2] Schulman，S. G. Fluorescence and Phosphorescence Spectroscopy：Physicochemical Principles and Practic. Chapter 3. Oxford，New York：Pergamon Press，1977，p. 134～166.

[3] http：//www. varianinc. com. cn/spectro01. html 美国瓦里安技术中国有限公司，现代科学仪器，2001，1：66.

[4] http：//www. instrument. com. cn/zc/fs. asp.

[5] 任杰等. 激光技术，2004，28（1），52.

[6] Alkins，J. R. Anal. Chem. ，1975，47：752A. ；AM Powe，et al. Anal Chem，2004，76：4614.

[7] D'silva，A. P. et al. Anal. Chem. ，1984，58：985A.

[8] 陈国夫等. 光子学报，2001，30（2）：148.

[9] 杨丙成等. 分析试验室，2001，20（6）：96.

[10] 陈洪等. 分析科学学报，2001，17（2）：93.

[11] Powe，A. M. et al. Anal. Chem.，2004，76：4614.

[12] 光机电信息，2003，6：41.

[13] Visser，A. J. W. G. et al. Photochem. Photobiol. ，1981，33：35.

[14] 陈国珍等. 紫外－可见光分光光度法. 上册，北京原子能出版社，1983：99.

[15] 黄贤智等. 光学与光谱技术，1986，4：43.

[16] Green，G. L. et al. Anal. Chem. ，1974，46：2191.

[17] 黄贤智等. 分析化学，1987，15：293.

[18] 熊少祥等. 分析化学，1995，23（3）：356.

[19] 张景超等. 传感技术学报，2002，2：161.

[20] 黄贤智等. 厦门大学学报（自然科学版），1981，20：443.

[21] Hitachi，Model 650—10 Fluorescence Spectrophotometer，Instruction Manual.

[22] 910 型荧光分光光度计（说明书），上海第三分析仪器厂.

[23] Hitachi，Model 850 Fluorescence Spectrophotometer，Tokyo Japan. Instruction Manual.

[24] SLM 4800 S and SLM 48000S Liftime Spectrophotometers，SLM Instruments，1987.

（本章编写者：黄贤智，张　勇）

第二部分
荧光分析方法

第六章　常规的荧光分析法

§6.1　直接测定法

在荧光分析中，可以采用不同的实验方法以进行分析物质浓度的测量。其中最简单的是直接测定的方法。只要分析物质本身发荧光，便可以通过测量其荧光强度以测定其浓度。许多有机芳族化合物和生物物质具有内在的荧光性质，往往可以直接进行荧光测定。当然，若有其他干扰物质存在时，则应预先采用掩蔽或分离的办法加以消除。

在实际操作中，荧光强度的测量通常是采用相对的测量方法，因而需要采用某种标准以资比较。最普通的校正方法是采用工作曲线法。即取已知量的分析物质，经过与试样溶液一样的处理后，配成一系列的标准溶液，并测定它们的荧光强度，再以荧光强度对标准溶液浓度绘制工作曲线。然后由所测得的试样溶液的荧光强度对照工作曲线，以求出试样溶液中分析物质的浓度。

为了使不同时间所测得的工作曲线先后一致，每次测绘工作曲线时最好能采用同一种稳定的荧光物质（如荧光塑料板或某种荧光基准物质如硫酸奎宁溶液）来校正仪器的读数。

严格说来，标准溶液和试样溶液的荧光强度读数，都应扣除空白溶液的荧光强度读数。理想的或者说真实的空白溶液，原则上应当具有与未知试样溶液中除分析物质以外的同样的组成。可是对于实际遇到的复杂分析体系，很少有可能获得这种真实的空白溶液，在实验中通常只能采用近似于真实空白的试剂空白来代替。然而试剂空白无法校正原已存在于试样中的基体和杂质，如果这种基体和杂质的干扰不可能通过光谱的办法加以消除的话，就必须采用化学或物理分离的办法。

有的时候可以通过加入某种化合物于试样溶液中，而这种化合物可特效地猝灭分析物质的荧光，从而获得一种很接近于真实空白的空白溶液[1,2]。

§6.2　间接测定法

对于有些物质，它们或者本身不发荧光，或者因荧光量子产率很低而无法进行直接测定，便只能采用间接测定的办法。

§6.2.1　荧光衍生法

间接测定的办法有多种，可按分析物质的具体情况加以适当的选择。第一种方法是荧光衍生化的办法，即通过某种手段使本身不发荧光的待分析物质，转变为另一种发荧光的化合物，再通过测定该化合物的荧光强度，可间接测定待分析物质。

荧光衍生法大致可分为化学衍生法、电化学衍生法和光化学衍生法，它们分别采用化学反应、电化学反应和光化学反应，使不发荧光的分析物质转化为适合于测定的、发荧光的产物。其中，化学衍生法和光化学衍生法用得较多，尤其是化学衍生法用得最多。例如许多无机金属离子的荧光测定方法，就是通过使它们与某些金属螯合剂（生荧试剂）反应生成具有荧光的螯合物之后加以测定的[3,4]。

某些不发光的有机化合物，可以通过降解反应、氧化还原反应、偶联反应、缩合反应、酶催化反应或光化学反应等办法，使它们转化为荧光物质。例如维生素 B_1 本身不发荧光，但可在碱性溶液中用铁氰化钾等一些氧化剂将它氧化为发荧光的硫胺荧[5]。又如利血平的测定，因其本身的荧光量子产率低，可通过化学衍生法使其转化为它的氧化产物 3，4-二脱氢利血平（DDHR）后加以测定，后者显示强的绿黄色荧光（$\lambda_{ex}/\lambda_{em}=383/490$nm）。不过，该化学衍生法速率较慢，可采用光化学衍生法，在乙酸介质中于 254nm 光照射下得到其光化学氧化产物 DDHR[6]。利血平的光化学衍生化反应，可用丙酮作为敏化剂，以进一步提高光化学反应的速率，使灵敏度得到进一步的提高，且测定的线性范围也有所拓宽。该敏化光化学反应的机理为：丙酮分子经光激发后到达激发单重态，然后经系间窜越到达激发三重态，再通过三重态-单重态能量转移过程将激发能转移给利血平分子，使其受激发光[7]。基于光化学反应和荧光检测技术相结合的光化学荧光分析法，在 20 世纪 70 年代以后有了较大的发展，目前，其分析应用尤其是在药物分析方面的应用日益广泛[8]。

§6.2.2　荧光猝灭法

假如分析物质本身虽不发荧光，但却具有能使某种荧光化合物的荧光猝灭的能力，由于荧光猝灭的程度与分析物质的浓度有着定量的关系，那么，通过测量荧光化合物荧光强度的下降程度，便可间接地测定该分析物质。例如大多数过渡金属离子与具有荧光性质的芳族配位体配合后，往往使配位体的荧光猝灭，从而可间接测定这些金属离子[9,10]。

在用荧光猝灭法进行测定时，要特别注意选择合适的荧光试剂的浓度。适当减低荧光试剂的浓度时，往往有利于灵敏度的提高，但却会导致测定的线性范围变窄，因而荧光试剂的浓度，要根据实际测定的需要加以优化选择。

§6.2.3　敏化荧光法

倘若待分析物质不发荧光，但可以通过选择合适的荧光试剂作为能量受体，在待分析物质受激发后，通过能量转移的办法，经由单重态-单重态（或三重态-单重态）的能量转移过程，将激发能传递给能量受体，使能量受体分子被激发，再通过测定能量受体所发射的发光强度，也可以对分析物进行间接测定。

有时候，对于浓度很低的分析物质，如果采用一般的荧光测定方法，其荧光信号可能太弱而无法检测。然而，假如能够寻找到某种合适的敏化剂（能量供体），并加大其浓度，在敏化剂与分析物质紧密接触的情况下，经激发敏化剂后，在敏化剂与分析物质之间的激发能转移效率很高，这样一来便能大大提高分析物质测定的灵敏度。例如在滤纸上用萘作敏化剂以测定低浓度的蒽时，可使蒽的检测限提高达 3 个数量级。以此类推，低浓度的菲及奠也可由萘敏化而产生较强的荧光[11]。

§6.3　多组分混合物的荧光分析

在荧光分析中，由于每种荧光化合物具有本身的荧光激发光谱和发射光谱，因而在测定时相应地有激发波长和发射波长两种参数可供选择，这在混合物的测定方面比分光光度法具有更有利的条件，有时可简单地通过选择合适的激发波长或发射波长，达到选择性地测定混合物中某种组分的目的。例如，当混合物中各个组分的荧光峰相距颇远、彼此干扰很小时，可分别在不同的发射波长测定各个组分的荧光强度。倘若混合物中各组分的荧光峰相近，彼此严重重叠，但它们的激发光谱却有显著的差别，这时可选择不同的激发波长进行测定。

在选择激发波长和发射波长之后仍无法达到混合物中各组分的分别测定时，还可仿照分光光度法中联合测定并解联立方程式的办法；对于混合物的荧光联合测定，也有不采用解联立方程式而采用校正图的办法；对于发射光谱相互重叠的双组分或三组分荧光混合物的同时测定，在合适条件下，可应用类似于双波长分光光度法的原理，采用多波长荧光法进行测定[12]。上述这些办法提出时，在当时的仪器条件下是有效的、可以解决问题的，对拓宽荧光分析的应用范围是发挥一定作用的，但方法毕竟比较烦琐、费时。在目前的情况下，由于荧光分析在方法学和仪器方面都有了很大的发展，就不必采用上述几种办法，而可以采用更为先进的方法，诸如本书后面将要介绍的同步荧光测定、导数荧光测定、时间分辨荧光测定、相分辨荧光测定等方法，以及化学计量学的方法，来达到分别测定或同时测定的目的。

此外，还可以利用某些化学方法以达到同时测定的目的。如利用不同的化合物在不同 pH 值的介质中荧光性质不同的特点，分别测定不同 pH 值的试样溶液的荧光强度；或者先测定混合物中两种组分的总量，接着利用掩蔽剂使其中一种组分的荧光消失，从而求出另一种组分的含量；或者利用不同化合物的萃取曲线不同的特点，分别在不同 pH 值的溶液中进行萃取，然后测定萃取液的荧光强度[13]。

例如，吗啡和可待因的激发峰均在 285nm，荧光峰均在 350nm。吗啡在 pH1～3 溶液中荧光强度最大，而在 pH10～12 溶液中荧光几乎完全消失；可待因在 pH1 溶液中的荧光强度约和同浓度的吗啡溶液相等，而在碱性溶液中荧光强度并不减弱。据此，可先将混合物试样溶液的 pH 值调节至 1，在 350nm 测定荧光强度以求出混合物中吗啡和可待因的总量，然后将溶液的 pH 值调至 12，测定荧光强度以求出可待因的含量，最后由两者的差额求出吗啡的含量[13]。

Zn^{2+} 和 Cd^{2+} 离子混合物的分析是既利用不同配合物在不同 pH 介质中荧光性质上的差别，又利用掩蔽作用的一个例子。这两种离子与 7-碘-8-羟基喹啉-5-磺酸所形成的配合物在微酸性或微碱性介质中于紫外线照射下都会发绿黄色荧光，荧光峰均在 524nm。在 pH7.4 溶液中，这两种配合物的荧光强度相差不大，而且有良好的加和性，但在 pH5 溶液中 Cd 配合物的荧光强度比 Zn 配合物小得多，如溶液中有大量 KI 存在，则 Cd 配合物的荧光几乎完全消失。测定时可先将试样溶液的 pH 值调至 7.4，在 524nm 测定荧光强度以求出试样中的 Zn、Cd 总量，接着将试样溶液的 pH 值调至 5.0，并加入过量 KI，在 524nm 测定荧光强度以求出试样中 Zn 的含量，然后由两者的差额求出试样中 Cd 的含量[13]。

Ga^{3+}、In^{3+} 和 Be^{2+} 离子混合物的分析，是利用它们与 2-甲基-8-羟基喹啉所组成的配合物的萃取曲线不同来进行连续萃取和测定的。这三种配合物的荧光峰距离不远，不便于同时测定，但它们的萃取曲线差别很大，氯仿可从 pH3.9～9.0 溶液中萃取 Ga 配合物，从 pH5～6 溶液中萃取 In 配合物，从 pH7.5～8.5 溶液中萃取 Be 配合物。因而，可用氯仿依序在不同 pH 条件下从混合物的溶液中分别萃取 Ga^{3+}、In^{3+} 和 Be^{2+} 的配合物，然后在同一波长分别测定三种萃取液的荧光强度，从而求出混合物中三种组分的含量[13]。

Wolfbeis 等[14]曾提出一种用荧光猝灭法测定溶液中两种以上动态猝灭剂的方法，其原理如下。

描述荧光动态猝灭的 Stern-Volmer 方程如下式所示

$$F^0/F = 1 + K[Q] \tag{6.1}$$

假如某种荧光体的荧光受浓度为 $[Q_n]$ 的几种猝灭剂所猝灭，那么，这些猝灭剂对总的猝灭过程的贡献，可以通过对 Stern-Volmer 方程式添加附加项来加以考虑

$$F^0/F = 1 + K^1[Q_1] + K^2[Q_2] + K^3[Q_3] + \cdots \tag{6.2}$$

为了计算 n 种猝灭剂的浓度，需要有 n 个独立的方程式，这些方程式通过测量 n 种指示剂的荧光强度而获得。所有的 K 值均为常数，它们应分别由每一个指示剂-猝灭剂组合的 F^0/F 对浓度［Q］所作的图求得。对于两种浓度分别为［Q_1］和［Q_2］的猝灭剂，可以获得简单的表示式。常用 F_A^0 和 F_B^0 分别表示没有猝灭剂存在时指示剂 A 和指示剂 B 的荧光强度，F_A 和 F_B 分别表示猝灭剂存在下指示剂 A 和指示剂 B 的荧光强度；K_A^1 表示指示剂 A 被第 1 种猝灭剂猝灭的 Stern-Volmer 常数，K_A^n 和 K_B^n 分别表示指示剂 A 和指示剂 B 被第 n 种猝灭剂猝灭的 Stern-Volmer 常数。

为了进一步简化，令

$$(F_A^0/F_A) - 1 = \alpha, \qquad (F_B^0/F_B) - 1 = \beta \tag{6.3}$$

对于两种指示剂和两种猝灭剂的情况，将得到如下方程式

$$(F_A^0/F_A) - 1 = \alpha = K_A^1[Q_1] + K_A^2[Q_2] \tag{6.4}$$

$$(F_B^0/F_B) - 1 = \beta = K_B^1[Q_1] + K_B^2[Q_2] \tag{6.5}$$

从而得到

$$[Q_1] = (\alpha K_B^2 - \beta K_A^2)/(K_A^1 K_B^2 - K_A^2 K_B^1) \tag{6.6}$$

$$[Q_2] = (\beta K_A^1 - \alpha K_B^1)/(K_A^1 K_B^2 - K_A^2 K_B^1) \tag{6.7}$$

为解方程式（6.6）和（6.7），必须测量 α 和 β。

已知有几种指示剂只被一种猝灭剂特效地猝灭，因而方程式（6.6）和（6.7）中的常数之一将变为零。最普通的情况下，可以实际上设定 K_B^1 等于零，并使方程式（6.6）和（6.7）简化为

$$[Q_1] = (\alpha K_B^2 - \beta K_A^2)/K_A^1 K_B^2 \tag{6.8}$$

$$[Q_2] = \beta/K_B^2 \tag{6.9}$$

对于含三个以上猝灭剂的体系，方程组可以用矩阵的形式表示如下

$$\begin{bmatrix} \alpha \\ \beta \\ \gamma \end{bmatrix} = \begin{bmatrix} K_A^1 & K_A^2 & K_A^3 \\ K_B^1 & K_B^2 & K_B^3 \\ K_C^1 & K_C^2 & K_C^3 \end{bmatrix} \begin{bmatrix} [Q_1] \\ [Q_2] \\ [Q_3] \end{bmatrix} \tag{6.10}$$

行列式 det（…）为

$$K_A^1 K_B^2 K_C^3 + K_A^2 K_B^3 K_C^1 + K_A^3 K_B^1 K_C^2 - K_A^3 K_B^2 K_C^1 - K_A^1 K_B^3 K_C^2 - K_A^2 K_B^1 K_C^3 \tag{6.11}$$

第 1 种未知分析物的浓度为

$$[Q_1] = [\alpha(K_B^2 K_C^3 - K_B^3 K_C^2) + \beta(K_A^3 K_C^2 - K_A^2 K_C^3) + \gamma(K_A^2 K_B^3 - K_A^3 K_B^2)]/\det(\cdots) \tag{6.12}$$

可类推获得［Q_2］和［Q_3］的类似表示式，为求出浓度值，必须测量 α、β 和 γ 值。

此法已应用于有机物（经燃烧后）含氯化物和溴化物量的测定，以及合成混合物中氯化物、溴化物和碘化物的测定。

参 考 文 献

[1] Schulman S. G. Fluorescence and Phosphorescence Spectroscopy: Physicochemical Principles and Practice. Oxford: Pergamon Press, 1977: 160～162.
[2] 陈国珍. 荧光分析法. 北京：科学出版社，1975：103～113.
[3] Nakashima K. et al. Talanta，1984，31：749.
[4] 王尊本等. 环境化学. 1985，4 (3)：61.
[5] Myint T. et al. Clin. Chem.，1965，11：617.
[6] Martinez Calatayud J. et al. Anal. Chim. Acta，1991，245：101.
[7] Xu，J. -G. et al. Anal. Chim. Acta，1995，302：207.
[8] 郭祥群等. 分析化学，1991，19 (2)：244.
[9] 欧阳耀国等. 化学试剂，1986，8：70.
[10] 黄贤智等. 分析化学，1986，14：348.
[11] Seybold P. G. et al. Anal. Chem.，1983，55：1996.
[12] 陈国珍等. 荧光分析法. 第二版. 北京：科学出版社，1990：193～197.
[13] 陈国珍等. 荧光分析法. 第二版. 北京：科学出版社，1990：199～200.
[14] Wolfbeis O. S. et al. Anal. Chem.，1983，55：1904.

（本章编写者：许金钩）

第七章　同步荧光分析法

§7.1　概　　述

荧光技术灵敏度高，但常规的荧光分析法在实际应用中往往受到限制，对一些复杂混合物分析常遇到光谱互相重叠、不易分辨的困难，需要预分离且操作繁琐。与常规荧光分析法相比，同步荧光分析法具有简化谱图、提高选择性、减少光散射干扰等特点，尤其适合多组分混合物的分析。同步荧光扫描技术由Lloyd[1]首先提出，它与常用的荧光测定方法最大的区别是同时扫描激发和发射两个单色器波长，由测得的荧光强度信号与对应的激发波长（或发射波长）构成光谱图，称为同步荧光光谱[2]。而在常规的发光（荧光或磷光）分析中，则是固定发射或激发波长，而扫描另一波长，如此获得的是两种基本类型的光谱，即激发光谱和发射光谱。图7.1示出它们之间的差异。

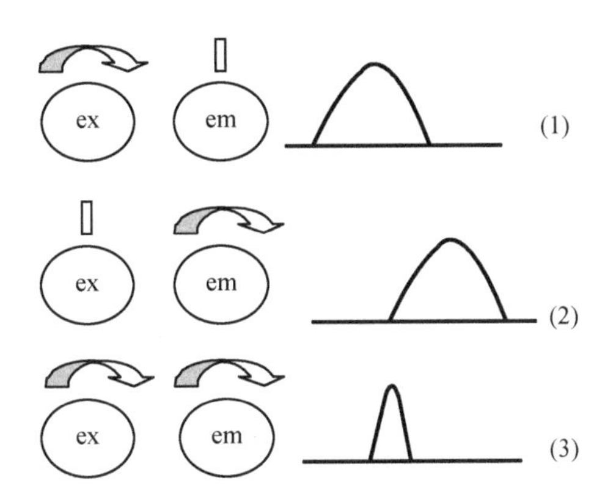

图7.1　各种荧光光谱和相应的激发（ex）和发射（em）单色器状态比较示意图
（1）荧光激发光谱；（2）荧光发射光谱；（3）同步荧光光谱

根据激发和发射两种波长在同时扫描过程中彼此间所保持的关系，同步荧光分析法可分为如下四种类型：第一种类型在同时扫描过程中使激发波长（λ_{ex}）和发射波长（λ_{em}）彼此间保持固定的波长间隔（$\lambda_{em}-\lambda_{ex}=$常数），这种方法称为恒（固定）波长同步荧光分析法（constant-wavelength synchronous fluorescence spectrometry，CWSFS），即习惯上所说的同步荧光法，是最早提出的一种同步扫描技术[1~5]；第二种类型则以能量关系代替波长关系，在两个单色器同时扫描过程中使激发波长与发射波长之间保持固定的能量差，这种方法称为恒能量同步荧光分析法（constant-energy synchronous fluorescence spectrometry, CESFS)[6~8]；第三种类型称为可变角（或可变波长）同步荧光法（variable-angle synchronous fluorescence spectrometry, VASFS)[9~11]，该法在测绘同步荧光光谱时，使激发和发射两个单色器以不同的速率同时进行扫描；第四种类型称为恒基体同步荧光法（matrix isopotential synchronous fluorescence spectrometry, MISFS)，其扫描路径表现为基体（将干扰物视为基体）的等荧光强度线。

同步扫描荧光测定具有如下优点：①简化光谱；②窄化谱带；③减小光谱的重叠现象；④减小散射光的影响。

在同步扫描荧光测定中，同步荧光的信号强度 $I_{sf}(\lambda_{ex}, \lambda_{em})$ 可表示如下：

$$I_{sf}(\lambda_{ex},\lambda_{em}) = kcb\mathrm{Ex}(\lambda_{ex})\mathrm{Em}(\lambda_{em}) \tag{7.1}$$

式中：c 为待测物质的浓度；b 为试样溶液的厚度；$\mathrm{Ex}(\lambda_{ex})$ 表示激发光谱；$\mathrm{Em}(\lambda_{em})$表示发射光谱；$k$ 为实验的条件常数。由式（7.1）可知，对于某种待测物质，在实验条件保持固定的情况下，同步荧光信号强度便与待测物质的浓度成正比。

§7.2 恒波长同步荧光分析法

恒波长同步荧光分析法要求在光谱扫描过程中保持 $\Delta\lambda=\lambda_{em}-\lambda_{ex}=$常数，因此式（7.1）可以表示为 λ_{em}或 λ_{ex}的函数：

$$I_{sf}(\lambda_{ex},\lambda_{em}) = kcb\mathrm{Ex}(\lambda_{em} - \Delta\lambda)\mathrm{Em}(\lambda_{em}) \tag{7.2}$$

$$I_{sf}(\lambda_{ex},\lambda_{em}) = kcb\mathrm{Ex}(\lambda_{ex})\mathrm{Em}(\lambda_{ex} + \Delta\lambda) \tag{7.3}$$

由式（7.2）和式（7.3）看，同步荧光光谱既可视为同步扫描激发波长时的发射光谱，亦可看成同步扫描发射波长时的激发光谱。同步荧光光谱的波长轴既可以用激发波长表示，也可以用发射波长表示。

不难理解，同步荧光光谱显然与激发光谱及发射光谱都有关系，它同时利用了化合物的吸收特性和发射特性，使选择性得到改善。由于 $\mathrm{Ex}(\lambda_{ex})$ 和 $\mathrm{Em}(\lambda_{em})$ 是分别以短波区域和长波区域为极限的函数，且又几乎镜像对称，因而使获得的同步光谱简化，且谱带宽度变小。

图 7.2 是同步荧光法使光谱简化的例子之一。图 7.2（a）表示蒽的环乙烷溶液的激发光谱与发射光谱。发射光谱（$\lambda_{ex}=375$nm）于 378、400、423 及 448nm 呈现四个明显的发射带，所覆盖的波长范围为 370～410nm；激发光谱（$\lambda_{em}=400$nm）于 375、357、340 及 324nm 呈现四个吸收带，覆盖的波长范围为 310～385nm。如果以 $\Delta\lambda=3$nm（等于 0-0 带之间的斯托克斯位移）进行同步扫

描时，所获得的同步荧光光谱［图 7.2（b）］只呈现一个位于 375nm 的同步光谱峰（以激发波长表示）。这种光谱简化，光谱范围缩小，虽然损失了其他光谱带所包含的信息，对光谱学的研究可能不利，但就分析工作的角度，则可免除其他谱带存在所引起的干扰，将有用信息抽取出来，对分析工作十分有利。另外，由图 7.2 还可观察到同步光谱峰的半峰宽比常规荧光激发或发射峰都窄。从图 7.3 邻甲酚的荧光光谱可更清晰地看出，使用同步扫描技术，能使谱带明显窄化。

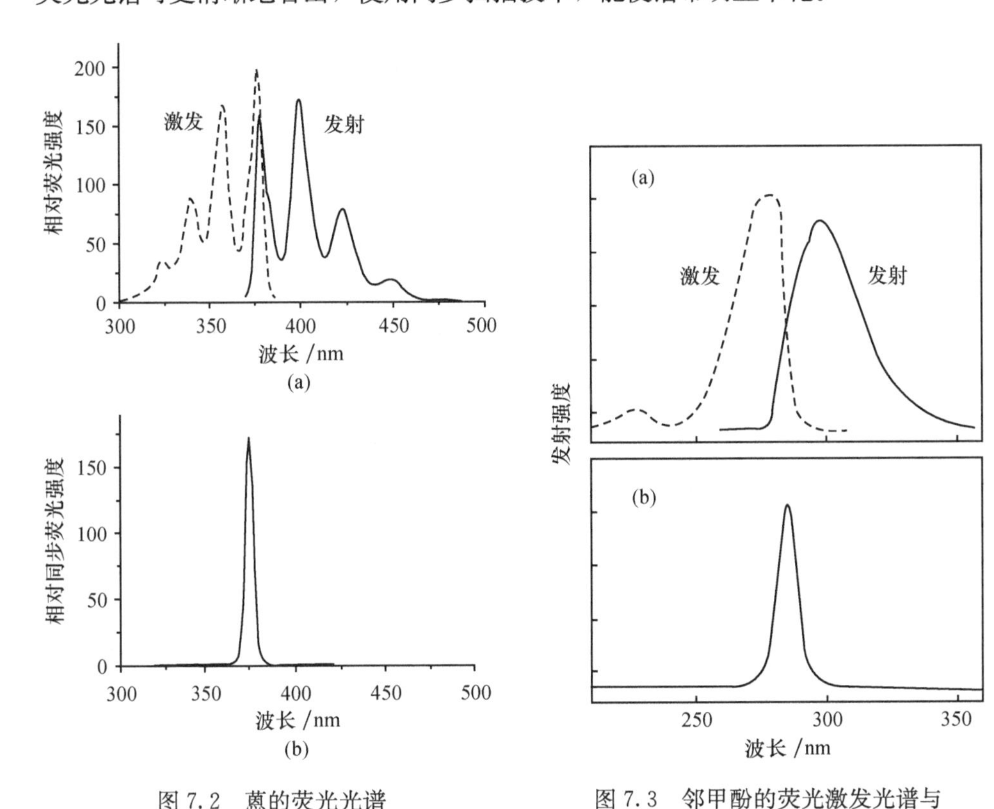

图 7.2　蒽的荧光光谱
（a）发射光谱与激发光谱；（b）同步荧光光谱

图 7.3　邻甲酚的荧光激发光谱与发射光谱（a）以及同步的荧光光谱（b）

在同步扫描过程中，$\Delta\lambda$ 值的选择十分重要，这直接影响到同步荧光光谱的形状、带宽和信号强度。$\Delta\lambda$ 值与同步荧光光谱的关系可以从理论上做预测，但 $\Delta\lambda$ 值的最终选择还是要在实际应用中通过实验确认。在可能的条件下，选择等于斯托克斯位移的 $\Delta\lambda$ 值是有利的，这时将会获得同步荧光信号最强、半峰宽度最小的单峰同步荧光光谱。

荧光测定中所使用的溶剂都有瑞利散射和拉曼散射，这些散射的存在限制了荧光分析灵敏度的提高。瑞利散射光的波长等于激发光的波长，而拉曼光虽没有一定的波长，但它的发射频率和激发光的频率有一定的差值 $\Delta\nu_R$。选择较小的

$\Delta\lambda$ 值，通常有利于减小光谱带宽。不过若 $\Delta\lambda$ 值很小，仪器的狭缝宽度也应相应减小，才不致增大散射光的干扰而降低光谱分辨率。然而，减小狭缝宽度又会减小光通量而降低灵敏度，因而必须两者加以兼顾。Andre 等[12]曾提出为减小散射光的干扰，选择 $\Delta\lambda$ 与狭缝宽度 l 的大致原则：当测定只受瑞利散射干扰时，选择 $\Delta\lambda=\lambda_a-\lambda_e$（$\lambda_a$ 与 λ_e 分别代表测定波长与激发峰波长），$l\leqslant\Delta\lambda/2$；当测定同时受瑞利散射和拉曼散射的干扰时，视具体情况可选择 $\Delta\lambda\leqslant\lambda_a-\lambda_e$，$l\leqslant\Delta\lambda/2$ 或 $\Delta\lambda\geqslant\lambda_a-\lambda_e$，$l\leqslant1/2[\Delta\lambda-(\lambda_R-\lambda_e)]$（$\lambda_R$ 代表拉曼散射光的波长）。

恒波长同步荧光法可有效克服瑞利散射的影响，只要 $\Delta\lambda$ 值选择不太小，即光谱扫描过程中发射波长和激发波长维持足够的间隔，就可完全避开瑞利散射的影响。对于拉曼散射则无法根本解决[12]，但若选择合适的 $\Delta\lambda$ 值，还是可降低拉曼散射的影响。可根据式（7.4）计算拉曼散射峰出现在同步光谱中的位置 λ_{ex}^{R}[13]：

$$\lambda_{ex}^{R}=\sqrt{\Delta\lambda^2/4+10^7\Delta\lambda/\Delta\upsilon_R}-\Delta\lambda/2 \tag{7.4}$$

李耀群等总结了如下几点规律[13]：在 $\Delta\lambda$ 值很小或很大时，拉曼散射对恒波长同步荧光测定的影响小；对拉曼跃迁能大的溶剂，其拉曼散射干扰比跃迁能小的溶剂在更大的 $\Delta\lambda$ 范围内存在；改变 $\Delta\lambda$ 值可使同步拉曼峰与同步荧光峰错开，从而减少溶剂拉曼光对分析体系的影响；这种通过改变 $\Delta\lambda$ 值减少拉曼干扰的方法在 $\Delta\lambda$ 值较小时更为有效，因这时 $\Delta\lambda$ 的微小变动便会引起同步拉曼峰位置的明显变化。

同步荧光光谱特性可用谱峰峰值位置 λ_{iso}（或 λ_{jso}）、相对强度 I_{so} 和半峰宽 W_s 等 3 个主要参数来表征，理论上推测它们与对应的荧光激发光谱、发射光谱及扫描参数的关系，有助于对同步荧光法特点的充分认识和对分析体系扫描参数的优化。先后有研究者根据不同的假设条件，提出了一些计算式[14~16]。基于荧光激发光谱和发射光谱对波长呈高斯分布的设定，可推导出同步荧光光谱的 3 个光谱参数的理论计算式，并且在推导过程中无须做省略或近似处理，所得计算式如下[16]：

$$\lambda_{iso}=[W_i^2(\lambda_{jo}-\Delta\lambda)+W_j^2+\lambda_{io}]/(W_i^2+W_j^2) \tag{7.5}$$

$$I_{so}=\exp[-(4\ln2)(\lambda_{jo}-\lambda_{io}-\Delta\lambda)^2]/(W_i^2+W_j^2) \tag{7.6}$$

$$W_s=W_iW_j/(W_i^2+W_j^2)^{1/2} \tag{7.7}$$

式中：下角 i 表示激发光谱，j 表示发射光谱，s 表示同步荧光光谱，λ_{io} 和 λ_{jo} 分别表示激发和发射峰峰位，W 表示谱带半峰宽度，I_{so} 表示相对同步荧光强度。

§7.3 恒能量同步荧光分析法

恒能量同步荧光法由 Inman 和 Winefordner 等[6,7]首先提出。与恒波长同步荧光法相比，该法以能量关系代替波长关系，在激发波长和发射波长的同步扫描过程中，保持二者之间恒定的能量差（波数差）关系：

$$(1/\lambda_{ex} - 1/\lambda_{em}) \times 10^7 = \Delta\nu = \text{常数} \tag{7.8}$$

式中：λ_{ex}和λ_{em}单位为 nm，$\Delta\nu$ 单位为 cm^{-1}。

恒能量同步荧光法以荧光体的量子振动跃迁的特征能量为依据而进行同步扫描。若选择一能量差 $\Delta\nu$ 值等于某一振动能量差，则在同步扫描中，当激发能量和发射能量刚好匹配一特定吸收-发射跃迁条件时，该跃迁处于最佳条件，由此产生的同步光谱峰可达最大强度。

恒能量同步荧光光谱的基本特点以图 7.4 蒽的恒能量（固定能量）同步光谱为例加以说明，图中波长轴以激发波长表示。荧光发生自第一电子激发态最低振动能层 S_1^0 态向电子基态各个振动能层 $S_0^{0,1,2\cdots}$ 的跃迁。许多多环芳烃（例如蒽）具有较清晰的振动能层结构，振动间隔能一般为 1400～1600cm^{-1}，即相当于 C=C 伸缩振动能，被称为一振动量子单位。选择 $\Delta\nu$ 为单振动量子单位（1400cm^{-1}）时，得到如图 7.4（a）所示的两个峰：一个峰［峰（1)］对应于 0-1激发，即S_0^0-S_1^1跃迁（相当于在激发波长357nm处激发）和0-0发射，即

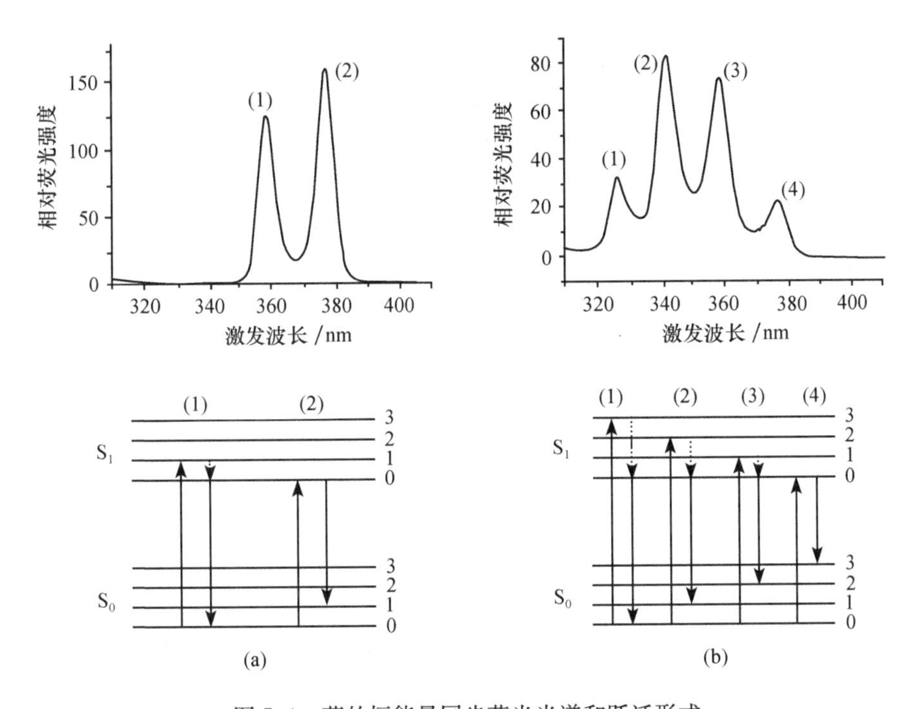

图 7.4　蒽的恒能量同步荧光光谱和跃迁形式

（a）上：$\Delta\nu$=1400cm^{-1}的光谱，下：对应的跃迁形式；

（b）上：$\Delta\nu$=4200cm^{-1}的光谱，下：对应的跃迁形式

S_1^0-S_0^0 跃迁（相当于在发射波长 378nm 处发出荧光）；另一峰［峰（2）］对应于 0-0 激发（376nm）和 0-1 发射（400nm）跃迁。由于扫描过程中，两单色仪能量差保持等于单振动量子单位，当发射波长与激发波长匹配于上述波长对时，测得的荧光信号就处于相对最强，谱图出现相应的两个同步荧光峰。当选择 $\Delta\nu$ 为三振动量子单位（$4200cm^{-1}$）时，则可得到四个同步峰［见图 7.4（b）中的（1）、（2）、（3）、（4）］，它们分别对应于 0-3/0-0，0-2/0-1，0-1/0-2 及 0-0/0-3 的激发和发射跃迁。

由上述可见，恒能量同步荧光法使常规荧光光谱与理论预测的荧光体能级跃迁联系起来[8, 17]，使所得到的同步荧光光谱谱带宽度变窄。只要选择合适的 $\Delta\nu$ 就能产生极为简单的单峰到类似于常规荧光光谱的多峰。

这种方法对于多环芳烃的鉴别和测定特别有利。在室温或低温条件下，多环芳烃的振动谱带间隔约为 $1400\sim1600cm^{-1}$，在正烷烃的溶剂中振动谱带的准确位置虽然可能随溶剂改变而发生位移，但其相对间隔却基本上保持不变。多环芳烃振动谱带的间隔 $1400cm^{-1}$，对蒽来说相当于～20nm 的波长差，而对苝则相当于～30nm，这样，对于这两者的混合溶液，采用恒波长同步扫描时，需要选择两个值作两次测量，才能获得与一次恒能量同步扫描同样的光谱特征。由于所选择的 $\Delta\nu$ 是一类化合物而不仅仅是某个组分的特征，而且与光谱区域无关，因而便有可能只选择一个 $\Delta\nu$ 值用于整个光谱的扫描。这样，若要得到最大光谱分辨和免受杂散光干扰，整个恒能量同步荧光光谱扫描过程可只用一个 $\Delta\nu$，而在恒波长同步荧光光谱中则需几个 $\Delta\lambda$ 分别扫描[6]。

由于在室温和低温情况下多环芳烃的振动谱带间隔基本相同，因而固定能量同步扫描可与低温技术配合以获取更多的光谱特征，从而作为一种更有效的“筛选型”分析手段。

恒能量同步荧光光谱测定法除了具有恒波长同步法的一般优点外，还具有另一个显著的优点，即能从根本上解决拉曼散射的干扰问题[7,8]。这是其他同步法所不能达到的。

拉曼光没有固定的波长位置，但它的发射频率和激发光的频率有一定的差值，这相当于该溶剂分子的一个振动量子。所有具有 CH 或 OH 基团的溶剂都具有大致为 $3000cm^{-1}$位移的拉曼跃迁能量 $\Delta\nu_R$。

扫描恒能量同步荧光法光谱时，维持固定的是激发和发射能量差值 $\Delta\nu$，而溶剂的拉曼跃迁能量亦是一固定的值 $\Delta\nu_R$，因此只要在光谱扫描过程中，使 $\Delta\nu$ 与 $\Delta\nu_R$之间始终保持一定差值，就完全可以消除拉曼光的干扰。事实上这和恒波长同步荧光法消除瑞利散射干扰的道理是一样的。

尽管如上所述，恒能量同步荧光法可有效克服拉曼散射，但也有个限制，即 $\Delta\nu$ 不能选择靠近 $\Delta\nu_R$。然而对于某些荧光化合物，$\Delta\nu$ 恰好要选择在溶剂的 $\Delta\nu_R$

附近才有较好的分辨率和较大的峰强度，这时可配合导数技术（第 17 章将专门介绍该技术），利用它选择性放大窄带的灵敏度而抑制宽带的特性，突破恒能量同步荧光法的局限[18]。

恒能量同步荧光法的理论[19]比恒波长同步荧光法简单，可得到较为精确的光谱峰值位置、强度、半峰宽度的计算式。恒能量同步荧光峰半峰宽度取决于激发和发射光谱特性，由理论上分析，其值总比激发或发射峰的半峰宽窄。若激发、发射峰两者带宽相近，则同步峰窄化为原来的 $1/\sqrt{2}$；若两峰带宽差别很大，则同步峰接近窄者。

§7.4　可变角（或可变波长）同步荧光分析法

为了便于理解这种同步扫描技术，这里先提到一种表示荧光强度与激发和发射波长的关系的总发光光谱（图 7.5 用等高线图表示）。有关表示荧光光谱的三维技术，详见第八章。

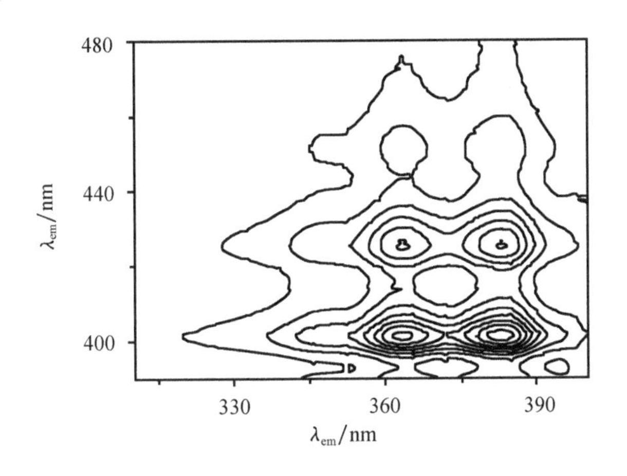

图 7.5　苯并［a］芘的荧光等高线光谱示意图

在图 7.5 中，每条等高线上的各个点，具有相等的荧光强度。该等高线光谱示意图的垂直剖面（即固定激发波长）相当于发射光谱，而其水平剖面（即固定发射波长）则相当于激发光谱。若激发波长轴和发射波长轴单位表示一样，则沿着图中的直线以 45°穿过等高线光谱的剖面，就相当于恒波长同步扫描所获得的同步光谱。

采用恒波长同步扫描，选择性的提高受到一定限制。例如在图 7.6 所示的情况下，待测组分的等高线光谱与两个干扰组分的光谱严重重叠，这时无论选用什么样的 $\Delta\lambda$ 值进行恒波长同步扫描，总还会多少受到其中某个干扰组分的影响。

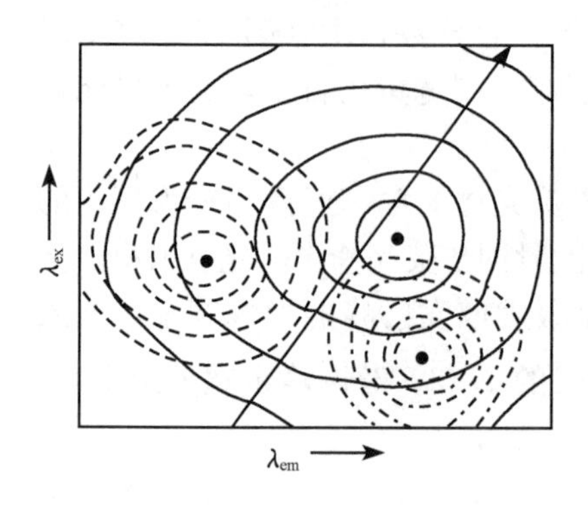

图 7.6　用可变角同步扫描荧光法研究三种荧光团的混合物连续等高线代表待分析的物质；非连续的等高线代表干扰组分

但是，如果采用可变角同步扫描，即如穿过图 7.6 中那条直线（非 45°剖线）所表示的那样，仍然可以获得良好的选择性。

Clark 等人[9]提出了非线性的可变角同步扫描新技术，即可以沿着穿过等高线光谱图的某条曲线进行同时扫描，换句话说，两个单色器在同时扫描过程中，它们的扫描速率并不维持某一特定的比率，这样可以避免散射光的影响，进一步改善光谱重叠体系的分辨率，减少光谱扫描次数。李耀群等[20]利用可变角同步荧光法有效克服二次散射光干扰。频率域[21]和波长域[22]的可变角同步荧光光谱理论也已先后提出。

应用非线性可变角同步荧光法，最重要的一点是测定前选好测定扫描路径[23]，而选择好最适宜的扫描路径的目的是为了获得最好的非线性可变角同步荧光光谱，即达到最高的荧光信号，最小的干扰。一般而言，对几个组分的混合物，选择扫描路径，可分为两步：第一步是获取各物质的检测点（λ_{ex}，λ_{em}），即获取那些对某一物质具有最大的信号值及最小的干扰的点。又因为非线性可变角同步扫描可以看作几个或许多个线性可变角同步扫描的组合，所以，第二步是再选择一些点，以便与那些测定点一起，连成一条完整的测定路径。图 7.7 是一个四组分体系（蒽、9，10-二甲基蒽、1，2，5，6-二苯并蒽和2-氨基蒽）的应用

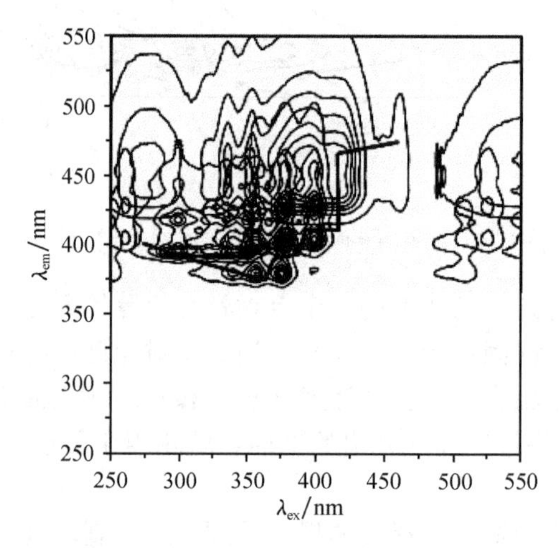

图 7.7　蒽、9，10-二甲基蒽、1，2，5，6-二苯并蒽和 2-氨基蒽的荧光等高线光谱示意图
图中重线表示选择的非线性可变角同步扫描路径

例子，图中示出选定的非线性可变角同步扫描路径。图 7.8（a）是这四种蒽衍生物的三维非线性可变角同步荧光光谱。由图 7.8 可以看出，沿着扫描路径，这四种物质的荧光峰在空间中依次出现。若将荧光信号向激发或者发射波长的轴投影，三维的非线性同步荧光光谱可以转变成二维的非线性同步荧光光谱［如图 7.8（b)］，二维非线性同步荧光光谱便于观察比较。图 7.8 中蒽、9，10-二甲基

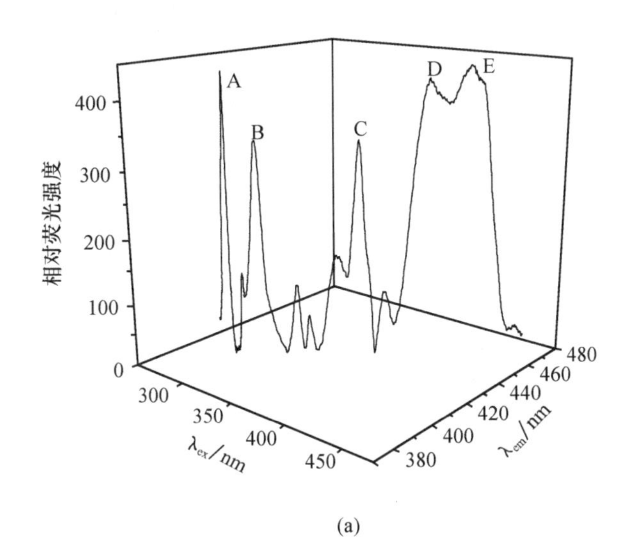

(a)

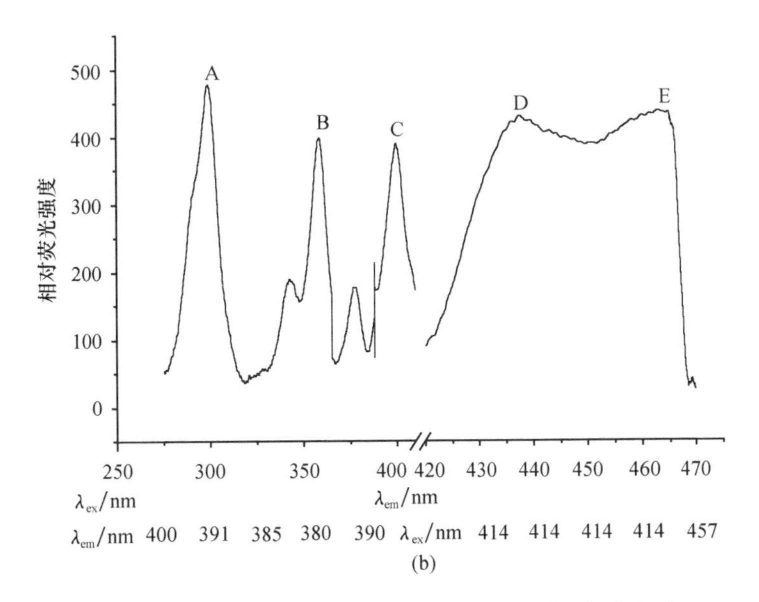

(b)

图 7.8　蒽衍生物混合体系的非线性可变角同步荧光光谱

峰 A，B，C 分别属于 1，2，5，6-二苯并蒽、蒽和 9，10-二甲基蒽；峰 D 和峰 E 属于 2-氨基蒽

蒽以及 1，2，5，6-二苯并蒽的三维谱沿着激发波长轴投影（即以荧光强度为纵坐标，以激发波长为横坐标绘制谱图），而 2-氨基蒽的三维光谱沿着发射波长投影（即以荧光强度为纵坐标，以发射波长为横坐标绘制谱图）。在非线性可变角同步荧光光谱图上（无论三维或是二维），出现五个峰（A～E），其中峰 A、B、C 分别属于 1，2，5，6-二苯并蒽、蒽和 9，10-二甲基蒽。峰 D 和峰 E 属于 2-氨基蒽。从图 7.8 可以看出，这四种物质均得到了很好的分辨。

§7.5　恒基体同步荧光分析法

1994 年 Murillo-Pulgarin 等[24]提出了恒基体同步荧光法。它也可被认为是非线性可变角同步荧光法的一种，其扫描路径在等高线图中表现为一曲线，巧妙的是，该曲线是基体（将干扰物视为基体）的等荧光强度线。该方法一般与导数技术联用，沿着等高线扫描，同时结合导数技术就可以消除基体的干扰。其基本原理是：在等高线图上把基体的荧光强度相等的各点连接起来形成等高线（等荧光强度线），沿着基体的某一等高线扫描，则在整个扫描过程中，基体的荧光强度相等。由于整个扫描过程基体的荧光强度一致，当结合导数技术微分后，基体的导数信号为零。在混合物中沿着测定路径（干扰物或基体的等高线）扫描时所得的信号通常是混合物的总的荧光信号，既包括待测物的信号，又包括干扰物（基体）的信号，但由于是沿干扰物（基体）的等高线扫描，荧光信号求导后，干扰物（基体）的干扰就得以消除，扫描所得的导数信号则是被测物的净信号。

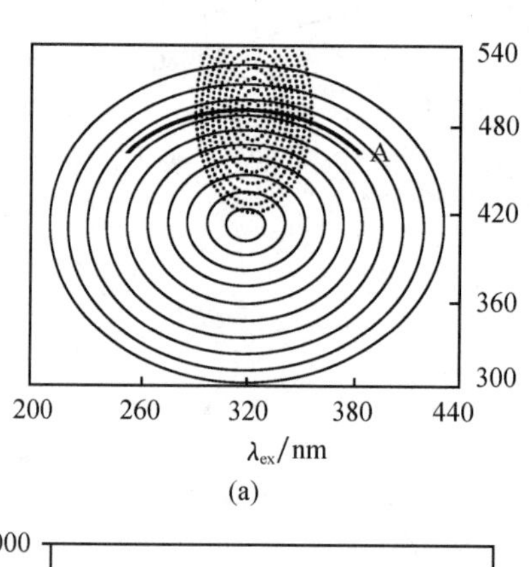

(a)

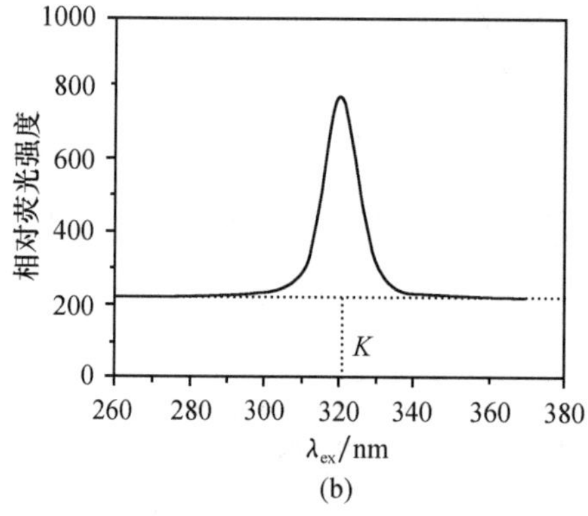

(b)

图 7.9　(a) 理论基体（实线）和荧光被测物（虚线）的等高线图，粗线 A 为理论基体的一段等高线；(b) 理论基体和荧光被测物共存时的恒基体同步荧光光谱

图 7.9 为恒基体同步荧光法的原理示意图。图 7.9 (a) 表示理论基体（实线）和荧光被测物（虚线）的等高线图，图中理论基体的一段等高线 A 经过荧光被测物的最大激发和发射（分别为 320nm 和 489nm）的波长位置。沿着等

高线 A 对基体和荧光被测物共存的体系进行扫描，则得恒基体同步荧光光谱［图 7.9 (b)］，实际上该光谱形状与荧光被测物单独存在时的相同，只是强度提高了一个等于基体强度的常数值 K。

对于恒基体同步荧光测定，选择合适的扫描路径是非常关键的。这里列举一个例子[25]：粪卟啉和原卟啉的同时测定。粪样中卟啉的分型测定为卟啉症分类诊断提供重要依据。首先将原卟啉假设为干扰组分，选择粪卟啉的荧光强度最大点（λ_{ex}= 401nm，λ_{em}=593nm）作为它的测定点，考察原卟啉的三维光谱图，获取它在该点的荧光强度，进而得到一系列等荧光强度的点，将这些点连接起来就构成粪卟啉的恒基体扫描路径（图 7.10 中以Ⅰ表示）。同样方法，可得到原卟啉的测定路径（图 7.10 中以Ⅱ表示），该路径是通过原卟啉荧光最强点（λ_{ex}= 407nm，λ_{em}= 604nm）的粪卟啉的等高线。将两条路径连接起来就构成一条完整的扫描路径。实际上，前一段路径为原卟啉的等高线，后一段路径为粪卟啉的等高线。结合导数技术之后，在前一段扫描中，就可以消除原卟啉的信号，而得到粪卟啉的净信号。同样地，在后一段扫描中也可得到原卟啉的净信号。因此，只需一次扫描就可实现粪卟啉和原卟啉的同时测定。图 7.11 示出该测定扫描路径应用于一实际粪样的光谱测绘结果，图中横坐标以测定序列表示，意指光谱中各点在扫描过程中依时间出现的顺序。由图 7.11 可见粪卟啉和原卟啉同时得到很好的分辨。而若用常规荧光光谱法则光谱严重重叠，无法对其混合样品进行分辨。

同步荧光分析法可以减小因光谱重叠和宽带结构所引起的干扰，从而提高分析的选择性，但它与惯用的荧光测定方法一样，仍然存在发光分析技术所固有的某些局限。例如同样受内滤效应、猝灭和能量转移等因素的影响，因此必需在足

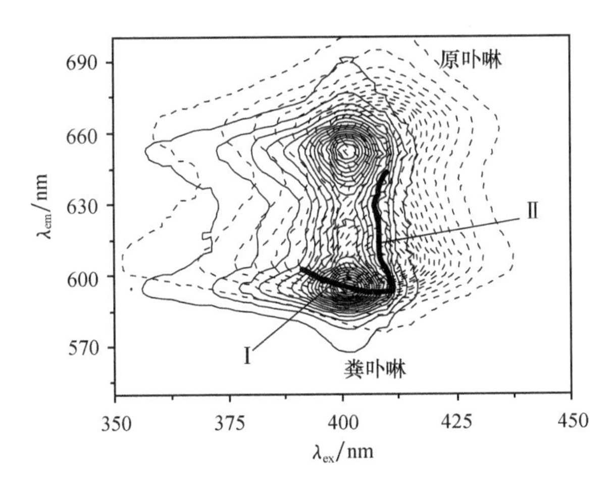

图 7.10　粪卟啉和原卟啉的理论等高线图以及测定扫描路径（粗线）

路径Ⅰ和Ⅱ分别为粪卟啉与原卟啉的扫描路径

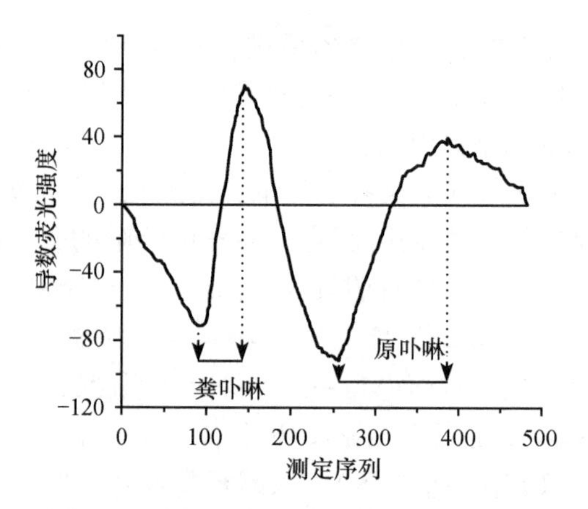

图 7.11 样品的导数恒基体同步荧光光谱

够稀的溶液中进行测定。在高浓度的溶液中，由于内滤效应和能量转移等因素影响，常会发生工作曲线非线性和同步光谱畸变的现象。同时，随着浓度增大，激发能的转移过程加剧，将会造成荧光光谱和同步荧光光谱向长波方向移动[26]。Fanget 等[27]提出了一种在涂层液池中克服内滤效应的方法，用于在大量吸光性物质存在下校正常规荧光光谱和同步荧光光谱。

§7.6 分 析 应 用

同步荧光分析法是提高分析选择性，解决多组分荧光物质同时测定的良好手段之一[5,28]。最早发展起来的恒波长同步荧光法在一般的荧光分光光度计上均可方便实现，已在环境、医药、卫生和生物等领域获得广泛的应用，而新近发展的各种新型同步荧光方法正显示出独特的作用，越来越得到人们的重视。

§7.6.1 环境分析

同步荧光检测技术已成为环境污染监测中多环芳烃的定性和定量分析的有效手段[29~44]。采用 $\Delta\lambda=3$nm 恒波长同步扫描，能够对包含蒽、苯并［b］芴、苯并［a］芘、苯并［e］芘、䓛、二苯并［a，h］蒽、硫芴、荧蒽、芴、菲、芘、苝和丁省等多至 13 种主要的痕量多环芳烃进行鉴别。恒波长同步荧光测定法应用于空气气溶胶的分析，可鉴别出多种多环芳烃。恒能量同步荧光法在分析大部分多环芳烃时，有其明显的优越性，亦已用于汽车发动机尾气、空气样品、环境水样中多环芳烃的光谱指纹鉴别和定量分析。恒能量同步荧光法结合导数技术，可有效提高多环芳烃的光谱分辨率和分析灵敏度，已用于分析二氢苊、蒽、苯并［a］蒽、苯并［a］芘、苯并［b］荧蒽等 18 种多环芳烃。低温恒能量同步荧光法使光谱准线性化，用于对多环芳烃同分异构体和芳烃同系物进行光谱分辨，取得满意结果。多环芳烃的同步荧光分析既可在有机介质中进行，也可在胶束体系中进行，后者可减少不同多环芳烃之间的能量传递。许多多环芳烃的降解产物也能用同步荧光法来分析[45~48]，这些降解产物可作为多环芳烃暴露的生物标志物。尿中1-羟基芘是反映人体接触环境多环芳烃程度的一个灵敏而实用的指标，但尿样本体荧光对1-羟基芘的检测有相当大的干扰，采用恒基体同步荧光法可克服其影响，不经分离直接分析。用恒波长同步荧光法可检测鱼胆汁中的1-羟基芘以及测定芘的生物降解率。

除多环芳烃分析外，同步荧光技术在其他环境分析方面也有诸多报道[49~52]。原油污染的检测和表征，对海洋、土壤环境保护特别重要。研究表明，同步荧光技术很有希望成为海洋、土壤中鉴别油漏的诊断工具。另外，同步荧光法在许多环境污染物如1-萘酚、2-萘酚、苯酚、苯胺、对苯二酚、间苯二酚等以及它们的混合物分析中都显示出良好的效果，简便快速。与常规荧光分析法相比，同步荧光法可明显且更有效地区分河水中的富里酸和腐殖酸。

§7.6.2　药物、临床和生化分析

药物分析和临床分析中经常会遇到如各种药剂成分之间相互干扰或血清、尿样背景干扰等问题，同步荧光法可有效消除或降低这些干扰的影响[53~63]。利用导数同步荧光光谱法可直接测定尿样中的洛美沙星、痕量氧氟沙星、三种B族维生素、尿液中的肾上腺素和去甲肾上腺素、人体血清中的甲氧萘丙酸和水杨酸、血浆中的毒品及其代谢产物等等。乙氧萘胺青霉素和2，6-二甲氧基苯青霉素荧光光谱相似，但用恒波长同步扫描技术结合最小二乘法、一阶导数恒波长或一阶导数恒能量荧光法测定，均可实现同时分析，其中导数恒能量同步荧光法效果最好。利用非线性可变角和导数可变角同步荧光法可同时测定混合溶液中的吡哆醛、吡哆胺、维生素B_6以及分析血浆、尿样中的水杨酰胺等。恒基体同步荧光法不仅能有效地消除复杂体系中背景荧光的干扰，实现生物基体中各组分的直接测定，而且对荧光光谱重叠的二组分的同时测定也是非常有用的。恒基体同步荧光法已用来测定血清中的水杨酸、尿样中的各种组分如水杨酸、2，5-二羟基苯甲酸、维生素B_6以及奎尼定、粪样中的原卟啉和粪卟啉等等。

同步荧光法已用于研究蛋白质与各种物质的相互作用[64~67]，国内尤其在这方面做了相当多的工作。如用同步荧光光谱法可明确分辨脱铁运铁蛋白的酪氨酸和色氨酸残基的荧光（采用不同波长差$\Delta\lambda=15$nm，$\Delta\lambda=70$nm），当用于考察铽（Ⅲ）在脱铁运铁蛋白上的结合时，由所得铽（Ⅲ）对脱铁运铁蛋白酪氨酸和色氨酸残基荧光猝灭的相对程度，就可得知铽（Ⅲ）的强结合部位包含酪氨酸残基。利用各种不同荧光探针技术（如量子点、卟啉等），结合同步荧光法，可定

量分析蛋白质和核酸[68~70]。同步荧光技术还可应用于不同基因的分型、正常细胞与肿瘤细胞的区分[71,72]等，如以不同荧光染料分别标记野生型基因和突变型基因双链探针，利用同步荧光光谱，减少标记染料的光谱重叠，对 PCR 反应产物进行终点检测，可建立一种廉价、快速的筛查遗传性血色病基因突变的方法。

§7.6.3 化工分析

可以用同步荧光光谱来表征不同物品来源，进行指纹识别。食用油中含有各种荧光成分，利用恒波长同步荧光光谱，已可对不同食用油进行分类[73]。不同来源的轮胎由于加工制作和磨损情况不同，轮胎胎面所包含的填充剂、加工处理油、抗氧剂和多环芳烃等组分会有所改变，导致其光谱也发生变化，由此利用同步荧光光谱就可区分不同种类的轮胎。恒能量同步荧光分析法也已用于分析褐煤高温分解所得焦油的芳烃结构特征[74]。

同步荧光光谱技术在油气勘探[75~77]和石油产品分析[78~81]中已显示出良好的应用前景。原油中的荧光主要来自其芳香烃成分，这些成分极其复杂，是由一系列烷基芳烃、环烷芳烃及杂环芳烃组成的混合物，同步荧光光谱不可能把所有的化合物区分开，但可以根据已知结构芳香化合物的特征峰位对芳烃的环数进行分类。同步荧光法测定原油样品中的芳烃，可以判断原油的属性和成因类型，以及原油成熟的程度。分析石油、天然气及与石油有关的样品如钻井岩屑、土壤和油田水样的恒波长同步荧光光谱和恒能量同步荧光光谱，对不同性质油气的荧光光谱特征进行归类，找出油气的典型光谱特征，可为选取油气勘探靶区提供有效的依据。对 18 种原油成熟度分析的结果表明，总同步荧光光谱可提供丰富的信息。

有关石油产品分析，同步荧光光谱法已成功地用于鉴别各种石油产品如柴油、汽油、煤油和润滑油等。同步荧光峰峰位置随着马达油浓度的增加而发生红移，借此可在一定浓度范围内定量马达油的含量。在亚洲南部，柴油和汽油被煤油污染是一个严重问题，随着煤油含量的增加，柴油同步荧光光谱呈有规律蓝移，而汽油同步荧光光谱呈有规律红移，因此同步荧光法可用于定量考察煤油污染程度。对石油产品中的芳香烃进行选择性猝灭，利用同步荧光光谱可清楚地解释猝灭剂对荧光团的影响情况。对各种不同减压渣油进行恒波长同步扫描，所得同步荧光光谱能较好地反映出各极性和芳香度不同的组分的芳香环系大小。恒能量同步荧光法结合低温技术用于指纹识别石油产品呈现出比常温条件下更强的分辨力。

参 考 文 献

[1] Lloyd J. B. F. Nature (London), 1971, 231: 64.
[2] Vo-Dinh T. Anal. Chem., 1978, 50: 396.

[3] Wehry E. L. Modern Fluorescence Spectroscopy. New York: Plenum Press, 1981, 4: 167.
[4] 许金钩. 光学与光谱技术, 1983, 3 (3): 12.
[5] 何立芳等. 化学进展, 2004, 16 (6): 879.
[6] Inman E. L. et al. Anal. Chem., 1982, 54: 2018.
[7] Inman E. L. et al. Anal. Chim. Acta, 1982, 138: 245.
[8] 李耀群等. 分析化学, 1989, 17 (12): 1154.
[9] Clark B. J. et al. Anal. Chim. Acta, 1985, 170: 35.
[10] Wehry E. L. Modern Fluorescence Spectroscopy. New York: Plenum Press, 1981, 4: 252.
[11] Miller J. N. Analyst, 1984, 109: l91.
[12] Andre J. C. et al. Anal. Chim. Acta, 1979, 105: 297.
[13] Li Y. Q. et al. Anal. Chim. Acta, 1993, 283: 903.
[14] Lloyd J. B. F. et al. Anal. Chem., 1977, 49: 1710.
[15] Baudot Ph. et al. Anal. Lett., 1982, 15A: 471.
[16] 李耀群等. 分析化学, 1993, 21 (7): 770.
[17] Kerfhoff M. J. et al. Rev. Sci. Instrum., 1985, 56: 1199.
[18] 李耀群等. 科学通报, 1991, 61 (17): 1312.
[19] Inman E. L. et al. Anal. Chem., 1986, 58: 2156.
[20] Li Y. Q. et al. Chem. J. on Internet, 2000, 2 (6): 026030pe.
[21] Cabaniss S. E. Anal. Chem., 1991, 63: 1323.
[22] Li Y. Q. et al. J. Fluoresc., 1999, 9 (3): 173.
[23] Sui W. et al. Fresenius J. Anal. Chem., 2000, 368 (7): 669.
[24] Murillo-Pulgarin J. A. et al. Anal. Chim. Acta, 1994, 296: 87.
[25] Lin D. L. et al. Clin. Chem., 2004, 50 (10): 1797.
[26] John P. et al. Anal. Chem., 1976, 48: 520.
[27] Fanget B. et al. Anal. Chem., 2003, 75 (11): 2790.
[28] Patra D. et al. Trends in Anal. Chem., 2002, 21 (12): 787.
[29] Vo-Dinh T. et al. Anal. Chem., 1981, 53: 253.
[30] Vo-Dinh T. et al. Environ. Sci. Technol., 1984, 18 (6): 477.
[31] Kerkhoff M. J. et al. Environ. Sci. Technol., 1985, 19 (8): 695.
[32] 雷世寰等. 环境科学, 1994, 15 (3): 65.
[33] Files L. A. et al. Anal. Chem., 1986, 58: 1440.
[34] Eiroa A. A. et al. Analyst, 2000, 125 (7): 1321.
[35] Eiroa A. A. et al. Talanta, 2000, 51 (4): 677.
[36] 蒋淑艳. 光谱学与光谱分析, 1997, 17 (3): 115.
[37] He L. F. et al. Anal. Sci., 2005, 21 (6): 641.
[38] Lin D. L. et al. Luminescence, 2005, 20: 292.

［39］ Patra D. Anal. Bioanal. Chem.，2004，379：355.
［40］ Li Y. Q. et al. Anal. Chem.，1997，357 (8)：1072.
［41］ Li Y. Q. et al. Anal. Chim. Acta，1992，256：285.
［42］ 何立芳等. 环境化学，2005，24 (1)：89.
［43］ Patra D. et al. Anal. Lett.，2000，33 (11)：2293.
［44］ Patra D. et al. Talanta，2001，55：143.
［45］ Dissanayake A. et al. Mar. Environ. Res.，2004，58 (2-5)：281.
［46］ Li Y. Q. et al. Anal. Sci.，2001，17 (1)：167.
［47］ 张勇等. 分析化学，2002，30 (4)：467.
［48］ Zhang Y. et al. Chemosphere，2004，55 (3)：389.
［49］ Gomez R. S. G. et al. Water Air and Soil Pollution，2004，158 (1)：137.
［50］ Pistonesi M. et al. Anal Bioanal Chem，2004，378 (8)：1648.
［51］ Li Y. Q. et al. Talanta，1994，41 (5)：695.
［52］ Ahmad U. K. et al. Water Science and Technology，2002，46 (9)：117.
［53］ 李耀群等. 药学学报，1992，27 (1)：52.
［54］ 李耀群等. 药物分析杂志，1991，11 (6)：323.
［55］ 弓巧娟等. 光谱学与光谱分析，2001，21 (3)：356.
［56］ 唐波等. 高等学校化学学报，1994，15 (17)：970.
［57］ Konstantianos D. G. et al. Analyst，1996，121 (7)：909.
［58］ Sabry S. M. Anal. Chim. Acta，1997，351：211.
［59］ Murillo-Pulgarin J. A. et al. Anal. Biochem.，2001，292：59.
［60］ Nevado J. J. B. et al. Analyst，1998，123：483.
［61］ Murillo-Pulgarin J. A. et al. Anal. Biochem.，1998，265：331.
［62］ Murillo-Pulgarin J. A. et al. Analyst，1997，122：247.
［63］ Murillo-Pulgarin J. A. et al. Anal. Chim. Acta，1996，326：117.
［64］ 杜秀莲等. 科学通报，2001，46 (5)：394.
［65］ Guo M. et al. Anal. Sci.，2004，20 (3)：465.
［66］ Hu Y. J. et al. J. Photochem. Photobiol，B，2005，80 (3)：235.
［67］ Kamat B. P. J. Pharm. Biomed. Anal.，2005，39 (5)：1046.
［68］ Li Y. X. et al. Spectrochimica Acta Part A-Molecular and Biomolecular Spectroscopy，2004，60 (8-9)：1719.
［69］ Zhu C. Q. et al. Anal. Bioanal. Chem.，2004，378 (3)：811.
［70］ 陈莹等. 光谱学与光谱分析，2005，25 (12)：2048.
［71］ 张永有等. 遗传，2003，25 (1)：9.
［72］ Watts W. E. et al. Anal. Lett.，1999，32 (13)：2583.
［73］ Sikorska E. et al. Food Chem.，2005，89 (2)：217.
［74］ Kershaw J. R. et al. Energy & Fuels，2000，14 (2)：476.
［75］ 宋继梅等. 石油勘探与开发，1998，25 (4)：20.

[76] 宋继梅等. 应用化学，2004，21 (9)：966.
[77] Ryder A. G. J. Fluoresc.，2004，14 (1)：99.
[78] Patra D. et al. Talanta，2001，53：783.
[79] Patra D. et al. Analyst，2000，125：1383.
[80] 王子军等. 石油学报，1999，15 (4)：67.
[81] Files L. A. et al. MicroChem. J.，1987，35：305.

（本章编写者：李耀群）

第八章　三维荧光光谱分析法

三维荧光光谱是近几十年中发展起来的一种新的荧光分析技术。由于获取光谱所采用的手段和讨论问题的角度不同，这项技术在文献中使用的名称不一，常见的有三维荧光光谱（three-dimensional fluorescence spectrum）、总发光光谱（total luminescence spectra）、激发-发射矩阵（excitation-emission matrix，简称EEM）和等高线光谱（contour spectra）等。这种技术区别于普通的荧光分析的主要特点在于它能获得激发波长与发射波长同时变化时的荧光强度信息。

§8.1　方法原理[1~7]

普通荧光分析所测得的光谱是二维谱图，包括固定激发波长而扫描发射（即荧光测定）波长所获得的发射光谱，和固定发射波长而扫描激发波长所获得的激发光谱。但是，实际上荧光强度应是激发和发射这两个波长变量的函数。描述荧光强度同时随激发波长和发射波长变化的关系图谱，即为三维荧光光谱。

1. 三维荧光光谱的图像表示形式

三维荧光光谱的表示形式有两种：等角三维投影图（isometric three-dimensional projection）和等高线光谱图。前者是一种直观的三维立体投影图（图8.1），空间坐标 X、Y、Z 轴分别表示发射波长、激发波长和荧光强度。作图时，Y 轴的激发波长可以从小到大，所得到的为正面观察的投影图，也可以从大到小，得到背面观察的投影图。等高线光谱图的表示方式，则以平面坐标的横轴表示发射波长，纵轴表示激发波长，平面上的点表示由两个波长所决定的样品的荧光强度。将荧光强度相等的各个点连结起来，便在 λ_{em}-λ_{ex} 构成的平面上显

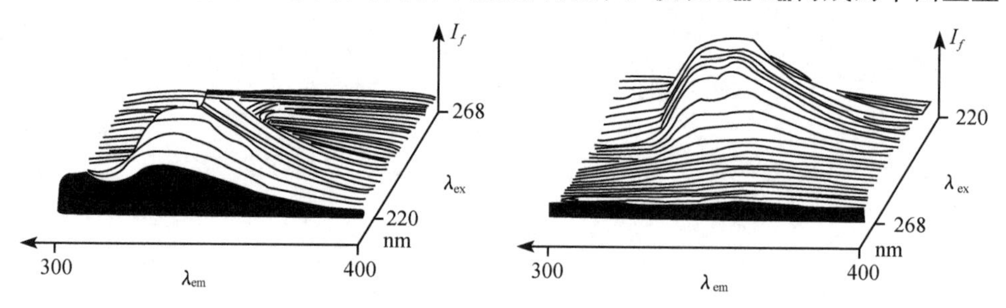

图8.1　原油试样在环己烷中的等角三维投影光谱图

示了由一系列等强度线组成的等高线光谱（图 8.2）。

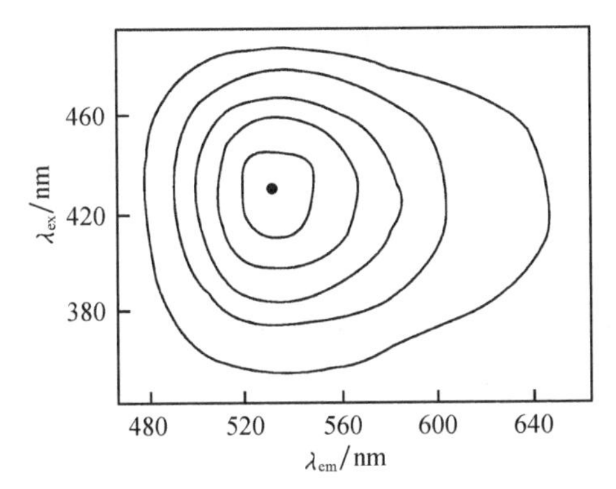

图 8.2 Lucifer Yellow VS 的等高线光谱

用等角三维投影方式表示，比较直观，容易从图上观察到荧光峰的位置和高度以及荧光光谱的某些特性，但不容易提供任何激发-发射波长对所相应的荧光强度信息。等高线光谱的表示方式，虽然步骤稍为麻烦，但能获得较多的信息，容易体现与普通的激发光谱、发射光谱以及同步光谱的关系。例如，从图 8.3可以看出，激发光谱 A 是三维谱图在沿 λ_{em}＝440nm 的剖面上的轮廓线，发射光谱 B 则是在沿 λ_{ex}＝390nm 的剖面上的轮廓线。曲线 C 是 $\Delta\lambda$＝50nm 的同步扫描荧光光谱，由图中看出，它是沿 $\Delta\lambda$＝50nm 的 45°对角线切割并投影在发射波长轴上的轮廓线。至于一级瑞利散射，则为沿 $\lambda_{ex}=\lambda_{em}$的 45°对角线切割并投影在发射波长轴上的轮廓线。

同步扫描和三维谱图两者各有特点，但在某些情况下是等价的。从混合物体系的三维荧光光谱，可以确定同步扫描时所应选择的合理 $\Delta\lambda$ 值和可变角（参看第七章）。

在一个多组分体系的三维荧光光谱图中，每种组分有独立吸收和发射的特定光谱区，这一光谱区被限制在一个矩形范围内，这样，通过一次扫描便有可能监测体系中的全部组分，如图 8.4 所示。

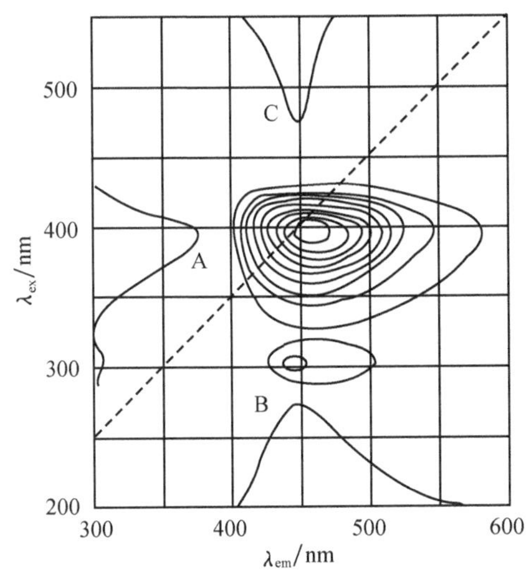

图 8.3 7-羟基苯并［a］芘荧光光谱

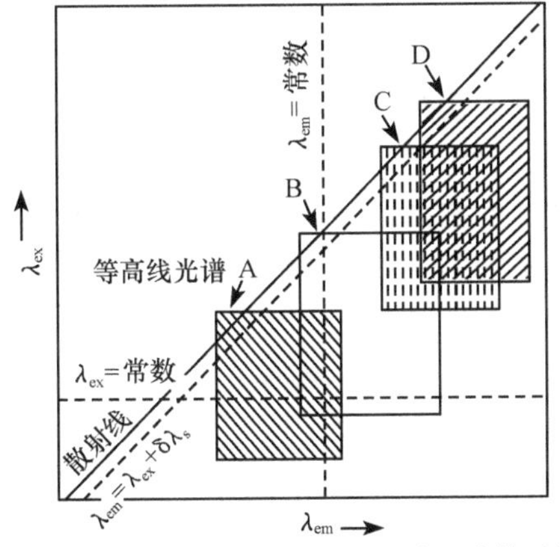

图 8.4 以三维荧光光谱表示的多组分体系的发光性质和应用同步扫描技术之间的对应关系

2. 三维荧光光谱的数学表示形式（EEM）

复杂体系的总荧光需由激发波长、发射波长和荧光强度等三个参数加以表征。早在1961年Weber就首先指出EEM在完全表征一个复杂荧光体系方面的重要价值。用矩阵方式表示时，矩阵的行序表示发射波长，矩阵的列序表示激发波长，而矩阵元则表示荧光强度。

单一组分体系的EEM表示形式为

$$M=\alpha \boldsymbol{x}\boldsymbol{y}$$

这假定EEM(M)是三种因子的乘积，其中α为与波长无关而与浓度有关的系数，矢量$\boldsymbol{x}$和$\boldsymbol{y}$分别代表荧光发射光谱和激发光谱。单一组分的EEM之所以能用这种形式表示，是基于发射光谱的相对形状与激发波长无关以及激发光谱的相对形状与发射（即测定）波长无关的事实。

对于含γ种组分的荧光体系，其EEM形式可表示如下

$$M=\sum_{k=1}^{\gamma}\alpha^{k}\boldsymbol{x}^{k}\boldsymbol{y}^{k}$$

这种表示形式意味着，只要吸光度足够低且组分间不发生能量转移，所观测到的体系的荧光是单个组分的荧光的线性和。

§8.2 仪器设备

获取三维荧光光谱，最简单的办法是应用常规的荧光分光光度计首先获取各个不同激发波长下的发射光谱，例如激发波长每增加5或10nm即测绘一次发射光谱，然后利用所获得的一系列光谱数据，用手工绘出等角三维投影图或等高线光谱。这样的办法十分费时，实际意义小。进一步的改进则是采用联用微机的快速扫描荧光分光光度计，每次在保持一定的激发波长增量条件下，重复进行发射波长的扫描，并将所获得的发光强度信号输入计算机进行实时处理和作图。也可以不配用计算机，而采用电子学线路直接将扫描过程中所取得的荧光光谱参数记录在r-y记录仪上[8,9]。

采用快速机械扫描的办法，多数情况下会遇到再现性和信噪比损失的问题，因而，更可取和比较先进的办法是采用电视荧光计（videofluorometer）。这种技术的特点是采用多色光照射样品，应用二维多道检测器（如硅增强靶光导摄像管检测器）检测荧光信号，并使系统与小型计算机联结以进行操作控制和实时的数

据采集与运算[10~13]。

现以 Johnson 等[12]设计的电视荧光计为例加以简要介绍。该仪器由正交多色器、电视检测器和计算机接口等部件所组成，能自动获得激发和发射波长范围为 240nm 的 EEM 谱图，其空间分辨率为每点 1nm，所费时间约为 16.7ms。

仪器光学组件的空间排列如图 8.5。用 150W 氙灯作为连续光源，激发单色器入口狭缝的长轴垂直于样品池的长轴，出口狭缝除去，这样，光源的连续辐射经激发单色器色散后，出射在出口狭缝平面位置上的便是一条波长宽度达 260nm 的垂直色散的多色光带，然后聚焦在样品池的中心（见图 8.6B）。假定样品池中盛有一种激发光谱和发射光谱如图 8.6A 所示的荧光化合物溶液，经多色光照射后，沿着样品池的长轴方向上便产生 3 条颜色相同的光带，其波长相应于试样的 3 个激发带。这些光带再经发射单色器色散，由于发射单色器的入口狭缝长轴平行于样品池的长轴，而出口狭缝同样已被除去，因而原来的 3 条颜色相同的光带，每条都被水平地色散为 3 个不同颜色的光斑（相应于 3 个发射带），结果在 EEM 图上便显现 9 个荧光斑点（见图 8.6C）。

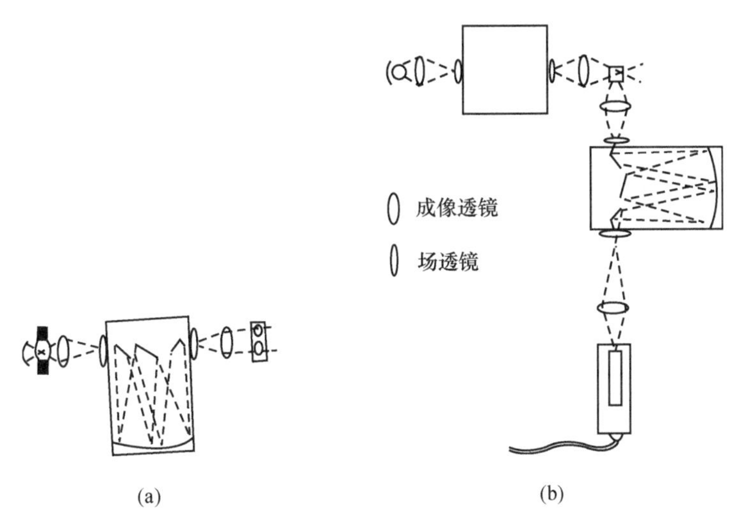

图 8.5　电视荧光计光路图
(a) 激发光束侧视图；(b) 发射光束俯视图

检测器采用配有硅增强靶（SIT）光导摄像管的电视照相机（television camera），SIT 光导摄像管附有对紫外线透射性能较好的光导纤维面板。

仪器配有专门的计算机接口，计算机系统的数据采集和控制的方块图如图 8.7。

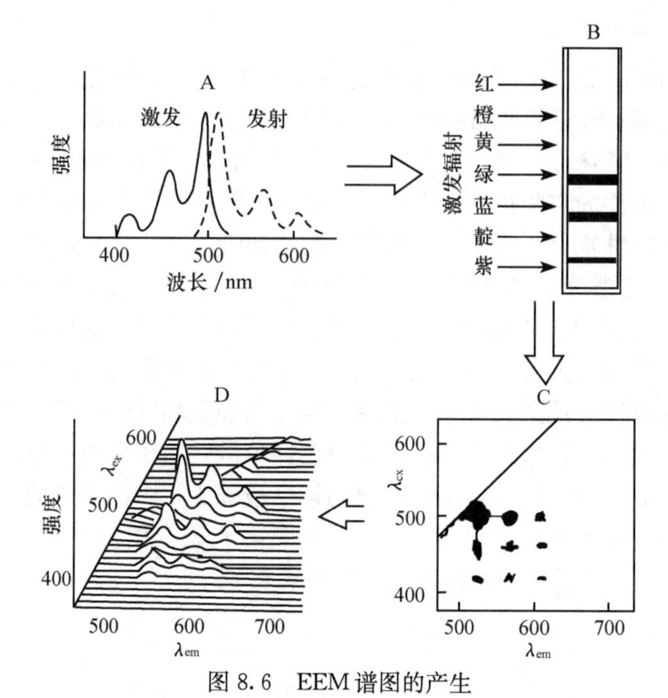

图 8.6　EEM 谱图的产生

A. 化合物的激发和发射光谱；B. 多色光照射的液池；

C. SIT 照相机观察的 EEM；D. EEM 的等角三维投影图

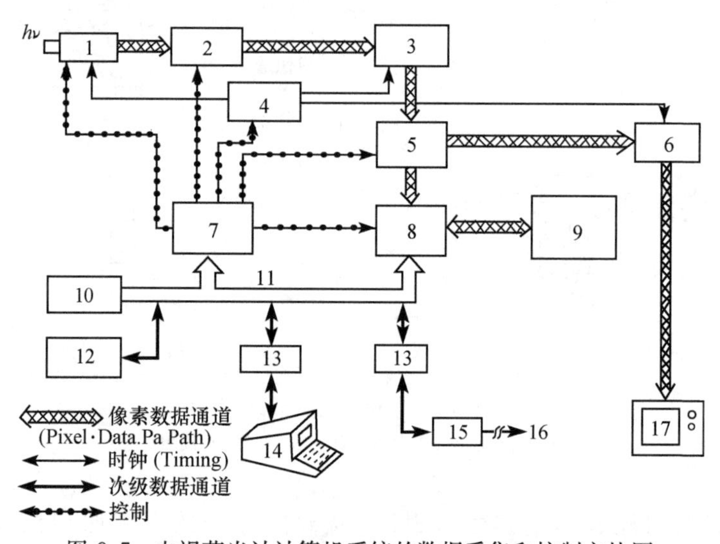

图 8.7　电视荧光计计算机系统的数据采集和控制方块图

1. SIT 摄影机；2. 开关滤波器；3. 高速取样/保持 A/D 转换器；4. 主时钟（master timing）；5. 像素处理器（pixel processor）；6. D/A 转换器；7. 像素处理器控制接口；8. 缓冲存储器控制；9. 64K 字节缓冲存储器；10. PDP-1104 小型计算机；11. 单总线扩展；12. 双软盘；13. 通用接口；14. 图形终端；15. 调制解调器，1200 波特；16. 通 CDC6400 计算机的通讯线；17. 电视监测器

§8.3 方法应用

§8.3.1 光谱指纹技术

由于三维荧光光谱反映了发光强度同时随激发波长和发射波长变化的情况，因而能提供比常规荧光光谱和同步荧光光谱更完整的光谱信息，可作为一种很有价值的光谱指纹技术。这种技术，在环境监测和法庭判证方面，常用于不同油种和来源的鉴别[14~18]。在临床化学方面，已用于某些癌细胞的荧光代谢物的检测，以区分癌细胞与非癌细胞[19]，用人类血浆的三维荧光光谱作为临床化学中一种新的图形识别法以协助临床诊断[20]，以及用于某些细菌的鉴别[21~24]。

例如，汽油或机油，在不同厂家的同一类型产品，或同一厂家的不同批产品中，由于各种多环芳烃的相对含量不同，其荧光激发光谱中所包含的三个特征光谱区也会有所变化。假定已在犯罪现场取得作案的汽油，又对这种汽油的来源有了怀疑的对象，那么，可将这两种汽油溶于光谱纯己烷中，配成浓度为25μg/mL的溶液，先作常规的荧光激发光谱和发射光谱，倘若两者光谱对照显然不同，便可否定该怀疑对象。如果两者光谱十分相似，则进一步测绘三维荧光光谱，并通过目视或计算机判别两个谱图的相似性。应用计算机比较时，可采用从一个光谱中扣除另一个光谱的办法，然后显示扣除后的光谱。如果两种汽油为同一来源，则在扣除后所获得的三维谱图中，各点的强度应基本上等于零；相反，两者如系不同来源，则扣除后的谱图中，还应保留某些显示荧光的区域[17]。

人体血液是由多种成分组成的，但其中只有几种成分对血液的总荧光有显著贡献。当人体健康情况出现问题时，血液的三维荧光光谱的近紫外和可见部分便会发生显著的变化，与健康者的血液的三维荧光光谱有较大的偏离，可供临床诊断参考。例如一个犯有黄疸病的病人，在其血液的三维荧光光谱中，胆红素的荧光峰显得特别强，以致覆盖了其他荧光组分的峰。这种技术对于快速筛选血液中未知的药物也具有应用的可能性[20]。

某些假单胞菌在各种生长条件下能产生发荧光的色素，在取得它们的等高线光谱数据后，可提供选择性鉴别和表征这些假单胞菌的光谱指纹[21,22]。某些不产生荧光色素的细菌，也可应用荧光染料混合物进行荧光染色，利用不同细菌对不同染料的选择性吸附或相互作用，将染料的荧光光谱特性导入细菌。将染色的细胞除去后，取含剩余染料混合物的上层清液来测绘等高线光谱，从而可对细菌进行表征和鉴别[23,24]。

§8.3.2 作为光化学反应的监测器和高效液相色谱的检测器

由于电视荧光计能在极短时间内取得测量体系的三维荧光光谱，方法灵敏快速，且可以同时监测体系中各种物质的反应情况，也可用以提供鉴定未知物的信息，因而对化学反应的多组分动力学研究具有独特的优点，已用于蒽在多氯代链烷中的光诱导反应的研究[25]。

将电视荧光计连接到高效液相色谱仪，可进行流出液的实时荧光检测。这种检测办法，对苝的检测限达 1ng，线性动态范围达 2 个数量级以上。苯并［a］芘和苯并［e］芘两者的色谱保留时间图有很大重叠，用选择性荧光监测，能够在光谱上分离并加以定量，已用于页岩油这种复杂混合物中苯并［a］芘的分析[26]。

电视荧光计与应用光电倍增管检测的荧光分光光度计相比，灵敏度低一些，但可采用多次扫描平均和靶积分的技术而加以补偿。不过，这种办法需要延长数据获得的时间，用到高效液相色谱分离作检测器时受到限制。这时，可采用傅里叶变换滤波（Fourier transform filtering）的数据平滑技术，以消除噪声在数据系列中的影响[27]。

§8.3.3 多组分混合物的定性和定量分析

光谱对照和图样识别技术，已成为解释多组分化学数据日益重要的工具。Rossi 等[28]应用基于傅里叶变换的相关分析方法，作为 EEM 识别的一种手段。应用三个评估参数，把未知的 EEM 谱图与标准光谱库加以比较，以评估光谱的对照情况。通过鉴别 7 种相类似的蒽的衍生物，证明了这种方法可用于区分结构上和光谱上相似的化合物。

用 EEM 模式表示数据时，其最有价值的特点是可以应用某些数学方法诸如比率解卷积[25,29]、本征矢量分析[11]、线性最小二乘方[30]以及秩消元（rank annihilation）[31～33]等方法，以分辨重叠的光谱，进行定性或定量分析。

三维荧光光谱技术用于定量分析的研究工作做得还不多。Warner 等[30]曾应用最小二乘方拟合技术来定量分析组成已知的三组分混合物（八乙基卟吩-八乙基卟吩锌-二氯八乙基卟吩锡（Ⅳ）和八乙基卟吩-四苯基卟吩-八乙基卟吩锌这两种三组分混合物体系）。如果不是全部组分已知的情况下，他们认为采用非负值的最小总误差（non-negative least sum of errors）的方法更好。Ho 等[31]认为，在结合使用电视荧光计时，应用秩消元的算法，有希望获得一种混合物体系中某些已知组分的定量信息而不必耽心其他组分的存在。他们试验了 10 种包含六组分多环芳烃（苝、荧蒽、二甲基蒽、䓛、蒽和丁省）的不同试样溶液，证明了秩消元法是多组分定量分析的强有力工具[32]。此后，他们进而将 Fletcher-Powell 算法结合到秩消元法中，提出了“同时多组分秩消元”的方法，可以从适当的多组分数据中同时计算几种已知组分的浓度[33]。

参 考 文 献

［1］ Weber G. Nature (London)，1961，190：27.

[2] Johnson D. W. et al. Anal. Chem., 1977, 49: 747A～757A.
[3] Wehry E. L. Ed. Modern Fluorescence Spectroscopy. New York: Plenum Press, Vol. 4. 1981: 111～165.
[4] 何永安. 分析测试通报，1983，2 (4): 63.
[5] Weiner E. R. Anal. Chem., 1978, 50: 1583.
[6] Vo-Dinh T. Appl. Spectrosc., 1982, 36: 576.
[7] Miller J. N. Analyst, 1984, 109: 191.
[8] Giering L. P. et al. Am. Lab., 1977, 9 (11): 113.
[9] Rho J. H. et al. Anal. Chem., 1978, 50: 620.
[10] Warner I. M. et al. Anal. Lett., 1975, 8: 665.
[11] Warner I. M. et al. Anal. Chem., 1977, 49: 564.
[12] Johnson D. W. et al. Rev. Sci. Instrum., 1979, 50: 118.
[13] Warner I. M. et al. Anal. Chim. Acta, 1979, 109: 361.
[14] Eastwood D // Modern Fluorescence Spectroscopy, Wehry, E. L. Ed. Vol. 4. New York: Plenum Press, 1981: 257.
[15] Adlard E. R. Review of the Methods for the Identification of Persistent Hydrocarbon Pollutants on Seas and Beaches, London: J. Inst. Petrol. 1972, 38: 63.
[16] Bentz A. P. Anal. Chem., 1976, 48: 454A～472A.
[17] Siegel J. A. Anal. Chem., 1985, 57: 934A～940A.
[18] Siegel J. A. et al. J. Forensic Sci., 1985, 30: 741.
[19] Rossi T. M. et al. Anal. Lett., 1982, 15: 1083.
[20] Wolfbeis O. S. et al. Anal. Chim. Acta., 1985, 167: 203.
[21] Shelly D. C. et al. Clin. Chem., 1980, 26: 1127.
[22] Shelly D. C. et al. Clin. Chem., 1980, 26: 1419.
[23] Shelly D. C. et al. Anal. Lett., 1981, 14: 1111.
[24] Shelly D. C. et al. Clin. Chem., 1983, 29: 290.
[25] Fogarty M. P. et al. Appl. Spectrosc., 1980, 34: 438.
[26] Hershberger L. W. et al. Anal. Chem., 1981, 53: 971.
[27] Rossi T. M. et al. Appl. Spectrosc., 1984, 38: 422.
[28] Rossi T. M. et al. Appl. Spectrosc., 1985, 39: 949.
[29] Fogarty M. P. et al. Anal. Chem., 1981, 53: 259.
[30] Warner I. M. et al. Anal. Chem., 1977, 49: 2155.
[31] Ho C. N. et al. Anal. Chem., 1978, 50: 1108.
[32] Ho C. N. et al. Anal. Chem., 1980, 52: 1071.
[33] Ho C. N. et al. Anal. Chem., 1981, 53: 92.

（本章编写者：许金钩）

第九章　时间分辨和相分辨荧光分析法

§9.1　时间分辨荧光分析法

§9.1.1　方法原理[1]

用很短脉冲光激发荧光体，形成激态荧光体的群体，激发群体随时间而衰变，其衰变率为

$$-\frac{dN(t)}{dt}=-(r+k)N(t)$$

积分，得

$$N(t)=N_0e^{-t/\tau}$$

式中：$N(t)$ 为激发后 t 时激发分子的数目；r 为发射率；k 为非辐射衰变率；$\tau=(r+k)^{-1}$是激态分子的寿命。荧光强度 $F(t)$ 与激态群体 $N(t)$ 成正比例，对于以指数式衰变的单一荧光体，则

$$F(t)=rN_0e^{-t/\tau}=F_0e^{-t/\tau} \tag{9.1}$$

如以 $N(t)$ 对着时间或 $\lg F(t)$ 对着时间作图，得曲线如图 9.1，$\lg F(t)$-时间曲线的斜率为$-1/\tau$，由此可以求出该荧光体的寿命 τ。

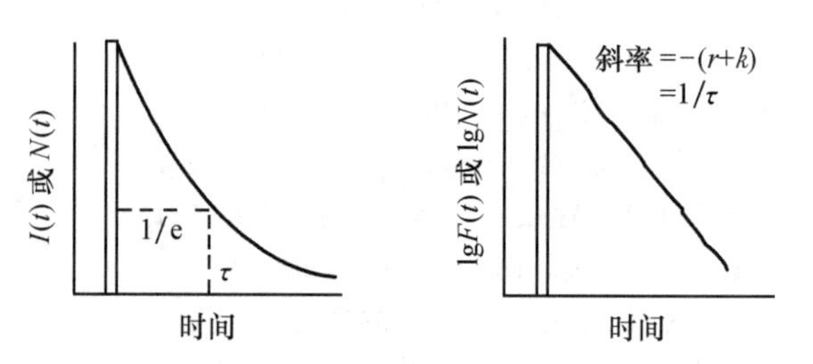

图 9.1　荧光寿命测量图解

用脉冲法测量荧光寿命需对荧光强度的时间分辨衰变进行测量。通常有两种方法，即脉冲取样法和光子计数法。脉冲取样法在激发脉冲之后在一定的时间间隔（ns）直接记录下发射光谱，但受到灯脉冲宽度的变形，须加以校正。光子计数法也采用光脉冲激发，但检测体系测量的是脉冲和第一个光子到达之间的时间，也即是灯闪光至电流脉冲到达光电倍增管阳极之间的时间。光强度必须调节使得在每 20 次脉冲只观察到一个光子，而由多道脉冲高度分析器进行多次测量

并记录。光子计数法高度灵敏，可以得到很好的时间分辨（～0.2ns）。

采用适当的激发光源和检测体系，可以得到在固定波长的荧光强度-时间曲线和在固定时间的荧光发射光谱，可用以对混合物中光谱重叠但寿命差异的组分进行分辨并分别测定，可以消除杂质与背景荧光以提高信噪比，可用于溶剂松弛的时间分辨测量，这有助于对生物大分子和基团作用的研究，如采用 ps 时间分辨荧光法还可以检测自由基的存在。

§9.1.2　仪器设备[1~5]

时间分辨法所用的仪器包括激发光源及其时间延迟设备、激发光单色器或滤光片、样品池、荧光单色器及设有门控的检测器件等。

常用的激发光源是闪光灯和激光器。短持续时间闪光灯在脉冲取样法和光子计数法中均被采用。闪光灯随着灯内所充气体的不同和灯的自由运转及门控而异。氮闪光灯可提供几条高强度射线，氢或氘闪光灯则可提供延伸至紫外区的连续线，但强度较低。

自由运转的闪光灯，当电极被充电至击穿电压时，发生了放电和光脉冲。击穿电压和所装气体的种类、气体的压力和电极的几何排列有关。每秒脉冲次数由灯电容和击穿电压而定。由于脉冲频率没有单独调节，这类闪光灯现已不大使用。

门控的闪光灯，它的放电由闸流管控制。它具有高的强度和脉冲的重现性，一般的脉冲宽度约为 2ns。但是，大多数灯在长时间段显示一低强度的拖尾，因此，须对脉冲的时间图形进行校正。

激光具有光子通量大、峰值功率高、单色性好、发生的光脉冲持续时间短等优点。激光荧光法具有较高的灵敏度和选择性，所以近年来激光器已较为广泛地应用于时间分辨荧光法。常用的有氮分子激光器和氩离子激光器。氮分子激光器提供波长为 337.1nm 激光光束，100kW 氮分子激光器，脉冲宽度约为 8ns。氩离子激光器可提供 351nm 激光光束，脉冲宽度约 100ps，重复率为 76MHz。还可以把离子激光器泵送至染料激光器。染料激光器的优点是波长可以调谐至所需要的波长范围。染料激光器的重复率较低，一般小于 1000Hz。

激发光通过激发光单色器照射于样品池，样品的发射光通过发射光单色器而进入设有门控的检测器件，如光电倍增管。

在采用激光光源的时间分辨荧光计中，光电倍增管的信号输至盒式积分器（boxcar integrator）。在这里信号被储存、平均。由光敏二极管接收来自光束分裂器的一部分激光，从另一端输入盒式积分器作为外触发信号，根据一定的延迟时间使盒式积分器的门控开门，而延迟时间是通过电子学延迟线路加以选择的。盒式积分器及其门控组件起着在脉冲激发后不同延迟时间，以不同门控宽度对时间片段的发射信号进行取样，而后把信号储存、平均，并直接显示在示波器或记录器上的作用。取样时间可长达 0.5s，短至几个 ns（图 9.2，图 9.3）。如将门控宽度 t_g 和延迟时间 t_d 调至一恒定值，对发射单色器进行扫描，用 X-Y 记录器记录，则可得到时间分辨发射光谱。如将波长固定，对门控扫描，则可得到发射的衰变曲线。

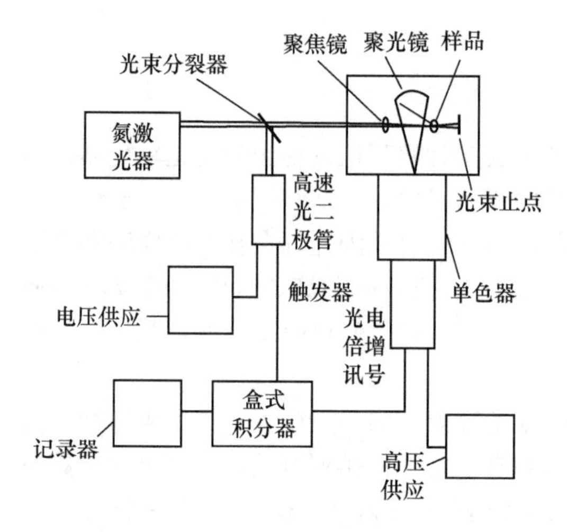

图 9.2　激光荧光分光光度计

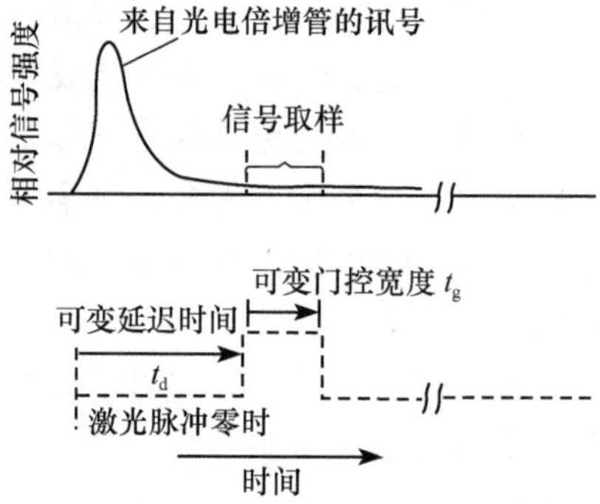

图 9.3　盒式积分器取样门控

为了取得所期望的时间特性而不牺牲灵敏度，可采用时间过滤器以分辨散射光和荧光。它先用外部延迟线路和时间-幅度转换器进行粗调，再用区别器细调单道分析器的接受窗口以接受荧光，这样可得到良好的信噪比[6]。

采用 Nd^{3+}/玻璃或 Nd^{3+}/钇铝柘榴石锁定固态振荡器可以产生 ps 脉冲，经过几个 Nd^{3+}/钇铝柘榴石放大器以达到所需要的放大作用，然后将 ps 激发脉冲导入样品池。如将样品的发射光聚焦于扫描照相机的狭缝上，照相机和光导摄像管、光学多道分析器及微型计算机联接，则可以测量到时间分辨荧光强度。如将样品的发射光聚焦于多色器的狭缝上，多色器和光导摄像、光学多道分析器、微型计算机联接，则可以得到瞬时分子品种的发射光谱[7]。

铕和铽的配合物因具有非常大的斯托克斯位移、长的衰变时间、狭窄的发射峰、高的量子产额，常被用作为荧光探针供生物物料检测之用。曾设计一种以氙闪光灯为脉冲光源，专用于镧系配合物的时间分辨荧光计，以供免疫分析之用[8]。

§9.1.3　方法应用

1. 金属配合物荧光寿命的测定[9~11]

由氘灯发出的光脉冲分别照射于铝、镓、铟、镁、锌和镉等金属离子的 8-羟基喹啉-5-磺酸配合物溶液中，用时间分辨荧光分光光度计测绘荧光衰变曲线。配合物的荧光强度随时间 t 指数式地衰变，如式（9.1）所示。从衰变曲线上测量出荧光强度降至一特定值的 1/e 所需的时间间隔以取得荧光寿命。测定结果为铝配合物在 pH4.5 的荧光寿命为（11.3±0.7）ns，镓配合物在 pH2.5 为（6.5±0.3）ns，铟配合物在 pH6.5 为（4.0±0.3）ns，镁配合物在 pH10 为（10.8±0.7）ns，锌配合物在 pH7.0 为（4.0±0.3）ns，镉配合物在 pH7.5 为（5.0±0.3）ns。

大气压氮激光器在 600Hz 重复率操作，通过横切气流体系供应新鲜无离子氮气，可以得到平均功率为 24mW 的 337.1nm 输出。横切激发大气压氮激光器因其脉冲宽度短和重复率高，对时间分辨荧光法颇有用处。曾用这种激光器配合时间分辨荧光分光光度计在表面活性剂氯化十四烷基二甲基苄基铵（zephiramine）的存在和不存在下对锌离子与 8-羟基喹啉-5-磺酸形成的配合物进行荧光衰变曲线的测量。测定结果表明在氯化十四烷基二甲基苄基铵不存在时荧光寿命为（3.6±0.2）ns，而在它存在时，荧光寿命为 5.0ns。

2. 荧光体混合物中两组分的同时测定[9,12]

当金属配合物的荧光寿命之差超过 4ns 时，混合物中各组分可以考虑由荧光衰变曲线进行同时测定。例如，铝-8-羟基喹啉-5-磺酸和镓-8-羟基喹啉-5-磺酸在 pH4.5 的荧光寿命差约为 7ns，可采用时间分辨法进行同时测定。测定时先往含有铝和镓的样品溶液中加入 8-羟基喹啉-5-磺酸试剂，调节 pH 至 4.5，采用以氘灯为激发光源的时间分辨荧光分光光度计，控制光脉冲与检测信号之间延迟时间以完成时间分辨测量。测绘的荧光衰变曲线如图 9.4 所示。图中曲线（1）为 Al 标准溶液（0.4μg/mL，pH4.5）；（2）为 Ga 标准溶液（0.8μg/mL，pH4.5）；（3）为混合溶液（Al 0.08μg/mL，Ga 0.8μg/mL，pH4.5）；（4）为试剂空白。图 9.5 中曲线（1）为 Al 标准溶液；（2）为 Ga 标准溶液所形成的配合物的对数

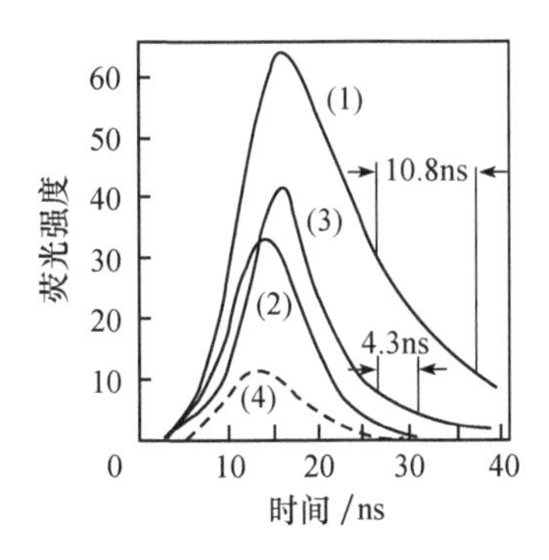

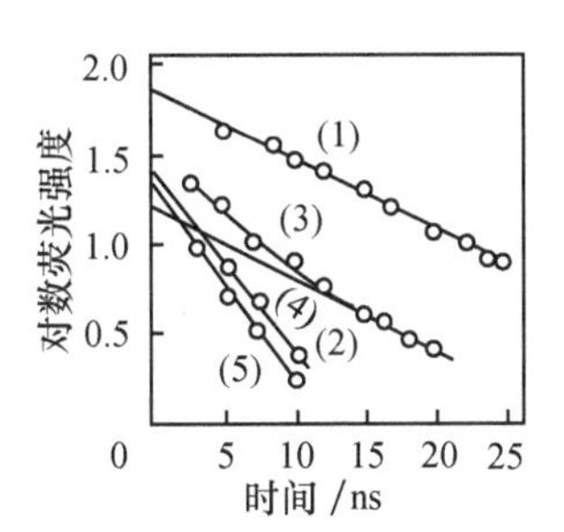

图 9.4　铝配合物和镓配合物的衰变曲线　　图 9.5　铝配合物和镓配合物的对数衰变曲线

衰变曲线，均呈直线；曲线（3）因混合物中含有 Al 和 Ga 两种配合物，所以对数衰变曲线弯曲。但在 15ns 之后，长寿命组分占优势而呈直线，其斜率和曲线（1）一致，τ=10.8ns。把这段直线延长至零时间，得到曲线（4）。从混合物曲线（3）扣除曲线（4），得到短寿命组分的线性对数衰变曲线（5）。该线的斜率和曲线（2）Ga 配合物一致，τ=4.3ns。由曲线（4）和（1）可以测定混合物中 Al 量，由曲线（5）和（2）可以测定混合物中 Ga 量。

又如，8-羟基喹啉及其衍生物 5，7-二氯-8-羟基喹啉、5，7-二溴-8-羟基喹啉的荧光光谱重叠，但它们的荧光寿命分别为 22.8，9.7，6.0ns。利用它们荧光寿命的差异，可以对 8-羟基喹啉和 5，7-二氯-8-羟基喹啉混合物或 8-羟基喹啉和 5，7-二溴-8-羟基喹啉混合物进行联合测定。

此外，还可利用发射波长-衰变时间数据矩阵以分辨多组分混合物的荧光光谱[13]。

3. 痕量分析中干扰物与背景荧光的消除

铀酰离子 UO_2^{2+} 在硫酸、磷酸、磷酸盐体系中在紫外激光的激发下均会发生亮绿色荧光，荧光峰均在 504.0nm 附近。但在不同介质中荧光强度不一样，荧光寿命也不一样。在 pH7～8 的焦磷酸盐溶液中荧光强度最大。在 H_3PO_4 中荧光寿命最长，达 216μs，而在其他体系中一般都在 50μs 左右。硫酸、磷酸、石英器皿、有机物杂质在紫外激光激发下也会发生荧光，但荧光寿命在 1μs 以下。为了检测天然水中痕量铀，采用氮分子脉冲激光器为激发光源，激发波长为 337.1nm，峰脉冲宽度为 5ns，调节延迟时间为 35μs，在 504.0nm 测定 0.01mol/L $Na_4P_2O_4$-pH7.2 缓冲体系中铀浓度，检测限可达 0.01μg/L。在 H_2SO_4 中检测限为 0.03 μg/L[3,14,15]。

铕离子和 TTA[1，1，1-三氟-4-(2-噻嗯基)-2，4-丁烷二酮] 组成的配合物 Eu(TTA) 在紫外激光激发下会发生橙红色荧光，主荧光峰在 614nm，室温下在乙醇介质中它的荧光寿命长达 420μs。虽然许多有机分子在光激发下会发生荧光，不少稀土元素离子和 TTA 组成的配合物也会发生荧光，但如对时间分辨荧光分光光度计的时间延迟进行调节，则可把不需要的信号有效地消除。测定时采用氮激光器为光源，重复率为 15～25Hz，输出功率为 0.5mJ，脉冲宽度为 10ns。将取样门控的延迟时间调节在 3μs，经多次激光脉冲积分，检测限可达 0.002ng/L。如选择适当的取样门控时间，此法还可在大量 Sm 存在下测定 Eu，检测限可达 0.4pg/L[16,17]。

在荧光免疫分析及临床分析中，荧光素是常用的标记物，但在血液样品的检测中，它被胆红素严重干扰，因这种化合物的激发光谱、发射光谱与其相互重叠。为了消除胆红素的干扰，除使用相分辨荧光法外，还可使用时间分辨荧光法，选在 6.00ns 延迟时间测定样品溶液的荧光强度。因荧光素的荧光寿命为 (3.6±0.46)ns，胆红素为 (0.21±0.14)ns，胆红素在 6.00ns 的信号近于零，荧光素的信号约为其峰值的一半，虽胆红素的浓度高出荧光素浓度数万倍，也可取得良好的结果[18]。

4. 多环芳烃的检测

某些多环芳烃为致癌物质，它们的检测工作越来越受到重视，但多环芳烃品种多，在环境中的含量低，检测颇为困难。激光荧光法具有高灵敏度，如采用氮激光器泵送染料激光光源和时间分辨荧光分光光度计，并配合高效液相色谱仪作为其检测器，则既能将各种多环芳烃加以分离，且能将溶剂的拉曼散射、杂质荧光、短寿命组分的荧光除去，因而有可能达到对某些多环芳烃检测的要求。

测定时采用氮激光器作为染料激光器的泵送源，采用的染料为 BBQ 和 PBQ，它们的波长范围分别为 373～399nm 和 360～386nm。染料激光器的光束聚焦于高效液相色谱仪的流动液池中。荧光信号由光电倍增管输入盒式积分器。在所选择的延迟时间和门控宽度下对荧光信号进行测定。此法曾对苯并 [a] 芘，苯并 [g，h，i] 芘，苯并 [k] 荧蒽等作出良好的检测，苯并 [a] 芘的检测限可达 180fg。此法曾用于湖水和空气颗粒物中多环芳烃的检测。湖水中苯并 [k] 荧蒽，苯并 [a] 芘，苯并 [g，h，i] 芘的含量均在 pg/L 水平[19,20]。

激光荧光法还曾用于薄层色谱板法以检测致癌物质 aflatoxines[5]。

多环芳烃的荧光容易被溶液中溶解氧猝灭，只有在溶液完全除掉空气的情况下才能得到准确而灵敏的测定。某些作者[21,22]提出使用以荧光寿命除积分荧光强度之商 I_0

$$I_0 = F/\tau_m = (K/\tau_0)c$$

式中：F 为积分荧光强度；τ_m 为观测的荧光寿命；τ_0 为本征寿命；c 为浓度，K 为一常数。I_0 称为前指数因素 (pre-exponential factor)，也即激发后即时的荧光强度，它和样品溶液的浓度成正比例，而不受溶液溶解氧猝灭的影响。这样就可以测定溶液中的多环芳烃而不必预先除氧。

5. 芳基的检测[7,23]

采用同步泵送染料激光器体系，用 ps 双色荧光法对卤素芳族化合物光离解作用所产生的芳基进行检测。先用 25ps，266nm 激光脉冲对 1-(氯甲基) 萘，1-(溴甲基) 萘，2-(氯甲基) 萘，2-(溴甲基) 萘等化合物进行激发，在延迟 60ps 之后，继用 25ps，355nm 激光脉冲激发。在首次激发时，四种化合物均产生蓝色荧光，中心约在 400nm，各化合物荧光寿命不一样，在 100～3500ps 范围内。在第二次激发后均产生橙色荧光，中心约在 600nm，荧光寿命约为 10ns，如

图 9.6所示。由图中可以看出从 1-(氯甲基）萘和 1-(溴甲基）萘所得到的荧光光谱是一致的，荧光归因于 1-萘甲基。从 2-(氯甲基）萘和 2-(溴甲基）萘所得到的荧光光谱也是一致的，但和前两种化合物的不一样，而是归因于 2-萘甲基。这种方法可用以鉴别和检测低浓度短寿命的品种。

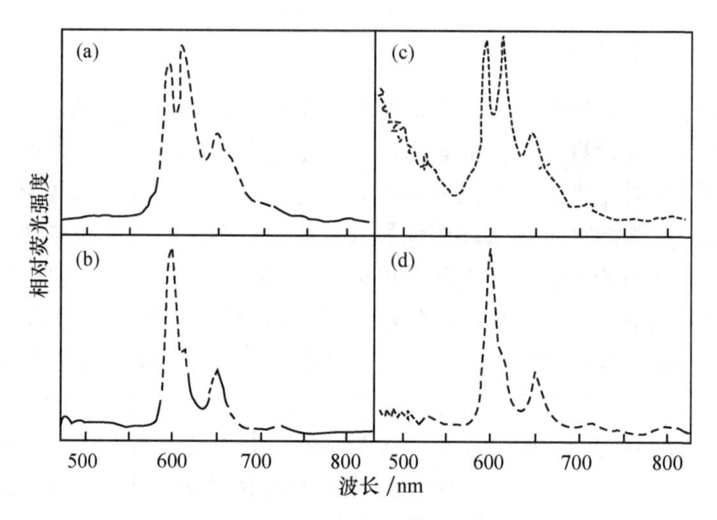

图 9.6　1-萘甲基和 2-萘甲基的双色荧光光谱

(a) 1-(氯甲基）萘；(b) 2-(氯甲基）萘；
(c) 1-(溴甲基）萘；(d) 2-(溴甲基）萘

6. 溶剂松弛的时间分辨测量[1,24,25]

激发时荧光体吸收光子产生了偶极子，搅乱了荧光体周围环境，电子在周围溶剂分子重新分布，溶剂分子围绕着激态偶极子重新取向，这种过程称为溶剂松弛，其时间视溶剂的物理性质和化学性质而定。在松弛过程中，能量有所降低，因而发射向长波长位移。

时间分辨荧光法记录了在脉冲发生以后不同时间的发射，可用以考查围绕着激发分子的溶剂环境的影响及激发后的松弛过程。

例如，采用充着 0.5atm 空气在 5kHz 操作的闪光灯作为光源，激发光经滤光片后照射于 4-氨基苯邻二酰亚胺（4-AP）的丙醇溶液中，在不同温度下，用频闪法在脉冲激发后不同时间测量荧光强度，得到 4-AP 的时间分辨荧光光谱，如图 9.7 和图 9.8 所示。

在室温下荧光光谱与时间无关。在－132℃下荧光光谱与时间的关系也不很显著（图 9.7），但在－70℃荧光光谱明显地随时间而红移（图 9.8）。这些结果被认为，在－70℃下溶剂松弛时间和荧光寿命是相当的，在 4ns 时，溶剂还没有围绕着荧光体重新取向，因此发射从较高能级发生。在23ns时，溶剂重新取向

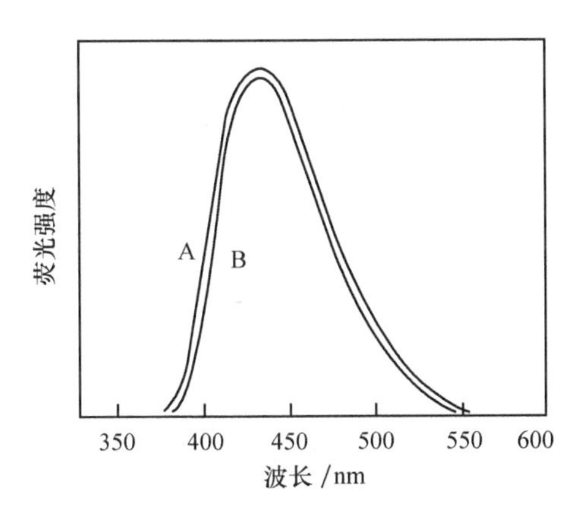

图 9.7　4-AP 在 n-丙醇中的时间分辨荧光光谱

A. 4ns；B. 26ns. －132℃

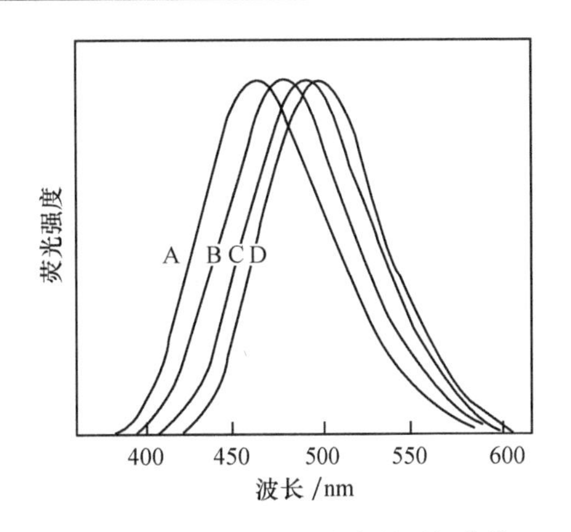

图 9.8　4-AP 在 n-丙醇中的时间分辨荧光光谱（－70℃）

A. 4ns；B. 8ns；C. 15ns；D. 23ns

已经发生，因而发射出现在较长波长。

在 4℃时，2-对-苯甲基萘-6-磺酸盐染料的甘油溶液在激发闪光之后，荧光光谱随时间而红移［图 9.9（a）］。当温度上升至 57℃，荧光光谱仍随时间红移，但小得多［图 9.9（b）］。该染料被吸附在牛血清白蛋白上组成配合物，它的磷酸盐缓冲溶液在 0℃的荧光光谱也随时间红移［图 9.10（a）］。该染料的无水乙醇溶液在 4℃下的荧光光谱在闪光激发之后 2～20ns 并没有发生红移［图 9.10（b）曲线 1］，这是由于乙醇的快速松弛速率的缘故。该染料的甘油溶液在 0℃时的缓慢松弛使得人们能够对初始激发态至完全松弛态整个发射过程作较详细的观

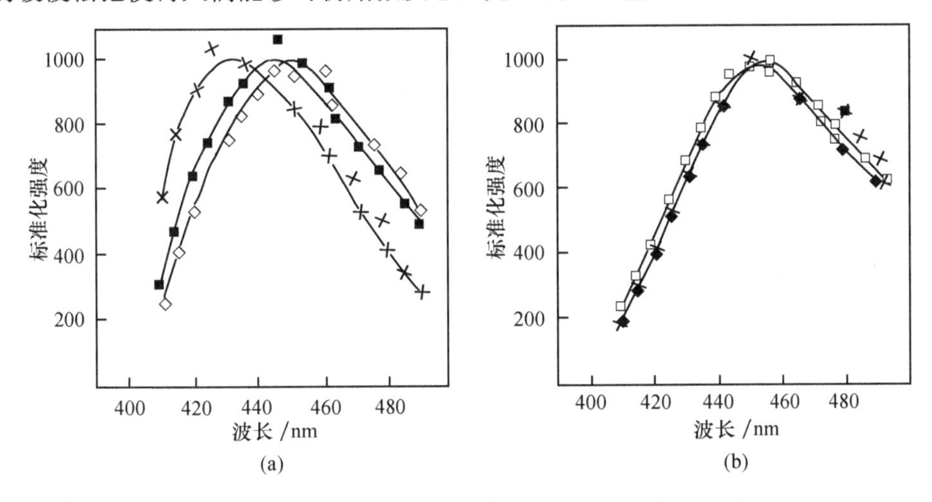

图 9.9　2-对-苯甲基萘-6-磺酸盐的时间分辨荧光光谱

在甘油中：(a) 4℃；×1.8ns；■8.0ns；◇12.2ns；(b) 57℃；□1.8ns；×3.8ns；◆8.0ns

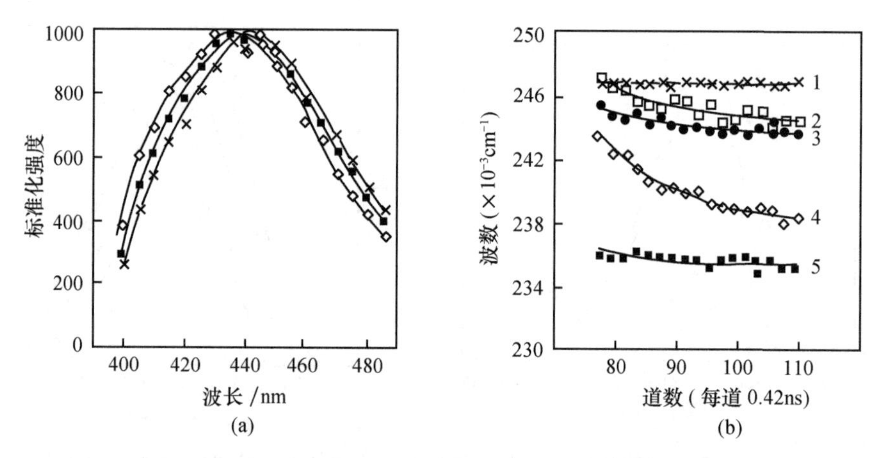

图 9.10　2-对-苯甲基萘-6-磺酸盐及其牛血清蛋白配合物的时间分辨荧光光谱

(a) 配合物在磷酸盐缓冲溶液，pH7.4，0℃. ◇1.7ns；■5.9ns；×20.6ns；

(b) 1. 2-对-苯甲基萘-6-磺酸盐，无水乙醇，0℃；2. 配合物；0℃；3. 配合物，54℃；

4. 2-对-苯甲基萘-6-磺酸盐，甘油，0℃；5. 同 4，57℃

测［图 9.10（b）曲线 4］，但提高温度增大了溶剂的流动性，使平衡向有利于完全松弛态移动（曲线 5）。在甘油中该染料与牛血清蛋白配合物的发射光谱位移程度与温度的关系可能反映出在蛋白质结合位置上极性基团受阻碍的流动性［图 9.10（b）曲线 2，3］。

除上述方法外，时间分辨荧光法还曾用于从拉曼光谱除去荧光[26]。

§9.2　相分辨荧光分析法

§9.2.1　方法原理[27~45]

相分辨法先后由 Gaviola[27] 和 Veselova 等[28,29] 提出。它是利用混合物中各荧光体荧光寿命的差异以进行荧光先谱的分辨，并利用激发光和荧光之间的相角和去调制因素来计算荧光寿命。

当样品被激发光激发而发射荧光时，如激发光的光强度被正弦调制，其角调制频率为 ω，则发射光也同样地被调制。由于吸收和发射之间的时间延迟，调制的发射光比起激发光在相上延迟了 ϕ 角，但发射光的调制比起激发光的调制小一些，也即是发射光的改变部分的相对幅度（图 9.11 中 B/A）比起激发光的（图 9.11 中 b/a）小些，其比值称为去调制因素 m［图中 $(B/A)/(b/a)=Ba/Ab$］。

对于单指数衰变的荧光，纯荧光体在流体均匀的环境中大多是这样，荧光寿命（τ）和相角（ϕ）与去调制因素（m）的关系如下式所示：

$$\tan\phi = \omega\tau$$

$$m = (1 + \omega^2\tau^2)^{-1/2}$$

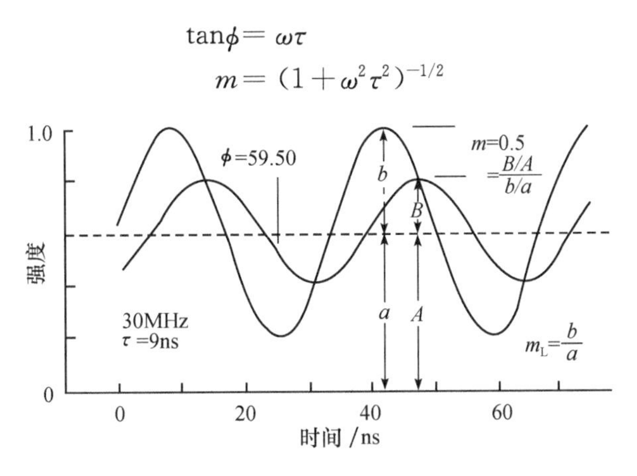

图 9.11　激发光和发射光的光强度正弦调制

在测量相角（ϕ）或去调制因素（m）之后，可以计算该荧光体的荧光寿命，相分辨法是荧光寿命的测量方法之一。相角 ϕ 和去调制因素 m 与荧光寿命的关系如图 9.12 所示。

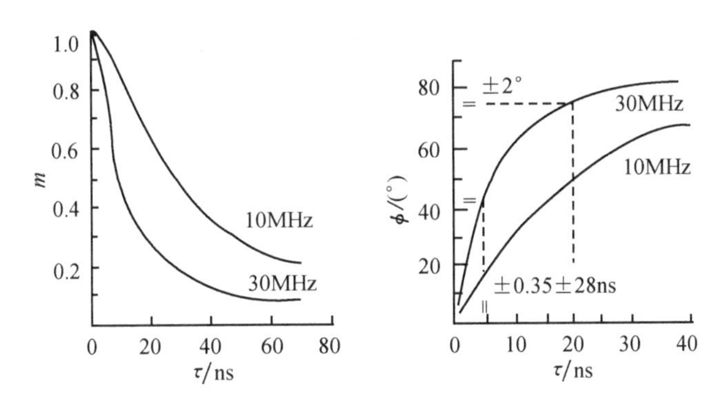

图 9.12　相和调制与荧光寿命测量

如果样品中含有两种荧光体，或者单一荧光体而进行一步激发态反应，则荧光是双指数衰变。如果进行多步反应，则荧光将是多指数衰变。在连续松弛过程中将发现更为复杂的衰变。在这些复杂的情况下，由测量的相角 ϕ 和去调制因素 m 值所计算的只是表观的荧光寿命，并不是真实的寿命。

采用配备着相灵敏检测器的相荧光计，可以简便地分辨不均匀的荧光。当用正弦调制光激发含有荧光寿命为 τ 的单一荧光体时，发射光的强度可由下式表示，

$$F(t) = 1 + m_L m\sin(\omega t - \phi)$$

式中：m_L 为激发光的调制度；m 为去调制因素；ω 是角调制频率；t 为激发后的时间，相灵敏检测器将产生直流信号，它与调制的荧光强度成正比例，并与检测

器相和样品相之间的相差的余弦成正比例。如用相灵敏检测器进行荧光光谱扫描，得到

$$F(\lambda,\phi_D)=kF(\lambda)\cos(\phi_D-\phi) \tag{9.2}$$

式中：$F(\lambda)$ 为稳态荧光光谱；λ 为波长；k 为一常数，它包含着样品和仪器因素以及常数 m_L。

如果样品溶液中含有 A 和 B 两种荧光体，它们的荧光寿命分别为 τ_A 和 τ_B 而不相等，则和时间有关的发射可由下式表示

$$F(\lambda,t)=F_A(\lambda)m_A\sin(\omega t-\phi_A)+F_B(\lambda)m_B\sin(\omega t-\phi_B) \tag{9.3}$$

式中：$F_A(\lambda)$ 和 $F_B(\lambda)$ 分别为组分 A 和组分 B 在稳态光谱中于波长 λ 处的荧光强度。调制发射的重要特征是一些同频率而不同相的正弦波形的重叠，每一波长来自一种荧光体。

用相灵敏检测器可以得到调制发射，其信号可由下式表示

$$F(\lambda,\phi_D)=F_A(\lambda)m_A\cos(\phi_D-\phi_A)+F_B(\lambda)m_B\cos(\phi_D-\phi_B) \tag{9.4}$$

对于二组分荧光体混合物，如果把检测器相角调节到和一种给定组分正交，也即 $|\phi_i-\phi_D|=90°$，则该组分的发射将被抑制，而波长扫描所测得的相灵敏光谱将只是另一组分的稳态光谱。因此，相分辨法可用以分辨荧光体混合物的个别组分(图 9.13)。当 $\phi_D=\phi_A+90°$时，组分 A 在相灵敏光谱中没有贡献，此时该光谱可

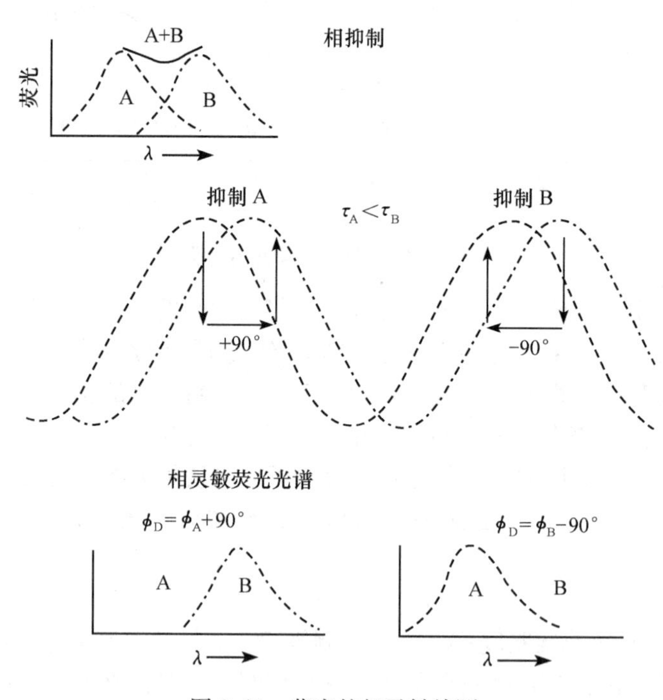

图 9.13　荧光的相灵敏检测

由下式表示

$$F(\lambda,\phi_A+90^\circ)=F_B(\lambda)m_B\sin(\phi_B-\phi_A) \tag{9.5}$$

而当 $\phi_D=\phi_A-90^\circ$时，组分 B 在相灵敏光谱中没有贡献，此时光谱可由下式表示

$$F(\lambda,\phi_B-90^\circ)=F_A(\lambda)m_A\sin(\phi_B-\phi_A) \tag{9.6}$$

对于两组分荧光体混合物，除一组分被抑制外，另一组分的强度也被减弱至原来强度的 $\sin(\phi_B-\phi_A)$。用这种方法分辨两种组分仅决定于两种发射之间的相角差，而不决定于绝对相角或荧光寿命。如果两组分的相角或寿命很接近，则相分辨将有很大困难。目前的水平，寿命差异超过 0.1ns 的荧光组分可以分辨。

当用相荧光计和相灵敏检测器在各种不同检测器相角测绘样品的相灵敏荧光光谱时，对于单一化合物，或者更准确地说，对于单一衰变率的化合物，其荧光峰波长基本上保持不变而与检测器相角无关。如果是不均匀的发射，则荧光峰随着检测器相角而改变。相灵敏荧光光谱和不均匀混合物中各种组分的寿命和光谱分布有关。因此，在不同检测器相角得到的相灵敏光谱是鉴别不均匀发射的有力工具。

利用相灵敏荧光光谱测定混合物中个体组分的光谱分布和荧光寿命，最好还需要另外的信息。如上面所述，要得到混合物中组分 A 的稳态光谱，须把检测器相角调节至和组分 B 正交，但如何把检测器相角调节至与组分 B 准确地正交，这是很费时的，最好得到另外的信息。这种信息之一是先得到任何一组分的稳态荧光光谱，然后调节检测器相角至该荧光光谱和混合物的荧光光谱重叠，则可得到与另一组分正交的相角。另一种办法是使用任何一组分的纯溶液以确定检测器的相角，这种信息本质上是个体组分的寿命。

在用相分辨法进行混合物中各个组分的定量分析时，因光谱强度的减弱和去调制因素有关，也即相灵敏信号和组分的寿命有关，所以大多以标准溶液进行比较，则被测组分 A 的浓度，

$$c_A=I_M/\bar{I}_A$$

式中：I_M为混合物的相分辨强度；$\bar{I}_A$为由 A 的标准溶液求出的摩尔相分辨强度[37]。

对于两种寿命很相近而且荧光光谱很相似的组分，例如同一荧光体在两种不同的环境下，则上述的相分辨法不便使用，须在两种不同的检测器相角进行测量而后解两个联立方程式。

对于三组分或三组分以上的混合物，可在 m 个波长在 n 个检测器相角进行测量，而后由矩阵求出各组分的浓度[33,38]。

近年来也有采用单一调制频率，在某些波长与检测器相角下记录同相和正交的相灵敏光谱，然后采用非线性最小二乘法，用这些光谱以估算各组分的寿命和稳态分数强度，最后由 $x_R{}^2$ 值来判断混合物的真实组分。$x_R{}^2$ 为测量数据与计算

数据之间的平方偏差的误差加权和。此法不必抑制任何组分，可以快速收集数据，但须预先知道各个可能存在组分的稳态光谱。此法采用固定频率商品相分辨荧光分光光度计，曾用于 9-MA、9，10-DPA 和 POPOP 三组分混合物的分析[39]。此外，还有采用在单一调制频率、多检测器相角进行同步扫描的相分辨荧光法分辨多组分混合物[40]。

商品相分辨荧光分光光度计一般只在二个或三个调制频率（6、8、30MHz）操作，这样大大限制了信息内容和测量的分辨能力。1975 年 Hauser[41] 制成在 0.5～72MHz 范围内频率可变的相分辨荧光分光光度计，用于非指数衰变荧光的调制工作。后来又陆续发表一些用相荧光法在多调制频率分辨多组分荧光体混合物的报告[42～45]。多频率相分辨荧光法系在宽广的频率范围内用多个检测器记录相灵敏光谱，用非线性最小二乘方分析数据，以取得各组分的寿命和每一组分在各个波长的分数强度。由分数强度测定混合物中各个组分的发射光谱及其相对强度，最后由 x_R^2 值来判断拟合的良好与否。

相分辨法除用于荧光体混合物的分辨和荧光寿命测定之外，还可用以降低发光光谱中的拉曼散射和其他散射背景，降低拉曼谱中的发光背景，从而改进了方法的检测限[46,47]；还可用于激态反应的研究和溶剂松弛的分析[30,31,48～51]。此外，相分辨法还用于免疫分析中人类血清白蛋白的分析[52]。

§9.2.2 仪器设备[30,35,41,53～56]

相分辨法使用的仪器和一般荧光分光光度计大致相似，但增加了光调制器及测量相角和去调制因素的设备。

有几种不同的方法可以得到调制光，如 Kerr 调制器、调制灯、Pockels 电光调制器和 Debye-Sears 超声波调制器等。

Kerr 调制器不能透射紫外线。Pockels 调制器需要较低电压，能通过紫外线，可在连续可变的频率下操作，但要求高度准直的光，适用于以激光器为光源的相分辨荧光分光光度计。

Pockels 效应的电-光光调制器系由 XH_2PO_4 型单轴晶体（$NH_4H_2PO_4$、KH_2PO_4 和 KD_2PO_4）与 Nesa 玻璃以油酸等粘合剂粘合而成。在 Nesa 玻璃上形成了不吸收可见光的 SnO 电导层以作为电极。当施加电压于该晶体的 Z 向时，该晶体变成双轴；轴平面位置与电压大小无关，而与结晶轴成 45°角；在一给定的波长下，沿着晶片垂直方向的阻滞作用与电压成正比例，而与晶片的厚度无关。置该晶体于两个交叉的线性偏振器之间，必要时放上一个四分之一波长（λ/4）阻滞片，施加交流电流于通过此体系的激发光时，则可得到正弦式调制的激发光。

Debye-Sears 超声波调制器能透射紫外线，对光准直的要求不太高，可用于

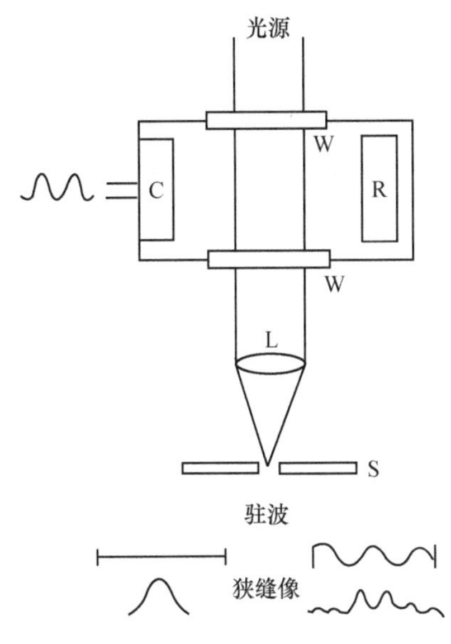

图 9.14　超声波调制器
C. 晶体；W. 窗；R. 反射板；
L. 透镜；S. 狭缝

各种光源。超声波调制器系在装有甲醇-水混合物的桶中置一石英晶体，振动的晶体在它和位于桶内对面的反射板之间建立了驻波。驻波在桶中流体的高压和低压区域具有不同的折射率，因而形成了垂直于入射光的紧密间隙的折射率栅。这种液体栅在晶体的频率的两倍时出现和消失。当驻波在它的零点时，光线不被衍射，而以最大强度通过狭缝。当驻波在它的峰时，最大量的光被衍射到狭缝的旁边。所以从出口狭缝出来的光是正弦式调制的。一般情况下，约有 50%的光被调制。此类调制器只在少数的固定频率操作，一般不能在调制频率 30MHz 以上操作（图 9.14)。

检测体系由单色器、光电倍增管和锁定放大器组成。将被检测发射信号和一内标的同频率的电子参比信号进行比较。调节锁定相移器的相角就可以把不需要的组分完全抑制，而所需要的组分只减弱至原来强度的 $\sin(\phi_B-\phi_A)$。

某些仪器采用第二个高频率信号把光电倍增管的放大作用调制在一电子倍增极上。该电子倍增极信号的频率与调制的激发光束稍为不同（10MHz+10Hz 或 30MHz+30Hz)，所形成的低频率的、互相关联的阳极信号含有原来高频率信号的相与调制信息，而其频率只不过 10Hz 或 30Hz。这样的低频率检测容易进行，且信噪比可以提高，能达到所预期的分辨。

§9.2.3　方法应用

相分辨法可用以直接记录两种荧光体混合物中的个别发射光谱，可以测定荧光体的荧光寿命，还可用于激态反应的研究。

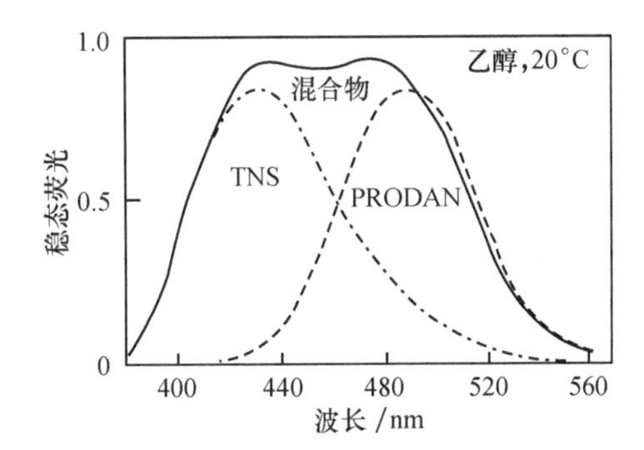

图 9.15　TNS 和 PRODAN 的稳态荧光光谱

1. 荧光体两组分混合物中个别组分的荧光光谱的直接记录和荧光寿命的测定[31]

图 9.15 为 2-对-甲苯氨基-6-萘磺酸(TNS)、6-丙酰-2-(二甲基氨基）萘(PRODAN）和它们的混合物在乙醇溶液中的稳态荧光光谱。可看出它们的荧

光光谱实质性地重叠。用相分辨法在 10MHz 调制下在检测器不同相角（以激发光的相角为零）测绘相灵敏荧光光谱，得图 9.16。由图可以看出，光谱形状和荧光峰随着检测器相角而改变，从而揭露了荧光体混合物不均匀发射的存在。图中还表明 PRODAN 的发射在 ϕ_D近于 105°时几乎完全被抑制，而 TNS 在 ϕ_D近于 125°时几乎完全被抑制。

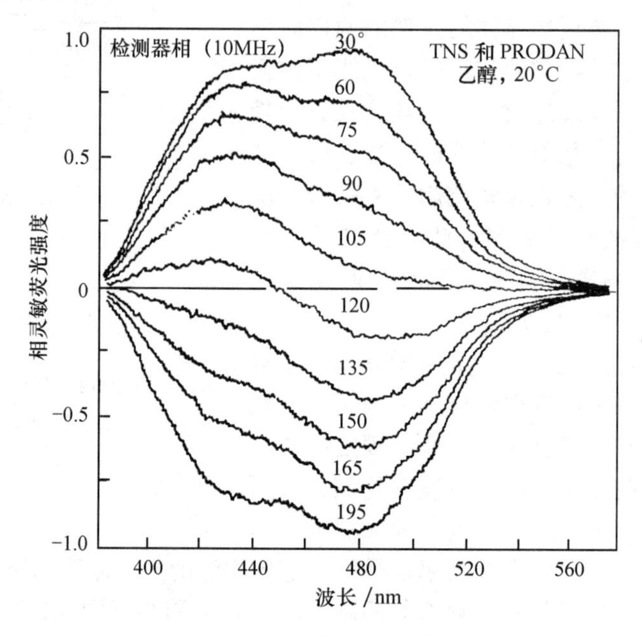

图 9.16　TNS-PRODAN 混合物的相灵敏荧光光谱

图 9.17 是在10MHz调制下把检测器相角调至12.8°～90°时，PRODAN的

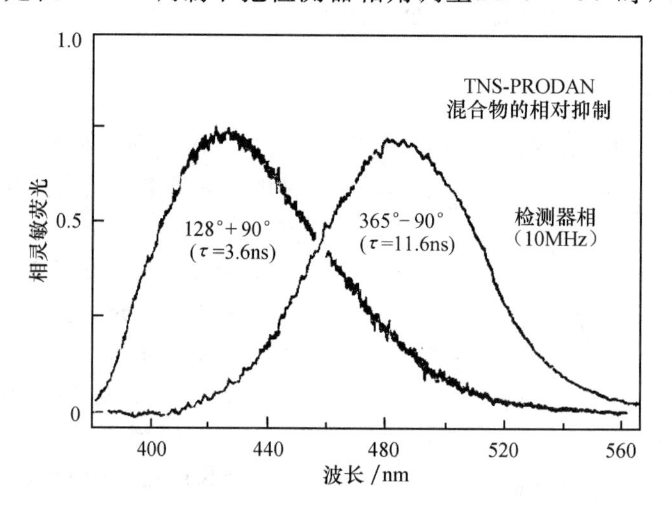

图 9.17　从混合物直接记录下的 TNS 和 PRODAN 的荧光光谱

发射被抑制，记录下的是 TNS 的荧光光谱，而在 36.5°～90°时，TNS 的发射被抑制，仅记录下 PRODAN 的荧光光谱。由此计算得到 TNS 和 PRODAN 的荧光寿命分别为 3.6ns 和 11.6ns，与由纯溶液测得的数据颇为一致。

如果事先已知道 TNS（或 PRODAN）的稳态荧光光谱，则可调节检测器相角至混合物的荧光光谱和 TNS 的荧光光谱重叠而得出与 PRODAN 正交的相角，而不必在检测器不同相角测绘相灵敏荧光光谱。

2. 相分辨荧光法分辨 9-MA、9，10-DPA 和 POPOP 三组分混合物[39]

分别对 9-MA（9-甲基蒽）、9，10-DPA（9，10-二甲基蒽）和 POPOP［2，2′-对苯撑双（5-苯基噁唑）］的乙醇溶液及同样浓度的混合物测绘稳态发射光谱，结果如图 9.18 所示。它们的稳态发射光谱严重重叠。它们的荧光寿命分别为 4.47，5.87，1.45ns。

把调制频率固定在 30MHz，在 21 个波长点（380～480nm，间隔 5nm），在 15 个检测器相角（在 44.3°～214.3°之间），用电子计算机记录下同相和正交的相灵敏光谱。

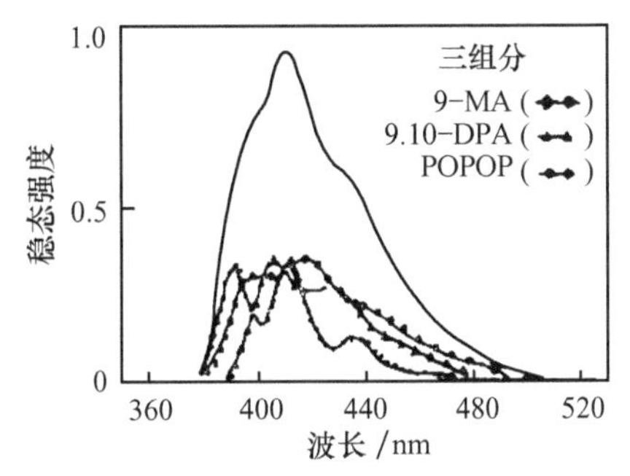

图 9.18 9-MA、9，10-DPA 和 POPOP 及其混合物的稳态发射光谱

假定该混合物溶液为 9-MA、9，10-DPA 和 POPOP 的单组分化合物，或双组分混合物、三组分混合物，以及这三种化合物与 9-CA 的四组分混合物，对所记录的数据进行最小二乘方分析。使用已知稳态光谱和 ϕ_i，f_i的假定值计算每个 ϕ_D值的相灵敏强度

$$I(\lambda,\phi_D)=K\sum_i f_i m_i I_i{}^0(\lambda)\cos(\phi_D-\phi_i) \qquad (9.7)$$

式中：$I_i{}^0(\lambda)$，f_i，m_i，ϕ_i分别为 i 组分的稳态光谱，稳态分数强度，去调制因素，相角。对测量的相灵敏光谱 $I_P(\lambda, \phi_D)$ 与计算的 $I_C(A, \lambda, \phi_D)$ 进行拟合，计算其 x^2值和 $x_R{}^2$ 值，将 x^2值最小化以取得 ϕ_i和 f_i的估算值，并从而计算 τ_i值。

在单一调制频率下，

$$x^2=\sum_{\phi_D}\sum_{\lambda}[I_P(\lambda,\phi_D)-I_C(\lambda,\phi_D)]^2/\sigma^2 \qquad (9.8)$$

式中：$1/\sigma^2$为权重因子，σ 为测量的标准偏差。由 $x_R{}^2$ 值判断拟合的良好与否，

$$x_R{}^2=x^2/v, \quad v=N_\lambda N_D-P \qquad (9.9)$$

式中：v 为自由度数目；N_λ为发射波长的数目；N_D为检测角的数目；P 为分析中浮动参数的数目。

对 9-MA、9，10-DPA、POPOP 等浓度三组分混合物分辨的结果如表 9.1 所示。

表 9.1 用相分辨荧光法分辨 9-MA、9，10-DPA 和 POPOP 混合物

组分数目	组分稳态光谱	x_R^2	τ_i/ns	f_i
1	9-MA	37.2	3.02	1.0
1	9，10-DPA	26.5	3.00	1.0
1	POPOP	5.5	2.98	1.0
2	9-MA	2.7	4.03	0.22
	POPOP		2.74	0.78
2	9，10-DPA	3.6	3.13	0.45
	9-MA		2.92	0.55
2	9，10-DPA	5.5	19.4	0.08
	POPOP		2.84	0.92
3	9，10-DPA	1.6	5.93 (0.05)	0.30 (0.002)
	9-MA		4.49 (0.03)	0.29 (0.001)
	POPOP		1.24 (0.04)	0.41 (0.002)
4	9，10-DPA	76.3	−42.7	0.639
	9-MA		15000.00	0.016
	POPOP		5.05	−0.974
	9-CA		29.3	1.319

从表 9.1 中 x_R^2 值可以看出，如该溶液为一组分时，x_R^2 的平均值为 23；为二组分时，x_R^2 的平均值为 4；为三组分时，x_R^2 值为 1.6；而四组分时则为 76.3。这些结果表明，9-MA、9，10-DPA 和 POPOP 三组分混合物足以说明这些数据。而且，从拟合计算的寿命值 4.49，5.93，1.24ns 和分数强度 0.29，0.30，0.41，也与实际情况符合，因此，该溶液为 9-MA、9，10-DPA 和 POPOP 三组分混合物。

3. 激态反应的研究[31]

不同荧光体常具有不同的荧光发射光谱，当在反应中产生另一荧光产物时，原来荧光光谱将有些改变，但一般荧光法常难以分辨。相分辨法具有分辨荧光体混合物的能力，它能给出激态的光谱分布和荧光寿命的信息，这在激态反应的研究中是有用处的。例如，在二乙基苯甲胺的存在下，蒽的荧光强度下降，并在长波长区出现结构不细致的发射（图 9.19），这一发射来自激态复合物的形成。用相分辨法在 10MHz 调制下在不同相角测绘相灵敏荧光光谱图（图 9.20）。图中表明在不同波长处呈现正幅度区和负幅度区，这是单体和激态复合物发射之间的相移。图中还表明：当 $\phi_D=92°$时，单体的发射被抑制，而在 $\phi_D=133°$时，激态复合物的发射被抑制。得到的蒽和蒽与二乙基苯甲胺的激态复合物的发射光谱，如图 9.21 所示。所得蒽的荧光光谱和它的稳态光谱精确地重叠。根据相角进行计算，蒽和该激态复合物的荧光寿命分别为 15.3 和 0.5ns。

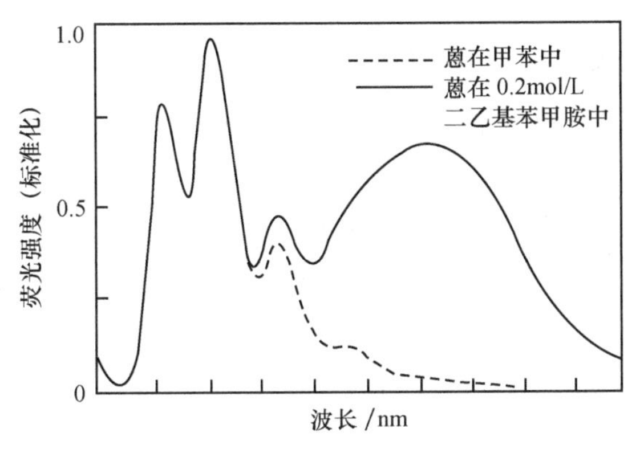

图 9.19　蒽和它的激态复合物的荧光光谱

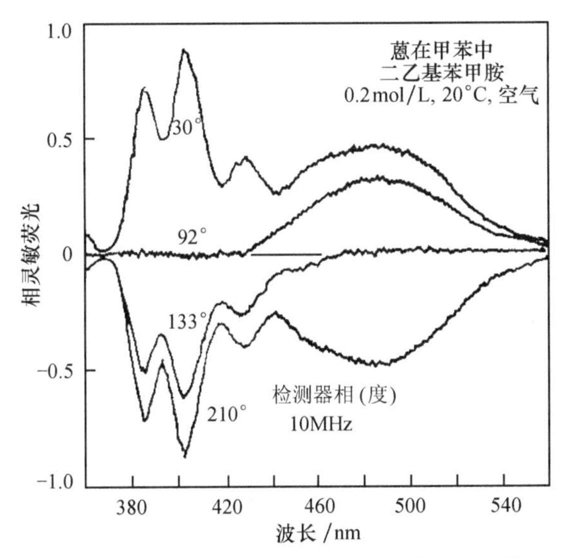

图 9.20　蒽-二乙基苯甲胺的相灵敏荧光光谱

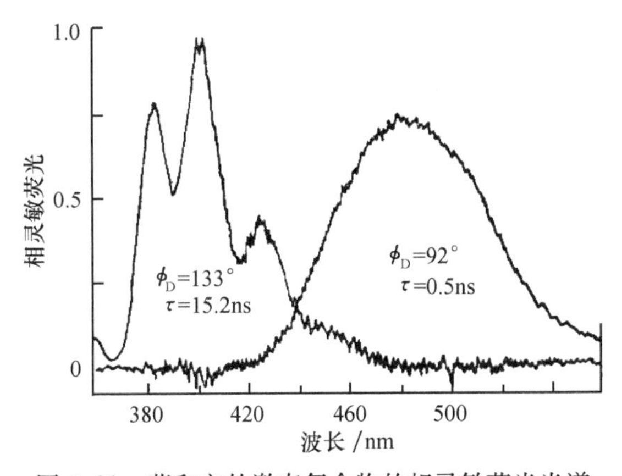

图 9.21　蒽和它的激态复合物的相灵敏荧光光谱

4. 激态反应可逆性的检测[30,48~50]

2-萘酚的激态离解提供了可逆的二态反应的例子。在酸性溶液中，发射来自萘酚，其荧光峰为357nm；在碱性溶液中，发射来自萘酚盐阴离子，其荧光峰在409nm。萘酚的离解反应是可逆的还是不可逆的决定于溶液pH值，这可由相角 ϕ 和去调制因素 m 来测定。已知道对于不可逆反应，初始激态的衰变是单指数的，$m/\cos\phi=1$。对于可逆反应，初始激态的衰变是双指数式的，$m/\cos\phi<1$。

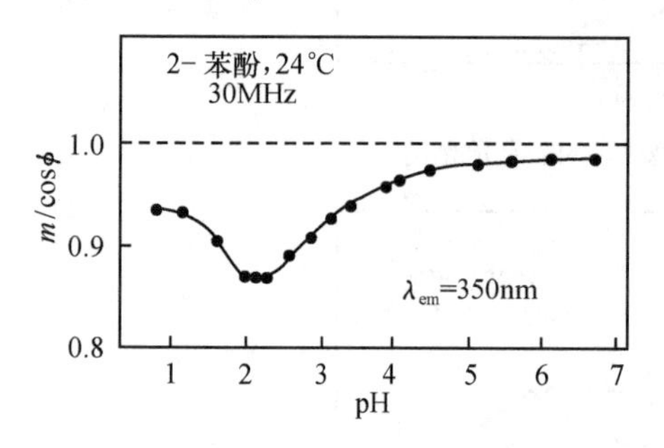

图 9.22 萘酚的 $m/\cos\phi$ 值和 pH 的关系

对不同pH的2-萘酚溶液在30MHz调制下在发射波长350nm处进行 ϕ 和 m 的观测，结果如图9.22所示。随着pH的增大，$m/\cos\phi$ 比值下降，在pH=2达到最低点，这表明反应的可逆性或荧光的双指数式衰变。随后比值上升，在pH≥5时，该值保持恒定，接近于1，表明不可逆反应和荧光的单指数式衰变。

5. 溶剂松弛的分辨[51]

在溶剂松弛过程中，一般情况能量有些降低，松弛态发射光谱红移。但降低温度会使光谱蓝移，这是由于在激态寿命内溶剂分子未能重新取向的缘故。图9.23是 *N*-乙酰基-L-色氨酸胺（NATA）在丙烯甘油中在不同温度下的荧光光谱。在+40℃荧光峰在350nm。在－68℃发射蓝移，荧光峰在325nm。在－30℃荧光峰在336nm。非松弛发射在310nm占优势，松弛发射在410nm占优势。

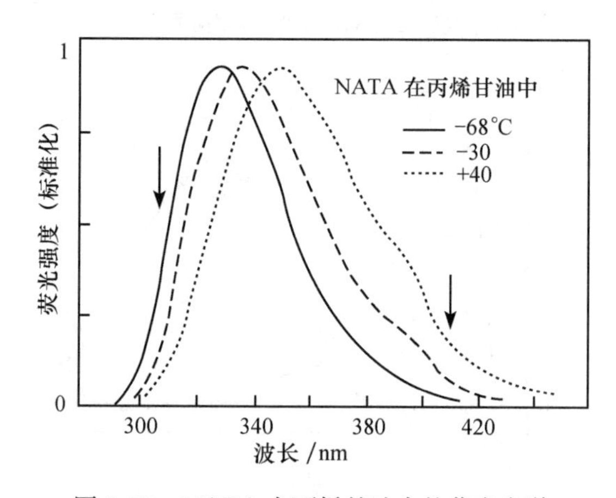

图 9.23 NATA 在丙烯甘油中的荧光光谱

采用相分辨法在 30MHz 调制下在 310nm 和 410nm 进行相抑制对不同温度下的 NATA 丙烯甘油溶液测绘相灵敏荧光光谱，如图 9.24 所示。在−68℃，在 310nm 或 410nm 的相抑制均得到发射的完全抑制，这是由于在−68℃发射只来自非松弛态 NATA 分子，而非松弛态的寿命与波长无关。随着温度的升高，在 310nm 和 410nm 的抑制得出的相灵敏光谱，其荧光峰分别近于 350nm 和 330nm。330nm 组分在较低温度占优势，350nm 组分在较高温度占优势。这些光谱来自非松弛的 NATA 分子和溶剂松弛的 NATA 分子。在+40℃再一次看到发射的完全抑制，因在此温度下溶剂松弛基本上完全，发射主要来自松弛态，它的寿命也和波长无关。在+20℃时松弛近于完全，但还可以检测出非松弛态的光谱。由上可见，相分辨法有助于松弛过程的研究。

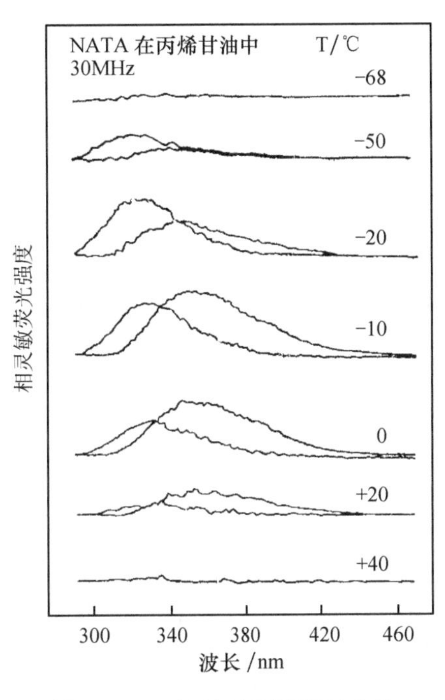

图 9.24　NATA 在丙烯甘油中的相灵敏荧光光谱

6. 配位体与大分子的结合反应的分析[57]

配位体与大分子发生缔合反应，结合程度随环境而异，以往方法须先将自由态配位体和结合态进行物理分离而后进行测定，非常不便。如果缔合反应中有一种物质是荧光体，而且荧光寿命在结合过程中被搅乱了，则可采用相分辨荧光法对结合程度进行测定而不必经过物理分离。

以吲哚衍生物 6-In-11［溴化 11-(3-己基-1-吲哚基)-十一烷基三甲基铵］和 HDTBr（溴化十六烷基三甲基铵）胶束的结合反应为例，用相分辨法对自由态与结合态的 6-In-11 进行定量测定，在两式中寿命是不一样的。设自由态和结合态在总荧光中的分数分别为 f_F和 f_B，样品的相灵敏强度可由下式表示：

$$F(\lambda,\phi_D) = S_F(\lambda)q_F m_F f_F \cos(\phi_D - \phi_F) + S_F(\lambda)q_B m_B f_B \cos(\phi_D - \phi_F) \quad (9.10)$$

把检测器分别调节至与结合态和自由态荧光体的发射正交，也即调节 ϕ_D分别至（ϕ_D+90℃）和（ϕ_F−90℃），则相灵敏强度分别为

$$F_F(\lambda) = S_F(\lambda)q_F m_F f_F \sin(\phi_F - \phi_B) \quad (9.11)$$

$$F_B(\lambda) = S_B(\lambda)q_B m_B f_B \sin(\phi_F - \phi_B) \quad (9.12)$$

式中：$S_F(\lambda)$ 与 $S_B(\lambda)$ 是标准化的稳态发射光谱，q_F和 q_B是量子产额。则

$$F_F/F_B = kf_F/f_B \tag{9.13}$$

因 $f_F+f_B=1$，

$$f_F = F/(F_F + KF_B) \tag{9.14}$$

$$f_B = KF/(F_F + KF_B) \tag{9.15}$$

为了测定 f_F，f_B或它们的比值，除了相灵敏荧光强度之外，还需要该荧光体不同态的寿命或相角信息，这可由完全自由态或完全结合态的控制样品来取得。

参 考 文 献

[1] Lakowicz J. R. Principle of Fluorescence Spectroscopy. New York：Plenum，1983.
[2] Brown R. E. et al. Anal. Chem.，1974，46：1690.
[3] 郑企克等. 核化学与放射化学，1981，3：27.
[4] 夏敬芳等. 复旦学报（自然科学版），1979（2）：35～40.
[5] Berman M. R. et al. Anal. Chem.，1975，47：1200.
[6] Haugen G. R. et al. Anal. Chem.，1981，53：1554.
[7] Hilinski E. F. et al. Anal. Chem.，1983，55：1121A.
[8] Soini E. et al. Clin. Chem.，1983，29：65.
[9] Hiraki K. et al. Anal. Chim. Acta，1978，97：121.
[10] 西川泰治等. 日本分析化学，1977，26：365.
[11] Imasaka T. et al. Anal. Chem.，1980，52：2083.
[12] Onoue Y. et al. Aanl. Chim. Acta，1979，106：67.
[13] knorr F. J. et al. Anal. Chem.，1980，53：272.
[14] 王志麟等. 核化学与放射化学，1983，5：31.
[15] Rhys Williams A. T. et al. Anal. Chim. Acta，1983，154：341.
[16] Yamada S. et al. Anal. Chim. Acta，1981，127：195.
[17] Yamada S. et al. Anal. Chim. Acta，1982，134：21.
[18] Bright F. V. et al. Anal. Chem.，1986，58：1225.
[19] Furuta N. et al. Anal. Chem.，1983，55：2407.
[20] Imasaka T. et al. Anal. Chim. Acta，1982，142：1～12.
[21] Hieftje G. M. et al. Anal. Chim. Acta，1981，123：255.
[22] kawabata Y. et al. Anal. Chim. Acta，1985，173：367.
[23] kelley D. F. et al. J. Phys. Chem.，1983，87：1842.
[24] Ware W. R. et al. J. Chem. Phys.，1971，54：4729.
[25] Brand L. et al. J. Biol. Chem.，1971，246：2317.
[26] Gustafson T. L. et al. Anal. Chem.，1982，54：634.
[27] Gaviola Z. Z. Phys.，1926，42：853.
[28] Veselova T. V. et al. Izu. Akad. Nauk SSR，Ser. Fiz，1965，29：1345.

[29] Veselova T. V. et al. Opt. Spectrosc., 1970, 29: 617.
[30] Lakowicz J. R. Principles of Fluorescence Spectroscopy. New York: Plenum Press, 1983.
[31] Lakowicz J. R. et al. J. Biochem. Biophys. Methods, 1981, 5: 19.
[32] Bright F. V. et al. Anal. Chem., 1985, 57: 55.
[33] McGown L. B. Anal. Chim. Acta, 1984, 157: 327.
[34] Lakowicz J. R. et al. J. Biol. Chem., 1981, 256: 6348.
[35] McGown L B. et al. Anal. Chem., 1984, 56: 1400A.
[36] McGown L B. et al. Anal. chem., 1984, 56: 2195.
[37] McGown L B. et al. Anal. Chim. Acta, 1985, 169: 117.
[38] Bright F. V. et al. Anal. Chem., 1985, 57: 2877.
[39] keating-Nakamoto S. et al. Anal. Biochem., 1985, 148: 349.
[40] Nithipatikom k. et al. Anal. Chem., 1986, 58: 2469.
[41] Hauser M. et al. Rev. Sci. Instrum., 1975, 46: 470.
[42] Gratton E. et al. Biophys. J., 1983, 44: 315.
[43] Lakowicz J. R. et al. Biophys. J., 1984, 46: 463.
[44] Gatton et al. Biophys. J., 1984, 46: 479.
[45] keating-Nakamoto S. M. et al. Anal. Chem., 1987, 59: 271.
[46] Demas J. N. et al. Anal. Chem., 1985, 57: 538.
[47] Trkula M. et al. Anal. Chem., 1985, 57: 1663.
[48] Lakowicz J. R. et al. Chem. Phys. Lett., 1982, 92: 117.
[49] Laws W. R. et al. J. Phys. Chem., 1979, 83: 795.
[50] Lakowicz J. R. et al. J. Biol. Chem., 1980, 255: 4403.
[51] Lakowicz J. R. et al. Photochem. Photobiol., 1982, 36: 125.
[52] Tahboub Y. R. et al. Anal. Chim. Acta, 1986, 182: 185.
[53] Lytle E E et al. Anal. Chem., 1975, 47: 571.
[54] Gratton E. et al. Biophys. J., 1983, 44: 315.
[55] Billing B. H. J. Opt. Soc. Amer., 1949, 39: 197, 802.
[56] Muller A. et al. Rev. Sci. Instrum, 1965, 36: 1214.
[57] Lakowicz J. R. et al. J. Biol. Chem., 1983, 258: 5519.

（本章编写者：陈国珍）

第十章　荧光偏振测定

当用偏振光激发荧光分子时，荧光分子发射偏振光。这种偏振发射是由荧光分子对激发光子取向的选择和发射光子的取向引起的。实验测得的荧光通常是消偏振的。有多种原因可以引起荧光分子发射消偏振，其中最具有研究意义的是由于荧光分子在激发态寿命期间发生旋转运动而引起发射消偏振。Perrin[1]早在1926年就报道过荧光偏振的原理。Weber[2,3]进一步拓展了荧光偏振的理论。荧光偏振测定已广泛地应用于生命科学、临床医学、药物分析和环境科学等领域。近年来，有不少关于荧光偏振的研究与应用的综述发表[4~11]。

§10.1　荧光偏振与荧光各向异性[12]

§10.1.1　荧光偏振与荧光各向异性的定义

如图10.1所示，当从x方向以平行于z轴的偏振光激发荧光体，以$I_{/\!/}$表示激发偏振器与发射偏振器取向相互平行时所测得的垂直偏振发射光强度，$I_{\perp}$表示激发偏振器与发射偏振器取向相互垂直时所测得的水平偏振发射光强度，荧光偏振（P）和荧光各向异性（r）定义为

$$P=\frac{I_{/\!/}-I_{\perp}}{I_{/\!/}+I_{\perp}} \qquad (10.1)$$

$$r=\frac{I_{/\!/}-I_{\perp}}{I_{/\!/}+2I_{\perp}} \qquad (10.2)$$

对于完全偏振发射，$I_{\perp}=0$，则$P=r=1$；对于自然光或非偏振发射，$I_{/\!/}=I_{\perp}$，则$P=r=0$。

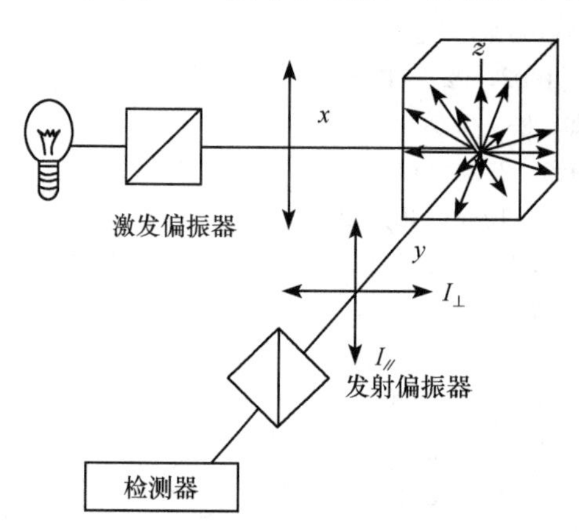

图10.1　荧光偏振或荧光各向异性测量简图

荧光偏振与荧光各向异性是对荧光体的同一发光性质的不同的表示。早期的文献以荧光偏振表示的较多。荧光各向异性在阐述多数理论问题时较荧光偏振简单，其应用愈来愈广泛。

荧光偏振与荧光各向异性可通过以下公式相互转换

$$P=\frac{3r}{2+r} \qquad (10.3)$$

$$r=\frac{2P}{3-P} \tag{10.4}$$

当体系中存在多种荧光体时，所测得的荧光各向异性是各种荧光体荧光各向异性的平均值

$$\bar{r}=\sum_i f_i r_i \tag{10.5}$$

式中：f_i为第 i 种荧光体所占体系荧光强度的分数；r_i为第 i 种荧光体的荧光各向异性。

§10.1.2　荧光体的激发与光选择

荧光偏振理论将荧光分子看成是一个振荡偶极子（oscillating dipole），有内在的吸收偶极矩（absorption dipole moment）和发射偶极矩（emission dipole moment），也称吸收跃迁矩（moment for absorption transition）和发射跃迁矩（moment for emission transition）。由于荧光分子的电子基态和电子激发态的电子分布不同，荧光分子的吸收偶极矩和发射偶极矩通常是不共线的。吸收偶极矩和发射偶极矩之间的夹角对每个荧光分子而言是由分子结构决定的。当用非偏振光激发荧光分子时，荧光分子优先吸收那些光子电矢量（$\boldsymbol{E}$）与荧光分子的吸收偶极矩（$\boldsymbol{M}$）平行的光子（见图 10.2）。或者说，用偏振光激发一个荧光分子随机取向的体系，将优先激发那些吸收偶极矩与光子电矢量平行的荧光分子。吸收偶极矩与光子电矢量呈夹角 θ 取向的荧光分子，其吸收光子的几率与 $\cos^2\theta$ 成正比。光吸收的这一现象称为光选择。以平行于 z 轴的偏振光激发荧光体时，激发态荧光体布居是围绕 z 轴呈对称分布的（如图 10.3 所示），激发分子的分布可用下式表示

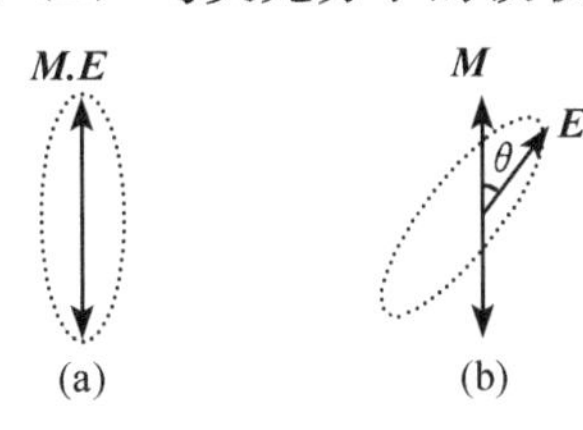

图 10.2　光吸收选择示意图
(a) 吸收几率∝$\boldsymbol{M}$；
(b) 吸收几率∝$\boldsymbol{M}\cos^2\theta$

$$f(\theta)\mathrm{d}\theta=\cos^2\theta\sin\theta\mathrm{d}\theta \tag{10.6}$$

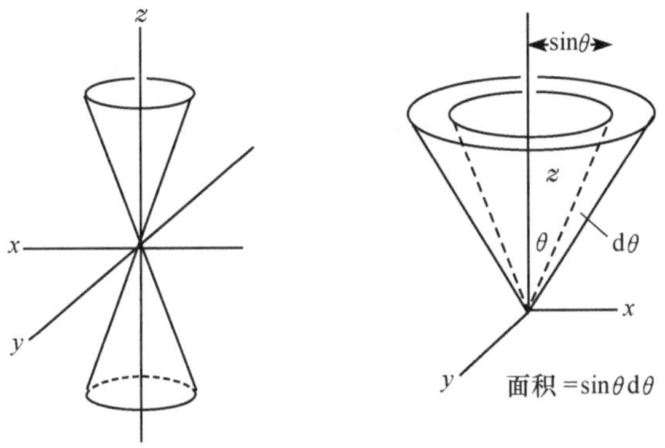

图 10.3　荧光体的几率分布

§ 10.1.3　玻璃化稀溶液中的偏振发射

设想用平行于 z 轴的偏振光激发吸收偶极矩与发射偶极矩共线的单一荧光体，例如 1，6-二苯基己三烯（DPH，图 10.4），且使荧光体的取向与 z 轴平行。显然，荧光体的发射偶极矩也是与 z 轴平行的。假设荧光体在激发态寿命期间没有发生旋转运动，其能量也未经转移而损失，那么，所观测到的 $I_{\perp}=0$，$P=r=1$。实际上，稀溶液中的荧光体总是满足 $P\leqslant 0.5$，$r\leqslant 0.4$。这一现象称为发射消偏振或发射去偏振。发射光的消偏振是因为：

（1）在各向同性、均匀的稀溶液中，荧光分子的取向是随机的，光选择原则决定了光激发所能达到的最大几率<1；

（2）对大多数荧光体而言，激发偶极矩与发射偶极矩是非共线的，发射光子的电矢量与激发光子的电矢量呈一定的交角，导致发射消偏振；

（3）荧光体在激发态寿命期间的旋转运动致使发射偶极矩相对于吸收偶极矩的进一步角移，导致发射进一步消偏振。

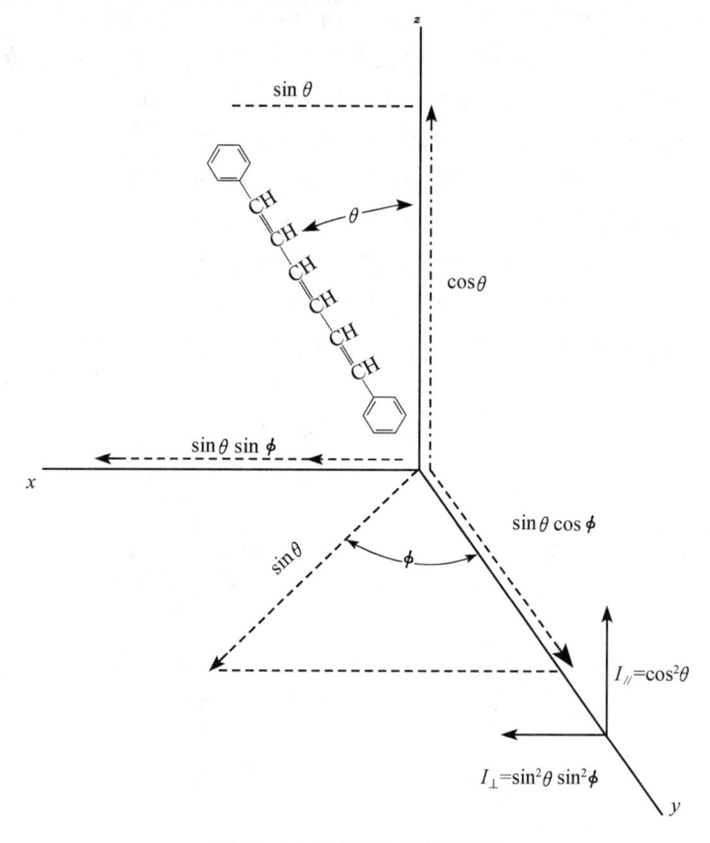

图 10.4　坐标系中的荧光体

除了上述导致发射消偏振的因素外，激发态非辐射能量转移、发射能量的再吸收、激发光子或发射光子的散射，都有可能导致所测得的发射消偏振。能量转移去偏振通常在荧光体浓度大于 0.013mol/L 的条件下才能观察到。

为了使问题简化，先讨论玻璃化稀溶液（例如，−70℃的丙二醇）中的偏振发射。

在玻璃化的稀溶液中所测得的荧光各向异性，取决于荧光体的内在光谱性质。这是因为溶液的高黏性阻碍了激发态分子在发射前的有效旋转扩散，同时，在高度稀释的条件下，可以忽略能量转移或再吸收引起的发射消偏振。

当从 x 方向用平行于 z 轴的偏振光激发吸收偶极矩与发射偶极矩共线的荧光体（图 10.4），先假设某个分子的取向与 z 轴交角为 θ，与 y 轴交角为 ϕ。设发射光子电矢量为 1，发射光子电矢量在 z 轴和 y 轴上的分量分别为 $\cos\theta$ 和 $\sin\theta\sin\phi$。由于发射强度正比于发射偶极矩的平方，有

$$I_{/\!/}(\theta,\phi)=\cos^2\theta \tag{10.7}$$

$$I_{\perp}(\theta,\phi)=\sin^2\theta\sin^2\phi \tag{10.8}$$

在各向同性、均匀的玻璃化稀溶液中，被激发的荧光体的布居是围绕 z 轴对称分布的。任何实验上可达到的分子布居，$0\sim2\pi$ 的 ϕ 值取向的几率相等，因而可以消除上述关系式中的 ϕ 项。$\sin^2\phi$ 的平均值

$$\overline{\sin^2\phi}=\frac{\int_0^{2\pi}\sin^2\phi\,\mathrm{d}\phi}{\int_0^{2\pi}\mathrm{d}\phi}=\frac{1}{2} \tag{10.9}$$

从而

$$I_{/\!/}(\theta)=\cos^2\theta \tag{10.10}$$

$$I_{\perp}(\theta)=1/2\sin^2\theta \tag{10.11}$$

假设观察的是相对于 z 轴取向几率为 $f(\theta)$ 的荧光体聚集体，所测量的荧光强度为

$$I_{/\!/}=\int_0^{\pi/2}f(\theta)\cos^2\theta\mathrm{d}\theta=\overline{\cos^2\theta} \tag{10.12}$$

$$I_{\perp}=\frac{1}{2}\int_0^{\pi/2}f(\theta)\sin^2\theta\mathrm{d}\theta=\frac{1}{2}\overline{\sin^2\theta} \tag{10.13}$$

式中：$f(\theta)\mathrm{d}\theta$ 是荧光体在 θ 和 $\theta+\mathrm{d}\theta$ 之间取向的几率。由式（10.2）和 $\sin^2\theta=1-\cos^2\theta$ 的关系，得到

$$r=\frac{3\,\overline{\cos^2\theta}-1}{2} \tag{10.14}$$

$\cos^2\theta$ 的平均值

$$\overline{\cos^2\theta} = \frac{\int_0^{\pi/2} \cos^2\theta f(\theta)\,\mathrm{d}\theta}{\int_0^{\pi/2} f(\theta)\,\mathrm{d}\theta} \tag{10.15}$$

将式（10.6）代入式（10.15）得 $\cos^2\theta$ 的平均值为 3/5。将此值代入式(10.14)，得到各向异性的值为 0.4。这是在吸收偶极矩与发射偶极矩处于共线、荧光体在激发态寿命期间未作旋转运动，并且不存在激发态能量转移和再吸收过程时所观测到的数值，是各向同性、均匀的玻璃化稀溶液中所能测得的荧光体荧光各向异性的最大值。散射光是完全偏振的，$r=1$。如果随机取向的试样所测得的 $r>0.4$，可以推断除荧光外还有散射光存在。

§10.1.4 荧光体的偏振光谱

通过前面的讨论可知，在玻璃化的稀溶液中，对吸收偶极矩与发射偶极矩共线的荧光体，由于荧光体的随机取向，导致荧光各向异性值从 1 衰变到 0.4。通常，荧光体的吸收偶极矩和发射偶极矩并非共线。假设荧光体的吸收偶极矩和发射偶极矩以交角为 α 取向，那么，在各向同性、均匀的玻璃化稀溶液中，所观察到的荧光发射将进一步消偏振，所测得的荧光各向异性为

$$r_0 = \frac{2}{5}\left(\frac{3\cos^2\alpha - 1}{2}\right) \tag{10.16}$$

式中：r_0代表旋转扩散、能量转移及其他消偏振过程不存在的条件下所观测的各向异性，其值是吸收偶极矩与发射偶极矩间交角的度量，也称为荧光体的内在各向异性。表 10.1 列出了部分 r_0和 P_0值对应的 α 值。由于每个吸收带的吸收偶极矩的取向不同，因而 α 数值随激发波长而变，r_0的数值也随激发波长而变。在玻璃化溶液（例如在－70℃的丙二醇）中，荧光体的旋转扩散受到抑制，测量 r_0 随激发波长的变化而绘制的谱图，即偏振（激发）光谱，反映了荧光体吸收偶极矩与发射偶极矩交角随波长的变化。在通常情况下，各向异性与发射波长无关。不过，假如从一个以上的电子态发射，并且各自具有不同的发射光谱，这时各向异性就可能与发射波长有关了。图 10.5 表示－50℃时苝在丙二醇中的偏振光谱。在激发波长大于 360nm 时，P_0值接近于 0.46，表示吸收偶极矩与发射偶极矩几乎是共线的。在 360～460nm 的激发波长下，由于激发到最低电子激发单重态，P_0值维持固定。激发波长小于 360nm 时，P_0值降低，表明 α 值增大。激发波长在 300～320nm 时，α 接近于 45°(P_0＝0.14)；在 275nm 时，α 接近于 54.7°(P_0＝0)；

表 10.1 荧光体吸收偶极矩与发射偶极矩夹角（α）-内在荧光各向异性（r_0）-内在荧光偏振（P_0）的相关性

α/(°)	r_0	P_0
0	0.40	0.50
45	0.10	0.14
54.7	0.00	0.00
90	－0.20	－0.33

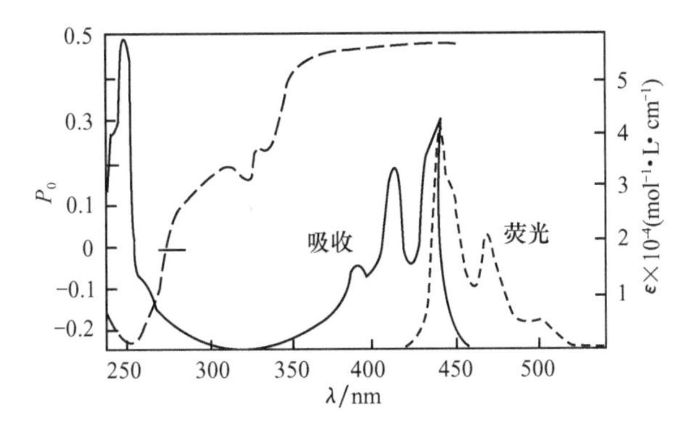

图 10.5 －50℃时苝在丙二醇中的偏振光谱

在 255nm 时，α 接近于 90°(P_0＝－0.33)。

§10.1.5 荧光体的旋转扩散与 Perrin 方程

在稀溶液中，荧光体在激发态寿命期间发生旋转运动，使发射偶极矩取向进一步偏离吸收偶极矩，导致发射消偏振。如果用 β 表示荧光体发射偶极矩在激发态寿命期间的平均角移，可用式（10.17）表示发射偶极矩平均角移引起的发射消偏振

$$r = r_0\left(\frac{3\cos^2\beta - 1}{2}\right) \tag{10.17}$$

式中：r_0 为荧光体的内在各向异性。当用脉冲偏振光激发球形荧光体时，荧光各向异性值呈单指数衰变

$$r(t) = r_0 \mathrm{e}^{-t/\phi} \tag{10.18}$$

式中：ϕ 为荧光体的旋转相关时间，由溶液的粘度（η）、温度（T）以及旋转体的体积确定

$$\phi = \frac{\eta V}{R_g T} \tag{10.19}$$

式中：R_g 为理想气体常数。稳态荧光各向异性的测定实际上是总荧光强度 $F(t)$ 权重的荧光各项异性 $r(t)$ 的平均值，因此

$$r = \frac{\int_0^\infty F(t) r(t) \mathrm{d}t}{\int_0^\infty F(t) \mathrm{d}t} \tag{10.20}$$

由于 $F(t) = F_0 \mathrm{e}^{-t/\tau}$，与式（10.18）一并代入式（10.20），得

$$r = \frac{r_0}{1 + (\tau/\phi)} \tag{10.21}$$

式（10.21）即为 Perrin 方程。显然，当荧光体体积很大或小分子荧光体键合于

大分子或溶液的黏度很大时，$\phi \gg \tau$，$r=r_0$；相反，当荧光体体积很小且呈游离态或溶液黏度小或荧光寿命长时，$\phi \ll \tau$，$r<r_0$。Perrin 方程亦常写成其他形式

$$r_0/r = 1 + 6R\tau \tag{10.22}$$

或

$$r_0/r = 1 + \frac{R_g T}{\eta V}\tau \tag{10.23}$$

或

$$\left(\frac{1}{P} - \frac{1}{3}\right) = \left(\frac{1}{P_0} - \frac{1}{3}\right)\left(1 + \frac{R_g T}{\eta V}\tau\right) = \left(\frac{1}{P_0} - \frac{1}{3}\right)\left(1 + 3\,\frac{\tau}{\rho}\right) \tag{10.24}$$

式中：R 为荧光体的转动速率，$\phi^{-1}=6R$，ρ 为荧光体的旋转松弛时间，$\rho=3\phi$。

值得注意的是，由于多数情况下荧光体并非球体，因此就得用复杂的方程式代替式（10.18）。即使是球状分子，荧光发射偏振［$P(t)$］的衰变也不是呈单指数衰变的。

§ 10.1.6　荧光各向异性的测量

通常的商品化荧光分光光度计都具有测定荧光偏振和荧光各向异性的功能。为实施荧光偏振或荧光各向异性的测量，通常只需在激发光路和发射光路中同时插入偏振附件，并根据测量需要将激发偏振器和发射偏振器分别设置为垂直偏振或水平偏振。测量荧光各向异性或荧光偏振的方法有 L-型法和 T-型法，前者使用单一的发射通道，后者通过两个分立的发射通道同时观测平行和垂直的偏振发射。由于大多数商品化荧光分光光度计采用的是单发射通道，因而 L-型法更为常用。

1. L-型或单通道法

测量原理如图 10.6（a）所示。用两个下标来分别注明激发和发射偏振器的取向，其中，H(horizontal) 表示水平，V(vertical) 表示垂直。例如，I_{HV} 表示水平的偏振激发和垂直的偏振发射。S_V 和 S_H 分别表示检测系统对垂直偏振发射和水平偏振发射的灵敏度。对于垂直的偏振激发，所观测到的强度为

$$I_{VV} = kS_V I_{/\!/} \tag{10.25}$$

$$I_{VH} = kS_H I_{\perp} \tag{10.26}$$

式中：k 是与荧光量子产率及仪器因素相关的比例常数。将式（10.25）除以式（10.26），得

$$\frac{I_{VV}}{I_{VH}} = \frac{S_V}{S_H} \times \frac{I_{/\!/}}{I_{\perp}} = G\frac{I_{/\!/}}{I_{\perp}} \tag{10.27}$$

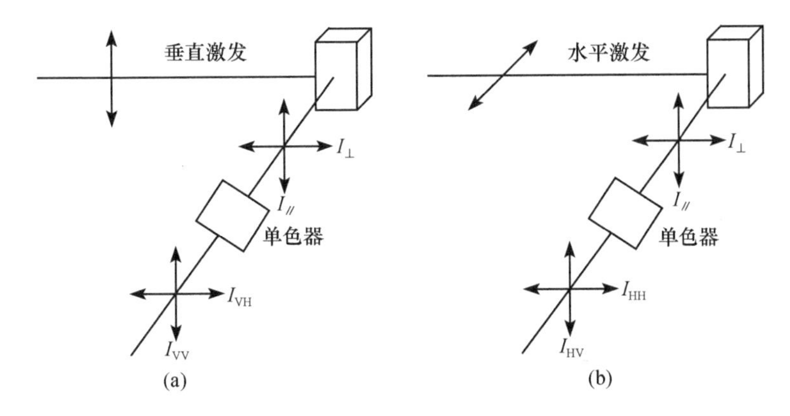

图 10.6　荧光各向异性的 L-型法测定原理图

为计算实际的垂直发射与水平发射的比率（$I_{/\!/}/I_{\perp}$），必须测定检测系统对垂直偏振和水平偏振的灵敏度比率 G。G 与发射波长有关，在一定程度上也与单色器的带通有关。测定 G 的原理如图 10.6（b）所示，只需将垂直激发改为水平激发即可。

$$\frac{I_{\rm HV}}{I_{\rm HH}}=\frac{S_{\rm V}}{S_{\rm H}}\times\frac{I_{\perp}}{I_{\perp}}=\frac{S_{\rm V}}{S_{\rm H}}=G \tag{10.28}$$

荧光各向异性

$$r=\frac{(I_{/\!/}/I_{\perp})-1}{(I_{/\!/}/I_{\perp})+2} \tag{10.29}$$

或

$$r=\frac{I_{\rm VV}-GI_{\rm VH}}{I_{\rm VV}+2GI_{\rm VH}} \tag{10.30}$$

2. T-型或双通道法

这种方法采用两个分立的检测体系，同时测定平行和垂直偏振发射（图 10.7），由于发射偏振器保持不变，因而无需测量对每种偏振组分的相对灵敏度，不过要测量两个检测系统的相对灵敏度。对垂直偏振激发，应用比率计测量平行信号与垂直信号的比率（$R_{\rm V}$），

$$R_{\rm V}=\frac{G_{/\!/}\ I_{/\!/}}{G_{\perp}\ I_{\perp}} \tag{10.31}$$

式中：$G_{/\!/}$ 和 $G_{\perp}$ 分别表示平行通道与垂直通道的增益。对水平偏振激发，两个发射通道均检测 $I_{\perp}$，因而强度比率 $R_{\rm H}$ 为

$$R_{\rm H}=G_{/\!/}/G_{\perp} \tag{10.32}$$

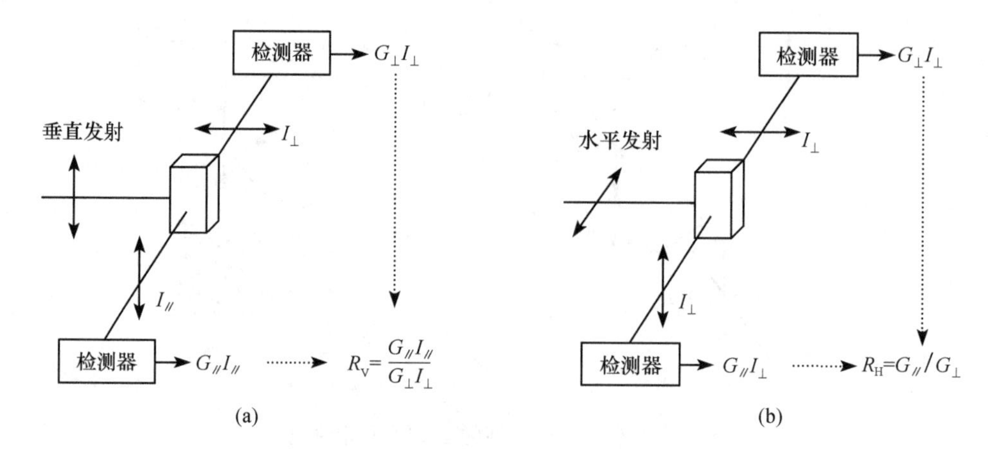

图 10.7　荧光各向异性 T-型法测量原理图

将式（10.31）除以式（10.32），得

$$R_V/R_H = I_{/\!/}/I_{\perp} \tag{10.33}$$

获得比值 $I_{/\!/}/I_{\perp}$ 后，即可从式（10.29）计算 r 值。

§10.2　时间相关荧光各向异性[13~15]

上节叙述荧光体在连续的偏振光激发下所产生的荧光偏振与荧光各项异性，即稳态荧光偏振与荧光各项异性，本节将介绍荧光体在脉冲偏振或调制偏振光激发下所产生的荧光各项异性。

在稀溶液中，荧光体受偏振光激发，随后发生的旋转扩散运动，导致偏振发射随时间衰变。激发态荧光体在发射前的旋转扩散过程受到诸如旋转体大小与形状、旋转体外部空间、微环境黏度、旋转的自由度等因素的影响。球状体荧光分子，荧光各向异性呈单指数衰变（式 10.18）。多数的荧光体为非球状体，同一荧光体在不同的方向上的旋转的速度不同；同种荧光体，所处的微环境不同，其旋转速度也可能不同；处于同一微环境下的不同荧光体，其旋转相关时间也可能不同。一个体系的时间相关各项异性衰变一般可以表示为多指数的和

$$r(t) = r_0 \sum_i g_i e^{-t/\phi_i} = \sum_i r_{0i} e^{-t/\phi_i} \tag{10.34}$$

式中：

$$r_0 = \sum_i r_{0i}$$

是旋转扩散不存在时的荧光体内在各向异性；ϕ_i 为各种旋转扩散运动的旋转相关时间。

$$g_i = \frac{r_{0i}}{\sum_i r_{0i}} = \frac{r_{0i}}{r_0} \tag{10.35}$$

时间相关各向异性的测定，采用时间分辨法和调制相差法。前者采用脉冲偏振光作激发光源，后者采用调制偏振光作激发光源。实验数据一般采用非线性最小二乘法进行分析，即将实验测得的时间相关各向异性 $r(t)$ 按特定的荧光各向异性衰变模型进行拟合，并使计算值与测量值之间的方差最小化。

荧光各向异性多指数衰变揭示了荧光体旋转扩散运动的多样性。对时间相关荧光各向异性的测定，可以获得与激发态荧光体旋转运动相关的信息。

§10.2.1　时间相关各向异性的测定

1. 时间分辨法

时间分辨法是采用脉冲偏振光激发荧光体。在测量时间相关荧光衰减的时间分辨荧光分光光度计的激发和发射光路上分别插入激发偏振器和发射偏振器，即可方便地测量时间相关荧光偏振与荧光各项异性。实验中测得的是垂直偏振发射衰减 $I_{/\!/}(t)$ 和水平偏振发射衰减 $I_{\perp}(t)$。荧光各项异性衰减 $r(t)$ 通过计算得到

$$r(t) = \frac{I_{/\!/}(t) - I_{\perp}(t)}{I_{/\!/}(t) + 2I_{\perp}(t)} = \frac{D(t)}{I_0(t)}$$

图 10.8 为球形荧光体荧光强度衰变曲线与垂直偏振发射及水平偏振发射衰变曲线的比较。由图 10.8 可见，初期 $I_{/\!/}(t)$ 衰减比 $I_0(t)$ 衰减快得多，这是因为$I_{/\!/}(t)$ 衰减是荧光体的荧光衰减和旋转扩散衰减两者引起的。相反，初期 $I_{\perp}(t)$ 衰减比 $I_0(t)$ 衰减慢，其原因是荧光体正由与光子电矢量平行取向转入垂直取向。随后，激发态分子旋转扩散达到平衡，$I_{/\!/}(t)$ 和 $I_{\perp}(t)$ 的衰减速度相近。也可以从另一个角度理解各向异性的时间相关衰减。如图10.9所示，$t=0$

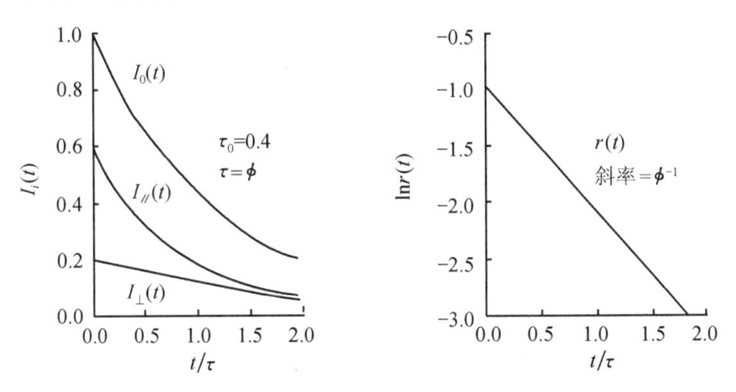

图 10.8　时间分辨荧光各项异性衰变

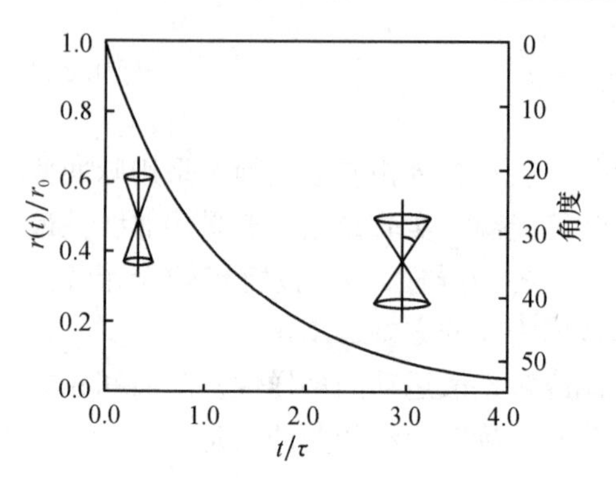

图 10.9 时间相关各项异性衰减

时，激发态分子以相对于 z 轴 θ 角取向对称地分布于 z 轴周围。在激发态寿命期间，由于荧光体的旋转扩散而使激发态分子的分布加宽，即旋转扩散引起吸收偶极矩与发射偶极矩间的平均角移，导致 $r(t)/r_0$ 随时间下降。

2. 调制相差法[13~15]

为了理解调制相差法测定荧光各向异性的方法原理，我们先介绍时间相关荧光衰变测定所采用的相调制法（phase-modulation），其原理如图 10.10 所示。

当用调制频率为 ω 的光激发荧光体时，发射的光也以同样的频率被调制。由于发射相对于激发的时间延迟，调制的发射光相对于激发光在相上延迟了 Φ_ω 角，发射光的调制幅度相对于激发光的调制幅度减小，其减少程度用去调制因子 m_ω 表示

$$m_\omega = \frac{B/A}{b/a}$$

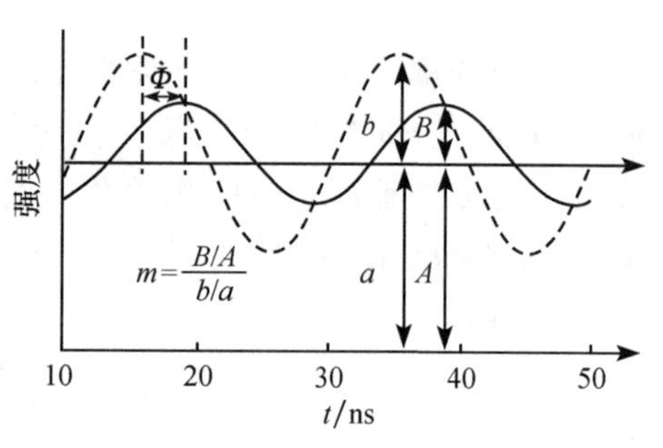

图 10.10 相调制法测定时间相关荧光衰变

—发射光，----激发光

下标表示相延迟角和去调制因子与调制频率有关，随着调制频率的增加，Φ_ω 从 0°到 90°变化，m_ω 从 1.0 降低到 0.0。对单指数衰变，荧光寿命分别与 Φ_ω 和 m_ω 以式（10.36）和式（10.37）相关。

$$\tan\Phi_\omega = \omega\tau_p \tag{10.36}$$

$$m_\omega = (1+\omega^2\tau_\omega^2)^{-1/2} \tag{10.37}$$

在测得相角 Φ_ω 和去调制因素 m_ω 之后，可以计算荧光体的荧光寿命 τ_p 和 τ_ω（下标表示由相角或去调制因素测量获得的荧光寿命）。相调制法是荧光寿命的测量方法之一。值得注意的是，对多指数衰变，相调制法测量的是平均寿命。平均寿命 $\bar{\tau}$ 满足式（10.38）。

$$\bar{\tau} = \frac{\sum_i \alpha_i\tau_i^2}{\sum_i \alpha_i\tau_i} \tag{10.38}$$

通过数据分析，可以获得各组分的荧光寿命 τ_i 和分数 α_i[13]。

调制相差法测定荧光各向异性的方法原理如图 10.11 所示。

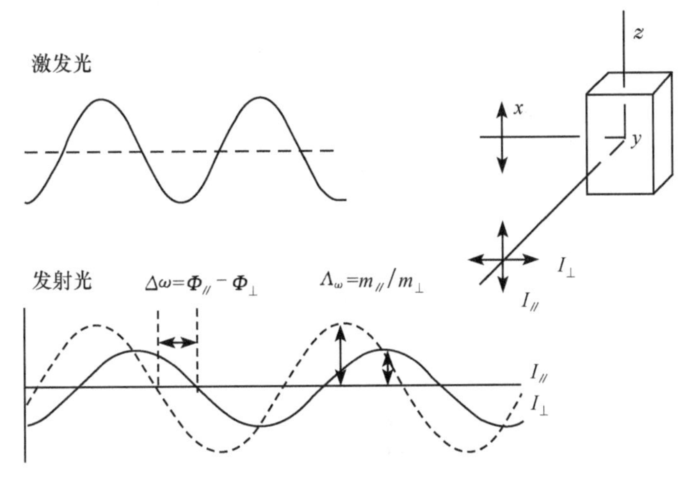

图 10.11　调制相差法测定时间相关各向异性

当用调制频率为 ω 的偏振光激发荧光体时，垂直偏振发射和水平偏振发射也同样被调制。由上一节讨论可知，与总发射强度衰变 $F(t)$ 比较，垂直偏振发射衰变 [$I_{/\!/}(t)$] 比 $F(t)$ 快，水平偏振发射衰变 [$I_\perp(t)$] 比 $F(t)$ 慢。用 Φ、$\Phi_{/\!/}$ 和 $\Phi_\perp$ 分别表示总发射、垂直偏振发射和水平偏振发射相对于偏振激发光在相上的延迟角，显然，$\Phi_{/\!/}<\Phi<\Phi_\perp$。用 m、$m_{/\!/}$ 和 $m_\perp$ 分别表示总发射、垂直偏振发射和水平偏振发射相对于偏振激发光去调制因素，显然，$m_{/\!/}>m>m_\perp$。垂直偏振发射与水平偏振发射的相差（Δ_ω）和调制比（Λ_ω）分别定义为

$$\Delta_\omega=\Phi_{/\!/}-\Phi_\perp \tag{10.39}$$

$$\Lambda_\omega=m_{/\!/}/m_\perp \tag{10.40}$$

根据去调制因素的定义不难推导出，调制比（Λ_ω）是垂直偏振发射和水平偏振发射调制幅值之比。因此，实际测量时只需简单地将发射偏振器分别（双通道）或先后（单通道）设置为垂直取向和水平取向，测定两组分的相角差和/或调制比。调制比（Λ_ω）通常用于表示时间相关各向异性

$$r_\omega=\frac{\Lambda_\omega-1}{\Lambda_\omega+2} \tag{10.41}$$

对单指数衰变各向异性，调制相差法测定的数据如图 10.12 所示。相角差相对于调制频率对数近似地呈洛伦兹分布，调制各向异性（r_ω）随调制频率单调增加。在低频时，r_ω 与稳态各向异性相等

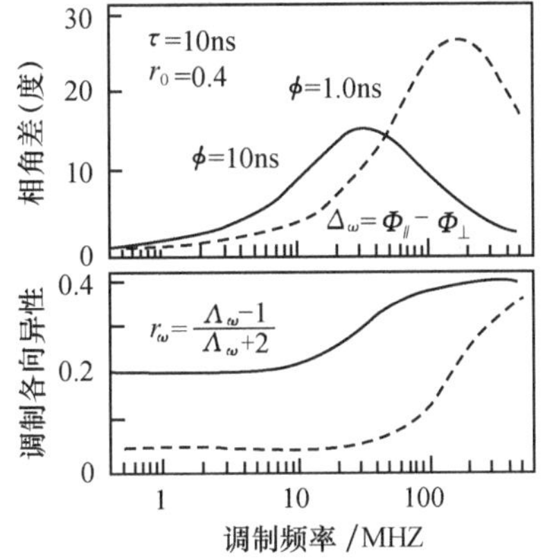

图 10.12　相角差（Δ_ω）与调制各向异性（r_ω）

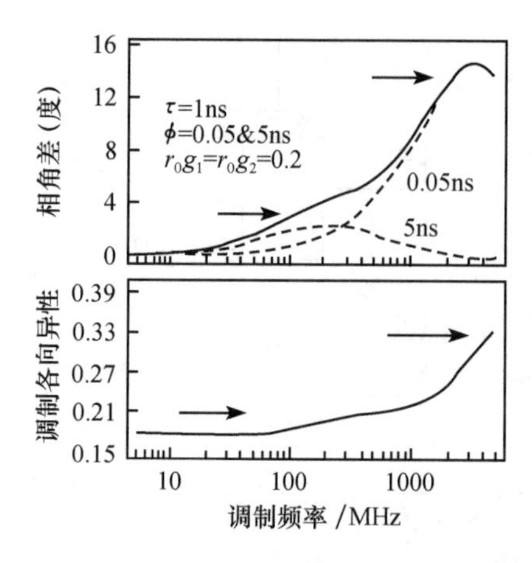

图 10.13 双指数衰变各向异性的相角差(Δ_ω)和调制各向异性(r_ω)

$$r = \frac{r_0}{1+\tau/\phi} = \frac{r_0}{2} \quad (\text{当}\ \tau = \phi\ \text{时}) \tag{10.42}$$

在高频时，r_ω趋近于r_0。随着荧光体旋转相关时间的增大，调制各向异性（r_ω）峰值增大并向低频区移动。相角差（Δ_ω）的最大值与荧光体的寿命和旋转相关时间的相对大小有关，其峰值随着荧光体旋转相关时间增大，向低频移动。

如果荧光体存在着旋转相关时间差异较大的多种旋转运动形式，其相角差（Δ_ω）随频率的分布相应地存在多个峰值，调制各向异性（r_ω）也相应地存在多个阶跃（如图 10.13 所示）。

§10.2.2 荧光各向异性衰减的多样性

各向异性 $r(t)$ 的单指数衰变仅适合旋转扩散不受约束，且旋转运动能用单一旋转相关时间 ϕ 描述的各向同性的荧光体。

当荧光体的旋转运动受到约束时，荧光各向异性并不衰减为零，而是衰减至一极限值 r_∞，如图 10.14 所示。受约束的荧光体的荧光各向异性衰减可近似地描述为

$$r(t) = (r_0 - r_\infty)e^{-t/\phi} + r_\infty \tag{10.43}$$

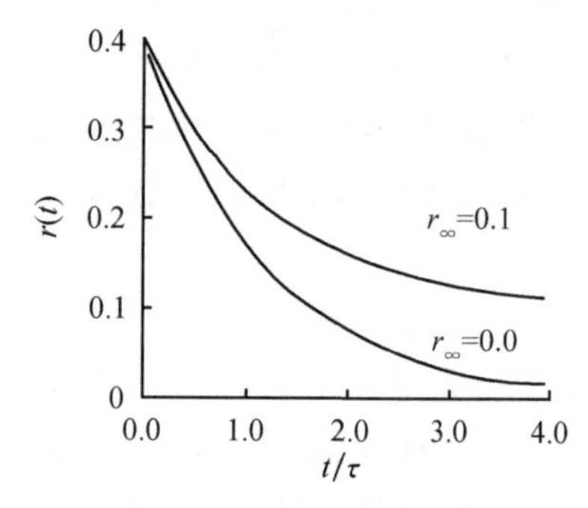

图 10.14 荧光体自由旋转扩散与受约束旋转扩散的时间相关各向异性衰减

非球形对称的荧光体，其不同方向旋转扩散的速度可能是不同的。例如，平面型荧光分子苝（图 10.15）存在着面内旋转（绕 y 轴旋转）和面外旋转（绕 z 轴或 x 轴旋转），显然三种旋转扩散的速度是有差异的。非对称旋转扩散的荧光各向异性的衰减可表述为多指数衰减的和式（10.34）。

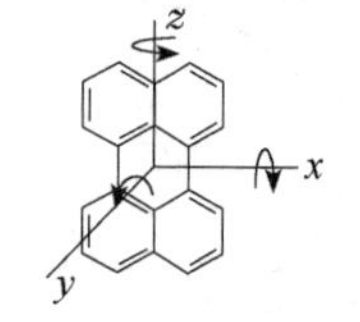

图 10.15 平面形分子苝的非对称旋转运动

键合于生物大分子上的荧光体的各向异性的衰减也可能呈现多指数衰变的规律。一方面荧光分子存在着局部的旋转运动(segmental motion)，同时，又随着生物大分子作旋转运动。假设，荧光分子局部旋转运动独立于生物大分子，荧光体的各向异性时间相关衰减可描述为

$$r(t) = r_0[\alpha e^{-t/\phi_F} + (1-\alpha)]e^{-t/\phi_P} \tag{10.44}$$

式中：ϕ_F和 ϕ_P分别为荧光分子作局部旋转运动和随大分子旋转运动的旋转相关时间。$\alpha<1$ 时，可以理解为荧光体的局部旋转运动受到一定的约束，荧光各向异性值衰减至一极值，$r_\infty=r_0(1-\alpha)$，随后继续随大分子旋转，荧光各向异性值随时间衰减至零。$\alpha=1$，荧光体的荧光各向异性值呈单指数衰减。值得注意的是，在进行时间相关各向异性衰变测量时，实验数据通常拟合为指数的和

$$r(t) = r_0(f_S e^{-t/\phi_S} - f_L e^{-t/\phi_L}) \tag{10.45}$$

式中下角 S 和 L 分别表示短的和长的旋转相关时间。比较式（10.44）和式（10.45），不难得到

$$f_S = \alpha, \qquad f_L = (1-\alpha) \tag{10.46}$$

$$\frac{1}{\phi_S} = \frac{1}{\phi_L} + \frac{1}{\phi_P}, \qquad \frac{1}{\phi_L} = \frac{1}{\phi_P} \tag{10.47}$$

有时，一个体系中存在着两种荧光体，或同一种荧光体处于两种不同的微环境。例如，游离的荧光分子与键合于蛋白质的荧光分子。荧光强度的衰减满足

$$I(t) = \alpha_1 e^{-t/\tau_1} + \alpha_2 e^{-t/\tau_2} \tag{10.48}$$

式中：τ_1与 τ_2分别为荧光分子键合前后的荧光寿命。根据荧光各向异性加合性原则，体系荧光各向异性随时间的衰减为

$$r(t) = f(t)_1 r_{01} e^{-t/\phi_1} + f_2(t) r_{02} e^{-t/\phi_2} \tag{10.49}$$

对同一荧光体，$r_{01}=r_{02}$，写成 r_0。式中的 $f(t)$ 为

$$f_i(t) = \frac{\alpha_i e^{-t/\tau_i}}{\sum_i \alpha_i e^{-t/\tau_i}} \tag{10.50}$$

假设键合前后荧光寿命未发生改变，即 $\tau_1=\tau_2$，且游离的荧光分子旋转相关时间 ϕ_1与蛋白质的旋转相关时间 ϕ_2比较小得多，那么，体系的荧光各向异性时间相关衰减可以描述为

$$r(t) = \frac{\alpha_2}{\alpha_1 + \alpha_2} r_0 e^{-t/\phi_2} \tag{10.51}$$

§10.3 荧光偏振与荧光各向异性的应用

荧光体的荧光偏振与荧光各向异性值的测定，能够提供与荧光体在激发态寿命期间的旋转运动动力学相关的信息，为诸如蛋白质-蛋白质作用，蛋白质-DNA 键合，抗原-抗体免疫反应，以及细胞膜的流变性等的研究提供理论基础和实验技术。

§10.3.1 荧光偏振免疫测定

Danliker[16~18]等人将荧光偏振应用于免疫分析，建立了荧光偏振免疫分析的理论与实验方法。

当用小分子荧光体（F）标记抗原（Ag）时，由于标记抗原（F-Ag）的分子质量相对较小，旋转运动较快，标记抗原的稳态荧光发射几乎是消偏振的。当标记抗原与大分子抗体发生特异性免疫反应后，旋转体的体积发生了很大的变化，荧光体的旋转运动受到抑制，荧光偏振与各向异性显著增大（图 10.16）。因此，荧光偏振或荧光各向异性的测定可以提供抗原-抗体免疫反应的信息，为研究抗原-抗体免疫反应、测定抗原或抗体提供理论基础和实验技术。

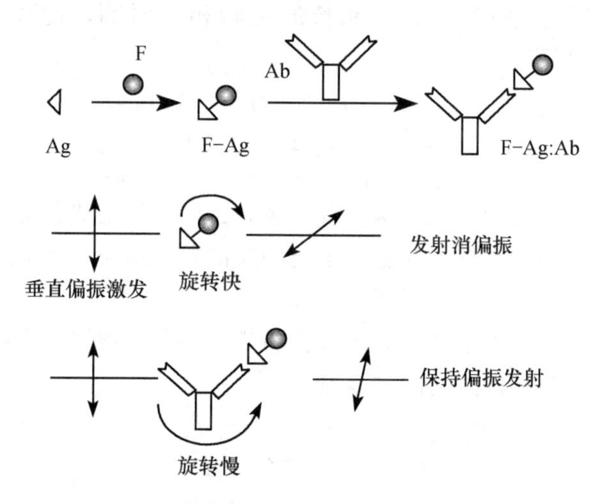

图 10.16 荧光标记免疫反应前后发射偏振变化示意图

Bicamumpaka[19]等人将荧光偏振免疫分析技术应用于抗癌活性物质 paclitaxel 的测定，检测限达到 2nmol/mol。异硫氰酸荧光素（FITC）标记的 paclitaxel 与单克隆 paclitaxel 抗体（anti-pactaxel）特异性结合导致荧光偏振增强。在固定标记抗原（FITC-paclitaxel）和抗体（anti-pactaxel）的条件下，加入待测抗原（非标记抗原 paclitaxel），后者与标记抗原竞争抗体，导致荧光偏振下降，由竞争反应与非竞争反应荧光偏振的比值（P/P_0）给出测量 paclitaxel 的标准曲线。

荧光偏振免疫技术已广泛地应用于酶蛋白[20]、药物[21]和农药[22]等物质的分析。

在设计荧光偏振免疫分析实验方案时，为保证免疫反应后能得到尽可能大的荧光偏振增量，应选择具有适宜荧光寿命的荧光分子标记抗原或抗体。从 Perrin 方程（式 10.21）可以看出，发射消偏振的程度取决于荧光体的荧光寿命与旋转体的旋转相关时间的相对大小。为使标记抗原在免疫反应前的发射消偏振，应满足$\phi \ll \tau$。旋转相关时间 ϕ 与旋转体的分子质量（M_r）大小有关

$$\phi = \frac{\eta V}{R_g T} = \frac{\eta M_r}{R_g T}(\bar{v} + h) \tag{10.52}$$

式中：$\bar{v}$ 为蛋白质的比体积；h 为蛋白质的水合常数，一般取值为 0.2gH_2O/每克蛋白。图 10.17 给出了用不同寿命的荧光分子标记不同分子质量的蛋白质的荧光各向异性的变化规律。从图上可以看出，当用短寿命的荧光分子标记小分子蛋白质时，（例如，用荧光寿命为 4ns 的荧光素标记分子质量为 1000Da 的蛋白质时，）标记蛋白的发射是消偏振的（$r<0.05$），当该标记蛋白与特异性抗体（例如，分子质量为 10^5 Da 的蛋白质）反应后，荧光各向异性显著增加（$r>0.28$）。如果测量的抗原是分子质量为 10^5 Da 的蛋白质，其特异性抗体是分子质量为 10^7 Da 的蛋白质，那么，荧光寿命为 4ns 的荧光素就不能使用了，而应选择荧光寿命为 400ns 或更长的荧光分子作标记[23~27]。

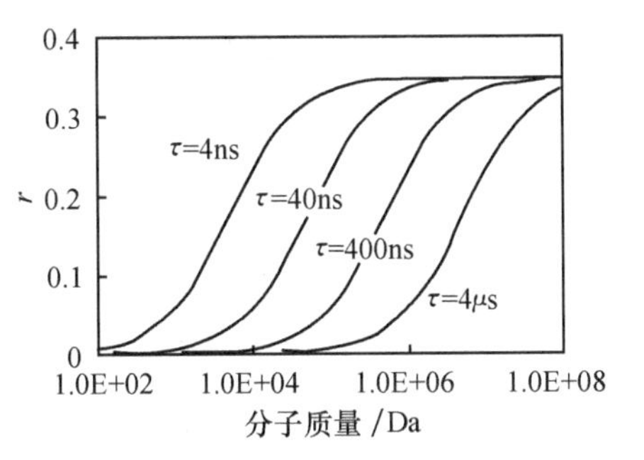

图 10.17　分子量-荧光寿命-荧光各向异性相关性示意图
有关参数取值：$\eta=1$cp，$T=298K$，$\bar{v}+h=1.9$，$r_0=0.35$

§10.3.2　蛋白质体积的测量与蛋白质旋转扩散的表征

Perrin 方程［式（10.21）］可以表示为

$$\frac{1}{r}=\frac{1}{r_0}+\frac{\tau R_g T}{r_0 \eta V} \tag{10.53}$$

荧光偏振测定在生物化学中的最早期的应用之一就是应用 Perrin 方程的这一形式测量蛋白质的表观体积[28]。其通常的做法选用寿命匹配的外源荧光分子共价标记蛋白质，以 $1/r$ 或（$1/P-1/3$）相对于 T/η 作曲线，曲线外推至与 y 轴相交得截距 $1/r_0$，r_0 即荧光分子的内在荧光各向异性。由曲线的斜率可以计算出蛋白质的体积。值得注意的是，荧光分子标记蛋白质，除了随蛋白质的旋转运动外，常伴有局部的扩散运动（segmental motion）。荧光分子的局部的扩散运动通常独立于大分子的旋转扩散，具有很短的旋转相关时间，对环境黏度的响应并不敏感。由于这一快速旋转扩散的存在，通常导致测得的表观内在各向异性 r_0^{app} 比在旋转运动不存在时测得的 r_0 小，根据实验结果计算出的是蛋白质的表观体积。如果荧光分子局部的旋转扩散与蛋白质的旋转扩散相比快得多，表观体积体现的是蛋白质整体旋转运动的体积，因此，表观体积仍然是实际体积的很好的估计值。但如果荧光分子局部扩散旋转相关时间与整体运动旋转相关时间差异不大，表观体积将比实际体积显著降低。由曲线的斜率和截距换算出蛋白质的体积后，可由式（10.19）换算出蛋白质的旋转相关时间。一般来说，观测到的旋转相关时间为无水化蛋白质旋转相关时间的两倍。例如，分子质量为 50kDa 的蛋白质，典型的 $\bar{v}=0.73$mL/g，$\eta=0.94$cp，$h=0.23$gH_2O/g 蛋白质，$T=25$℃时，据式（10.52）计算所得旋转相关

时间 ϕ=14ns。用丹磺酰氯-赖氨酸标记抗原结合免疫球蛋白 Fab 碎片的时间相关各向异性衰减测得其旋转相关时间约为 33ns。

参 考 文 献

[1] Perrin F. J. Phys. Radium 1926，7：390.

[2] Weber G. Adv. Protein Chem.，1953，8：415.

[3] Weber G. J. Opt. Soc. Am.，1956，46：962.

[4] Kakehi K. et al. Anal. Biochem.，2001，297：11.

[5] Ha T. et al. J. Phys. Chem. B，1999，103 (33)：6839.

[6] Hill J. J. et al. //Methods in Enzymology. Brand L. and Johnson M. L. Ed. San Diego：Academic Press，1997，278：390.

[7] Rangarajan B. et al. Biomaterials，1996，17 (7)：649.

[8] Checovich W. J. et al. Nature，1995，375：254.

[9] Lakowica J. R. et al. J. Fluoresc.，1993，3 (2)：103.

[10] Lakowicz J. R. Topics in Fluorescence Spectroscopy. Vol. 3. Biochemical Application. New York：Plenum，1992.

[11] Marangoni A. G. et al. Food Res. Int.，1992，25 (1)：67.

[12] Lakowicz J. R. Principles of Fluorescence Spectroscopy. New York ：Plenum Press，1983.

[13] Lakowicz J. R. Principles of Fluorescence Spectroscopy. 2ed. New York：Kluwer Academic/Plenum Press，1999.

[14] Gryczynski I. et al. Biophys. Chem.，1994，52：1.

[15] Díaz A. Navas et al. Talanta，2003，60：629.

[16] Danliker W. B. et al. Biochem. Biophys. Res. Commun.，1961，5：299.

[17] Danliker W. B. et al. Immunochemistry 1970，7：799.

[18] Danliker W. B. et al. Immunochemistry 1973，10：219.

[19] Bicamumpaka C. et al. J. Immuno. Meth.，1998，212：1.

[20] Seethala R. et al. Anal. Biochem.，1998，255：257.

[21] Ye L. et al. J. Chromato. B：Biomed. Sci. and Appl.，1998，714 (1)：59.

[22] Eremin S. A. et al. Anal. Chim. Acta，2002，468 (2)：229.

[23] Guo X. -Q. et al. Anal. Chem. 1998，70 (3)：632.

[24] Szmacinski H. et al. Biophys. Chem.，1996，62 (1～3)：109.

[25] Terpetschnig E. et al. Anal. Biochem.，1995，227：140.

[26] Terpetschnig E. et al. Anal. Biochem.，1996，240：54.

[27] Kang J. S. et al. Biochim. Biophys. Aata，/Protein Structure and Molecular Enzymology. 2002，1597 (2)：221.

[28] Weber G. Biochem. J. 1952，51：155.

（本章编写者：郭祥群）

第十一章　低温荧光分析法

一般荧光分析法都是在室温下进行的，荧光光谱为带光谱，谱带由于各种变宽因素往往较宽。自然界有许多有机化合物，其化学结构颇为接近，而且各存在着多种同分异构体和衍生物，它们的光谱往往互相重叠，难于鉴别表征以及定量测定，虽然室温下已有各种各样窄化谱带和提高光谱选择性的方法，但从方法原理上仍属于利用带光谱的范畴。

溶液中的环境因素对分子荧光会产生显著的影响，温度是其中的一个主要因素。随着温度的降低，介质的黏度增大，荧光分子与溶剂的碰撞机会以及分子的内部能量转化作用大大减少，荧光物质的荧光量子产率和荧光强度将增大。因此，在低温以及特殊条件下，荧光物质就能给出尖锐的荧光光谱（“准线性光谱”），这就有可能对样品中所含荧光体进行“指纹识别”，甚至有可能对混合物中某些特定组分进行定量测定。

低温荧光分析法基本可分为四种类型：①冷冻溶液 Shpol'skii 荧光法（斯波斯基荧光法）；②蒸气相基体隔离荧光法；③基体隔离 Shpol'skii 荧光法；④有机玻璃中荧光窄线法。其中冷冻溶液 Shpol'skii 荧光法和荧光窄线光谱法最为广泛应用，但后者需要激光光源。低温荧光法与室温荧光法相比，由于光谱带宽急剧窄化，在选择性上可以说是根本性的突破，不足之处在于因需要低温设备，比起室温法颇多不便，且在应用中由于须将单色仪狭缝带宽降低，实际灵敏度往往较低。

§11.1　冷冻溶液 Shpol'skii 法

§11.1.1　Shpol'skii 效应

1952 年，前苏联科学家 Shpol'skii[1] 报道，某些芳族化合物在 77K 或更低温度下在正链烷溶剂形成的结晶基体中，给出分辨很好的精细结构荧光光谱。这种现象并不普遍存在，而是对溶质分子（客）和基体分子（主）的线性尺寸与几何关系有强烈的要求，只有在它们匹配的情况下才能发生，而且荧光光谱的形状与冷却速度有关。

在冷冻溶液 Shpol'skii 法中，溶质分子并非杂乱无章地散处在基体晶体之内，而是嵌入到结晶溶剂的晶格中被远距离隔开，占据特殊晶格位置，有严格的取向，有同样的分子场，其行为如同隔离分子。分子之间的相互作用、分子的振动能、转动能以及热变宽（多普勒）效应大大减少，因此能够产生精细的准线性振动结构光谱，荧光强度增强且谱带变得尖锐。图 11.1 示出 1-羟基苯并［a］芘在室温和 10K 温度下的荧光发射光谱，由图可见，低温下，发射带明显发生分裂，呈现出清晰的振动结构[2]。Shpol'skii 光谱中，发射光谱和长波处的激发光谱都呈现窄的谱带，短波处的激发光谱由于高激发态寿命较短，谱带宽化。

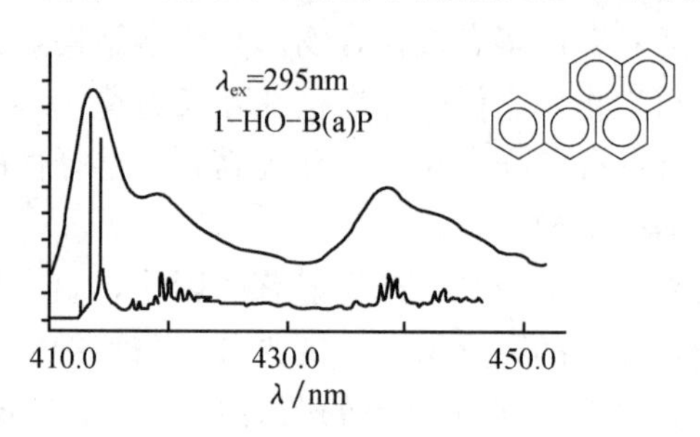

图 11.1　1-羟基苯并［a］芘在室温和 10K 温度下的荧光发射光谱

正辛烷溶剂

Shpol'skii 效应是一种基体效应，由于微环境非一致性因素的减少，谱带的非均匀变宽因素也减少。在无非均匀变宽因素的条件下，均匀变宽因素就对谱带形状起了决定性作用[3,4]。其中有两个因素至关重要：一个是在光谱跃迁过程中激发态的寿命；另一个是溶剂分子到溶质分子振动能级的电子跃迁耦合（电子和声子耦合）。Heisenberg 测不准原理给出了由激发态寿命 τ 所引起的均匀线性宽度[4]。

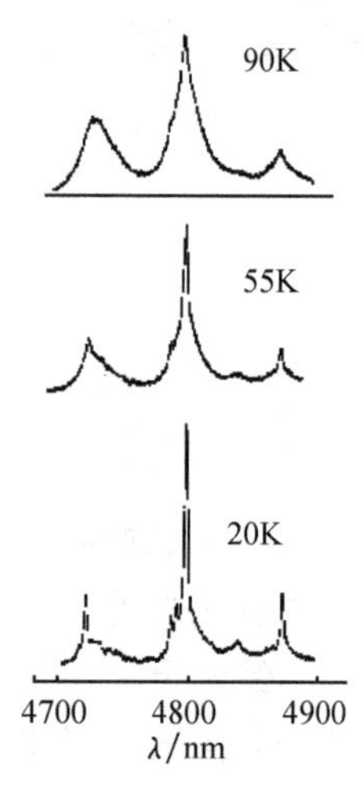

图 11.2　丁省在正壬烷中的 0-0 跃迁区域的荧光光谱

通常，常温谱带半峰宽为几个纳米至数十纳米，而冷冻溶液的谱带半峰宽一般为 1～2nm。可以将这种光谱分裂为非常尖锐的、半峰宽仅为几百皮米的谱峰。如果用激光进行激发，谱峰宽度还可进一步变窄，使得光谱选择性大为提高。

温度对 Shpol'skii 光谱的敏锐程度有很大影响，如图 11.2 所示。图中 20K 温度下所观察到丁省的光谱半峰宽为 $10cm^{-1}$，这值远高于零声子线的均匀宽度，表明谱线仍存在残余的非均匀变宽[4]。

§11.1.2　溶剂匹配

Shpol'skii 光谱技术是基于溶质和溶剂匹配程度的一种技术。为了获得较理想的 Shpol'skii 光谱，溶质分子的大小必须与溶剂分子相近，因为这样才能使溶质分子嵌入溶剂的晶格内。通常选用的一种烷烃溶剂只能使某种特定的溶质分子产生非常窄的谱带，这是在几种正烷烃多晶实验中发现的“钥匙和锁”的关系，但是没有发现过完全专一的溶剂。图 11.3 为 16 种 EPA 指定的多环芳烃及相应的最佳 Shpol'skii 溶剂的几何关系示意图[5]。只要所用的浓度和冷冻速率是准确的，那么获得溶质分子的准线性 Shpol'skii 光谱并不困难。虽然在四氢呋喃溶液中也能观察到光谱图，但分子大小合适的正烷烃仍是最常用的溶剂[6]。

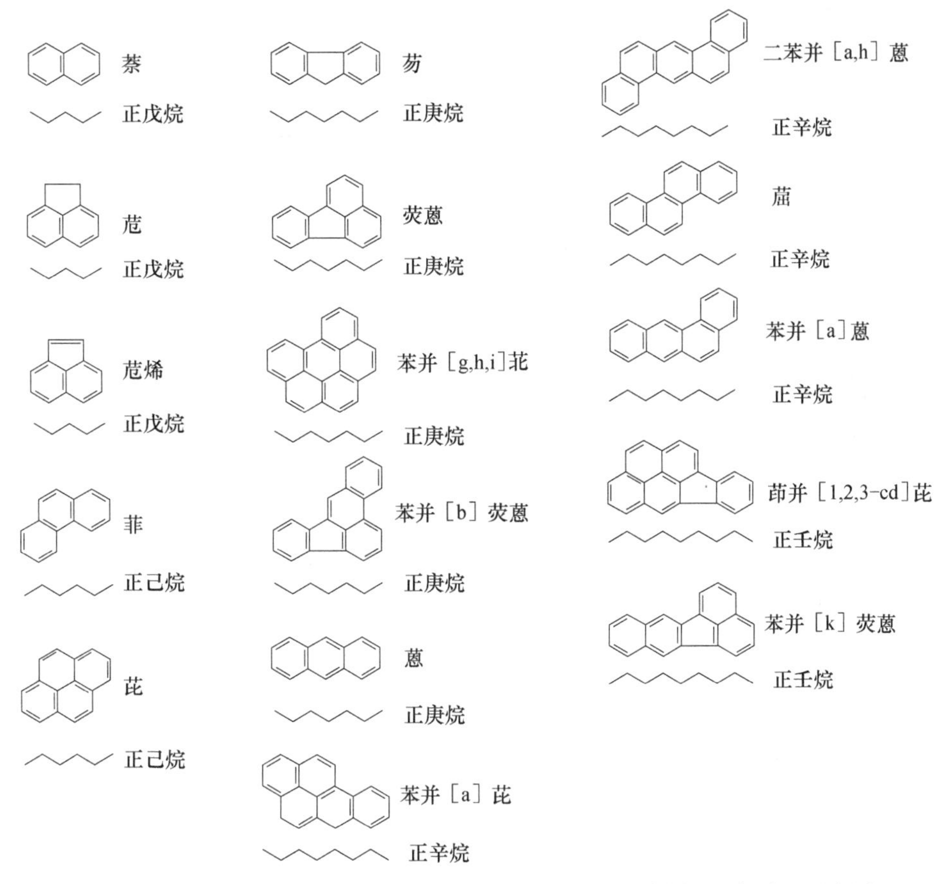

图 11.3　16 种 EPA 多环芳烃及相应的最佳 Shpol'skii 溶剂的几何关系示意图

§ 11.1.3　实验参数选择[2,3,7,8]

在 Shpol'skii 荧光法中，冷冻速度必须快，换句话说，即大量嵌进去的分子是在最低振动能态中被冷冻的。如果溶质形成微晶聚集态，则会由于激发物的发光、猝灭和敏化而导致定量上的误差。这是因为大多数有机物的溶解度随着温度的下降而降低，在冷冻溶液的过程中，溶剂固化之前溶质有可能释出结晶，导致溶质非均匀地分散在整个基体中，以微晶聚集体的形式浓集。而这些聚集体的荧光发射产率可能比隔离分子低得多，因而降低了测定的灵敏度，也可能呈现出与隔离分子不同的光谱。所以，在实际操作过程中还应注意不使用过高的溶质浓度，选择易使溶质溶解的溶剂，尽可能快地冷冻试样溶液以减少溶质和溶剂的分凝现象。Shpol'skii 光谱受 Shpol'skii 基体、样品的准备过程和溶质的浓度效应影响很大，如果有足够快的冷冻速度和低于 10^{-6} mol/L（对小分子而言）的浓度，即可克服由此所引起的光谱变化因素，然而对于大分子而言，冷冻速度的快慢所起的作用并不大。

另外，冷冻的多晶固体样品形成后，样品就变得不透明，因此会产生严重的散射。

Shpol'skii 光谱技术最大的不足是一些极性或者高分子化合物不能溶解在正烷烃溶剂中，以致应用范围有很大局限性。

§11.1.4 选择检测和位置选择激发

复杂混合物因组分很多，所得到的 Shpol'skii 荧光光谱谱线过多，不易识别。如需要对混合物中某些组分进行鉴别或定量测定时，可采用选择检测的办法，即将激发波长选择在待测组分的吸收原点附近，而在所选定的波长处其它组分并不吸收，这样可以只使待测组分发生荧光而其他组分不发生荧光。

在溶质-溶剂体系的晶体中有多重位置，而各个位置给出的光谱有些位移。一般观察到的 Shpol'skii 荧光光谱是多重位置的综合光谱，谱线太多。为了更好地对复杂混合物进行检测，可以采用“位置选择激发”（site-selective excitation），使所得到的荧光光谱只是来自该化合物占据晶体中同一位置的分子，这样谱线数目就可以大为减少。例如，图 11.4 中 A 为 11-甲基-苯并［a］蒽（11-M-B[a]A）在正辛烷中在 364.6nm 光线激发下取得的非位置选择激发的 Shpol'skii 荧光光谱，谱线众多。这些谱线来自至少三个不同的晶体位置。从图上可以看出，占据这三个位置的该化合物分子的 0-0 跃迁波长分别为 384.8、385.2 和 386.0nm（即图 11.4A 中的 1、2、3 位置）。如将发射波长固定在 384.8nm 而后进行激发扫描，则可得到占据在位置 1 上的分子的激发光谱 B′。从 B′ 容易看出，为了取得占据位置 1 上的分子的荧光光谱，须选用 B′ 最高峰 374.8nm 作为激发波长。以 374.8nm 进行激发，得出该化合物占据位置 1 的分子的荧光光谱 B。用同样方式可以取得该化合物占据位置 2 的分子的荧光光谱 C 和占据位置 3 的分子的荧光光谱 D。这些位置选择激发的荧光光谱显然优于一般光谱，其选择性和灵活性大为增强[9,10]。

无论选择检测或位置选择激发，都需要用宽度狭小的激光。事实上，取得高分辨 Shpol'skii 荧光光谱的限制因素并不是溶质分子的吸收带宽度，而是激发光的单色性。因此，为了取得 Shpol'skii 效应完满的分析效果，通常采用可调谐染

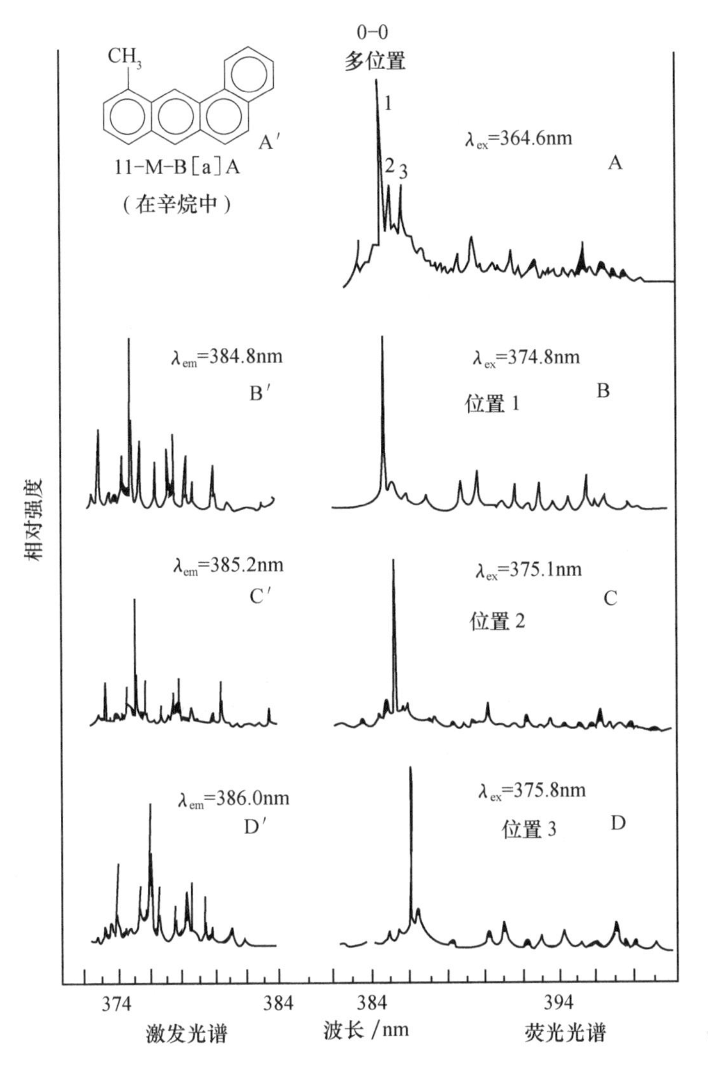

图 11.4　11-甲基-苯并［a］蒽在正辛烷中的位置选择激发荧光光谱

料激光器作为激发光源[11~13]。

作为昂贵激光激发技术的补充，同步荧光光谱与低温 Shpol'skii 法的联用也能够提供一种简化谱线、缩小光谱范围的方法[14,15]。

§11.2　其他低温荧光法

§11.2.1　蒸气相基体隔离荧光法

蒸气相基体隔离荧光法是把液体或固体样品气化，与大量（10^4～10^8 倍，以摩尔计算）稀释气体混合，把混合物沉积在冷冻的光学窗上，以供荧光分析之用。氮和氩是适宜的稀释气体，因它们是化学上不活泼的，在测量的波长范围内不吸收。在固体氮或氩的基体中，全部样品分子以基体分子作为近邻，它们与基体的相互作用很微弱，因而对光谱的干扰作用降至最小。许多有机化合物在 n-链烷中的溶解度小，采用蒸气相基体荧光法可以克服这个困难。

低温荧光法得到的是准线性荧光光谱，对于待测物的指纹识别很有用处。用冷冻溶液 Shpol'skii 荧光法可以比基体隔离荧光法得到更好的分辨，这是由于样品分子和氮或氩分子尺寸匹配不好的缘故。另一方面，冷冻溶液 Shpol'skii 荧光法在定量分析中得到的线性工作范围和精密度比不上基体隔离荧光法，这可能是因为当液体溶液冷冻时溶质分子发生聚集，甚至形成溶质微晶的缘故。基体隔离法因能抑制撞击、能量转移和猝灭等现象而得到高精密度和良好的线性关系，溶质浓度范围可高达 5～6 个数量级。

§11.2.2　基体隔离 Shpol'skii 荧光法

冷冻溶液 Shpol'skii 荧光法和蒸气相基体隔离荧光法各有其优缺点，如果能够把前者的高光谱分辨特性和后者的宽线性动态范围特性结合起来将具有高度的吸引力。基体隔离 Shpol'skii 荧光法就是用基体隔离法把样品隔离在蒸气沉积的 n-链烷基体中，而在测量荧光光谱之前进行短时间的“退火”，这样获得的光谱半峰宽远比样品在氮或氩基体中获得的峰宽小。

蒸气相基体隔离荧光法和基体隔离 Shpol'skii 荧光都具有较广的线性范围，如采用内标法或标准加入法，可用于样品的定量分析。从某些分析结果看来，在氮基体中以氙灯激发而在链烷基体中以激光激发为宜[16]。

§11.2.3　荧光窄线法

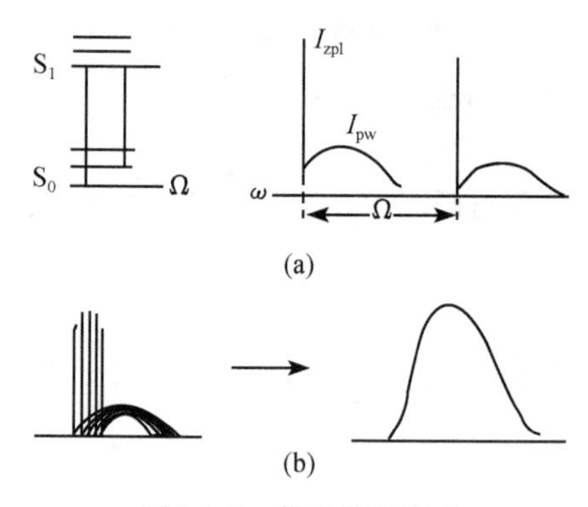

图 11.5　荧光带的形成

(a) 分子的振动带；(b) 不均匀宽广带

在低温（～4K）下用宽度约为 1～2cm^{-1}的狭窄激光线激发在有机玻璃体中的多环芳烃也可得到锐线的荧光光谱，这种方法称为荧光窄线法[17～19]。溶液中的分子和晶体中的杂质中心相似，分子每一振动跃迁必将导致一个光谱带，它包含着一个狭窄的零声子线和一个宽广的声子翼（声子为晶体点阵振动能的量子），如图 11.5 所示。零声子线积分强度（I_{zpl}）与声子翼积分强度（I_{pw}）的关系如下式所示

$$\alpha = I_{zpl}/(I_{zpl} + I_{pw}) = \exp[-2M(T)] \tag{11.1}$$

式中：α 称为 Debye-Waller 因素。$2M$ 的值与分子和溶剂的电子-声子耦合的强度、溶剂的声子谱的特性以及温度 T 等有关。电子-声子耦合越弱，温度越低，零声子线强度越大。但在许多情况下，虽然是弱的电子-声子耦合和低的温度，光谱中并没有出现零声子线，而只呈现一个宽广的谱带［图 11.5（b)］。这种不均匀变宽作用，可能是由于强的分子内部或分子间的相互作用。宽广的光子翼否定了荧光窄线法的优点。用位置选择激发，即调节激光波长使其仅仅激发那些在这个波长具有零声子线吸收（即 $S_1 \rightarrow S_0$ 跃迁）的分子，而不激发其他分子，就可以删除不均匀变宽作用而得出窄线光谱。窄线是决定于溶质分子的振动能级，而与溶剂无关。声子翼则是由于溶质分子和基体声子的相互作用而形成的。

荧光窄线光谱的发生有两个主要条件：一个是上述的激发波长和溶质分子的纯电子跃迁的配合，另一个条件是温度必须足够低。温度升高将引起零声子线减弱，当温度升高至 40～50K 时，零声子线基本上消失。

选用有机玻璃作为基体的原因是由于它们具有优良的光学性质，能够把激光散射减至最小，行为良好的玻璃是极性化合物和非极性化合物的优良溶剂。对于多环芳烃的检测，以 1∶1 甘油∶水体系最为理想。这种体系因含有大量的水，可以用于水样品如污染水样的直接检测。

有机玻璃荧光窄线法选择性很好，但灵敏度低于激光激发 Shpol'skii 荧光法。该法可使用的基体较多，它不要求溶质分子与溶剂分子之间一定要匹配，其应用比 Shpol'skii 法更灵活。在实际操作中，溶剂的选择更自由；甚至可把样品沉积在薄层色谱板上，这也因此促使液相色谱技术与荧光窄线法结合[2]。

§11.3　仪器设备

冷冻溶液 Shpol'skii 荧光法一般采用通常的荧光分光光度计，配上低温装置如装液氮的杜瓦瓶，或将装上样品溶液的熔融石英管接在闭路循环冷冻机的冷指上，采用氙弧灯作为光源[1,20,21]。

低温荧光检测系统中最重要的要属低温发生装置。近年来各种各样的低温发生装置相继提出，其中尤以光纤的应用为多[22～25]。图 11.6 为俄国 Lumex 公司提出的一种低温发生装置，样品池置于样品轮上，可同时放置 12 份样品，由光纤探头收集低温荧光信号，经单色仪分光后，送到检测器进行信号转换和记录。

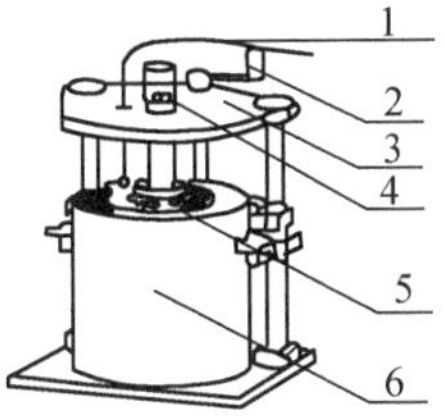

Gooijer 等[2]综述了两种氦制冷装置：浸没式和闭路循环式。前者将样品浸没在液氦中，这样需要消耗比较多昂

图 11.6　低温装置结构图

1. 光纤束；2. 手柄；3. 杜瓦瓶盖；4. 刻度杆；5. 样品轮；6. 杜瓦瓶

贵的液氦；后者样品附到与低温介质接触的冷指上，装置本身价格昂贵，必须在真空下工作。

采用宽带激发几乎没有位置选择效应，可得到样品的全部荧光谱线，允许同时观测一系列异构体。但如果要进行选择检测或位置选择激发就必须采用可调谐染料激光器作为激发光源。

蒸气相基体隔离荧光法除恒低温器的顶部特殊设计供基体隔离之外，其他仪器设备和冷冻溶液 Shpol'skii 荧光法所用的一样。蒸气相基体隔离荧光法使用的基体隔离设备如图 11.7 所示。一个小玻璃管的一端接在真空接头上，另一端是喷嘴。玻璃管外边绕上加热丝，温度由自动变压器控制。样品可置于小玻璃管内，由稀释气体把样品蒸气带入恒低温器顶部，或者在恒低温器顶部内与样品混合。所用的是闭路循环恒低温器，温度一般保持在 11～15K。样品沉积的表面必须具有高热导率和适宜的光学性质，对于紫外-可见光测量一般采用蓝宝石，对于红外光则采用碘化铯。

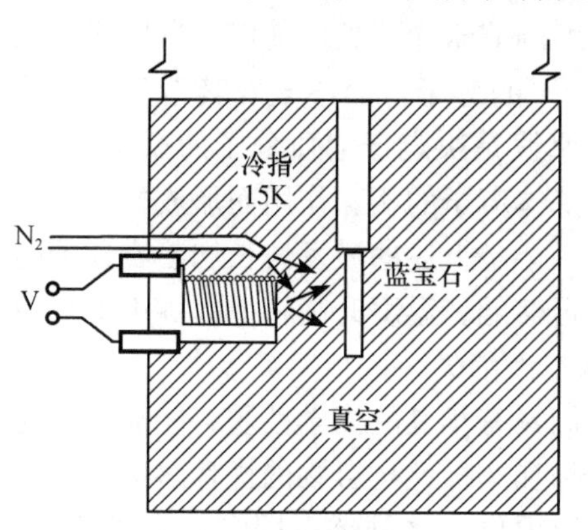

图 11.7 基体隔离多环芳烃用的恒低温器顶部

在基体隔离 Shpol'skii 荧光法中，用涡流真空升华设备把样品沉积在镀金的铜表面上，固定在闭路循环氦低恒温器的顶部，保持在 15K。采用汞-氙灯或氮激光器泵送的染料激光器作为光源进行激发。

在有机玻璃荧光窄线法中，用氦离子激光器、氮离子激光器或氮激光器泵送的染料激光器作为激发光源。样品置于配有石英光学窗口的双套层玻璃液氦杜瓦瓶中。其他设备和以往介绍的以激光器为光源的荧光设备一样。

如果需用短波长的激光进行激发，可采用适当的非线性晶体和染料激光器耦合，发生二次谐波使输出频率加倍。如用相干的氩离子激光器的 514.5nm 输出泵送装着罗丹明 6G 的染料激光器。激光聚焦于 45°Z-切非线性的二氢砷酸晶体，可以提供频率加倍的光，波长从 293.5～310.0nm 可调[26]。

§11.4 方法应用

§11.4.1 冷冻溶液 Shpol'skii 荧光法用于多环芳烃及衍生物的鉴别和定量分析

Shpol'skii 荧光法所获得的高分辨光谱大大提高了选择性，极大降低了内过滤效应和荧光猝灭现象（常温严重），有利于复杂体系中多环芳烃的分析。Shpol'skii 光谱呈现出精细的振动结构，特别有助于同分异构化合物之间的鉴别。Shpol'skii 光谱技术常用于环境中多环芳烃的定量测定，但动态范围有限，一般是 2～3 个数量级，这是 Shpol'skii 技术作为分析工具的一个主要不利因素。

Shpol'skii 荧光光谱分析法在环境化学、病毒学以及有机生物地球化学领域中的应用越来越广泛[2,27～29]。分析对象除了母体多环芳烃外，还包括多环芳烃的衍生物、杂环多环芳烃（如硝基多环芳烃、硫代多环芳烃、咔唑类多环芳烃）、生物地球化学的芳烃标记物以及大分子多环芳烃。Shpol'skii 荧光法已用于测定海水、河水、沉淀物、土样中的多环芳烃，以及煤炭、石油燃烧产物、烟草中杂环类多环芳烃。已可测定煤焦油和石油产物中大到 12 个芳香环的大分子多环芳烃。Kozin 等[30～31]已经利用 Shpol'skii 光谱法测定原油和机动车油箱中的多环芳烃，以及分析不同多环芳烃污染程度的土样和沉淀物，还利用激光激发的 Shpol'skii 光谱鉴别了多种单甲基芘的同分异构体。李耀群等[32]结合恒波长同步荧光扫描技术，可分辨常温下光谱严重重叠的 1，2-苯并蒽、苯并［e］芘和 1.2，5.6-二苯并蒽等多环芳烃。色谱分离技术和 Shpol'skii 荧光法的结合，可有效鉴别海洋生物起源分子（如芘和四氢芘）[27]。另外，多环芳烃代谢物的研究（如苯并［a］芘的代谢物和苯并蒽的代谢物）也有相关的报道。例如，Shpol'skii 荧光法分析鱼胆汁中的苯并［a］芘的代谢物，以及激光激发 Shpol'skii 荧光法测定尿样和血清样品中苯并［a］芘的代谢物等等。

Campiglia 等[5]利用固液萃取时间分辨 Shpol'skii 光谱直接快速筛查水样中重要多环芳烃污染物。图 11.8为添加了15种EPA指定的多环芳烃的河水水样

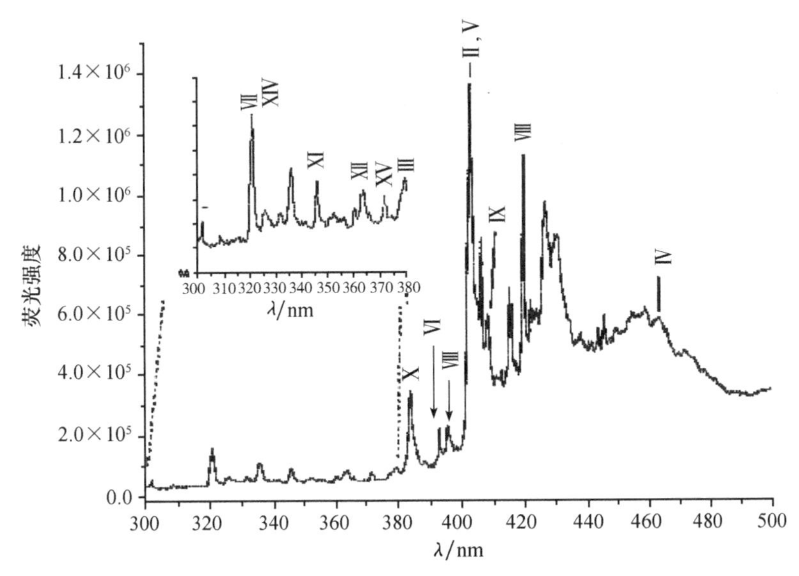

图 11.8 加入 15 种 ppb 级 EPA 多环芳烃的河水水样的低温荧光光谱

I～XV 分别代表不同的多环芳烃

的 77K 低温荧光光谱，仪器条件采用 283nm 脉冲激光激发，10ns 延迟时间，2ms 门控宽度。这 15 种 EPA 多环芳烃的谱峰在同一张光谱图几乎都清晰可辨，可用于同时鉴别各组分，尽管部分化合物的灵敏度较低。作者报道每个样品从萃取到鉴别所花时间大约 5min。他们于各多环芳烃分析波长下采用标准加入法定出各组分浓度，检出限达亚 ppb 级。

§11.4.2 基体隔离 Shpol'skii 荧光法测定炼焦厂分馏水液中苯并［a］芘和苯并［a］蒽[16,33]

样品用正庚烷稀释，并加入内标标准液，用泻流真空升华设备将其沉淀在镀金的铜表面上，固定在闭路循环氦低恒温器的顶部，保持在 15K。在沉积完成之后，在 145K 退火 5min，然后再降至 15K 进行检测。检测时采用氮激光器泵送的染料激光器作为激发光源，用光电倍增管检测。

用苝作为苯并［a］芘的内标，苯并［b］芴为苯并［a］蒽的内标。苯并［a］芘和苯并［a］蒽的激发波长分别为 389.2 和 292nm。对样品稀释液和标准溶液进行测定，分别在 403.0、383.5、340.3 和 445.2nm 测定苯并［a］芘、苯并［a］蒽、苯并［b］芴和苝的荧光强度。由测定数据和校正曲线求出样品中苯并［a］芘和苯并［a］蒽的含量。

§11.4.3 荧光窄线法用于脱氧核糖核酸（DNA）加合物的分析

荧光窄线法曾用于混合物中多环芳烃的代谢物及其五种 DNA 加合物的鉴别[34]，采用门控的增强二极管阵列和光学多道分析器作为检测装置，以抑制激光散射和不同寿命的荧光杂质的干扰。使用两种脉冲激发光源，一种是钕-铝榴石激光器泵送的倍频染料激光器，提供 335～360nm 激发光；另一种是氮激光器泵送的染料激光器，提供 360～390nm 激发光。样品经过制备和在甘油-水-乙醇混合物中在低温 4.2K 制成有机玻璃体后，在适当激发波长（A. 343.1nm 激发；B. 369nm 激发）进行（0，0）激发或者进行（1，0）振动带激发以减少激光散射的干扰。对取得的窄线荧光光谱进行分析，可鉴别出五种多环芳烃的 DNA 加合物。

新近，Jankowiak 等[35,36]提出了一种利用低温荧光窄线法检测的单克隆抗体-金生物传感器，用于同时测定 DNA-致癌物质加合物，他们在芯片同一位置，采用时间分辨激光激发荧光窄线法很容易地鉴别出苯并［a］芘衍生的两种不同的 DNA 加合物（加合物Ⅰ和加合物Ⅱ），检出限在几个皮摩尔范围。图 11.9A 是加合物Ⅰ的荧光窄线光谱，图中的光谱 a 和 b 分别用波长为 385.0nm 和 387.0nm 激光激发；图 11.9B 是加合物Ⅱ的荧光窄线光谱，图中的光谱 a 和 b 分别用波长为 367.0nm 和 363.0nm 激光激发。由图可见，两加合物各有许多特征性的激发态振动频率，因此，荧光窄线光谱可用于这两加合物的最终确认。

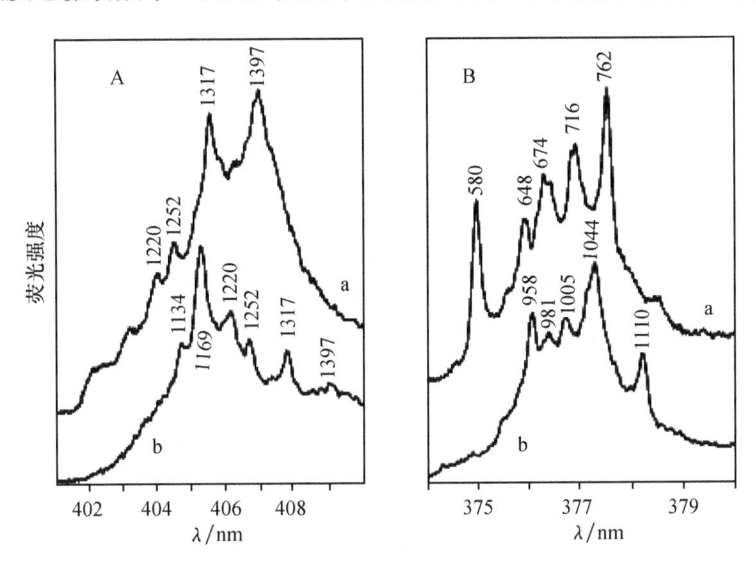

图 11.9　加合物Ⅰ（A）和加合物Ⅱ（B）的荧光窄线光谱（T=4.2K）零声子线用激发态振动频率（cm^{-1}）标出

参 考 文 献

[1] Shpol'skii E. V. et al. SSSR，1952，87：935.（Chem. Abstr. 47，4205b）

[2] Gooijer C. et al. Mikrochim. Acta，1997，127：149.

[3] Waheed S. et al. Intern. J. Environ. Anal. Chem.，1985，21：333.

[4] Hofstraat J. W. et al. Intern. J. Environ. Anal. Chem.，1985，21：299.

[5] Bystol A. J. et al. Environ. Sci. Technol.，2001，35：2566.

[6] Kirkbright G. F. et al. Chem. Phys. Lett.，1976，165：37.

[7] Hofstraat J. W. et al. J. Phys. Chem.，1989，93：184.

[8] 於立军等. 生命科学仪器，2003，1（2）：43.

[9] Kozin I. S. et al. Anal. Chem.，1995，67：1623.

[10] D'Silva A. P. et al. Anal. Chem.，1984，56：985A.

[11] Bystol A. J. et al. Environ. Sci. Technol.，2002，36：4424.

[12] Bystol A. J. et al. Talanta，2003，60：449.

[13] Luo W. et al. Chem. Res. Toxicol.，2003，16：74.

[14] Inman E. L. et al. Anal. Chim. Acta，1982，141：241.

[15] Hofstraat J. W. et al. Journal of Fluorescence，1998，8：319.

[16] Maple J. R. et al. Anal. Chem.，1980，52：920.

[17] Larsen O. F. A. et al. Anal. Chem.，1998，70：1182.

[18] Brown J. C. et al. Anal. Chem.，1980，52：1711.

[19] Chiang I. Et al. Anal. Chem., 1982, 54: 315.
[20] Garrigues P. et al. Anal. Chem., 1985, 57: 1068.
[21] Yang Y. et al. Anal. Chem., 1981, 53: 894.
[22] Bystol A. J. et al. Talanta, 2002, 57: 1101.
[23] Bystol A. J. et al. Applied Spectroscopy, 2000, 54: 910.
[24] Bystol A. J. et al. Anal. Chem., 2001, 73: 5762.
[25] Arruda A. F. et al. Talanta, 2003, 59: 1199.
[26] Hofstraat J. W. et al. Anal. Chim. Acta, 1985, 169: 125.
[27] Garrigues P. et al. Trends in Anal. Chem., 1995, 14: 5.
[28] 王连生等. 多环芳烃分析技术. 南京：南京大学出版社，1988：240.
[29] 於立军. 低温荧光分析新方法研究及其在多环芳烃中的应用. 厦门大学硕士学位论文，2002.
[30] Kozin I. S. et al. Chemosphere, 1996, 35: 1435.
[31] Kozin I. S. et al. Intern. J. Environ. Anal. Chem., 1995, 67: 1623.
[32] 於立军等，光谱学与光谱分析，2002，22：819.
[33] Perry M. B. et al. Anal. Chem., 1983, 55: 1893.
[34] Sanders M. J. et al. Anal. Chem., 1986, 58: 816.
[35] Grubor N. M. et al. Biosensors and Bioelectronics, 2004, 19: 547.
[36] Duhachek S. D. et al. Anal. Chem., 2000, 72: 3709.

（本章编写者：李耀群，陈国珍）

第十二章　固体表面荧光分析法

§12.1　方 法 原 理[1]

固体表面荧光测定有两种方法：一种系直接测定固体物质表面的荧光；另一种系将待测组分吸附在固体物质表面，然后进行荧光测定。采用的固体物质品种众多，有硅胶、氧化铝、滤纸、硅酮橡胶、乙酸钠、溴化钾、蔗糖、纤维素等。

固体表面荧光测定常与薄层色谱法或高效薄层色谱法联合使用。样品点滴在薄层色谱板上，经分离后对各个组分进行荧光强度的测定、荧光发射光谱与激发光谱的测绘。由薄层色谱的 R_f 值的荧光发射光谱、激发光谱可以鉴别各个不同组分。由样品的荧光强度和标准物质的荧光强度对比可以进行定量分析。

固体表面荧光测定有两种不同型式，一为反射式，一为透射式。采用反射式时，激发光源和荧光检测器同在样品的一边，一般互成 45°角。紫外激发光聚集于固体表面样品斑点上，样品发生的荧光经单色器散射后由检测器检测。采用透射式时，一般将样品吸附在透明的薄层色谱板上，激发光源和检测器分处在样品的两边。紫外激发光经滤光片除去可见光，聚集在样品斑点上而发可见光荧光，荧光透过薄层板再经单色器色散然后由检测器检测。在固体表面荧光测定中，待测物质吸附在固体物质的小颗粒上。入射光进入固体物质而在颗粒的边界上发生多重反射，成为漫反射，发生的荧光也在颗粒之间发生反射，形成了激发光和荧光两者的散射。在这样复杂的情况下，固体表面发生的荧光强度除与照射面积和荧光物质的数量有关外，还受众多因素的影响，如散射光强度、吸附层厚度、固体颗粒的大小、固体表面对激发光的吸收、测定的方式、观测发光信号的角度等。

某些工作者曾对固体表面荧光建立模式以预测发光强度与吸附化合物的关系。例如，Goldman[2]提出下列方程式

$$I^{+}/i_0\alpha = 1/3kx(1-7/30sxkx) \tag{12.1}$$

$$J^{+}/i_0\alpha = 2/3kx(1-4/30sxkx) \tag{12.2}$$

式中：I^{+}为透射荧光的强度；J^{+}为反射荧光的强度；i_0 为初始激发光强度；α 为吸收光转化为荧光的分数；k 为激发光吸光系数；s 为激发光的散射系数；x 为散射介质的厚度。

Hurtubise[3]曾采用氧化铝和硅胶玻底色层板，以 n-己烷为流动相对荧蒽的

固体表面荧光进行研究，实验结果表明，在某些条件下，Goldman 方程式可用以预估校正曲线的线性范围和第一个斜率的转折点。

但是，上述各种模式的建立均基于吸光系数、散射系数等因素，而未考虑到固体表面基体与吸附物之间的互相作用及其性质与程度。Burrell 与 Hurtubise[4] 对吸附在 EM 硅胶色层板上的 5，6-苯并喹啉（B[f]Q）的发光性能进行研究。实验结果表明：在中性条件下，单态 B[f]Q 分子主要与硅醇基互相作用，而在酸性条件下，B[f]QH^+ 则与羧基和硅醇基互相作用；较大量 B[f]Q 或 B[f]QH^+ 存在时，在固体表面上形成多层；荧光的发生来自吸附在表面上的分子和在多层的分子，磷光只能发生自吸附在表面上的分子，而不能来自在多层的分子。

近年来建立了表面敏化荧光法，在基体表面上加上敏化剂，由于敏化剂吸收大量入射光，并将激发能量转移至荧光体，可使难以检测的低浓荧光体的荧光强度大为提高而使易被检测。例如 10^{-4}mol/L 蒽在滤纸上的荧光信号检测不出来，如以 1.8mol/L 萘作为敏化剂，因形成了混合微晶，其荧光信号提高约 40 倍而易于检测[5]。

§12.2 仪器设备

固体表面荧光测定用的仪器简单，商品仪器如分光密度计、荧光分光光度计便可使用，如配上薄层色谱板扫描附件及数字积分器当可取得更好的结果。

光源一般采用 200W 氙-汞灯或 150W 氙灯。激发光经单色器色散或用滤光片除去可见光后聚焦在固体表面上。荧光体发射的荧光经单色器色散或滤光片除去紫外光与散射光之后导入检测器以测定荧光强度。检测器一般采用光电倍增管，它的位置视所测的荧光是透射荧光或反射荧光而定。荧光信号由数字显示或记录器记录。

某些固体表面荧光分析仪器采用飞点扫描以测量荧光强度。飞点扫描是一种扫描设备，它对色谱板做锯齿形扫描，其优点是可以补偿样品在斑点带上的不均匀分布所造成的影响。荧光信号通过放大器输入模拟积分器，积分器对整个扫描周期的信号进行积分。它已成为固体表面荧光定量测定的分析工具[6,7]。

激光光源在固体表面发光分析中应用过，虽使用还不太多，但大有潜力，因其光源强度大，可聚焦在 0.1mm 小点上，这对高散射介质尤其重要。仪器采用门控检测电子部件，散射激光和磷光的影响可降至最小。如用时间分辨和波长分辨检测还可以分析多组分混合物而不必经过分离[8,9]。

临床分析用的固体表面荧光分析商品仪器 Ames Seralyzer 反射光度计是在干试剂条上点滴样品之后，置入样品台中进行测定。该仪器采用氙闪光管为光源，并配有微处理机和实验模件。每项实验各有其特殊模数，包括计算机对实验的记忆装置、算法、试验用的光学干扰滤光片等。微处理机保持对操作的控制，包括温度、反应时间、结果的显示等。在每次测定之前需调节妥当。每一样品分析时间为 30s～4min[10]。此外，还有用于干试剂条荧光分析的自动化仪器[11]。

§12.3　方法应用

固体表面荧光分析具有简单、快速、取样量少、灵敏度高、费用少等优点，已应用于环境研究、法庭检测、食品分析、农药分析、生物化学、医学、临床化学等方面的工作。近年来电子计算机、激光光源、电视式多道检测器的采用使固体表面荧光分析有更为广阔的用途。但是，固体表面荧光测定远不及溶液荧光测定的精密准确。为了取得满意的定量的分析结果，测定时要求点样的大小必须尽可能保持一致，要防止样品溶液在同一表面上进行测定。

§12.3.1　空气污染检测

固体表面荧光法可直接用于空气尘埃样品中多环芳烃的检测。样品先经萃取器萃取，即用以 Sephadex LH20 固定相的液相色层分离，再在 30%乙酰化纤维素色层板上分离，然后用 Farrand 色层板分析仪对各分离组分进行荧光测定。此法可同时检测 12 种多环芳烃，检测限为 ng 级，线性范围为 1～100ng[12]。

固体表面荧光法还可用于空气样品中苯并［a］芘的例行分析。测定时把空气样品萃取液点滴在 20%乙酰化纤维素色层板上，用乙醇-甲叉显影，用 Perkin-Elmer MPF-3 型荧光分光计配上薄层色层板扫描附件、数字积分器、记录器进行荧光测定，每天可以测定 24 个样品[13]。

§12.3.2　血清中茶叶碱的临床分析[10,14]

临床分析颇多采用固相试剂条，其特点是简单快速。如尿糖试纸，患者可自己测试，立即取得半定量结果。随着专用仪器的出现，还可用于血液中某些项目的定量分析，每次分析所需血清不超过 10μL，血液不超过 30μL，这对于老年人和婴儿是很有益处的。

固相试剂条可用于临床荧光分析，可用以检测血清中存在的抗菌药、抗气喘病药、抗惊风病药。现将血清中抗气喘病药物茶叶碱的检测简介如下。

荧光分析用的固相试剂条的组成一般分为三层，从上至下为试剂层、反射层和支持层。支持层是薄而坚固的塑料，能透明或反射。反射层由二氧化钛、硫酸钡或金属薄箔制成，它们能反射光线，但对光线的吸收是微不足道的。试剂层可由纸、合成纤维或多孔非纤维物质做成，在其中导入检测用的专用试剂。试剂层可能还包括分离薄膜、掩蔽层和捕获层。

检测茶叶碱的固体试剂条其试剂层中装有下列试剂：茶叶碱用的抗体（Ab），β-半乳糖苷酶（β-gal），β-半乳糖基伞形酮茶叶碱（β-gut），pH=8.3的缓冲溶液。检测时用微量移液管将血清样品点滴在固相试剂条的薄皮上，放置在临床分析反射光度计上。血清中茶叶碱（T）和试剂中茶叶碱轭合物（β-gut）竞争与抗体Ab的结合，进行下列反应：

$$Ab+\beta\text{-}gut+T \longrightarrow Ab\text{-}(\beta\text{-}gut)+Ab\text{-}T+\beta\text{-}gut$$

未结合的轭合物经过β-半乳糖苷酶水解作用，得出荧光体伞形酮茶叶碱。

$$\beta\text{-}gut \xrightarrow{\beta\text{-}gal} \underset{(荧光)}{伞形酮茶叶碱}$$

未结合的轭合物的量，即伞形酮茶叶碱的量与结合的茶叶碱的量成正比例。在加入样品之后3min，用反射荧光法测定其荧光强度，由荧光强度和校正曲线求出血清中茶叶碱含量。

§12.3.3 固体表面荧光用于结合在二氧化硅表面上分子的组织和分布的研究[15,16]

在溶液中芘的单体在约27000cm^{-1}处呈现精细结构的荧光光谱，但芘的激态分子则在约21000cm^{-1}处呈现宽广无结构的荧光带，其反应为

$$P+h\nu_0 \longrightarrow P^*$$
$$P^* \longrightarrow P+h\nu_1$$
$$P_2^* \longrightarrow P+P+h\nu_2$$

在固体二氧化硅的表面上，还具有基态二聚体的激发和发射

$$P_2+h\nu_0 \longrightarrow P_2^*$$
$$P_2^* \longrightarrow P_2+h\nu_2$$

其发射也约在21000cm^{-1}处。

以单体荧光强度和激态分子荧光强度作为芘硅胶%C的函数，结果见表12.1。

表 12.1

样　品	%C	单体荧光强度 26600cm^{-1}	激态分子荧光强度 21100cm^{-1}	$\frac{激态分子}{单体}$	lg（激态分子/单体）
A	1.1	483	78	0.16	−0.80
B	1.6	564	121	0.21	−0.68
C	2.6	316	459	1.45	0.16
D	4.4	115	505	4.39	0.64
E	5.4	69	536	7.77	0.89
F	8.2	14	653	46.64	1.67

从表12.1可以看出，当%C由1.6增至2.6时，激态分子发射显著增大（+338单位），而单体发射显著减少（−248单位）。当%C由1.1增至1.6时，激态分子发射虽然增大些，但单体发射并不减小，这表示芘硅烷基的分布距离超

过激态分子形成的临界相互作用距离，也表示在某些区域已有激态分子形成。而%C 由 1.6 增至 2.6 时，大部分的芘硅烷基已在激态分子形成的临界距离之内，从而丛聚成团了。

芘的单态发射光谱有五个主要振动带，通常按序以Ⅰ～Ⅴ标明。在极性溶剂存在下，Ⅰ(0-0 带）的强度大为增强而其他带的强度减小，Ⅲ/Ⅰ比值可作为溶剂偶极子和芘的激发单态之间的相互作用的衡量[16]。

§12.3.4　固体表面荧光和室温固体表面磷光联合应用两组分混合物的分析

许多有机化合物在室温固体表面上既能发生荧光也能发生磷光，但某些化合物,例如吖啶和芘，在室温固体表面上只能发生荧光而不能发生磷光。固体表面荧光分析和固体表面磷光分析法的联合使用称为总固体表面发光分析法(TSSLA)，可用于两组分混合物的分析。例如，混合物中吖啶和 5，6-苯并喹啉的联合测定。

吖啶在硅胶色层板上于紫外激发下只发生荧光而不发生室温磷光，λ_{ex}＝355nm，λ_{em}＝450nm。5，6-苯并喹啉在硅胶色层板上能发生荧光和磷光，激发峰在 290，370nm，荧光峰在 420，460nm，磷光峰在 510nm。测定时将样品溶液约点滴在 1μL 硅胶层板或 30%乙酰化纤维素色层板上，在 80℃干燥约 15min，冷却至室温后约 10min，用 150W 氙灯作为光源，用荧光分光光度计配上磷光斩波器，以光电倍增管作为检测器，在 370nm 激发下，在 510nm 测定室温磷光强度，继在 360nm 激发下，在 460nm 测定混合物的荧光强度，此时不使用磷光附件。由 5，6-苯并喹啉的室温磷光校正曲线求出其含量，从混合物的总荧光强度中扣去它的份额，然后由吖啶的校正曲线求出其含量[17]。

利用固体表面荧光和固体表面室温磷光的零阶和二阶导数光谱可以鉴别混合物中光谱特性相似的化合物[18]。

采用固体荧光和固体表面磷光在不同基体和不同重原子存在下的联合测定，可以测定 8 种组分的混合物[19]。

§12.3.5　应用新进展

目前国内在这一方面的研究，多局限在对一些中药、西药以及一些稀土元素的检验上，在这些方面的研究主要采用的是固体表面延迟荧光（SS-DF)。

延迟荧光（迟滞荧光)：指在刚性或黏稠的介质中，可能观察到一种长寿命的发射谱带，这个谱带波长与荧光谱带的波长相符，比磷光谱带的波长短，但寿命却与磷光相似。固体表面室温延迟荧光分析在磷光状态下测量延迟荧光，不仅可以消除散射光的干扰，而且许多短寿命的荧光组分的干扰也可被消除[20]。

延迟荧光的主要类型可以分为如下几种：

E-型迟滞荧光：由处于 T_1 电子态的分子，经热活化提高能量后而处于 S_1 态，然后自 S_1 态经历辐射跃迁而产生的荧光。在这种情况下，单重态与三重态的布居是处于热平衡的，因而E-型迟滞荧光的寿命与所伴随的磷光的寿命相同。此过程可以简单表示如下：

$$T_1 \xrightarrow{\text{热活化}} S_1 \longrightarrow S_0 + h\nu$$

P-型迟滞荧光：这种类型的荧光，其电子态激发分子的布居，是经由两个处于电子态的分子相互作用时所引起的。这种过程称为“三重态-三重态粒子湮没”，其结果产生一个激发单重态分子。这种产生过程可简单表示如下：

$$T_1 + T_1 \longrightarrow S_1 + S_0$$

$$S_1 \longrightarrow S_0 + h\nu$$

这种延迟荧光的寿命，是伴随磷光寿命的一半。

复合荧光：这种荧光，其第一电子激发单重态分子的布居，是自由基粒子和电子复合或具有相反电荷的两个自由基离子复合而引起的。

实验时[21~24]，将基质裁成12mm×30mm的矩形，在相应于光斑照射处用刀片刻两条间距2mm，长20mm的平行线，记录点样位置。用微量进样器取4μL一定浓度的无机盐溶液，滴加在点样位置，以某一温度，在红外灯下预烘烤一段时间，再点试样2μL，继续烘烤一段时间，覆盖石英片，置于样品架上，进行测量。

影响延迟荧光强度的因素是烘烤温度和烘烤时间。湿气能猝灭延迟荧光，所以点样之后必须将基质干燥。一般以红外灯为热源进行烘烤。其中烘烤温度，时间以及点样时机（即滴加重原子微扰剂后的预烘烤时间），都会影响延迟荧光强度。一般随烘干时间的延长，荧光逐渐增强，到某一时间达到一最大固定值[20]。

点样体积的影响：点样体积较大，斑点较大，部分信号可能检测不到；点样体积太小，点样引起的误差大，实验表明4μL效果较好。

酸度的影响[25]：可能在某一酸度范围，被测物质不发荧光，在某一酸度范围内发较微弱的荧光，通过实验反复验证，一般可以固定在某一特定酸度使被测物质发出较强的荧光。

重原子的影响[26]：实验发现，将被测物质直接点加到固体基质上观察不到荧光发射。若先点加一些盐类则能诱导出延迟荧光。盐类可以增强系间跃迁，提高三线态产率，从而增强荧光强度。具有不同酸根的盐对发光信号的增强作用不同，几何结构可以影响发光体和基质表面的相互作用，相对平面型的酸根比角形硝酸根更容易使发光体和机制材料表面之间形成更强的氢键或发生其他更强的相互作用。不同的酸根盐对光谱特征也有较大影响。并且重原子的浓度也有很大影响，一般对一固定测定体系，都有最佳的重原子加入浓度。

试验过程中首先要选择合适的固体基质，选择固体基质时要注意[27]：固体表面应平展，基质本身要有惰性，发光背景要低，基质本身对激发/发射波长没有显著影响。目前国内采用的固体基质主要有聚酰胺膜和滤纸，并且后者更为常用，且滤纸一般采用杭州新华造纸厂生产的。滤纸有很强的背景干扰，在实验前应首先对滤纸进行预处理。

滤纸背景的组成是复杂的，其来源主要有两个方面[28]，一是滤纸灰分杂质中的微量金属离子，另一个是组成滤纸的成分木质素及半纤维素的干扰。作为基质的滤纸大多用棉绒制成，棉绒的组成为纤维素 90%～91%，木质素 3%，果胶质及聚戊糖 1.9%，脂肪及蜡 0.5%～1.0%，氮 0.2%～0.3%，灰分 1%～1.5%。木质素是结构单体为苯丙烷型，并含有羟基、甲氧基和羰基的高分子化合物，很可能产生发光。此外纤维素中含氮物质以及灰分杂质等也可能产生发光。但是 NaOH 溶液能溶解滤纸中的木质素，EDTA 可掩蔽灰分中微量金属离子，从而有效的降低背景干扰。纤维素是由结晶区和无定形区交错连接的两相体系，其中还存在空隙，NaOH 的质量分数为 1%～6%的溶液对纤维素有润胀作用，使纤维链间空间增加，纤维比表面增大，对测定组分的吸附能力增强，因而发光信号有较大提高。为了有效地消除滤纸的背景干扰，以 NaOH 的质量分数为 1.5%溶液、10^{-2}mol/L EDTA 溶液或其两者混合液浸泡滤纸 24h，滤纸背景的降低分别为 60%，79%及 82%。发光分子在基质内扩散或渗透，将发光分子移向基质内部，基质干燥后，发光分子被夹持在基质中，处于基质中的部分发光分子在溶剂蒸发过程中又回到基质表面，与原来滞留在表面的发光分子一起形成表面层。表面层分子与基质之间可能存在着两种类型的作用即物理作用和化学作用。

目前此方法的应用，还只局限在对一些中药，西药以及一些稀土元素的检验上。从事此类方法研究的人不多，在环境中的应用研究也不多，因此将此方法应用在对环境中污染物检测，有重要的意义。

参 考 文 献

[1] Hurtubise R. J. Solid surface Luminescence Analysis. New York：Marcel Dekker，1981.

[2] Goldman J. J. Chromatogr.，1973，78：7.

[3] Hurtubise R. J. Anal. Chem.，1977，49：2160.

[4] Burrell G. J. et al. Anal. Chem.，1987，59：965.

[5] Seybold P. G. et al. Anal. Chem.，1983，55：1994.

[6] Pollak V. J Chromatogr.，1975，115：335.

[7] Yamamoto H. et al. J. Chromatogr.，1976，116：29.

[8] Berman M. R. et al. Anal. Chem.，1975，47：1200.

[9] Huff P. B. et al. Anal. Chem.，1983，55：1992.

[10] Walter B. Anal. Chem., 1983, 55: 498A.
[11] Howard W. E. et al. Anal. Chem., 1983, 55: 878.
[12] Tomingas R. et al. Total Environ., 1977, 7: 261.
[13] Swanson D. et al. Trends in Fluorescence, 1978, 1: 22.
[14] Walter B. Anal. Chem., 1983, 55: 873.
[15] Lochmuller C. H. et al. Anal. Chem., 1983, 55: 1344.
[16] Stahlberg J. et al. Anal. Chem., 1985, 57: 817.
[17] Senthilnathan V. P. et al. Anal. Chem., 1984, 56: 913.
[18] Dalterlo R. A. et al. Anal. Chem., 1984, 56: 819.
[19] Asafu-Adjaye E. B. et al. Anal. Chem., 1986, 58: 539.
[20] 刘长松等. 武汉大学学报（自然科学版），2000，46（6）：649.
[21] 尚晓虹等. 分析科学学报，1999，15（1）：10.
[22] 尚晓虹等. 分析化学，1998，26（3）：344.
[23] 刘名扬等. 陕西化工，2000，29（2）：45.
[24] 赵瑜等. 分析化学，1996，24（7）：745.
[25] 牛承岗等. 分析化学，2000，28（1）：35.
[26] 晋卫军等. 高等学校化学报，1995，16（3）：363.
[27] 杨维平等. 陕西师大学报（自然科学版），1994，22（2）：38.
[28] 杨维平等. 陕西师大学报（自然科学版），1994，22（2）：40.

（本章编写者：张勇，陈国珍）

第十三章　动力学荧光分析法

§13.1　方 法 原 理

由于化学反应的速率与反应物的浓度有关，在某些情况下还与催化剂（有时还包括活化剂、阻化剂或解阻剂）的浓度有关，因而，可以通过测量反应的速率以确定待测物的含量，这正是动力学分析法定量测定的依据，所以该法也称为反应速率法。

在动力学分析法中，可以采用光度法、电位法或荧光法等各种手段来监测反应的速率。1954 年，Theorell 等[1]首先应用荧光法以监测反应速率，这种方法则称为动力学荧光分析法或荧光速率法。

动力学分析法作为一种成熟的分析方法，对于其原理、特点和发展状况，已有很多专论和评述性文章[2~8]，这里仅就方法的特点、分类和反应速率的测量方式等问题作扼要的介绍。

§13.1.1　动力学分析法的特点

动力学分析法通常利用慢反应，在反应开始之后和到达平衡之前的某一期限内进行测量。由于只观测反应初期的速率，因而可用于某些反应速率慢、平衡常数小或可能发生副反应的化学反应。这类反应，平衡法就难于应用。

动力学测量是一种相对的测量值，只测量反应监测信号的变化。在反应过程中，那些不参与反应的物质或仪器因素，对于反应监测信号值的贡献保持不变，因而并不干扰。其次，某些类似的物质，虽然也能发生反应，但反应速率不同，这样便有可能创造一定的条件，使得在测量期间内只有待测物的动力学贡献才是有意义的。这两种原因，使得动力学分析法有可能比平衡法具有更好的选择性。

动力学分析法还具有灵敏度很高、操作比较快速、易于实现自动化和可用来测定密切相关的化合物等优点。

当然，动力学分析法也有它的某些限制。首先，所使用反应的半衰期应在 5ms～1h 之间。这个下限是决定于装置所能达到的混合时间，如用手工加入试样，半衰期的下限大约为 10s；半衰期的上限则受实际要求的分析时间所限制，而且，如果反应太慢，则反应监测系统的漂移和噪声可能变得实际上可与反应的速率相匹敌。

不过，随着动力学分析法研究的发展，快速混合技术如高压停流装置[9~12]和脉冲加速的停流装置[13]的引入，一些半衰期介于2～5ms的快速反应也能在动力学测定中加以应用。

第二个限制是必需严格地控制温度、pH、试剂浓度、离子强度等反应条件和其他可能影响反应速率的因素。这些反应条件对于反应速率的影响比对最终的平衡浓度的影响更大。具有自动、精密地传送样品和试剂溶液的系统，以及良好控温装置的仪器，将有助于提高方法的灵敏度和准确度。

第三个限制是动力学测量的信噪比在本质上要比平衡法小，因为只有反应的一小部分被用于测量。对于动力学分析法，噪声带宽在一定程度上受反应速率所限定，如果使用太小的数值（例如电子学的时间常数太大），来自动力学反应监测器的信号将发生畸变。

虽然动力学分析法特效性好，但是试样基质的干扰问题仍然可能发生。例如，其他组分的存在可能会改变试剂的有效浓度，或者结合一部分分析物质，因而改变分析反应的速率。基质组分也可能改变信号检测系统对待测物的响应情况。有时对非分析物质的反应速率不可忽视，以致必需测量空白的反应速率并加以补偿。

§13.1.2 动力学分析法的类型

动力学分析法主要包括如下三种类型：非催化法、催化法和酶催化法。

非催化法是通过测量非催化反应的速率而测定某种反应物（分析物质）的浓度。此法的灵敏度和准确性都不如催化法，不过它常用于有机物的分析。基于各种相似组分与同一试剂的反应速率的差异，可应用差示动力学分析法进行同时测定。

催化法是以催化反应为基础来测定物质含量的方法。在合适条件下，催化反应的反应速率与催化剂的浓度成正比，因此，可用于测定某些对指示反应有催化作用的痕量物质，也可用于测定某些对催化反应起助催作用或抑制作用的物质。由于测量的对象并非催化剂本身，而是经“化学放大”了的其他物质，因而此法的灵敏度很高，检测限常可达ng或pg级。

酶催化法则是基于酶催化的反应，这类反应的突出优点是它的特效性和高灵敏度，不仅可用来测定酶的活性，也可用来测定底物、活化剂和抑制剂。在合适条件下，酶催化反应的初始速率与酶浓度（活性）成正比，当底物浓度较低时，初始速率也正比于底物的浓度。同时，酶催化反应的初始速率也与活化剂的浓度成正比，与抑制剂的浓度成反比。

上述三种方法中，催化法尤其是酶催化法更为人们所青睐。不过，这里值得一提的是，酶催化法虽然具有高灵敏度和特效性的优点，但也具有酶的不稳定性、存储期短和价格昂贵的缺点，所以模拟酶的研究一直是人们所致力的工作。

在酶催化动力学分析法中，辣根过氧化物酶（HRP）的应用十分广泛，因而其模拟酶的研究工作持续不断，目前已开发出的模拟酶有金属卟啉化合物[14~16]、生物小分子（如氯化血红素、羟高铁血红素）[17,18]、金属酞菁[19]、席夫碱[20]和［2Te-2S］2TPPS复合物[21]等。该法的分析原理是利用HRP催化H_2O_2对底物的氧化反应，较常使用的底物有对羟基苯乙酸、高香草酸、对羟基苯丙酸、酪胺等等，不过这些底物氧化产物的激发波长和发射波长都处于短波范围，导致背景荧光和散射光的干扰较大。新近开发的红区底物4，4′，4″，4‴-四氨基铝酞菁[22]，其激发波长为610nm，发射波长在678nm，这样就能大大减小背景荧光和散射光的干扰。

一般的动力学分析法所涉及的化学反应，通常是归属于线性动力学范畴。近年来，非线性动力学现象的“振荡化学反应”逐渐引起人们的重视，越来越多的反应体系被开拓和应用于分析测定[23~27]。由于它们所涉及的检测手段大多是电学方法和分光光度法，因而这里仅仅提及而不加以详细介绍。

§13.1.3　反应速率的荧光法监测

为监测反应速率，可以通过各种分析手段以测量某种反应物或反应产物的浓度随时间的变化。假如化学反应的某种反应物或产物是荧光物质，便可利用荧光法来监测反应的速率。例如，在pH3.4条件下，1，4-二氨基-2，3-二氢蒽醌在Fe(Ⅲ)或Tl(Ⅲ)存在下会发生氧化转化反应，产生深绿色荧光产物(λ_{ex}=400nm，λ_{em}=470nm)，可用于Fe(Ⅲ)或Tl(Ⅲ)的动力学分析法测定。在反应开始后不久，立即记录其荧光强度（F）-时间（t）曲线。在获得一系列标准溶液所相应的F-t曲线（图13.1）后，可通过正切法（斜率法）或固定时间法或固定荧光强度变化法（相当于固定浓度法）以获得校正曲线，从而求出试样中分析物的含量[28]。

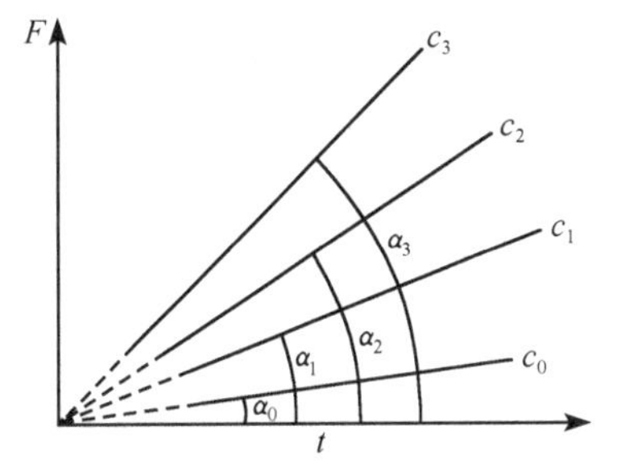

图13.1　在不同分析浓度（c）下荧光强度（F）-时间（t）关系图

正切法系从F-t曲线求出初始反应速率$\tan\alpha=\Delta F/\Delta t$，然后作出$\tan\alpha$-浓度（$c$）的校正曲线。由于实际应用的动力学分析法绝大多数为一级或假一级反应，有时为假零级反应，因此$\tan\alpha$-c将呈现线性关系［图13.2（a)］。

固定时间法系使反应准确地进行到某一固定的时刻t，立即测定其荧光强度，然后作出F-c校正曲线［图13.2（b)］。为方便操作，也可在反应进行到规定的时间t，立即采取适当的措施以终止反应，而后加以测定。

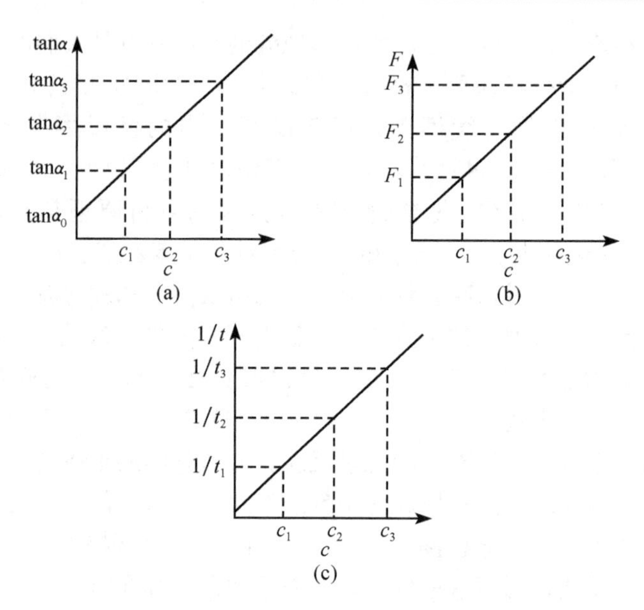

图 13.2　三种不同形式的校正曲线

固定荧光强度变化法，系测量荧光强度的变化值达到某一规定值所需的时间，相当于测量反应中某一反应物或反应产物的浓度达到某一规定值所需的时间 t，然后作出 $1/t$-c 的校正曲线［图 13.2 (c)］。

当然，后两种方法也可在作出 F-t 曲线后再由 F-t 曲线得出相应的校正曲线。

与吸收光度法相比较，荧光分析法由于灵敏度较高，选择性较好，动态线性范围较宽，因而用于动力学测量具有某些独特的优点。

由于在动力学分析法中只有测量很小的浓度变化，因而监测方法的灵敏度尤为重要。荧光监测的灵敏度较高，可以改善方法的检测限。检测限越低，就有可能免除预富集的步骤，可以稀释试样溶液以降低干扰离子的浓度，在酶底物的测定时可以稀释底物浓度以保证所测速率与底物浓度之间维持线性关系。此外，稀释溶液还可减小背景吸收的影响。

荧光监测的选择性较好，这是因为在众多的化合物中能发荧光的化合物毕竟比较少，且在监测时有多种参数可供选择。

荧光测定的动态线性范围宽，这在测定分析物浓度变动很大的试样时十分有利。此外，反应速率通常随温度升高而增大，但荧光的量子产率则随温度升高而减小，因而采用荧光监测可以部分地抵消温度波动的影响。

当然，荧光监测也有其独有的某些限制。例如，必需考虑基体中存在的某些荧光猝灭剂以及内滤效应、能量转移和光化学反应等因素所可能造成的影响。其次，荧光监测难以进行绝对测量，而在用吸光光度法监测的临床试验中，却常常可以不进行标准对照试验，这是因为某些分析物如 NADH（烟酰胺腺嘌呤二核苷酸的还原型）的摩尔吸光系数早已准确测定，于是便有可能将在标准条件下所测量的吸光度或吸光度变化值与 NADH 的浓度直接关联起来，从而与底物浓度或酶的活性间接相关联。此外，荧光测定比吸光度测定所需的仪器复杂，价格也较贵。

与平衡态（稳态）荧光测定相比较，动力学荧光分析法因为只测量反应初始阶段的速率，所产生荧光体的浓度远远小于反应达到完全时所应产生的浓度，那些会引起荧光信号与荧光体浓度不呈线性关系的效应将显著降低，在较高的分析物浓度下仍能获得线性的响应，而且不受散射光和背景荧光的干扰。

§13.2　仪 器 设 备

应用动力学荧光分析法测量 15s 以上的慢反应时，可用一般的荧光分光光度计，必要时配上动力学测量的附件。对于发生在 15s 内的快速反应，一般需和停流装置结合使用。Wilson 和 Ingle 等[29]曾设计一种用于测定荧光反应速率的仪器，其结构方块图如图 13.3。

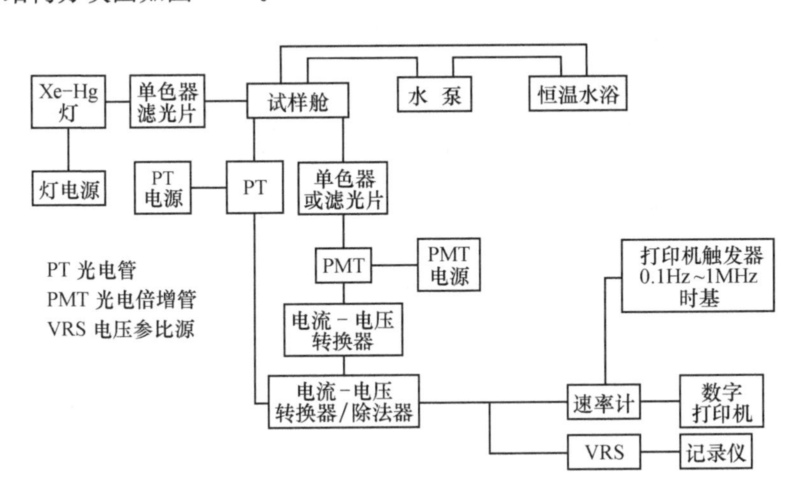

图 13.3　荧光反应速率测量仪器方块图

该仪器的设计有三个主要特点。第一，用光束分裂器将部分激发光束导向参比检测器 PT，并连续地求出荧光信号与参比信号的比值。这样，可以补偿光源的波动和闪烁噪声，提高信噪比和测量值的再现性。第二，仪器的构造允许使用单色器或滤光片，这样，如果测量是受散粒噪声所限制，便可采用滤光片以改善信噪比。第三，采用氙-汞弧灯以代替氙灯，这样，既能获得一种连续光源，又能增强 365nm 辐射线的强度，而该辐射线对于许多荧光体的激发是很合适的。

仪器的操作原理大致如下：荧光辐射经 PMT 和电流-电压转换器的放大和转换后成为电压信号。光电管 PT 用来监测光源的一部分输出，所得到的电流信号经转换为电压信号后作为参比信号，并由除法器给出来自 PMT 的荧光信号与参比信号的比率。直接的或补偿后的荧光信号显示在图纸记录仪上，同时也输入到反应速率计，速率计的输出则显示在打印机上。试样舱分为三个室：激发室、样品室和发射室。激发室包括透镜、光束分裂器和滤光片座。透镜使激发光聚焦在样品池的中心；光束分裂器将部分激发光导向 PT。发射室包括滤光片座和透镜，以收集并将荧光聚焦到 PMT 的光阴极上或单色器的人口狭缝。样品室包括控温池座和光阱（light trap）。池座安装在磁搅拌器上面，磁搅拌器驱动池内的小磁棒以使溶液迅速混合；光阱用于收集透射的激发光。

在动力学分析的测量过程中，由于光谱随时间而变，因而，应用一般的荧光分光光度计很难得到产物或中间物的没有畸变的光谱。处于这种情况下，能快速获取荧光光谱的仪器便是非常有用的。采用这样的仪器，还能对宽的光谱区域进行观测，提供对发展动力学分析法有价值的信息。应用光导摄像管或电荷耦合器件阵列检测器（CCD）等光学多通道检测器，可以快速获取荧光光谱的数据。这方面可参考本书第五章的有关内容。

Bugnon 等[11]提出了一种高压停流光度计，可用于以吸光度和荧光进行检测的快速反应的动力学研究。这种仪器可在 $-40\sim100$℃ 的温度范围和高达 200MPa 的压力条件下工作，并且可以实现吸光度和荧光两种模式的同时测量而不必拆卸部件。这种仪器通过光导很容易与常规压力装置的光学系统联用。由于光不是通过加压的流体，该仪器可达到最佳的光学性能和宽的操作波长范围（220～850nm）。由于特殊设计的活塞，该仪器甚至在极端的条件（高压、低温、各种溶剂）下也不泄漏。系统的死时间在 298K 时小于 2ms，并且与压力无关。

微全分析系统（μTAS）技术的发展，基于芯片的分析技术也已经引入到动力学荧光分析的领域[30]。该论文报道了采用芯片技术的酶分析法以测定蛋白质激酶 A。实验试剂放在芯片的池中，利用电渗作用将试剂传送到通道网路中，在通道中发生酶促反应，蛋白质激酶 A 催化磷酸根基团从 ATP 转移到 Kemptide 的丝氨酸残基，荧光标记的肽底物与产物在芯片上实现电泳分离，通过监测标记底物的荧光来跟踪反应。

§13.3 方法应用

有关动力学荧光分析法的应用，已出版的书籍和综述性文章[3,6,31,32]都陆续有所介绍，这里仅举一些例子加以说明。

§13.3.1　酶催化法

酶催化法除用于测定酶的活性，还可利用酶的优良选择性而作为测定底物、活化剂或抑制剂的良好试剂。

1. 酶的测定

许多脱氢酶的催化反应是需要辅因子 NAD 或 NADP（烟酰胺腺嘌呤二核苷酸磷酸）的，而辅因子的还原型 NADH 和 NADPH 能吸收 340nm 波长的光而产生荧光，因而原来许多采用分光光度法监测的方法，可直接改为荧光监测的动力学分析步骤，无需改变体系的化学性质，而检测限在某些情况下却可改善 2～3 个数量级[3]。例如，血清中 α-羟基丁酸脱氢酶（α-HBD）和谷丙转氨酶（GPT）的测定[33]，前者就是基于 α-HBD 对下述反应的催化作用

$$\alpha\text{-羟基丁酸盐} + \text{NAD} \xrightleftharpoons{\alpha\text{-HBD}} \alpha\text{-丁酮酸盐} + \text{NADH} \tag{13.1}$$

而 GPT 的测定则应用下列两个反应的结合

$$\text{L-丙氨酸} + \alpha\text{-酮戊二酸} \xrightleftharpoons{\text{GPT}} \text{丙酮酸} + \text{L-戊二酸} \tag{13.2}$$

$$\text{丙酮酸} + \text{NADH} + \text{H}^+ \xrightleftharpoons{\text{LDH}} \text{L-乳酸} + \text{NAD} \tag{13.3}$$

LDH 是 L-乳酸脱氢酶。

酶催化反应中所生成的 NADH，常可与某个指示反应结合以测定某些脱氢酶。例如，NADH 可与不发荧光的刃天青反应生成荧光很强的试卤灵，将这个反应与某个能生成 NADH 的酶催化反应结合，监测方法的灵敏度比直接监测 NADH 提高 2 倍[34]。H_2O_2 是许多酶催化反应的产物，在过氧化物酶或其模拟酶存在的情况下，它可与对羟基苯乙酸[19,35,36]、对羟基苯丙酸[37,38]、高香草酸、酪胺或 4，4′，4″，4‴-四氨基铝酞菁[22]反应，生成强荧光的产物，分析方法则基于测量荧光产物生成的速率。上述 NADH 或 H_2O_2 的这些偶合反应，也可用于底物的分析。

由 *N*-苄氧羰基-L-苯丙氨酸-β-萘酚酯释放出 β-萘酚而使荧光增强，已用于测定 α-胰凝乳蛋白酶的活性[39]。在 pH8 的溶液中，血清白蛋白催化某些芳基酯底物如醋酸萘酚 AS 的水解反应，该反应为溴化十六烷基三甲铵所活化，在 λ_{ex} = 320nm、λ_{em} = 500nm 监测产物的荧光，可用于人体血清白蛋白的测定，检测限达 14×10^{-12}mol[40]。

某些底物的探索则应用能量转移的原理。Latt 等[41]设计了一种底物，在该底物中丹酰（dansyl）单元作为能量受体，它在甚至相隔 3 个甘氨酰基的情况下也能猝灭色氨酸的荧光，当色氨酸-甘氨酰基之间的键断裂时，又能恢复色氨酸的荧光。基于这种能量转移原理，他们测定了羧肽酶 A 的活性。如果将发荧光

的供体和生色团受体分别键合到反应过程中断裂基团的两侧，那么当水解进行时，监测受体荧光的下降或供体荧光的增强，可用于分析水解酶[6]。6-羧基荧光素与卵磷脂脂质体（lecithin liposome）混合时，荧光被猝灭，酶破坏了脂质体并释放出荧光素而恢复荧光，从而提供了测定磷脂酶活性的方法[42]。

在酶催化的研究领域中，一个最令人兴奋的进展是单个酶分子反应的检测。例如，将碱性磷酸酶的各个分子捕捉到注有荧光底物的毛细管中，在温育过程中，每一个酶分子创立了一个荧光产物池，温育后通过激光诱导荧光检测器扫描检测。结果表明，每个酶分子之间的活性有差别，活性最大的是活性最小的 10 倍；由单个酶分子催化的反应的活化能也有一个数值范围[43]。Tan 和 Yeung[44] 将乳酸脱氢酶分子捕捉到飞升（femtoliter）尺寸的装有过剩的乳酸盐和 NAD^+ 的管型瓶中，采用激光光学显微镜和 CCD 检测系统，利用 NADH 的荧光来监测反应，结果发现，即使处于相同的微环境，各个酶分子展示的活性有所不同。在以前的工作中，Xue 和 Yeung[45] 等已经达到了酶分子浓度为 10^{-17} mol/L 的检测限。

2. 底物的测定

血清中葡萄糖的荧光动力学测定，基于以下反应：

$$\text{葡萄糖} + \text{ATP} \xrightleftharpoons{\text{HK}} \text{ADP} + \text{葡糖-6-磷酸} \tag{13.4}$$

$$\text{葡糖-6-磷酸} + \text{NAD} \xrightleftharpoons{\text{G-6-PDH}} \text{6-磷酸葡糖酸} + \text{NADH} \tag{13.5}$$

HK 代表己糖激酶，G-6-PDH 代表葡糖-6-磷酸脱氢酶。NADH 生成的速率正比于葡萄糖的浓度[46]。

葡萄糖的测定也可采用以下方法[19]：在 pH7.0 的磷酸盐缓冲溶液中，葡萄糖在葡萄糖氧化酶的作用下反应生成 H_2O_2。所生成的 H_2O_2 在过氧化物酶的模拟酶四磺基铁酞菁（FeTSPC）的催化作用下，与对羟基苯丙酸反应生成强荧光的产物双-p，p′-羟基苯丙酸，然后在 pH11 的 NH_3-NH_4Cl 缓冲溶液中，检测产物的荧光（$\lambda_{ex}=324$nm，$\lambda_{em}=409$nm）。

血清中的尿素[47] 和乙醇[48] 也已用类似于文献［46］的步骤加以测定。NADH 同样是用于监测的荧光体。

基于 7-α-羟基类固醇脱氢酶存在下 7-α-羟基胆汁酸为 β-NAD^+ 所氧化而产生 NADH，可用于血清中鹅胆酸的测定[49]。

Radke 等[50] 曾提出用积分响应曲线的办法以进行葡萄糖和乙醇等底物以及肌酸激酶的测定，这种办法可以应用于许多非理想的动力学响应情况。

Cordek 等[51] 提出了一种测定谷氨酸的微传感器。谷氨酸脱氢酶（GDH）通过共价结合的办法被直接固定在光纤探针的表面，被固定的 GDH 显示了更高的酶促活性。通过检测谷氨酸与 NAD^+之间反应产物 NADH 的荧光，可以检测浓度低至 0.22μmol/L（绝对质量检测限为 3amol），传感器的选择性和稳定性好。Liu 和 Tan 等[52]用类似的方法将乳酸脱氢酶固定在光纤探针的表面，制备了乳酸的微传感器。被固定化的酶同样显示更高的活性，通过检测乳酸与 NAD^+ 之间反应产物 NADH 的荧光，对乳酸的检测限为 0.5μmol/L（绝对质量检测限为 8.75amol）。该传感器的重现性和选择性高，已用于食物试样中乳酸的测定。Zhang 等[53]提出了一种由乳酸氧化酶和乳酸脱氢酶组成酶层的双酶光纤生物传感器，用于丙酮酸盐的测定，其灵敏度比相应的单酶系统来得高。

3. 活化剂或抑制剂的测定

Mg^{2+}可活化异柠檬酸脱氢酶，借此可测定血浆中浓度低至 10^{-6}mol/L 的镁。只有 Mg^{2+} 和 Mn^{2+} 有效地活化这个酶。10^{-5} mol/L 的 Hg^{2+} 或 Ag^+，10^{-4}mol/L的 Ca^{2+}能完全抑制 Mn^{2+}的活化作用[31]。

Mn^{2+}是辣根过氧化物酶（HRP）催化 2，3-二酮古洛糖酸氧化反应所需的活化剂，反应产生的 H_2O_2 在 HRP 存在下与高香草酸作用生成荧光产物。方法对 Mn^{2+}的检测限为 8μmol/L，校正曲线范围高达 50μmol/L[54]。

某些无机离子能参与酶催化的反应，例如，在甘油醛-3-磷酸脱氢酶存在下，砷酸盐与 D-甘油醛-3-磷酸（G3P）反应生成 1-砷-3-磷酸甘油和 NADH，可用于 0.02～2μg/mL As(Ⅴ) 的测定[55]。

CN^-，Cu^{2+}，Fe^{2+}，Fe^{3+}，S^{2-}，$Cr_2O_7{}^{2-}$，$SO_3{}^{2-}$，Mn^{2+}，Pb^{2+}，Co^{2+}，Cd^{2+}，Bi^{3+}和 Be^{2+}等无机离子对某些氧化酶活性有抑制作用，可用于动力学荧光测定[31]。

§13.3.2 非酶的催化法

在包含荧光物质的生成或消失的非酶催化反应中，某些物质作为反应的催化剂，或者对催化反应有活化作用或抑制作用，借此可建立测定这些物质的荧光动力学分析法。在已开拓的这一类方法中，所使用的指示反应大多数为氧化还原反应，少数为配合物生成反应、分解反应、水解反应、光化学反应等等。在所报道的方法中，绝大多数是涉及无机物（尤其是金属离子）的测定，有关有机物测定的为数很少。

作为指示反应的催化剂加以测定的物质有：Ag^+[56～58]，Co^{2+}[59]，Cu^{2+}[60～64]，Fe^{3+}[65～73]，Fe^{2+}[74]，Cr(Ⅵ)[74～76]，Hg(Ⅱ)[77～79]，Ir(Ⅲ)[80]，Mn^{2+}[81～87]，Mo(Ⅵ)[88, 89]，Ni^{2+}[90]，Pb(Ⅱ)[91]，Ti(Ⅳ)[92, 93]，V(Ⅴ)[94]，Os(Ⅳ)[95, 96]，Cd^{2+}[97]，Au(Ⅲ)[98]，Ru(Ⅲ)[99]，F^-[100]，CN^-[101, 102]，I^-[103]，$NO_2{}^-$[104～106]，$NO_3{}^-$[104, 105]，Br^-[107]和甲醛[108, 109]等。

例如，Ag^+提高8-羟基喹啉-5-磺酸与过硫酸铵的反应速率，可用于Ag^+的测定，线性范围为6ng/mL～30μg/mL。方法已用于NBS商品锌样中银的测定[56]。在乙酸介质中和邻菲啰啉存在下，基于Ag^+对过硫酸钾氧化罗丹明6G的反应有催化效应，可进行银的测定。方法的线性范围为2.00～40.00ng/25mL，检出限为5.80×10^{-2}μg/L，30多种常见离子基本上不干扰测定，方法可用于茶叶、阳极泥和水样中银的测定[57]。

基于碱性介质中和三乙醇胺（活化剂）存在下Co^{2+}对H_2O_2氧化还原型荧光素的催化作用，可测定维生素B_{12}中的痕量钴。线性范围0.08～1.40ng/mL，检测限0.016ng/mL[59]。

Cu^{2+}催化2，2′-二吡啶甲酮腙与H_2O_2的反应，已用于食物（大米、香蕉、梨）和血清中铜的测定[60]。Cu^{2+}催化L-抗坏血酸被空气氧化为脱氢抗坏血酸（DDA），随后DDA与邻苯二胺反应生成荧光产物，可用于铜的测定。方法的线性范围为0～8μg/L，检测限为0.06μg/L，已用于江水和雨水中铜的测定[61]。Cu^{2+}催化H_2O_2氧化核固红的反应可用于Cu^{2+}的测定，工作曲线的线性范围为0～0.4μg/25mL，检测下限为0.1ng/mL，已用于人发样品的分析[63]。微量Cu(Ⅱ)的存在能大大增敏茚三酮-H_2O_2反应体系的荧光，据此建立了Cu(Ⅱ)的催化荧光分析法，方法的线性范围为$10^{-11}\sim10^{-6}$g/mL，检出限达7.4×10^{-12}g/mL，已用于人发和中药中铜的测定[64]。

基于Fe^{3+}对H_2O_2氧化2-羟基苯甲醛缩氨基硫脲反应的催化作用，监测荧光产物（$\lambda_{ex}=365nm$，$\lambda_{em}=440nm$）可测定ng量的铁，方法已用于合金和矿物中铁的测定[65]。利用Fe^{3+}，Mn^{2+}对该反应的不同催化能力，可用差示催化动力学法同时测定铁和锰[66,67]。Fe^{3+}催化H_2O_2氧化糠醛缩7-氨基-8-羟基喹啉-5-磺酸生成强荧光产物（$\lambda_{ex}/\lambda_{em}=330nm/405nm$），可用于铁的测定。线性范围为0.0～40.0μg/L，检测下限为4.68ng/L，方法已用于铸造铝合金中Fe(Ⅲ)的测定[69]。Fe(Ⅲ)与四乙撑五胺协同催化H_2O_2氧化还原型二氯荧光素的反应，已被用于痕量铁的测定，方法的线性范围为0.01～0.30μg/25mL，检出限为0.13μg/mL，已用于人发、指甲、血清和面粉中痕量铁的测定[71]。

Cr(Ⅵ)延长了Fe^{2+}催化H_2O_2氧化吡哆醛反应的诱导期，但不影响被催化的反应速率，通过测量诱导期和反应的初始速率，可同时测定Cr(Ⅵ)和Fe^{2+}[74]。根据Cr(Ⅵ)对利凡诺光氧化反应的催化作用，已建立Cr(Ⅵ)的光化学荧光催化动力学分析法，线性范围为1～200ng/mL，检出限为0.99ng/mL，已用于池塘水和污水中Cr(Ⅵ)的测定[75]。利用Cr(Ⅵ)、V(Ⅴ)对溴酸钾氧化还原型罗丹明B荧光反应的催化作用，可进行Cr(Ⅵ)和V(Ⅴ)的催化荧光法测定[76]。

在碱性介质中，利用Hg(Ⅱ)对2，2′-二吡啶甲酮腙氧化反应的催化作用可进行汞的测定[77]。基于 Hg(Ⅱ) 和 Cu(Ⅱ) 分别对 2，2′-二吡啶酮腙（2，2′-dipyridylketone hydrazone）和二吡啶二酮苯腙（dipyridyldiketone phenylhydrazone）氧化反应的催化作用，应用流动注射停流技术，可进行 Hg(Ⅱ) 和 Cu(Ⅱ)的同时测定[78]。

基于 Ir(Ⅲ) 对 KIO_4 氧化罗丹明 6G 反应的催化效应，可进行 Ir(Ⅲ) 的流动注射催化荧光法测定，方法的线性范围为 6.0～60.0μg/L，检测限为 2.0μg/L[80]。

基于 Mn^{2+} 催化 2-羟基萘甲醛缩氨基硫脲与 H_2O_2 的反应，可以检测 ng 量的锰（λ_{ex}=390nm，λ_{em}=450nm），已用于酒中锰的测定[81]。基于 Mn(Ⅱ) 催化 KIO_4 氧化罗丹明 6G 的反应（氨三乙酸作活化剂），可进行 Mn(Ⅱ) 的测定。方法的线性范围为 0.04～1.00ng/mL，检测限为 0.018ng/mL，已用于人发、尿、鱼和水等试样中 Mn(Ⅱ) 的测定[82]。Mn(Ⅱ) 催化 $NaIO_4$ 氧化 8-羟基喹啉-5-磺酸铝的荧光猝灭反应，已用于茶叶、矿样中锰的测定，方法的线性范围为 5～200ng/mL，检测限为 1ng/mL[84]。以氨三乙酸作活化剂、Mn(Ⅱ) 催化 KIO_4 氧化藏花红的反应，已用来进行自来水和茶叶中 Mn(Ⅱ) 的测定，方法的线性范围为 0～80ng/25mL，检测限为 0.1ng/mL[85]。Mn(Ⅱ) 催化 2-(8-羟基喹啉-5-磺酸-7-偶氮)-变色酸在碱性介质中的分解反应，已用于铝合金样品和污染硅片中痕量锰的测定，方法的线性范围为 0～0.4μg/25mL，检测限为 3.5×10^{-5}μg/mL[86]。

Mo(Ⅳ) 催化 H_2O_2 氧化 L-抗坏血酸的反应，反应产物脱氢抗坏血酸随后与邻苯二酚缩合生成发荧光的喹喔啉衍生物（λ_{ex}=350nm，λ_{em}=425nm），方法的线性范围为 0～3μg/L，检测限为 0.04μg/L（0.2ng），已成功地应用于江水、湖水和雨水样品的分析[88]。

应用吡哆醛 2-吡啶腙与 H_2O_2 的反应作指示反应，监测荧光产物（λ_{ex}=355nm，λ_{em}=425nm）的生成速率，可以测定 0.05～0.40ng/mL 的 Pb(Ⅱ)，方法已用于食物中铅的测定[91]。

V(Ⅴ) 的催化作用缩短了溴酸盐-溴化物-抗坏血酸反应体系的诱导期。所析出的溴可以通过它对罗丹明 B 荧光的猝灭作用而加以监测。该法可测定 0.02～20μg/mL 的钒[94]。V(Ⅳ) 对 H_2O_2 氧化铬变酸反应的催化作用，已用于钒的催化荧光法测定[95]。

基于 Os(Ⅳ) 对水杨基荧光酮-H_2O_2 反应体系的催化效应，已建立了锇的高灵敏、高选择性的催化荧光分析法。方法的线性范围为 0.008～0.6ng/mL，检测限为 0.006ng/mL，已用于精制矿石样品的分析[96]。

利用 Cd^{2+} 和咪唑对 Co(Ⅲ) 与 α，β，γ，δ-四（4-磺苯基）卟吩［T(4-SP)P］的配合物生成反应的催化作用，通过监测 T(4-SP)P 荧光强度的减弱，可进行镉的催化荧光法测定。方法的线性范围为 0～16ng/mL，测定下限为 0.5ng/mL，已用于铅锌矿区废水样中镉的测定[97]。

基于 Au(Ⅲ) 对 Hg(Ⅰ)-Ce(Ⅳ) 氧化还原体系的催化作用，已建立了Au(Ⅲ)的停流注射催化荧光分析法[98]。

基于 Ru(Ⅲ) 对 $KBrO_3$ 氧化罗丹明 6G 反应的催化作用，已建立了测定钌的催化动力学流动注射荧光分析法，方法的线性范围为 2.0～60.0μg/L，检测限为 0.8μg/L[99]。

在六亚甲基四胺存在的情况下，F^- 能提高 Al(Ⅲ)-羊毛铬红 B 荧光配合物的形成速率，据此建立了测定 F^- 的流动注射荧光法，方法的线性范围为 1×10^{-6}～2×10^{-4}mol/L，检测限为 10μg/L，方法已成功地应用于自来水和矿物水中 F^- 的测定[100]。

CN^- 催化溶解氧氧化 5-磷酸吡哆醛草酰二腙的反应，可用于 3～180ng/mL CN^- 的测定（λ_{ex}=350nm，λ_{em}=420nm），该法已用于工业水中 CN^- 的测定[101]。CN^- 存在下，由于 CN^- 与 Cu^+ 的络合能力强，使得 Cu^{2+} 可以将硫胺素氧化为硫胺荧，该体系可用于 CN^- 的测定，方法的线性范围为 0～1.0μg/mL，灵敏度为 0.001μg/mL，已用于环境水样的分析[102]。

在磷酸介质中碘能催化过碘酸钾氧化罗丹明 6G 的荧光猝灭反应，据此建立了催化荧光法测定痕量碘的新方法。方法的检出限为 0.019mg/L，线性范围为 0.020～0.80mg/L，可直接用于加碘食盐、海带、紫菜和盐酸胺碘酮药片中碘的测定[103]。

文献 [104] 和 [105] 均应用 NO_2^- 对溴酸钾氧化罗丹明 6G 反应的催化效应，以及用锌粉还原 NO_3^- 为 NO_2^- 的原理，建立了测定 NO_2^- 和 NO_3^- 的催化荧光分析法。前者测定 NO_2^- 的线性范围为 2.0×10^{-4}～2.0×10^{-2}μg/mL，检出限为 1.0×10^{-4}μg/mL，方法已用于雨水中痕量 NO_2^- 和 NO_3^- 的测定[104]；后者测定 NO_2^- 和 NO_3^- 的工作曲线的线性范围分别为 0.002～0.2μg/27mL 和 0.0067～0.67μg/27mL，测定下限分别为 0.074ng/mL 和 0.25ng/mL，方法已用于饮用水、质控水样和饮料中亚硝酸根和硝酸根的测定[105]。十二烷基硫酸钠对磷酸介质中亚硝酸根催化溴酸钾氧化藏红 T 有显著增敏作用，据此建立的测定 NO_2^- 的流动注射催化动力学荧光分析法，检出限达 0.2μg/L，线性范围为 0.5～25.0μg/L，方法已用于水样中亚硝酸根的测定[106]。

基于 Br^- 催化 H_2O_2 氧化罗丹明 B 的反应，可用于 Br^- 的催化荧光法测定，方法的线性范围为 5～35μg/25mL，检出限为 0.85μg/25mL[107]。

在稀硫酸介质中，基于甲醛催化溴酸钾氧化丁基罗丹明 B 的荧光猝灭反应，建立了甲醛的荧光动力学分析法，线性范围为 20～160μg/L，检出限为 5.8μg/L，已用于树脂整理特殊织物中痕量甲醛的测定[108]。类似地，基于甲醛催化 $KClO_3$ 氧化丁基罗丹明 B 的荧光猝灭反应所建立的甲醛的测定方法，线性范围为 0.01～2.45μg/mL，检出限为 3.8×10^{-9} g/mL，已用于湖水、饮料和漆料中甲醛的测定[109]。

利用活化效应或抑制（阻化）效应来进行测定的物质有如下报道。基于 Br^- 对溴酸钾氧化罗丹明 6G 反应的抑制作用，建立了 Br^- 的荧光动力学测定法，检出限 1.2ng/mL，线性范围 1.2～24ng/mL，已用于化学试剂 Na_2SO_4、湖水和血清中痕量 Br^- 的测定[110]。基于在磷酸介质中溴对溴酸钾氧化丁基罗丹明 B 反应的抑制作用，建立了痕量溴的动力学荧光分析法，检出限 0.075μg/L，线性范围 0.40～6.40μg/L，已用于地下水、人发中溴的分析[111]。在磷酸介质中，Br^- 抑制溴酸钾氧化吡啰红 B 的反应，据此建立了测定痕量溴的动力学荧光分析法，检出限为 0.11μg/L，线性范围 0.36～4.33μg/L，已应用于湖水、血清中溴的分析[112]。

微量 I^- 离子对亚硝酸根催化溴酸钾氧化吡啰红 B 的反应有显著的抑制作用，据此建立的微量 I^- 离子的动力学荧光分析法，方法的线性范围分别为 4～200μg/L 和 3～40μg/L，检出限分别为 2.8μg/L 和 1.6μg/L，已用于食品中微量碘的测定[113]。

在 Britton-Robinson 缓冲溶液中，单宁对 Cu(Ⅱ) 催化过氧化氢氧化吡咯红 Y 有活化作用，据此建立的单宁的荧光动力学测定法，线性范围 0.06～0.96mg/L，检出限为 0.032mg/L，方法已用于茶叶中单宁的测定[114]。

基于鞣酸对 Cu(Ⅱ) 催化 H_2O_2 氧化罗丹明 B 的活化作用，提出了测定痕量鞣酸的荧光动力学分析法，方法的线性范围为 0.04～0.72mg/L，检出限为 0.025mg/L，方法已成功地用于茶叶中鞣酸含量的测定[115]。

基于在高氯酸介质中柠檬酸能抑制铁（Ⅲ）催化 H_2O_2 氧化吡咯红 Y 的反应，建立了测定柠檬酸的动力学荧光分析法，线性范围为 0.12～2.4μg/mL，检出限为 0.05μg/mL，方法已用于汽水中柠檬酸的测定[116]。

作为反应物加以测定的例子有：在溴化十六烷基三甲铵（CTAB）的胶束介质中，基于氰化物催化吡哆醛-5-磷酸酯的空气氧化反应，已建立了吡哆醛-5-磷酸酯的流动注射荧光测定法[117]。类似的反应体系已用于建立吡哆醛（PAL）和吡哆醛-5-磷酸酯（PALP）同时测定的动力学分析法[118]。由 PAL-氰化物反应和 PALP-氰化物反应所生成的荧光产物［分别为 4-pyridoxolactone（PL）和 4-pyridoxic acid 5-phosphate（PAP）］，富集在胶束的表面，这一局部的富集效应提高了它们的量子产率，造成表观增大的反应速率。由于 PL 和 PAP 对 CTAB 的结合常数不同，胶束介质不同程度地加速 PAL-氰化物和 PALP-氰化物这两个反应体系而导致动力学的差异。

§13.3.3 非催化法

1. 无机物的测定

Al^{3+} 与 8-羟基喹啉-5-磺酸[119]或 2-羟基-1-萘甲醛对-甲氧苯酰腙[120]的配合

反应，提供了铝的灵敏的动力学测定法。其测定范围前者为 0.4ng/mL～10μg/mL，后者约为 0.5ng/mL～0.27μg/mL。在 80℃、六亚甲基四胺缓冲体系中和氟化物的敏化下，以羊毛铬红 B 为试剂而建立的 Al(Ⅲ) 的流动注射荧光测定法[121]，线性范围高达 1000μg/L，检测限 0.1μg/L，已成功地应用于自来水和矿物水中铝的测定。

测定 Ce^{4+} 与 1，5-二苯基-3-(2-苯乙烯基)-$\triangle^2$-吡唑啉反应的初始速率（λ_{ex} = 360nm，λ_{em} = 510nm），可测定 0.04～0.2μg/mL 铈[122]。V(Ⅴ) 氧化 1，3，5-三苯基-$\triangle^2$-吡唑啉的反应，已用于 0.03～0.15μg/mL 钒的测定[123]。在适当位置取代的羟基或氨基蒽醌，也能与 V(Ⅴ) 及 Ce^{4+} 这样一些氧化剂反应生成强荧光产物，可用于 V(Ⅴ)[124，125]和 Ce^{4+}[126，127]的动力学荧光测定。

利用 Pd^{2+} 或 Ni^{2+} 与某些有机试剂配合后减小试剂的游离浓度从而降低了该试剂被氧化为荧光产物的速率，可以测定 μg/mL 浓度的钯或镍[128]。

以玫瑰红 B 为试剂，用光子活化，建立了测定钢和其他合金中锡含量的动力学分析法，线性范围为 0.0～17mg/mL，金属离子或氧化还原剂不干扰测定[129]。

应用 Cu(Ⅱ) 和 Zn(Ⅱ) 结合到卟啉的反应，建立了 Cu(Ⅱ) 和 Zn(Ⅱ) 的动力学荧光测定法，两者的校正曲线的线性范围均为 0～1.0×10^{-5}mol/L；以 $Na_2S_2O_3$ 作为掩蔽剂，可在 10 倍过量 Cu(Ⅱ) 存在下测定微摩尔浓度的 Zn(Ⅱ)[130]。

基于在硫酸溶液中硫氰酸根对溴酸钾氧化罗丹明 B 反应的抑制效应，建立了硫氰酸根的动力学荧光测定法，方法的检测限为 1.63×10^{-6}mmol/L，线性范围 4.82×10^{-6}～4.13×10^{-5}mmol/L，已用于尿样和唾液中痕量硫氰酸根的测定[131]。

2. 有机物的测定

有机磷和有机羰基化合物已用动力学法加以测定[132]。与过氧化物反应时，五价磷化合物生成过磷酸盐，后者可氧化荧光底物；有机羰基化合物也容易生成能与荧光底物反应的过氧阴离子。

色氨酸在 pH10.8 介质中与甲醛反应生成荧光产物，已用于食品和饲料中色氨酸的动力学测定，测定范围 2～100nmol/mL。与公认的鲁哈曼（Norharman）法比较，证明了动力学法的准确度[133]。

基于在碱性介质中硫胺素被 Hg^{2+} 氧化为硫胺荧的反应，可进行硫胺素的动力学测定，线性范围为 2×10^{-8}～1×10^{-4}mol/L，方法已成功地应用于多种维生素片和谷类试样中硫胺素的测定[6,134]。

在十二烷基硫酸钠存在下的碱性溶液中，可用百草枯-抗坏血酸-甲苯紫（cresyl violet）的反应体系进行百草枯的动力学荧光法测定，工作曲线的线性范围为 6～500ng/mL，检测限为 1.8ng/mL，已用于自来水、牛奶和白酒样品中百草枯的测定[135]。

借助甲醛与乙酰丙酮的反应，建立了基于停流技术的甲醛的荧光动力学测定法（$\lambda_{ex}/\lambda_{em}$= 410nm/510nm），线性范围 20～1000ng/L，已用于空气中甲醛的测定[136]。作者认为所提出的测定方法，比已被广泛接受的标准方法更为灵敏、快速，重现性更好，更易于使用。

表面活性剂十二烷基硫酸钠使甲苯紫的荧光猝灭，麸朊（gliadin）与十二烷基硫酸钠的反应消除了十二烷基硫酸钠对甲苯紫的荧光猝灭，使体系的荧光恢复，据此建立了麸朊的停流混合动力学荧光测定法。这种噁嗪染料的应用，可在长波区进行动力学荧光测定，从而避免了来自样品的潜在干扰，且方法快速，适合于食物样品中麸朊的例行测定。方法的线性范围 0.5～50mg/mL，检测限 0.25mg/mL[137]。十二烷基硫酸钠-甲苯紫的体系也已用于药物样品中溶解酵素的测定，氯化溶解酵素（lysozyme hydrochloride）测定的线性范围为 0.5～50μg/mL，检测限 0.19μg/mL[138]。已报道了牛奶和食物样品中总酪蛋白测定的动力学荧光分析法[139]，该法应用吲哚花菁绿（indocyanine green)-溴化十六烷基三甲铵-酪蛋白反应体系，借助酪蛋白与表面活性剂之间的静电相互作用，消除了表面活性剂对染料的荧光猝灭作用，以致荧光强度随时间的增量直接与酪蛋白的浓度相关，采用停流混合技术和长波荧光测量进行测定。线性范围为 3～100μg/mL，检测限 0.9μg/mL。

采用停流混合技术结合 T-格式（T-format）的荧光分光光度计，已建立了牛奶中氨苄青霉素和四环素同时测定的荧光测定法[140]。氨苄青霉素的测定是基于它在青霉素酶存在下水解转化为 α-aminobenzylpenicilloate，并与氯化汞形成荧光产物；四环素的测定则是基于噻吩甲酰三氟丙酮（TTA）存在下由四环素到 Eu(Ⅲ）的分子内能量转移。

基于胭脂红酸对 Triton X-100 存在下 Eu(Ⅲ)-diphacinone-氨体系的荧光有抑制效应，建立了胭脂红酸的停流混合动力学测定法，可用于橙饮料中胭脂红酸的例行分析，方法的线性范围 0.5～15mg/mL[141]。

灭鼠剂 Pindone 对溴化十六烷基三甲铵存在下 Eu(Ⅲ)-噻吩甲酰三氟丙酮体系发光的抑制效应，已用于毒饵中 Pindone 的动力学荧光测定[142]。方法采用时间分辨的测量模式，配合停流混合技术。Pindone 测定的线性范围为 0.1～10.0μg/mL，检测限 0.04μg/mL。

时间分辨镧系敏化发光也已用于对-氨基苯甲酸的动力学测定。方法基于在氯化三辛基膦作为增效剂和 Triton X-100 作为胶束介质的条件下，对-氨基苯甲酸与 Tb(Ⅲ）形成配合物。由于配合物的形成速率高，需要采用停流混合技术。方法的线性范围为 0.08～4.0μg/mL，检测限 0.02μg/mL，已用于药剂样品的分析[143]。借助停流混合技术，联合使用动力学测量和平衡测量，基于碱性介质中溴化十六烷基三甲铵的阳离子和水杨酸（或 Diflunisal)-Tb(Ⅲ)-EDTA 三元络阴离子之间形成离子缔合物，由水杨酸或 Diflunisal 到 Tb(Ⅲ）的分子内能量转移而产生发光，已建立了血清中水杨酸和 Diflunisal 同时测定的动力学荧光测定法。方法的线性范围宽，检测限在 ng/mL 范围，水杨酸和 Diflunisal 的比率在 6∶1到 1∶12 之间能满意地加以分辨[144]。

基于铁氰化物氧化扑热息痛（N-乙酰基对氨基苯酚）的反应，建立了扑热息痛的停流动力学荧光测定法，校正曲线的线性范围 0.5～15.0mg/mL，已用于药品制剂的分析[145]。

丙二醛与硫代巴比妥酸反应生成荧光产物（λ_{ex}= 515nm，λ_{em}= 553nm)，已用于丙二醛的荧光动力学测定，方法的检测限达 0.3ng/mL，测定范围为 1.1～50ng/mL，已用于风湿和高血脂病人血清样品的分析[146]。为了进一步提高该法的灵敏度，有作者提出应用羟丙基-β-环糊精作为荧光增强剂，使荧光增强了 5 倍，丙二醛的动力学荧光测定法的测定范围为 0.1～10μmol/L，已用于生的和熟的肉类样品的分析[147]。在 pH4.0（NaAc-HAc 缓冲溶液）、甲胺浓度 10mmol/L、2-丙醇体积分数 30％和 75℃的反应条件下，丙二醛与甲胺经由 Hanztsch 反应生成荧光产物（1，4-disubstituted-1，4-dihydropyridine-3，5-dicarbaldehyde，λ_{ex}=405nm，λ_{em}=470nm)，据此建立了丙二醛的动力学荧光测定法，丙二醛测定的浓度范围为 0.5～2.8μg/mL，已用于橄榄油中丙二醛的测定[148]。

光解作用也已应用于维生素 B_2 和维生素 K 的测定。用紫外光照射时，维生素 B_2 的荧光衰变速率与浓度成正比。通过将维生素 B_2 萃入丁醇和吡啶中，可测定血液中微量的维生素 B_2[6]。维生素 K 不发荧光，但在乙醇中用 365nm 紫外线照射时，发生光解作用生成荧光产物（λ_{em}=431nm ），用动力学方法测定，检测限达 5ng/mL[149]。

参 考 文 献

[1] Theorell H. et al. Acta Chem. Scand.，1954，8：877.
[2] Mark H. B. Jr. et al. Kinetics in Analytical Chemistry. New York：Wiley-Interscience，1968.
[3] Guilbault G. G. Handbook of Enzymatic Methods of Analysis. New York：Marcel Dekker，1976.
[4] Kolthoff I. M. et al. Treatise on Analytical Chemistry. Part 1. Vol. 1. New York：Wiley，1978：663～704.
[5] 陈国树. 催化动力学分析法及其应用. 南昌：江西高校出版社，1991.
[6] Ingle J. D. Jr. et al. in Modern Fluorescence Spectroscopy. Vol. 3. Wehry E. L. Ed. New York：Plenum Press，1981：95～142.

[7] Pérez-Bendito D. and Silva M. Kinetic Methods in Analytical Chemistry. Chichester：Ellis Horwood，1998.
[8] Gratzel M. and Kalyanasundaram K. Kinetics and Catalysis in Micro-heterogeneous Systems. New York：Dekker，1991.
[9] Heremans K. et al. Rev. Sci. Instrum.，1980，56：806.
[10] Ishihara K. et al. Rev. Sci. Instrum.，1982，53：1231.
[11] Bugnon P. et al. Anal. Chem.，1996，68：3045.
[12] Ishihara K. et al. Rev. Sci. Instrum.，1999，70：244.
[13] Bowers C. P. et al. Anal. Chem.，1997，69：431.
[14] Saito Y. et al. Talanta，1987，34：667.
[15] Wang F. et al. Analyst，1991，116：297.
[16] Tie J. K. et al. Chinese J. Anal. Chem.，1994，22 (5)：516.
[17] Zhu Q. Z. et al. Anal. Lett.，1996，29：1729.
[18] Zhang G. F. et al. Anal. Chem.，1992，64：517.
[19] Chen Q. Y. et al. Anal. Chim. Acta，1999，381：175.
[20] Tang B. et al. Talanta，1998，47：361.
[21] Yuan W. T. et al. Anal. Sci.，2004，20：589.
[22] Chen X. -L. et al. Analyst，2001，126：523.
[23] Jiménez-Prieto R. et al. Analyst，1998，123：1R～8R.
[24] Jiménez-Prieto R. et al. Anal. Chem.，1995，67：729.
[25] 杨树涛等. 高等学校化学学报，2002，23 (6)：1026.
[26] 高锦章等. 分析化学，2004，32 (5)：611.
[27] 董彦杰等. 分析化学，2004，32 (7)：923.
[28] Salinas F. et al. Anal. Chim. Acta，1981，130：337.
[29] Wilson R. L. et al. Anal. Chem.，1977，49：1060.
[30] Cohen C. B. et al. Anal. Biochem.，1999，273：89.
[31] Valcárcel M. et al. Talanta，1983，30：139.
[32] 唐波等. 分析化学，2001，29：37.
[33] Rietz B. et al. Anal. Chim. Acta，1975，77：191.
[34] Guilbault G. G. et al. Anal. Chem.，1965，37：1219.
[35] Guilbault G. G. et al. Anal. Chem.，1968，40：1256.
[36] Miller W. L. et al. Anal. Chem.，1988，60：2711.
[37] Zhu C. -Q. et al. Anal. Sci.，2000，16：253.
[38] Li Y. -Z. et al. Anal. Chim. Acta，1997，340：159.
[39] Haas E. et al. Anal. Biochem.，1971，40：218.
[40] Chen R. F. et al. Anal. Lett.，1984，17：857.
[41] Latt S. A. et al. Anal. Biochem.，1972，50：56.
[42] Chen R. F. Anal. Lett.，1977，10：787.

[43] Craig D. B. et al. J. Am. Chem. Soc., 1996, 118: 5245.
[44] Tan W. et al. Anal. Chem., 1997, 69: 4242.
[45] Xue Q. et al. Nature, 1995, 373: 681.
[46] Kiang S. W. et al. Clin. Chem., 1975, 21: 1799.
[47] Kuan J. W. et al. Clin. Chem., 1975, 21: 67.
[48] Kuan J. W. et al. Anal. Chim. Acta, 1978, 100: 229.
[49] Papanastasiou-Diamandi A. et al. Anal. Chim. Acta, 1984, 157: 125.
[50] Radke G. E. et al. Anal. Chim. Acta, 1984, 161: 91.
[51] Cordek J. et al. Anal. Chem., 1999, 71: 1529.
[52] Liu X. et al. Mikrochim. Acta, 1999, 131: 129.
[53] Zhang W. et al. Anal. Chim. Acta, 1997, 350: 59.
[54] Biddle V. L. et al. Anal. Chem., 1978, 50: 867.
[55] Goode S. R. et al. Anal. Chem., 1978, 50: 1608.
[56] Wilson R. L. et al. Anal. Chem., 1977, 49: 1066.
[57] 李彬等. 分析试验室，1998，17 (2)：68.
[58] 谢增鸿等. 分析化学，1998，26 (2)：215.
[59] Zhang G. et al. Microchem. J., 1996, 53: 308.
[60] Lazaro F. et al. Anal. Chim. Acta, 1984, 165: 177.
[61] Kawakubo S. et al. Analyst, 1994, 119: 2119.
[62] 俞英等. 化学学报，1996，54：709.
[63] 李建中等. 分析化学，1992，20 (1)：85.
[64] 苏美红等. 分析化学，2000，28 (4)：446.
[65] Moreno A. et al. Anal. Chim. Acta, 1984, 157: 333.
[66] Moreno A. et al. Anal. Chim. Acta, 1984, 159: 319.
[67] Lazaro F. et al. Anal. Chim. Acta, 1985, 169: 141.
[68] Navas A. et al. Microchem. J., 1985, 31: 50.
[69] 俞英等. 光谱学与光谱分析，2000，20 (1)：110.
[70] 陈烨璞等. 分析化学，1996，24 (10)：1166.
[71] 张桂恩等. 分析化学，1994，22 (9)：919.
[72] 俞英等. 高等学校化学学报，1996，17 (9)：1381.
[73] 章竹君等. 高等学校化学学报，1996，17 (4)：535.
[74] Rubio S. et al. Anal. Chem., 1984, 56: 1417.
[75] 郭祥群等. 高等学校化学学报，1991，12 (4)：454.
[76] 慈云祥等. 北京大学学报（自然科学版），1991，27 (6)：686.
[77] Grases F. et al. Microchem. J., 1985, 32: 367.
[78] Lázaro F. et al. Fresenius Z. Anal. Chem., 1985, 320: 128.
[79] 许金钩等. 厦门大学学报（自然科学版），1988，27 (5)：548.
[80] 王克太等. 分析化学，1996，24 (8)：914.

[81] Pézez-Bendito D. et al. Analyst, 1984, 109: 1297.
[82] Zhang G. et al. Talanta, 1993, 40: 1041.
[83] 王军锋等. 分析化学, 1995, 23 (3): 299.
[84] 王军锋等. 高等学校化学学报, 1995, 16 (2): 188.
[85] 陈兰化等. 化学试剂, 1994, 16 (6): 377.
[86] 俞英等. 分析化学, 1994, 22: 543.
[87] 嵇志琴等. 分析测试学报, 1994, 13 (6): 67.
[88] Kawakubo S. et al. Anal. Sci., 1996, 12: 767.
[89] Kataoka M. et al. Bull. Chem. Soc. Jpn., 1984, 57: 1083.
[90] López-Fernández M. A. et al. Anal. Lett., 1984, 17: 507.
[91] Rubio S. et al. Analyst, 1984, 109: 597.
[92] Luque M. D. et al. Talanta, 1980, 27: 645.
[93] Lázaro F. et al. Anal. Lett., 1985, 18: 1209.
[94] Bognár J. et al. Mikrochim. Acta, 1968, 1013.
[95] Khaskhely A. A. et al. J. Chem. Soc. Pak., 1996, 18 (2): 110. C. A. 125: 264481b (1996).
[96] Zhu Q. et al. Mikrochim. Acta, 1994, 116: 197.
[97] 许金钩等. 分析化学, 1989, 17 (2): 146.
[98] Paz J. L. L. et al. Chem. Anal., 1996, 41: 633.
[99] 王克太. 贵金属, 1998, 19 (3): 40.
[100] Marco V. et al. Anal. Chim. Acta, 1993, 283: 489.
[101] Rubio S. et al. Talanta, 1984, 31: 783.
[102] 崔万苍等. 分析化学, 1988, 16 (7): 657.
[103] 邵建章. 分析试验室, 2002, 21 (4): 26.
[104] 高甲友等. 理化检验-化学分册, 1994, 30 (3): 159.
[105] 张贵珠等. 分析化学, 1994, 22 (10): 1006.
[106] 徐远金等. 分析测试学报, 2003, 22 (4): 32.
[107] 郑肇生等. 分析化学, 1993, 21: 1092.
[108] 樊静等. 分析化学, 2002, 30 (8): 942.
[109] 张爱梅等. 分析科学学报, 2004, 20 (5): 519.
[110] 张贵珠等. 化学试剂, 1994, 16: 335.
[111] 邵建章. 分析测试学报, 2002, 21 (1): 87.
[112] 高峰等. 光谱实验室, 2004, 21 (2): 296.
[113] 张爱梅等. 分析化学, 2001, 29 (10): 1160.
[114] 冯素玲等. 光谱学与光谱分析, 2003, 23 (2): 322.
[115] 冯素玲等. 分析化学, 2003, 31 (2): 198.
[116] 冯素玲等. 分析试验室, 2003, 22 (2): 73.
[117] Alonso A. et al. Analyst, 1995, 120: 2401.

[118] Morales F. et al. Anal. Chim. Acta，1997，345：87.
[119] Wilson R. L. et al. Anal. Chim. Acta，1977，92：417.
[120] Ioannou P. C. et al. Talanta，1984，31：253.
[121] Carrillo，F. et al. Fresenius' J. Anal. Chem.，1996，354：204.
[122] Grases F. et al. Microchem. J.，1984，29：237.
[123] Grases F. et al. Anal. Chim. Acta，1983，148：245.
[124] Salinas F. et al. Anal. Lett.，1980，13（A6）：473.
[125] Garcia-Sanchez F. et al. Talanta，1981，28：833.
[126] Salinas F. et al. Microchem. J.，1982，27：32.
[127] Navas A. et al. Mikrochim. Acta，1982，I：175.
[128] Grases F. et al. Anal. Chim. Acta，1984，161：359.
[129] Martinez-Izquierdo M. E. et al. Anal. Chim. Acta，1996，325：81.
[130] Yatsimirsky A. K. et al. Talanta，1994，41：1699.
[131] Zhang G. et al. Talanta，1997，44：1141.
[132] Guilbault G. G. et al. Anal. Chim. Acta，1968，43：253.
[133] Steinhart H. Anal. Chem.，1979，51：1012.
[134] Ryan M. A. et al. Anal. Chem.，1980，52：2177.
[135] Sendra B. et al. J. Agric. Food Chem.，1999，47：3733.
[136] Rodriguez I. C. et al. Int. J. Environ. Anal. Chem.，1995，61：331.
[137] Gala B. et al. Analyst，1996，121：1133.
[138] Gala B. et al. Talanta，1996，43：1413.
[139] Paz Aguilar-Caballos M. et al. J. Agric. Food Chem.，1998，46：4250.
[140] Gala B. et al. Talanta，1997，44：1883.
[141] Panadero S. et al. Fresenius' J. Anal. Chem.，1997，357：80.
[142] Sendra B. et al. Anal. Lett.，1999，32：1835.
[143] Panadero S. et al. Talanta，1998，45：829.
[144] Panadero S. et al. Anal. Chim. Acta，1996，329：135.
[145] Pulgarin J. A. M. et al. Anal. Chim. Acta，1996，333：59.
[146] Espinosa-Mansilla A. et al. Anal. Chim. Acta，1996，320：125.
[147] Castrejon S. E. et al. Talanta，1997，44：951.
[148] Espinosa-Mansilla A. et al. J. Agric. Food Chem.，1997，45：172.
[149] Aaron J. J. et al. Appl. Spectrosc.，1976，30：159.

（本章编写者：许金钩）

第十四章　空间分辨荧光分析技术

现代分析化学正向着信息多维化的方向发展，空间分辨的重要性日益受到重视。荧光分析技术灵敏度高，选择性好，可提供有关分子结构、环境影响因素等诸多信息。然而，传统荧光分析技术缺乏空间分辨能力，即将空间上某一位点信息定位抽取出来的能力。随着现代仪器手段的发展，具有空间分辨能力的荧光分析技术已成为现实，随着应用领域的不断扩大，正渐趋形成一个新的研究分支——空间分辨荧光分析技术[1]。目前空间分辨荧光分析技术主要包括：共焦荧光法、全内反射荧光法、多光子荧光法以及近场荧光法。这些技术虽然原理各异，但都较传统技术具有卓越的空间分辨能力，应用到显微成像上能获得远比常规荧光显微术更好的分辨效果。共焦荧光法利用“针孔”效应，可对样品进行纵深剖析；全内反射荧光法则可有效排除本体干扰，获取界面层信息；多光子激发荧光法根据非线性光学原理提高空间分辨率；近场荧光法则借用扫描隧道显微镜原理，得以突破传统光学衍射的限制。这些具有空间分辨能力的方法的出现和发展，一是直接导致了单分子水平测定的实现和兴起；二是在材料科学、生物科学、医学等领域展示出巨大的作用。

§14.1　共焦荧光法

虽然共焦显微技术的概念在 20 世纪 50 年代就已提出来了，但直到 20 世纪 80 年代才受到重视。近年来，由于其应用领域的不断拓展以及自身的不断完善，该技术已成为许多研究领域中的重要工具。

§14.1.1　共焦荧光法原理

共焦荧光法采用光学系统的共轭焦点（共焦）技术，使光源、被照物点和探测器处于彼此对应的共轭位置。共焦荧光显微镜基本原理如图 14.1 所示。与普通光学显微镜最大的不同之处在于其光路中设置了两个聚焦针孔（光孔），针孔起了一个空间滤波器的作用，把来自样品的各种杂散光阻挡在外，使之不能进入检测器，从而保证检测信号是来自样品某特定位点。激光光源发出的激光束，通过第一个针孔聚焦在样品的某一层面上，激发其荧光团，发射出的荧光经聚焦穿过第二个针孔到达检测器，而焦平面以外的荧光被聚焦在第二个针孔之外，不能穿过第二个针孔，也就不能传输到检测器中，因此检测器只能检测到焦平面所发出的荧光信号。这样的光学结构，就可起到两方面的作用：一是可以大大减小光学系统杂散光进入检测器的机会，使信号噪声最小；二是如果沿样品垂直方向移动样品或物镜的位置，就可获得样品不同深度层面的信息，而无需破坏样品。

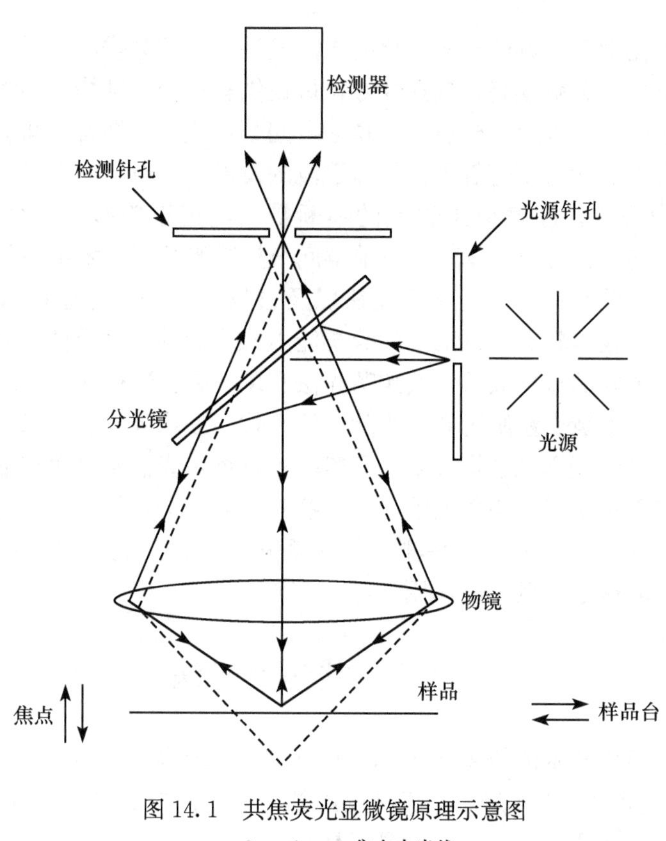

图 14.1　共焦荧光显微镜原理示意图

借助计算机的帮助，利用共焦光点对物体进行三维扫描，对自表面至各深度剖面的信息进行叠加重构，便可以得到完整的三维图像。与通常的光学显微镜相比，共焦荧光显微镜成像的性质完全不同，简单地说，就是它能生成高分辨的三维图像。在成像的过程中，重要的是须使两个焦点严格地位于共焦显微镜的光轴（z 轴）上，因此光路调节的要求是比较高的。

在共焦荧光系统中，针孔孔径和物镜数值孔径是两个重要参数。当针孔尺寸很小时，共焦显微镜才能真正起作用。如果针孔尺寸太大，和普通显微镜就没有什么区别了。在共焦荧光系统中，随着针孔尺寸的减小，分辨力上升，但光信号也降低，所以须选择适当大小的光孔孔径。物镜数值孔径（NA）是影响显微成像效果的另一个非常关键的参数，这点与常规荧光显微镜类似。图 14.2 显示，随着物镜数值孔径的增加，z 轴分辨能力加大。

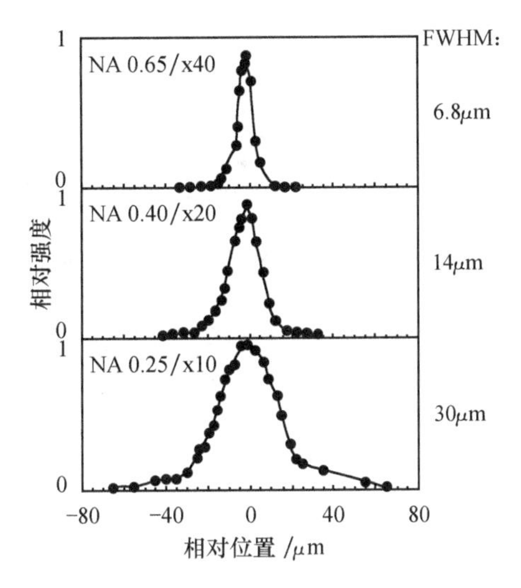

图 14.2　物镜对共焦荧光显微镜 z 轴分辨力的影响

§14.1.2　共焦荧光法的特点

利用共焦荧光法，可有效地减少非探测区散射光及无用荧光信号的影响，提高分析灵敏度和对样品的空间定位能力。共焦成像的分辨率是普通显微镜的$\sqrt{2}$倍，即介于普通光学显微镜和电镜之间。共焦显微镜还具有 z 向观察能力，其深度分辨力是普通显微镜的 2 倍，可达 0.1m，而且突破了普通显微镜只能观察平面图像的限制，用“光学切片”代替机械切片，实现了逐层剖析。构成的三维图像具有对比度高、成像清晰和信息量大等优点[2,3]。

§14.1.3　新型共焦荧光技术

近年来，由于计算机技术、精密加工技术和激光技术等的发展，共焦荧光显微镜也在不断的发展和完善，出现了各种各样的类型。比如 4Pi 共焦荧光显微镜、共焦光纤荧光显微镜和双光子共焦荧光显微镜等等。

4Pi 共焦荧光显微镜以两个对置的显微物镜共焦来增加显微镜的孔径。通过用相干波照明物体，点探测器接收来自两侧的荧光，使轴向孔径增强。激光束经分光器分为等光强的两束平行光，经反射镜反射，分别进入两侧的显微物镜并聚焦在一个共用焦平面上，照明荧光物体，通过机械系统对样品进行三维扫描[4,5]。显微镜的轴向分辨比一般的共焦荧光显微镜高约 4 倍。值得一提的是近期提出的受激发射耗尽显微技术（stimulated emission depletion microscopy, STED）与 4Pi 共焦荧光技术的结合甚至可使轴向分辨力达到 30～40nm[6,7]（如图 14.3）。

光纤式共焦荧光显微镜将光纤技术与共焦荧光显微技术结合，可使整个系统紧凑、体积减小、造价低，并且便于调准定位及灵活布置光电硬件。光纤不仅可对激发光和共焦荧光提供柔性光路，还可起到共焦针孔的作用[8~12]。共焦光纤荧光显微镜有各种各样的形式，其中光纤束式的共焦荧光显微镜使光路准直灵活性大大提高[10]（图 14.4）。

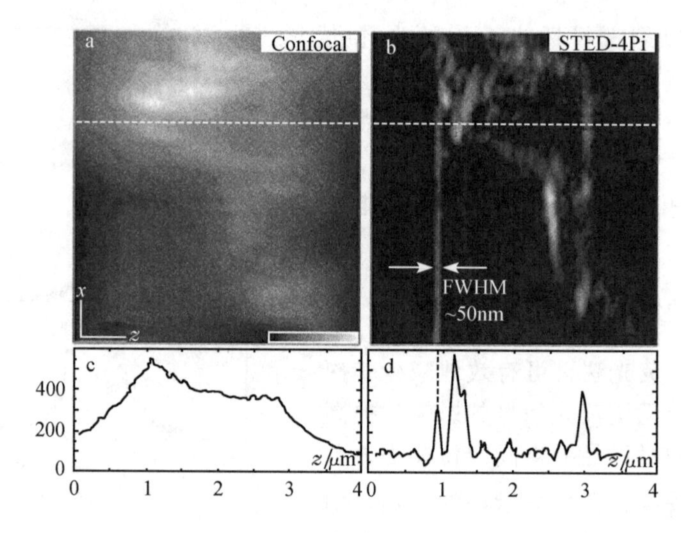

图 14.3　普通共聚焦成像（a）和 STED-4Pi 成像（b）
图 c，d 对应图像中虚线的数据

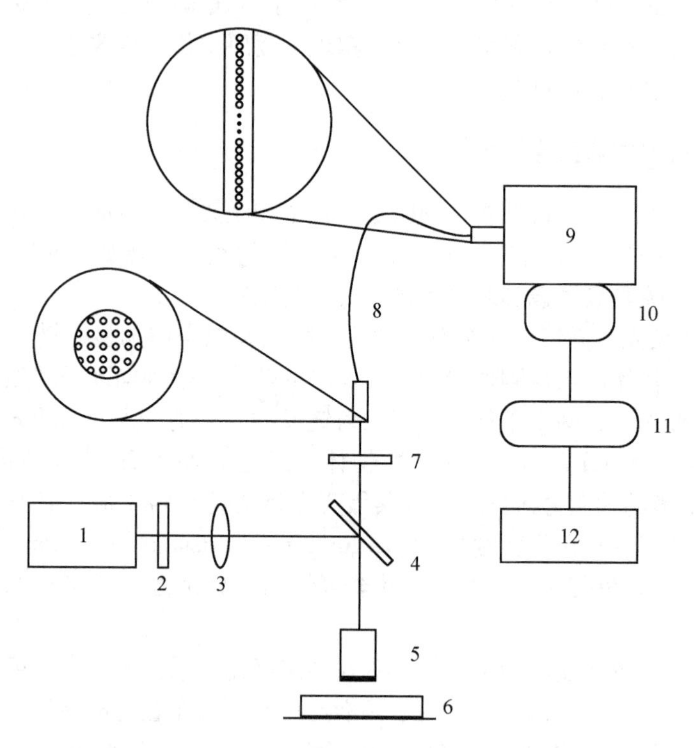

图 14.4　光纤束式共焦荧光显微镜装置示意图

1. 激光；2. 滤光片；3. 透镜；4. 分束器；5. 物镜；6. 样品；
7. 滤光片；8. 光纤；9. 单色器；10. CCD；11. 控制器；12. 计算机

有的共焦显微镜采用狭缝代替圆形针孔，可方便进行光路调节[13]。狭缝式针孔可以产生较强的信号，但纵向分辨力会下降，对荧光成像质量有所影响。Juskaitis 等[14]提出了一种采用白光光源显著提高光利用率的方法。

一般的共焦荧光显微镜没有分光功能，若要得到光谱，还需配上单色器。这种可以测量显微荧光光谱的显微镜在化学领域尤为有用[10,15]。图 14.5 是一个利用共焦荧光技术克服水拉曼光，获得清晰水表面荧光光谱的例子。对于气液界面分析，若采用常规荧光法，来自水中的拉曼散射会产生干扰，使界面分子荧光光谱严重变形［图 14.5 (b)］，但采用共焦荧光法后则能显著消除其影响［图 14.5 (a)］。

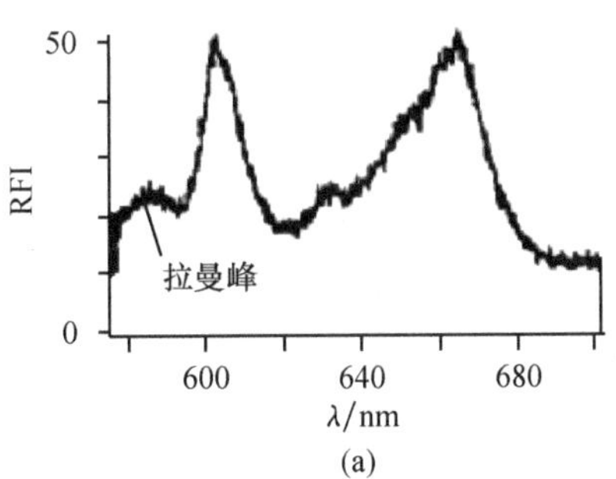

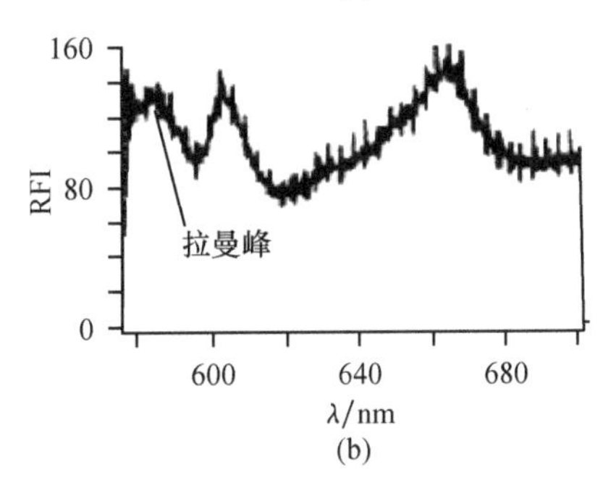

图 14.5　水表面卟啉分子荧光光谱
(a) 共焦荧光光谱；(b) 非共焦荧光光谱

§14.1.4　共焦荧光法的应用

荧光显微技术已成为生物学、医学诊断[16]、半导体、微电子器件、高分子材料的生产检测[17]和超高灵敏分析[18,19]等的重要工具。

利用共焦荧光法已观察到了空气-水界面上荧光分子随时间波动的荧光光谱图，这种光谱波动现象与单分子个体行为有些相似[19]。Latterini 等[20]利用共焦空间分辨荧光图像和荧光光谱，揭示了一种酚酞纳米复合材料中染料的分布信息以及染料和无机基体的相互作用特性。

共焦显微荧光在生物学研究中的应用主要有三方面：①用共焦方式观察生物样品。同一生物样品，用共焦激光扫描显微镜比用常规的荧光显微镜观察到的非共焦图像清晰得多。例如，生物芯片的扫读广泛采用共焦荧光显微镜。②对生物样品进行光学连续“切片”，并实现显微结构的三维重建。生物样品原位的光学“切片”代替了机械切片，避免了切片之间的对位难题及作薄切片时对显微结构的机械损伤。正是共焦显微技术的出现，极大地改进了生物显微结构的三维重建技术，进而推动了生物结构与功能关系的研究。③对生物样品进行定量分析。可对共焦显微信息作进一步的处理，获取与浓度相关的信息及进行定量形态学分析。

共焦荧光显微镜能帮助医生确定组织的层状结构和诊断反常皮肤生长，分辨样品的分层结构、各层厚度和各层荧光相关浓度等，这些都是常规方法难以做到的。共焦荧光显微技术和时间分辨荧光法结合，可用于测绘空间分辨荧光衰变曲线和开展荧光动力学研究；与相关谱技术结合，可测量磷脂系统的扩散速度和表面密度[21]，探测表面结合荧光物种的微秒级动力学[22]等。此外，共焦荧光显微镜已用于从单分子水平上观察和分析DNA-蛋白质复合物[23]。

§14.2 多光子激发荧光法

多光子激发荧光法是一种非线性激发荧光法，同时吸收两个或两个以上的光子藉以在一个分子中产生共振跃迁。

§14.2.1 双光子激发荧光法

早在1931年，Gopptrt-Mayer就完成了一个分子通过同时吸收两个光子跃迁到高能态的工作[24]。但真正在荧光分析上获得利用则是近些年的事。双光子激发和单光子激发荧光的差异在于吸收光子的不同。图14.6示出了双光子激发和单光子激发过程的差异[25]。在双光子激发中，分子同时吸收两个光子，跃迁到激发态，荧光仍然由分子单线态的最低振动能层发出。所以与通常的单光子激发相反，其激发波长处在比发射波长更长的波长位置。

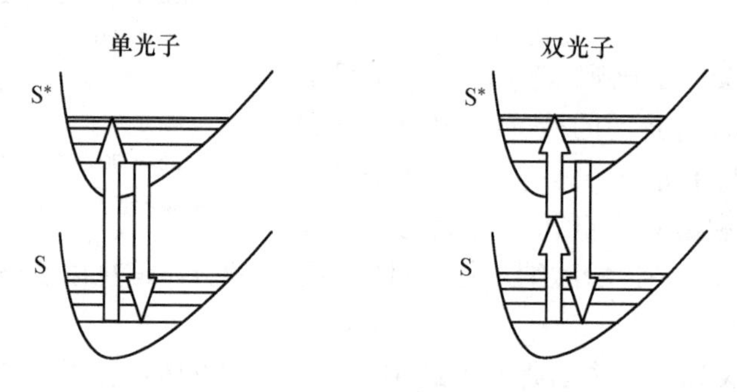

图14.6 单光子和双光子激发的Jablonski图

吸收一个光子和同时吸收两个光子是受不同的选择定则支配的。吸收双光子的可能性比单光子低得多。其吸收功率Δp和入射功率p之间为二次方关系。

$$\Delta p = p^2 cLA^{-1}\delta \tag{14.1}$$

式中：c为溶质浓度；L为光程；A为光束横截面积；δ为双光子吸收强度，典型值小于10^{-48} cm^4·s·光子$^{-1}$·分子$^{-1}$。所以普通的光源不足以激发出可测的双光子荧光信号，而需要采用激光把光聚焦到样品上，才能产生出有用的双光子信号。由于遵从不同的选择定则，双光子荧光法可提供一个不同于单光子荧光法的新手段来研究物质的电子态和跃迁方式[26]。双光子激发荧光的激发效率低，通常需要采用激光光源才可观察到。

双光子激发产生的荧光强度与入射光强成二次方关系。因此，在激光光强集中的区域所观察到的双光子荧光信号大大增强，而周围光辐射弱的区域则难以激发出可测的双光子荧光信号，由此就可将探测区域更集中定位于激光焦点。由于荧光发射集中在更小的空间区域，减少了周围散射光和无用荧光被激发的可能性，因而，双光子荧光法空间分辨能力得以提高，成像质量更佳。

由于双光子荧光的激发波长处于比发射波长更长的波长位置，减少了光损伤的可能性。并且两波长间有巨大的蓝移，可消除强烈散射光影响，能观测到样品的更深层次。双光子荧光显微镜分辨能力与共焦荧光显微镜相当，但由于荧光激发只发生在聚焦点，消除了不必要的光漂白和光毒化。Webb 等[27]反复扫描一均匀荧光聚合体的轴平面而后构成轴向荧光漂白模式图像，他们观察到用单光子激发时（共焦荧光显微镜），焦平面上下附近均会发生光漂白，而当用双光子激发时，漂白只发生在焦平面上（图 14.7）。

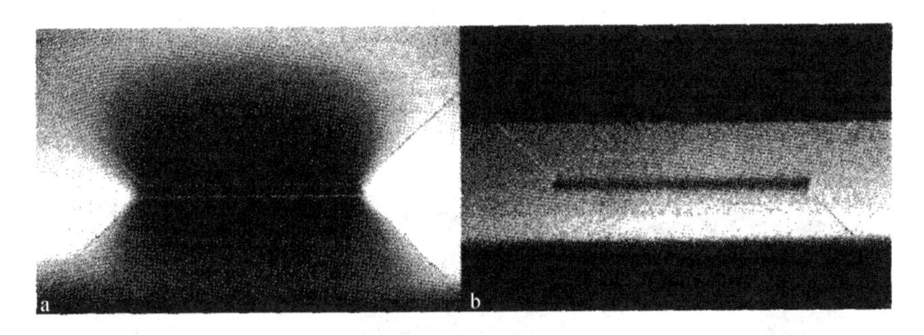

图 14.7　由线性（单光子）激发（a）和双光子激发（b）产生的轴向荧光漂白模式图像

样品为一均匀荧光聚合体。当用两光子激发时，漂白只发生在焦平面上

双光子荧光法的上述特点使得它在生命科学领域具有特别重要的意义，可在不伤害或杀死细胞的情况下观察细胞，为生物学家探索活细胞内各种分子的实时动态提供了有效工具[28]。并且双光子激发能实现在样品中的高度精确定位，对研究细胞内笼锁化合物的生理作用具有重要意义。

§ 14.2.2　三光子激发荧光法

三光子激发荧光即一个分子同时吸收三个光子，跃迁到激发态后发出的荧光。三光子激发在限制荧光的发生集中于激光束焦点方面有着比双光子激发更好的效果。三光子能量的加合不仅进一步拓宽荧光激发的范围，而且由于采用更长波长激发，散射极低，可探测到样品的深层次。Webb 等[29]采用钛蓝宝石激光所产生的超短脉冲，实现了三个光子同时激发一个荧光分子，极大地克服了光损伤、散射和背景干扰等的限制，获得活细胞中 5-羟色胺分布的高分辨三维图像，并且测得其浓度。Lakowicz 等[30]用飞秒激光激发酪氨酸衍生物，获得了与单光子激发同样的荧光发射光谱，信号对入射激光功率的依赖关系表明分子的激发是三光子过程。多光子激发甚至还可能达到更多光子以上。

§14.2.3 双光子共焦荧光法

双光子激发荧光法由于荧光强度与激发光成二次方关系而使发光集中于焦点，共焦荧光通过空间滤波器限制探测区域的大小，两者的结合使空间分辨力更加提高。该法在生物分析中尤具价值。Diaspro 等[31]利用双光子共焦荧光法研究单分子和分子聚集体，考察了标记到蛋白质的罗丹明 6G 的荧光各向异性，结合荧光相关技术，获得分子平均旋转和移动扩散系数，结果与蛋白质尺寸吻合。双光子共焦荧光法已用于测定气态一氧化氮[32]，来自一香豆素染料激光器的激发光（452.6nm）促使一氧化氮发生双光子跃迁，诱导产生的 200～300nm 荧光消除了几乎所有的激光辐射散射光，因而获得很好的信噪比。另外，近期发展的一种所谓多聚焦多光子显微术的图像分辨效果明显比普通共焦荧光显微术或多光子荧光法的效果都好[33]。图 14.8 为多聚焦多光子显微术（TMX-3-MMM）和共焦荧光显微术测绘两个有着近似的直径（～25μm）大花粉多齿体的荧光图像的结果比较，前者所得图像更为清晰，背景明显更低。

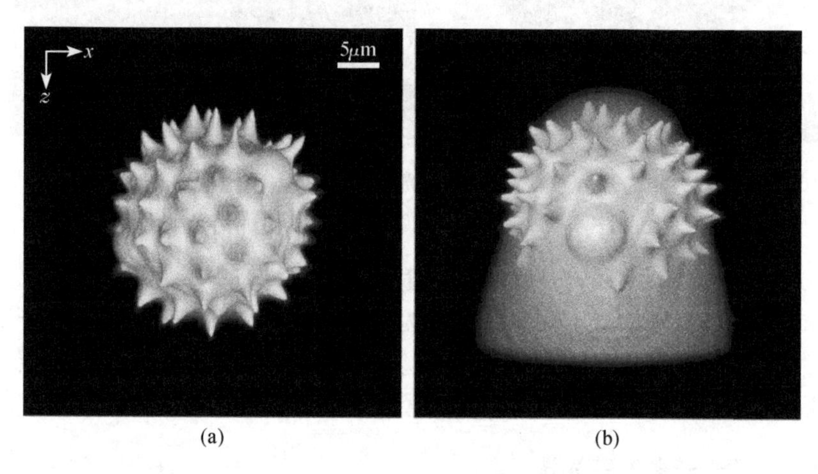

图 14.8 多聚焦多光子显微术（TMX-3-MMM）(a) 和共焦荧光显微术（b）的比较

§14.3 全内反射荧光法

§14.3.1 全内反射荧光的产生

全内反射荧光法是一种有效排除本体干扰，获取界面信息的手段[34,35]。全内反射荧光产生的机理如图 14.9。

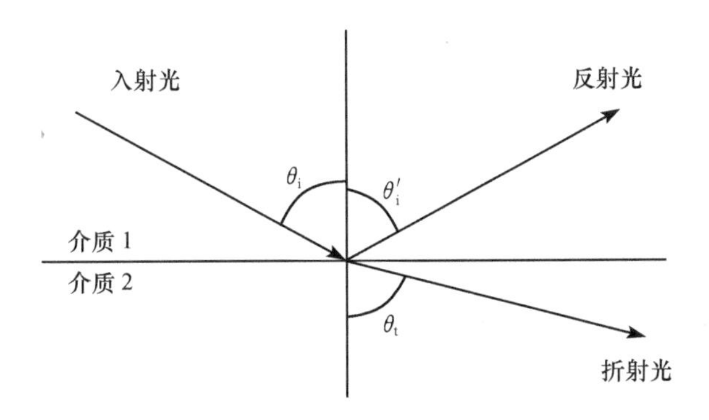

图 14.9　反射定律示意图

当一束光从介质 1（折射率 n_1）照射到介质 2（折射率 n_2）时，在界面上会同时发生光的反射和折射，其规律遵循折射定律

$$n_1 \sin\theta_i = n_2 \sin\theta_t \tag{14.2}$$

其中：θ_i 为入射角；θ_t 为折射角。如果入射光是由光密介质照到光疏介质，就有可能发生全内即折射光方向与界面重叠，此时，折射光消失，入射角称为临界角 θ_c：

$$\theta_c = \arcsin(n_2/n_1) \tag{14.3}$$

因此，在入射角大于临界角后，所有的入射光能全部反射回光密介质 1，即发生了全内反射。

尽管入射光在界面全部反射，一部分电磁辐射还是能穿过界面渗透到光疏介质 2，这部分能量就称为“倏逝波（损耗波，消失波）”（图 14.10）。倏逝波的存在与能量守恒定律并不矛盾，它在两介质界面层流动，最后返回光密介质。倏逝波和入射光具有相同频率，强度 $I(z)$ 随离开界面的距离 z 呈指数迅速衰减，

$$I(z) = I(0)e^{-z/d_p} \tag{14.4}$$

式中：d_p 为倏逝波对光疏介质的渗透深度，指能量衰减到原值的 1/e 时距界面的距离。它与入射角、入射光波长及两介质的折射率有关。

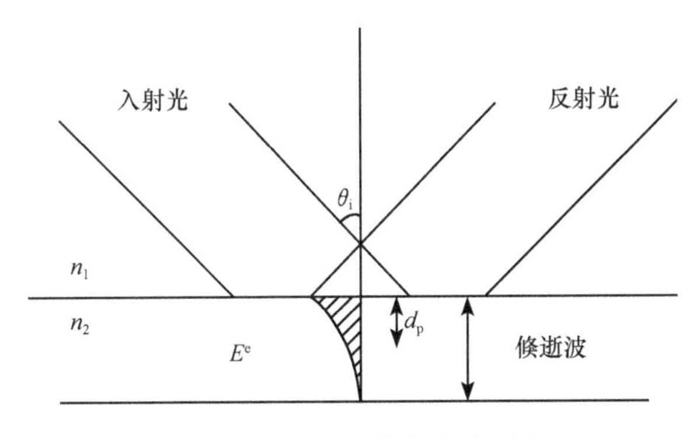

图 14.10　TIRF 倏逝波示意图

$$d_p = \lambda_i / [2\pi(n_1^2 \sin^2\theta_i - n_2^2)^{1/2}] \quad (14.5)$$

倏逝波渗透深度大约在 100nm 左右，可方便地通过改变入射角，减少渗透深度。由于这种倏逝波只存在于大约 100nm 以内（与入射波长同数量级）的界面层里，只能激发在界面层的荧光团，从而产生所谓的全内反射荧光。此处所述的界面层与严格意义上的界面有所不同，应理解为包括附近的有一定厚度的层面。倏逝波离开界面迅速衰减，无法为本体分子所吸收，所以测定区域仅局限于界面层，避免了来自本体的散射干扰和大量本体的荧光激发。这种对界面层分子的选择性激发方法，就称为全内反射荧光法，因其由倏逝波所致，亦有人称之为倏逝波诱导荧光法。它具有高度的界面（表面）特异性。表面和界面在基础研究、工业环境和生物学上均有重要意义。全内反射荧光提供了一种表面（界面）分析的有效技术。

用于产生对光的全内反射效果的棱镜通常有半圆柱形、三角形、梯形等（如图 14.11）。这三种棱镜均可以达到改变入射光的入射角度以实现全内反射的目的，具体选何种需根据实际情况。

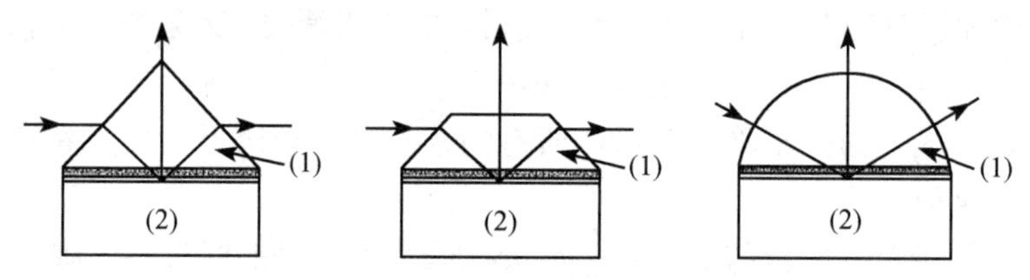

图 14.11　用于全内反射荧光检测的棱镜

（1）棱镜；（2）样品池

图 14.12 给出一个利用全内反射荧光法检测出界面层光谱异于溶液本体光谱

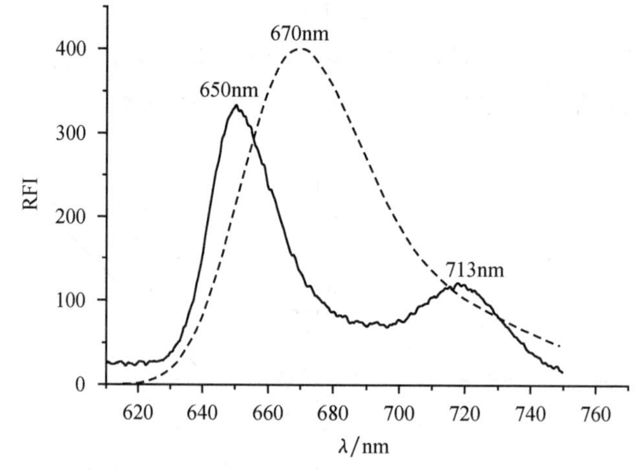

图 14.12　卟啉在界面（实线）和溶液本体（虚线）的荧光发射光谱

的典型例子。在特定的 pH 下在界面上出现的 Meso-四（4-磺酸基苯基）卟啉的特征荧光光谱与本体溶液的完全不同，界面上观测到的光谱来自卟啉的非质子化型体，而溶液中的来自质子化型体。

§14.3.2 全内反射荧光技术的发展

Hirschfield 于 1965 年完成了第一个全内反射荧光实验。也正是他第一次尝试用全内反射荧光法测液体中的单个分子的荧光[36]，由此开始单分子荧光检测技术的发展。

全内反射荧光显微技术的仪器装置有两种类型[37,38]：一为通常所见的棱镜型显微镜，通过棱镜将激发和发射光路分开，倏逝波区域的大小可以很容易地通过改变激光光线宽度来调节，但是荧光成像效果并不是非常理想，迄今为止该类型的显微镜仍然应用最多；另一种为新近出现的物镜型显微镜，该类型的物镜是非常规的，具有更佳的空间分辨率和更好的成像质量。

全内反射荧光法因其相对简单、所需费用低廉、界面特效性好而引起人们的广泛关注。至今，全内反射荧光法在理论上和应用上均已得到较大发展，出现了各种各样的全内反射荧光法，如时间分辨全内反射荧光、多重内反射荧光、全内反射荧光相关谱[39]、全内反射同步荧光法[40,41]等等。全内反射荧光配合偏振技术和时间分辨技术在研究表面分子或近表面分子的取向、旋转和荧光寿命方面已取得很好的效果。

§14.3.3 全内反射荧光法的应用

基于全内反射荧光原理，可制成各式各样的传感器[42,43]。改变入射光的入射角度，倏逝波渗透深度随之改变，因此可利用来考察荧光团随界面距离的浓度变化。全内反射荧光可与荧光能量转移结合以研究在表面上荧光团之间的距离。

在分离分析、生物、药学及工业中经常要涉及两种互不相溶的液体间形成的界面。液-液界面离子吸附在溶剂萃取和相关分离系统如液-膜分离、离子选择性液膜电极和色谱中是重要的基本过程。相对于液固界面来说，全内反射荧光法在液-液界面的应用较少，但已显示出它独特的魅力。Watarai 等[44,45]用全内反射荧光方法，研究了甲苯/水界面上罗丹明的旋转动力学以及卟啉离子衍生物的离子结合吸附。Teramae 等[46]采用时间分辨全内反射荧光光谱研究庚烷-水界面上的 8-胺基萘磺酸的微环境，发现在界面附近的荧光团以两种结构形式存在，且分布位置有所不同。利用时间分辨全内反射荧光测定法可研究油水界面的极性[47]。

全内反射荧光法已成为荧光光谱学在生物化学应用中的重要工具[34,35,48]。表面分子的分布和动力学是众多生物学的核心问题，例如：激素、神经递质和抗原对细胞的结合和刺激，血浆蛋白在异物表面沉积引起凝血，细胞表面吸附扩散等。在这些例子中，功能性分子一般以表面结合态和非结合态共存，若用常规荧光方法，则表面结合分子的荧光就可能被非结合分子所掩盖。而采用全内反射方式，则允许选择地激发那些表面层的荧光分子。全内反射荧光法在生物中的应用主要体现在以下几方面[49~52]：蛋白质吸附平衡、表面分子浓度梯度变化、表面分子的旋转、荧光寿命及反应速率的测量、选择性观测细胞/底物接触区等。其中蛋白质界面吸附平衡是全内反射荧光法的重点应用领域[49]。可通过研究蛋白质在人工表面的吸附平衡来了解各种生物材料的表面性质。Edmiston 等[50]利用全内反射荧光各向异性和吸收二色性结合研究细胞膜中的分子旋转分布。Chan 等[51]将全内反射荧光用于液-固界面的 DNA 寡核苷酸的吸附和表面扩散研究。利用一种 pH 敏感荧光团产生的全内反射荧光，可观测吸附水解酶的自发重构化[52]。新近，全内反射荧光技术已用于实时监测核酸相互作用[53]、考察吸附在石英上的水解酶分子的重定向机制[54]，以及观察细胞膜 100nm 范围内的实时生命活动[55]等。

§14.4　近场荧光法

§14.4.1　近场光学显微镜的起源

传统的光学显微镜受瑞利分辨率极限的限制，即空间分辨率不能超过照明光波长的一半。从根本上说，光的衍射效应限制了光学显微镜进一步提高分辨率的可能性。若希望提高分辨率，一是要使用更短波长，二是要制造更大数值孔径的光学成像系统。这些不可避免地都要受到限制。扫描隧道显微镜（STM）的出现使电子显微镜发生了质的飞跃，使人类在观察微观世界的进程中经历了革命性的变化。以 STM 为代表的这类扫描探针显微技术的分辨能力主要取决于探针的几何尺寸而不受衍射极限的制约。STM 的思想移植到光学领域里，极大地推动了近场光学的发展。

虽然很早就有近场探测的理论概念（1928 年），但真正从实验上实现和发展起来还是近十多年的事。目前已出现几种商品化的扫描近场光学显微镜（NSOM 或 SNOM）。迄今，突破分辨率衍射极限的光学显微图像的构成必须用扫描技术，所以这些仪器名称前经常冠以“扫描”一词。近场光学技术已经应用到包括材料科学、化学、生物学、计算机科学等许多领域。近场空间高分辨对低维量子体系的结构和器件的研究特别有意义。在分析化学领域，1991 年出现了第一篇文献[56]，但由于许多与近场扫描光学显微镜有关的研究大都出现在其他学科领域，在分析化学刊物上发表很少，致使分析化学家感觉相对陌生；另一方面也受仪器的限制，使 NSOM 在分析化学领域的应用一度落后于其他领域。近年来这一局面正迅速改变，相关研究已备受分析化学家青睐，国内也给予了极大的关注[57~59]。近场荧光显微镜尤其在单分子测定中已显示出独特的魅力，对此我们将在第十五章中做专门介绍。

§14.4.2　基本原理及仪器

当光通过一个小孔传递时，如果小孔的孔径足够小，就存在一个倏逝波起作用的非常接近透过孔的所谓近场区。图 14.13 是一个近场光学原理示意图。近场是相对于远场（传播场）而言的，它包含了物体的超精细结构（尺度小于光波长）的信息。在近场区可获得足够的激发能，若被测样品置于这一近场区内，样品中的荧光分子将受到激发，发射出荧光，然后为置于远场的一检测器所检测，这时显微镜的分辨能力不再受衍射极限的制约，突破了衍射极限。这就是近场荧光显微镜的基本原理。如此将尺度小于光波长的探头置于样品间附近小于波长的近场范围内，并用扫描的方式在样品表面上逐点采集荧光信号，即可获得高分辨荧光成像图。事实上，不只限于荧光，其他光学模式如吸收、折射和干涉都已用于近场光学显微镜。但从文献报道上看，用得最多的还是荧光模式。

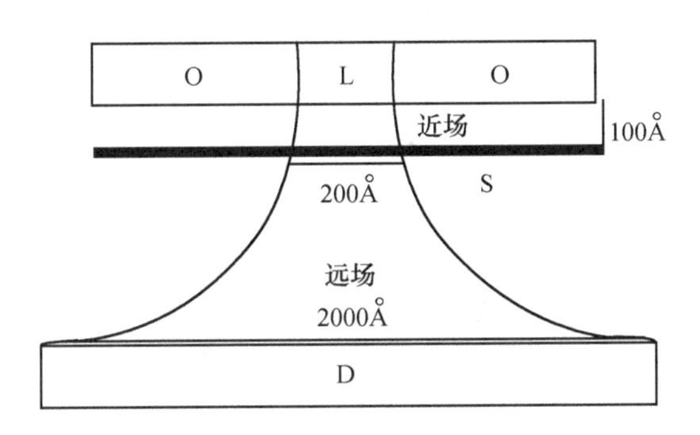

图 14.13　近场光学原理示意图

L. 纳米光源（针尖）；O. 遮光材料；S. 样品；D. 远场检测系统

近场荧光显微技术可分为两大类：一类是基于用纳米探针所发出的光激发样品（激发模式），另一类是基于用探针收集样品发出的光信号（收集模式）。前者更普遍应用，故如果未做特别说明，通常指前者。如此利用置于距样品几个或几十个纳米的光纤探针，对样品进行近场照明，激发产生荧光，采集样品信号，就能探测到包含在近场区域的信息。图 14.14 列出一种激发模式的近场扫描荧光显微镜的仪器结构图。

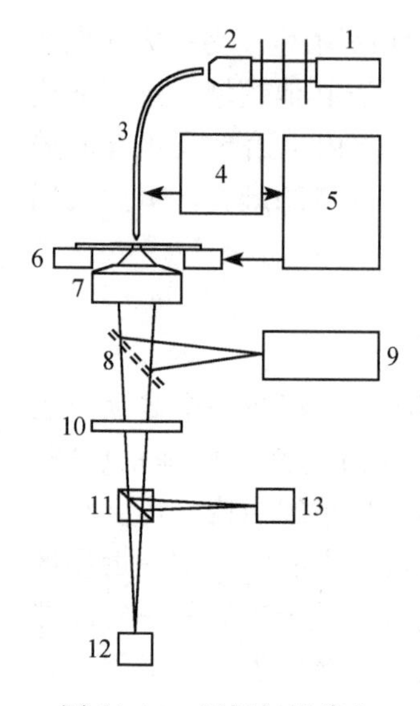

图 14.14　近场扫描荧光显微镜结构图

1. 激光器；2. 透镜；3. 光纤；4. 距离检测；5. 反馈控制；6. *XYZ* 扫描器；7. 物镜；8. 可移镜；9. CCD；10. 滤光片；11. 偏振分束器；12. 检测器-90°；13. 检测器-0°

在使用近场荧光显微镜中，以下三点必须加以考虑。

首先，纳米光源探针的制备特别关键。图 14.15 是一个光纤探针的图像。通过采用一个亚波长光学探头，可以获得不受激发波长衍射限制、空间分辨仅跟光学探头大小及探头与试样的距离有关的亚波长超高分辨。现经常采用的制备方法为：在激光加热下，用一种微量移液管牵引器牵引单模光纤，使光纤逐渐变细，并在尖端形成一个与光纤轴垂直的平面，而后在光纤尖端两侧镀以铝镆，仅使光纤尖端透光。目前一般的近场光学显微镜探针尖端的尺寸约为 20～40nm，其分辨率也为数十纳米。使用特殊的技术处理，可获得更好的分辨率，达到 1nm，这样的分辨率比传统的光学显微镜提高了两个数量级。

其次，探针必须能准确放在物体表面纳米尺度范围内而又不碰撞。这个问题可以用扫描探针显微镜常用的压电调节方案解决。

另外，由于探针与样品间距非常小，常规的成像系统无法用来成像，因而只能采用逐点扫描成像的方式。

图 14.15　光纤探针

在近场扫描光学显微镜中，用于荧光成像的探针绝大多数都是如上所述的镀以金属的拉细光纤，在其尖端是亚波长的小孔。因而所能达到的分辨力就受限于这种机械小孔，并且随着孔径减小，信噪比迅速降低。为克服这些局限，一些无孔方案已提出。Kawata 等[60]设计了一种利用多光子吸收和发生在尖端的场放大效应的无孔近场荧光显微技术。

§14.4.3　光子扫描隧道显微镜

一种很有特色的近场荧光法是利用光子扫描隧道显微镜（photon scanning tunneling microscope，PSTM）。它有别于通常所说的近场扫描光学显微镜，是一种电子扫描隧道显微镜的光学模拟物[61]。如图 14.16，照射光以大于全内反射临界角照射样品，在样品表面形成强度随离表面高度指数衰减的局域化光场分布，这个所谓的倏逝波与表面形状有关。倏逝波激发出样品荧光，然后为一置于近场区域的纳米光纤探头所接收。通过探测这种近场荧光，可了解样品的有关信息。这种显微镜的分辨力不仅和显微镜本身有关，还与所测样品有关。

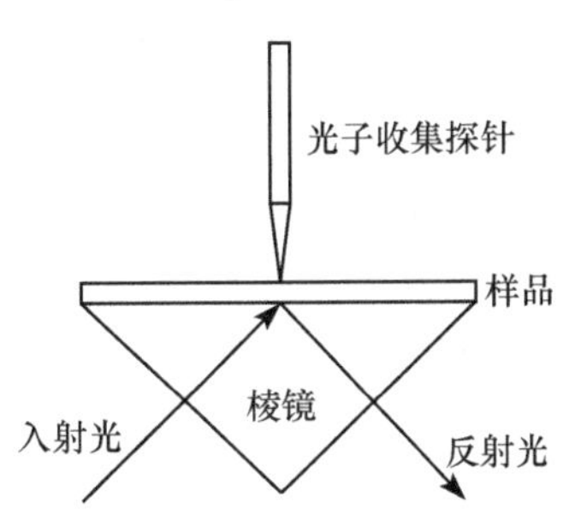

图 14.16　光子扫描隧道显微镜

光子扫描隧道显微法已与双光子激发荧光法结合以提高信噪比和放大光学对比效果，并用于纳米结构有机材料的双光子荧光成像和光谱研究[62]。

§14.4.4　近场荧光光谱学

光谱分析方法是各种物理、化学和生物医学样品进行特性表征和微观机制研究的重要而且方便的方法。但常规的远场光谱学对大小处于纳米量级和介观尺度范围的对象无法进行个体性研究，极大地限制了人们对它们的认识。近场扫描光学显微镜发明后，不仅很快地用于成像研究，还与光谱仪耦合，进行纳米尺度的空间超分辨的近场光谱研究，成为最吸引人、最有前途的近场光学技术之一。近场荧光光谱学使光谱空间分辨突破衍射限制，把光谱学推进到一个全新的领域。近场荧光激发和发射光谱均已获得，但测量荧光激发光谱需要用连续谱光源，在用激光器的场合，较不方便开展，因而，近场荧光激发光谱的研究工作较少。由于近场荧光光谱可以观察到比常规显微光谱更细微的空间变化，所以进行样品分析时，可以利用近场荧光光谱对由样品不同空间区域产生的物理化学现象进行鉴别。近场荧光光谱在研究发光量子点方面也发挥了独特的作用。

在近场荧光研究中，到目前为止对近场区的电磁场以及这种倏逝场与物质的相互作用的机制和后果都还不是很清楚，所以在进行光谱和图像结果的解释时，应注意是否存在物体与探针相互作用的影响。事实上，这还是有争议的问题。尽管理论问题尚未完全解决，近场荧光显微技术的价值已体现在诸多领域中[63]，引发了在纳米尺度上光学成像与微加工、量子器件、纳米发光材料、生物样品的原位与动态观察等的一系列高分辨荧光分析研究。

参考文献

[1] 李耀群等. 分析化学，2004，32：1544.
[2] Wilson T. et al. Appl. Opt.，1994，33：565.
[3] 刘守忠等. 电子显微学报，1993，4：362.
[4] Hell S. et al. J. Opt. Soc. Am. A，1992，9：2159.
[5] 罗振坤等. 光学技术，1994，6：4.
[6] Dyba M. et al. Phys. Rev. Lett.，2002，88：163901.
[7] Hell S. W. et al. Nature Biotechnology.，2003，21：1347.
[8] Dabbs T. et al. Appl. Opt.，1992，31：705.
[9] Phillips D. et al. Analyst，1994，119：543.
[10] Li Y. Q. et al. Appl. Spectrosc.，1998，52：1111.
[11] Li Y. Q. et al. Instru. Sci. Tech.，1999，27：159.
[12] Elisabeth Laemmel et al. J. Vasc. Res.，2004，41：400.
[13] Koester C. J. et al. Appl. Opt.，1994，33：702.
[14] Juskaitis R. et al. Nature，1996，383：804.
[15] Kozubek H. B. et al. Anal. Chem.，1996，68：409.
[16] Masters R. R. et al. J. Microsc.，1997，185：329.
[17] Hajatdoost S. et al. Appl. Spectrosc.，1996，50：558.
[18] Nie S. et al. Science，1994，266：1018.
[19] Li Y. Q. et al. Langmuir，1999，15：3035.
[20] Latterini L. et al. Phys. Chem. Chem. Phys.，2002，4：2792.
[21] Benda A. et al. Langmuir，2003，19：41.
[22] Ying X. et al. Anal. Chem.，2005，77：36.
[23] Segers-Nolten G. M. J. et al. Nucleic Acids Research.，2002，30：4720.
[24] 陈国珍等. 荧光分析进展. 厦门：厦门大学出版社，1992：92
[25] Susana A. et al. Acc. Chem. Res.，2005，38：469.
[26] Kierdaszuk B. et al. Photochem. Photobio.，1995，61：319.
[27 Williams R. M. et al. The FASEB J.，1994，8：804.
[28] Denk W. et al. Science，1990，248：73.
[29] Maiti S. et al. Science，1997，275：530.
[30] Gryczynski I. et al. Biophys. Chem.，1999，79：25.
[31] Diaspro A. et al. J. Biomed. Optics.，2001，6：300.
[32] Reeves M. et al. Appl. Opt.，1998，37：6627.
[33] Egner A. et al. Journal of Microscopy.，2002，206：24.
[34] Axelrod D. et al. Total Internal Reflection Fluorescence，in：Topics in Fluorescence Spectroscopy. J R Lakowicz，Ed. New York：Plenum Press，1992：Chapter7.
[35] Demello，A. J. et al. Total Internal Reflection Fluorescence Spectroscopy，in：Surface

Analytical Technique for Probing Biomaterials Processes. J. Davies E d. FL：CRC Press Inc，1996：Chapter 1.
[36] Hirschfeld T. et al. Appl. Opt.，1976，15：2965.
[37] Oheim M. et al. Eur. Biophys. J.，2000，29：67.
[38] Axelrod D. et al. J. Biomed. Opt.，2001，6：6.
[39] Hansen R. L. et al. Anal. Chem.，1998，70：2565.
[40] Li Y. Q. et al. Chin. Chem. Lett.，2002，13：571.
[41] Yao M. N. et al. Chin. Chem. Lett.，2004，15：109.
[42] Lu B. et al. Anal. Lett.，1992，25：1.
[43] Kleinjung F. et al. Anal. Chem.，1998，70：328.
[44] Tsukahara S. et al. Langmuir，2000，16：6787.
[45] Saitoh Y. et al. Bull. Chem. Soc. Jpn.，1997，70：351.
[46] Bessho K. et al. Chem. Phys. Lett.，1997，264：381.
[47] Ishizaka S. et al. Anal. Chem.，2001，73：2421.
[48] Fisher L. R. et al. Total Internal Reflection Fluorescence Spectroscopy of biomaterials，in：Surface Analytical Technique for Probing Biomaterials Processes. J. Davies Ed. FL：CRC Press Inc.，1996：Chapter 2.
[49] Asanov A. N. et al. J. Colloid Interface Sci.，1997，191：222.
[50] Edmiston P. L. et al. J. Am. Chem. Soc.，1997，119：560.
[51] Chan V. et al. Langmuir，1997，13：320.
[52] Robeson J. L. et al. Langmuir，1996，12：6104.
[53] Lehr H. P. et al. Anal. Chem.，2003，75：2414.
[54] Daly S. M. et al. Langmuir，2003，19：3848.
[55] Steyer J. A. et al. Nature Reviews Molecular Cell Biology.，2001，2：268.
[56] Lewis A. et al. Anal. Chem.，1991，63：625A.
[57] 王柯敏等. 化学通报，1995，7：22.
[58] 梅二文等. 分析科学学报，1999，15：79.
[59] 李碧波等. 光谱学与光谱分析，1997，17（4）：25.
[60] Kawata Y. et al. J. Appl. Phys.，1999，85：1294.
[61] Meriaudeau F. et al. Appl. Opt.，1998，37：7276.
[62] Shen Y. et al. Appl. Phys. Lett.，2000，76：1.
[63] 朱星等. 现代科学仪器，1998，（1～2）：84.

（本章编写者：李耀群）

第十五章　单分子荧光检测

单分子检测被称为分析化学的极限，曾是科学家们梦想的激动人心的蓝图之一。近年来，单分子检测已取得重要进展，单分子水平上的实验虽然还不是一个普通分析实验室所能开展的工作，但已变得日益普遍了。迄今，荧光法是实现单分子检测的最灵敏的光分析技术，因此在单分子检测中被广为采用[1~5]。

§15.1　单分子检测的理论意义

单分子科学的主要研究动机是在分子集合体的平均特征之外寻找个体的特点和规律。单分子研究的突破，具有深远的科学哲学意义和应用前景。为什么需要进行单分子研究呢？有几方面原因[6]：①通常对大量分子集合体的观察测量只是反映分子的综合平均效应，即由一种（或多种）对象组成的一个整体所表现出的平均响应和平均值。而着眼于单分子水平的测量则排除了这种平均效应，可以反映局部微观环境的信息。尤其当我们在研究具有非均匀特性的凝聚相物质和生物大分子结构的时候，这种局部信息非常重要。②一个体系中各个分子的变化过程与时间密切相关，对分子集合体的测量无法反映个别分子的不同时间阶段的性质。相比之下，单分子探测可以逐个地对体系中的单个分子进行研究，在给定的某一时刻，集团中的任何一个成员只能处于一种状态，通过时间相关的方法，可以得到某一分子特性的分布状况。③采用单分子技术有可能观察到未知领域中的新效应。如已观察到单分子体系通常表现出各种波动行为或不确定行为。

而要进行单分子的研究，首先就是要能检测出单个分子，并且能够对单分子进行跟踪。所以单分子检测不是简单地停留在实现分析极限的意义上。单分子检测技术的发展为单分子统计理论的发展带来了新的机遇，为深层次的理论研究提供了可能性。

§15.2　单分子检测原理与荧光特征

在凝聚态，一个分子的荧光辐射通常按以下四个步骤循环发生：①电子基态向电子激发态的跃迁，其速率与激发光功率成线性关系；②电子激发态的内弛豫；③由电子激发态向电子基态的辐射或非辐射跃迁，其速率与激发态寿命有关；④电子基态的内弛豫。对于凝聚相中的小分子，振动和转动弛豫发生在皮秒量级上，而吸收时间和激发态的寿命在亚纳秒至纳秒量级，因而荧光周期主要由吸收和发射步骤决定。当一个分子退激回到基态时，分子处于新的一轮激发和发射的状态。分子如此进行着激发和发射的循环过程。这种一个分子反复激发而发射出大量光子的现象被称为“光子爆发”。在理想情况下，一个分子大约能辐射出 10^5～10^6 个荧光光子。例如，罗丹明 6G 分子在乙醇溶液中可辐射 1.7×10^6 个光子，磺基罗丹明-101 分子在 PMMA（聚甲基丙烯酸甲脂）膜中可辐射 8.4×10^5 个光子。目前利用高数值孔径物镜和高效单光子计数雪崩光电二极管（APD）的超灵敏仪器，能接收到约 5%的荧光光子，最好的能达到 10%左右。因此，我们可从一个“表现好”的荧光分子中观测到 5000～50000 个光子，这一数目不仅足以探测到单个分子，而且足以进行光谱辨认和实时监测。上述估算适用于单个荧光团分子如荧光素、罗丹明和花青等。对于生物大分子如蛋白质和核酸，可以用荧光分子标记来检测。

对单分子荧光的探测必须满足两个基本要求：①在被照射的体积中只有一个分子与激光发生相互作用；②确保单分子的信号大于背景干扰信号。通过配合降低研究体系的浓度（密度）和缩小探测体积可达到这两点要求。这里给出一个简单的计算例子：假设探测体积为 1fL(10^{-15}L)，分析浓度为 0.1nmol/L，则探测区内所含分析物的量为 10^{-25}mol，即平均含 0.06 个分子，这意味着在大部分时刻没有分子在探测区，偶尔一个分子扩散进入探测区（如图 15.1）。降低浓度不难实现，但不能任意降，因为信噪比由此也变差。故而单分子检测的关键是如何把待测单分子发射的信号与相邻的、大量的其他分子发出的背景信号区分开，即要尽量减少背景信号对分析信号的干扰。这些背景信号主要来自拉曼和瑞利散射以及杂质荧光等。减小探测体积可有效地减少周边环境对待测单分子所造成的干扰。

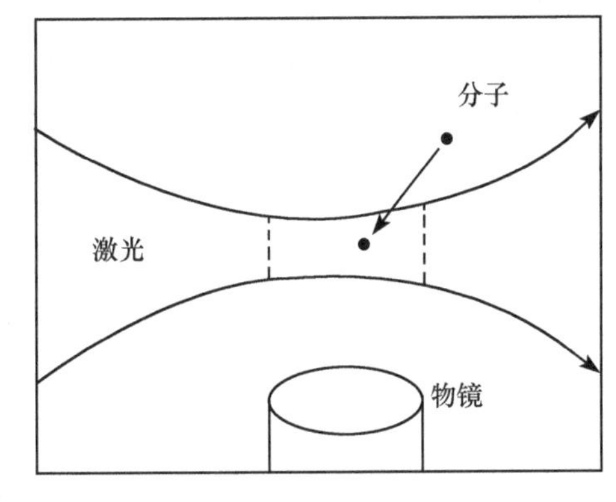

图 15.1　单分子的检测区域

单分子探测中首先需判断观察到的信号是否来自单个分子。以下所列被普遍作为实践检验的标准[1,7]：①检测到的荧光信号出现的频率或数目必须与分析物的浓度成线性关系，而信号的强度不变；②光漂白要么完全发生，要么完全不发生，不存在中间模式；③由于分子所处环境的扰动，不同分子的光谱、不同时间的光谱是变化的；④信号依赖于激发强度，对单个分子而言会出现饱和；⑤检测到的荧光数目不能超过单个分子在一个荧光周期内所能发射的荧光数；⑥由于分子之间是彼此分离的，荧光信号与时间的关系应该呈现出反群聚性。

单分子荧光的典型特征是量子跳跃现象，即会形成一个发射-暗态交替的量子跃迁过程，这一重要特征导致了实验中观察到的单分子荧光光谱和荧光强度的波动现象[8]。这种波动现象主要取决于单分子的局域环境及其猝灭途径。因而测量这种单分子的荧光量子跳跃过程、荧光寿命和荧光量子产率可以提供很多关于单个荧光分子所在的局域环境的特性和变化情况的信息。

单分子荧光的另一重要特征是其偏振特性。单个荧光分子具有其唯一的固有荧光和吸收跃迁偶极矩，分子只吸收那些偏振方向与其吸收跃迁偶极矩方向一致的光子，并发出具有一定偏振方向的荧光。在单分子检测的应用中，人们正是利用这种单个分子跃迁偶极矩的方向以及分子所处的环境的差异来研究和推测生物大分子的结构和功能的。

§15.3　单分子荧光检测方法及其发展

在单分子荧光检测中，经常地应用前一章所介绍的多光子激发、全内反射荧光、共焦荧光及近场荧光法等具有空间分辨能力的几种检测手段，以实现探测体积的最小化，降低背景，提高信噪比。当我们研究的主要目的是探测单分子且不要求高于衍射极限的分辨率时，共焦激光扫描荧光显微镜将是一个很好的选择。全内反射荧光纵向分辨力极高，特别适用于表面或界面单分子的检测。多光子激发荧光法减少了光损伤，特别对需要条件温和的生物体系有利。几种空间分辨荧光分析技术中，近场荧光法可达最高的空间分辨力，据报道，已获得空间分辨为10nm的单分子近场荧光成像图[9]。但由于近场探测的针尖距离样品极近，是否可能存在相互作用仍有争议。

单分子检测技术中，值得一提的还有荧光相关谱技术[10~12]，该技术通常和上面所介绍的各种空间分辨技术结合使用，其中与共焦荧光法的联用是最为常见的。荧光相关谱技术通过检测溶液中微区内（通常$<10^{-15}$L）发光分子的荧光涨落现象（荧光强度瞬时变化），并对荧光强度随时间变化函数作分析，从而获得分子的浓度、化学动力学参数等相关信息。荧光分子由于扩散运动或化学反应，进入或离开微区的分子数目总是随时间在其平衡值附近发生变化，因而荧光强度信号也不断变化（即产生荧光的涨落现象），这种变化蕴含着丰富的信息，通过对其进行数学相关分析，就可将有用信息抽取出来。

单分子荧光检测自从1976年Hirschfeld[13]第一次尝试用全内反射荧光法实现以来，就一直在分析化学、生命科学等领域受到极大重视，但期间发展较慢，随着荧光检测技术的发展，直到1989年Moerner等人[14]才成功地在低温下首次观察到固体基质中的单个分子的荧光。此后单分子检测由低温条件下发展到可在室温下进行，趋于温和，并且陆续实现液流、微滴[15]和溶液中的单分子荧光检测[16~18]。1995年，Nie等[17]用共焦荧光显微技术首次测出溶液中自由移动的单个罗丹明分子，这种实时测量使单分子荧光记录不仅反映出特定分子在探测区的停留时间，而且包含特征性间歇信息。自由布朗运动中的单分子检测的实现为以后许多实际生物体系的应用提供了可能性。

单分子荧光检测形式可分为基本的三种：光子爆发检测、单分子图像记录和单分子光谱测绘。光子爆发检测最为简单，直接测定爆发的光子数，如图15.2。单分子成像可指示分子在图像中的位置和发光强弱，实时跟踪记录单分子[19,20]。

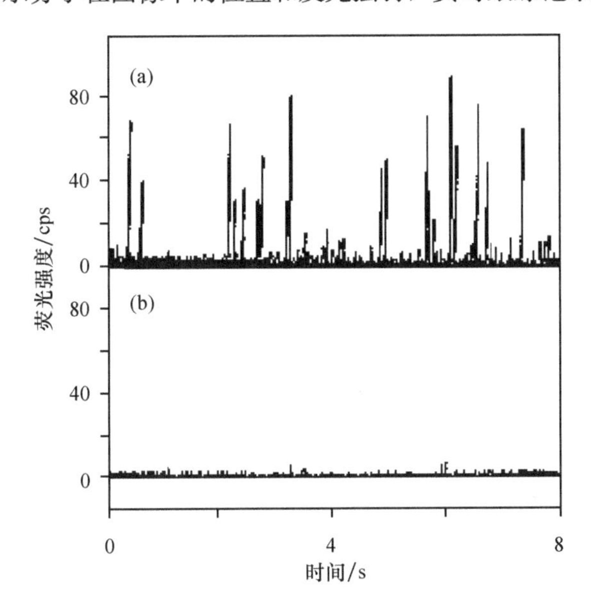

图15.2　单分子的光子爆发检测

(a) 样品；(b) 空白

单分子光谱的获取具有特别重要的意义。Betzig等[21]首次获得了室温条件下的单分子光谱，观察到分散在PMMA中的一种酞菁分子在不同的空间位置呈现出各异的荧光光谱（图15.3）。Xie等[22]采用远场荧光技术在室温条件下测绘了一系列单个染料分子的荧光光谱，发现其荧光光谱的形状和强度随时间而波动（部分光谱如图15.4），这种波动源自单分子荧光的典型特征——量子跳跃现象。这些固有的涨落包含着有关单分子和其周围环境之间丰富的动态信息。单分子荧光光谱的获取现已可在极短的时间内完成（毫秒级）[23]，这就意味着光谱测量时，分子无须空间上固定化，而可在自由溶液中进行。这种单分子光谱法可用于高通量筛查疾病标记物的单分子及监控单一分子的相互作用。

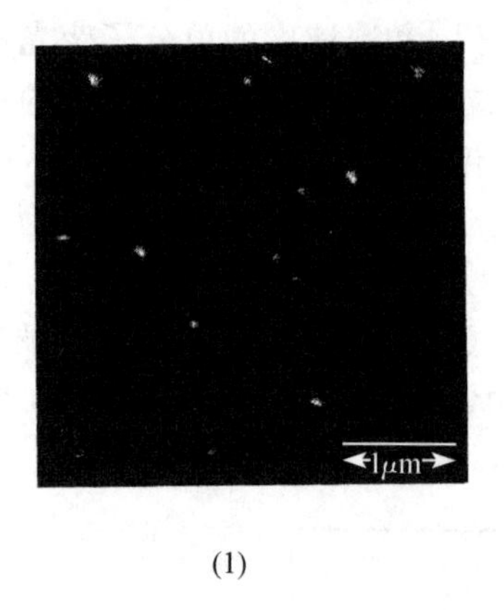

(1)

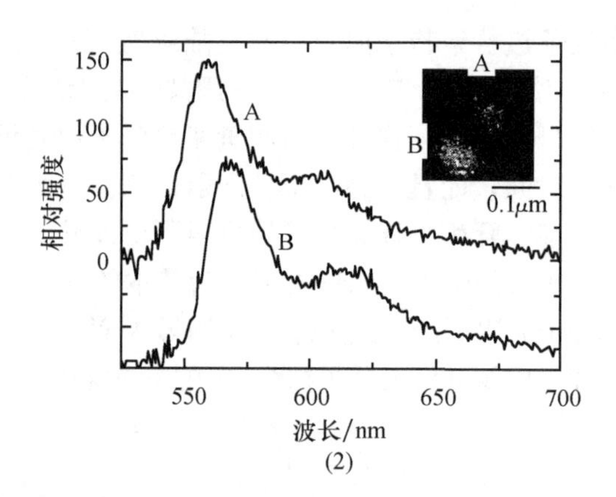

(2)

图 15.3　单分子的荧光成像图（1）和荧光光谱（2）

荧光成像图上的亮点对应一个个的分子；光谱 A 和光谱 B 分别来自不同空间位置上的分子 A 和 B

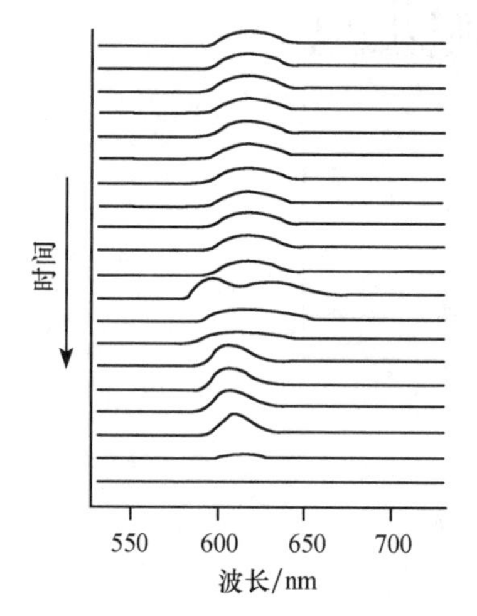

图 15.4　单分子的光谱随时间波动

§15.4　单分子检测的应用

单分子检测在化学分析、DNA 测序、纳米材料分析、医学诊断、法医分析、单 DNA 操纵、活细胞分析、分子动力学机理等方面都具有独特的应用价值，对许多学科领域的发展产生了和正在产生着深远的影响。单分子水平上的生物分子研究，揭示了生物大分子的结构和功能，单分子荧光检测尤其在生命科学中具有广阔的应用前景，为生命科学提供了新的研究手段。

§15.4.1　超灵敏分析和仪器微型化

单分子检测代表着分析化学的终极目标。单分子水平上的超灵敏检测可使化学分析中的许多研究领域获益。单分子检测的一个独特应用是分子记数和分类（荧光激活分子分选器），从而对浓度极低的复杂溶液中的目标分子进行分析。和高浓度测量不同，它无须标准样品，并可容易地消除无关分子的干扰，且能利用对大量单分子事件的荧光相关分析获得极稀溶液的浓度。除了超稀溶液的分析外，单分子检测因其所用的样品体积极小而特别适于仪器微型化。超灵敏测定及成像技术在微流控芯片、生物芯片等微型和纳米器件中有着重要作用。全内反射相关荧光技术研究溶胶-凝胶膜中分子传输过程，可对各单分子运动轨迹进行跟踪[24]（图 15.5）。

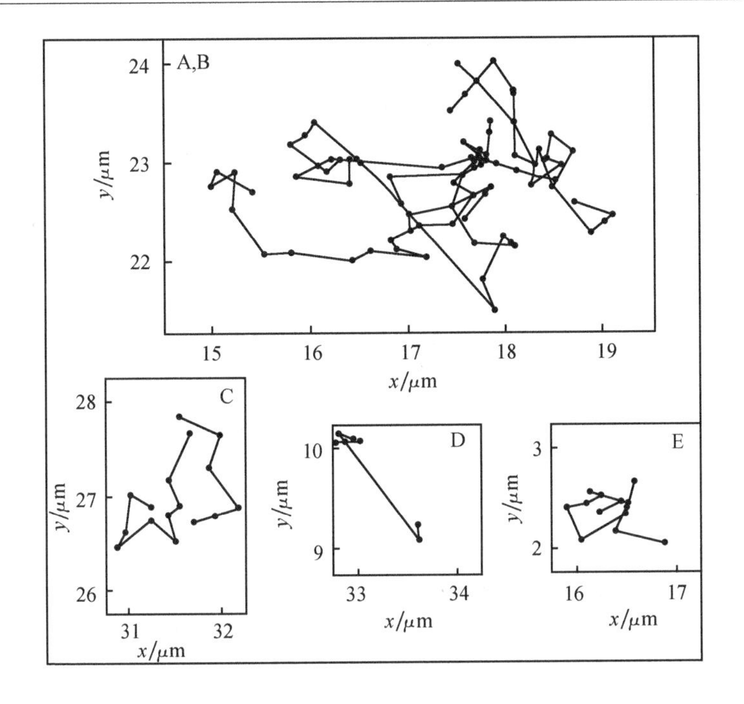

图 15.5　全内反射相关荧光技术研究溶胶-凝胶膜中分子传输过程

A-E 为不同的分子，图中示出了各单分子荧光轨迹

§ 15.4.2　活细胞分析

活体细胞非常复杂，荧光背景高，激发光对细胞可能有毒性作用，且条件不容易控制。2001 年底，Brauchle 等[25]首次利用荧光单分子检测技术观测到病毒侵入活细胞的过程，并将其清楚地记录下来。他们首先对一种腺病毒的单个分子进行 Cy5 荧光标记，然后利用高灵敏度表面荧光显微镜跟踪拍摄其侵入细胞的过程，如图 15.6。病毒首先在细胞外数次“撞击”细胞膜，每次接触时间在 1s 左右，病毒经过 5 次“撞击”后，终于部分地进入了细胞。在其后的几分钟内，病毒侵入了细胞核。结果表明，病毒进入细胞后到最终侵入细胞核的时间要比原先认为的短，他们猜测病毒可能是“聪明”地利用了细胞内的某些“输送管道”。

§ 15.4.3　DNA 序列测定

利用单分子检测技术作 DNA 序列的快速测定是目前极富挑战性的问题之一。其基本原理是用不同荧光标记的 4 种核苷酸合成长达几千碱基对的 DNA 片段，把 DNA分子与微珠连接，放在缓冲液流的中间，流体中含有的外切核酸酶每隔一定

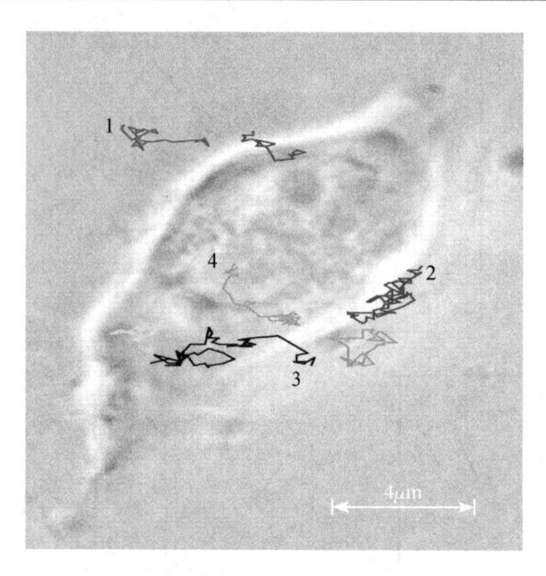

图 15.6　荧光显微技术监测病毒侵入细胞全过程

在溶液中扩散（1，2），接触细胞膜（2），穿透细胞膜（3），
在胞浆中扩散（3，4），穿过核膜（4）

时间消除一个核苷酸，剪切下的核苷酸分子流经激光束时根据它们的荧光标记物被一个一个地检测和识别。Knemeyer 等[26]提出了一种新的单分子 DNA 测序技术，采用共焦荧光显微镜，可获得多种荧光参数，大大提高了测定准确度。

§15.4.4　分子马达

分子马达是肌肉运动的分子基础。最近在体外流动分析方面的进展使人们可以测量单个分子马达的力和运动，但对力产生的分子机理即蛋白质结构的改变与力产生有何关系仍不清楚。用荧光法探测附着在马达蛋白质上的单个荧光团为回答上述问题提供了有效的工具，单分子水平上的荧光偏振测量和机械力测量可以监测单个肌球蛋白分子的构象随力的变化，从而使人们对蛋白质结构变化与机械力产生的关系的认识达到前所未有的深度。Yanagida 等人[27]就利用全内反射荧光技术观测到荧光分子标记的肌球蛋白分子和单个 ATP（三磷酸腺苷）转化反应。

§15.4.5　单分子动力学

单分子荧光探测技术在单分子动力学研究方面有很多应用，如光谱波动、扩散运动[28]、构象变化和能量传递[29]等。通过测量单个分子的吸收和荧光的偏振方向，可以确定单个荧光分子的空间取向，观测单分子的转动。图 15.7 是通过近场显微荧光分析测出的单个酞箐分子的偶极矩的取向图。如果将荧光分子标记到生物大分子的某一特定的位置，实时分析单个荧光分子的偏振状态、荧光强度及荧光寿命等的变化，人们就可以了解生物大分子的构象的状态及其变化的动力学过程。单个酶分子化学活性的研究已引起了广泛的兴趣。看起来相同的酶分子在反应活性上表现出不对称分布，其原因在于酶分子的构象不同。Yeung 等[30]用全内反射荧光技术实现了固液界面单个 DNA 分子吸附和脱附的真实时间动力学跟踪。Watarai 等利用全内反射荧光显微镜实现了单荧光染料分子在液-液界面传输性质的考察[31]。Keller 等[32]采用双光子荧光激发，对流动的样品中的单个 DNA 碎片进行了有效检测，并且能利用不同 DNA 碎片的荧光爆发程度区分不同尺寸的 DNA 碎片，这种方法可用于单分子流式细胞计数。

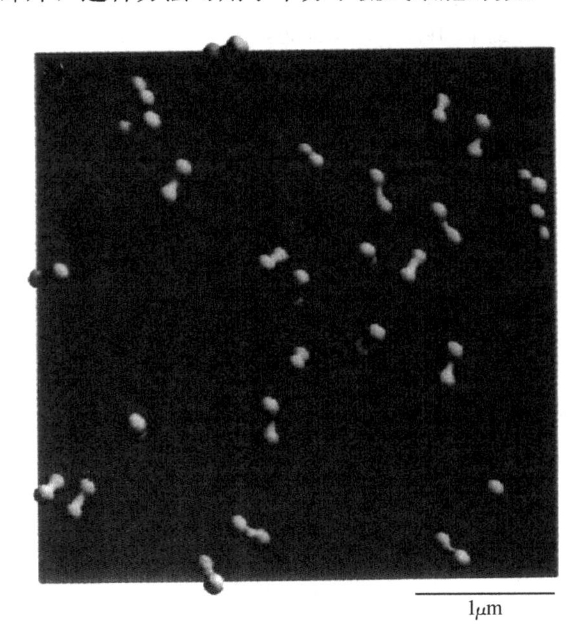

图 15.7 荧光分子的偶极取向图

参考文献

[1] Nie S. et al. Annu. Rev. Biophys. Biomol. Struct., 1997, 26: 567.
[2] Xie X. S. et al. Acc. Chem., 1996, 29: 598.
[3] 应立明等. 大学化学, 1999, 14 (5): 1.
[4] 刘彦明等. 分析化学, 2002, 30: 1000.
[5] 周拥军等. 物理, 2000, 29: 657.
[6] 白春礼等. 世界科技研究与发展, 1999, 21 (4): 12.
[7] 唐孝威等. 分子影像与单分子检测技术. 北京: 化学工业出版社, 2004.
[8] Moerner W. E. et al. Science, 1997, 277: 1059.
[9] Hosaka N. et al. J Microsc. -Oxford, 2001, 202: 362.

[10] 张普敦等. 分析化学，2005，33：875.
[11] 陈同生等. 激光生物学报，2005，14 (1)：69.
[12] McCain K. S. et al. Anal. Chem.，2004，76：930.
[13] Hirschfeld T. et al. Appl. Opt.，1976，15：2965.
[14] Moerner W. E. et al. Phys. Rev. Lett.，1989，62：2535.
[15] Barnes M. D. et al. Anal. Chem.，1993，65：2360.
[16] Nie S. et al. Science，1994，266：1018.
[17] Nie S. et al. Anal. Chem.，1995，67：2849.
[18] Keller R. A. et al. Appl. Spectrosc.，1996，50：12A.
[19] Xu X. H. et al. Science，1998，281：1650.
[20] Fang X. et al. Anal. Chem.，1999，71：3101.
[21] Trautman J. K. et al. Nature，1994，369：40.
[22] Lu H. et al. Nature，1997，385：143.
[23] Ma Y. F. et al. Anal. Chem.，2000，72：4640.
[24] McCain K. S. et al. Anal. Chem.，2003，5：4351.
[25] Seisenberger G. et al. Science，2001，294：1929.
[26] Knemeyer J. P. et al. Anal. Chem.，2000，72：3717.
[27] Funatsu T. et al. Nature，1995，374：555.
[28] Ruiter A. G. T. et al. J. Phys. Chem.，1997，101：7318.
[29] Oswald B. B. et al. Photochem. Photobio.，2001，74：237.
[30] Kang S. H. et al. Anal. Chem.，2001，73：1091.
[31] Hashimoto F. et al. Langmuir，2003，19：4197.
[32] Van Orden A. et al. Anal. Chem.，1999，71：2108.

（本章编写者：李耀群）

第十六章　荧光免疫分析法

免疫分析是基于蛋白抗原和抗体之间、或者小分子半抗原和抗体之间的特异反应的分析方法，是生物分析化学的重要内容之一。由于免疫分析本身的特点，如涉及到生物活性物质以及组成复杂的样品，常常要求有较高的灵敏度、选择性以及稳定性。从免疫分析采用的检测技术来看，它大致可以分为以下五类：采用放射活性检测的放射性免疫分析法（radioimmunoassay，RIA）、采用吸光度检测的酶免疫分析法（enzyme immunoasssay，EIA）、采用荧光检测的荧光免疫分析法（fluorescence immunoassay，FIA）、采用化学发光检测的化学发光免疫分析法（chemiluminescence immunoassay，CLIA）以及采用电化学检测的电化学免疫分析法（electrochemical immunoassay，ECIA）[1,2]。

RIA 法灵敏度高，适用于临床上一些超痕量物质的测定，但 RIA 本身存在着很大的缺陷，如放射性标记物半衰期短、易造成环境污染和人身伤害以及一般只能进行固相免疫分析等。因此，RIA 逐步被非放射性免疫分析所取代。EIA 法是一种有效的非放射性免疫分析方法，该法以酶为标记物，结合酶的高效放大作用和显色检测的简便性，从而得到了广泛应用。在近二十年来所有与免疫分析相关的研究中，酶免疫分析法的文献几乎覆盖了一半，有关这方面的工作已有很多评述和专著问世[3~5]。但 EIA 亦存在若干问题，例如酶稳定性差、对抑制和变性因素敏感以及光度测量灵敏度低等。化学发光是在特定化学反应中产生的光辐射，CLIA 法是化学发光与免疫测定结合起来的一种高效检测手段，灵敏度高，不需激发光源，仪器简单，但是可以利用的化学发光反应相对有限[6,7]。电化学免疫分析法是近年来发展起来的，仪器易于小型化，适合于不透明样品的检测[2,8]。FIA 作为一种非放射性免疫分析法，与 EIA、CLIA 法相比，具有灵敏度高、可测参数多、动态范围宽、标记物稳定且可实现均相免疫分析等优点，特别是时间分辨荧光免疫分析法（TrFIA）的发展，极大地提高了 FIA 的检测灵敏度[9]。从目前的发展趋势看，FIA 已成为一种成熟有效的非放射性免疫分析法，并得到广泛应用[10~13]。同时，FIA 也是免疫分析研究中最为活跃的领域。

§16.1　荧光免疫分析法的原理

作为免疫分析法的一种，FIA 同样存在两种模式，即竞争型和夹心型。其中竞争型（以标记抗原的竞争型为例）的测定原理是基于未标记的抗原（Ag）

和标记的抗原（Ag-L）竞争结合有限的抗体（Ab）而实现的免疫分析法。检测时，Ab和Ag-L的浓度是固定的。当未标记的Ag加到Ab和Ag-L的免疫混合物中后，Ag和Ab的结合使得Ag-L与Ab的免疫复合物的量减少。样品中存在的Ag越多，Ab结合的Ag-L便越少，从Ab-Ag-L免疫复合物的减少或游离Ag-L的增加，可以定量测定出样品中待测抗原的含量。其反应过程如下式所示：

$$\mathrm{Ag+Ag\text{-}L+Ab \rightleftharpoons (Ag:Ab)+(Ag\text{-}L:Ab)}$$

对夹心型免疫分析来说，其反应原理是在免疫反应的载体上固定过量的Ab，然后加入一定量的Ag，免疫反应后，再加入过量的标记抗体（Ab-L），以形成"三明治"式的夹心免疫复合物。样品中存在的Ag越多，结合的Ab-L也越多，夹心免疫复合物的标记荧光信号就越强。反应过程如下：

$$\mathrm{Ab+Ag \rightleftharpoons Ab:Ag \xrightleftharpoons{+Ab\text{-}L} Ab:Ag:Ab\text{-}L}$$

§16.2 荧光免疫分析中的标记物

标记物的选择对免疫分析的灵敏度和选择性至关重要，筛选性能优良、灵敏度高且易标记的标记物一直是免疫分析的研究课题。荧光免疫分析的标记物大致可分为三类：有机荧光染料、酶和无机金属配合物。

§16.2.1 有机荧光染料

目前常用的有机荧光染料标记物是荧光素类以及罗丹明类染料。荧光素类标记物的荧光量子产率高，有较好的光稳定性和低的温度系数，但其荧光发射(500～550nm）在血清背景荧光之内，并且斯托克斯位移较小，对样品的散射光敏感。和荧光素相比，罗丹明类标记物的荧光产率较小，但其发射波长较长，样品背景干扰较小。荧光素类和罗丹明类标记物可作为荧光共振能量转移的供、受体用于荧光免疫分析[14]。近年来有报道将荧光素氟化，借以提高染料的荧光量子产率。一些氟化荧光素染料的荧光量子产率可以达到0.85～0.97[15]。有关荧光素和罗丹明荧光标记物已有多篇综述[16,17]。近年来有多篇文献报道各种新型修饰荧光素类以及罗丹明类染料，荧光量子产率均有提高，荧光发射波长甚至可以达到近红外范围，有望用于免疫分析[18～22]。

由于常用荧光标记物的局限性，人们一直对可以避开背景荧光的红区与近红外区荧光染料（λ_{em}＝600～1200nm）存有浓厚兴趣，已有文献对此进行了综述[23～25]。

早期，Hendrix等[26]曾探讨了将叶绿素等卟啉类物质用作荧光标记物的可行性，de Haas 等将时间分辨显微镜方法中磷光标记物——铂卟啉用于原位杂交和免疫组化研究[27]。Papkovsky 等[28]曾用铂、钯卟啉作为磷光标记物，建立了超高灵敏的时间分辨磷光免疫分析法。最近，他们又建立了带有异硫氰标记基团的铂卟啉固相免疫检测 AFP 的方法，其灵敏度与时间分辨稀土离子配合物标记相当[29]。Lee 等人合成了系列近红外吸收和发射的卟啉化合物，其中最长的吸收波长达到了 800nm，荧光发射波长则达到了 820nm[30]。Soini 等人制备了系列钯卟啉标记物标记 IgG，并研究了分子中连接基团的影响[31]。已有人对室温磷光金属配合物大分子的分析应用做了综述[32]。

与卟啉类物质类似，酞菁类化合物同样具有优良的荧光性能，此类染料的荧光发射在近红外区（680nm），且 Stokes 位移大于 300nm，可以有效地避开血清背景的干扰，获得很高的测定灵敏度。其中铝酞菁已作为标记物用于荧光免疫分析以及延迟荧光成像[33~35]。但由于酞菁类染料容易自身聚合而导致荧光猝灭，且易与蛋白发生非特异性吸附，使这一方法的应用受到了限制。解决这一问题的方法是合成带有轴向配体的酞菁[36]，例如带有轴向配体的硅酞菁已用作标记物[37]。

花菁类染料是近年来出现的近红外荧光探针[38,39]。除常用的 Cy3 和 Cy5 等[40~42]之外，其他多种花菁染料也已陆续被合成出来，在免疫分析领域可望有较大的发展。如 Cy5.5 被用于测定蛋白酶的活性[43]。七次甲基阴离子花菁被用于人免疫球蛋白的定量测定[44]。郑洪等[45]将七次甲基阴离子花菁-十六烷基三甲基溴化铵体系用于人血清中总蛋白的测定，检测限为 70ng/mL。Kaneta 等[46]用花菁标记氨基酸，用于胶束电动色谱分离荧光检测。Tadatsu 等[47]合成了一种新花菁染料与目标抗原或抗体进行偶联后用于肿瘤的诊断。Reddington 等[48]制备了结合甲基甘油吡喃糖苷残基的水溶性花菁染料，由于具有可反应的功能团，可连接氨基环糊精和抗体。Kostenko 等[49]探讨了荧光肽与吡喃鎓花菁染料的标记方法。Greengauz-Roberts 等[50]利用与半胱氨酸结合的花菁染料在蛋白质表达中用于临床检验。Licha 等[51]合成并考察了一种花菁标记的生长激素抑制素的类似物作为受体靶标的荧光探针，该化合物具有高的吸光度和荧光量子产率，可用于分子荧光成像。pH 敏感的五次甲基花菁荧光染料也被用于生物分析[52]。文献[53]用电动胶束色谱激光诱导荧光检测了花菁和 BSA 的标记比。Yarmoluk 等[54]合成了一系列花菁荧光染料，并研究了其光谱性质以及用于均相荧光蛋白质检测的可能性，初步结果表明其中 p-5 花菁染料可特异性灵敏检测溶液中 BSA。文献[55]合成了一种羧基取代的花菁染料，并用毛细管电泳激光诱导荧光评估了其检测的高灵敏度，证明了其羧基可以用于化学标记。

另外，人们也不断开发其他近红外有机荧光标记物以期用于 FIA[56~58]。

与紫外-可见光荧光标记物相比，近红外荧光标记物具有以下显著的优点：

①一些近红外荧光染料具有较大的摩尔吸光系数，在长波峰时往往大于10^5mol/L·cm，且荧光量子产率高，具有很高的检测灵敏度；②在近红外区发荧光的天然物质少，使其在进行生物、环境等试样的测定时，能有效地避开背景荧光的干扰；③由于散射光强度与λ^4成反比，因而在进行近红外荧光测定时可极大地降低或消除散射光的干扰，从而进一步提高检测灵敏度；④所用检测仪器小型，价廉简便。这些都使得近红外荧光标记物在FIA中的研究应用方兴未艾。

§16.2.2 蛋白质荧光标记物

除了有机荧光染料外，一些具有天然荧光的蛋白质也被用作FIA的标记物。

藻胆蛋白就是一类具有优良性质的荧光标记物[59,60]。它是一类呈红、蓝或紫色的水溶性蛋白质，主要分为藻红蛋白、藻蓝蛋白、别藻蓝蛋白等三大类。藻胆蛋白荧光具有优良的荧光性质：在水溶液中高度可溶，非特异结合作用小，所发荧光不易为其他生物物质猝灭；摩尔吸光系数大（2.4×10^6mol/L·cm），荧光量子产率高（0.5～0.98），且基本不受环境pH值的影响；发射波长较长（580～660nm），Stokes位移较大；易于与其他分子结合成交联体；可用于多色标记，并实现多组分同时测定等。加上藻红蛋白和藻蓝蛋白以及别藻蓝蛋白之间可以发生共振荧光能量转移，而且不少其他荧光染料也可与藻胆蛋白组成能量转移对[61～64]，可用于能量转移均相荧光免疫分析。这些特点使藻胆蛋白成为深受欢迎的荧光标记物，在某些应用领域如悬浮芯片荧光免疫分析中已成为不可替代的荧光标记物。

源于多管水母属等海洋无脊椎动物的绿色荧光蛋白（GFP）是紫外-可见区另一种具有潜力的标记物。可采用基因工程的方法制备GFP标记的抗原或抗体，实现对抗原或抗体的100%标记率。与一般的荧光标记物相比，GFP及其系列蛋白具有如下优点：对光稳定，可以避免非抗原抗体结合的背景干扰[65～68]。GFP中氨基酸的替换可以产生不同光谱特性的突变体，且荧光强度得到增强，已有文献对其基础研究和应用做了综述[69]。

§16.2.3 酶标记物

酶标记物在免疫分析中据有重要地位，在FIA中同样如此，这主要归功于酶分子的催化放大作用，这方面的工作已有很多综述[70～72]。FIA中常用的酶标记物主要有辣根过氧化物酶（HRP）、碱性磷酸酯酶（ALP）和β-半乳糖苷酶（β-DG）。其他还有葡萄糖苷酸酶[73]、脂肪酶[74]、核苷酸焦磷酸酶[75]、萤光素酶[76]以及β-内酰胺酶[77]等。筛选高稳定性和高转化率的酶一直是人们努力的目标。已知性能优良的酶有β-内酰胺酶、核苷酸焦磷酸酶等，它们的转化率都在

1×10^6/min以上。β-内酰胺酶标记的抗体在25℃保存30天后，酶活性还能保持90%[77]，而核苷酸焦磷酸酶在Mg^{2+}的存在下，在70℃加热15min仍不丧失活性[78]。遗憾的是它们都缺少合适的底物，目前的应用还十分有限。

随着各种合适的酶的荧光底物的不断开发，相信酶标记物在免疫分析中进一步发展的潜力很大[79~85]。

§16.2.4　金属配合物标记物

一些稀土金属离子（如Eu^{3+}、Tb^{3+}、Sm^{3+}等）可以与一些配体（例如β-二酮衍生物、多氨基羧酸等）形成强荧光配合物。该类配合物由配体吸光，随后能量由它的激发单重态（S）通过它的三重态（T）转移到稀土金属离子的共振能级上，并以窄带发射荧光（见图16.1）。配体的吸光区一般为250～360nm，其斯托克斯位移约为250nm。稀土金属离子配合物的荧光寿命约为50～1000μs，比生物样品的背景荧光寿命长10^3～10^6倍，因此采用时间分辨技术可以完全克服背景荧光干扰，从而可以极大地提高FIA的测定灵敏度。

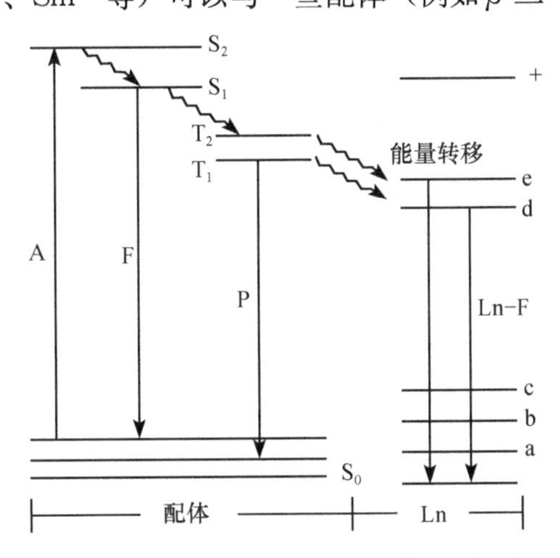

图16.1　稀土配合物的荧光产生示意图

A：吸收；F：荧光；P：磷光；Ln：稀土离子；Ln-F：稀土离子荧光

20世纪70年代末，Meares等[86]开发出多氨基羧酸类双功能试剂，并成功地将稀土离子标记于蛋白分子，这类试剂包括异硫氰酸苯基-二乙基三胺四乙酸和异硫氰酸苯基-EDTA等[87]。但由于这类试剂的荧光非常弱，检测灵敏度不高。Soini等[88]采用解离增强方法，即通过加入增强液使稀土离子在免疫复合物中解离下来，再与增强液形成强荧光配合物，大大提高了分析灵敏度，建立了著名的被称作DELFIA系统的TrFIA。但是加入增强液的步骤必然会带来操作上的麻烦，并有可能引入额外误差。Diamandis等[89]将合成的荧光螯合剂4，7-二氯磺苯基-1，10-二氮杂菲-2，9-羧酸（BCPDA）-Eu^{3+}直接交联于Ab，由于螯合物本身具有荧光，可以在免疫反应后直接检测，从而开创了TrFIA固相直接检测的先河。进一步结合生物素-亲和素系统，他们还将Eu^{3+}-BCPDA螯合物用于Ab的多重标记[90,91]。Mathis[92~94]等合成出性质非常稳定的Eu^{3+}穴状体配合物，首次建立了均相共振能量转移的TrFIA。

新的稀土荧光络合物不断被合成出来，近来出现的新的稀土离子Eu^{3+}和Tb^{3+}的螯合剂有Horiguchi等合成的大环配体[95]和Yuan等合成的CDOT[96]、

BHHCT[97,98]和 BPTA[99]。文献[100]利用 Eu-DTPA 配合物修饰在肽配体上，以96孔板竞争型结合方法研究了细胞中配体和人肾上腺皮质激素受体-4之间的相互作用，可以检测到 10^{-18} mol 的 Eu^{3+}，适合于高通量配体库筛选。Weibel 等[101]制备了适合蛋白质标记的强荧光的镧系配合物。他们合成了系列镧系（Eu，Gd，Tb）的新型配体 LH4，利用双功能化 6-亚甲基-6′-羰基-2′，2′-联吡啶-谷氨酸酯，所形成 1∶1 的配合物溶于水且性质稳定。水溶液中 Eu 和 Tb 配合物的量子产率高达 8%和 31%。用 *N*-羟基琥珀酰亚胺活化后，可以偶联蛋白质的一级氨基，已通过 BSA 标记实验证实，Eu-BSA 和 Tb-BSA 标记比分别达到 8∶1 和 7∶1。Cooper 等[102]合成了一种 2，2′∶6′，2″-三联吡啶螯合基团和 Eu 的配合物，其中含有的异硫氰酸基可用于生物分子标记，实验证明适用于时间分辨荧光研究和延迟荧光共振能量转移。Galaup 等[103]等合成了系列来源于大双环配体的新型 Eu 标记物，适合于进行时间分辨生物分析应用，由肼或内酰胺部位与内环中 2，2′-联吡啶配合相互作用，显著增强了荧光量子产率，水溶液中的时间分辨荧光性能均满意。Bodar-Houillon 等[104]报道了一种不对称的穴状化合物，并研究了 Eu(Ⅲ)、Tb(Ⅲ) 和 Sm(Ⅲ) 配合物荧光性质。

其他镧系离子配合物的研究应用近期也开始有所进展。Aoki 等[105]报道了含氨基甲酰和丹磺酰基双功能试剂作为 Y^{3+} 和 La^{3+} 的选择性荧光探针。Klink 等[106]报道了近红外 Nd^{3+} 配合物。他们合成了六种功能化染料的 Nd^{3+} 复合物，荧光染料包括丹磺酰、香豆素、丽思胺以及德克萨斯红。当染料受到激发时，Nd^{3+} 显示增敏近红外荧光。受到复合离子影响的染料系间窜越是量子产率增强的主要原因。Werts 等[107]用一种荧光素衍生物与 Nd^{3+}、Eu^{3+}、Tb^{3+} 形成水溶性好的稳定复合物，在可见光下展示出敏化的近红外荧光，但是整体的光量子产率不高。目前这些还没有具体应用于生物样品检测中。

总之，目前研究较多的无机荧光配合物还是以 Eu^{3+} 和 Tb^{3+} 居多，其他离子研究较少。镧系配合物在生物样品分析测试中的应用已有综述[108~111]。

另一类金属配物标记物是在近红外区发射荧光的贵金属离子配合物。Terpetschnig 和郭祥群等[112~115]分别用 Os、Ru 和 Re 的联吡啶配合物为标记物，建立了大分子量抗原的近红外荧光偏振免疫分析法和双标记能量转移 FIA 用以测定人血清白蛋白[116]。Lo 等[117~127]合成并研究了一系列 Re 和 Ir 的荧光标记物，不少都可用于 FIA，并表现出优良的发光性质。Slim 等[128]报道了合成系列 Ru-邻二氮杂菲-生物素配合物，与亲和素结合后发光增强。Sakamoto[129]等用长寿命 Ru 复合物标记的蛋白 A 通过时间分辨荧光各向异性检测免疫球蛋白 G。Durkop 等用 Ru 金属-配体复合物标记 HAS 和肌球蛋白建立了相应的荧光偏振检测方法。通过 *N*-羟基琥珀酰亚胺与蛋白质共价偶联，应用了竞争和均相两种形式，与别的方法相关性良好[130]。Shen 等[131]报道了长寿命含有顺式羰基和二齿磷化氢 Re 配合物，在 350～490nm 有较高的吸收，发射光谱与多吡啶基的配合物相似，寿命达到 10μs。由于亚胺基和二齿磷化氢部分可用不同的取代集团修饰，因此可作为生物大分子的标记物使用。Maliwal 等人[132]则报道了一种设计新颖的长寿命、长波长以及高量子产率的荧光发光分子的新方法。发光分子是长寿命共振能量转移供体和长波长受体的共价偶联对。选用的供体是 Ru 金属-配体配合物，受体是德克萨斯红，供体和受体之间用聚脯氨酸相连。通过共振能量转移受体的衰减时间变长，而供体的荧光量子产率升至受体一样高，大大高于通常的金属配合物，可用于生物分析。也有人报道将八个 Ru-三联吡啶共价连接在树枝状大分子外围上，电致化学发光比单体配合物高 5 倍。这种树枝状大分子也可用于生物分析[133]。

以 Os、Ir、Ru 和 Re 的配合物作为标记物有以下优点：①激发和发射波长长，具有很高的测定灵敏度；②标记的 Ag 结合 Ab 后有较高的各向异性；③标记物的荧光寿命较长；④光稳定性好。

§16.2.5 纳米荧光标记物

纳米荧光标记物作为免疫分析标记物是近年来兴起的新领域，已显示出广阔的应用前景。目前已经有几种纳米颗粒用于 FIA 标记物，其中应用较多的包括发光半导体量子点和荧光复合型纳米颗粒等。

1. 量子点（纳米晶体）

量子点（quantum dots，QDs），又称为半导体纳米晶（semiconductor nanocrystal），尺寸一般小于 10nm，是由数目很少的原子或分子组成的团簇[134]。目前文献报道主要涉及的是Ⅱ-Ⅵ主族，如 CdSe；Ⅲ-Ⅴ副族如 InP、InAs 和 GaAs 化合物以及 Si 等元素[135]。量子点的结构导致了它具有尺寸量子效应和介电限域效应并由此派生出独特的发光特性[136]。将发光量子点作为免疫反应中的荧光标记物是近年来荧光免疫分析中出现的一个新领域[137～142]。现在用于免疫分析的量子点多是以 CdSe 为核、CdS 或 ZnS 为壳的核-壳型纳米晶体。这种纳米晶体与以上荧光探针相比有诸多优点：荧光量子产率高，光化学稳定性高，经受多次激发后不易发生光漂白，因此可以使用激光诱导荧光；激发光谱和发射光谱可以通过改变纳米颗粒的尺寸和组分来进行控制，并具有较大的 Stokes 位移和狭窄对称的荧光发射谱峰（一般半峰宽为 20～30nm）；激发光谱波长范围宽，可以使用同一激发光源同时进行多通道检测，并且发射波长随着纳米晶体的直径减小而向短波长方向移动；标记技术简单，例如只需将纳米晶体经巯基乙酸衍生化后即可与抗原或抗体结合。

1998 年，Alivisatos[137]和聂书明[138]两个研究小组分别发表了量子点可以作为生物探针并适用于生物分析的具有突破性的论文。聂书明提出的利用巯基乙酸的巯基一端连接量子点、羧基一端连接蛋白质的方法相对更容易操作。

除了 QD 的水溶性、物理化学稳定性以及量子产率等因素外，QD 作为生物标记的主要缺点是使用毒性很高的镉化合物，Riwotzki 等人制备了掺杂 Ce、Tb 离子的 $LaPO_4$ 量子点，有望较好地解决这个问题[139]。另一个发展趋势是发展近红外波长的量子点[140]，并进一步简化制备过程。

目前的报道多是用于免疫多色检测以及免疫成像[141~144]。目前已有这些研究领域的综述[145,146]。

QD 可以用来研究灵敏的免疫分析方法，人们进行了各种偶联方法的研究，并开发出各种免疫方法，涌现出很多文献[147~150]，亦有综述出现[151~153]，丰富了这一领域的研究。

2. 荧光复合型纳米颗粒

早期的复合型荧光纳米颗粒主要是荧光乳胶颗粒，每个荧光乳胶颗粒包含约 100～200 个染料分子，在荧光显微镜下，乳胶颗粒比普通的荧光染料更加明亮。加上乳胶的保护作用，使得其中的荧光分子在光照条件下更不易发生光漂白[154~158]。掺杂不同荧光染料的荧光乳胶颗粒已用于多色检测[157~159]，也有报道应用于均相荧光共振能量转移免疫分析[160,161]。荧光乳胶颗粒的缺点是荧光染料系物理掺杂，容易发生泄漏，同时高分子乳胶颗粒的表面修饰不够灵活，且由于多数具有疏水性质，而易发生非特异吸附。

最近出现的荧光硅纳米复合颗粒吸引了更多的注目[162~166]。这类纳米颗粒由二氧化硅与荧光染料嵌合组成。作为无机材料，二氧化硅具有物理刚性、化学稳定性、溶剂中可忽略的溶胀性、以及光学透光性和低荧光性，十分适合于生物分析应用。有机荧光染料[162]、半导体量子点[163]、荧光无机配合物[164]等通过微胶囊方法都被制成硅纳米颗粒。谭蔚泓和王柯敏等在该领域做了大量开拓性工作[164~166]。具有长寿命的荧光稀土配合物硅纳米颗粒的出现，又使这类性能优良的标记物延伸到 TrFIA。李庆阁等[167]2002 年申请了荧光稀土络合物纳米颗粒类标记物的专利，并获得国家专利局正式授权，标志着我国具有自主知识产权的新一代时间分辨荧光免疫分析标记物的出现。袁景利等[168~170]也陆续报道了荧光稀土螯合物包被纳米颗粒在 TrFIA 的应用。荧光稀土纳米颗粒标记物的广泛应用已经成为 FIA 的最新趋势[171~178]。

此外，各种新材料的纳米颗粒也在不断开发中[179,180]。

荧光纳米颗粒不仅是现有荧光试剂的补充，在某些方面还优于后者，它的出现对生物大分子的检测方法产生了重要的影响。不仅提升了现有分析方法的灵敏度，还提供了无可比拟的标记灵活性，结合信号放大技术，可进一步提高分析灵敏度。荧光纳米颗粒的出现虽然只有短短的几年时间，但经过科学家们的不断探索创新，已使之更加实用化、更具有操作性，在荧光免疫分析中无疑具有旺盛的生命力。

§16.3　荧光检测信号放大技术

在FIA中，为了检测样品中的超痕量物质，人们利用各种放大技术以获得足够高的灵敏度，归纳起来，常用的荧光检测信号放大技术有以下几种。

§16.3.1　酶联放大技术

酶联放大荧光免疫分析是利用酶为标记物，将酶的催化放大作用和荧光检测的高灵敏度有机地结合起来的一种免疫分析技术。现在该技术已广泛应用于临床检验、药物分析和生化分析等诸多方面[181～185]。作为高效生物催化剂，酶分子具有极高的转化率，通常可在短时间内将10^5个以上的非荧光底物分子转化为荧光物质[186]，因此与常规FIA相比，酶联放大荧光免疫分析的灵敏度一般可提高2个数量级。目前常用的酶主要有辣根过氧化物酶（HRP）、碱性磷酸酯酶（ALP）和β-半乳糖苷酶（β-DG）[187～189]。对于HRP，一般采用对羟基苯乙酸和对羟基苯丙酸为底物[190]，其产物的荧光发射在400～420nm，受背景荧光和散射光的干扰严重。ALP的底物一般是用4-甲基伞形酮磷酸酯[191,192]。近年来，Diamandis等将长寿命稀土离子（如Eu^{3+}、Tb^{3+}）配合物的磷酸酯作为底物，建立了酶联放大稀土发光荧光免疫分析法，在很大程度上改善了测定的灵敏度[193～197]。至于β-DG酶，常用的底物则是β-D-半乳糖吡喃苷[198,199]。

由于酶性质不稳定、易失活和价格昂贵等问题，近年来一些研究人员以具有催化活性的稳定的小分子化合物代替酶而用于免疫分析。到目前为止，金属卟啉类化合物已作为模拟酶标记物成功地用于化学发光免疫分析[200,201]和荧光免疫分析[202～204]。另外，金属酞菁类化合物用于荧光免疫分析的研究也已有报道[205～207]。

尽管模拟酶标记FIA的灵敏度和酶标记FIA相比还稍差一些，但它可以满足一般的测定要求。不难预料，模拟酶荧光免疫分析法以其稳定性高、易标记、价格低廉、无毒无害以及易操作等优点，在生命分析和环境分析中还是有一定的应用前景。

§16.3.2　脂质体包裹技术

脂质体包裹技术是指用脂质体微囊包裹大量的强荧光物质（如羧基荧光素），然后将脂质体微囊标记于Ab，免疫反应后加入补体使脂质体微囊解离，瞬间将浓缩的荧光物质释放出来。由于浓缩在脂质体微囊里的荧光物质发生自猝灭，荧光极弱，而释放于溶液中后由于稀释作用而表现出强的荧光，故可起到十分有效的放大作用，目前已发展成为“脂质体免疫离解分析”的 FIA 新技术[208~210]。其放大原理如图 16.2 所示。

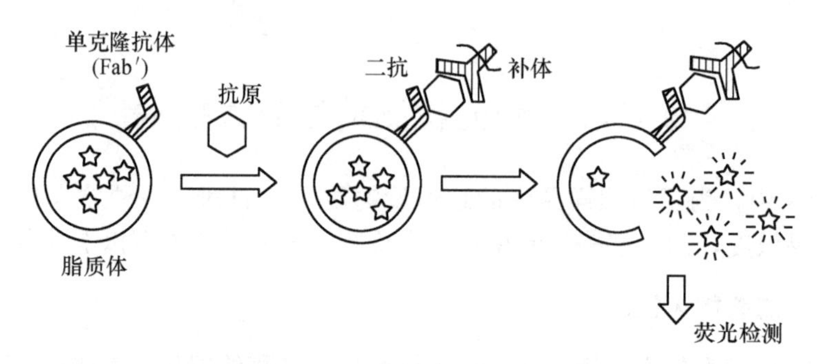

图 16.2　脂质体包埋荧光免疫分析示意图

脂质体包裹技术中，信号分子的包封率越高，信号越强，灵敏度越高。由于脂质体的磷脂易氧化降解，免疫脂质体稳定性较差，因此影响了分析检测的灵敏度与有效性。随着人工生物膜技术的发展，这些问题正在得到初步解决。随着各种抗体技术的发展和应用，以及偶联技术的改善，脂质体免疫分析将实现自动化和实用化，逐步发展成为一种成熟的分析方法[211~217]。

§16.3.3　多重标记技术

提高测定灵敏度的另一个有效的方法是增加 Ab（或 Ag）的荧光标记率。由于小分子标记物之间的空间位阻效应小，因而多重标记法理论上可以获得成百上千的标记率。遗憾的是对常用荧光标记物（如荧光素）来说，这样的方法并不见效，因为多重标记使得荧光染料产生了浓度猝灭而降低了量子产率，如用 32 个荧光素分子标记某一种大分子时，所得到的发射强度只相当于 2 个荧光素分子的发射强度[218]。Diamandis 等发现用荧光稀土螯合物多重标记抗体时，并没有出现浓度猝灭现象[219]，从而建立了稀土螯合物多重标记的荧光免疫分析方法[220]。但是，对抗体的直接多重标记会导致抗体活性的部分甚至完全丧失[220,221]，另外，直接多重标记也可能导致抗体的非特异性结合增强。

为了避免多重标记对抗体免疫活性的影响，一种解决方法是采用生物素-亲和素系统[222,223]。亲和素是从卵蛋白中提取出的一种碱性蛋白，由四个亚单位组成，对生物素有非常强的亲和力，一个亲和素分子可与 4 个生物素分子结合。由于生物素很容易与蛋白质（抗体、酶）共价结合，这样，通过生物素-亲和素桥系统，可以起到多级放大作用。采用生物素-亲和素系统具有以下优点：①生物素与亲和素结合迅速，且结合物非常稳定（$ka=10^{15}/(\mathrm{mol/L})$）；②生物素易于与 Ab 或探针偶联，且有较大的标记率而不影响 Ab 的生物活性；③生物素-亲和素试剂来源广泛，容易提取；④生物素-亲和素标记体系有灵活多变的运用方式，生物素既可偶联 Ab，也可偶联载体蛋白、探针等，以适应不同的免疫分析需要；⑤这一体系利用分别标记的方法，可将荧光标记的亲和素作为通用试剂，易于商品化。Diamandis 等在利用稀土螯合物多重标记亲和素的基础上，利用大分子量的牛甲状腺球蛋白（TG，660kDa）作为载体，在上面标记大量的 Eu-BCPDA 荧光标记物（标记比为 175），然后共价连接到亲和素上，从而较大地提高了测定灵敏度[224,225]。最近他们又报道了用聚乙烯胺作为新型的标记物载体[226]。另外，用聚氨基酸聚合物作为载体也有报道[227]。

§16.3.4 聚合酶链式反应放大技术

聚合酶链式反应（PCR）是分子生物学中常用的基因扩增技术，可以在短时间内（几个小时内）把靶序列放大到百万倍以上。例如 25 个 PCR 循环可放大 DNA 模板 3.4×10^{7} 倍。若以 DNA 片断作为标记物，就可把 PCR 放大技术和免疫分析有机地结合起来。20 世纪 90 年代初，Sano 等率先建立了 PCR 技术放大的免疫-PCR 法（immuno-PCR）[228,229]。用牛血清白蛋白（BSA）作为分析模型，用生物素化的线型质粒 DNA（pUC19，2.67kb）为标记物，结合在微孔板上的 BSA 与单克隆 BSA 抗体-蛋白 A-亲和素：生物素-pUC19 复合物免疫反应后，结合的 DNA 标记物中的 260 个碱基对经过 30 个 PCR 循环，放大的 DNA 经琼脂糖凝胶分离后用溴化乙锭染色，然后进行荧光测定，检测限达 9.6×10^{-22} mol（580 个 BSA 分子）。与其他放大技术不同，PCR 放大是指数式放大，短时间内可以获得极高的测定灵敏度，被认为是免疫分析中具有巨大潜力的放大技术。目前已有数十篇文献见诸报道[230~232]。免疫-PCR 方法的创建，拓宽了免疫学技术的应用范围，但还目前存在着扩增产物易污染造成背景高和稳定性差等问题。

§16.4 荧光免疫分析检测技术

在常规的 FIA 中，限制灵敏度的主要问题是来自样品的背景荧光和散射光的干扰，这在很大程度上限制了整体灵敏度，因此结合荧光检测新技术的荧光免疫分析方法不断出现，包括时间分辨荧光免疫分析、相分辨荧光免疫分析以及同步-导数荧光免疫分析等，其目的都是为了降低或消除背景荧光和散射光的干扰。其中以时间分辨荧光免疫分析最为成功，对背景荧光的克服也最为彻底。

§16.4.1 时间分辨荧光免疫分析

时间分辨荧光免疫分析（time-resolved fluoroimmunoassay，TrFIA）的原理和技术在文献[233]中已有详细的介绍，它是利用长寿命的稀土离子螯合物作为标记物，用超短脉冲的激发光激发样品。由于背景荧光寿命很短（ns 级），很快就衰减到零，而标记物的荧光寿命相对来说则很长（μs～ms 级），如在激发后经过一定的延迟时间，用 ns～μs 级的高频信号检测系统检测，所得到的信号只是所需要的标记物的荧光，背景荧光被完全消除，可极大地提高检测的灵敏度。其原理如图 16.3 所示。

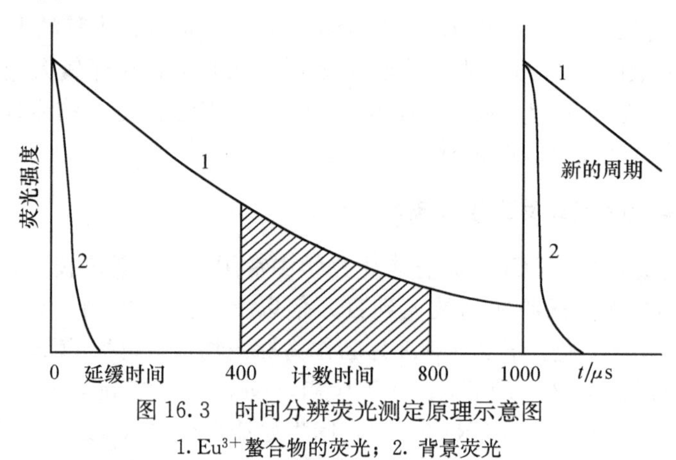

图 16.3　时间分辨荧光测定原理示意图

1. Eu^{3+} 螯合物的荧光；2. 背景荧光

TrFIA 方面的工作已有很多评述[234～240]。一般而言，TrFIA 包括固相和均相两类。其中固相 TrFIA 主要有以下三种：①解离增强时间分辨荧光免疫分析(DELFIA)；②直接标记时间分辨荧光免疫分析；③酶联放大稀土发光时间分辨荧光免疫分析。

DELFIA 法是最早建立的 TrFIA 方法，也是目前应用最为广泛的 TrFIA 方法之一。该法主要分两步：首先利用亲水性的配体将稀土离子 Eu^{3+} 标记于目标分子，免疫反应后，加入荧光增强溶液使 Eu^{3+} 从免疫复合物上离解下来并与增强液中的 β-二酮类配体形成强荧光配合物，从而获得很高的测定灵敏度[241,242]。目前 DELFIA 已成功地应用于竞争和非竞争型免疫分析[243,244]、核酸杂交[245,246]、酶分析[247,248]以及细胞应用[249,250]等方面。该法优点是灵敏度高，不必合成特定的强荧光标记物（用于标记的强荧光稀土离子螯合物并不易获得），可根据不同的反应体系以及稀土离子选择不同的荧光增强配体。另外，该法也可以应用于多标记物标记的多组分同时测定[251]。缺点是该法只能用于固相免疫分析，释放剂和增强液的加入使得操作步骤麻烦且易受到外源性稀土离子的污染。慈云祥等[252]曾用合成的 CTTA 螯合剂作标记物，建立了一个新型的洗脱增强时间分辨荧光免疫分析法。

直接标记 TrFIA 是利用稳定的强荧光稀土离子（主要是 Eu^{3+}、Tb^{3+}、Sm^{3+}）螯合物一步标记抗体或抗原，免疫反应后直接测定，操作步骤大为简化，是目前 TrFIA 的发展趋势[253,254]。该法的另一个优点是可以进行多重标记，从而大大提高分析的灵敏度。Diamandis 等曾用 BCPDA 为标记物，首先开拓了这方面的研究[255～257]。这方面近年来新的进展是多重标记物标记的时间分辨荧光免疫多组分同时测定[258~261]，即用 Eu^{3+}、Tb^{3+}、Sm^{3+} 的螯合物标记不同的单克隆抗体，并以此识别不同的待测组分。另外，用时间分辨技术识别多重不同染料及其在免疫分析中的应用也有报道[262,263]。

酶联放大稀土发光 TrFIA 则是把酶的放大作用和时间分辨扣除背景荧光的技术有机地结合起来，以进一步提高检测灵敏度。目前多采用的标记酶是 ALP，底物是水杨酸类磷酸酯[264,265]，Diamandis 等曾提出新的 ALP 底物[266,267]。也有人采用过氧化物酶[268,269]。

由于常规均相 FIA 受背景荧光的严重干扰，获得较高的灵敏度几乎不可能。但是，时间分辨技术的引入使得高灵敏度的均相 TrFIA 成为了现实。最早建立的均相 TrFIA 方法是基于稀土离子螯合物对环境的敏感性，即标记于抗原上的稀土离子螯合物在结合抗体前后，其荧光发生变化[270]［图 16.4（a)，(b)］。另外一种均相 TrFIA 法是建立在共振能量转移的基础上，即用能量供、受体分别标记抗原、抗体。免疫反应前，由于能量供、受体之间距离大，二者之间不发生能量转移；免疫反应后，由于二者之间发生能量转移，从而可以有效检测受体的荧光［图 16.4（c)］。Mathis 等利用 Eu^{3+} 的穴状体配合物与别藻蓝蛋白组成能量供、受体对，建立了能量转移均相 TrFIA[271]，其它能量转移对有 Eu^{3+} 穴状体配合物与藻蓝蛋白[272]、Eu^{3+} 穴状体配合物与 Alexa fluor 647[273]、Eu^{3+} 螯合物及 Tb^{3+} 螯合物与近红外染料花菁[274~276]等。利用镧系金属螯合物和藻蓝蛋白能量转移对用于酶催化动力学 TrFIA 也有报道[277]。

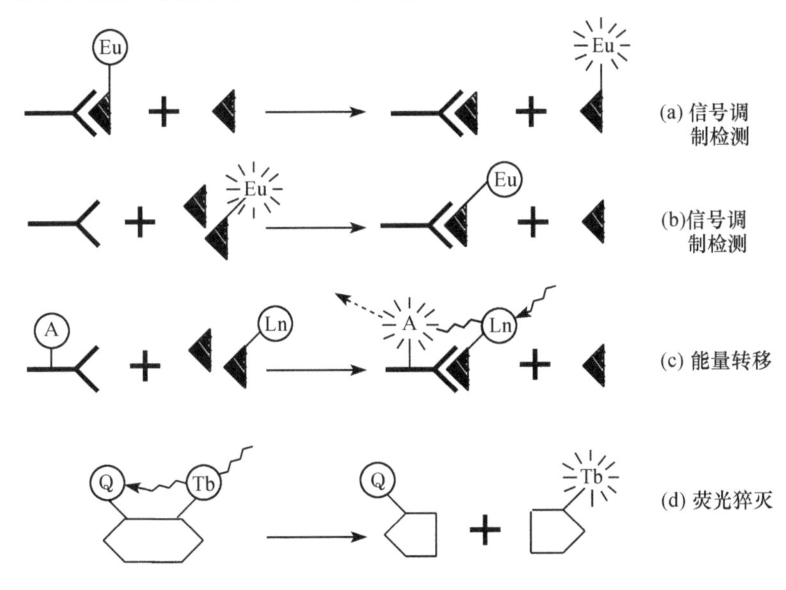

图 16.4　时间分辨均相荧光免疫分析示意图

A：能量受体；Q：荧光猝灭剂；Ln：镧系金属离子

另外，最近有文献报道反 Stokes 发光时间分辨的应用[278,279]。

§16.4.2 相分辨荧光免疫分析

相分辨荧光免疫分析（phase resolved fluoroimmunoassay，PrFIA）[280]是利用正弦调制的激发光激发样品，根据混合物中各荧光体的荧光寿命不同而进行荧光光谱分辨。该法也可有效地降低背景荧光的干扰，且采用均相荧光免疫分析技术，但缺点是所用仪器复杂、实用性较差，其应用远不如时间分辨荧光免疫分析广泛。Kricka 曾总结过这方面的研究工作[281]。所涉及的检测对象主要有苯巴比妥[282]、人血清白蛋白[283]、乳铁传递蛋白[284]、2，4-滴丙酸[280]、甲状腺素[285]、苯并芘代谢物[286]以及 2，2-二氯苯氧乙酸[287]等。Qzinskas 等用藻红蛋白和羧甲基靛青组成能量转移对，并用它们分别标记甲状腺素 T3 和 T4 抗体，建立了能量转移相分辨均相荧光免疫分析法[285]。由藻红蛋白到受体的能量转移导致了藻红蛋白的荧光寿命和相角的改变，且这种变化的大小可以反映出能量转移的程度，也就是说反映被标记抗体与抗原的结合程度。这种方法的优点是可以实现大分子量抗原的均相荧光免疫分析。

§16.4.3 同步-导数荧光免疫分析

同步-导数荧光光谱技术是消除荧光背景的又一种荧光检测新技术。同步扫描荧光光谱和常规荧光光谱相比，具有更窄的半峰宽，结合导数技术可以很大程度上提高测定的灵敏度[288]。Lianidou 等首先将该技术用于荧光免疫分析[289,290]。他们用碱性磷酸酯酶标记生物素化的 α-甲胎蛋白抗体，以水杨酸磷酸酯为底物，水解产生的水杨酸与 Tb^{3+} 和 EDTA 生成有很大 Stokes 位移的强荧光螯合物，利用同步-导数荧光技术，使测定灵敏度提高到与时间分辨荧光免疫分析法相当的地步。

§16.4.4 荧光偏振免疫分析

荧光偏振免疫分析技术（fluorescence polarization immuno assays，FPIA）是 Dankliker 等于 1973 年提出的，它是基于荧光物质标记的抗原和半抗原在与抗体结合前后分子体积的变化从而导致荧光偏振的变化而建立的免疫分析方法[291]。免疫反应前，由于荧光标记的抗原和半抗原的分子体积小，分子运动速率快，布朗运动时间比其荧光寿命更短，在荧光发射之前小分子荧光体处于杂乱的随机分布状态，不产生偏振光或偏振光很小；形成免疫复合物后，由于分子体积成大幅度增加，运动速率降低，从而导致偏振增强。该法简单、快速、精确，它成功地将均相方法的简便快速和免疫反应的高特异性结合起来，避免了放射免疫分析和酶联免疫分析固相分离技术中所存在的问题。FIA 发展到今天，其中

FPIA 是最成功的技术之一，对其有关工作，近年来已有多篇文献给予了详细的评述[292~296]。

FPIA 的测定对象主要是一些小分子抗原和半抗原，例如治疗药物、违禁药品以及农药等[297~306]，用该技术测定大分子量 Ag 较少报道[113,115]。Gaikward 等将流动注射分析中的停流技术与 FPIA 结合，建立了动力学停流荧光偏振免疫分析法（stopped-flow fluorescence polarization immuno assays，SFFPIA）[307~310]。与常规 FPIA 相比，SFFPIA 具有更高的灵敏度和精密度。Perzberdito 曾对 SFFPIA 进行了综述[311]。至于荧光偏振商品化仪器，也已陆续问世[312~314]。

尽管 FPIA 已广泛地应用于临床检验和生化分析，但现在常用的标记物使得它的灵敏度和动态范围都不理想，这在很大程度上限制了它的进一步发展，其中灵敏度不高主要是背景荧光和散射光干扰所致。因此筛选可以消除背景荧光和散射光的新型荧光标记物，对 FPIA 的发展将具有非常积极的意义[315]，目前近红外荧光偏振免疫分析也有报道[316,317]。

§16.5 结合高效分离技术的荧光免疫分析

免疫分析具有快速、灵敏、特异等优点，但是免疫反应中往往存在交叉反应，这使得抗体几乎不可能单个识别可以发生交叉反应的抗原类似物。因此，一次简单的常规免疫分析往往只能得到待测物及其类似物的总量，而不能进行真正意义上的分子定量识别或者多组分同时测定。现代高效分离技术（如 HPLC、毛细管电泳）与免疫分析的结合，可以有效地解决上述问题，使免疫分析在特异性反应的基础上兼具了分离的快速性和高效性[318,319]。近年来，结合高效分离技术的免疫分析越来越多地应用于临床、生化、食品、环境分析等诸多领域。

§16.5.1 色谱免疫技术

1. 免疫亲和色谱

免疫亲和色谱（immunoaffinity chromatography）是指利用抗体或者与抗体相关的材料作为固定相的色谱。抗体对抗原性物质的选择结合，使该技术越来越多地应用于生物物质以及非生物物质的分离、纯化和分析[320~322]。与 HPLC 结合的免疫亲和色谱称为高效免疫亲和色谱[323]。

免疫亲和色谱的一般测定方法是将待测样品通过色谱柱，其中待测抗原以及类似物与固定的抗体结合，其他样品基质由于不与固定相结合而被除去。这样，结合的待测物质被洗脱以后利用在线（on-line）或非在线（off-line）的方法直接测定。测定方法一般采用紫外-可见光吸收光谱法[324]和荧光光谱法[325~328]等。

与传统的免疫分析相比，该技术具有操作简单、分析快速、精密度高且可以实现自动分析等的优点。但是，采用该方法时需要选择合适的抗体固定方式，也就是说在洗脱待测抗原时应保证固定的抗体不被解离下来。一般来讲，如果用蛋白 A 或蛋白 G 作为抗体支持担体，由于抗体与它们之间是通过弱的吸附作用相结合，因此这种固定方式的抗体在待测物洗脱或柱子再生时容易流失。比较好的抗体固定方法是通过共价结合的方式将抗体与支持担体连接[329,330]；或首先将蛋白 A 或蛋白 G 固定化，然后通过交联的方法将抗体共价结合到蛋白 A 或蛋白 G 上[331,332]；另外一种常用方法是将生物素化的抗体与固定的亲和素结合[333,334]。

2. 免疫亲和萃取技术

免疫亲和萃取（immunoaffinity extraction）是免疫色谱另一重要内容，其操作过程与免疫亲和色谱类似，唯一的区别是对于免疫亲和萃取来说，被洗脱的抗原以及抗原类似物不直接测定，而是采用第二种分析方法（一般情况是利用 HPLC 或 GC）进行测定。固定相中抗体的固定方法除了上述方法外，溶胶-凝胶抗体包埋法近年来受到广泛关注[335,336]。

免疫亲和萃取法的特点是可以高选择性地富集、分离待测抗原及其类似物，并且操作简单、快速、准确，是目前应用比较广泛的免疫亲和方法之一。该方法按照分析过程也可以分为在线[337,338]和非在线[339,340]两种，有关工作近年来已有多篇综述[341~343]。

3. 色谱（流动注射）免疫分析技术

对于免疫亲和色谱来说，由于是直接利用待测物自身的吸收或荧光进行测定，因此它不能用于分析本身没有检测信号的物质。而采用标记抗体或抗原的色谱免疫分析（或称流动注射免疫分析）技术可以有效地解决这一问题。用于常规免疫分析的标记物基本上都可以用于色谱免疫分析，如酶[344]、荧光标记物[345]、化学发光标记物[346]以及包埋大量荧光的脂质体微囊[347]等。所采用的免疫分析方式包括竞争型[348]、夹心型[349]以及单点免疫分析[350]等，其中以竞争型免疫分析方式应用最广，可以用于小分子和大分子抗原以及抗体的测定。色谱免疫分析技术一般采用在线分析，但根据具体需要也可以采用非在线检测。色谱技术和流动注射技术在免疫分析中的成功应用，大大促进了免疫分析的自动化程度，具有广阔的应用前景[351,352]。

另外一类与 HPLC 结合的荧光免疫分析是利用 HPLC 分离免疫复合物[353,354]。当酶标抗体 Fab′片断与样品中的 Ag 反应后，注入 HPLC 柱，使免疫复合物与过量的酶标抗体分离。由于 Ag 与 Fab′形成 1∶1 复合物，因而 Ag 浓度与免疫复合物催化底物反应产生的荧光信号呈良好的相关性。这类方法具有简便、快速、不需要待测物的衍生化等优点，它所适用的测定对象是小分子抗原和半抗原。

§16.5.2　高效毛细管电泳荧光免疫分析

高效毛细管电泳（high performance capillary electrophoresis，HPCE）分离技术是近年来分析化学中发展最迅速的领域之一。由于它具有所用毛细管截面积小、不用载体、电泳速率均匀、柱效极高、可以用于生物大分子如蛋白的分离，并且结合激光诱导荧光检测可以达到单分子检测水平[355]，因此受到了生命科学等领域的极大重视。另外，CE 对抗体、抗原以及 Ab-Ag 免疫复合物有良好的分离效率和很高的测定灵敏度，非常适合用于免疫分析[356,360]。事实上，高效毛细管电泳免疫分析（CEIA）的出现虽是近年来的事情，但它已经成为一种强有力的分析技术。与常规免疫方法相比，该技术具有以下特点[357]：①所需样品和试剂用量极少；②操作简单，易于自动化；③可以进行多组分同时测定；④可以直接观察免疫复合物的形成和离解过程；⑤可以用酶标记进一步放大。但是，CE 体系是一种连续分析技术，每次只能分析一个样品，因此，如何提高 CEIA 的批量样品分析能力，是 CEIA 目前遇到的一大挑战。

CEIA 是 20 世纪 90 年代初期开始出现的免疫分析技术。Chen 等[361]首先用毛细管等电聚焦分离 Ab-Ag 复合物。随后 Nielsen 等[358]用毛细管区带电泳（CZE）分离 HCG、抗 HCG 以及 HCG-抗 HCG 免疫复合物，指出 CE 用于免疫分析的可能性。1993 年，Kennedy 等报道了 CE 和免疫分析结合的情况，分别用竞争法和非竞争法测定了胰岛素[359]，结果表明免疫复合物和未结合的荧光标记抗原明显地分成两个区域，用于定量测定结果满意。至今，基于毛细管电泳分离的荧光免疫分析（CEFIA）已有大量报道，相关的分析原理在文献中也有详细的叙述[357]，并已有多篇综述对 CEFIA 进行了详细的总结和评论[360~367]。

从现有工作看，CEFIA 主要采用竞争型免疫分析方法[368~380]，检测对象涉及生物医药、疾病诊断、毒物分析、滥用药物以及环境监测等多个领域。该法简单、快速、灵敏，更重要的是可以用于多组分同时测定。Chen 等[375]用不同的荧光染料标记，实现了吗啡和苯西克定的同时检测。最近，Caslavska 等[376]报道了基于竞争型 CEFIA 的四组分同时测定方法。

与竞争型相比，非竞争型 CEFIA 的报道相对较少[381,382]。需要指出的是，目前所报道的 CEFIA 基本上都是采用非在线型（off-line）分析方式，即抗原抗体发生免疫反应后再注入 CE 体系中进行分离和测定。为了进一步提高测定的自动化程度、分析速度以及分析精密度，一些作者对在线 CEFIA 进行了尝试[383~385]。

CEFIA 中目前最常用的方法还是毛细管电泳激光诱导荧光检测免疫分析。

CEFIA新进展包括多毛细管CEFIA体系的应用和芯片上的CEFIA[386~389]，这些新术可以大大提高CEFIA分析大量样品的能力，已有相关临床方面应用研究综述[390]。

§16.5.3 磁性分离

磁性颗粒具有尺寸小、比表面积大、悬浮稳定性好以及具有超顺磁性的特点，在外磁场作用下，可以很容易地直接从原始样品中分离所需要的细胞或生物活性物质。该方法可省去离心、过滤等复杂操作。磁性颗粒获得适当的包埋外壳后，可以建立一种简便的分离平台技术。利用磁场分离后再与各种荧光免疫检测方法联用，可提高分析的灵敏度。该技术具有实验装置简单、操作容易、分离效率高、在常规实验室就可完成的突出优点，亦受到人们的青睐[391~395]。

§16.5.4 "智能高分子"相变分离

热敏聚合物（又称"智能高分子"）是一种水溶性高分子聚合物。其水溶液有一个"低临界溶解温度"（LCST），以聚*N*-异丙基丙烯酰胺（PNIP）为例，其LCST为31～33℃。当溶液温度高于LCST时，PNIP从溶液中沉淀出来，发生相分离，利用简单的离心分离即可将其与溶液分开；而当温度低于LCST时，PNIP又能很好地重新溶解。Hoffman等[396]利用PNIP这种独特的热敏性质，首先将它用于免疫分析。他们将IgG的单克隆抗体用共聚的方法固定在PNIP上，用荧光素和HRP标记，利用热敏相变分离的办法将免疫反应复合物与未反应的标记抗体分离，建立了人IgG和鼠IgG的热敏相分离荧光免疫分析法。该法采用均相免疫反应、异相分离技术，为免疫分析的发展开辟了一条新的途径。Zeng等[397]利用PNIP与蛋白质在醋酸纤维素膜上吸附作用的差异，实现了PNIP-免疫复合物与未反应免疫试剂的快速分离，发展了一种新型PNIP-膜分离-酶免疫分析法。朱庆枝等将热敏相分离与模拟酶标记技术结合，对人体甲胎蛋白和乙肝表面抗原的含量进行了测定[398,399]。最近，杨黄浩等[400]合成了热敏的寡聚*N*-异丙基丙烯酰胺并用于FIA。与PNIP相比，寡聚物具有较小的分子量，对抗体的免疫活性影响也较小。

与热敏高分子相比，基于pH敏感高分子相分离的FIA可在37℃进行免疫反应，从而有更快的反应速度。杨黄浩等还设计并合成了适合于免疫分析的pH敏感相分离高分子，并将其作为载体成功地用于FIA[401]。近期，林鹏等用热引发聚合方法制备了新型pH敏感高分子，这种聚合方式更适合生物分子的固定，并用于竞争型荧光免疫分析IgG[402]。

另外，敏感高分子还可应用于毛细管电泳分离和其他免疫检测方法中[403~405]。将温敏凝胶（或温敏凝胶抗原、抗体复合物）加入到背景电解质中，可改变缓冲液的性质，减小吸附，同时温敏凝胶也可起到分子筛的作用，利于大分子复合物和小分子的分离，并避免了毛细管化学修饰内表面的过程，可反复使用，有效改进了分析效果。

智能高分子相分离免疫分析方法具有一个明显的特点：既具有均相免疫反应的快速性，又具有异相免疫分析法的高灵敏度。也就是说该方法兼具目前常规的均相免疫分析法和异相免疫分析法两者的优点，同时又部分地克服了它们的局限性，但分析过程较为繁琐，加上存在沉淀夹带现象，造成背景偏高，从而使分析灵敏度降低。

§16.6　荧光免疫传感器

荧光免疫传感器是利用免疫试剂作为分子识别单元，以荧光试剂或酶为标记物，通过抗体与抗原之间的特异性反应从而达到对抗原或抗体的测定。近年来荧光免疫传感器的研究已取得了很大进展[406～409]，它的制作主要是基于竞争型免疫分析，通过一步反应即可实现信号的检测。目前荧光免疫传感器主要有倏逝波传感器[410]、平面波导传感器[411]和标记物连续释放传感器[412]等。采用的标记物有荧光素[413]、花菁 Cy5[414]、脂质体[415]和酶[416]等，所涉及的荧光技术包括荧光增强[417]、能量转移[418]]和时间分辨[420]等。

固定方法较新的进展是生物分子使用溶胶-凝胶固定[420,421]，标记方法采用纳米材料[422]。预计发展的趋势是多通道传感器、传感器阵列[423～425]以及仪器的微型化和自动化[426,427]。

§16.7　芯片上的荧光免疫分析

蛋白质芯片作为生物芯片的一种，已经成为研究蛋白质的重要工具。蛋白芯片的检测原理同免疫检测，也可以称为芯片免疫分析。蛋白芯片目前可以大致分为三种类型，第一类是由蛋白质微阵列构成的芯片，第二类是以各种微结构为基础的微流控型芯片，第三类是结合微球编码和流式检测的悬浮芯片。这三种类型中，利用免疫原理并采用荧光检测的居于主流，因此，此类蛋白芯片技术可以称作芯片上的荧光免疫分析，由于具有样品量少，分析通量高，能进行多组分同时分析等优点，已经成为荧光免疫分析乃至整个免疫分析的重要发展方向[428～430]。

这三种类型的蛋白芯片技术中，微阵列型免疫芯片发展最早，但直接沿用基因芯片的荧光标记方法，灵敏度不高。因为在基因芯片中，标记的靶序列 cDNA 可以掺入大量荧光分子，而获得很高的检测灵敏度。但蛋白芯片只能采用抗体直接标记的形式，一个抗体分子上能标记的荧光分子数受到很大限制。因此目前微阵列型免疫芯片发展缓慢。

微流控免疫芯片是在 20 世纪 90 年代出现的芯片集成毛细管电泳技术基础上发展起来的，随后微流控芯片技术在很多领域得到了迅速发展[431,432]。这一被称为“芯片上实验室”（lab on a chip）的微分析系统具有高效性、设计容易、用样量少、可以进行批量分析以及小型化和自动化等特点。尽管这一技术目前仍处于初步发展阶段，但它已经推动传统的分析化学发生着一场革命性的变化。目前报道很多，如 Koutny 等[433]报道的芯片毛细管电泳荧光免疫分析皮质甾醇、Chiem 等[434]报道的芯片分离荧光免疫分析血清中茶碱等；Yang 等[435]建立了基于脂类双层膜的芯片荧光免疫分析；Bernard[436]报道了一种微镶嵌免疫芯片；Linder 等[437]用生物素和亲和素修饰聚二甲基硅烷（PDMS）芯片，改善了芯片的亲水性；Dodge 等[438]用蛋白 A 修饰玻璃芯片上的微通道，建立了电动力学驱动的荧光免疫分析法。最近，Rubina 等建立了三维凝胶固定蛋白质的夹心型系列毒素定量免疫分析法[439]。

悬浮芯片[440~442]系采用荧光编码微球结合流式细胞检测技术建立起来的一种多组分同时检测技术，该系统以不同荧光比例的高分子微球作为免疫分析的固相，流式细胞仪可以识别所有这些微球。不同的抗体的标记在特定荧光比例（F1∶F2）的微球上，和样品中的抗原反应后，再与荧光标记抗体结合，荧光标记抗体上的荧光标记物采用同一种（比如 F3），但与高分子微球中的荧光检测通道有别。这样，利用流式细胞仪器分别计数不同高分子微球上的荧光标记抗体的荧光强度，就可以定量检测样品中抗原的浓度。悬浮芯片的突出优点是具有多组分同时检测能力，很好的重现性，分析通量高。目前，编码微球的数目已经达到 100 种，亦即将能用于 100 种抗原的同时检测。虽然实际样品并不需要这么多组分的同时分析，但可见其发展潜力。悬浮芯片的发展体现在两个方面，一是随着蛋白质组学和抗体库技术的完善，人们有望对更多的细胞组分进行同时测定，另外，采用新的染料编码技术有可能实现更多微球的编码。

§16.8 荧光免疫分析法的发展趋势

在生化、临床医学以及环境分析中，对分析的灵敏度和准确性要求越来越高，甚至要求单分子检测。荧光免疫分析法作为一种广泛采用的生物医学分析技术，同样在不断追求超高灵敏度和操作的自动化，其发展趋势主要表现在以下几方面：

（1）高特异性、高亲和性抗原和抗体的制备，这是一切免疫分析特异性和灵敏度的基础。

（2）荧光标记物进一步更新和相应的荧光检测技术提高，如能避开背景荧光的长寿命荧光（磷光）标记物，避免生物本底荧光的近红外荧光标记物、上转换荧光标记物等。另外，具有信号放大能力的纳米标记物也是一个重要发展方向。

（3）与高效分离术相结合，实现荧光免疫分析的快速、自动化和多组分同时测定。

（4）实际应用中的在线和现场荧光免疫分析。

（5）免疫芯片的实用化以实现微量多组分的免疫分析。

参考文献

[1] Hage D. S. Anal. Chem.，1999，71 (12)：294R.

[2] Warsinke A. et al. Fresenius J. Anal. Chem.，2000，366 (6～7)：622.

[3] Avrameans S. et al. 25 Years of Immunoenzymatic Techniques. Amsterdam，the Netherlands：Elsvier，1992.

[4] Porstmann T. et al. J Innunol. Methods，1992，150 (1～2)：5.

[5] Nagy E. V. et al. Handbook of Endocrinology Research Techniques. San Diego：Academic Press，1993：55.

[6] Roda A. et al. Fresenius J. Anal. Chem.，2000，366 (6～7)：752.

[7] Roda A. et al. Trends Biotechnol.，2004，22 (6)：295.

[8] Ronkainen-Matsuno N. J. et al. Trac-Trends Anal. Chem.，2002，21 (4)：213.

[9] Steinkamp T. et al. Anal. Bioanal. Chem.，2004，380 (1)：24.

[10] Choi S. et al. Clin. Chem.，2004，50 (6)：1052.

[11] Sadler T. M. et al. Anal. Biochem.，2004，326 (1)：106.

[12] Nichkova M. et al. Anal. Chem.，2003，75 (1)：83.

[13] Watanabe K. et al. Luminescence，2002，17 (2)：123.

[14] Ueda H. et al. Biotechniques，1999，27 (4)：738.

[15] Sun W. C. et al. J. Org. Chem.，1997，62 (19)：6469.

[16] Keller E. Appl. Fluoresc. Technnol.，1991，3：26.

[17] Quinn P. J. Methods of Immunological Analysis. New York：VCH，1993：1：297.

[18] Afonso C. A. M. et al. J. Am. Chem. Soc.，2004，126 (43)：14079.

[19] Urano Y. et al. J. Am. Chem. Soc.，2005，127 (13)：4888.

[20] Evanko D. Nat. Methods，2005，2 (5)：324.

[21] Abugo O. O. et al. Anal. Biochem.，2000，279 (2)：142.

[22] Liu J. X. et al. Tetrahedron Lett.，2003，44 (23)：4355.

[23] Swamy A. R. et al. ACS SYMP SER，1997，657：146.

[24] Ballou B. et al. Biotechnol. Prog.，1997，13，649.

[25] Gomez-Hens A. et al. Trac-Trends Anal. Chem.，2004，23 (2)：127.

[26] Hendrix J. L. Clin. Chem.，1983，29 (5)：1003.

[27] deHaas R. R. et al. J. Histochem. Cytochem., 1997, 45 (9): 1279.
[28] Papkovsky D. B. et al. Biochem. Soc. Trans. Part 2, 2000, 28: 74.
[29] O'Riordan T. C. et al. Anal Chem, 2002, 74 (22): 5845.
[30] Lee S. W. et al. J. Org. Chem., 2001, 66 (2): 461.
[31] Bruzzone L. et al. Luminescence, 2003, 18 (3): 182.
[32] Bruzzone L. et al. Crit. Rev. Anal. Chem., 2000, 30 (2~3): 163.
[33] Kelly T. A. et al. Clin. Chem., 1991, 37 (7): 1283.
[34] Schindele D. C. et al. J. Clin. Immunoassay, 1990, 13: 182.
[35] Gundy S. et al. Phys. Med. Biol., 2004, 49 (3): 359.
[36] Soncin M. et al. Br. J. Cancer, 1995, 71 (4): 727.
[37] Devlin R. F. et al. US Patent appl 856, 176, 1992.
[38] Boyer A. E. et al. Anal. Lett., 1992, 25: 415.
[39] Williams R. J. et al. Anal. Chem., 1994; 66 (19): 3102.
[40] Haugland R. P. Handbook of Fluorescent Probes and Research Chemicals. Sixth Ed. Oregon: Molecular Probes, Inc., 1996.
[41] Qin Q. P. et al. 2003, 49 (7): 1105.
[42] Silva M. et al. Biotechnol. Lett., 2004, 26 (12): 993.
[43] Pham W. et al. Bioconjugate Chem., 2004, 15 (6): 1403.
[44] Williams R. J. et al. Appl. Spectrosc. 1997, 51 (6): 836.
[45] Zheng H. et al. Fresenius J. Anal. Chem., 2000, 368 (5): 511.
[46] Kaneta T. et al. Anal. Sci., 1998, 14 (5): 1017.
[47] Tadatsu M. et al. Bioorg. Med. Chem., 2003, 11 (15): 3289.
[48] Reddington M. V. J. Chem. Soc. -Perkin Trans. 1, 1998, (1): 143.
[49] Kostenko O. M. et al. J. Fluoresc., 2002, 12 (2): 173.
[50] Greengauz-Roberts O. et al. Proteomics, 2005, 5 (7): 1746.
[51] Licha K. et al. Bioconjugate Chem., 2001, 12 (1): 44.
[52] Briggs M. S. et al. Chem. Commun., 2000, (23): 2323.
[53] Jing P. et al. Electrophoresis, 2002, 23 (15): 2465.
[54] Yarmoluk S. M. et al. Dyes Pigment., 2001, 51 (1): 41.
[55] Yang C. M. et al. J. Chromatogr. A, 2002, 979 (1~2): 307.
[56] Zhao W. L. et al. Angew. Chem. -Int. Edit., 2005, 44 (11): 1677.
[57] Arun K. T. et al. J. Phys. Chem. A, 2005, 109 (25): 5571.
[58] Fan L. Q. et al. Tetrahedron Lett., 2005, 46 (26): 4443.
[59] Kronick M. N. et al. Clin. Chem., 1983, 29 (9): 1582.
[60] Zoha S. J. et al. Clin. Chem., 1998, 44 (9): 2045.
[61] Trinquet E. et al. Anal. Biochem., 2001, 296 (2): 232.
[62] McCartney L. J. et al. Anal. Biochem., 2001, 292 (2): 216.
[63] Tjioe I. et al. Cytometry, 2001, 44 (1): 24.

[64] Telford W. G. et al. J. Immunol. Methods, 2001, 254 (1~2): 13.
[65] Deo S. K. et al. Anal. Biochem., 2001, 289 (1): 52.
[66] Kim I. S. et al. Biosci. Biotechnol. Biochem., 2002, 66 (5): 1148.
[67] Oelschlaeger P. et al. Anal. Biochem., 2002, 309 (1): 27.
[68] Zeytun A. et al. Nat. Biotechnol., 2003, 21 (12): 1473.
[69] Zimmer M. Chem. Rev., 2002, 102 (3): 759.
[70] Kricka L. J. Clin. Chem., 1994, 40 (3): 347.
[71] Kopetzki E. et al. Clin. Chem., 1994, 40 (5): 688.
[72] Defrutos M. et al. Methods in Enzymol., 1996, 270: 82.
[73] Boyed D. et al. Analyst, 1994, 119: 1467.
[74] Wicher I. et al. J. Immunol. Metheds, 1996, 192 (1~2): 1.
[75] Peuravuori H. et al. J. Immunol. Methods, 1997, 204 (2): 161.
[76] Palmer D. A. et al. Anal. Lett., 1993, 26: 2543.
[77] Bieniare C. et al. Anal. Biochem., 1992, 207: 329.
[78] Peuravuori H. et al. Clin. Chem., 1993, 39 (5): 846.
[79] Jones P. D. et al. Anal. Biochem., 2005, 343 (1): 66.
[80] Pritsch K. et al. J. Microbiol. Methods, 2004, 58 (2): 233.
[81] Beckmann J. D. et al. BBA-Proteins Proteomics, 2003, 1648 (1~2): 134.
[82] Chen A. P. C. et al. J. Am. Chem. Soc., 2002, 4 (51): 15217.
[83] Peng S. B. et al. Anal. Biochem., 2001, 293 (1): 88.
[84] Zaikova T. O. et al. Bioconjugate Chem., 2001, 12 (2): 307.
[85] 黄小峰等. 荧光探针技术. 北京: 人民军医出版社, 2004: 114.
[86] Yeh S. M. et al. Anal. Biochem., 1979, 100: 152.
[87] Hemmila I. et al. Clin. Invest., 1988, 48: 389.
[88] Soini E. et al. Clin. Chem., 1983, 29 (1): 65.
[89] Reichstein E. et al. Anal. Chem., 1988, 60 (10): 1069.
[90] Diamandis E. P. et al. Anal. Chem., 1989, 61 (1): 48.
[91] Diamandis E. P. et al. J. Immunol. Methods, 1988, 112: 43.
[92] Alpha B. et al. Angew. Chem. -Int. Edit., 1987, 26 (3): 266.
[93] Mathis G. Clin. Chem., 1993, 39 (9): 1953.
[94] Mathis G. et al. Anticancer Res., 1997, 17 (4B): 3011.
[95] Horiguchi D. et al. Chem. & Pharm. Bull., 1992, 40: 3334.
[96] Yuan J. L. et al. Anal. Sci., 1996, 12: 695.
[97] Yuan J. et al. Anal. Biochem., 1997, 254 (2): 283.
[98] Yuan J. et al. Anal. Chem., 1998, 70 (3): 596.
[99] Yuan J. et al. Anal. Chem., 2001, 73 (8): 1869.
[100] Handl H. L. et al. Anal. Biochem., 2004, 330 (2): 242.
[101] Weibel N. et al. J. Am. Chem. Soc., 2004, 126 (15): 4888.

[102] Cooper M. E. et al. J. Chem. Soc. -Perkin Trans. 2, 2000, 8: 1695.
[103] Galaup C. et al. Eur. J. Org. Chem., 2001, (11): 2165.
[104] Bodar-Houillon F. et al. J. Lumines., 2002, 99 (4): 335.
[105] Aoki S. et al. J. Am. Chem. Soc., 2001, 123 (6): 1123.
[106] Klink S. I. et al. J. Chem. Soc. -Perkin Trans. 2, 2001, 3: 363.
[107] Werts M. H. V. et al. J. Chem. Soc. -Perkin Trans. 2, 2000, 3: 433.
[108] Hemmila I. et al. Fluoresc., 2005, 15 (4): 529.
[109] Matsumoto K. et al. Macromol. Symp., 2002, 186: 117.
[110] Selvin P. R. Annu. Rev. Biophys. Biomolec. Struct., 2002, 31: 275.
[111] Gomez-Hens A. Trac-Trends Anal. Chem., 2002, 21 (2): 131.
[112] Terpetschnig E. et al. Anal. Biochem., 1996, 240 (1): 54.
[113] Terpetschnig E. et al. Biophys. Chem., 1996, 62 (1～3): 109.
[114] Guo X. Q. et al. Anal. Biochem., 1997, 254 (2): 179.
[115] Guo X. Q. et al. Anal. Chem., 1998, 70 (3): 632.
[116] Szmacinski H. et al. Biochim. Biophys. Acta, 1998, 1383 (1): 151.
[117] Lo K. K. W. et al. Coord. Chem. Rev., 2005, 249 (13～14): 1434.
[118] Lo K. K. W. et al. Inorg. Chem., 2005, 44 (17): 6100.
[119] Lo K. K. W. et al. Inorg. Chem., 2005, 44 (6): 1992.
[120] Lo K. K. W. et al. Inorg. Chim. Acta, 2004, 357 (10): 3109.
[121] Lo K. K. W. et al. Chem. -Eur. J., 2003, 9 (2): 475.
[122] Lo K. K. W. et al. Organomet allics, 2004, 23 (13): 3108.
[123] Lo K. K. W. et al. Organomet allics, 2004, 23 (12): 3062.
[124] Lo K. K. W. et al. Inorg. Chem., 2003, 42 (21): 6886.
[125] Lo K. K. W. et al. New J. Chem., 2002, 26 (1): 81.
[126] Lo K. K. W. et al. J. Chem. Soc. -Dalton Trans., 2001, (18): 2634.
[127] Lo K. K. W. et al. Inorg. Chem., 2002, 41 (1): 40.
[128] Slim M. et al. Bioconjugate Chem., 2004, 15 (5): 949.
[129] Sakamoto T. et al. Anal. Biochem., 2004, 329 (1): 142.
[130] Durkop A. et al. Anal. Bioanal. Chem., 2002, 372 (5～6): 688.
[131] Shen Y. et al. J. Fluoresc., 2001, 11 (4): 315.
[132] Maliwal B. P. et al. Anal. Chem., 2001, 73 (17): 4277.
[133] Zhou, M. et al. Macromolecules, 34 (2): 2001, 244.
[134] Klimov V. I. et al. Science, 2000, 290 (5490): 314.
[135] Yu W. W. et al. Angew. Chem. -Int. Edit., 2002, 41 (13): 2368.
[136] Nirmal M. et al. Accounts. Chem. Res., 1999, 32 (5): 407.
[137] Bruchez M. et al. Science, 1998, 281 (5385): 2013.
[138] Chan W. C. W. et al. Science, 1998, 281 (5385): 2016.
[139] Riwotzki K. et al. Angew. Chem. -Int. Edit., 2001, 40 (3): 573.

[140] Kim S. et al. Nat. Biotechnol. , 2004, 22 (1): 93.
[141] Larson D. R. et al. Science, 2003, 300 (5624): 1434.
[142] Green M. Angew. Chem. -Int. Edit. , 2004, 43 (32): 4129.
[143] Wu X. Y. et al. Nat. Biotechnol. , 2003, 21 (1): 41.
[144] Gao X. H. et al. J. Biomed. Opt. , 2002, 7 (4): 532.
[145] Medintz I. L. et al. Nat. Mater. , 2005, 4 (6): 435.
[146] Santra S. J. Nanosci. Nanotechnol. , 2004, 4 (6): 590.
[147] Mattoussi H. et al. J. Am. Chem. Soc. , 2000, 122 (49): 12142.
[148] Goldman E. R. et al. J. Am. Chem. Soc. , 2005, 127 (18): 6744.
[149] Mattheakis L. C. et al. Anal. Biochem. , 2004, 327 (2): 200.
[150] Goldman E. R. et al. Anal. Chem. , 2004, 76 (3): 684.
[151] Smith A. M. et al. Analyst, 2004, 129 (8): 672.
[152] Seydack M. Biosens. Bioelectron. , 2005, 20 (12): 2454.
[153] Riegler J. et al. Anal. Bioanal. Chem. 2004, 379 (7～8): 913.
[154] Taylor J. R. et al. Anal. Chem. , 2000, 72 (9): 1979.
[155] Bradley M. et al. J. Am. Chem. Soc. , 2003, 125 (2): 525.
[156] Kurner J. M. et al. Bioconjugate Chem. , 2001, 12 (6): 883.
[157] Matsuya T. et al. Anal. Chem. , 2003, 75 (22): 6124.
[158] Kurner J. M. et al. Anal. Biochem. , 2001, 297 (1): 32.
[159] Huhtinen P. et al. Anal. Chem. , 2005, 77 (8): 2643.
[160] Kurner J. M. et al. Anal. Chem. , 2002, 74 (9): 2151.
[161] Valanne A. et al. Anal. Chim. Acta, 2005, 539 (1～2): 251.
[162] Yang H. H. et al. Analyst, 2003, 128 (5): 462.
[163] Mokari T. et al. Chem. Mater. , 2005, 17 (2): 258.
[164] Santra S. et al. Anal. Chem. , 2001, 73 (20): 4988.
[165] Zhao X. J. et al. Proc. Natl. Acad. Sci. U. S. A. , 2004, 101 (42): 15027.
[166] Lian W. et al. Anal. Biochem. , 2004, 334 (1): 135.
[167] 李庆阁等. 荧光稀土络合物硅纳米颗粒标记物及其制备方法, ZL 02141718.0
[168] Ye Z. Q. et al. Anal. Chem. , 2004, 76 (3): 513.
[169] Tan M. Q. et al. Chem. Mat. , 2004, 16 (12): 2494.
[170] Ye Z. Q. et al. Talanta, 2005, 65 (1): 206.
[171] Feng J. et al. Anal. Chem. , 2003, 75 (19): 5282.
[172] Soukka T. et al. Anal. Chem. , 2001, 73 (10): 2254.
[173] Harma H. et al. Clin, Chem. , 2001, 47 (3): 561.
[174] Huhtinen P. et al. J. Immunol. Methods, 2004, 294 (1～2): 111.
[175] Pelkkikangas A. M. et al. Anal. Chim. Acta, 2004, 517 (1～2): 169.
[176] Kokko L. et al. Anal. Chim. Acta, 2004, 503 (2): 155.
[177] Soukka T. et al. Clin. Chim. Acta, 2003, 328 (1～2): 45.

[178] Soukka T. et al. Clin，Chem.，2001，47 (7)：1269.
[179] Seydack M. et al. J. Immunol. Methods，2004，295 (1～2)：111.
[180] Sun B. Q. et al. J. Mater. Chem.，2002，12 (4)：1194.
[181] 焦奎等. 酶联免疫分析技术及应用. 北京：化学工业出版社，2004.
[182] Terpetschnig E. et al. Anal. Biochem.，1995，227 (1)：140.
[183] Tijssen P. Methods of Immunological Analysis. New York：VCH，1993：1：283.
[184] Gosling J. P. et al. Clin Chem，1990，36：1408.
[185] Boyd D. et al. Analyst，1996，121 (1)：R1.
[186] Kricka L. J. Clin. Biochem.，1993，26 (5)：325.
[187] Diamandis E. P. Clin. Chim. Acta，1990，194 (1)：19.
[188] Diamandis E. P. Anal. Chem.，1993，65 (12)：454R.
[189] Hage D. S. Anal. Chem.，1993，65 (12)：420R.
[190] Tuuminen T. et al. J. Immunoassay，1991，12 (1)：29.
[191] Flore M. et al. Clin. Chem.，1988，34 (9)：1726.
[192] Giegel J. L. et al. Clin. Chem.，1982，28 (9)：1894.
[193] Diamandis E. P. Analyst，1992，117：1879.
[194] Christoponlos T. K. et al. Anal. Chem.，1992，64 (4)：342.
[195] Evanglista R. A. et al. Anal. Biochem.，1991，197：213.
[196] 谢剑炜等. 高等学校化学学报，1994，15 (12)：1770.
[197] Petrovas C. et al. Clin. Biochem. 1999，32 (4)：241.
[198] Kashiwakuma T. et al. J. Immunol. Methods，1996，190 (1)：79.
[199] Takayama M. et al. Biol. & Pharm. Bull.，1995，18：900.
[200] Ikariyama Y. et al. Anal. Chem.，1982，54 (7)：1126.
[201] Motsenbocker M. et al. Anal. Chem.，1993，65 (4)：397.
[202] Zhu Q. Z. et al. Anal. Chim. Acta，1998，375 (1～2)：177.
[203] Zhu Q. Z. et al. Analyst，1998，123 (5)：1131.
[204] Zhu Q. Z. et al. Fresenius J. Anal. Chem.，1998，362 (6)：537.
[205] Zhu Q. Z. et al. Analyst，2000，125 (12)：2260.
[206] Yang H. H. et al. Anal. Chim. Acta，2001，435 (2)：265.
[207] Yang H. H. et al. Fresenius J. Anal. Chem.，2001，370 (1)：88.
[208] Ishimori Y. Anal. Chim. Acta，1993，284：227.
[209] Tomika K. et al. J. Immunol. Methods，1994，176：1.
[210] Roberts M. A. et al. Anal. Chem.，1996，68 (19)：3434.
[211] Liu X. Y. et al. J. Chromatogr. A，2005，1087 (1～2)：229.
[212] Gomez-Hens A. et al. Trac-Trends Anal. Chem.，2005，24 (1)：9.
[213] Park S. et al. J. Food Sci.，2004，69 (6)：M151.
[214] Ho J. A. A. et al. Anal. Biochem.，2004，330 (2)：342.
[215] Bacigalupo M. A. et al. Talanta，2003，61 (4)：539.

[216] Singh A. K. et al. Anal. Chem., 2000, 72 (24): 6019.
[217] Rongen H. A. H. et al. J. Immunol. Methods, 1997, 204 (2): 105.
[218] 陈国珍等. 荧光分析进展. 厦门：厦门大学出版社，1992：57.
[219] Diamandis E. P. et al. Anal. Chem., 1989, 61 (1): 48.
[220] Diamandis E. P. Clin. Chem., 1991, 37 (9): 1486.
[221] Hemminki A. et al. Protein Eng., 1995, 8 (2): 185.
[222] Diamandis E. P. et al. Clin. Chem., 1991, 37 (5): 625.
[223] Rossler A. Clin. Chim. Acta, 1998, 270 (2): 101.
[224] Suonpaa M. et al. J. Immunol. Methods, 1992, 149 (2): 247.
[225] Morton R. C. et al. Anal. Chem., 1990; 62 (17): 1841.
[226] Scorilas A. et al. Clin. Biochem., 2000, 33 (5): 345.
[227] Qin Q. P. et al. Anal. Chem., 2001, 73 (7): 1521.
[228] Sano T. et al. Science, 1992, 258 (5079): 120.
[229] Sano T. et al. Science, 1993, 260: 698.
[230] Schweitzer B. et al. Proc. Natl. Acad. Sci. U. S. A., 2000, 97 (18): 10113.
[231] Schlavo S. et al. J. Immunoass. Immunoch., 2005, 26 (1): 1.
[232] Niemeyer C. M. et al. Anal. Biochem., 1997, 246 (1): 140.
[233] Soini E. et al. CRC. Crit. Rev. Anal. Chem., 1987, 8: 105.
[234] Hemmila I. Drug Discov. Today, 1997, 2 (9): 373.
[235] Hemmila I. et al. J. Alloys Compd., 1997, 249 (1～2): 158.
[236] Zuber E. et al. J. Immunoassay., 1997, 18 (1): 21.
[237] Yam V. W. W. et al. Coord. Chem. Rev., 1999, 184: 157.
[238] Lee, Y. C. Anal. Biochem., 2001, 297 (2): 123.
[239] Hemmila I. et al. Crit. Rev. Clin. Lab. Sci., 2001, 38 (6): 441.
[240] Handl H. L. et al. Life Sci., 2005, 77 (4): 361.
[241] Hemmila I. et al. Anal. Biochem., 1984, 137 (2): 335.
[242] Smith D. R. et al. Clin. Diagn. Lab. Immunol., 2001, 8 (6): 1070.
[243] Barnard G. et al. Clin, Chem., 1998, 44 (7): 1520.
[244] Butcher H. et al. J. Immunol. Methods, 2003, 272 (1～2): 247.
[245] Lovgren T. et al. Nonisotopic DNA Probe Techniques. New York: Academic Press, 1992: 227.
[246] Jones S. G. et al. J. Fluoresc., 2001, 11 (1): 13.
[247] Venn R. F. et al. J. Pharm. Biomed. Anal., 1998, 16 (5): 883.
[248] Toral-Barza L. et al. Biochem. Biophys. Res. Commun., 2005, 332 (1): 304.
[249] Su J. L. et al. J. Immunol. Methods, 2004, 291 (1～2): 123.
[250] Minor L. K. Curr. Opin. Drug Discov. Dev., 2003, 6 (5): 760.
[251] Wu F. B. et al. Anal. Biochem., 2003, 314 (1): 87.
[252] Yang X. D. et al. Anal. Chem., 1994, 66 (15): 2590.
[253] Zhou G. C. et al. Methods, 2001, 25 (1): 54.

[254] Yuan J. L et al. J. Fluoresc., 2005, 15 (4): 559.
[255] Diamandis E. P. et al. J Immunol Methods, 1988; 112 (1): 43.
[256] Diamandis E. P. Clin. Chem., 2001, 47 (3): 380.
[257] Scorilas A. et al. Clin. Chem., 2000, 46 (9): 1450.
[258] Barnard G. et al. Clin. Chem., 1998, 44 (7): 1520.
[259] Ito K. et al. J. Pharm. Biomed. Anal., 1999, 20 (1~2): 169.
[260] Watanabe K. et al. Anal. Sci., 2000, 16 (7): 765.
[261] Eriksson S. et al. Clin. Chem., 2000, 46 (5): 658.
[262] Qin Q. et al. J. Immunol. Methods, 1997, 205 (2): 169.
[263] Samiotaki M. et al. Anal. Biochem., 1997, 253 (2): 156.
[264] Zhao Q. R. et al. Prog. Biochem. Biophys., 1998, 25 (1): 71.
[265] Petrovas C. et al. Clin. Biochem., 1999, 32 (4): 241.
[266] Yu H. et al. Clin. Chem., 1993, 39 (10): 2108.
[267] Petraki C. D. et al. Histochem. J., 2002, 34 (6): 313.
[268] Meyer J. et al. Analyst, 2000, 125 (9): 1537.
[269] Meyer J. et al. Analyst, 2001, 126 (2): 175.
[270] Hemmila I. et al. Clin. Chem., 1988, 34 (11): 2320.
[271] Trinquet E. et al. Anal. Biochem., 2001, 296 (2): 232.
[272] Leblanc V. et al. Anal. Biochem., 2002, 308 (2): 247.
[273] Maurel D. et al. Anal. Biochem., 2004, 329 (2): 253.
[274] Wang G. L. et al. Talanta, 2001, 55 (6): 1119.
[275] Lundin K. et al. Anal. Biochem., 2001, 299 (1): 92.
[276] Chen X. C. et al. Anal. Biochem., 2002, 309 (2): 232.
[277] Gabourdes M. et al. Anal. Biochem., 2004, 333 (1): 105.
[278] Kuningas K. et al. Anal. Chem., 2005, 77 (9): 2826.
[279] Laitala V. et al. Anal. Chem., 2005, 77 (5): 1483.
[280] Sanchez G. et al. Anal. Biochem., 1993, 214 (2): 359.
[281] Kricka L. J. Pure Appl. Chem., 1996, 68: 1825.
[282] Bright F. V. et al. Talanta, 1985, 32: 15.
[283] Tahboub Y. et al. Anal. Chim. Acta, 1986, 182: 185.
[284] Nithipatikoun K. et al. Anal. Chem., 1987, 59 (3): 423.
[285] Ozinskas A. J. et al. Anal. Biochem., 1993, 213 (2): 264.
[286] Vo-Dinh T. et al. Appl. Spectr. Rev., 1990, 44: 128.
[287] Sanchez F. G. et al. Anal. Chim. Acta, 1999, 395 (1~2): 133.
[288] Rrbio S. et al. Anal. Chem., 1985, 57 (6): 1101.
[289] Lianidou E. S. et al. Anal. Chim. Acta, 1994, 290: 159.
[290] Veiopoulou C. J. et al. Anal. Chim. Acta, 1996, 335 (1~2): 177.
[291] Dandliker W. B. et al. Immunochem., 1970, 7 (9): 799.

[292] Kleinn C. et al. Fluorescence. Spectroscopy. Berlin: Springer, 1993: 245.
[293] Williams A. T. R. et al. Method of Immunol. Anal., 1993 (1): 466.
[294] Eremin S. A. Food Technol. Biotechnol., 1998, 36 (3): 235.
[295] Eremin S. A. et al. Comb. Chem. High Throughput Screen., 2003, 6 (3): 257.
[296] 朱广华等. 分析化学, 2004, 32 (1): 102.
[297] Nasir M. S. et al. Comb. Chem. High Throughput Screen., 1999, 2 (4): 177.
[298] Yakovleva J. et al. Food Agric. Immunol., 2002, 14 (3): 217.
[299] De Cos M. A. et al. Clin. Biochem., 1998, 31 (8): 681.
[300] Ijiri Y. et al. Ther. Drug Monit., 2003, 25 (2): 234.
[301] Lee J. R. et al. Microchem J., 2001, 70 (3): 229.
[302] Eremin S. A. et al. Anal. Lett., 2005, 38 (6): 951.
[303] Yakovleva J. N. et al. Anal. Bioanal. Chem., 2004, 378 (3): 634.
[304] Kolosova A. Y. et al. J. Agric. Food Chem., 2003, 51 (5): 1107.
[305] Eremin S. A. et al. Anal. Lett., 2002, 35 (11): 1835.
[306] Eremin S. A. et al. Anal. Chim. Acta, 2002, 468 (2): 229.
[307] Gaikwad A. et al. Anal. Chim. Acta, 1993, 280: 129.
[308] Perez-Bendito D. et al. Clin. Chem., 1994, 40 (80): 1489.
[309] Sendra B. et al. Talanta, 1998, 47 (1): 153.
[310] Gomez-Hens A. et al. Comb. Chem. High Throughput Screen, 2003, 6 (3): 177.
[311] Perezbendito D. et al. J. Pharm. Biomed. Anal., 1996, 14 (8～10): 917.
[312] Shipchandler M. T. et al. Clin. Chem., 1995, 41 (7): 991.
[313] Rexuinkel R. B. et al. Appl. Spectrosc., 1993, 47: 731.
[314] Yang L. Q. et al. Meraurements Sci. Tech., 1994, 5: 1096.
[315] Hatzidakis G. I. et al. Anal. Chem., 2002, 74 (11): 2513.
[316] Terpetschnig E. et al. Methods Enzymol, 1997, 278: 295.
[317] Youn, H. J. et al. Anal. Biochem., 1995, 232 (1): 24.
[318] Weller M. G. Fresenius J. Anal. Chem., 2000, 366 (6～7): 635.
[319] Tang Z. et al. Biomed. Chromatogr., 2000, 14 (6): 442.
[320] Hage D. S. Clin. Chem., 1999, 45 (5): 593.
[321] Weller M. G. Fresenius J. Anal. Chem., 2000, 366 (6～7): 635.
[322] Holtzapple C. K. et al. Anal. Chem., 2000, 72 (17): 4148.
[323] Van Emon J. M. et al. J. Chromatogr. B, 1998, 715 (1): 211.
[324] He Y. et al. Electrophoresis, 2003, 24 (1～2): 101.
[325] Thompson N. E. et al. Anal. Biochem., 2003, 323 (2): 171.
[326] Puerta A. et al. Anal. Chim. Acta, 2005, 537 (1～2): 69.
[327] Clarke W. et al. Anal. Chem., 2005, 77 (6): 1859.
[328] Rolcik J. et al. J. Chromatogr. B, 2002, 775 (1): 9.
[329] Nisnevitch M. et al. J. Biochem. Biophys. Methods, 2001, 49 (1～3): 467.

[330] Regnault V. et al. J. Immunol. Methods，1998，211 (1～2)：191.
[331] Clarke W. et al. J. Chromatogr. A，2000，888 (1～2)：13.
[332] Pieper R. et al. Proteomics，2003，3 (4)：422.
[333] Kim H. O. et al. Anal. Biochem. 1999，268 (2)：383.
[334] Shahdeo K. et al. J. Pharm. Biomed. Anal.，1999，21 (2)：361.
[335] Braunrath R. et al. J. Chromatogr. A，2005，1062 (2)：189.
[336] Jin W. et al. Anal. Chim. Acta，2002，461 (1)：1.
[337] Hodgson R. J. et al. Anal. Chem.，2005，77 (14)：4404.
[338] Schenk T. et al. J. Pharm. Biomed. Anal.，2001，26 (5～6)：975.
[339] Kussak A. et al. J. Chromatogr. A，1995，708：55.
[340] Kukucka M. A. et al. J. Chromatogr. B，1994，653 (2)：139.
[341] Hennion M. C. et al. J. Chromatogr. A，2003，1000 (1～2)：29.
[342] Tang Z. et al. Biomed. Chromatogr.，2000，14 (6)：442.
[343] Delaunay-Bertoncini N. et al. J. Pharm. Biomed. Anal.，2004，34 (4)：717.
[344] van Bommel M. R. et al. J. Chromatogr. A，2000，886 (1～2)：19.
[345] Clarke W. et al. Anal. Chem.，2001，73 (10)：2157.
[346] Gubitz G. et al. Crit. Rev. Anal. Chem.，2001，31 (3)：167.
[347] Ho J. A. A. et al. Anal. Biochem.，2004，330 (2)：342.
[348] Nelson M. A. et al. Biomed. Chromatogr.，2003，17 (2～3)：188.
[349] Yoshikawa T. et al. Bioeng.，1995，80：200.
[350] Gunaratna P. C. et al. Anal. Chem.，1993，65 (9)：1152.
[351] Fintschenko Y. et al. Mikrochim. Acta，1998，129 (1～2)：7.
[352] Puchades R. et al. Crit. Rev. Anal. Chem.，1996，26 (4)：195.
[353] Nakamura K. et al. Anal. Chem.，1993，65 (5)：613.
[354] Hara T. et al. Anal. Chem.，1994，66 (3)，351.
[355] Xue Q. et al. Nature，1995，373 (6516)：681.
[356] Bao J. J. et al. J. Chromatogr. B，1997，699 (1～2)：481.
[357] Bao J. J. J. Chromatogr. B，1997，699 (1～2)：463.
[358] Nielsen R. G. et al. J. Chromatogr.，1991，539 (1)：177.
[359] Schultz N. M. et al. Anal. Chem.，1993，65 (21)：3161.
[360] Schmalzing D. et al. Electrophoresis，2000，21 (18)：3919.
[361] Rippel G. et al. Electrophoresis，1997，18 (12～13)：2175.
[362] Krull I. S. et al. J. Pharm. Biomed. Anal.，1997，16 (3)：377.
[363] Dolnik V. Electrophoresis，1997，18 (12～13)：2353.
[364] Sung，W. C. et al. Electrophoresis，2001，22 (19)：4244.
[365] Lin S. M. Anal. Biochem.，2005，341 (1)：1.
[366] Yeung W. S. B. et al. J. Chromatogr. B，2003，797 (1～2)：217.
[367] Heegaard N. H. H. et al. J. Chromatogr. B，1998，715 (1)：29.

[368] Taylor J. et al. Electrophoresis, 2001, 22 (17): 3699.
[369] Wang H. L. et al. Anal. Chim. Acta, 2003, 500 (1～2): 13.
[370] Su P. et al. Electrophoresis, 2003, 24 (18): 3197.
[371] Su P. et al. Talanta, 2003, 60 (5): 969.
[372] Lam M. T. et al. Analyst, 2002, 127 (12): 1633.
[373] Lam M. T. et al. Anal. Chim. Acta, 2002, 457 (1): 21.
[374] Wang H. L. et al. Anal. Chem., 2003, 75 (2): 247.
[375] Chen F. T. A. et al. Clin. Chem., 1994, 40 (9): 1819.
[376] Caslavska J. et al. J. Chromatogr. A, 1999, 838, 197.
[377] Wu Q. L. et al. J. Chromatogr. B, 2004, 812 (1～2): 325.
[378] Trojanowicz M. Trac-Trends Anal. Chem., 2005, 24 (2): 9.
[379] Yang W. C. et al. Electrophoresis, 2005, 26 (9): 1751.
[380] Makino K. et al. Electrophoresis, 2004, 25 (10～11): 1488.
[381] Yang W. C. et al. Anal. Chem., 2005, 77 (14): 4489.
[382] German I. et al. Anal. Chem., 1998, 70 (21): 4540.
[383] Miki S. et al. J. Chromatogr. A, 2005, 1066 (1～2): 197.
[384] German I. et al. Electrophoresis, 2001, 22 (17): 3659.
[385] Zhang H. et al. Electrophoresis, 2004, 25 (7～8): 1090.
[386] Chen S. H. et al. Anal. Chem., 2002, 74 (19): 5146.
[387] Starkey D. E. et al. J. Chromatogr. B, 2001, 762 (1): 33.
[388] Jiang G. F. et al. Biosens. Bioelectron., 2000, 14 (10～11): 861.
[389] Phillips T. M. Electrophoresis, 2004, 25 (10～11): 1652.
[390] Colyer C. L. et al. Electrophoresis, 1997, 18 (10): 1733.
[391] Tang Z. et al. Microchim. Acta, 2004, 144 (1～3): 1.
[392] Keating C. D. Proc. Natl. Acad. Sci. U. S. A., 2005, 102 (7): 2263.
[393] Yang H. H. et al. Anal. Chem., 2004, 76 (5): 1316.
[394] Su X. L. et al. Anal. Chem., 2004, 76 (16): 4806.
[395] Zhao X. Y. et al. Anal. Chem., 2004, 76 (7): 1871.
[396] Monji N. et al. Appl. Biochem. Biotechnol., 1987, 14 (2) : 107.
[397] Liu F. et al. Biochem. Appl. Biotechnol., 1995, 21: 257.
[398] Zhu Q. Z. et al. Anal. Chim. Acta, 1998, 375 (1～2): 177.
[399] Zhu Q. Z. et al. Analyst, 1998, 123 (5):, 1131.
[400] Yang H. H. et al. Anal. Biochem., 2001, 296 (2), 167.
[401] Yang H. H. et al. Anal. Chim. Acta, 2001, 435 (2): 265.
[402] Lin P. et al. Talanta, 2005, 65 (2): 430.
[403] Fernandez-Sanchez, C. et al. Anal. Chem., 2004, 76 (19): 5649.
[404] Zhang X. X. et al. Electrophoresis, 1999, 20: 1998.
[405] Malmstadt N. et al. Lab Chip, 2004, 4 (4): 412.

[406] Gonzalez-Martinez M. A et al. Anal. Chem., 2005, 77 (13): 4219.
[407] Sheikh S. H. et al. Biosens. Bioelectron., 2001, 16 (9~12): 647.
[408] Hatch A. et al. Nat. Biotechnol., 19 (5): 461.
[409] olden J. P. et al. Talanta, 2005, 65 (5): 1078.
[410] Daniels P. B. Sens. Actuators B, 1995, 27 (1~3): 447.
[411] Meusel M. et al. Sens. Actuators B, 1998, 51 (1~3): 249.
[412] Barnard S. M. Science, 1991, 251 (4996): 921.
[413] Schobel U. et al. Fresenius J. Anal. Chem., 2000, 366 (6~7): 646.
[414] Silva M. et al. Biotechnol. Lett., 2004, 26 (12): 993.
[415] Tatsu Y. et al. Biosens. Bioelectron., 1992, 7 (10): 741.
[416] Endo T. et al. Anal. Chim. Acta, 2005, 531 (1): 7.
[417] Bright F. V. et al. Anal. Chem., 1990, 62 (10): 1065.
[418] Anderson F. P. et al. Clin. Chem., 1988, 34 (7): 1417.
[419] Hurskainen P. Adv. Exp. Med. Biol., 1990, 263: 123.
[420] Lee W. et al. Biosens. Bioelectron., 2005, 20 (11): 2292.
[421] Tsai H. C. et al. Anal. Biochem. 2004, 334 (1): 183.
[422] Seydack M. Biosens. Bioelectron., 2005, 20 (12): 2454.
[423] Ngundi M. M. et al. Anal. Chem., 2005, 77 (1): 148.
[424] Sapsford K. E. et al. Anal. Chem., 2002, 74 (5): 1061.
[425] Ligler F. S. et al. Anal. Bioanal. Chem., 2003, 377 (3): 469.
[426] Mastichiadis C. et al. Anal. Chem., 2002, 74 (23): 6064.
[427] Aoyagi S. et al. Biosens. Bioelectron., 2005, 20 (8): 1680.
[428] Verpoorte E. Lab Chip, 2003, 3 (4): 60N.
[429] Bilitewski U. et al. Anal. Bioanal. Chem., 2003, 377 (3): 556.
[430] Nolan J. P. et al. Trends Biotechnol., 2002, 20 (1): 9.
[431] 方肇伦. 微流控分析芯片. 北京：科学出版社，2003.
[432] 邢婉丽等. 生物芯片技术. 北京：清华大学出版社，2004.
[433] Koutny L. B. et al. Anal. Chem., 1996, 68 (18): 18.
[434] Chiem N. et al. Anal. Chem., 1997, 69 (3): 373.
[435] Yang T. et al. Anal. Chem., 2001, 73 (2): 165.
[436] Chiem N. et al. Anal. Chem., 1997, 69 (3): 373.
[437] Linder V. et al. Anal. Chem., 2001, 73 (17): 4181.
[438] Dodge A. et al. Anal. Chem., 2001, 73 (14): 3400.
[439] Rubina A. Y. et al. Anal. Biochem., 2005, 340 (2): 317.
[440] Edwards B. S. et al. Bioconjugate Chem., 2005, 16 (1): 194.
[441] Stevens P. W. et al. Anal. Chem., 2003, 75 (5): 1147.
[442] Grate J. W. et al. Anal. Chim. Acta, 2003, 478 (1): 85.

（本章编写者：李庆阁，杨薇，朱庆枝，杨黄浩）

第十七章　导数荧光分析法

室温下许多分子的荧光光谱具有宽带的结构，由此限制了常规荧光测定法分辨重叠谱带的应用。而在荧光混合物中，谱带的重叠现象往往是严重的。自从20世纪50年代初期引入导数光谱技术并应用于分光光度测定之后，分光光度法的选择性得到很大的改善[1,2]。但直到1974年，导数技术才应用于荧光分析[3~5]在解决荧光测定中的背景干扰和谱带重叠问题上收到了良好的效果，已被证明是一种提高荧光分析选择性的有效手段。

§17.1　基本原理

记录荧光强度对波长的一阶导数或更高阶导数，便获得相应的导数荧光光谱。如以荧光强度随波长改变的速率（即一阶导数$dI/d\lambda$）为纵坐标、波长（λ）为横坐标所记录的荧光光谱，即为一阶导数荧光光谱，以此类推，纵坐标为$d^2I/d\lambda^2$时，即为二阶导数荧光光谱。同理，可获得更高阶的导数荧光光谱。图17.1为典型的高斯型荧光光谱及其相应的一～四阶导数荧光光谱，这些导数光谱具有以下特征：①零阶导数光谱的极大处，对应奇阶导数（n=1，3，5，…）光谱通过零点；零阶导数光谱的拐点处，对应奇阶导数光谱的极大或极小，这有助于精确确定荧光峰的位置和肩的存在；②零阶导数光谱的极大处，对应偶阶导数（n=2，4，…）光谱的极大或极小；零阶导数光谱的拐点处，对应偶阶导数光谱通过零点；③谱带的极值数随导数阶数的增加而增加，一个荧光峰经过n次求导后，产生的极值（包括极大和极小）数为n+1个；④在导数光谱中，随着求导阶次的增加，谱带变锐，带宽变窄。

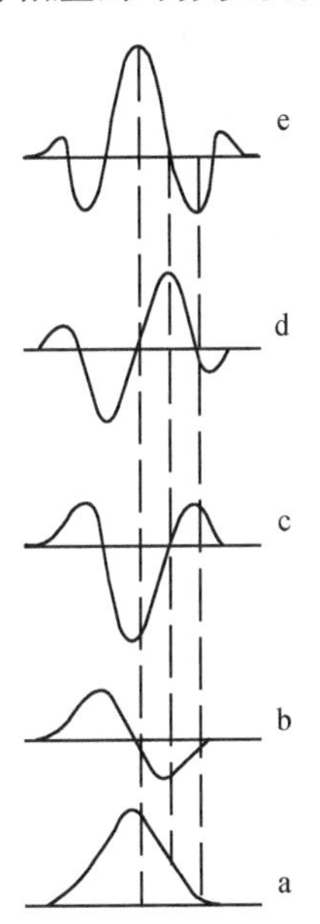

图17.1　高斯型基本荧光光谱（a）与对应导数荧光光谱（b～e，一～四阶）的关系

在常规荧光法测定中，测定波长下荧光强度与分析物的浓度成正比，而在导数荧光法测定中，在一定条件下，荧光强度对波长的导数值与分析物的浓度成正比。

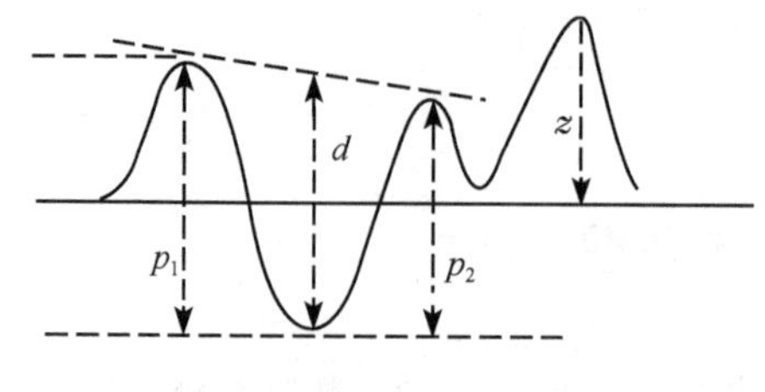

图 17.2　导数光谱的求值

由导数光谱进行定量测定时，其求值方法一般可采用基线法（或正切法）、峰距法和峰-零法（见图 17.2）。基线法系画一直线正切于相邻的两个峰或谷，然后测量中间极值至切线的距离 d；峰距法即测量相邻的峰-谷之间的距离（如 p_1 或 p_2）；峰-零法即测量峰至零线之间的距离 z。此外，在某些特定情况下还可以采用其他的求值方法。

导数光谱的优点在于可减小光谱干扰，增强特征光谱精细结构的分辨能力，区分光谱的细微变化。因而这种技术在分辨多组分混合物的谱带重叠、增强次要光谱的清晰度和测定弱的肩峰等方面十分有利。但高阶导数存在信噪比降低的问题。

导数技术在放大光谱肩带方面尤为有效。以蒽存在下芘的测定为例，蒽和芘混合物荧光激发光谱和相应的导数光谱（部分）如图 17.3 所示。在常规（即零阶导数）光谱中，左边的主峰是由蒽产生的，右边的小峰是由芘引起的。该图说明在 270nm 波长下（λ_{em}＝385nm）芘谱带的常规光谱基线测量和一阶、二阶导数测量。实验结果的比较说明，应用二阶导数法进行测定具有明显的优越性[4]。

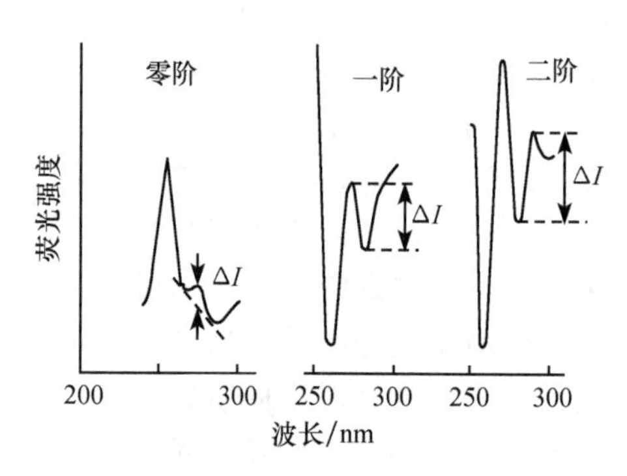

图 17.3　440ng/mL 芘和 360ng/mL 蒽的零阶、一阶和二阶导数荧光激发光谱

§ 17.2　获得导数光谱的方法

获得导数光谱的方法可分为两类：一类是对仪器的输出信号进行处理，如电子微分、机械转动调制和数值微分等；另一类是对仪器光路系统中的光束进行处理，如波长调制法及双波长光谱测定等。

§17.2.1　电子微分法

电子微分法最为简单、廉价，只要在一般的荧光分光光度计上配上一个电子微分器的附件，将它串接于荧光分光光度计的信号输出装置和记录仪之间，便能获得所需要的一阶或二阶导数荧光光谱。事实上它是将荧光分光光度计的输出电压对时间进行微分，以产生导数（dI/dt）的信号。当保持波长扫描速度恒定时，即 $d\lambda/dt=c$（常数），那么荧光强度对波长的导数为

$$dI/d\lambda = (dI/dt) \cdot (dt/d\lambda) = (1/c) \cdot (dI/dt)$$

即获得导数光谱。

电子微分器的线路图如图 17.4 所示，它是由一个低通滤波放大器和两级的频率限制微分电路所组成。将 n 个微分电路串联起来，就能得到 n 阶导数光谱。这种微分方法有如下的特点：

（1）微分过程中，在实现信号微分的同时也实现信号的放大，从而显著地提高了测量的灵敏度。

（2）微分电路的放大与输入信号的频率有关，通过选择不同的放大倍数，可提高分析选择性，消除低频背景干扰。

（3）电子微分得到的导数光谱极值或零点位置与理论推导的可能不完全重合，有所后移，这和电路时间常数、波长扫描速度有关，在固定实验条件下，不影响定性和定量分析。

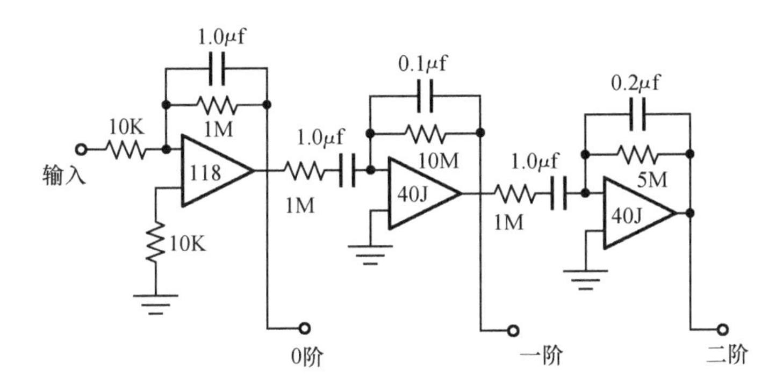

图 17.4　电子微分器线路图

§17.2.2　数值微分法

数值微分的办法，是通过与荧光分光光度计联用的微处理机采集扫描过程中所获得的基本光谱的数据，然后进行微分运算并显示所得到的导数光谱，也可采集完原始数据脱机后，另外再用各种数据处理软件进行处理，因此有的研究者也将导数技术视为一种化学计量学方法。现在的荧光分光光度计大都配有计算机及

微分软件，可方便地进行数值微分。导数荧光分析法的主要问题是随着导数阶次的增加，信噪比变差，因此事实上通常微分过程都包括某种程度的平滑化（低通滤波）来控制噪声，其中最常见的是 Savitzky 和 Galay 提出的最小二乘方拟合平滑和求导处理的方法。但是平滑化过程可能会产生畸变，这表现为峰高的降低和峰宽的增加。平滑化的点数越多，峰高衰减越严重，峰的宽化效应也越大。有的荧光分光光度计在微分处理程序中结合了数据放大技术，但仍难以克服峰宽化问题。所以，在实际应用中应综合考虑各种因素，以获得低噪声高分辨的导数荧光光谱。

§17.2.3　波长调制技术

图 17.5 说明了用波长调制技术以获得导数光谱的原理。假如对测定波长进行正弦调制，且调制间隔与谱带宽度相比是细窄的，那么，所引起的强度调制的振幅将与调制间隔内光谱的斜率成正比，从而与该区域内光谱的一阶导数成正比。通常用锁相放大器来测量强度调制。波长调制的波形并非一定要用正弦波，方波调制也常使用。

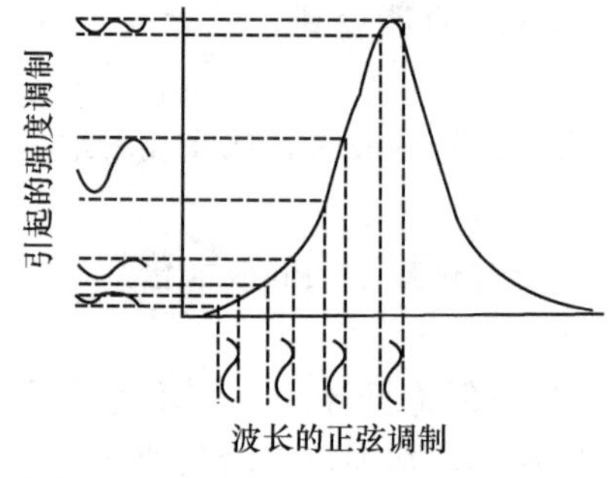

图 17.5　波长调制所产生的导数光谱

可采用振动单色器的狭缝、反射镜或光栅，或在单色器内的光束中插入一片振荡的或转动的折射板，以及在多道检测器中调制电子束扫描等等办法以达到波长的调制。近年来还发展了在电光双折射晶体上加调制电压，调制染料激光器的输出波长。所有这些装置都比较复杂。在吸收分光光度法中，采用波长调制获取的导数光谱在信噪比方面优于电子微分法，而在荧光分析法中，由于噪声来源与吸收分光光度法的差异，波长调制技术在信噪比方面并不比电子微分法优越[3]。

§17.3　方法应用举例

§17.3.1　植物叶片光系统分析

直接植物叶片活体叶绿素荧光性质的研究有助于了解光合作用原初反应机制。叶片荧光发射光谱中 738nm 荧光带主要由光系统Ⅰ的叶绿素 a 发出，而 687nm 荧光带来自于光系统Ⅱ的叶绿素 a。但是叶片的活体叶绿素荧光谱带互相交叠，尤其 687nm 荧光带往往受 738nm 荧光带影响而表现为峰红移。如果直接取常规荧光光谱的荧光带强弱变化情况来考察两个光系统，谱带干扰问题就可能直接影响分析结果。经采用二阶导数技术后（如图 17.6 所示），谱带就能较好地分辨开，并且光谱结构特征明显，由此可降低不同叶绿素存在形式的光谱干扰程度，有利于光系统Ⅰ和光系统Ⅱ的鉴别，方便植物状态的评估[6]。

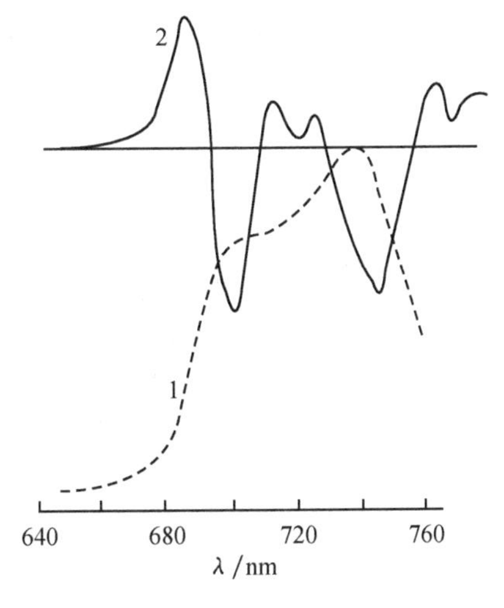

图 17.6　龙眼叶片的常规荧光光谱（1）和二阶导数荧光光谱（2）

§17.3.2　导数荧光技术用于蛋白质分析

乙酰色氨酸酰胺的二阶导数荧光光谱被用来考察蛋白质中色氨酸环境的变化。增加溶剂极性，光谱带发生红移，导数技术的应用减少了酪氨酸的光谱干扰，降低了散射光的影响，并且光谱变化特征更突出，有利于揭示蛋白质结构特性[7]。

Kalonia 等[8]利用色氨酸的二阶导数荧光光谱作为表征蛋白质部分展开中间态的工具。图17.7 (a)显示乙酰色氨酸酰胺在pH＝

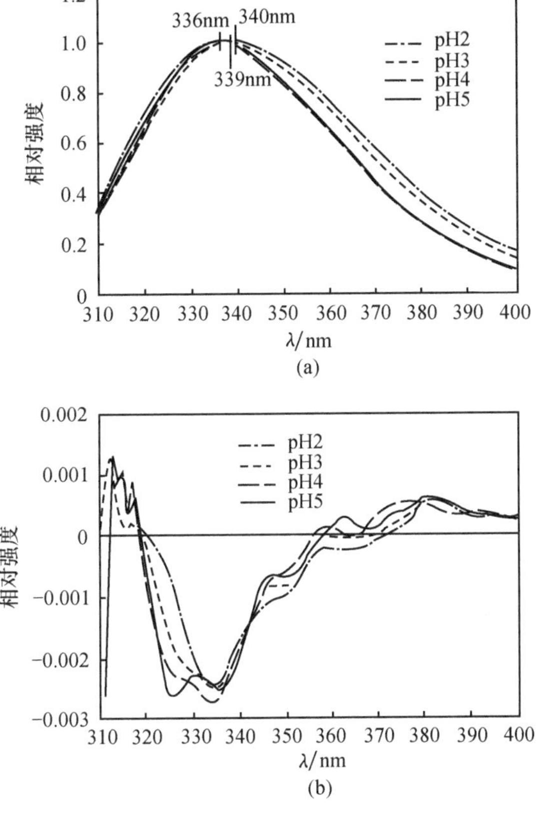

图 17.7　乙酰色氨酸酰胺的荧光发射光谱（a）和对应的二阶导数光谱（b）

5.0、4.0、3.0 和 2.0 的荧光发射光谱。当 pH＝5.0 时，发射峰出现在 336nm；当 pH＝3.0 和 2.0 时，发射峰分别移至 339nm 和 340nm；当 pH＝4.0 时荧光光谱几乎和 pH＝5.0 时的光谱完全重叠。而当对这些光谱进行二阶求导处理后［图 17.7（b)］，不同 pH 条件下的色氨酸光谱就存在显著差异。当 pH＝5.0 时，乙酰色氨酸酰胺的二阶谱于 325、335、352 和 367nm 四处出现 4 个负峰。当 pH 值从 5.0 降至 4.0 时，325nm 峰逐渐降低而 335nm 峰逐渐加强。当 pH＝5.0 和 pH＝4.0 时，二阶导数谱的差异就清楚显示出两种色氨酸微环境的差异（这是蛋白质三级结构细微变化的反映）。随着 pH 值的降低，325nm 导数峰基本消失，而 335nm 变化不大，这反映了蛋白质部分展开态的形成。Kalonia 等研究结果表明色氨酸二阶导数荧光光谱法可作为一个很有用的手段，鉴别与微小三级结构变化相关的蛋白质部分展开态。

§17.3.3　叶绿素 a、b 和脱镁叶绿素 a、b 的定量测定

叶绿素和脱镁叶绿素的分析是评估生理生物量和环境污染必需进行的工作。由于叶绿素和它的降解产物之间在光谱性质方面没有显著的差别，因此难以用常规荧光法测定。芳竹良彰等[9]曾采用导数荧光激发光谱法，即固定测定波长于 666nm 而扫描激发波长所测得的导数光谱，以进行叶绿素 a、b 和脱镁叶绿素 a、b 的测定，并应用于池塘沉积物和天然水等试样的测定。

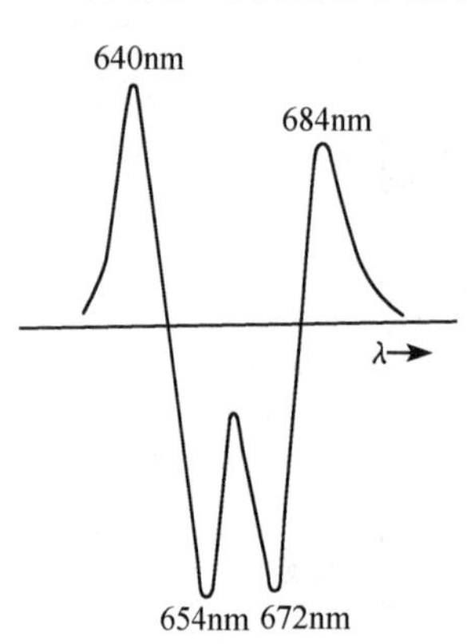

图 17.8　叶绿素 a 和 b 混合物的二阶导数荧光光谱
［chl. a］/［chl. b］＝3∶1

黄贤智等[10]曾利用二阶导数荧光光谱法测定叶绿素 a 和 b。以 450nm 波长光激发含叶绿素 a 和 b 的溶液，测得其二阶导数荧光光谱（图 17.8）。实验表明，在二阶导数光谱中，叶绿素 b 在 640nm 波长位置的峰信号值不受叶绿素 a 存在的干扰，可由该信号值（p_1）进行叶绿素 b 的定量；而叶绿素 a 在 672nm 波长位置的谷信号值（p_2）则因叶绿素 b 存在而减小，但该影响具有规律性，可加以校正，其校正值如下：

$$p_2 = 0.43p_1 + p$$

式中：p_2 表示混合物中叶绿素 a 在 672nm 的实际信号值；p_1 表示叶绿素 b 在 640nm 的信号值；p 表示混合物在 672nm 的实验测得信号值。0.43 为校正系数，它表示二阶导数荧光光谱中叶绿素 b 在 672nm 和 640nm 两个波长处的信号强度比，由一系列不同浓度的叶绿素 b 溶液的二阶导数荧光光谱测得其平均值。

§17.4　导数同步荧光分析法

导数技术具有普适性，可用于光分析、电分析中，但它与同步扫描技术的结合却是发光分析所独有的，而且由于其突出的优点而获得越来越广泛的应用。相比之下，近年来单独采用导数技术的研究报道并不太多。John 等[11]在 1976 年首次将同步扫描（恒波长式）和导数光谱两种技术结合起来，以获得导数同步（同步导数）荧光光谱。导数技术能放大窄带灵敏度、抑制宽带，而同步荧光法如前所介绍的具有窄化光谱的作用，这两者的结合，会产生协同效应，既可改善分辨能力，排除基体干扰，还有利于提高灵敏度，是一种用于混合物分析的快速、简便和有效的方法[12]。Sanchez 等[13]曾概述过导数-恒波长同步荧光扫描技术在单组分和多组分分析中的某些特性，讨论了实验参数对定性和定量工作的影响和光谱干扰的不同类型。许金钩等[14]通过数学推导，结合实验结果，讨论导数-恒波长同步荧光法的灵敏度问题，从理论上说明导数同步荧光测定的灵敏度比相应的常规荧光测定、同步荧光测定和导数荧光测定的灵敏度高。

导数荧光光谱在鉴别油漏来源方面常作为原油及其它石油产物的“指纹”识别手段，同步扫描和导数技术这两种方法相结合之后，使这种“指纹”识别手段得到了进一步的改善，更有利应用于原油鉴别和环境试样的分析。图 17.9（a）和(b)分别表示由工厂周围收集到的大气试样和由几种多环芳烃合成的混合物

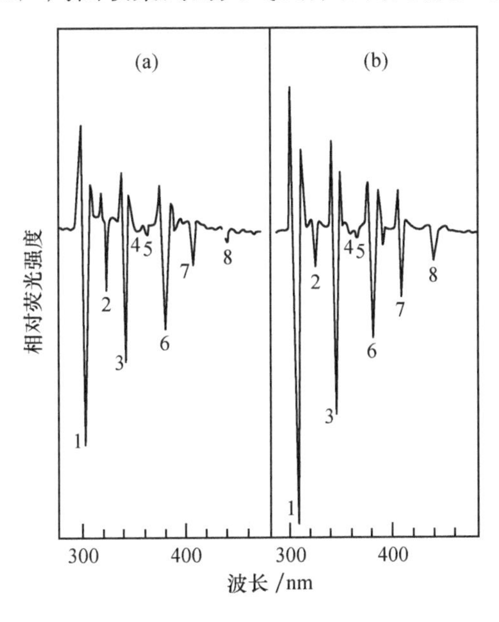

图 17.9　工厂大气试样（a）和多环芳烃的合成物试样（b）的二阶导数同步荧光光谱

的二阶导数同步荧光光谱。这个合成混合物的组成是按照用其他方法鉴别大气试样所获得的结果来配制的。图 17.9 中（a）和（b）的各个峰分别代表芴（1）、硫芴（2）、2，3-苯并芴（3）、菌（4 和 5）、蒽（6）、苯并［a］芘（7）和苝（8）。由图 17.9（a）和（b）中各个峰的相对强度的相似性，说明了用二阶导数同步荧光测量的良好效果[15]。

尿样中内源激素等物质会发射强的荧光，严重干扰氧氟沙星的测定。利用同步导数荧光光谱法，就可很好地分辨尿样背景和氧氟沙星的荧光信号[16]。尿液中本底荧光物质（内源激素等）与氧氟沙星的荧光发射光谱互相重叠，严重干扰荧光测定。同步荧光光谱虽较荧光光谱有较好的分辨率，但若所测荧光物质含量较高，尿样的本底荧光干扰仍不能完全排除。而一阶导数同步荧光光谱（$\Delta\lambda=$ 80nm）对氧氟沙星和内源激素有良好的分辨，如图 17.10。由图可知氧氟沙星的波峰和波谷分别位于 300、336 和 381nm。在 381nm 波谷处，尿样背景的干扰已基本消除。选择 381nm 采用峰零法就可进行氧氟沙星的定量测定。

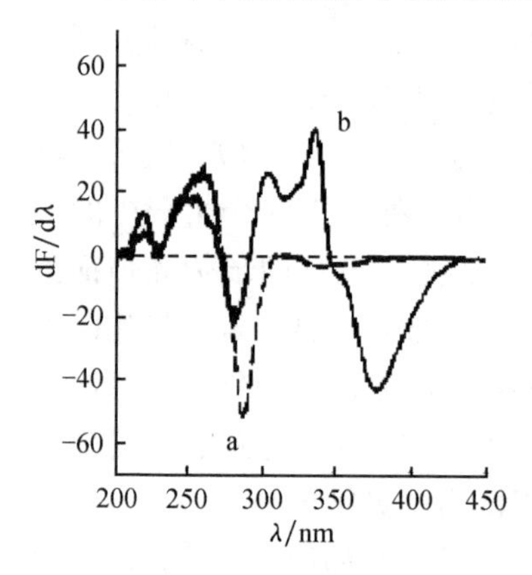

图 17.10 尿样中氧氟沙星的二阶导数同步荧光光谱

（a）尿样背景；

（b）添加了氧氟沙星的尿样

李耀群等提出导数-恒能量同步荧光法[17,18]和导数可变角同步荧光法[19]。导数-恒能量同步荧光法在克服拉曼光方面有其独特作用，可进一步突破恒能量同步荧光光谱扫描中 $\Delta\nu$ 不能选在 $\Delta\nu_R$（拉曼位移）位置或其附近的限制；并且该法比导数-恒波长荧光分析法有更大的优越性，只需一次扫描，所获得的导数-恒能量同步荧光光谱就可达到后者多次扫描的最佳效果。Murillo-Pulgarin 等[20]分别用一阶导数发射、一阶导数-恒波长和一阶导数-恒能量同步荧光法测定乙氧萘（胺）青霉素和 2，6-二甲氧基苯青霉素，并对三种方法进行比较，证明应用导数-恒能量同步荧光法的效果最佳。Lorenzo 等[21]利用二阶导数-恒能量同步荧光法对二氢苊、蒽、苯并［a］蒽、苯并［a］芘和苯并［b］荧蒽等 18 种多环芳烃混合物中的 10 种多环芳烃进行鉴别和定量测定，取得了良好的效果。

导数-可变角同步荧光法尤具波长选择的灵活性，具有简化扫描步骤、合并谱图和抑制光谱干扰的作用。下面列举一例[19]：1-萘酚和 2-萘酚为异构体，它们的荧光激发或发射光谱［图 17.11（a）］均非常相似，光谱严重重叠，用常规荧光分析法难以进行混合体系中这两组分的同时分析。若采用恒波长同步荧光法配合导数技术则可以分析，但需进行两次扫描，找不到一个恒波长差值可同时适宜于 1-萘酚和 2-萘酚两者。仅利用可变角同步荧光法时 2-萘酚对 1-萘酚仍存在光谱干扰，而将导数技术与可变角同步荧光法结合起来，这两组分的同时快速分析才得以实现［如图 17.11（b）所示］，一次扫描所得的导数-可变角同步荧光光谱就同时具备了这两组分的分析信息。图 17.11 中的 $I(c)$ 和 $\Delta I(a\text{-}b)$ 可分别用于 2-萘酚和 1-萘酚的定量。实验采用的扫描参数：激发单色仪的波长扫描速度为 120nm/min，起始波长为 260nm；发射单色仪的波长扫描速度为 368nm/min，起始波长为 292nm。

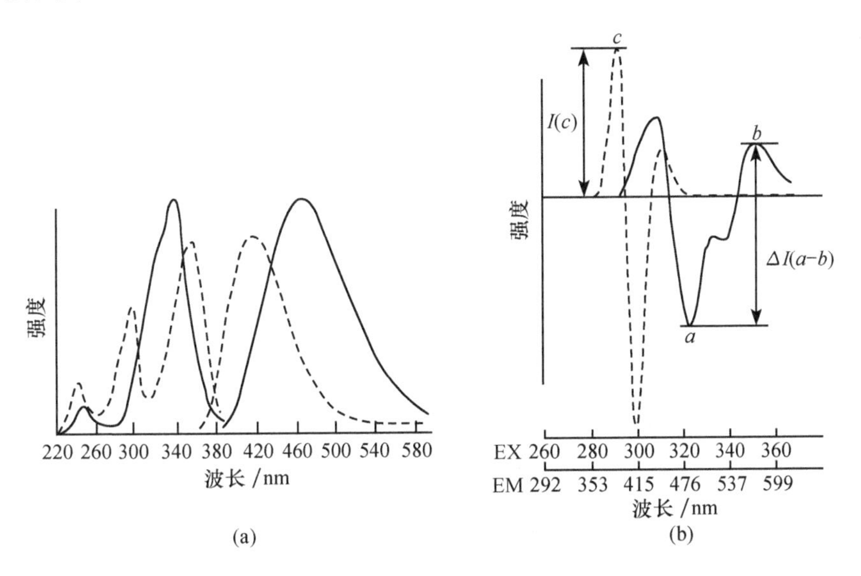

图 17.11 1-萘酚（实线）和 2-萘酚（虚线）的荧光激发和发射光谱（a）和二阶导数-可变角同步荧光光谱（b）

导数技术已拓展到非线性可变角同步荧光分析领域[22]。有些多环芳烃不具有共同的恒能量差值，这时导数-非线性可变角同步荧光法的应用显得更为有效，实际水样的加标回收测定结果证实了该方法的有效性，一次扫描可完成多种多环芳烃的同时快速分析[22,23]。Murillo-Pulgarin 等[24,25]利用一阶导数-非线性可变角同步荧光法测定了氨酰心安、心得安、潘生丁和氨氯吡脒等四种运动违禁药物以及尿样、血清中的水杨酰胺、双水杨酸、甲氧萘丙酸等三种药物，两种体系的分析均在基于一次扫描获得的一张光谱图上进行，简单快速。

导数光谱技术在恒基体同步荧光法中的应用也已实现[26]，事实上恒基体同步荧光法通常必须配合导数技术使用，以消除等高线基体的干扰，因此在第七章同步荧光法中已作了专门介绍。

参考文献

［1］罗庆尧等. 分光光度分析. 北京：科学出版社，1998：240.

[2] 陈国珍等. 紫外-可见光分光光度法（上册）. 北京：原子能出版社，1983：207～224.
[3] Green. G. L. et al. Anal. Chem.，1974，46：2191.
[4] O'Haver T. C.. Modern Fluorescence Spectroscopy (Wellry. E. L. Ed.，Vol 1)，New York ：Plenum Press，1976：65～81.
[5] O'Haver T. C. et al. Anal. Chem.，1974，46：1886.
[6] 李耀群等. 分析化学，1992，20 (6)：692.
[7] Mozo-Villarias. A. et al. J. Biochem. Biophys. Methods.，2002，50：163.
[8] Kumar V. et al. Int. J. Pharm. 2005，294：193.
[9] 芳竹良彰等. 分析化学（日），1984，33：667.
[10] 黄贤智等. 分析化学，1987，15：293.
[11] John P. et al. Anal. Chem.，1976，48：520.
[12] Miller J. N. et al. Anal. Proc.，1982，19：37.
[13] Sanchez F. G. et al. J. Mol. Struct.，1986，143：473.
[14] 许金钩等. 高等学校化学学报，1990，11 (4)：350.
[15] Vo-Dinh T. et al. Appl. Spectrosc.，1982，36：576.
[16] 弓巧娟等. 光谱学与光谱分析，2001，21 (3)：356.
[17] 李耀群等. 科学通报，1991，61：1312.
[18] Li Y. Q. et al. Anal. Chim. Acta.，1992，256：285.
[19] Li Y. Q. et al. Talanta，1994，41：695.
[20] Murillo-Pulgrin J. A. et al. Talanta，1994，4：21.
[21] Eiroa A. A. et al. Talanta，2000，51：677.
[22] Li Y. Q. et al. Fresenius J. Anal. Chem.，1997，357：1072.
[23] Lin D. L. et al. Luminescence，2005，20：292.
[24] Murillo-Pulgarin J. A. et al. Anal. Chim. Acta.，1998，370：9.
[25] Murillo-Pulgarin J. A. et al. Anal. Chim. Acta.，1998，373：119.
[26] Murillo-Pulgarin J. A. et al. Anal. Chim. Acta.，1994，296：87.

（本章编写者：李耀群，许金钩）

第三部分
化合物的荧光分析

第十八章　无机化合物的荧光分析

在紫外线或可见光照射下会直接发生荧光的无机化合物很少，所以直接应用无机化合物自身的荧光进行测定的为数不多。无机化合物的荧光分析主要依赖于待测元素与有机试剂所组成的配合物，它们在紫外线或可见光照射下如能发生荧光，则由荧光强度可以测定该元素的含量。这种方法称为直接荧光测定法。自从1868年发现桑色素与Al^{3+}离子的反应产物会发生荧光，并用以检出Al^{3+}离子以来，100多年来用于荧光分析的有机试剂日益增多，可以采用有机试剂进行荧光分析的元素已近70种。其中较常见的有铍、铝、镓、硒、镁、锌、镉、铬及某些稀土元素等。

某些元素虽不与有机试剂组成会发生荧光的配合物，但可用荧光猝灭法进行测定。这些元素的离子从发生荧光的其他金属离子-有机试剂配合物中夺取该有机试剂以组成更为稳定的配合物，或夺取原配合物中的金属离子以组成难溶化合物，从而导致原溶液荧光强度的降低，由荧光强度降低的程度来测定该元素的含量。较常采用荧光猝灭法测定的元素有氟、硫、铁、银、钴、镍、铜、钼、钨、铬、钒、钯、硫和臭氧等。

某些反应的产物虽能发生荧光，但反应进行缓慢，荧光微弱，难以测定。若在某些金属离子的催化作用下，反应将加速进行，可由在给定的时间内所测得的荧光强度来测出金属离子的浓度。相反地，有些微量金属离子的存在，将促使荧光性物质转化为非荧光性物质或阻止荧光性物质的生成，从而导致溶液荧光的猝灭，从在给定的时间内荧光强度的降低程度也可以测定该金属离子的浓度。铜、铍、铁、钴、锇、铱、银、金、锌、铝、钛、钒、钼、锰、铒、碘、过氧化氢和CN^-离子等都曾采用这种催化荧光法进行测定。例如在过氧化氢存在下，Mn^{2+}离子对2，3-二羟基萘与乙二胺生成2，3-萘醌的反应具有催化作用，据此原理测定Mn^{2+}离子的检测限可达3×10^{-12}g/mL。

溶液温度的降低会显著地增大溶液的荧光强度。为了提高方法的灵敏度和选择性，可以采用低温荧光法。常采用的冷冻剂为液氮，可将试样溶液冷冻至-196℃。采用低温荧光法进行分析的元素有铬、铌、铀、碲和铅等。

固体荧光法在荧光分析中也占有一定的位置。早在1927年就已采用NaF熔珠来检验铀的存在。此法灵敏度高，可测至10^{-10}g的铀。固体荧光法还常用于铈、钐、铕、铽等稀土元素及钠、钾、锑、钒、铅、铋、铌和锰等元素的测定。

新近发展起来的激光诱导、时间分辨、导数、偏振和光导纤维传感等新荧光分析技术在无机物的荧光分析中越来越显示其强大的生命力。例如以 N_2 激光脉冲作为激发光，已使荧光法测定稀土元素铽的检测限达 4×10^{-14} g/mL；采用激光诱导和时间分辨技术的结合，可使采用荧光镓试剂测定铝的检测限达 10^{-12} g/mL；在 Y^{3+} 离子和 2，2′-联吡啶的存在下，采用时间分辨荧光法同时测定钐、铽、铕和镝的检测限可达 0.019amol/mL。

荧光分析法在无机化合物分析中的应用日益广泛，文献众多。以下分节按元素周期表分族排列，将各种元素的某些荧光分析方法简单地加以介绍，供读者参阅。

§18.1 锂、钠、钾的荧光分析

§18.1.1 锂的荧光分析

桑色素、1-氨基-4-羟基蒽醌、槲皮素、8-羟基喹啉、5，7-二溴-8-羟基喹啉、二苯并噻唑甲烷及“冠”苯并噻唑苯酚等有机试剂都曾用于 Li^+ 离子的荧光检测[1]。

Li^+ 离子与醌茜在碱性介质中反应生成的产物用磷酸三丁酯萃取后在 360nm 紫外灯照射下可以观察到荧光，检测限为 0.1μg/mL。此法可用于矿泉水、药物、食物和血浆中锂的检测[2]。

由荧光试剂 5，10，15，20-四苯基卟吩等组成的锂离子荧光化学传感器，可用于测定病人血清中 Li^+ 离子的含量。测定波长为 420/653nm，检测限为 5.0×10^{-5} mol/L[3]。

§18.1.2 钠、钾的荧光分析

乙酸铀酰锌曾用于钠的固体荧光法检测，8-羟基喹啉的乙醇溶液或 8-羟基喹啉和麴酸的乙醇溶液以及槲皮素也都曾用于钠和钾的固体荧光法检测[1]。

多萘菌素和二苯并-18-冠-6 之类的大环化合物，能与 K^+ 离子反应生成阳离子配合物。该配合物可以与苯胺基萘磺酸盐以离子对的形式被 1，2-二氯甲烷萃取。萃取液的激发峰在 377nm，荧光峰在 468nm。此法可以测定至 μg/mL 级的 K^+ 离子[1]。K^+ 离子与 18-冠-6、双环己基 18-冠-6 以及二苯并-18-冠-6 在曙红存在下会形成超分子主-客体化合物，后者可被二氯甲烷或二氯甲烷与甲苯的 1∶4 混合液萃取，然后测量荧光强度。此法可用于药物中钾的测定[4]。一种以 1，10-二氮杂-18-冠-6 为螯合基团、香豆素为荧光团的荧光探针亦可用于钾的测定[5]。

一种基于丙酮酸激酶催化下的磷酸（烯醇）丙酮酸盐与二磷酸腺苷的反应，

可用于血清中钾的荧光测定[6]。

将六癸基-吖啶橙固定在含有缬氨酸徽菌素的聚氯乙烯膜上，构成一种阳离子荧光探针。将这种膜附着在荧光分光光度计的流通池的内壁上，可以检测0.5～50mmol/L的K^+离子，已用于人血清中K^+离子的测定[7]。

霍希琴等[8]在吸收型钠离子光化学传感器的敏感膜中加入荧光试剂Fluo Sphere，应用荧光内滤效应制成荧光增强型钠离子光导纤维传感器。该传感器在测定灵敏度和抗背景干扰能力方面有较大提高，对Na^+离子的检出限量为8.0×10^{-6}mol/L，可用于血清和矿泉水样品中Na^+离子的测定。

§18.2 铜、银、金的荧光分析

§18.2.1 铜的荧光分析

测定铜的荧光分析方法主要有催化荧光法、直接荧光法、荧光猝灭法和荧光滴定法等。荧光铜铁灵、Be-桑色素、2，2′-二吡啶基酮腙、2，2′-二吡啶基酮吖嗪、苯基-2-吡啶基酮腙、2-羟基苯甲醛吖嗪等都曾用于铜的催化荧光法测定[1]。

Cu^{2+}离子会催化过氧化氢氧化1，10-二氮杂菲生成强荧光性的3，3′-二甲酰基-2，2′-联吡啶的反应，藉此可用于自来水中铜的测定[9]。

Cu^{2+}离子会催化过氧化氢氧化罗丹明B的反应。基于此可采用二极管阵列检测器和激光诱导荧光法测定奶粉、玉米粉和茄子等食品中的铜含量。测定波长为532.0/580.0nm，测定范围为0.5～4.0μg/L，检测限为0.5μg/L[10]。

Cu^{2+}离子会催化过氧化氢氧化茚三酮的反应而增强其荧光强度。基于此可测定人发和中药潞党参中的铜含量。测定波长为310/430nm，测定范围为$10^{-11}\sim10^{-6}$g/mL，检测限为7.4×10^{-12}g/mL[11]。

Cu^{2+}离子会催化KIO_4氧化7-(8-羟基-3，6-二萘磺酸基偶氮)-8-羟基喹啉-5-磺酸的反应，藉此可用于水样和合金试样中痕量铜的测定[12]。

在稀盐酸介质中，Cu^{2+}离子会催化过硫酸钾氧化KI生成I_3^-离子的反应，生成的I_3^-离子与罗丹明6G缔合而使其荧光猝灭，藉此可用于铝合金中痕量铜的测定。测定波长为350/551nm，测定范围为4～54μg/L，检测限为1.6μg/L[13]。

Watanabe等[14]将Cu^{2+}离子在线吸附富集在聚四氟乙烯毛细管上，再用硝酸溶液洗出，用以催化抗坏血酸还原邻苯二胺的反应。此法的检测限为0.008ng/mL，可用于自来水中铜的测定。

在pH9.0的$NH_3\cdot H_2O$-NH_4Cl介质中，Cu^{2+}离子催化H_2O_2氧化核固红的反应而使其荧光猝灭，借此可用于人发中铜的测定。测定波长为540/580nm，线性范围为 0～0.4μg/25mL，检测限为 0.1ng/mL[15]。

Cu^{2+}离子对 Cr(Ⅵ) 催化 $NiBrO_3$氧化还原型罗丹明 B 使其荧光猝灭的反应具有活化作用，借此可用于坚果中痕量铜的测定。测定波长为 560/576.5nm，线性范围为 1.1～15.4ng/mL，检测限为 0.11ng/mL[16]。

在中性介质中，Cu^{2+}离子和三乙醇胺会协同催化 H_2O_2氧化还原型二氯荧光素而使其荧光猝灭的反应，借此可用于人发、指甲和自来水中铜含量的测定。测定波长为 506.0/522.0nm，线性范围为 5～120ng/25mL，检测限为 0.083ng/mL[17]。

安息香、1，3-苯二羧酸、初卟啉、硫胺素、1，1，3-三氰基-2-氨基-1-丙烯、1，10-二氮杂菲和四氯四碘荧光素等试剂都曾用于铜的直接荧光法测定[1]。

双（水杨醛）四甲基乙二胺曾用作铜的荧光分析试剂，测定波长为 370/440nm，测定范围为 0～50μg/mL，可用于铜丝中铜的测定[18]。

3-对甲苯基-5-(4′-硝基-2′-羧基苯偶氮)-2-硫代-4-噻唑啉酮也曾用作铜的荧光分析试剂，测定波长为 308/403nm，线性范围为 6.28×10^{-9}～9.44×10^{-7}mol/L，检测限为 0.399μg/L，可用于人发中铜的测定[19]。

3-苯基-5-(2′-羧基苯偶氮) 饶丹宁、5-(4′-卤代-2′-羧基苯偶氮) 饶丹宁、5-(4′-氯-2′-羧基苯偶氮)-4-氧代-2-硫代四氢噻唑、5-(4-乙酰胺基苯偶氮)-8-氨基喹啉和水杨醛苯腙等荧光试剂都曾用于 Cu^{2+}离子的测定，并应用于实际样品的分析[20～24]。

5-(3-氟-4-氯苯基偶氮)-8-氨基喹啉、5-(3-氟-4-氯苯基偶氮)-8-苯磺酰胺喹啉以及 4，4′-双（8-氨基喹啉-5-偶氮)-联苯等 8-氨基喹啉-5-偶氮类衍生物，在弱酸性或弱碱性介质中都能与 Cu^{2+}离子组成强荧光性的螯合物，可用于矿物、合金、水和头发中铜的测定[25]。

α，β，γ，δ-四苯基卟啉-三磺酸盐和 ε-二磷酸腺苷都曾用于铜的荧光猝灭法测定[1]。

Cu^{2+}离子会有效地动态猝灭铕-三吡啶-聚氨基聚羧酸酯螯合物的荧光，猝灭常数为 1.39×10^5L/mol。采用时间分辨荧光法测定可消除 Zn^{2+}、Cd^{2+}、Hg^{2+}和 Pb^{2+}等离子的干扰。此法曾用于工业和环境样品中铜含量的分析，测定范围为 1～300ng/mL[26]。

在 pH＝11.5 的介质中，Cu^{2+}离子会使粒径为 7nm 的 CdS 纳米溶胶的荧光猝灭，借此可测定人发中的铜含量。测定波长为 360/483nm，线性范围为 2.0～24.0μg/L，检测限为 0.23μg/L[27]。

meso-四（4-三甲铵基苯基）卟啉、meso-四（4-乙酰氧基苯基）卟啉和 meso-四（4-甲基-3-磺酸基苯基）卟啉等都曾用于铜的猝灭荧光法测定，后者还能用于环境水样中铜和锌的连续测定[28～30]。此外，双-[4-(α-萘偶氮)-水杨醛] 缩邻苯二胺、二溴羟基苯基荧光酮、邻菲咯啉和 2，4-二羟基苯乙酮苯腙等也都曾用于铜的猝灭荧光法测定[31~34]。

有人采用荧光滴定法以 2-羟基-1-萘醛苯甲酸腙为滴定剂测定铜[1]。

§18.2.2　银的荧光分析

银的荧光分析法可分为点滴法、荧光猝灭法、直接荧光法和催化荧光法等。

利用罗丹明或 8-羟基喹啉为试剂的荧光点滴法，可在滤纸上检出 0.06μg 的银[1]。

2，3-萘三氮杂茂和曙红-1，10-二氮杂菲都曾用于银的荧光猝灭法测定[1]。

Ag^+ 离子与 3，5-二溴水杨醛缩氨基硫脲形成 1∶1 配合物会使其荧光猝灭，可用于阳极泥中银含量的测定。测定波长为 385/500nm，线性范围为 0.04～20μg/25mL，检测限为 5.54μg/L[35]。

曙红、曙红-1，10-二氮杂菲、8-羟基喹啉-5-磺酸等试剂都曾用于银的直接荧光法测定[1]。

在 pH3.0 的介质中，AgI^{2-} 与亮绿会形成强荧光性离子缔合物，可用于银的测定。测定波长为 256/521nm，测定范围为 0～100ng/mL，曾用于照像定影液中银含量的分析[36]。

在聚乙烯醇存在下，Ag^+ 离子、邻菲啰啉和邻氯苯基荧光酮三者会形成离子缔合物而使邻氯苯基荧光酮的荧光猝灭，据此可用以测定阳极泥中的银含量。测定波长为 400/550nm，线性范围为 0～500μg/L，检测限为 0.013mg/L[37]。

8-羟基喹啉-5-磺酸和 2-羟基苯甲醛缩氨基硫脲曾用于银的催化荧光法测定[1]。

在以 2，2-联吡啶为活化剂、Triton X-100 为增敏剂的 NaAc 介质中，Ag^+ 离子对过硫酸钾氧化荧光素的反应具有催化作用，据此可用荧光速率法测定光谱感光板中的银，测定波长为 493/517nm，测定范围为 2～32μg/L，检测限为 1.76×10^{-3}mg/L。此法也可用于 AgCl 溶度积的测定[38]。

Ag^+ 离子对碘化物还原藏红的反应具有催化作用，据此可用荧光动力学流动注射法测定黑白照像底片中的银，检测限为 50ng[39]。

Ag^+ 离子会增强 1，10-双（2′-羧苯基)-1，4，7，10-四噁癸烷与 Tb^{3+} 配合物的荧光，借此可以测定矿石样品中的银含量，测定波长为 298/545nm，测定范围为 0.5～20μg/mL[40]。

在 pH 为 7.2 的缓冲介质中和邻菲啰啉存在下，Ag^+ 离子会与 6-巯基嘌呤生成强荧光性配合物，借此可以测定水样中的银含量，测定波长为 380/540nm，检测限为 3μg/L[41]。

在溴化十六烷基吡啶存在下的碱性介质中，Ag^+ 离子与 meso-四（4-吡啶基）

卟啉生成络合物而猝灭其荧光。据此可测定相纸和定影液中的银含量，测定波长为 443/656nm，线性范围为 0～80μg/L，检测限为 0.8μg/L[42]。

§18.2.3 金的荧光分析

金与麴酸、罗丹明 B、罗丹明 6G、丁基罗丹明 B、对二甲基氨基苄叉绕丹宁、α-萘黄酮、硫醇钠以及 2，2′-二吡啶基酮吖嗪等会生成荧光性化合物，可用于金的荧光分析[1]。

Au^{3+} 离子氧化麴酸生成荧光性产物，测定波长为 375/495nm，可采用流动注射法测定 1～10μg/mL 的金[43]。

Au^{3+} 离子会催化 Ce^{4+} 离子氧化 Hg^{+} 离子的反应，据此可采用停止-流动催化荧光法测定药物中的金[44]。

Au^{3+} 离子会猝灭吖啶与 I^{-} 离子形成的离子缔合物的荧光，据此也可进行金的测定[1]。

在 100℃的硫酸介质中，Au^{3+} 离子会与 meso-四-(4-吡啶基) 卟啉形成 2∶1 的络合物而猝灭其荧光，据此可用于金矿石中金含量的测定。测定波长为 446/657nm，线性范围为 0～8×10^{-6}g/25mL[45]。

§18.3 铍、镁、钙、锶的荧光分析

§18.3.1 铍的荧光分析

铍是比较容易与有机试剂反应生成荧光性产物的元素之一，常可用荧光法进行测定。

桑色素是最早用于测定铍的试剂，它在碱性溶液中与 Be^{2+} 离子反应的产物在紫外线照射下会发生黄绿色荧光。据此建立的铍的荧光分析法，经过许多改进，可用于很多种类样品中铍的测定。此法与离子交换膜技术以及流动注射技术结合，可用于自来水中铍的测定，检测限达 0.2ng/mL[46]。也可在酒石酸和溴化十六烷基三甲基铵的存在下利用桑色素测定大理石中的痕量铍。测定波长为 420/510nm，线性范围为 16～168μg/L，检测限为 0.57μg/L[47]。利用 Be^{2+} 离子-桑色素-β-环糊精-苯组成的四元包结配合物测定 Be^{2+} 离子，检测限可达 0.19ng/mL[48]。如将 Be^{2+} 离子与桑色素反应生成的荧光配合物固定在葡聚糖型树脂上，采用一阶导数同步固相荧光法，$\Delta\lambda=75$nm，可用于测定天然水中的铍[49]。

1，4-二羟基蒽醌、1-氨基-4-羟基蒽醌、1-羟基-2-羧基蒽醌、2-(邻羟苯基)-苯间氮硫茂、2-甲基-8-羟基喹啉、2-羟基-3-萘甲酸、钙试剂（α-萘酚-4-磺酸-偶

氮-2-羟基-3-萘酸)、四环素-5，5-二乙基硫代巴比妥酸、1-(二羧甲基氨甲基)-2-羟基-3-萘甲酸、2-乙基-3-甲基-5-羟基色酮、6-甲基-1-羟基占吨酮、2，4-二氧代-4-(4-羟基-6-甲基-2-吡喃酮-3-基)丁酸乙酯、水杨醛-邻氨基苯胂酸、3-氨基-5-磺基水杨酸、2-羟基-5-硫代苯胺-*N*-水杨叉的二甲基甲酰胺和2-羟基-5-磺酸-*N*-水杨叉等试剂都曾用于铍的荧光分析[1,50]。有人利用乙二胺与水杨醛生成的席夫碱为试剂，配用流动注射技术，测定铍的范围为0.7～1000ng/mL[51]。

2-(2-羟基苯基)吡啶[1]、3-羟基-4-[(5-羟基-3-甲基-1-苯基-4-吡唑基-偶氮)-萘-1-磺酸钠(即酸性铬红或羊毛铬红B)[1]、偶氮氯膦mA[52]、偶氮胂酸[53]、水杨醛苯甲酰腙[54]和1，8-二羟萘-3，6-二磺酸(即铬变酸)[55]等试剂，也曾用于铍的测定。

在硼砂介质中，Be^{2+}离子与2-(5-羧基-2-胂酸基苯偶氮)-1，8-二羟基-3，6-萘二磺酸会形成荧光性络合物，借此可测定自来水、湖水、井水和铜基合金中铍含量的测定。测定波长为539/587nm，线性范围为0～0.12mg/L，检测限为0.076μg/L[56]。

碱性磷酸酶-伞形酮磷酸盐曾用于铍的催化动力学荧光法测定[1]。

§18.3.2　镁的荧光分析

8-羟基喹啉、8-羟基喹啉-5-磺酸和7-碘-8-羟基喹啉-5-磺酸等试剂都曾用于镁的荧光分析。用离子色谱法与Ca^{2+}离子分离后，以8-羟基喹啉-5-磺酸为试剂，可检测至0.6ng/mL的镁[1,57]。如以乙二醇-双(*β*-氨基二乙醚)-*N*，*N*，*N*′，*N*′-四乙酸(EGTA)为掩蔽剂、以十六烷基三甲基氯化铵为荧光增敏剂、以8-羟基喹啉-5-磺酸为试剂，采用连续注射法可测定天然水中含量低至12ng/mL的镁[58]。如采用毛细管电泳分离后同样以8-羟基喹啉-5-磺酸为柱后络合剂，并在试剂中加入20%(体积分数)的二甲基甲酰胺，则可使荧光强度增大约三倍[59]。在pH10的NH_4Cl-$NH_3\cdot H_2O$介质中，以8-羟基喹啉-5-磺酸为试剂，采用激光-时间分辨荧光法测定自来水中的Mg^{2+}离子，检测限为2μg/L[60,61]。8-羟基喹啉-5-磺酸的衍生物7-(8-羟基喹啉-5-磺酸-7-偶氮)-8-羟基喹啉-5-磺酸和7-(2，4-二羟基-5-羧基苯偶氮)-8-羟基喹啉-5-磺酸等也曾用于镁的荧光分析[62,63]。

水杨叉乙二胺、*N*，*N*′-双-水杨叉-2，3-二氨基苯并呋喃、桑色素、1-二羧基甲基-氨基甲基-2-羟基-3-萘甲酸、*o*，*o*′-二羟基偶氮苯、酸性铬红以及2-羟基-3-磺酸-5-氯代苯偶氮巴比妥酸(即荧光镁试剂)等都曾用于镁的荧光分析[1]。

钙试剂也曾用于稀土氧化物样品中镁的荧光测定，这时应采用EGTA掩蔽Ca^{2+}离子，可测至0.04mg/g的镁[64]。

二氮杂冠醚可用于镁的荧光分析。利用带有两个甲基伞形酮基团的二氮杂-15-冠-5为试剂，可选择性地测至7×10^{-6}mol/L的Mg^{2+}离子[65]。而带有两个5-

氯-8-羟基喹啉基团的二氮杂-18-冠-6 可作成一种对 Mg^{2+} 离子有效的化学传感器，当 pH7.2 时，Na^+、K^+、Ca^{2+}、Sr^{2+} 和 Ba^{2+} 等离子不会干扰 Mg^{2+} 离子的测定[66]。

§18.3.3 钙的荧光分析

8-羟基喹啉、1，5-双（二羧甲基氨甲基)-2，6-二羟基萘、8-羟基喹哪啶羧醛 8-喹啉基腙、3，6-二羟基-2，4-双［N，N'-二（羧甲基)-氨甲基］荧烷（即荧光素络合腙）和由 7-羟基-2-甲基异黄酮、亚氨二乙酸以及甲醛三者合成的产物也都曾用于钙的荧光测定[1]。

2-[（2-氨基-5-甲基苯氧）甲基]-6-甲氧-8-氨基喹啉-N，N，N'，N'-四乙酸，可用于氯碱工业使用的盐水中钙含量低至 3.4ng/mL 的荧光测定，测定波长为 328/496nm[67]。

钙试剂（α-萘酚-4-磺酸-偶氮-2-羟基-3-萘酸）在强碱性介质中也可用于钙的荧光测定，测定波长为 365/520nm，测定范围为 3.0～7.0ng/mL[68]。如用于稀土氧化物样品中钙的荧光测定，这时应采用 8-羟基喹啉掩蔽 Mg^{2+} 离子，可测至 0.1mg/g 的钙[64]。

利用吲哚-1 作为荧光探针的生物传感器，也曾用于水溶液中镉和钙的测定[69]。

此外，还可以采用 1-二羧甲基-氨基甲基-2-羟基-3-萘甲酸作为荧光指示剂、EDTA 作为滴定剂进行钙的荧光螯合滴定[1]。

也有人在毛细管电泳分离后，以 8-羟基喹啉-5-磺酸为柱后络合剂测定钙，并在试剂中加入 20%（体积分数）的二甲基甲酰胺，可使荧光强度增大约三倍[59]。

§18.3.4 锶的荧光分析

采用 8-羟基喹啉的乙醇溶液为喷淋剂可以进行锶的纸上色谱荧光法测定[1]。

在 β-环糊精增敏下，Sr^{2+} 离子与羟基萘醛水杨酰腙形成 1∶1 荧光性包络物，可用于测定贻贝、扇贝等海产品和矿泉水中锶含量的测定。测定波长为 370/485nm，线性范围为 0～0.018mg/L，检测限为 0.083μg/L[70]。

§18.4 锌、镉、汞的荧光分析

§18.4.1 锌的荧光分析

安息香、8-羟基喹啉、8-巯基喹啉、罗丹明 B、2，2'-吡啶基间二氮茚、苯并咪唑-2-乙醛-2-喹啉腙、β-水杨叉氨基乙醇、N-水杨叉-邻羟基苄胺、水杨醛肼基二硫代甲酸酯、8-(甲苯-对磺酰氨基）喹啉、双苯间氮硫茂甲烷和1-二羧基甲基-氨基甲基-2-羟基-3-萘甲酸等试剂，都曾用于锌的荧光分析[1]。

Zn^{2+}离子与8-羟基喹啉-5-磺酸以及三辛基甲基氯化铵形成的三元配合物的$CHCl_3$萃取液具有荧光，也可用于锌的测定[1]。

以7-碘-8-羟基喹啉-5-磺酸为试剂，可采用激光时间分辨荧光法测定锌，检测限为2.5μg/L[71]。

利用5，7-二氯-2-甲基喹啉-8-醇为试剂测定锌，检测限为3ng/mL，可用于药物制品和自来水中锌的测定[72]。

用5-甲酰-3-羟基-4-羟甲基-2-甲基吡啶修饰的脱乙酰壳多糖被固定在琼脂糖硅胶上，可以做成测定锌的荧光探针，检测限为1.0×10^{-6}mol/L[73]。

在Triton X-100存在下，以桑色素为试剂，可以将偏最小二乘法用于人发中锌和铝的同时荧光分析[74]。羧甲基-β-环糊精等离子型β-环糊精对以桑色素为试剂的锌的荧光分析具有敏化作用[75]。

Zn^{2+}离子与α，β，γ，δ-四（4-磺苯基)-卟啉形成的配合物的荧光强度，是Cd^{2+}离子与该试剂形成的配合物的37倍，因此可用金属离子的取代反应来测定Zn^{2+}离子。测定波长为422/604nm，检测限为0.15ng/mL，可用于测定自来水中的锌[76]。非水溶性四（4-对氯苯基）卟啉和meso-四（4-三甲胺基苯基）卟啉等也曾用于锌的荧光分析[77,78]。

将8-(苯磺酰胺)-喹啉固定化在聚合物基体上做成螯合树脂，可用于锌的荧光测定。这种螯合树脂可保存三个月而毫无损失。测定锌的检测限为1.6ng/mL[79]。若用该试剂在十二烷基磺酸钠的胶束介质中测定Zn^{2+}离子，检测限可降至0.2ng/mL，曾用于食品中锌的测定。利用该试剂也可采用同步和导数荧光光谱的方法测定锌[80]。

Zn^{2+}离子与对甲苯磺酰-8-氨基喹啉形成的配合物也可用于锌的荧光测定。如先利用阳离子交换柱使海水样品中的锌与干扰的碱金属离子和碱土金属离子分离并富集，再配上流动注射技术，可用于海水中锌的船上灵敏测定。采用4.4mL的海水样品，检测限可达0.1nmol。每个样品分析时间为6min[81]。

在Triton X-100存在下的乙酸钠-乙酸介质中，利用水杨醛硫卡巴腙为试剂也可配用流动注射技术测定锌。测定范围为10～1000ng/mL，检测限为5ng/mL，已用于饮用水和生物样品中锌的测定[82]。

在DMF存在下和pH＝8.30的$NH_3\cdot H_2O$-NH_4Ac介质中，Zn^{2+}离子与β-环糊精-邻香草醛苯甲酰腙络合生成荧光性的1∶1包合物，可用于茶叶和人发中痕量锌的测定。测定波长为396/486nm，线性范围为2.50～500μg/L，检测限为0.608μg/L[83]。

§18.4.2 镉的荧光分析

8-巯基喹啉、8-(苯磺酰胺）喹啉、8-羟基喹啉-5-磺酸、7-碘-8-羟基喹啉-5-磺酸、2-(邻羟苯基)-苯氧氮杂茂、3，5′-双［双-(羧甲基）氨甲基］-4，4′-二羟基-反-均苯代乙烯、1-二羧基甲基-氨基甲基-2-羟基-3-萘甲酸、钙黄绿素和罗丹明 B 等试剂，都曾用于镉的荧光分析[1]。

加入溴化十六烷基三甲铵可使采用 8-羟基喹啉-5-磺酸为试剂测定有机废液中镉的灵敏度提高 2～3 倍。测定波长为 390/520nm，线性范围为 5～100μg/L，检测限为 4.2μg/L[84]。

用 5-甲酰-3-羟基-4-羟甲基-2-甲基吡啶修饰的脱乙酰壳多糖被固定在琼脂糖硅胶上，也可以做成测定镉的荧光探针，检测限略比 1.0×10^{-6}mol/L 大些[73]。

将 8-(苯磺酰胺)-喹啉固定化在聚合物基体上做成螯合树脂，也可用于镉的荧光测定。这种螯合树脂可保存三个月而毫无损失。测定镉的检测限为 1.9ng/mL[79]。

利用吲哚-1 作为荧光探针的生物传感器，也曾用于水溶液中镉和钙的测定[85]。

将 7-碘-8-羟基喹啉-5-磺酸固定在二乙基氨基乙基-免疫葡聚糖凝胶上做成光导纤维荧光传感器，也可用于镉的荧光分析。测定 Cd^{2+} 离子的检测限为 8.0×10^{-8}mol/L，曾用于面粉样品中镉的测定[86]。

将二乙基三胺-*N*，*N*，*N*′，*N*″，*N*″-五乙酸的二环二酐与（*Z*）-2-氨基-*α*-(1-特丁氧基羰基)-4-噻唑乙酸按 1∶1 反应，生成的中间物可用于牛血清白蛋白、荧胺及正丁胺等的衍生。而牛血清白蛋白共轭体会与 Cd^{2+} 离子络合。利用这一原理可采用荧光偏振免疫分析法测定镉，检测限低于 1.0nmol/L[87]。

利用反相液相色谱分离后，可以采用 8-羟基喹啉磺酸盐为荧光试剂，在 500nm 波长处测定含有大量过量的 Mg^{2+} 和 Zn^{2+} 离子的环境水样中含量低至 2μg/L 的 Cd^{2+} 离子[88]。

将海水样品在线预浓集 5min（2.1mL/min）后，利用蒽六杂氮环为荧光试剂，在 pH13 的介质中可以检测出海水样品中的镉含量，检测限为 35pmol/L[89]。

在 pH7.2 的缓冲介质中和邻菲啰啉存在下，Cd^{2+} 离子会与 6-巯基嘌呤生成强荧光性配合物，借此可以测定水样中的镉含量，测定波长为 380/540nm，检测限为 3μg/L[90]。

当 pH 为 9.1 时，*α*，*β*，*γ*，*δ*-四（5-磺苯基）卟吩在聚氯乙烯醇的存在下会在憎水玻璃片的表面上形成一个荧光环，而 Cd^{2+} 离子会定量地猝灭该荧光。据此可测定 1.0×10^{-14}～2.0×10^{-13}mol 的镉，检测限为 5fmol[91]。

四（4-三甲铵苯基）卟啉和四碘合镉/罗丹明 S 也曾用于镉的荧光猝灭法测定[92,93]。

在 pH7.9 的 Na_2HPO_4-NaH_2PO_4缓冲介质中，Cd^{2+}离子会猝灭水杨醛缩氨基硫脲的荧光，故可用于小麦样品中镉含量的测定。测定波长为 382/485nm，线性范围为 0.0～30.0μg/L，检测限为 1.4μg/L[94]。

§18.4.3 汞的荧光分析

罗丹明 B、丁基罗丹明 B 和罗丹明 6G 等试剂都曾用于汞的荧光测定[1]。

在弱碱性介质中，Hg^{2+}离子氧化硫胺素会生成荧光性的硫胺荧，可用于自来水样品中汞的测定[1]。后来，有人利用这一原理设计成测定汞的荧光传感器，检测限达 3ng/mL，可用于矿泉水、自来水和海水中 Hg^{2+}离子的测定[95]。

在 pH4.5 的稀硝酸中，Hg^{2+}离子会猝灭烟酰胺腺嘌呤双核苷酸的荧光，借此可测定低至 10ng/mL 的汞[1]。

Hg^{2+}离子、溴以及荧光素三者所形成的离子缔合物可用乙酸正丁酯萃取，萃取液用 452nm 光线激发，在 476nm 处测量荧光强度。此法检测限为 0.4ng/mL，可用于检测水中的汞污染[96]。

尿素酶会催化脲素转变为二氧化碳和氨的反应，而 Hg^{2+}离子的存在会抑制尿素酶的催化效应。以邻苯二醛为试剂采用荧光法测定释放出的氨，测定波长为 340/455（或 458）nm，检测限为 2ng/mL，线性范围为 0.5～100ng/mL[97,98]。

以 5，10，15，20-四（对苯磺基）卟啉为试剂，可在水溶液中荧光测定汞，检测限为 1.4ng/mL。也可以将该试剂做成 600nm 厚的凝胶薄膜，再组装成光化学传感器，同样可用于汞的测定[99]。如改用 5，10，15，20-四苯基卟啉溶解于聚氯乙烯膜组成的离子选择性光传感器，根据 Hg^{2+}离子与试剂生成金属卟啉配合物而导致试剂本身荧光猝灭的原理，可以测定水样中的汞含量，检测限为 4.0×10^{-8}mol/L[100]。

在 pH 为 7.2 的缓冲介质中和邻菲啰啉存在下，Hg^{2+}离子会与 6-巯基嘌呤生成强荧光性配合物，借此可以测定水样中的汞含量，测定波长为 380/540nm，检测限为 4μg/L[90]。

双光子感生荧光法曾用于大气中汞浓度的快速测量[101]。

§18.5 硼、铝、镓、铟、铊的荧光分析

§18.5.1 硼的荧光分析

硼酸盐会与许多有机试剂发生反应生成发荧光的二元或三元配合物。这些试

剂包括蒽醌类的茜素红 S、1，4-二羟基蒽醌、胭脂红酸、1-氨基-4-羟基蒽醌、1，2，5，8-四羟基蒽醌、1，8-二羟基蒽醌和蒽醌蓝；羟基黄酮类的桑色素、栎精和堪非醇；属于酮类的有安息香、二苯酰甲烷、2，4-二羟基苯乙酮、二羟基二苯甲酮及其取代化合物 2-羟基-4-甲氧基-4′-氯二苯甲酮和苯基荧光酮；其他试剂还有钍射气Ⅰ、水杨酸、乙酰水杨酸、铬变酸、丁基罗丹明 B 和罗丹明 6G 等。其中以茜素红 S 使用得最早，以安息香使用得最广泛，而以二苯酰甲烷、栎精和 2-羟基-4-甲氧基-4′-氯二苯甲酮较为灵敏[1]。

在浓硫酸介质中用茜素红 S 为试剂测定硼，灵敏度为 1μg/mL。如在 pH7.5 的磷酸盐缓冲溶液中测定，并采用流动注射技术，灵敏度可达 0.34μg/mL，曾用于电镀液中硼的测定[102]。2-[(5′-氟-2′-砷酸基苯) 偶氮]-1，8-二羟基-3，6-萘二磺酸可作为荧光试剂用于自来水、茶叶、铝合金及淀粉中微量硼的测定，测定波长为 234/380nm，线性范围为 0～360μg/L，检测限为 2.06μg/L[103]。

也有人采用相同的试剂以一阶或二阶导数同步荧光法测定了植物叶片中的钼和硼[104]。有人将桑色素固定化在树脂上做成传感器，利用桑色素与硼酸形成的荧光性络合物，可以采用流动注射法测定硼，线性范围为 10^{-3}～10^{-2}mol/L[105]。

在 pH7.0 的 KH_2PO_4-Na_2HPO_4 缓冲介质中，以核固酸为荧光试剂，可以测定钢样和高温铁基镍合金中的微量硼。测定波长为 528/544nm，线性范围为 0～40μg/mL，检测限为 0.04μg/mL[106]。

激光-时间分辨荧光法曾用于 U_3O_8 中痕量硼的测定[107]。

§18.5.2 铝的荧光分析

Al^{3+} 离子能与许多有机试剂形成会发荧光的配合物。这些试剂大体上可分为三大类：(1) *O*，*O*′-二羟基偶氮化合物，如滂铬蓝黑 R、荧光镓、2-(2-羟基-5-磺酸苯偶氮)-1，8-二羟基萘-3，6-二磺酸、3-(2，4-二羟基苯偶氮)-4-羟基苯磺酸、2-(2，4-二羟基苯偶氮)-1-羟基苯、3-(2-羟基-4-甲氧基苯偶氮)-4-羟基苯磺酸和 2，2′-二羟基偶氮苯等，其他偶氮化合物还有试镁灵和羊毛铬红 B 等；(2) 芳族席夫碱化合物，如 *N*-水杨叉替-2-氨基-3-羟胺、水杨叉替-邻氨基苯酚、*N*-水杨叉替-邻氨基苯胂酸、水杨醛-邻氨基苯酚、2-羟基-5-磺基苯胺-*N*-水杨叉替、2-羟基-4-氯苯胺-*N*-水杨叉替、2-羟基-4-羧基苯胺-*N*-水杨叉替以及苯甲醛缩氨基硫脲，如 2-羟基-5-甲基苯甲醛缩氨基硫脲、2-羟基-5-氯苯甲醛缩氨基硫脲、水杨醛-缩氨基脲和 2，4-二羟基苯甲醛缩氨基脲等；(3) 其他试剂，如桑色素、8-羟基喹啉、8-羟基喹啉-5-磺酸、3-羟基喹啉-2-萘甲酸、间，对-羟基苯甲酸水杨醛甲酯、茜素酱紫红、水杨醛甲酰腙、水杨醛乙酰腙、槲皮素和滂铬蓝 SW 等[1]。

在六亚甲基四胺或乙酸-乙酸钠缓冲溶液中，以羊毛铬红 B 为试剂并与流动注射技术联用，可以测定自来水和矿泉水中低至 0.3ng/mL 的 Al^{3+} 离子[108]。如有敏化剂氟化物存在，并在 80℃下采用动力学法进行测定，检测限可降至 0.1ng/mL。此法曾用于自来水、矿泉水及尿样中铝的测定[109]。

若同样采用动力学法，但改用 8-喹啉醇为试剂，则可不必预先去除蛋白而测定血样和尿样中低至 1ng/mL 的铝，测定波长为 370/504nm[110]。5，7-二溴-8-喹啉醇也曾用于自来水和食品中铝的荧光分析，检测限为 1ng/mL；如采用在线分析，检测限达 0.3ng/mL[111]。

以 8-羟基喹啉为试剂，氯仿为萃取剂，经相分离或不经相分离，同样可以测定饮用水、河水和废水中的铝。如不经相分离，测定的线性范围为 2～120ng/mL，检测限达 0.2ng/mL。Fe^{3+} 离子的干扰可用羟胺和邻菲啰啉的混合液予以消除[112]。此法也曾用于测定天然水中的总单核铝和酸溶态铝[113]。如经离子交换分离，还曾用于测定天然水中的无机和有机单核铝[114]。

在 pH4.5 的 0.2mol/L 乙酸盐溶液中，Al^{3+} 离子与 8-羟基喹啉-5-磺酸形成的配合物可用 365nm 射线激发，在 490nm 处测量荧光强度。此法不经预处理可测定自来水、雨水和雪中含量低至 1ng/mL 的铝[115]。如药物制剂试样经阳离子交换分离后采用该试剂测定铝，检测限可达 0.5ng/mL[116]。也可采用毛细管电泳使 Al^{3+} 离子与 Ca^{2+}、Mg^{2+}、Zn^{2+} 以及 Cd^{2+} 等离子分离后以该试剂测定铝，且在试剂中加入 20%的二甲基甲酰胺可使荧光强度增大三倍，检测限亦低于 ng/mL[117]。

同样用 8-羟基喹啉-5-磺酸为试剂，但加入氯化十六烷基三甲铵，可以测定低矿化水平的饮用水中的铝含量，线性范围为 10～500ng/mL，检测限为 0.5ng/mL[118]。也有人采用巯基乙酸为掩蔽剂，利用该试剂测定饮用水和自来水中的铝含量，线性范围为 2.2～300ng/mL，检测限为 2.8ng/mL[119]。

以 7-碘-8-羟基喹啉-5-磺酸为试剂，可采用激光时间分辨荧光法测定铝，检测限为 0.8ng/mL[120,121]。

8-羟基喹啉-5-磺酸的许多衍生物，如 7-碘-8-羟基喹啉-5-磺酸、7-(2，4-二羟基苯偶氮)-8-羟基喹啉-5-磺酸、7-(2，4-二羧甲氧基-5-羧基苯偶氮)-8-羟基喹啉-5-磺酸和 7-[(4-甲基-2-胂酸基苯) 偶氮]-8-羟基喹啉-5-磺酸等也曾用于铝的荧光测定[122～125]。

铬变酸（1，8-二羟基萘-3，6-二磺酸）也可用于铝的测定，测定波长为 346/370nm，检测限为 1.0ng/mL，曾用于自来水、河水和海水中铝的测定[126]。

媒染红 19 也是一种测定铝的荧光试剂，测定波长为 475/555nm，测定范围为 1～80ng/mL，曾用于矿泉水中铝的测定[127]。

3-(2，4-二羟苯基偶氮)-2-羟基-5-氯苯磺酸曾作为荧光试剂用以测定湖水中的铝，检测限为 3.7nmol/L[128]。

在 pH4.2～4.6 的乙醇-水介质中，以 2，4-二羟基苯甲醛异烟酰腙为试剂，可测定食用碳酸氢钠和铝锅煮沸水中的铝含量。测定波长为 394/484nm，线性范围为 1～240ng/mL，检测限为 0.96μg/L[129]。

在 pH6.5 的介质中，将 Al^{3+} 离子和 2，2′-二羟基偶氮苯溶液滴在疏水滤纸上，然后在暗处用紫外线照射，可以观测到有色的荧光斑点，检测限为 0.5ng/mL[130]。

偶氮染料酸性铬蓝 K 也可用于微量铝的荧光法测定，测定波长为 520/593nm，线性范围为 $1\times10^{-8}\sim8\times10^{-6}$ mol/L，检测限为 4.8×10^{-9} mol/L[131]。2-(5′-磺基-2′-羟基苯-1′-偶氮)-5-乙氨基-4-甲酚和 5-氟偶氮胂 I 也曾用于铝的荧光法测定[132,133]。

在乙醇存在下，用桑色素为试剂测定铝的灵敏度可提高六倍[134]。同样以桑色素为试剂也可采用固体表面荧光法测定铝[135]。

在 pH5.0 的水-醇介质中，Al^{3+} 离子与 2，6-双[(邻-羟基)-苯亚氨甲基]-1-苯酚会形成 1∶1 的配合物，可用于天然水中铝的测定，检测限为 0.1ng/mL[136]。

2-羟基-1-咔唑羧酸盐也曾用于天然水中 $Al(H_2O)_6{}^{3+}$ 离子的荧光测定，当介质 pH=5 时检测限为 0.06μmol/L[137,138]。

在前述芳族席夫碱化合物中，让 Al^{3+} 离子与水杨叉替-邻-氨基苯酚形成的荧光性配合物吸附在葡聚糖型阳离子交换凝胶上，然后采用固相荧光法进行测定，检测限可达 0.02ng/mL，曾用于天然水中铝的测定[139]。将水杨基荧光酮固定化在二乙氨基交联葡聚糖凝胶上，可做成铝荧光传感层，Al^{3+} 离子会猝灭其荧光，曾用于测定水样和葡萄糖注射液中的铝。测定波长为 350/542nm，线性范围为 20～150ng/mL，检测限为 5.0×10^{-6} mol/L[140]。2-羟基-5-磺基苯胺-*N*-水杨叉替曾与反相高效液相色谱法联用，测定波长为 405/490nm，检测限为 1.0ng/mL，可用于测定河水中的铝[141]。

Al^{3+} 离子与 1，6-二（1′-苯基-3′-甲基-5′-吡唑啉酮-4′-）己二酮以及 CTMAB三者能形成离子缔合物，据此可用于铝的测定，检测限为 4.4×10^{-8} mol/L[142]。

四（4-对氯苯基）卟啉、2-羟基（2-羟基-4-磺酸-1-重氮萘)-3-萘酸（即钙试剂）和 *N*，*N*，*N*′，*N*′-四乙酸都曾作为荧光试剂用于铝的测定[143～145]。

水杨醛水杨酰腙和 5-溴-水杨醛水杨酰腙都曾用于铝的荧光测定，介质分别为 pH3.4 的醇-水溶液和 pH5.4 的乙酸盐缓冲溶液，测定波长则为 375/450nm 和 370/460nm，检测限为 1.2ng/mL 和 1.1ng/mL，均曾用于葡萄糖注射液和饮料中铝的测定[146,147]。在乙醇存在下，β-环糊精会使 Al^{3+} 离子与邻羟基萘醛水杨酰腙的络合物形成包络物，而 Triton X-100 又有协同增敏作用，据此可测定葡萄糖注射液、贻贝、扇贝和蛤蜊等样品中的铝含量。测定波长为 370/485nm，线性范围为 0～80ng/mL，检测限为 0.24ng/mL[148]。

水杨醛苯甲酰腙和吡哆醛异烟酰腙也曾用于铝的荧光测定[149,150]。

在 Triton X-100 和邻苯二氢钾-盐酸缓冲溶液中，利用水杨醛羰腙为试剂、以室温流动注射荧光法测定饮用水中铝的检测限为 2.25ng/mL[151]。

在酸性介质中，Al^{3+} 离子与水杨醛皮考啉腙会生成荧光性配合物，测定波长为 384/468nm，曾用于测定土壤中含量低至 1～2ng/mL 的铝[152]。有人利用该试剂做成流通式荧光传感器，用以测定各种水样中的铝，测定范围为 2～100ng/mL[153,154]。

水杨醛与甘氨酸生成的席夫碱曾用于铝的时间分辨荧光法测定，其根据的原理是该试剂与铝的配合物的荧光寿命比试剂本身长 8.4ns。测定波长为 350/435nm，测量时间为 300s，检测限为 5ng/25mL[155]。

2，4-二羟基苯甲醛-异烟碱腙曾用于饮用水和食用碳酸氢钠中铝的荧光测定，测定波长为 394/484nm，测定范围为 0～6μg/25mL[156]。

Al^{3+} 离子与水杨醛-1-酞嗪腙形成的荧光性配合物可用于水中铝的测定，测定波长为 414/475nm，测定范围为 10～100ng/mL[157]。

§18.5.3 镓的荧光分析

与 Ga^{3+} 离子生成会发荧光的配合物的试剂，大体上可分为五类：①喹啉衍生物，如 8-羟基喹啉、2-甲基-8-羟基喹啉、5，7-二溴-8-羟基喹啉和 8-喹啉硫醇等；②偶氮染料，如羊毛铬红 B、搔洛铬黑、磺基萘酚偶氮-间-苯二酚、荧光镓、十二烷基荧光镓、媒染蓝 31、2-(2，4-二羟基苯偶氮)-4-羟基苯磺酸、3-(2，4-二羟基苯偶氮)-4-羟基苯磺酸和 2，2′-二羟基-4，4′-二甲基偶氮苯等；③罗丹明类染料，如罗丹明 B、罗丹明 4G 和罗丹明 6G 等；④席夫碱类，如 2-羟基-5-磺基苯胺-*N*-水杨叉替、2-羟基苯甲醛缩氨基硫脲和 2-羟基-1-萘甲醛-缩氨基硫脲等；⑤其他试剂，如水杨醛乙酰腙、间二羟苯（乙）醛甲酰腙和邻羟苯基苯并噁唑等[1]。

用 5-甲酰-3-羟基-4-羟甲基-2-甲基吡啶修饰的脱乙酰壳多糖被固定在琼脂糖凝胶上，也可以做成测定镓的荧光探针，检测限略比 1.0×10^{-6}mol/L 大些[158]。

在十二烷基硫酸钠和 Triton X-100 的存在下，采用桑色素为荧光试剂测定镓的波长为 400/510nm，线性范围为 2～120ng/mL，检测限为 1.7ng/mL[159]。

在溴化十六烷基三甲铵和 β-环糊精的存在下，采用邻氯苯基荧光酮为试剂以荧光猝灭法测定镓的波长为 400/510nm，线性范围为 4～60ng/mL，检测限为 2.4ng/mL[160]。

Ga^{3+} 离子与 2，2′-联吡啶在 pH5.0 的介质中形成的荧光性配合物也可用于镓的测定，测定波长为 305/325nm，检测限为 0.8ng/mL[161]。

以丁基罗丹明 B 和四溴荧光素双荧光剂并以甲苯为萃取剂，可以测定矿样中的镓。测定波长为 518/555nm，线性范围为 0～150ng/mL，检测限为 0.1ng/mL[162,163]。

在 pH4.3～5.3 的介质中，在氯化十四烷基三甲铵存在下，Ga^{3+} 离子与邻-羟基氢醌酞的反应可用于镓的荧光分析。测定波长为 345/545nm，测定范围为 0～28.0ng/mL[164]。

Ga^{3+} 离子与水杨醛-1-酞嗪腙形成的荧光性配合物可用于铝合金和镍合金中镓的测定，测定波长为 410/480nm，测定范围为 10～100ng/mL[157]。

Ga^{3+} 离子与水杨醛水杨酰腙形成的 1∶3 荧光性配合物可用于半导体材料硅和地质样品中镓的测定，测定波长为 370/455nm，线性范围为 0～140ng/mL，检测限为 1.4ng/mL[165]。Ga^{3+} 离子与水杨醛异烟酰腙形成的 1∶1 荧光性配合物可用于地质样品中镓的测定，测定波长为 395/480nm，线性范围为 0～1.0μg/10mL，检测限为 4×10^{-4}μg/mL[166]。

在液相色谱分离之后，采用 CTAB 胶束介质中的 8-羟基喹啉-5-磺酸作为衍生试剂，可以测定大气溶胶中的镓，检测限为 1.5ng/mL[167]。

此外，用于测定生物物质中镓的荧光分析的试剂还有吡啶-2-醛-2-呋喃甲酰腙[168]、水杨醛硫代卡巴腙[169,170]、1，5-双（水杨叉）硫代卡巴腙[171]、邻苯二酚-1-醛-2-苯并噻唑腙[172]和 1，5-双-(2，3-二羟基-苯基甲叉)-硫代卡巴腙[173]等。以后者为试剂测定牛的肝、心和肾组织样品中的镓含量时，测定波长为 400/493nm，测定范围为 20～100μg/mL，检测限为 5.1ng/mL。

§18.5.4 铟的荧光分析

8-羟基喹啉、2-甲基-8-羟基喹啉、罗丹明 B 以及 2-羟基苯（甲）醛缩氨基硫脲等试剂，都曾用于铟的荧光分析[1]。其中，2-甲基-8-羟基喹啉也曾用作高效液相色谱的柱前衍生试剂，使 In^{3+} 离子与十几种金属阳离子分离。此法测定铟的检测限为 1.4×10^{-8}mol/L[174]。

在 CTMAB 存在下，在 pH4.0 的 HCl-NaAc 介质中，In^{3+} 离子会猝灭二溴苯基荧光酮的荧光，可用于测定矿样中的铟。测定波长为 400/550nm，线性范围为 0～160μg/L[175]。

在液相色谱分离之后，采用 CTAB 胶束介质中的 8-羟基喹啉-5-磺酸作为衍生试剂，可以测定大气溶胶中的铟，检测限为 1.0ng/mL[167]。

§18.5.5 铊的荧光分析

铊的荧光分析法主要有胭脂虫红和硫酸双氧铀的荧光猝灭法、$TlCl_3{}^{2-}$ 配离子荧光法和罗丹明 B（或丁基罗丹明 B）荧光法等。这些测定铊的方法通常都须预先通过离子交换、溶剂萃取或共沉淀等步骤以达到浓集和消除干扰的目的，才能用于各种实际样品的分析[1]。

先用聚氨酯泡沫塑料吸附分离出地质试样中的铊，然后在 CTMAB 存在下以 8-羟基喹啉-5-磺酸为试剂进行测定，测定波长为 360/510nm，线性范围为 0～2.5μg/25mL，检测限为 6.64ng/mL[176]。

§18.6　钪、钇的荧光分析

§18.6.1　钪的荧光分析

桑色素、8-羟基喹啉、3，5-双［*N*，*N*-二（羧甲基)-氨甲基]-4，4′-二羟基芪、间苯二酚甲醛乙酰腙、水杨醛缩氨基脲、媒染蓝 31 和茴香酸 β-羟基萘酰肼等试剂，都曾用于钪的荧光分析[1]。

将栎精固定在免疫葡聚糖凝胶 G-25 的葡聚糖型吸附剂上，可作为钪的荧光传感器的传感层。利用这种传感器测定天然材料和工业材料中的钪，检测限可达 0.06μg[177]。

水杨醛水杨酰腙和水杨醛-5-溴-水杨酰腙都曾用于土壤样品中钪的荧光测定，测定均在 1∶1 醇-水介质中进行，介质的 pH 分别为 5.0 和 4.8，测定波长分别为 388/465nm 和 392/466nm，检测限分别为 0.12ng/mL 和 0.15ng/mL[178,179]。

水杨醛苯甲酰腙也曾用于地质样品中钪的荧光测定，测定波长为 385/455nm，线性范围为 0～100ng/mL，检测限为 0.025ng/mL[180]。

二溴水杨醛异烟酰腙也曾用于混合稀土氧化物样品中钪的荧光测定，测定波长为 335.4/510nm，线性范围为 0～10μg/10mL[181]。

在十二烷基磺酸钠存在下，Sc^{3+} 离子与 2-羟基-5-苯甲醛缩氨基脲形成的配合物可被氯仿萃取，测定波长为 380/467nm，检测限为 0.08ng/mL[182]。

§18.6.2　钇的荧光分析

8-羟基喹啉、5，7-二氯-8-羟基喹啉、5，7-二溴-8-羟基喹啉以及含有优洛托平的水杨酸苯醚的乙醇溶液等，都曾作为测定钇的荧光试剂[1]。

在十二烷基磺酸钠存在下，Y^{3+} 离子与 2-羟基-5-苯甲醛缩氨基脲形成的配合物可被氯仿萃取，测定波长为 380/461nm，检测限为 16ng/mL[182]。

在 CTMAB 存在下的 HAc-NaAc 缓冲溶液（pH5.4）中，Y^{3+} 离子与 8-羟基喹啉-5-磺酸的荧光体系可用于测定钇富集物中的钇。测定波长为 400/510nm，线性范围为 0～160ng/mL，检测限为 3.2ng/L[183]。

§18.7 稀土元素的荧光分析

§18.7.1 镧的荧光分析

La^{3+}离子与桑色素在 pH5.5 的二氧杂环己烷-水溶液中所形成的配合物，在紫外线照射下会发生绿色荧光，荧光峰在 505nm。此法的测定范围为 0.2～3.2μg/mL。La^{3+}离子与 5，7-二氯-8-羟基喹啉在 pH9 的二氧杂环己烷-水溶液中所形成的配合物，在紫外线照射下也会发生绿色荧光，荧光峰在 526nm。此法的测定范围为 0.2～2.8μg/mL[1]。

§18.7.2 铈的荧光分析

含有 Ce^{3+}离子的稀硫酸或高氯酸溶液，在 254nm 射线照射下会发生紫外线荧光，荧光峰在 350nm，可用于铈的测定[1]。也可在氯化钾介质中测定铈，测定波长为 252.4/353.8nm，线性范围为 $0 \sim 3.0 \times 10^{-6}$ mol/L，检测限为 6.0×10^{-9} mol/L[184]。氟化钠熔珠荧光法则可用于估计试样中的铈含量[1]。

磺基萘酚偶氮-间-苯二酚、8-羟基喹啉-5-磺酸、4，8-二氨基-1，5-二羟基蒽醌-2，6-二磺酸钠以及 1-氨基-4-羟基蒽醌等，都曾作为试剂用于铈的荧光测定[1]。

Ce^{3+}离子与乙二胺四（甲基膦）酸在 pH 为 7-8 的溶液中形成的 1∶1 络合物会极大地提高荧光强度，可用于痕量铈的测定，测定波长为 313/397nm，线性范围为 $1 \times 10^{-8} \sim 1 \times 10^{-4}$ mol/L，共存的其他稀土离子、Fe^{3+}离子和某些无机阴离子对 Ce^{3+}离子的测定无影响[185,186]。

在 pH6.00 的柠檬酸-磷酸氢二钠缓冲溶液中，Ce(Ⅳ）可将 I^-离子氧化为 I_2，而 I_2又能使异硫氰酸荧光素的荧光猝灭，据此可测定矿泉水中的痕量铈。测定波长为 485/515nm，线性范围为 5～500μg/L，检测限为 2.2μg/L[187]。

Ce(Ⅳ）可将 L-酪氨酸氧化为强荧光性的没食子酸色素，据此可测定稀土样品中的铈。测定波长为 305/347nm，线性范围为 $5 \times 10^{-7} \sim 5 \times 10^{-5}$ mol/L[188]。

Ce(Ⅲ）对 2-(8′-羟基喹啉-5′-磺基-7′-偶氮)-变色酸的分解反应具有催化作用，据此可用于铈的催化荧光法测定。测定波长为 370/495nm，线性范围为 0～15.0μg/25mL，检测限为 0.9μg/mL[189]。

偏最小二乘法曾用于天然混合稀土氧化物中铈、镨和钕的荧光法同时测定[190]。

§18.7.3 镨的荧光分析

含镨的 LaOCl 荧光体受到 X 射线或紫外线激发时均会发生荧光，可用于高纯氧化镧中镨的测定[1]。

§18.7.4 钐和铕的荧光分析

$CaWO_4$熔珠荧光法曾用于钐和铕的测定。含有 Sm 和 Eu 的 $CaSO_4$荧光体经静电加速器的电子流处理后，如分别用不同波长的射线激发，可在不同波长处分别测定 Sm 和 Eu 的含量。噻吩甲酰三氟丙酮也曾用于 Eu^{3+}离子和 Sm^{3+}离子的测定[1]。Tb^{3+}离子对 Sm^{3+}离子-噻吩甲酰三氟丙酮-氯代甲基三烷基铵-Triton X-100 体系具有共发光效应，可用于混合稀土氧化物中钐的测定，测定波长为 338/563nm，线性范围为 $1.0\times10^{-9}\sim1.0\times10^{-7}$mol/L，检测限为 1.0×10^{-11}mol/L[191]。噻吩甲酰三氟丙酮-氯代甲基三烷基铵-Triton X-100 体系或再加上聚乙氧基乙醇体系也曾用于铕的测定[192,193]。噻吩甲酰三氟丙酮-乙醇体系还曾用于铕或钐的时间分辨激光荧光法测定[194,195]。

如有 Y^{3+}离子存在，可使 Eu^{3+}-噻吩甲酰三氟丙酮-十六烷基三甲基溴化铵组成的三元配合物的荧光增强 100 倍，检测限达 1.0×10^{-11}mol/L，曾用于稀土氧化物中铕的测定[196]。Y^{3+}离子的存在，可使 Eu^{3+}-二苯甲酰甲烷-二苯胍-丙酮体系的荧光增强 100 倍，用于测定铕的线性范围为 $1.0\times10^{-10}\sim5.0\times10^{-8}$mol/L，检测限达 5.0×10^{-13}mol/L[197]。

类似地，Tb^{3+}离子的存在，可使 Eu^{3+}-噻吩甲酰三氟丙酮-十六烷基三甲基溴化铵组成的三元配合物的荧光增强大约 100 倍，测定波长为 372/612nm，检测限达 1.0×10^{-13}mol/L。如改为 Lu^{3+}离子存在，则可使 Eu^{3+}-二苯甲酰甲烷-二乙胺组成的三元配合物的荧光增强大约 100 倍，检测限达 5.0×10^{-12}mol/L。这两种体系都曾用于稀土氧化物中铕的测定[198]。如改为 Gd^{3+}离子存在，则可使 Eu^{3+}-二苯甲酰甲烷-二乙胺组成的三元配合物的荧光增强大约 100 倍，检测限达 8.5×10^{-13}mol/L，可用于 Gd_2O_3中痕量铕的测定[199]。Gd^{3+}离子的存在，也可使 Eu^{3+}-二苯甲酰甲烷-三乙醇胺-氯化十六烷基吡啶组成的四元配合物的荧光增强 49 倍，测定波长为 400/615nm，测定范围为 $1.0\times10^{-10}\sim1.0\times10^{-8}$mol/L，检测限为 2.6×10^{-11}mol/L，曾用于合成水样和含铕荧光粉中铕的测定[200]。Gd^{3+}离子的存在，还使 Sm^{3+}（或 Eu^{3+}）-二苯甲酰甲烷-Triton X-100-十六烷基三甲基溴化铵组成的四元配合物的荧光增强 50 倍，用于测定钐和铕的波长分别为 390/565nm 和 390/612nm，测定范围分别为 $1.0\times10^{-8}\sim5.0\times10^{-6}$mol/L 和 $1.0\times10^{-10}\sim5.0\times10^{-8}$mol/L，检测限分别为 1.0×10^{-9}mol/L 和 1.0×10^{-12}mol/L[201]。如果采用 Eu^{3+}-噻吩甲酰三氟丙酮-三水杨酰胺基三乙胺体系，可测定高纯 Y_2O_3中的痕量铕，测定波长为 348.9/613.4nm，测定范围为$7.598\times10^{-7}\sim3.799\times10^{-4}$g/L，检测限为 1.520×10^{-8}g/L[202]。二苯并-18-冠-6 等冠醚对 Eu^{3+}-噻吩甲酰三氟丙酮荧光体系有增敏作用，而 Dy^{3+}或

Ho^{3+}对该三元体系又有增敏作用，因此也可用于铕的测定[203]。如果采用Eu^{3+}-噻吩甲酰三氟丙酮-N，N′-二萘基-N，N′-二苯基-3，6-二氧杂辛烷二酰胺体系，可用于测定稀土矿石试样和高纯稀土氧化物中的痕量铕，测定波长为343.6/613.3nm，测定范围为3.647×10^{-3}～3.039μg/mL，检测限为2.279×10^{-4}μg/mL；若采用一阶导数荧光法测定，测定范围为0.06078～0.6100μg/mL，检测限为8.566×10^{-5}μg/mL[204]。

在Triton X-100的存在下，以Tb^{3+}和Cd^{2+}为增敏离子，建立的Cd^{2+}-Tb^{3+}-Eu^{3+}-强力霉素-Triton X-100协同荧光增敏体系，可用于铕的高灵敏测定。此时的荧光强度比无Tb^{3+}和Cd^{2+}存在时提高8倍。测定波长为386/616nm，线性范围为4.0×10^{-10}～4.0×10^{-8}mol/L，检测限为5.0×10^{-11}mol/L[205]。如采用四环素体系，Ca^{2+}离子会使Sm和Eu的荧光强度分别增强3～5倍和6～30倍，检测限分别从38.2μg/L、0.09μg/L降低为7.9μg/L和0.015μg/L[206]。

三氟乙酰丙酮-三正辛基膦化氧-Triton X-100体系也曾用于钐、铕、铽和镝的激光诱导荧光法测定或三维荧光光谱法测定[207～209]。

吡嗪-2，3-二羧酸曾作为荧光试剂用于稀土试样中铕和铽的一阶导数法同时测定，测定铕的波长为597nm，测定铽的波长为551nm，检测限分别为4.0和2.0ng/mL[210]。

2-萘甲酰基三氟丙酮和三正辛基膦氧化物亦可作为钐和铕荧光测定的试剂[1]。Tb^{3+}离子对钐-铕-噻吩甲酰三氟丙酮-三正辛基膦氧化物己烷萃取体系纸上荧光具有增敏作用，可用于混合稀土氧化物中10^{-1}ng级的钐和10^{-3}ng级的铕的同时测定。对钐的测定范围为0.2～12ng，检测限为0.15ng；对铕的测定范围为0.02～16ng，检测限为0.007ng[211]。

六氟乙酰丙酮、四环素类抗生素、2-(2，2-二苯基乙酰基)-1，3-茚满二酮（即杀鼠剂敌鼠）、吡啶-2，6-二羧酸和吡嗪-2，3-二羧酸等都曾用于铕等稀土元素的荧光分析[212～217]。

利用稀土配合物的荧光衰减动力学特性，时间分辨激光荧光法较早已用于钐和铕等稀土元素的分析[218,219]。

乳清酸或异乳清酸体系都曾用于混合稀土氧化物中铕、铽和镝的荧光分析[220]。

§18.7.5 铽的荧光分析

用氢弧灯所发出的210～230nm射线为激发光，在545nm处测量铽的氯化物溶液的荧光强度，可以测定5～200μg/mL的铽。在紫外线照射下，由铽的硫酸盐（或氢氧化物）和基体氧化钇所制得的荧光体会发出荧光，也可用于铽的测定[1]。

在过量的 La^{3+}、Lu^{3+}、Y^{3+} 或 Gd^{3+} 等离子存在下，Tb^{3+} 离子与水杨酸苯脂在含有 TritonX-100 和乙醇的溶液中生成的螯合物的荧光强度会分别提高 33、20、11 和 13 倍，据此可用于铽的测定。如有 La^{3+} 离子存在，检测限为 3.0×10^{-9} mol/mL[221]。在 Gd^{3+} 存在下，检测限为 2.2ng/mL[222]。

类似地，La^{3+} 等稀土离子可分别与 Tb^{3+} 离子以及乙酰基水杨酸形成共发荧光体系。如采用 La^{3+} 离子，可使其荧光增强 350 倍，从而使测定铽的检测限降至 3.0×10^{-10} mol/mL。此法曾用于稀土标准氧化物中铽的测定，测定波长为 342/545nm，线性范围为 $5.0\times10^{-9}\sim3.0\times10^{-6}$ mol/L[223]。

Lu^{3+} 或 Gd^{3+} 离子对 Tb^{3+} 离子与水杨酸酯在含有 Triton X-100 的溶液中生成的螯合物的荧光具有增敏作用，可用于测定高纯 Gd_2O_3 和 Lu_2O_3 中 Tb_4O_7 的含量。测定波长为 350/546nm，检测限为 0.20μg/L[224]。

Tb^{3+} 离子与安替比林-水杨酸、EDTA-磺基水杨酸以及 EDTA-乙酰丙酮等组成的三元配合物，在紫外线照射下都会发生荧光，均可用于铽的分析。1，2-二羟基苯-3，5-二磺酸钠也曾用于铽的荧光测定[1]。

在 Sm^{3+}、Eu^{3+}、Dy^{3+}、Tm^{3+}、Yb^{3+}、Y^{3+}、Lu^{3+}、Gd^{3+} 或 La^{3+} 等离子存在下，Tb^{3+} 离子与 1，6-二（1′-苯基-3′-甲基-5′-吡唑啉酮-4′-）己二酮以及CTMAB三者所形成离子缔合物的荧光强度会明显增强，据此可用于铽的测定。当存在 Gd^{3+} 离子的情况下，测定铽的检测限为 2.0×10^{-12} mol/L。当存在 Y^{3+} 离子的情况下，测定铽的检测限为 2.7×10^{-9} mol/L[225~227]。

在 pH10.0 的水溶液中，La^{3+} 离子会使铽(Ⅲ)-邻-氟苯甲酸-乙二胺体系的荧光强度增大 78 倍，因而可用于铽的分析。测定波长为 339/546nm，线性范围为 $5.0\times10^{-10}\sim2.0\times10^{-7}$ mol/L，检测限为 5.0×10^{-11} mol/L[228]。

Tb^{3+} 离子与过量的苯-1，2，4，5-四羧酸在微酸性介质中形成的 1∶1 螯合物，可用于稀土矿石和稀土氧化物中铽的荧光测定，测定波长为 270/546nm，测定范围为 0.198～6.356μg/mL[229]。

在 β-环糊精存在下，Tb^{3+} 离子与苯均三酸在 pH4.80～5.20 的介质中会形成螯合物，可用于铽的荧光测定，测定范围为 $2.08\times10^{-5}\sim4.00\times10^{-8}$ mol/L，检测限为 1.0×10^{-8} mol/L[230]。在该体系中如再加入锆酸盐，由于测定体系更加稳定，则测定灵敏度更高，测定铽的范围为 0.508～521ng/mL，测定波长为 301/545nm[231]。

Gd^{3+} 离子对 Tb^{3+} 离子与均苯四甲酸体系具有增敏作用，可用于铽的荧光测定。测定波长为 295/545nm，测定范围为 $1.0\times10^{-8}\sim6.0\times10^{-6}$ mol/L，检测限为 4.0×10^{-9} mol/L[232]。

Y^{3+} 离子对 Tb^{3+} 离子-对苯二甲酸-乙二胺体系具有增敏作用，也可用于铽的荧光测定。测定波长为 296/546nm，测定范围为 $2.0\times10^{-9}\sim2.0\times10^{-7}$ mol/L，

检测限为 5.0×10^{-11} mol/L[233]。

苯基乳酸等 α-羟基羧酸、1，4-双（1′-苯基-3′-甲基-5′-氧代吡唑-4′-基）丁二酮-[1，4] 和水杨酸等试剂都曾用于铽的荧光测定[234~236]。

§18.7.6 铽、镝混合物的荧光分析

4-磺基苯基-2-甲基-吡唑啉酮-5 或双 [1-吡啶基-3-甲基-5-羟基-吡唑基]-4，4′-甲烷与 Tb^{3+} 离子和 Dy^{3+} 离子所形成的配合物的荧光峰不同，因此都能用于铽和镝混合物的荧光分析。EDTA-试钛灵或亚氨二乙酸与 Tb^{3+} 离子和 Dy^{3+} 离子所形成的 1∶1∶1 三元配合物的荧光峰也不同，因此也能用于铽和镝混合物的荧光分析[1]。

在 Triton X-100 存在下，Tb^{3+} 离子或 Dy^{3+} 离子与对羟基苯甲酸及三正辛基氧化膦组成的三元体系的荧光强度比它们不存在时的二元体系的荧光强度分别提高 320 倍和 85 倍，可用于合成混合稀土样品中铽和镝的分析。测定波长分别为 280/545nm 和 285/480nm；线性范围分别为 $1.0\times10^{-8}\sim1.0\times10^{-4}$ 和 $1.0\times10^{-6}\sim2.4\times10^{-5}$ mol/L；检测限分别为 5.0×10^{-9} 和 1.0×10^{-7} mol/L[237]。

CTMAB 存在下的亚氨基二乙酸-钛铁试剂体系、乙二醇二乙醚二胺四乙酸和水杨酸等都曾用于铽和镝的荧光同时分析[238~240]。

§18.7.7 铕、铽混合物的荧光分析

1，1，1，5，5，5-六氟-2，4-戊二酮与 Eu^{3+} 离子和 Tb^{3+} 离子所形成的配合物的荧光峰不同，因此可用于铕和铽混合物的荧光分析。用不同波长的光线激发 Eu^{3+} 离子和 Tb^{3+} 离子与二甲替甲酰胺所生成的配合物，在不同的波长处进行检测，可用于铕和铽混合物的荧光分析。将铕和铽的氯化物加入于碳酸钾溶液中，经摇荡后用不同波长的光线激发，在不同的波长处进行检测，也可用于铕和铽混合物的荧光分析[1]。

§18.7.8 钆、铽混合物的荧光分析

一缩二甘醇酸体系曾用于稀土氧化物中钆和铽的荧光同时测定。测定波长分别为 271/310nm 和 220/545nm，线性范围分别为 0.16～100μg/mL 和 3～1000ng/mL，检测限分别为 160ng/mL 和 3ng/mL[241]。

§18.7.9 铕、铽、镝混合物的荧光分析

在 pH7.5 的 $HAc-NH_3\cdot H_2O$ 体系中，萘啶酮酸（即 1-乙基-1，4-二氢-7-甲基-4-氧代-1，8-二氮杂萘-3-羧酸）可用于混合稀土中 Eu、Tb 和 Dy 的同时荧光测定。三者的激发波长均为 342nm，发射波长分别为 612、546 和 576nm；线

性范围分别为 0.001～6.0、0.001～10.0 和 0.001～6.0mg/L；检测限分别为 1.3、1.0 和 4.4μg/mL[242]。

§18.7.10　铽、镝、钐混合物的荧光分析

在强碱性乙醇介质中，Tb^{3+}、Dy^{3+} 和 Sm^{3+} 离子与钛铁试剂都会形成荧光性配合物。以 N_2 分子激光 337.1nm 紫外线脉冲为激发光，分别采用橙色、绿色和橙红色滤光片，可不经分离直接测定三者混合物[1]。

§18.7.11　钐、铕、铽混合物的荧光分析

采用同步导数荧光法，以喹哪啶酸和二氮杂菲为试剂，可进行钐、铕、铽混合物的同时测定，最大发射波长分别为 645nm、617nm 和 545nm，测定范围分别为 10～250、0.5～50 和 0.5～300μg/mL[243]。

§18.7.12　钐、铽、铕、镝混合物的荧光分析

可采用纸色谱法先让钐、铽、铕、镝四者与干扰元素分离，再相互分离，最后用 15%Na_2WO_4溶液喷淋，在紫外灯下根据荧光的颜色和强度分别检测这四种元素。也可将这四者的盐溶液与 Na_2WO_4 溶液混合，在 265nm 射线激发下分别在四个不同的波长处检测它们各自的荧光强度。亦可先用噻吩甲酰三氟丙酮-1,10-二氮杂菲混合试剂测定 Sm 和 Eu，再用 4-磺苯基-3-甲基-吡唑啉酮-5 测定 Tb 和 Dy[1]。

Y^{3+} 离子和 2，2′-联吡啶的存在，由于螯合物间能量转移过程的发生，可极大地提高钐、铽、铕、镝四者与三甲基乙酰三氟丙酮形成的螯合物的荧光强度。当使用时间分辨荧光计进行同时测定时，四者的检测限分别可达 3.8、0.27、0.019 和 20pmol/L[244]。

§18.7.13　镥的荧光分析

桑色素-二安替比林甲烷曾用于镥的荧光分析[1]。

在 CTMAB 存在下，7-碘-8-羟基喹啉-5-磺酸可用于镥的荧光分析，测定波长为 381/501nm，对 Lu_2O_3 的测定范围为 1～1.0μg/mL，检测限为 8.8ng/mL[245]。

§18.7.14　铒的荧光分析

以 CaF_2 为共沉淀剂将 Er^{3+} 离子共沉淀后，在激光照射下测量其荧光强度，可检测至 25pg/mL 的铒，其他稀土元素离子不会干扰[1]。

§18.7.15 铥的荧光分析

Tm^{3+}离子与双（1′-苯基-3′-甲基-5′-吡唑-4′-酮）己二酮以及十六烷基三甲基溴化铵三者形成的1∶2∶1离子缔合物，可用于含有稀土元素的试样中痕量铥的荧光测定[246]。

Tm^{3+}离子与3-苯基-5-苯甲酰基-2-硫代-4-噻唑啉酮形成的1∶2配合物，可用于人工合成样品中铥的荧光测定，测定波长为305/405nm，线性范围为$1.184\times10^{-8}\sim4.72\times10^{-7}$mol/L，检测限为$2.368\times10^{-9}$mol/L[247]。

以吡啶-2，6-二羧酸为试剂，可以采用一阶导数荧光法测定钬、铒、镱和镥等重稀土氧化物中Tm_2O_3的含量。测定波长为469nm和480nm，线性范围为0～4μg/mL，检测限为0.04μg/mL[248]。

§18.7.16 镝的荧光分析

六氟乙酰丙酮-三辛基氧化膦-Triton X-100体系曾用于混合稀土样品中痕量镝的荧光测定，测定波长为330/575nm，线性范围为$6.0\times10^{-7}\sim2.0\times10^{-5}$mol/L，检测限为$2.0\times10^{-7}$mol/L[249]。

Gd^{3+}离子对Dy^{3+}离子-1，5-双（1′-苯基-3′-甲基-5′-氧代吡唑-4′-基）戊二酮-[1，5]-CTMAB荧光体系具有增敏作用，可用于镝的荧光测定。测定波长为274/575nm，线性范围为$4.0\times10^{-10}\sim1.0\times10^{-6}$ mol/L，检测限为8.0×10^{-11}mol/L[250]。

采用水杨酸-乙醇体系，可进行镝的时间分辨激光荧光法测定。测定波长为337.1/573nm，线性范围为0.1～100μg/mL，检测限为17ng/mL[251]。

§18.7.17 钆的荧光分析

三氟乙酰丙酮-CTMAB体系曾用于稀土矿物中钆的荧光分析。测定波长为232/311nm，线性范围为0.005～0.4μg/mL，检测限为0.003μg/mL[252]。

§18.7.18 稀土元素总量的荧光分析

Berregi等[253]提出以钙试剂（α-萘酚-4-磺酸-偶氮-2-羟基-3-萘酸）为荧光试剂，在pH6.0～9.2的水溶液中测定三价稀土元素阳离子的总含量，测定波长为492～497/519～522nm，检测限为4.49×10^{-8}mol/L。Church等[254]提出以α-羟基异丁酸为络合剂，在经毛细管电泳分离之后测定La^{3+}、Ce^{3+}、Pr^{3+}、Nd^{3+}、Sm^{3+}、Eu^{3+}等，检测限可达6～11nmol。他们采用氩离子激光器的333～364nm紫外线为激发光源，用二极管阵列检测器检测442nm荧光发射强度。

在pH11的$HAc-H_3BO_3-NaOH$缓冲溶液中，各种稀土元素对色氨酸的荧光均有猝灭作用，据此可测定人发中的稀土元素总量。测定波长为 278/364nm，线性范围为 0～50μg/25mL，检测限为 0.23μg/L[255]。

§18.8　钍、铀、锔的荧光分析

§18.8.1　钍的荧光分析

1-氨基-4-羟基蒽醌、桑色素、3，4′，7-三羟基黄酮和 1-二羧基甲基-氨基甲基-2-羟基-3-萘甲酸等试剂，都曾用于钍的荧光分析[1]。

在硫酸介质中，Th^{4+} 离子与桑色素-TOPO（或 TRPO）-SLS 形成的配合物具强荧光性。采用流动注射在线预富集-时间分辨胶束增敏荧光法可测定水样中的痕量钍。测定波长为 429/512nm，线性范围为 0～80ng，检测限为2.5ng/L[256]。

黄酮醇与 Th^{4+} 离子形成的配合物可用 394nm 光线激发，在 462nm 处测量荧光强度。如在流动注射系统的试剂中加入 0.1%β-环糊精，检测限可达 3ng/mL，曾用于氮化铝中钍的测定[257]。

Th^{4+} 离子与 8-羟基喹啉-5-磺酸以及二乙撑三氨五乙酸形成的三元配合物，可提高测定钍的选择性，使得镧系元素和过渡金属元素的存在不影响钍的测定。采用流动注射分析技术，钍的检测限可达 12ng/mL[258]。

§18.8.2　铀的荧光分析

铀是原子能工业的主要原料。在原子能工业中对于工艺废液和空气飘尘中铀的测定，需要高灵敏度的方法。在这些方法中，常用的是 NaF 熔珠法[1]。

在溶液中会发生荧光的只有 UO_2^{2+} 离子，其他形式的铀离子不会发生荧光。而且 UO_2^{2+} 离子发生的荧光的性质随着溶液中存在的阴离子及溶剂而异。由此可见，发生荧光的是由 UO_2^{2+} 离子与阴离子以及溶剂分子所组成的配合物。曾用于 UO_2^{2+} 离子荧光检测的试剂有：苯甲酸-罗丹明 B、噻吩甲酰三氟丙酮、桑色素和羟基萘酚蓝等[1]。

如果采用活性硅胶柱分离后，可用荧光法测定盐水和含大量铁的水样中的 UO_2^{2+} 离子，检测限可达 1.4ng，并允许 56mg 铁、480mg 镁以及 1000mg 氯化物存在[259]。

时间分辨激光诱导荧光法曾用于核燃料循环和锆中 UO_2^{2+} 离子的测定，不需其他络合剂，检测限可达 10ng/L[260]。此法也曾用于核燃料再加工过程中 UO_2^{2+} 离子的在线检测，在 4mol/L 纯硝酸溶液中铀的检测限为 5ng/mL[261,262]。在人不宜接近的危险环境中，可以采用远距离时间分辨激光诱导荧光法测定核燃料循环中的铀，检测限约为 10^{-10} mol/L[263]。可以采用磷酸三丁酯从酸性溶液中萃取铀，然后采用在线时间分辨激光诱导荧光法在超临界二氧化碳中测定铀酰螯合物[264]。

土壤和植物试样经消化后用甲基异丁酮萃取，萃取液采用激光荧光法加以测定，测出尼罗河三角洲地区土壤中的铀含量为 0.6～4.4μg/g，而植物组织中的铀含量为 0.032～0.17μg/g[265]。土壤、超基性岩、植物灰分、煤灰及红泥样品中超痕量的铀也曾用激光荧光法加以测定，但需加入焦磷酸钠、正磷酸、三聚磷酸五钠和六聚磷酸钠等增强荧光的试剂[266]。也有人采用 H_3PO_4-$NH_4H_2PO_4$ 为增强荧光的试剂，用于测定含铀量大于 0.01%的矿石中的铀含量[267]。

有人利用光导纤维时间分辨荧光传感器（或称流动光极传感器）测定溶液中的 UO_2^{2+} 离子，测定范围为 10^{-9}～10^{-4} mol/L[268]。

§18.8.3 锔的荧光分析

在非极性胶束介质（Triton X-100）中，锔与噻吩甲酰三氟丙酮以及三-正-辛基膦化氧三者形成的配合物，可用时间分辨激光诱导荧光法加以测定，检测限为 0.1ng/L[269]。

§18.9 碳、硅、锗、锡、铅的荧光分析

§18.9.1 碳的荧光分析

全-(2，6-二-*O*-异丁基)-*β*-环糊精对固定于增塑 PVC 膜中的 meso-四（4-甲氧基苯基）卟啉具有明显的荧光增强效应，其荧光可被溶液中的 CO_2 可逆地猝灭，因此可用于 CO_2 含量的测定。测定波长为 423/657nm，线性范围为 4.75×10^{-7}～3.9×10^{-5} mol/L，曾用于啤酒样品中二氧化碳含量的测定[270]。

§18.9.2 硅的荧光分析

在甲酰胺介质中，安息香曾用于 SiO_3^{2-} 离子的荧光分析，但灵敏度较低。加入甘露醇消除硼的影响后，测定范围为 0.08～0.4μg Si/mL[1]。

硅钼杂多酸与罗丹明 6G 形成离子缔合物后使罗丹明 6G 的荧光猝灭，据此可测定铜合金中的硅含量。测定波长为 350/555nm，线性范围为 0～80ng/mL[271]。如有聚乙烯醇存在，测定波长不变，线性范围为 0～20ng/mL，检测限为 0.21ng/mL[272]。

§18.9.3 锗的荧光分析

2，4-二羟基苯乙酮、安息香酸、2，2′，4′-三羟基-3-胂酸基-5-氯偶氮苯以及茜素-罗丹明 6G 等，都曾作为测定锗的荧光试剂[1]。

在非离子表面活性剂 Brij-35 存在下，以栎精为试剂，可以测定药物和燕麦面包中的锗含量。测定波长为 432/552nm，线性范围为 7.4～150ng/mL[273]。

在十二烷基磺酸钠的存在下，槲皮素可用于锗的荧光分析，测定波长为 423/486nm，线性范围为 0～1.6μg/10mL，检测限为 2ng/mL，曾用于方铅矿和闪锌矿中微量锗的测定[274]。

3，7-二羟基黄酮曾用于锗的荧光分析[275]。桑色素也曾用于锗的荧光分析，测定的样品有水、血、保健饮料和蔬菜等[276～280]。

§18.9.4 锡的荧光分析

6-硝基-2-萘胺-8-磺酸、8-羟基喹啉、8-羟基喹啉-5-磺酸、罗丹明 B、3，7-二羟基磺酮、3，4′，7-三羟基磺酮和邻-羟基氢醌酞等试剂，都曾用于 Sn^{2+} 或 Sn^{4+} 离子的荧光分析[1]。

桑色素也曾用于锡的荧光分析，而且根据在相同的酸介质中 Sn^{2+} 离子与桑色素完成络合反应的时间比 Sn^{4+} 离子要快得多的原理，可以在 Sn^{2+} 离子存在下测定 Sn^{4+} 离子，检测限为 2×10^{-7} mol/L[1,281]。桑色素还曾用于 PVC 中间产品和污水中锡的有机化合物二氯化双（丁氧羰乙基）锡的荧光分析[282]。在 Triton X-100 和 β-环糊精存在下，桑色素可用于地质样品和锌合金样品中微量锡的荧光测定。测定波长为 400/510nm，线性范围为 10～130ng/mL，检测限为 1.7ng/mL[283]。

二溴羟基苯基荧光酮曾用于碳素钢中微量锡的荧光猝灭法测定。测定波长为 470/520nm，线性范围为 0.2～3.5μg/25mL，检测限为 0.2μg/25mL[284]。

8-羟基喹啉-5-磺酸作为柱前螯合荧光试剂，曾用于铜合金、硅酸盐及水中锡、镓和锌的反相离子对高效液相色谱法连续测定。测定波长分别为 370/520nm、368/517nm 和 362/510nm，检测限分别为 1.05、0.20 和 0.25ng[285]。

黄酮醇也是一种测定锡的荧光试剂，它不仅可用于 Sn^{4+} 离子的测定，还能利用它与三苯基锡在 Triton X-100 胶束介质中的反应，采用固相萃取法测定海水中含量低至 ng/L 级的三苯基锡[1,286]。

§18.9.5 铅的荧光分析

将 Pb^{2+} 离子吸附于纯制的 ZnS 固体上，或将其与 5%乙酸锌的混合液滴于 ZnS 薄片上，再用紫外线照射，均可检测铅。也可以将 Pb^{2+} 离子与草酸钙的共沉淀烧成 CaO∶Pb 发光体，再进行荧光检测。还可以利用 Pb^{2+} 离子与 Cl^- 离子组成的铅氯配合物的荧光性质检测铅。环炉技术也曾用于空气飘尘中微量铅的荧光检测[1]。

在 pH 为 7.2 的缓冲介质中和邻菲啰啉存在下，Pb^{2+} 离子会与 6-巯基嘌呤生成强荧光性配合物，借此可以测定水样中的铅含量，测定波长为 380/540nm，检测限为 6μg/L[287]。

一种基于 3，3′，5，5′-四甲基-*N*-(9-蒽基甲基) 联苯胺的选择性荧光光极膜，可用于 Pb^{2+} 离子的测定[288]。

§18.10 钛、锆、铪的荧光分析

§18.10.1 钛的荧光分析

烟酰肼-2-吡啶甲醛腙曾用于钛的直接荧光法或动力学荧光法测定[1]。

Ti^{4+} 离子与 2-乙酰吡啶皮考啉腙在酸性介质中会形成发蓝色荧光的化合物，测定波长为 366/445nm，可用于土壤的乙酸盐萃取液中 ng/mL 级钛的测定[289]。

在含有 Triton X-100 的 pH5.4～6.3 HAc-NaAc 缓冲溶液中，Ti^{4+} 离子与二溴羟基苯基荧光酮形成 1∶1 络合物而猝灭其荧光，据此可测定人发和合金钢中的钛含量[290]。

在 pH5.5 的 HAc-NH_4AC 介质中，可以利用 Ti(Ⅳ)-H_2O_2-CTMAB-2，4-二甲氧基苯基荧光酮荧光猝灭体系测定地质样品中的钛含量。测定波长为 400/510nm，测定范围为 0～48μg/L，检测限为 1.8μg/L[291]。

在吐温-80 的存在下，水杨基荧光酮曾用于合金钢及铝合金中钛的荧光分析。测定波长为 500/520nm，测定范围为 0.1～2.0μg/25mL，检测限为 0.1μg/25mL[292]。

3，5-二溴水杨基荧光酮曾用于稀土样品中痕量钛的停流-荧光动力学分析。测定波长为 470/510nm，测定范围为 0.025～0.500μg/mL，检测限为8ng/mL[293]。

§18.10.2 锆的荧光分析

黄酮醇、3，4′，7-三羟基黄酮、打提斯加根苷、钙黄绿素蓝、槲皮素、8-羟基喹啉和水杨叉-4-氨基安替比林等试剂，都曾用于锆的荧光分析[1]。

桑色素（即 3，5，7，2′，4′-五羟基黄酮）也曾用于锆的荧光分析。在十六烷基三甲基溴化铵存在下，Zr(Ⅳ)、Nb(Ⅴ) 和 Ta(Ⅴ) 都会与桑色素在酸性介质中形成稳定的三元胶束配合物，荧光激发和发射波长各不相同。但可以利用化学计量学的方法分别求出各自的含量，检测灵敏度为 0.5ng/mL，测定锆的波长为 420.5/507.8nm，测定范围为 0～0.20μg/mL[1,294]。此法曾用于钛合金中锆的荧光分析[295]。

在十二烷基磺酸钠存在下，Zr(Ⅳ) 和 Hf(Ⅳ) 都会与栎精（3，3′，4′，5，7-五羟基黄酮）在酸性介质中形成稳定的三元胶束离子缔合物，荧光发射波长各

不相同。但可以利用化学计量学的方法分别求出各自的含量，检测灵敏度为0.5ng/mL，测定锆的波长为435.0/497.9nm，测定范围为0～0.20μg/mL，曾用于模拟样品和土壤样品中锆和铪的测定[296]。

EDTA对以8-羟基喹啉-5-磺酸为荧光试剂测定锆的反应具有增敏作用，可用于复杂的硅酸盐样品分析。测定波长为360/500nm，测定范围为0.0005～1.0μg/mL[297]。

类似地，EDTA对以7-碘-8-羟基喹啉-5-磺酸为荧光试剂测定锆的反应也具有增敏作用，可用于铝合金样品中锆的分析。测定波长为370/500nm，测定范围为0.1～1.0μg/10mL，检测限为0.003μg/mL[298]。如再有CTMAB存在，检测限可达0.0008μg/mL[299]。

在pH4.3～5.3的介质中，在氯化十四烷基三甲铵存在下，Zr^{4+}离子与邻-羟基氢醌酞的反应可用于锆的荧光分析。测定波长为345/545nm，测定范围为0～36.0ng/mL[300]。

在0.2～1.5mol/L HCl介质中，在乳化剂OP存在下，Zr^{4+}离子与2，6，7-三羟基-9-(3，5-二溴-4-羟基苯基）荧光酮的反应可用于锆的荧光分析。测定波长为527.2/557.9nm，线性范围为0～100μg/L，检测限为2.0μg/L。此法曾用于瓷釉和熔铸Al_2O_3等样品中ZrO_2含量的测定[301]。

在pH5的HAc-NaAc介质中，在Triton X-100的存在下，Zr^{4+}离子与7-(1-苯偶氮)-8-羟基喹啉-5-磺酸的荧光猝灭反应可用于锆的分析。测定波长为362/500nm，线性范围为0～28μg ZrO_2/L，检测限为0.5μg/L。此法曾用于瓷釉和α-β-Al_2O_3中ZrO_2含量的测定[302]。

§18.10.3　铪的荧光分析

槲皮素曾用于铪的荧光分析，测定波长为340/502nm，测定范围为0.08～1.2μg/mL[1]。

在十二烷基磺酸钠存在下，Zr(Ⅳ）和Hf(Ⅳ）都会与桑精（3，3′，4′，5，7-五羟基黄酮）在酸性介质中形成稳定的三元胶束离子缔合物，荧光发射波长各不相同。但可以利用化学计量学的方法分别求出各自的含量，检测灵敏度为0.5ng/mL，测定铪的波长为435/492nm，测定范围为0～0.12μg/mL，曾用于模拟样品和土壤样品中锆和铪的测定[296]。

§18.11　氮化物的荧光分析

§18.11.1　硝酸根和亚硝酸根离子的荧光分析

Viriot等[303]曾对硝酸根和亚硝酸根离子的荧光测定方法作过评述。

荧光素曾用于 NO_3^- 离子的荧光分析[1]。利用荧光素做成的光导纤维传感器在硫酸介质中用于分析 NO_3^- 离子的测定范围为 0.12～0.62mg/L[304]。也曾利用溴酸钾氧化荧光素的动力学荧光法测定水中的 NO_2^- 离子含量[305]。

2，2′-二羟基-4，4′-二甲氧基苯酮、对-氯苯胺及 2，6-二氨基吡啶、2，3-二氨基萘、5-氨基荧光素、雷锁酚、联苯胺和乙基罗丹明 S 等试剂，都曾用于硝酸根或亚硝酸根离子的荧光分析[1]。

NO_2^- 离子在酸性介质中对溴酸盐氧化荧光性的酚藏花红的反应具有催化作用，因此可采用动力学催化荧光法通过测量酚藏花红荧光强度的减弱来测定 NO_2^- 离子的含量。如在流动注射系统中装入镀铜的镉还原柱，则可将 NO_3^- 离子还原为 NO_2^- 离子后加以测定。此法曾用于水样和肉制品样品中硝酸根和亚硝酸根离子的测定[306]。此法也曾用于自来水、雨水和湖水中亚硝酸根离子的测定，测定波长为 516/586nm，线性范围为 0.20～6.7μg/L，检测限为 0.08μg/L[307]。十二烷基硫酸钠对在稀硝酸介质中 NO_2^- 离子催化溴酸钾氧化藏红 T 的反应有增敏作用，也曾用于水样中亚硝酸根离子的测定。测定波长为 536/565nm，线性范围为 0.5～25.0μg/L，检测限为 0.2μg/L[308]。NO_2^- 离子在稀磷酸介质中对溴酸盐氧化荧光性的吡咯红 B 的反应具有催化作用，因此可采用动力学催化荧光法通过测量吡咯红 B 荧光强度的减弱来测定 NO_2^- 离子的含量。此法的测定波长为 574nm，测定水和蔬菜样品中痕量亚硝酸根离子的线性范围为 5～60μg/L，检测限为 2μg/L[309]。NO_2^- 离子对溴酸钾氧化罗丹明 B 的反应具有催化作用，可用锌粉将 NO_3^- 离子还原为 NO_2^- 离子。因此可采用动力学荧光法测定各种水样中 NO_3^- 离子和 NO_2^- 离子的含量。此法的测定波长为 348/548nm，测定 NO_3^- 离子和 NO_2^- 离子的线性范围分别为 0.0067～0.67μg/27mL 和 0.002～0.2μg/27mL，检测限分别为 0.25ng/mL 和 0.074ng/mL[310]。

由阴离子“载体”十二烷基三甲基氯化铵、亲脂性的阳离子染料罗丹明 B 十八烷基高氯酸酯以及增塑聚氯乙烯做成的膜，对 NO_3^- 离子具有荧光传感作用。根据这一原理制成的传感器可测定 0.6～60μg/mL 的 NO_3^- 离子，检测限为 0.1μg/mL[311]。

利用 Devarda 合金将硝酸根和亚硝酸根离子还原为氨，生成的氨气通过一种荧光传感器的传感膜与邻苯二醛作用，可用于测定雨水和河水样品中的硝酸根和亚硝酸根离子。此法的测定范围为 1～5ng/mL[312]。

由镀铜的镉还原柱和荧光物质 2，3-二氨基萘组成的流动注射分析系统，可用于测定雨水样品中的硝酸根和亚硝酸根离子，雨水中的其他物质不会干扰测定。此法对亚硝酸根离子的检测限为 0.1nmol/mL[313]。2，3-二氨基萘也曾直接用于水样中痕量亚硝酸盐的测定，测定波长为 358/405nm，线性范围为 1.0～1500μg/L，检测限为 0.4μg/L[314]。

根据亚硝酸根离子与芳香伯胺反应的原理制成的一种荧光传感器，可以同时测定表层海水中的硝酸根、亚硝酸根离子以及氨。对硝酸根和亚硝酸根离子的检测限分别为4.6和6.9nmol[315]。

在碱性介质中，亚硝酸根离子与色氨酸反应会形成强荧光性的化合物，曾用于水样和食物样品中亚硝酸根离子的测定[316]。类似地，在碱性介质中，亚硝酸根离子与酪氨酸反应会形成强荧光性的化合物，检测限可达0.2ng/mL，曾用于水样和食物样品中亚硝酸根离子的测定[317]。

利用在荧光性的二萘基两亲物（C_8BNC_6N）聚集体中的Landolt反应，可以测定水样中含量低至5ng/mL的亚硝酸根离子，检测限约为2ng/mL[318]。

在酸性介质中，亚硝酸根离子与4-羟基香豆素反应的产物经硫代硫酸钠还原后在碱性介质中会发生荧光，借此可用于饮用水和肉制品中亚硝酸根离子的测定。测定波长为332/457nm，线性范围为1～1200ng/25mL，检测限为40pg/mL[319]。

由阴离子载体苄基双（三苯基膦）氯化钯（Ⅱ）和罗丹明B十八烷基高氯酸酯组成的增塑聚氯乙烯膜，可作为对亚硝酸根离子高灵敏的光传感器。它在5～5000μg/mL范围内对亚硝酸根离子的检测限为0.5μg/mL[320]。

在盐酸介质中，亚硝酸根离子会猝灭中性红的荧光，测定波长为547.0/606.4nm，线性范围为40～240μg/L，检测限为0.25μg/L。此法可测定自来水、海水和湖水等样品中的亚硝酸根离子[321]。

在酸性介质中，亚硝酸根离子会猝灭吲哚的荧光，测定波长为289/350nm，检测限为2.5ng/mL。此法可测定水样或食物样品中0.01～0.6μg/mL的亚硝酸根离子[322]。

在盐酸介质中，亚硝酸根离子会猝灭罗丹明3GO的荧光，测定波长为527/555nm，线性范围为1×10^{-9}～220×10^{-9}g/mL，检测限为1×10^{-9}g/mL。此法曾用于测定电厂废水、煤矿废水和酒厂地下水等样品中亚硝酸根离子的含量[323]。

亚硝酸根离子与碘化钾发生氧化还原反应生成的游离碘分子会猝灭异硫氰酸荧光素的荧光，据此可测定湖水、井水、雨水和池塘水中亚硝酸根离子的含量。测定波长为488/518nm，线性范围为25～100μg/L，检测限为12μg/L[324]。类似地，生成的游离碘分子会猝灭2′，7′-二氯荧光素的荧光，据此曾用于NH_4NO_3和$NaNO_3$等纯试剂中亚硝酸根离子含量的测定。测定波长为510/528nm，线性范围为10～120μg/L，检测限为5.6μg/L[325]。

亚硝酸根离子氧化I^-离子生成的I_3^-离子会猝灭罗丹明B的荧光，据此可测定自来水和矿泉水中亚硝酸根离子的含量。测定波长为355/580nm，线性范围为10～120μg/L，检测限为3.6μg/L[326]。

亚硝酸根离子会与*N*-甲基-4-肼基-7-硝基苯并呋咱形成*N*-甲基-4-氨基-7-硝基苯并呋咱，后者可在乙腈中检测荧光强度，测定波长为468/537nm。此法可用于水样中亚硝酸根离子的测定[327]。

在酸性介质中，亚硝酸根离子会与5，6-二氨基-1，3-萘二磺酸形成1-[H]-萘三唑-6，8-二磺酸，后者在碱性介质中会发生强的荧光。据此不必萃取分离即可测定自来水和湖水中的亚硝酸根离子，测定范围为0.8～112ng/mL，检测限为0.09ng/mL[328]。

基于红区荧光染料四取代氨基铝酞花青与HNO_3反应后荧光强度的增大，可用于测定0.04～0.80mol/L的HNO_3，检测限为0.005mol/L[329]。

在pH0.7的盐酸介质中，亚硝酸根离子与利凡诺（即2-乙氧基-6，9-二氨基吖啶乳酸盐）在高压汞灯照射下会发生光化学反应，生成的产物重氮盐具有荧光性，可用于池塘水和海水中亚硝酸根离子的测定。此法的测定范围为0.1～10ng/mL，检测限为0.1ng/mL[330]。

藏红T荧光猝灭法可用于测定电厂废水和煤矿污水中痕量亚硝酸根离子的测定。测定波长为525.0/556.0nm，线性范围为4×10^{-9}～200×10^{-9}g/mL[331]。

在pH8.0～9.5的H_3BO_3-NaOH缓冲介质中，硝酸根离子会猝灭*N*，*N'*-二-邻羧基苯基草酰胺的荧光，可用于深井水和矿泉水中硝酸根离子的测定。测定波长为210/395nm，线性范围为0.0028～0.16mg/L[332]。

§18.11.2 肼的荧光分析

水杨醛曾用于微量肼的荧光检定，可检出低至5×10^{-10}g的肼[1]。

肼、单甲基肼和1，1-二甲基肼用邻苯二醛、萘-2，3-二羧醛或蒽-2，3-二羧醛等芳香二羧醛衍生后均会生成荧光性产物，可采用荧光法测定，测定波长为403/500nm，线性范围为50～500μg/L[333,334]。

§18.11.3 氨及其他氮化物的荧光分析

氨在水-乙腈-丙酮（1∶9∶10）的混合溶剂中能与荧胺发生荧光反应，据此可进行氨的荧光测定，分析波长为380/470nm，测定范围为0.01～1.0μg/mL[1]。

采用Zn放电灯的213.8nm恒定强度的光线作为激发源，所发射的荧光强度与0.015～7μg/mL范围内NO的浓度成正比，误差在1%以内。此法准确、快速、简便，已用于汽车排出气中NO的测定；大气中的NO_2则可利用激光荧光法进行监测[1]。也有人采用2，4-二硝基苯肼为试剂测定空气样品（如汽车排出气和香烟烟雾）中的氮氧化合物的含量，检测限为10×10^{-9}～50×10^{-9}mL/mL[335]。

§18.11.4 氰化物的荧光分析

氰化物属烈性毒物，在工农业生产上有一定的应用，故颇易造成环境污染。

因此，微量氰化物的分析具有十分重要的意义。

氯胺-T-烟酰胺、8-羟基喹啉-5-磺酸钾、萘并硒二唑、鲁米诺-H_2O_2-Cu(Ⅱ)、苯醌肟苯磺酸酯、吲哚酚乙酸酯-玻璃酸酶、高香草酸-过氧化物酶-H_2O_2、2′，7′-双乙酸汞荧光素-I^-、2-(邻-羟苯基)苯并噁唑-Cu(Ⅱ)、钙黄绿素-Cu(Ⅱ)、吡哆醛-O_2、吡哆醛-5-磷酸草酰二腙-O_2等都曾用于微量氰化物的荧光测定[1]。

异烟碱酸-巴比妥酸[336]和荧光素[337]也曾用于微量氰化物的荧光测定。

在 pH9.2 的硼砂缓冲溶液中，CN^-离子会夺取 7-碘-8-羟基喹啉-5-磺酸与锌的配合物中的Zn^{2+}离子形成$Zn(CN)_4^{2-}$络阴离子，从而使原配合物受到破坏，荧光强度降低。加入 CTMAB 则效果更好。据此可用于测定电镀厂废水中的CN^-离子含量，分析波长为 400/515nm，测定范围为 0.0～6.0μg/10mL[338]。

近年来，生物传感器已用于微量氰化物的荧光测定。例如将过氧化氢酶固定化在聚丙烯酰胺膜中做成的生物传感器，它会催化过氧化氢分解为氧和水的反应，而氰化物会抑制这一催化作用，借此可测定含量低至 1.5mg/L 的氰化物[339]。类似地，将去硝假单胞菌荧光素 NCIMB 11764 固定化在膜上组成氰化物降解微生物传感器，可测定工业废水中 0.1～1μg/mL 的氰化物，而Cl^-离子和重金属离子不会干扰测定[340]。还有人将固定化的里哪苦苷酶生物反应器应用于非洲热带产的一种植物（cassava）中所含的氰化物的荧光检测，测定范围为10^{-7}～10^{-5}mol/L，检测限为 5.8×10^{-8}mol/L[341]。

有人利用在线气体扩散分离流动注射体系，使水样中可溶于弱酸的氰化物与邻苯二醛及甘氨酸作用，形成强荧光性的异吲哚衍生物，从而进行$Zn(CN)_4^{2-}$、$Cu(CN)_3^{2-}$、$Cd(CN)_4^{2-}$、$Hg(CN)_4^{2-}$、$Hg(CN)_2$和$Ag(CN)_2^-$等配合物的荧光测定，检测限可达 0.5μg/L[342]。如预先采用紫外线照射解离，则可测得包括稳定的和不稳定的氰化物的总量[343]。根据相同的原理，但用离子色谱分离法代替气体扩散分离法，并利用 8W 杀菌灯照射使稳定的金属配合物光分解，也可测定河水样品中上述络离子的含量，检测限为 10μg/L[344]。

氰化氢在十二烷基三甲基溴化铵阳离子胶束介质中，对溶解氧氧化吡哆醛-5′-磷酸盐生成发荧光的吡哆酸-5-磷酸盐的反应具有催化作用，因而可以采用动力学荧光法测定空气中氰化氢的含量，测定范围为 5～600ng/mL[345]。

18.12　磷、砷、锑、铋的荧光分析

§18.12.1　磷的荧光分析

硫胺、罗丹明 B、奎宁、Al-桑色素和 NADP 等试剂都曾用于磷的荧光分

析[1]。

磷钒钼杂多酸与乳酸-6，9-二氨基-2-乙氧基吖啶先形成离子缔合物，再经分离和浓集后，可采用激光时间分辨荧光法测定水、植物、组织、土壤和矿石中的磷，测定范围为0～0.5μg/mL。此法也可用于牛血清蛋白中磷的测定，检测限为0.7ng/mL[346]。

磷钼杂多酸与罗丹明6G形成离子缔合物后，罗丹明6G的荧光被猝灭，据此可用于铜合金中磷含量的测定。测定波长为350/555nm，线性范围为0～80μg/L[347]。如采用直接法，线性范围为0～2μg/L[348]。此法经改进后也曾用于铜合金中磷和砷的同时测定[349,350]。

如以罗丹明B代替罗丹明6G，加入OP为增敏剂，并改用同步荧光猝灭法测定黑色食品中的磷含量，线性范围为0～6μg/25mL[351]。

Sc^{3+}离子在弱酸性的水-乙醇介质中会与2-羟基-1-萘醛-对-甲氧基-苯酰腙反应形成强荧光性配合物，而磷酸盐会阻化这一反应，据此可用于血清样品中磷酸盐含量的测定，检测限可达0.8μg/mL[352]。

基于PO_4^{3-}离子对Fe^{3+}离子存在下吖啶的光氧化反应具有阻化作用这一机理，可以测定水样中的PO_4^{3-}离子，线性范围为0.95～9.5μg/mL[353]。

利用磷钼酸将硫胺氧化为硫色素的反应，可以测定水样中的可溶性无机磷和有机磷。如不经紫外线反应器发生光降解作用而测得的仅是无机磷，经过光降解作用测得的则是包括有机磷在内的总磷量变。测定的线性范围可高达350ng磷/mL，检测限为0.3ng磷/mL[354]。

在十二烷基苯磺酸钠存在下的酸性介质中，吖啶橙-罗丹明6G体系会发生能量转移而使罗丹明6G的荧光大为增强。此时体系中若存在由正磷酸盐与钼酸盐反应生成的磷钼酸，则磷钼酸与罗丹明6G形成离子缔合物而使罗丹明6G的荧光猝灭。借此可间接测定水样和土壤中活性磷的含量。测定波长为450/556nm，线性范围为0.05～0.70μg/L，检测限为5ng/L[355]。

§18.12.2 砷的荧光分析

在稀盐酸介质中，As(Ⅲ) 会将高碘酸根离子还原为I_2，而I_2会使吡咯红Y的荧光猝灭，据此可测定痕量砷。测定波长为348.9/549.2nm，线性范围为24.0～248μg/L，检测限为14μg/L[356]。

在pH8.0的$NH_3 \cdot H_2O$-NH_4Cl缓冲介质中，As(Ⅲ) 会猝灭7-[(2，4-羟基-5-羧基苯)偶氮]-8-羟基喹啉-5-磺酸的荧光，可用于测定绿茶茶叶中的砷含量。测定波长为296/396nm，线性范围为0.4～4.0μg/L，检测限为0.3μg/L[357]。

I_2与2′，7′-二氯荧光素反应能使其荧光猝灭，加入As^{3+}离子与I_2反应又能使2′，7′-二氯荧光素的荧光恢复。据此可用于测定工业废水和河水中的微量砷，测定波长为 508/524nm，线性范围为 1.0～80μg/L，检测限为 1.0μg/L[358]。

砷钼杂多酸与罗丹明 6G 形成离子缔合物后，罗丹明 6G 的荧光被猝灭，据此可用于铜合金中砷含量的测定。测定波长为 350/555nm，线性范围为 0～100μg/L[347]。

§18.12.3　锑的荧光分析

熔珠荧光法和低温荧光法都曾用于锑的测定。3，7-二羟基酮和 3，4′，7-三羟基黄酮也曾用于锑的荧光测定[1]。

§18.12.4　铋的荧光分析

熔珠荧光法曾用于铋的测定。利用铋对碱性磷酸酶催化伞形酮磷酸盐水解成强荧光性的伞形酮具有阻化作用，可测定 1～70μg/mL 的铋[1]。

§18.13　钒、铌、钽的荧光分析

§18.13.1　钒的荧光分析

间苯二酚、溴酸盐-溴化物-抗坏血酸-罗丹明 B、苯甲酸-锌汞齐、1-氨基-4-羟基蒽醌、4，8-二氨基-1，5-二羟基蒽醌-2，6-二磺酸钠等都曾用于钒的荧光测定[1]。

[1-(3-甲氧基水杨叉氨基)-8-羟基-3，6-萘二磺酸钠] 与 V(Ⅴ) 在酸性介质中会形成一种配合物，可采用荧光猝灭法测定钢和铸铁中的钒，测定波长为 360/415nm，测定范围为 50～600ng/mL，检测限为 12.5ng/mL[359]。

1，2-二羟基蒽酮-3-磺酸钠与 V(Ⅴ) 在十二烷基三甲基溴化铵介质中会发生配合反应，借此可用于蛤和海水中钒的测定，测定波长为 505/607nm，测定范围为 10～1000ng/mL，检测限为 3.0ng/mL[360]。

V(Ⅴ) 对溴酸钾在酸性介质中氧化水杨醛缩 7-氨基-8-羟基喹啉-5-磺酸生成荧光性产物水杨醛的反应具有催化作用，可用于钒铬钢样和水样中 V(Ⅴ) 的动力学荧光法测定。测定波长为 342/499nm，线性范围为 12.0～40.0μg/L，检测限为 2.7μg/L[361]。

V(Ⅳ) 对溴酸钾在盐酸介质中氧化茚三酮 7-氨基-8-羟基喹啉-5-磺酸生成荧光性产物的反应具有催化作用，可用于自来水和湖水中 V 的动力学荧光法测定。测定波长为 320/448nm，线性范围为 0～160.0μg/L，检测限为 1.7μg/L[362]。

V(Ⅳ) 对过氧化氢氧化铬变酸的反应具有催化作用，可用于钒的动力学荧光法测定，测定波长为 360/460nm，测定范围为 2～10μg/mL[363]。

在酸性介质中和柠檬酸存在下，V(Ⅴ) 会催化溴酸钾氧化吖啶橙的反应，从而使吖啶橙的荧光猝灭，据此可测定矿泉水、枸杞和人发样品中的钒含量。测定波长为 446/505nm，测定范围为 0.2～2.8ng/mL，检测限为 5.8×10^{-8}g/L[364]。

在硫酸介质中和柠檬酸存在下，V(Ⅴ) 会催化溴酸钾氧化酚藏花红的反应，从而使酚藏花红的荧光猝灭，据此可测定水样和人发样品中的钒含量。测定波长为 528/590nm，测定范围为 0.6～3.2ng/mL，检测限为 0.26ng/mL[365]。

以试钛灵（即 1，2-二羟基苯-3，5-二磺酸钠）为活化剂，V(Ⅴ) 对溴酸钾氧化 1，8-二氨基萘的反应具有催化作用，据此可进行大米和天然水样品中钒的催化动力学荧光熄灭法测定。测定波长为 356/439nm，反应时间为 5min，测定范围为 0.05～50.0ng/mL，检测限为 0.0088ng/mL[366]。

以柠檬酸为活化剂，V(Ⅴ) 对溴酸钾在稀硫酸介质中氧化藏红 T 而使其荧光猝灭的反应具有催化作用，据此可用于人发和煤灰中钒的测定。测定波长为 516/586nm，线性范围为 0.2～2.4ng/mL，检测限为 2.2×10^{-8}g/L[367]。

在酸性介质中，V(Ⅴ) 会催化溴酸钾氧化吖啶黄的反应从而使其荧光猝灭，据此可测定水样中的钒含量。测定波长为 447/510nm，线性范围为 0.02～2.0ng/mL，检测限为 0.006ng/mL[368]。

在 pH3.9 的 HAc-NaAc 缓冲介质中和维生素 C 的存在下，V(Ⅴ) 会催化溴酸钾氧化还原型罗丹明 B 的反应，据此可采用初始速率法测定铝矿石中的痕量钒。测定波长为 561/576.5nm，线性范围为 5～100ng/mL，检测限为 2ng/mL[369]。

V(Ⅴ) 对碘酸钾氧化茜素红的反应具有催化作用，据此可用于水样和铬钒钢中钒的测定。测定波长为 381/445nm，线性范围为 0.0～2.0μg/25mL，检测限为 7×10^{-10}g/L[370]。

也曾利用 V(Ⅴ) 的氧化性作为硫胺素的氧化试剂，用于大米等粮食样品中钒的测定。测定波长为 400/464nm，线性范围为 2.5×10^{-7}～1.75×10^{-5}mol/L，检测限为 7×10^{-10}g/L[371]。

§18.13.2 铌的荧光分析

NaF 熔珠法曾用于铌的荧光分析。此外，荧光镓、栎精-H_2O_2 也曾作为铌的荧光试剂[1]。

3-(2-羟苯基)-1-苯三嗪-*N*-氧化物会与 Nb(Ⅴ) 形成发强荧光的 1∶1 配合物，可用于铌的荧光测定，测定波长为 439/539nm，测定范围为 0.05～7μg/25mL[372]。

桑色素（3，5，7，2′，4′-五羟基黄酮）也曾用于铌的荧光分析。在十六烷基三甲基溴化铵存在下，Nb(Ⅴ) 会与桑色素在酸性介质中形成稳定的三元胶束配合物，检测灵敏度为 0.5ng/mL，测定铌的波长为 420.5/490.5nm，测定范围为 0～0.20μg/mL[373]。

在 pH4.7 的 HAc-NaAc 介质中，Nb(Ⅴ)、罗丹明 B、7-碘-8-羟基喹啉-5-磺酸和 CTMAB 形成四元胶束体系而使荧光猝灭，据此可用于铁精矿和铬镍铌合金钢中铌的测定。测定波长为 355/582nm，线性范围为 0.005～0.12mg/L，检测限为 0.3μg/L[374]。

在 CTMAB 存在下，可以采用 4，5-二溴苯基荧光酮测定钢样中的铌含量，测定波长为 420/470nm，线性范围为 0～6μg/25mL[375]。

在 CPB 存在下，可以采用槲皮素测定地质试样中的铌含量，测定波长为 420/470nm，线性范围为 0.4～2.8μgNb_2O_5/10mL，检测限为 7.7ngNb_2O_5/mL[376]。

§18.13.3　钽的荧光分析

罗丹明 6G、丁基罗丹明 S、桑色素、磺基萘酚氮间苯二酚和荧光镓等试剂，都曾用于钽的荧光分析[1]。

桑色素（3，5，7，2′，4′-五羟基黄酮）也曾用于钽的荧光分析。在十六烷基三甲基溴化铵存在下，Ta（V）会与桑色素在酸性介质中形成稳定的三元胶束配合物，检测灵敏度为 0.5ng/mL，测定钽的波长为 420.5/507.2nm，测定范围为 0～0.20μg/mL[373]。

§18.14　氧、臭氧、过氧化氢、羟自由基的荧光分析

§18.14.1　氧的荧光分析

当丙酮蒸气中存在微量氧时，在紫外线照射下将先呈现淡蓝色荧光，后明显地转变为绿色，而颜色转变所需的时间与丙酮蒸气中的氧含量有关，借此曾用以测定氮气中的氧含量[1]。

当肾上腺素的碱性溶液中存在微量氧时，在紫外线照射下将呈现黄绿色荧光，借此曾用以测定水中的氧含量[1]。

近年来出现了许多荧光传感器可用于氧的测定，例如一种由硅石组成的荧光传感器可用于测定水中的溶解氧[377]；一种由三［2，2′-二吡啶合钌(Ⅱ)］配合物包含在含有明胶的微乳凝胶中组成的光导纤维传感器，可用于测定甲苯、己烷和异辛烷等有机溶剂中的氧含量[378]；一种基于氧对四苯基卟啉猝灭作用而由镀有金属的二氧化硅组成的光导纤维传感器，可以检测到分压为 55～760Torr 的氧[379]；另一种基于猝灭钌的荧光的光传感器，可检测气相样品中 0～760Torr

的氧分压和液相样品中 0～200Torr 的氧分压[380]。由 Ru(Ⅱ)-[4，7-双（4′-庚基苯)-1，10-二氮杂菲]$_3$（ClO_4）$_2$为荧光试剂、聚苯乙烯为基质和磷酸三丁酯为增塑剂混合制成的膜，可以做成测定溶解氧的光导纤维传感器，用于池水、河水和制药厂废水中溶解氧的测定。测定波长为 432.0/587.0nm，线性范围为 3.3～8.7mg/L，检测限为 2.9mg/L[381]。

利用 Winkler 法测定溶解氧时释放出来的碘与 2-硫萘酚的作用，结合萃取-流动注射技术，可以采用荧光猝灭法测定环境水样中的溶解氧含量。测定的线性范围为 $2\times10^{-6}\sim1.2\times10^{-5}$ mol/L 的碘，检测限为 4.9×10^{-7} mol/L 的碘[382]。

§18.14.2 臭氧的荧光分析

臭氧与 1，2-二（4-吡啶基）乙烯在氯仿中反应生成吡啶-4-甲醛，后者再与 2-苯乙酰-1，3-茚满二酮-1-腙反应会生成荧光性产物，据此可检测低至 0.02μg/mL 的 O_3[1]。将鲁米诺或荧光素吸附于硅胶粉末上，让一定体积含有 O_3的气体试样通过该硅胶柱，则柱子荧光消失的高度与试样中 O_3的含量成正比，据此可测定 0.8～6.4μg 的 O_3[1]。

2′，7′-二氯荧光素曾作为荧光猝灭法的试剂用于大气中 O_3的快速测定，测定波长为 505/520nm，测定范围为 0.01～0.50μg/25mL，检测限为 0.01μg/25mL[383]。

§18.14.3 过氧化氢的荧光分析

在过氧化物酶的存在下，H_2O_2会氧化 7-羟基-6-甲氧基香豆素（莨菪亭）而猝灭其荧光，据此可测定 $1\times10^{-12}\sim3\times10^{-11}$ mol 的 H_2O_2。二乙酰二氯二氢荧光素也曾用于超微量 H_2O_2的测定，测定范围为 $2\times10^{-11}\sim3\times10^{-10}$ mol/mL[1]。

利用 1-甲基-1，2，3，4-四氢-β-咔啉-3-羧酸作为辣根过氧化物酶的底物，可采用简单而灵敏的荧光法测定 0.05～1μg/mL 的 H_2O_2[384]。

在酸性介质中，H_2O_2会氧化乙酰胺基苯，据此可测定雨水和牛奶中的 H_2O_2，测定波长为 298/333nm，线性范围为 $5.0\times10^{-8}\sim2.4\times10^{-5}$ mol/L 的 H_2O_2[385]。

基于辣根过氧化物酶催化过氧化氢氧化高香草酸形成发荧光二聚产物的原理做成的光导纤维传感器，可测定的线性范围为 1～130μmol 的 H_2O_2[386]。meso-四（*N*-甲基-3-吡啶基）卟啉铁配合物可代替辣根过氧化物酶，用于催化过氧化氢氧化高香草酸形成发荧光二聚产物的反应，据此测定过氧化氢的波长为 317.5/423nm，线性范围为 $0.0\sim3.6\times10^{-6}$ mol/L，检测限为 1.1×10^{-7} mol/L。用于测定血清中的葡萄糖含量的线性范围为 0.0～8.0μg/mL，检测限为

0.20μg/mL[387]。

利用硫胺素在 pH8 的介质中作为氯化血红素的荧光底物，可采用快速而灵敏的荧光法测定人体血清中 0～5.0×10^{-6}mol/L 的 H_2O_2[388]。

吡咯红 B 在氯化血红素的催化下可被过氧化氢氧化而使荧光猝灭，据此可测定 0～7.2×10^{-7}mol/L 的 H_2O_2，测定波长为 345/547nm，检测限为 8.0×10^{-9}mol/L[389]。

基于氯化血红素对 H_2O_2 氧化邻-羟基苯基荧光酮的催化作用，可以测定 0～1.0×10^{-6}mol/L 的 H_2O_2，检测限为 8.0×10^{-9}mol/L[390]。

将辣根过氧化物酶吸附固定化在聚四氟乙烯反应管的内壁，以对羟基苯基丙酸作为荧光底物，由此组成的流动注射系统可用于检测 4～80ng/mL 的H_2O_2[391]。

利用荧光素酰肼、Co(Ⅱ)以及过氧化氢之间的荧光反应，可以测定 0～1000ng/10mL 的过氧化氢，测定波长为 508/530nm[392]。

以对-羟基苯乙酸为高效液相色谱的柱后衍生试剂，在辣根过氧化物酶催化下会与过氧化氢生成荧光性的对-羟基苯乙酸二聚体，据此可测定含量低至 14ng/mL 的过氧化氢，测定波长为 285/400nm[393]。此法也可用于工业环境中气相过氧化氢的测定[394]。

在非离子表面活性剂 Brij-35 存在下，氯化血红素催化过氧化氢氧化 N，N'-二氰甲基-邻-苯二胺的荧光反应的灵敏度会提高五倍多，据此可测定 1.8×10^{-9}～1.8×10^{-5}mol/L的 H_2O_2[395]。

利用戊二醛法将辣根过氧化物酶固定化在载体脱乙酰壳多糖小珠上制成的固定化酶，可用于以 3-(对-羟苯基) 丙酸为荧光底物时环境样品中微量过氧化氢的测定[396]。此法用于测定雨水和自来水样品中的过氧化氢时的检测限为 3.0ng/L[397]。

当利用盐酸硫胺素（维生素 B_1）作为荧光性底物时，Fe(Ⅲ)-四磺酸酞花青曾作为过氧化氢测定的模拟酶。若采用 pH 为 2.8 的 Na_2HPO_4-柠檬酸缓冲溶液为反应介质，线性范围为 5.0×10^{-8}～8.0×10^{-6}mol/L，检测限为 2.1×10^{-8}mol/L；若采用 pH 为 10.0 的 Na_2CO_3-$NaHCO_3$缓冲溶液为反应介质，线性范围为 5.0×10^{-8}～2.0×10^{-6}mol/L，检测限为 1.4×10^{-8}mol/L。此法曾用于人体血清中葡萄糖的测定[398]。如改用对-羟苯基丙酸为底物，Fe(Ⅲ)-四磺酸酞花青也一样可以作为过氧化氢测定的模拟酶，检测限为 1.3×10^{-8}mol/L，也曾用于人体血清中葡萄糖的测定[399]。如以 L-酪氨酸为底物，测定波长为 325/410nm，线性范围为 0.0～8.0×10^{-5}mol/L，检测限为 5.0×10^{-8}mol/L；当将此反应与氧化酶催化反应偶联用于测定人体血清中葡萄糖含量时，线性范围为 0.0～2.0×10^{-4}mol/L，检测限为 6.0×10^{-8}mol/L[400]。如改用对-羟苯基荧光酮为底物，则检测限可达 7.5×10^{-10}mol/L，曾用于环境检测中痕量过氧化氢的测定[401]。

四磺基锰酞菁作为过氧化物酶的模拟酶，可测定雨水中过氧化氢的含量。测定波长为 432/560nm，线性范围为 $2.0\times10^{-7}\sim6.0\times10^{-6}$ mol/L，检测限为 3.31×10^{-8} mol/L[402]。

Mn(Ⅱ)-十二烷基磺酸钠配合物可以作为过氧化物酶的模拟酶，对过氧化氢氧化焦宁 B 的反应具有催化作用而导致焦宁 B 荧光猝灭。据此可用于过氧化氢的测定，线性范围为 $0.0\sim3.6\times10^{-7}$ mol/L，检测限为 3.0×10^{-9} mol/L[403]。

血红蛋白可作为过氧化物酶的替代物，用于催化过氧化氢氧化对甲基酚的反应体系。其催化活性比氯化血红素或 β-环糊精-氯化血红素等过氧化物模拟酶更高。利用此法测定过氧化氢的波长为 318/427nm，线性范围为 $3.19\times10^{-8}\sim3.19\times10^{-6}$ mol/L，检测限为 8.85×10^{-10} mol/L，曾用于雨水中过氧化氢含量的测定[404]。

最近，一种基于荧光显微（CCD）成像系统的光纤电极化学传感器已应用于过氧化氢的检测[405]。

以四氨基铝酞菁为红区荧光底物，可进行过氧化氢的测定。测定波长为 610/678nm，线性范围为 $0.0\sim2.0\times10^{-7}$ mol/L，检测限为 1.4×10^{-9} mol/L。如与葡萄糖氧化酶催化反应偶合，测定人体血清中葡萄糖的含量。该法的优点是能克服背景荧光和杂散光的干扰[406]。该体系用于雨水中过氧化氢的测定时，线性范围为 $0.0\sim3.0\times10^{-7}$ mol/L，检测限为 3.7×10^{-9} mol/L[407]。

基于过氧化氢在 pH7.6 的介质中氧化苯胺而使其荧光猝灭的原理，可测定中药厚朴和杜仲对过氧化氢的清除率，测定波长为 326/344nm[408]。

§18.14.4 羟自由基的荧光分析

羟自由基与二甲亚砜作用能定量地生成甲基自由基，后者与硝基氧键合的萘偶合会导致荧光强度的激增。据此可测定含量低至 1×10^{-7} mol/L 的羟自由基[409]。此法可用于化学或生物体系中羟自由基的表征，测定波长为 300/390nm[410]。

Co(Ⅱ) 与过氧化氢反应生成羟自由基的产率比 Fenton 试剂的高 100 倍以上。羟自由基氧化水杨基荧光酮而使其荧光猝灭。因此可采用水杨基荧光酮-Co(Ⅱ)-过氧化氢体系测定羟自由基，从而检验苯甲酸和抗坏血酸清除羟自由基的效果[411]。

类似于 Fenton 反应，Sn^{2+} 离子催化过氧化氢产生羟自由基，羟自由基与 Ce(Ⅲ) 作用生成无荧光的 Ce(Ⅳ)，由 Ce(Ⅲ) 荧光强度的变化可间接测定羟自由基，故可用于硫脲和抗坏血酸等抗氧化剂的筛选。测定波长为 262/356nm[412]。

Ce(Ⅲ) 在稀硫酸介质中会发生荧光，测定波长为 280/360nm。Fenton 反应产生的羟自由基会将 Ce(Ⅲ) 氧化为 Ce(Ⅳ)，从而使荧光猝灭。通过测 Ce(Ⅲ) 的量可间接测得羟自由基的量。此法同样可检验硫脲和抗坏血酸清除羟自由基的效果，也可以求出核桃、黄豆、花生、姜、辣椒、蒜、黑芝麻和花椒等食物对羟自由基的清除率[413]。

过氧化氢在 280nm 紫外线照射下会产生羟自由基，照射 20min，羟自由基浓度达到饱和。弱荧光性物质苯甲酸能与羟自由基反应生成强荧光性产物，而厚朴和山茱萸等能清除羟自由基，使荧光强度降低。因此此法可用于测定这些中药对羟自由基的清除率[414]。

§18.15 硫化物的荧光分析

§18.15.1 H_2S 和硫化物的荧光分析

双（8-羟基喹啉-5-磺酸）钾和 Pd^{2+} 离子曾用于硫化物的荧光分析[1]。

Hg^{2+} 离子与 2，2′-吡啶基苯并咪唑所组成的配合物是非荧光性的，而游离的配位体荧光很强。如有硫离子存在，则在生成硫化汞的同时释放出发荧光的配位体，据此可进行硫化物的测定。测定波长为 311/381nm，测定范围为 0.3～300ngS/mL[1]。如将 Hg^{2+} 离子与 2，2′-吡啶基苯并咪唑所组成的配合物固定在硅胶上组成一个简单的口臭检测器，可用于口腔气中硫化氢含量的测定，检测限为 4ng/mL[415]。

硫离子在碱性介质中会猝灭乙酸汞-荧光素的荧光，借此可测定试样中的微量硫化物[1]。类似地，双（2-氯乙基）硫在乙醇介质中也能猝灭乙酸汞-荧光素或荧光素钠的荧光。因此这两种试剂都可用于双（2-氯乙基）硫的荧光测定，但后者更好些，测定波长为 366/518nm，测定范围为 3×10^{-7}～4.5×10^{-5} mol/L[416]。

荧光素汞固定在增塑的聚乙烯膜上可组成光化学敏感膜，硫离子会使其荧光猝灭，据此可用于硫离子的测定。测定波长为 495/517nm，测定范围为 10^{-9}～10^{-6} mol/L，检测限为 1.2×10^{-12} mol/L. 该敏感膜只能连续使用 10 天[417]。

荧光素亦曾作为荧光试剂用于大气中硫化氢含量的测定，测定波长为 493/518nm，测定范围为 3～250ng H_2S/25mL[418]。

四乙酸汞-荧光素亦可用于测定含有缩二脲溶液中的 $S_2O_3{}^{2-}$[1]。

将四辛铵乙酸汞-荧光素、氢氧化四辛铵和磷酸三-正-丁酯固定化在乙基纤维素上组成的光极膜，可用于硫化物的选择性检测。当 pH 为 12.5 时，检测范围为 0.07～4.4μmol/L[419]。

以 3，4，5，6-四氯荧光素汞为试剂测定 S^{2-} 离子的荧光猝灭法，测定波长为 550nm，测定范围为 0～40μgS/mL[1]。

Cu^{2+} 离子会削弱 2-(邻-羟苯基) 苯并噁唑的荧光，如有 S^{2-} 离子存在，荧光可得以恢复，借此可测定硫化物[1]。

在过氧化物酶存在下，H_2O_2 会将非荧光性的高香草酸氧化成强荧光性的 2，2′-二羟基-3，3′-二甲氧基联苯-5，5′-二乙酸，而 S^{2-} 离子会抑制酶的作用，据此可测定硫化物[1]。

令硫化物与对-苯二胺以及 Fe^{3+} 离子一起作用生成荧光性的衍生物——硫堇，再经高效液相色谱分离后进行荧光测定，据此可测定人体血红细胞中痕量的硫化物。测定波长为 600/623nm，测定范围为 0.01～3.0μmol/L[420]。利用相同的原理也可测定气体试样中的 H_2S[1]。

令硫化物与 2-氨基-5-*N*，*N*-二乙氨基甲苯以及 Fe^{3+} 离子在酸性条件下作用生成荧光性的衍生物，再经反相高效液相色谱分离后进行荧光测定，据此可测定痕量的硫化物。测定波长为 640/675nm，测定范围为 $4\times10^{-10}\sim4\times10^{-7}$ mol/L[421]。利用此法测出人体血清中硫化物的含量范围为 $2.24\times10^{-8}\sim3.04\times10^{-8}$ mol/L[422]。

在 Fe^{3+} 离子存在下，硫化物与 *N*，*N*-二甲基-对-苯二胺偶联生成亚甲蓝，以 670nm 二极管激光作为激发源，用光二极管作为检测器，可以在线检测废水中的硫化物。测定的线性范围为 0.75～15.0mg/L，检测限为 0.08mg/L[423]。

5-氨基荧光素-$HgCl_4^{2-}$-甲醛曾用于 SO_2 和 SO_3^{2-} 测定的试剂[1]。

2，7-二氯荧光素曾用于大气中 SO_2 测定的荧光试剂，测定范围为 0.01～0.40μg/25mL[424]。在 pH5.8 的柠檬酸-磷酸二氢钠介质中，I_2 与荧光素反应将导致其荧光猝灭，而 SO_3^{2-} 离子的存在能抑制此猝灭作用，借此可测定大气中的痕量 SO_2，测定波长为 485/515nm，线性范围为 25～150μg/L，检测限为 8.7μg/L[425]。

根据被 Zn 213.8nm 线激发的 SO_2 荧光的光子计数，可快速和连续测定空气中的 SO_2[1]。

SO_2 会猝灭固定在增塑的聚氯乙烯上的蒽的荧光，可用这种光化学敏感膜测定 SO_2。测定波长为 360/405nm，线性范围为 $6.59\times10^{-3}\sim5.23\times10^{-1}$ mol/L[426]。奎宁也是 SO_2 的敏感物，也可制作成光纤传感器用于硫酸生产车间大气中 SO_2 的测定，测定波长为 365/450nm，线性范围为 $3\times10^{-6}\sim3\times10^{-4}$ mol/L[427]。

2′，7′-二氯荧光素曾用于硫氰酸盐的荧光测定，测定波长为 508/524nm，线性范围为 1.0～60ng/mL。此法曾用于唾液和血清中 SCN^- 离子的测定[428]。

§18.15.2　亚硫酸盐和硫酸盐的荧光分析

基于亚硫酸盐和甲醛对红区染料四氨基铝酞菁荧光的共猝灭作用，可测定维生素 K_3注射液和食糖中亚硫酸盐的含量。测定的线性范围为 8～240ng/mL，检测限为 3ng/mL[429]。

以罗丹明 B 酰肼为试剂，可在吐温-80 存在下测定酒中亚硫酸盐的含量。测定的线性范围为 5～800ng/mL，检测限为 1.4ng/mL[430]。

Th^{4+}离子与水杨基荧光酮、黄酮醇、桑色素等有机试剂形成的配合物，以及 Zr^{4+}离子与钙黄绿素蓝或联乙酰肟菸酰肟等形成的配合物都曾用于硫酸盐的荧光分析[1]。Zr^{4+}离子与钙试剂（α-萘酚-4-磺酸-偶氮-2-羟基-3-萘酸）所形成的配合物也曾用于硫酸盐的荧光分析[431]。上述测定的机理都是基于荧光性的三元配合物的形成。

基于红区荧光染料四取代氨基铝酞花菁与 H_2SO_4反应后荧光强度的增大，可用于测定 0.02～0.80mol/L 的 H_2SO_4，检测限为 0.007mol/L[432]。

§18.15.3　过硫酸根的荧光分析

白荧光素曾用于面粉和生面团中过硫酸根的荧光测定[1]。

§18.16　硒、碲的荧光分析

§18.16.1　硒的荧光分析

3，3′-二氨基联苯胺和 2，3-二氨基萘都曾用于硒的荧光分析[1]。但是后者比前者更佳，因而应用得更多。例如采用后者，曾利用同步一阶导数荧光法测定硫化锌中的硒含量，波长差为 138nm[433]；用于尿液中硒的测定，检测限为 0.82μg/L，测得健康人尿液中硒的含量为（27.9±8.7）μg/天，且无明显性别差异性[434]；用于全血和尿液中硒的测定，测得健康人血中硒的平均含量为（75±8）μg/L，尿液中硒的平均含量为（25±8）μg/L[435]；用于益母草等十二种活血化瘀中草药中硒的测定，测定波长为 376/520nm[436]。采用相同的试剂以一阶导数荧光法测定乌龙茶和水仙茶中硒含量，线性范围为 0～1.0mg/L，检测限为 0.13μg/L[437]；用于人发和麦粉中硒的测定，测定波长为 365/550nm，线性范围为 0～2μg/mL，检测限为 0.03μg/mL[438]；用于蘑菇中硒的测定，测定波长为 376/520nm，线性范围为 4～50μg/L，检测限为 2μg/L[439]；如有 β-环糊精和十二烷基硫酸钠存在，可用于血浆中微量硒的测定，测定波长为 380/552nm，线性范围为 10～500μg/L[440]；用于硒代蛋氨酸药片中硒的测定，测定波长为 379/567nm，线性范围为 0～500ng/10mL，检测限为 10ng/10mL[441]。还有采用 2，3-二氨基-1，4-二氯萘或 2，3-二氨基-1，4-二溴萘代替 2，3-二氨基萘作为试剂用于生物样品中硒的荧光测定[442～444]。

在硝酸介质中利用微波消解、高效液相色谱分离和荧光检测法，可以测定自来水、雨水、泉水和池水等环境水样中的痕量硒。测定波长为 375/520nm，线性范围为 0.20～0.90μg/L，检测限为 7.2pgSe[445]。高效液相色谱分离和荧光检测法还曾用于测定东北虎的毛、肝、脾和肾中的硒量，测定波长为 378/525nm，线性范围为 0.01～0.1μg[446]。

以 2-（α-吡啶基）喹啉-2-硫代碳酰胺为试剂，可采用激光-时间分辨荧光法测定尿样和血清中的硒含量，测定波长为 357/495nm，线性范围为 0.02～10ng/mL，检测限为 0.013ng/mL[447]。

用 KBH_4 溶液将 Se(Ⅳ）还原为 H_2Se 挥发出来，用 8-羟基喹啉-5-磺酸钯溶液吸收，生成难溶的 PdSe，释放出的 8-羟基喹啉-5-磺酸与 Al^{3+} 离子生成荧光配合物，据此可测定铅室法生产硫酸铅室内的酸性淤泥或污水和机井水中的硒含量，测定波长为 352/497nm，线性范围为 0.05～1.0μg/25mL，检测限为 0.26ng/mL[448]。

§18.16.2 碲的荧光分析

罗丹明 B、二丁基罗丹明 B 和 2，4，4-三羟基二苯甲酮等试剂，都曾用于碲的荧光分析。也曾采用低温荧光法进行碲的测定[1]。

Te(Ⅳ）与 I^- 离子在 0.60～1.00mol/L 磷酸介质中形成［TeI_8］$^{4-}$ 络阴离子，后者再与罗丹明 B 形成离子缔合物而猝灭罗丹明 B 的荧光，据此可用于钢样和矿泉水中碲的测定，测定波长为 353.5/585.5nm，线性范围为 0～16μg/L，检测限为 0.91μg/L[449]。

§18.17 铬、钼、钨的荧光分析

§18.17.1 铬的荧光分析

Cr^{3+} 离子会猝灭双碳取代的三氮嗪氨基均苯乙烯二磺酸钠在弱酸性或弱碱性介质中的荧光，据此可进行 Cr^{3+} 离子的测定。也可采用低温荧光法测定 Cr^{3+} 离子[1]。

时间分辨荧光法曾用于富铝红柱石（$Al_6Si_2O_{13}$）中 Cr^{3+} 离子含量的测定[450]。

Cr(Ⅵ) 对利凡诺的光氧化反应具有催化作用而使其荧光猝灭，据此可测定池塘水和污水中的 Cr(Ⅵ) 含量。测定波长为 272/506nm，线性范围为 1～200ng/mL，检测限为 0.99ng/mL[451]。

在乳化剂 OP 存在下，Cr(Ⅵ) 会与二溴羟基苯基荧光酮形成配合物而猝灭其荧光，据此可测定电镀废液、废水、江水、人发和合金钢中的 Cr(Ⅵ) 含量。测定波长为 365/528nm，线性范围为 0.05～1.5μg/25mL，检测限为 2.0ng/mL[452]。

非荧光性的 2-(α-吡啶基)-硫代喹哪啶酰胺被 Cr(Ⅵ) 选择性氧化，会产生一种荧光性的产物，借此可进行 Cr(Ⅵ) 的测定。如利用 $NaIO_4$ 先将 Cr^{3+} 离子在线氧化成 Cr(Ⅵ) 后可测得试样中的总铬量，两者之差即为 Cr^{3+} 离子的含量。此法曾用于矿泉水、自来水、蒸馏水等水样及番茄汁等食品样品中 Cr^{3+} 离子和 Cr(Ⅵ) 的测定。Cr^{3+} 离子的测定范围为 0.1～1.0μg/mL，Cr(Ⅵ) 的测定范围为 0.1～10μg/mL[453]。

藏红 T、酪氨酸、结晶紫、罗丹明 6G 等试剂都曾用于 Cr(Ⅵ) 的荧光测定[1,454～456]。

在 HAc-NaAc 缓冲介质中，痕量 Cr(Ⅵ) 对 H_2O_2 氧化罗丹明 B 的反应具有催化作用，使其荧光猝灭，据此可用于电镀液和电镀废液中 Cr(Ⅵ) 的测定。测定波长为 560/576nm，线性范围为 0.01～0.16mg/L，检测限为 7.32μg/L[457]。

在 pH4.2 的 HAc-NaAc 缓冲介质中，痕量 Cr(Ⅵ) 对 H_2O_2 氧化藏红 T 的反应具有催化作用，使其荧光猝灭，据此可用于自来水、湖水、池水和工业废水中 Cr(Ⅵ) 的测定。测定波长为 500/550nm，线性范围为 0～120μg/L，检测限为 2.6×10^{-6} g/L[458]。

在过氧化物酶存在下，H_2O_2 会将非荧光性的高香草酸氧化成强荧光性的 2，2′-二羟基-3，3′-二甲氧基联苯-5，5′-二乙酸，而 Cr(Ⅵ) 会抑制酶的作用，据此可测定 Cr(Ⅵ)[1]。

Cr(Ⅵ) 会将 Sb(Ⅲ) 离子与 3-羟基-7-甲氧基黄酮形成的配合物氧化成 Sb(Ⅴ)离子的配合物，从而使荧光强度增大。据此可测定 Cr(Ⅵ)，测定波长为 403/451nm，检测限为 4×10^{-9} mol/L[459]。

利用钌（Ⅱ）荧光猝灭法可以测定电镀废水中的 Cr(Ⅵ)，检测限为 0.43μg/mL[460]。

在硫酸介质中，Cr(Ⅵ) 会氧化吡咯红 Y 而使其荧光猝灭。据此可测定电镀废液、电镀液和合金钢样品中的痕量铬。测定波长为 348.9/549.2nm，线性范围为 8.0～88μg/L，检测限为 2.2μg/L[461]。

荷移反应也曾用于铬的荧光分析[462]。

§18.17.2 钼的荧光分析

胭脂虫红酊和胭脂红酸都曾用于 Mo(Ⅵ) 的荧光分析[1]。如将胭脂红酸固定在葡聚糖型阴离子交换树脂上，可用一阶导数同步固相荧光法测定天然水中的钼含量。固定波长差为 70nm，测定范围为 2.0～20.0μg/L[463]。

以罗丹明 B 和邻-羟基氢醌酞为试剂的荧光猝灭法都曾用于钼的测定[1]。在聚乙烯醇存在下，罗丹明 B 与 Mo(Ⅴ) 及 SCN^- 会形成 1∶5∶2 三元离子缔合物从而猝灭罗丹明 B 的荧光。据此可用于人发和河水中钼的测定。测定波长为 352/585nm，线性范围为 0.03～7.0μg/25mL[464]。

茜素红 S 也曾用于钼的一阶或二阶导数同步荧光测定。此法曾用于植物叶片中钼的测定，线性范围为 0.1～0.9μg/mL[465]。

在磷酸介质中，Mo(Ⅵ) 催化 H_2O_2 氧化 KI 生成 I_3^- 离子的反应，后者使罗丹明 6G 的荧光猝灭。据此可测定豆类和人尿等样品中的钼含量及钼酸铅的溶度积。测定波长为 348.7/549.8nm，线性范围为 2～16μg/L，检测限为 1.2μg/L[466]。

钼催化过氧化氢氧化 L-抗坏血酸生成的脱氢抗坏血酸，经与邻苯二胺作用后会生成荧光性的喹噁啉衍生物。据此可测定河水、湖水和雨水等天然淡水中钼的含量，线性范围为 0～3μg/L，检测限为 0.04μg/L[467]。

在 Triton X-100 存在下，5′-硝基-水杨基荧光酮可用于钼的荧光猝灭法测定，测定波长为 502/533nm，线性范围为 0～0.6μg/mL，检测限为 4×10^{-3}μg/mL[468]。

以 2-羟基-1-萘醛基-8-氨基喹啉为荧光试剂，可以测定猪肝和贻贝中的钼含量。测定波长为 402/450nm，线性范围为 0～30μg/L，检测限为 83ng/L[469]。

在弱酸性介质中，Mo(Ⅵ) 与去甲肾上腺素发生 Fröhde 反应而猝灭其荧光，据此可用于钼的测定。测定波长为 289/323nm，线性范围为 0.05～20.0mg/L，检测限为 0.030mg/L[470]。

§18.17.3 钨的荧光分析

罗丹明 B、茜素磺酸、黄烷醇、黄酮醇和桑色素等都曾用于 W(Ⅵ) 的荧光测定[1]。

胭脂红酸也曾用于 W(Ⅵ) 的荧光测定[1]。如将胭脂红酸固定在葡聚糖型阴离子交换树脂上，可用一阶导数同步固相荧光法测定天然水中钨的含量。固定波长差为 70nm，测定范围为 2.0～20.0μg/L[464]。

在弱酸性介质中，W(Ⅵ) 与去甲肾上腺素发生 Fröhde 反应而猝灭其荧光，据此可用于钼的测定。测定波长为 289/323nm，线性范围为 0.03～

3.0mg/L，检测限为0.015mg/L[470]。

CTMAB对W(Ⅵ)与桑色素的络合物具有增敏作用，可用于温泉水中钨含量的荧光测定。测定波长为424/494nm，线性范围为0～500μg/L，检测限为0.4μg/L[471]。

以CTMAB和OP-10为协同增敏剂、EDTA和盐酸羟胺为混合掩蔽剂，可以在pH5.38的HAc-NaAc缓冲介质中采用2，4-二甲氧基荧光酮荧光猝灭法测定合金钢中的钨含量。测定波长为400/510nm，线性范围为0～0.24mg/L，检测限为2.63μg/L[472]。

在CTMAB存在下，W(Ⅵ)与水杨基荧光酮会形成1∶1配合物而猝灭水杨基荧光酮的荧光，据此可测定合金钢中的钨含量。测定波长为500/520nm，线性范围为0.1～2.5μg/25mL，检测限为0.1μg/25mL[473]。

§18.18　氟、氯、溴、碘的荧光分析

§18.18.1　氟的荧光分析

利用氟-锆-钙黄绿素蓝三元配合物的形成可进行氟的荧光分析。Zr-桑色素、Al-桑色素、Th-桑色素、Al-8-羟基喹啉、Mg-8-羟基喹啉、Zr-黄酮醇、Al-毛铬红B、Al-过铬紫酱红Y和Al-PAN等的荧光猝灭法均曾用于氟的测定[1]。

在F^-离子存在下，Al^{3+}离子与N-水杨叉乙二胺反应形成荧光性的席夫碱配合物，可用于河水中F^-离子含量的测定，检测范围为0.15～10μg/mL[474]。

基于混合配位体配合物形成的机理，Zr(Ⅳ)-荧光素砜配合物也曾用于氟化物的荧光测定[475]。

基于F^-离子对Fe^{3+}离子存在下吖啶的光氧化反应具有阻化作用这一机理，可以测定水样中的F^-离子，线性范围为0.76～9.5μg/mL[476]。

在碳酸钠和碳酸钾混合物的存在下，将UO_2^{2+}与F^-离子一起在700℃下熔融成珠，可用于测定无机氟配合物和矿物中的氟含量[477]。

利用一种卟啉的衍生物作为荧光试剂，可以在大量过量的Al^{3+}离子和Fe^{3+}离子的存在下测定天然水样品中ng/mL级的F^-离子，测定波长为448/684nm[478]。

在pH4.4的HAc-NaAc介质中，F^-离子会猝灭Al^{3+}离子与7-[(4-甲基-2-胂酸基苯)偶氮]-8-羟基喹啉-5-磺酸组成的配合物的荧光，可用于自来水和防龋牙膏等样品中氟含量的测定，测定波长为280/500nm[479]。

§18.18.2　氯的荧光分析

当Cl^-离子与Ag^+离子结合生成AgCl时，将会吸附溶液中的荧光素而使其

荧光猝灭。据此可测定高纯水中的 Cl^- 离子[1]。

将硅胶涂在一种多孔的纤维条上，再用 6，9-二氯-2-甲氧基吖啶、对-甲苯磺酸、甘油以及甲醇的混合液浸润，可用于检测空气中氯化氢的含量。测定波长为 375/510nm，检测限为 0.05μg/mL[480]。

2，3，7-三羟基-9-二溴-羟基-苯基荧光酮可作为荧光试剂测定水中的氯含量。测定波长为 495/520nm，线性范围为 0.10～3.0μg/25mL[481]。

一种由 *N*-(6-甲氧基喹啉基)-乙酰乙酯组成的光导纤维探针，可用于测定水溶液中的氯或次氯酸的含量。测定氯的范围为 8.4～418μmol/L[482]。

铬变酸曾用于水中二氧化氯含量的荧光检测。测定范围为 0.55ng/mL～1.4μg/mL[483]。

基于红区荧光染料四取代氨基铝酞花青与 HCl 反应后荧光强度的增大，可用于测定 0.04～0.67mol/L 的 HCl，检测限为 0.007mol/L[484]。由 3-羟基-4′-*N*，*N*-二甲氨基黄酮甲基丙烯酸酯与甲基丙烯酸甲酯以及丙烯酸丁酯共聚形成的高聚物做成的光极膜，可以作为测定盐酸的荧光光纤传感器。在 Fe(Ⅲ) 存在下，Fe(Ⅲ) 与 Cl^- 离子形成的络合物与该高聚物形成非荧光性的复合物而使高聚物的荧光猝灭，据此可测定 0.1～6.0mol/L 的 HCl。测定波长为 380/444nm。如采用流动注射法，则可测定 0.1～12.0mol/L 的 HCl[485]。

§18.18.3　溴的荧光分析

荧光素常用于 Br^- 离子的荧光检测。如用过硫酸铵或次氯酸盐将 Br^- 离子氧化为 Br_2，后者会将荧光素溴化为曙红（四溴荧光素），据此可测定 Br^- 离子[1,486]。

Br^- 离子会催化 H_2O_2 氧化罗丹明 B 的反应，据此可用于 Br^- 离子的动力学荧光法测定。测定波长为 400/530nm，线性范围为 5～35μg/25mL，检测限为 0.85μg/25mL[487]。

Br^- 离子对溴酸钾氧化荧光素的反应具有催化作用，据此曾用于溴吡斯明药片中溴含量的动力学荧光法测定。测定波长为 491/511nm，线性范围为 6.0～12.0μg/25mL，检测限为 1.94×10^{-2}μg/mL[488]。

基于在磷酸介质中溴对溴酸钾氧化丁基罗丹明 B 使其荧光猝灭的原理，可采用阻抑动力学荧光法测定地下水和人发中的溴含量。测定波长为 559/581nm，线性范围为 0.40～6.4μg/L，检测限为 0.075μg/L[489]。

根据 BrO_3^- 离子在硫酸介质中与 KBr 作用生成 Br_2，Br_2 再使 4，5-二溴苯基荧光酮的荧光猝灭的原理，可以测定氯酸钾中微量的 BrO_3^- 离子。测定波长为 543/560nm，线性范围为 0.05～0.5μg/25mL[490]。

用阴离子交换树脂使饮用水中的溴酸盐与母体分离后，溴酸盐会氧化磺基萘酚偶氮间苯二酚而使其荧光减弱。据此可测定饮用水中的溴酸盐含量。测定波长为 521/585nm，检测限为 0.28μg/L[491]。

基于红区荧光染料四取代氨基铝酞花青与 HBr 反应后荧光强度的增大，可用于测定 0.03～0.67mol/L 的 HBr，检测限为 0.006mol/L[484]。

§18.18.4 碘的荧光分析

2′，7′-双乙酸汞荧光素曾用于 I^- 离子的荧光分析[1]。水杨基荧光酮也曾用于氯化钠、食盐以及低钠盐中 I^- 离子的荧光分析[492]。

碘对 Ce(Ⅳ) 与 As(Ⅲ) 之间的氧化还原反应具有催化作用，生成的 Ce(Ⅲ) 能产生特征荧光。据此可用于土壤中痕量碘的测定[1,493]。

在 0.05mol/L 硫酸介质中，I^- 离子与 IO_3^- 离子反应生成 I_2，后者会猝灭荧光素的荧光，据此可测定含碘食盐和低钠食盐中的 IO_3^- 离子含量。测定波长为 493/514nm，线性范围为 2～80μg/L，检测限为 2μg/L[494]。

I_2 会可逆地猝灭固定于增塑的聚氯乙烯中的芘的荧光，据此可做成敏感膜用于食盐中碘含量的测定。测定波长为 338/395nm，线性范围为 2.26×10^{-5}～1.04×10^{-3} mol/L[495]。

§18.19 锰、铼的荧光分析

§18.19.1 锰的荧光分析

熔珠荧光法曾用于锰的测定。8-羟基喹啉-5-磺酸也曾用于 MnO_4^- 离子的荧光分析[1]。

Mn^{2+} 离子对某些氧化还原反应具有催化或助催化性能，可借以进行荧光检测。例如 Be^{2+}-桑色素配合物与氧的反应，2，3-二酮古罗糖酸酯在过氧化物酶存在下的氧化反应，H_2O_2 氧化 2-羟基苯甲醛缩氨基硫脲的反应以及 H_2O_2 氧化缩氨基硫脲或吖嗪的反应等[1]。此外，锰对氨三乙酸作为活化剂存在下高碘酸钾氧化罗丹明 6G 的反应具有催化作用，也曾用于头发、尿液、鱼和水中锰的荧光测定。测定的线性范围为 0.04～1.00ng/mL，检测限为 0.018ng/mL[496,497]。锰对氨三乙酸作为活化剂存在下高碘酸钾氧化荧光素的反应具有催化作用，也曾用于水样中锰的荧光测定。测定波长为 500/510nm，线性范围为 0.1～3.2ng/mL，检测限为 7.3×10^{-2} ng/mL[498]。

CTMAB 对 Mn(Ⅶ)-8-羟基喹啉-5-磺酸荧光体系具有增敏作用，可用于河水和底泥中锰的测定。测定波长为 270/470nm，线性范围为 0.1～1.5μg/mL，检测限为 0.5ng/mL[499]。也有人利用 MnO_4^- 离子对 8-羟基喹啉-5-磺酸与 OP

的荧光体系的猝灭作用来测定党参、枸杞子和黄芪等中草药中的锰含量，测定波长为 280/440nm，线性范围为 $1\times10^{-7}\sim8\times10^{-5}$ mol/L，检测限为 7.4×10^{-10} mol/L[500]。利用 8-羟基喹啉-5-磺酸铝作为动力学荧光指示剂，曾用于茶叶、矿物和水样中锰的测定[501]。

Mn^{2+} 离子对席夫试剂糠醛缩 7-氨基-8-羟基喹啉-5-磺酸缓慢分解生成强荧光物质的反应具有催化作用，可用于自来水、湖水和铝合金中锰的测定。测定波长为 322/382nm，线性范围为 0～60.0ng/mL，检测限为 2.6ng/mL[502]。

Mn^{2+} 离子会催化过氧化氢存在下 2，3-二羟基萘与乙二胺生成 2，3-萘醌的反应，可用于测定痕量的 Mn^{2+} 离子。此法的测定范围为 0.010～0.14ng/mL，检测限为 3pg/mL[503]。

Mn^{2+} 离子与 7-(8-羟基-3，6-二磺基萘偶氮)-8-羟基喹啉-5-磺酸以及 B(Ⅲ) 会形成强荧光性的 1∶2∶1 杂多核配合物，可用于粮食试样中锰的灵敏测定，测定波长为 240/378nm，测定范围为 $0\sim2.9\times10^{-7}$ mol/L，检测限为 3×10^{-9} mol/L[504]。此法也可用于锰和钴的连续测定[505]。

铍试剂Ⅱ本身的荧光微弱，与 Mn^{2+} 离子配合后荧光增强，而十二烷基苯磺酸钠能使该配合物的荧光增敏 10 倍，据此可用于绿茶和污染的半导体硅片中锰的测定。测定波长为 367/467nm，测定范围为 0～160ng/mL，检测限为 0.15ng/mL[506]。

Mn^{2+} 离子会催化 2-(8-羟基喹啉-5-磺酸-7-偶氮)-变色酸在氢氧化钠中的分解并生成荧光性产物的反应，据此可用于半导体硅片和铝合金中锰的测定。测定波长为 375/463nm，测定范围为 0～0.4μg/25mL，检测限为 3.5×10^{-5} μg/mL[507]。

Mn^{2+} 离子也会催化 2-(8′-羟基喹啉-5′-磺酸-7′-偶氮基)-1-羟基-8-氨基-萘二磺酸分解并生成荧光性产物 H 酸的反应，据此可用于铝合金中锰的测定。测定波长为 230/415nm，测定范围为 0～0.08μg/mL[508]。

Mn^{2+} 离子对过氧化氢氧化吡哆醛异烟酰腙的反应具有催化作用，据此可测定地热水、自来水和河水中的锰含量。测定波长为 350/440nm，测定范围为 0～50ng/mL，检测限为 0.05ng/mL[509]。

在 pH9.8 的硼砂-氢氧化钾缓冲介质中，Mn^{2+} 离子与钙黄绿素蓝生成 1∶1 配合物而使其荧光猝灭，据此可测定茶叶中的锰含量。测定波长为 362/446nm，测定范围为 0.05～1.0μg/10mL，检测限为 5ng/mL[510]。

§18.19.2 铼的荧光分析

罗丹明 6G、乙基罗丹明 6G 以及罗丹明 S 等均曾用于铼的荧光分析[1]。

§ 18.20　铁、钴、镍的荧光分析

§ 18.20.1　铁的荧光分析

Al^{3+}-滂铬蓝黑 R、4，4′-二氨基-（*N*，*N*，*N*′，*N*′-四乙酸）-芪-2，2′-二磺酸、2，2′，2″-三吡啶、锌汞齐-苯二甲酸氢钾、1，4-二氨基-2，3-二氢蒽醌、4，8-二氨基-1，5-二羟基蒽醌-2，6-二磺酸钠以及 BrO_3^--苄基 2-吡啶基酮-2-吡啶腙等都曾用于铁的荧光分析[1]。

5-(4-甲基苯基偶氮)-8-氨基喹啉也曾用于冶金试样中铁的荧光分析[511]。

在酸性介质中，Fe^{3+} 离子与对氨基酚反应的产物具有较强的荧光，可用于奶粉和人发中铁的测定。测定波长为 292.0/328.0nm，测定范围为 0.005～0.40mg/L，检测限为 0.5μg/L[512]。

一种生物合成的天然荧光色素（Pyoverdin）装填在凝胶玻璃中做成的选择性传感器，可用于测定水中或人体血清中的铁，检测限为 3ng/mL[513]。如采用固定化在离子交换树脂上的过硫酸盐将 Fe^{2+} 离子在线氧化为 Fe^{3+} 离子，则可测得总无机铁含量[514]。

在 pH4 的介质中，Fe^{3+} 离子会猝灭邻氨基苯甲酸的荧光，因此将邻氨基苯甲酸共价偶联在聚乙烯醇基质上，可以做成光导纤维传感器，用于铝合金中铁的测定，检测限为 1.4μg/mL[515]。

3，5-二溴水杨基荧光酮曾用于铝合金和桃叶中铁的流动注射动力学荧光法测定[516]。肉桂基荧光酮曾用于通化红葡萄酒样品中铁含量的测定，测定波长为 410/480nm，测定范围为 0～0.01μg/mL[517]。

苯胺基萘-8-磺酸与表面活性剂 Brij35 组成的荧光探针，可用于光导纤维动力学法测定人发、铝和铝合金中的铁含量。测定范围为 5～300ng/mL，检测限为 2ng/mL[518]。

茜素红曾用于水样和合金试样中铁的催化荧光法测定，测定波长为 380/450nm，检测限为 0.52ng/mL[519]。

在十六烷基三甲基溴化铵存在下，2-吡啶卡巴醛-5-硝基-吡啶基腙曾用于 Fe^{3+} 离子的荧光分析。测定波长为 300/420nm，测定范围为 0.20～1.45μg/mL，检测限为 0.028μg/mL[520]。

在十六烷基三甲基溴化铵存在下，在 pH3.1～5.2 的 HCl-NaAc 缓冲介质中，Fe^{3+} 和 H_2O_2 会猝灭水杨基荧光酮的荧光，据此可测定天然水和人发中铁的含量。测定波长为 435.8/540nm，线性范围为 2～100μg/L，检测限为 0.41μg/L[521]。

水杨酸也曾用于Fe^{3+}离子的荧光猝灭法分析。测定波长为299/409nm，测定范围为0.0558～0.558μg/mL[522]。

在pH6的介质中，Fe(Ⅱ，Ⅲ)可同时催化H_2O_2氧化二苯胺磺酸钠的反应而使其荧光猝灭，据此可用于天然水中微量铁的测定。测定波长为380/465nm，线性范围为0.2～8.0μg/25mL，检测限为1.2×10^{-2}μg/mL[523]。

在碱性介质中，Fe(Ⅲ)与四乙撑五胺会协同催化H_2O_2氧化还原型二氯荧光素的反应，据此可用于人发、指甲、血清和面粉中痕量铁的测定。测定波长为505/521nm，线性范围为0.01～0.3μg/25mL，检测限为1.3×10^{-10}g/mL[524]。

在pH5.5的六次甲基四胺-盐酸缓冲溶液中，Fe(Ⅱ)会与邻菲咯啉形成配合物而猝灭其荧光，据此可用于某些中草药中微量铁的测定。测定波长为265/365nm，线性范围为24～112ng/mL，检测限为4.1ng/mL[525]。

当Fe(Ⅱ)加入到PAR-吖啶黄溶液中，由于能量从吖啶黄转向PAR-Fe(Ⅱ)配合物而使其荧光猝灭，据此可用于水样和发样中痕量铁的测定。测定波长为465/505nm，线性范围为0～10μg/L，检测限为0.06μg/L[526]。

基于硝普盐{一亚硝基五氰合铁酸盐阴离子，$[Fe(NO)(CN)_5]^{2-}$}对于四溴二氯荧光黄与乙二胺四乙酸之间的光化学反应具有强的猝灭作用，可测定人体血清和药物制剂中的硝普盐，测定范围为6×10^{-6}～7×10^{-5}mol/L[527]。

在pH10.4的氨-氯化铵缓冲溶液中，Fe(Ⅲ)对H_2O_2氧化糠醛缩7-氨基-8-羟基喹啉-5-磺酸生成荧光性产物的反应具有催化作用，据此可用于铝合金中铁的测定。测定波长为330/405nm，线性范围为0～40ng/mL，检测限为4.18ng/L[528]。

§18.20.2 钴的荧光分析

光泽精、水杨基荧光酮、Al-滂铬蓝黑、1-(2-吡啶偶氮)-2-萘酚、吡啶-2-醛-2-吡啶基腙以及苄基2-吡啶基酮-2-吡啶基腙等都曾用于钴的荧光分析[1]。

对-羟基-2-苯胺基吡啶亦曾用于药物中钴的荧光分析[529]。

在非离子型表面活性剂存在下，Co^{2+}离子与5-(对-甲氧基苯基偶氮)-8-(对-甲苯基磺酰胺撑)喹啉在弱碱性水溶液介质中会形成荧光性配合物，可用于猪肝、虾和芹菜中痕量钴的测定，测定范围为0～85ng/mL[530]。

三乙醇胺作为活化剂、Co^{2+}离子作为催化剂，过氧化氢可将还原型荧光素氧化为荧光素，利用固定时间法借此可测定维生素B_{12}中的钴含量。线性范围为0.08～1.40ng/mL，检测限为0.016ng/mL[531]。

荧光素酰肼也曾用于钴的荧光分析，测定波长为508/530nm，线性范围为0～6.0ng/10mL[532]。

在Triton X-100存在下，Co^{2+}离子与硫胺素会形成荧光性配合物，据此可测定合金钢和维生素 B_{12} 药物中的钴含量。测定波长为 375/440nm，线性范围为 $6.0\times10^{-8}\sim2.4\times10^{-7}$ mol/L，检测限为 1.0×10^{-8} mol/L[533]。

在过氧化氢存在下，Co^{2+} 离子与 5-(4-胂苯基偶氮)-8-(4-甲苯基磺酰胺撑)喹啉会形成强荧光性配合物，可用于维生素 B_{12} 和蔬菜中痕量钴的测定，测定范围为 0～25ng/mL，检测限为 0.002ng/mL[534]。

在 pH10.17 的硼砂-氢氧化钠缓冲体系中，Co^{2+} 离子、铍试剂Ⅱ和硼会形成 1∶2∶1 荧光配合物，据此可测定自来水和维生素 B_{12} 药物中的钴含量。测定波长为 243/379nm，线性范围为 0.0～160.0μg/L，检测限为 0.56μg/L[535]。

在 pH9.2 的介质中，Co^{2+} 离子、7-(8-羟基-3，6-二磺基萘偶氮)-8-羟基喹啉-5-磺酸和硼会形成 1∶2∶1 荧光配合物，据此可测定 $NiSO_4\cdot6H_2O$ 分析纯试剂中的钴含量。测定波长为 240/378nm，线性范围为 $0\sim5.1\times10^{-7}$ mol/L，检测限为 7.2×10^{-9} mol/L[536]。

§18.20.3　镍的荧光分析

Ni^{2+} 离子会猝灭 Al^{3+}-1-(2-吡啶偶氮)-2-萘酚的荧光，还会猝灭溴酸盐氧化苄基 2-吡啶基酮 2-吡啶腙所得产物的荧光，借此均可进行镍的测定[1]。

在非离子型表面活性剂 Triton X-100 存在下，Ni^{2+} 离子与 α-(2-苯并咪唑基)-α′，α″-(*N*-5-硝基-2-吡啶腙) 甲苯生成的配合物，可供食物和人发试样中镍的荧光测定。测定波长为 300/337nm，测定范围为 5～70ng/mL，检测限为 2.0ng/mL[537]。

在 pH6.7 的 KH_2PO_4-NaOH 缓冲溶液中，Ni^{2+} 离子会猝灭邻菲咯啉的荧光，据此可测定工业废水中的痕量镍。测定波长为 272/366nm，线性范围为 10.0～120ng/mL，检测限为 7.6ng/mL[538]。

在 pH9.2 的硼砂-HCl 缓冲溶液中，非离子型微乳液对 Ni^{2+} 离子猝灭水杨基荧光酮的荧光的反应具有增敏作用，据此可测定自来水中的痕量镍。测定波长为 500/530nm[539]。

§18.21　钌、钯、锇、铱的荧光分析

§18.21.1　钌的荧光分析

5-甲基-1，10-二氮杂菲曾用于 Ru^{2+} 离子的荧光分析[1]。

Ru^{2+} 离子与 1，10-二氮杂菲在硅石吸着剂上形成配合物的速率，比在水溶液中的形成速率大，可用于钌的荧光检测，检测限为 7×10^{-4} μg/mL[540]。

§18.21.2 钯的荧光分析

Pd^{2+}离子会猝灭溴酸盐氧化苄基2-吡啶基酮2-吡啶腙所得产物的荧光，借此可进行钯的测定[1]。

在CTMAB的增敏作用下，可采用柠檬黄为荧光试剂测定贵金属矿样中的痕量钯。测定波长为504/552nm，线性范围为0.1～8.0μg/25mL，检测限为8.0×10^{-4}μg/mL[541]。

4，4′-双（8-氨基喹啉-5-偶氮)-联苯在弱碱性介质中会与Pd^{2+}离子形成强荧光性配合物，可用于催化剂中钯含量的测定。测定波长为298/383nm，线性范围为4.0～180μg/L，检测限为1.0μg/L[542]。

Pd^{2+}离子会猝灭4，7-二苯基-1，10-二氮杂菲的荧光，可用于各种碱金属、铂族金属以及矿物中钯的分析，测定波长为291/451nm，线性范围为1～400μg/L[543]。

Pd^{2+}离子与I^-离子反应生成的游离碘会使异硫氰酸荧光素的荧光猝灭，借此可间接测定钯。测定波长为485/515nm，线性范围为20～200ng/L，检测限为6.4ng/L. 此法已用于钯催化剂和电镀液中钯含量的测定[544]。

§18.21.3 锇的荧光分析

OsO_4对H_2O_2氧化光泽精的反应具有催化作用，可用于OsO_4的荧光测定[1]。

以水杨基荧光酮为试剂，可采用动力学催化荧光猝灭法测定精矿石中的锇含量。测定波长为510/535nm，线性范围为0.008～0.6ng/mL，检测限为0.006ng/mL[545]。

Os^{2+}离子与1，10-二氮杂菲在硅石吸着剂上形成配合物的速率，比在水溶液中的形成速率大，可用于锇的荧光检测，检测限为1×10^{-3}μg/mL[540]。

§18.21.4 铱的荧光分析

2，2′，2″-三吡啶曾用于Ir^{3+}离子的荧光测定。也曾利用Ir^{3+}离子对用Sb(Ⅲ）或As(Ⅲ）还原Ce(Ⅳ）为Ce(Ⅲ）的反应具有催化作用这一机理测定铱[1]。

Ir^{3+}离子对KIO_4氧化罗丹明6G使其荧光猝灭的反应具有催化作用，据此可用于人工合成样品中铱的测定。测定波长为519/549nm，线性范围为6.0～60.0ng/mL，检测限为2.0ng/mL[546]。

参考文献

[1] 陈国珍等. 荧光分析法. 第二版. 北京：科学出版社，1990.

[2] Rodriguez L. C. et al. Anal. Lett., 1994, 27: 1569.
[3] 仲敬荣等. 高等学校化学学报, 2001, 22: 191.
[4] Mutihac L. et al. Revue Roumaine de Chimie, 1996, 41: 433.
[5] Crossley R. et al. J. Chem. Soc. -Perkin Transactions, 1994, 2: 513.
[6] Fernandezromero J. M. et al. Anal. Chim. Acta, 1995, 308: 178.
[7] Kawabata Y. et al. Anal. Chim. Acta, 1991, 255: 97.
[8] 霍希琴等. 高等学校化学报, 1995, 16: 518.
[9] Watanabe K. et al. Bunseki Kagaku, 1994, 43: 809.
[10] 栾崇林等. 分析化学, 2001, 29: 1083.
[11] 苏美红等. 分析化学, 2000, 28: 446.
[12] 俞英等. 化学学报, 1996, 54: 709.
[13] 陈兰化. 分析化学, 1997, 25: 937.
[14] Watanabe K. et al. Bunseki Kagaku, 1998, 47: 179.
[15] 李建忠等. 分析化学, 1992, 20: 85.
[16] 张勇等. 分析化学, 1992, 20: 957.
[17] 冯素玲等. 分析化学, 1995, 23: 1230.
[18] Khuhawar M. Y. et al. J. Chem. Soc. Pakistan, 1995, 17: 28.
[19] 史海健等. 分析化学, 1996, 24: 321.
[20] 史海健等. 分析化学, 1995, 23: 172.
[21] 王忠义等. 化学学报, 1994, 52: 1188.
[22] 史好新等. 分析化学, 1993, 21: 461.
[23] 曹秋娥等. 分析化学, 1993, 21: 682.
[24] 江崇球等. 高等学校化学学报, 1996, 17: 49.
[25] Cao Q. E. et al. Talanta, 1998, 47: 921.
[26] Kessler M. A. Anal. Chim. Acta, 1998, 364: 125.
[27] 汪乐余等. 分析化学, 2002, 30: 1352.
[28] 汤前德等. 分析化学, 1991, 19: 802.
[29] 仲惠娟等. 分析化学, 1992, 20: 918.
[30] 汤前德等. 分析化学, 1992, 20: 32.
[31] 沈含熙等. 分析化学, 1995, 23: 894.
[32] 付佩玉等. 光谱学与光谱分析, 2000, 20: 99.
[33] 赛音等. 光谱学与光谱分析, 2002, 22: 1070.
[34] 刘建宁等. 分析化学, 2003, 31: 636.
[35] 杨昌晖等. 分析化学, 1993, 21: 1272.
[36] Kabasakalis V. Anal. Lett., 1994, 27: 2789.
[37] 王宗花等. 分析化学, 1996, 24: 964.
[38] 谢增鸿等. 分析化学, 1998, 26: 215.
[39] Safavi A. et al. Microchem. J., 1998, 58: 138.

[40] Qin W. W. et al. Anal. Chim. Acta，2002，468：287.
[41] San Vicente de la Riva B. et al. Anal. Chim. Acta，2002，451：203.
[42] 潘祖亭等. 分析化学，1997，25：1293.
[43] Ito T. Bunseki Kagaku，1995，44：297.
[44] Paz J. L. L. et al. Chemia Analityczna，1996，41：633.
[45] 罗兆福等. 分析化学，2000，28：455.
[46] Donascimento D. B. et al. Anal. Chim. Acta，1993，283：909.
[47] 罗宗铭等. 分析化学，1998，26：247.
[48] 吴琍华等. 分析化学，1991，19：1133.
[49] Capitan F. et al. Talanta，1992，39：21.
[50] 郭谦等. 分析化学，1990，18：571.
[51] Watanabe K. et al. Bunseki Kagaku，1992，41：11.
[52] 刘绍璞等. 分析化学，1991，19：792.
[53] 嵇志琴等. 分析测试学报，1993，12 (5)：66.
[54] 唐波等. 分析测试学报，1998，17 (1)：29.
[55] Pal B. K. et al. Mikrochimica Acta，1992，108：3.
[56] 吴芳英等. 分析化学，1999，27：202.
[57] Williams T. et al. Anal. Chim. Acta，1992，259：19.
[58] Dearmas G. et al. Talanta，2000，52：77.
[59] Zhu R. H. et al. Anal. Chim. Acta，1998，371：269.
[60] 于水等. 分析化学，1995，23：1267.
[61] 于水等. 分析化学，1996，24：433.
[62] 鄢远等. 分析化学，1993，21：53.
[63] 吴芳英等. 分析测试学报，1998，17 (6)：44.
[64] Thuy D. T. et al. Anal. Chim. Acta，1994，295：151.
[65] Blair T. L. et al. Anal. Lett.，1992，25：1823.
[66] Prodi L. et al. Tetrahedron Letters，1998，39：5451.
[67] Wada H. et al. Anal. Chim. Acta，1992，261：275.
[68] Chimpalee N. et al. Anal. Chim. Acta，1993，271：247.
[69] Vodinh T. et al. Anal. Chim. Acta，1994，295：67.
[70] 江崇球等. 分析化学，1998，26：129.
[71] 于水等. 分析化学，1997，25：305.
[72] Compano R. et al. Anal. Chim. Acta，1991，255：325.
[73] Kurauchi Y. et al. Anal. Sci.，1992，8：837.
[74] 宋功武等. 光谱学与光谱分析，1995，15 (5)：79.
[75] 朱利中等. 高等学校化学学报，1995，16：1694.
[76] Igarashi S. et al. Anal. Chim. Acta，1993，281：347.
[77] 卢建忠等. 分析化学，1990，18：693.

[78] 崔万苍等. 分析化学，1991，19：1060.
[79] Compano R. et al. Analyst，1994，119：1225.
[80] Compano R. et al. Mikrochim. Acta，1996，124：73.
[81] Nowicki J. L. et al. Anal. Chem.，1994，66：2732.
[82] Gutierrez N. G. et al. Fresenius J. Anal. Chem.，1996，355：88.
[83] 唐波等. 分析化学，2002，30：1196.
[84] 郭谦等. 分析化学，1998，26：1035.
[85] Vodinh T. et al. Anal. Chim. Acta，1994，295：67.
[86] Lu J. Z. et al. Analyst，1995，120：453.
[87] Johnson D. K. Anal. Chim. Acta，1999，399：161.
[88] Paull B. et al. J. Chromat. a，2000，877：123.
[89] Charles S. et al. Anal. Chim. Acta，2001，440：37.
[90] San Vicente de la Riva，B. et al. Anal. Chim. Acta，2002，451：203.
[91] Fan M. K. et al. Anal. Chim. Acta，2002，453：97.
[92] 潘祖亭等. 高等学校化学学报，1992，13：462.
[93] 王钢等. 分析化学，1993，21：695.
[94] 何芳等. 分析化学，2003，31：1147.
[95] Seguracarretero A. et al. Talanta，1999，49：907.
[96] Mariscal M. D. et al. Fresenius J. Anal. Chem.，1992，342：157.
[97] Narinesingh D. et al. Anal. Chim. Acta，1994，292：185.
[98] Bryce D. W. et al. Anal. Lett.，1994，27：867.
[99] Plaschke M. et al. Anal. Chim. Acta，1995，304：107.
[100] Chan W. H. et al. Anal. Chim. Acta，2001，444：261.
[101] 马万云等. 分析测试学报，1993，12（1）：1.
[102] Chimpalee N. et al. Anal. Chim. Acta，1993，282：643.
[103] 吴芳英等. 分析化学，1997，25：1413.
[104] Blanco C. C. et al. Anal. Chim. Acta，1993，283：213.
[105] Granda M. et al. Quimica Analitica，18 Suppl.，1999，1：119.
[106] 李建中等. 分析化学，1992，20：281.
[107] 徐永源等. 化学学报，1990，48：138.
[108] Carrillo F. et al. Anal. Chim. Acta，1992，262：91.
[109] Carrillo F. et al. Fresenius J. Anal. Chem.，1996，354：204.
[110] Sato M. et al. J. Chromat. A，1997，789：361.
[111] Fernandez P. et al. Talanta，1991，38：1387.
[112] Alonso A. et al. Anal. Chim. Acta，2001，447：211.
[113] 干宁等. 分析化学，2000，28：461.
[114] 干宁等. 分析化学，2000，28：1375.
[115] Kawakubo S. et al. Bunseki Kagaku，1992，41：T65.

[116] Carnevale J. et al. J. Chromat. A，1994，671：115.
[117] Zhu R. H. et al. Anal. Chim. Acta，1998，371：269.
[118] de Armas G. et al. Anal. Chim. Acta，2002，455：149.
[119] Brach-Papa C. et al. Anal. Chim. Acta，2002，457：311.
[120] 于水等. 分析化学，1997，25：305.
[121] 于水等. 分析化学，1996，24：433.
[122] 陈兰化等. 分析化学，1992，20：942.
[123] 俞英等. 分析测试学报，1994，13 (5)：86.
[124] 吴芳英等. 光谱学与光谱分析，2001，21：92.
[125] 嵇志琴等. 分析化学，1996，24：254.
[126] Park C. I. et al. Talanta，2000，51：769.
[127] Sabbioni C. et al. Anal. Lett.，1999，32：123.
[128] Sutheimer S. H. et al. Anal. Chim. Acta，1995，303：211.
[129] 王慧琴等. 分析化学，1996，24：587.
[130] Kaneko E. et al. Chem. Lett.，1994，9：1615.
[131] 杨维平等. 分析化学，1994，22：602.
[132] 李志良等. 分析化学，1990，18：97.
[133] 黄振钟等. 分析测试学报，1996，15 (4)：19.
[134] 江淑芙等. 分析化学，1993，21：963.
[135] 林清赞等. 分析化学，1992，20：813.
[136] Capitan F. et al. Mikrochim. Acta，1992，107：65.
[137] Taylor T. A. et al. Anal. Chim. Acta，1993，278：249.
[138] Taylor T. A. et al. Anal. Chim. Acta，1993，278：259.
[139] Vilchez J. L. et al. Analyst，1993，118：303.
[140] 卢建忠等. 分析化学，1996，24：1129.
[141] Inoue K. et al. Bunseki Kagaku，1993，42：805.
[142] Yang J. H. et al. Microchem. J.，1996，54：41.
[143] 宋逸民等. 分析化学，1991，19：1033.
[144] 王占玲等. 分析化学，1991，19：306.
[145] 马会民等. 分析化学，1992，20：1061.
[146] Jiang C. Q. et al. Analyst，1996，121：317.
[147] Jiang C. Q. et al. Talanta，1997，44：197.
[148] 王晓蕾等. 分析化学，1999，27：687.
[149] 崔万苍等. 分析化学，1992，20：11.
[150] 崔万苍等. 分析化学，1993，21：1340.
[151] Rojas F. S. et al. Analyst，1994，119：1221.
[152] Manuelvez M. P. et al. Talanta，1994，41：1553.
[153] Canizares P. et al. Anal. Lett.，1994，27：247.

[154] Canizares P. et al. Anal. Chim. Acta，1994，295：59.
[155] Watanabe K. et al. Bunseki Kagaku，1993，42：557.
[156] Wang H. Q. et al. Microchem. J.，1997，55：340.
[157] Gallego M. C. et al. Mikrochim. Acta，1992，109：301.
[158] Kurauchi Y. et al. Anal. Sci.，1992，8：837.
[159] 李季等. 分析化学，1993，21：1296.
[160] 王春阳等. 分析化学，1994，22：727.
[161] Watanabe K. et al. Bunseki Kagaku，1997，46：387.
[162] 赵兴茹等. 分析化学，1997，25：619.
[163] 刘保生. 光谱学与光谱分析，1999，19：490.
[164] Mori I. et al. Anal. Lett.，1995，28：649.
[165] 唐波等. 分析化学，1996，24：467.
[166] 崔万苍等. 高等学校化学学报，1992，13：311.
[167] Prat M. D. et al. J. Chromat. A，1996，746：239.
[168] Requena E. et al. Analyst，1983，108：933.
[169] Urena E. et al. Anal. Chem.，1985，57：2309.
[170] Urena Pozo E. et al. Anal. Chem.，1987，59：1129.
[171] Scott N. et al. Anal. Chem.，1987，59：888.
[172] Afonso A. M. et al. Anal. Lett.，1985，18 (A8)：1003.
[173] Santana J. J. et al. Mikrochim. Acta，1990，I：55.
[174] Uehara N. et al. J. Chromat. A，1997，789：395.
[175] 王钢等. 分析化学，1997，25：367.
[176] 赵锦端等. 分析化学，1994，22：1057.
[177] Korenman Y. I. et al. Russian J. Appl. Chem.，1994，67：290.
[178] Tang B. et al. Analyst，1998，123：283.
[179] 唐波等. 高等学校化学学报，1997，18：883.
[180] 唐波等. 分析化学，1997，25：683.
[181] 杨志斌等. 分析化学，1995，23：575.
[182] Watanabe K. et al. Bunseki Kagaku，1995，44：609.
[183] 赵中一等. 分析化学，1997，25：1464.
[184] 黄承志等. 高等学校化学学报，1993，14：1358.
[185] Meng J. X. et al. Spectrochimica Acta Part a-Molecular and Biomolecular Spectroscopy，2000，56：1925.
[186] 吴和俊等. 光谱学与光谱分析，2000，20：434.
[187] 朱展才等. 分析化学，2001，29：1234.
[188] 揭念琴等. 分析化学，1992，20：847.
[189] 鄢远等. 分析化学，1993，21：1.
[190] 贺立敏等. 分析化学，1992，20：128.

[191] 雷中利等. 分析化学，1994，22：426.
[192] 贺立敏等. 分析化学，1992，20：541.
[193] 何家俊等. 分析化学，1993，21：1122.
[194] 潘利华等. 光谱学与光谱分析，1995，15 (4)：17.
[195] 潘利华等. 光谱学与光谱分析，1997，17 (1)：113.
[196] Si Z. K. et al. Anal. Lett.，1994，27：1183.
[197] 朱贵云等. 分析化学，1992，20：223.
[198] Zhu G. Y. et al. Spectrochim. Acta，Part A，1992，48：1009.
[199] 何琴等. 分析化学，1994，22：989.
[200] 胡林学等. 分析化学，1996，24：1237.
[201] 司志坤等. 分析化学，1994，22：425.
[202] Yang W. et al. Analyst，1998，123：1745.
[203] 姜玮等. 分析化学，1994，22：1252.
[204] Yang W. et al. Talanta，1998，46：527.
[205] 黄春保等. 分析化学，2002，30：680.
[206] 李红霞等. 分析化学，1996，24：844.
[207] 胡继明等. 分析化学，1990，18：875.
[208] 李建军等. 高等学校化学学报，1990，11：1310.
[209] 李建军等. 分析化学，1990，18：726.
[210] 刘淑萍等. 高等学校化学学报，1995，16：523.
[211] 廉志红等. 分析化学，2002，30：342.
[212] 李建军等. 分析测试通报，1992，11 (3)：25.
[213] 李红霞等. 分析化学，1995，23：1036.
[214] 司志坤等. 高等学校化学学报，1990，11：1138.
[215] 司志坤等. 高等学校化学学报，1994，15：1615.
[216] 王东君等. 分析化学，1992，20：986.
[217] 刘淑萍等. 高等学校化学学报，1995，16：523.
[218] 胡继明等. 高等学校化学学报，1990，11：938.
[219] 胡继明等. 高等学校化学学报，1991，12：894.
[220] 杨春等. 分析化学，2003，31：1079.
[221] Zhu G. Y. et al. Anal. Lett.，1998，31：2231.
[222] 张春梅等. 分析化学，1994，22：422.
[223] 严洪宗等. 分析化学，1998，26：985.
[224] 张春梅等. 分析化学，1997，25：491.
[225] Yang J. H. et al. Spectrochim. Acta，Part A，1995，51：185.
[226] 邢雅成等. 高等学校化学学报，1991，12：315.
[227] Yang J. H. et al. J. Lumin.，1996，69：57.
[228] 许书道. 分析化学，2002，30：1257.

[229] Zhao G. H. et al. Bulletin Des Societes Chimiques Belges，1996，105：445.
[230] Zhao G. H. et al. Bulletin Des Societes Chimiques Belges，1997，106：197.
[231] Zhao G. H. et al. Talanta，1997，45：303.
[232] 马文元等. 分析化学，1995，23：183.
[233] 许书道. 分析测试学报，2002，21（3）：64.
[234] 徐岩等. 分析化学，1991，19：1282.
[235] 阎兰等. 分析化学，1992，20：100.
[236] 潘利华等. 分析化学，1992，20：571.
[237] 姜玮等. 分析化学，1996，24：496.
[238] 朱贵云等. 分析化学，1991，19：封三.
[239] 王建新等. 分析化学，1991，19：645.
[240] 潘利华等. 分析化学，1991，19：1392.
[241] 王岭等. 分析化学，1994，22：380.
[242] 贾祥琪等. 分析化学，1996，24：1216.
[243] Du X. Z. et al. Talanta，1994，41：201.
[244] Xu Y. Y. et al. Talanta，1992，39：759.
[245] 贺立敏等. 分析化学，1993，21：1165.
[246] Yang J. H. et al. Analyst，1995，120：1705.
[247] 史海健等. 分析化学，1996，24：430.
[248] 王岭等. 分析化学，1995，23：668.
[249] 杨景和等. 分析测试学报，1990，9（4）：56.
[250] 唐殿文等. 分析化学，1993，21：1084.
[251] 潘利华等. 光谱学与光谱分析，1994，14（5）：1.
[252] 倪其道等. 光谱学与光谱分析，18：252
[253] Berregi I. et al. Talanta，1999，48：719.
[254] Church M. N. et al. Anal. Chem.，1998，70：2475.
[255] 范哲锋等. 分析化学，2001，29：1049
[256] 沈珠琴等. 分析化学，1991，19：1075.
[257] Mikasa H. et al. Bunseki Kagaku，1992，41：1.
[258] Ye L. W. et al. Talanta，1996，43：811.
[259] Depablo J. et al. Anal. Chim. Acta，1992，264：115.
[260] Moulin C. et al. Anal. Chim. Acta，1996，321：121.
[261] Deniau H. et al. Radiochim. Acta，1993，61：23.
[262] Moulin C. et al. Anal. Chem.，1996，68：3204.
[263] Moulin C. et al. Appl. Spectrosc.，1993，47：2007.
[264] Addleman R. S. et al. Anal. Chem.，2000，72：2109.
[265] Shawky S. et al. Appl. Radia. Isotop.，1994，45：1079.
[266] Premadas A. et al. J. Radioanal. Nucle. Chem.，1999，242：23.

[267] Rathore D. P. S. et al. Anal. Chim. Acta，2001，434：201.
[268] Varineau P. T. et al. Appl. Spectrosc.，1991，45：1652.
[269] Moulin C. et al. Anal. Chim. Acta，1991，254：145.
[270] 杨荣华等. 高等学校化学学报，2001，22：38.
[271] 宋功武. 分析化学，1997，25：1404.
[272] 宋功武. 分析测试学报，1995，14（1）：85.
[273] Garcna A. M. et al. Anal. Chim. Acta，2001，447：219.
[274] 程先忠等. 分析化学，1990，18：680.
[275] 村田旭等. 分析化学（日），1987，36（1）：27.
[276] 陈雁君等. 分析化学，1992，20：71.
[277] 陈雁君等. 中国预防医学杂志，1993，27（1）：53.
[278] 宋子台等. 光谱学与光谱分析，1995，15（5）：75.
[279] 武兴德等. 分析化学，1994，22：322.
[280] 武兴德等，分析测试学报，1998，18：116.
[281] Yamada S. et al. Bunseki Kagaku，1996，45：265.
[282] 罗宗铭等. 分析化学，2000，28：702.
[283] 赵锦端等. 分析化学，1992，20：921.
[284] 龚国权等. 分析化学，1992，20：1181.
[285] 刘文远等. 分析化学，1992，20：638.
[286] Saurina J. et al.，Anal. Chim. Acta，2000，409：237.
[287] San Vicente de la Riva B. et al. Anal. Chim. Acta，2002，451：203.
[288] Chan W. H. et al. Anal. Chim. Acta，2002，460：123.
[289] Manuelvez M. P. et al. Anal. Chim. Acta，1992，262：41.
[290] 曹双喜等. 分析化学，1999，27：806.
[291] 王宗花等. 分析化学，1996，24：685.
[292] 龚国权等. 分析化学，1991，19：241.
[293] 黄厚评等. 高等学校化学学报，1992，13：1513.
[294] Wang Z. P. et al. Microchem. J.，1998，60：271.
[295] 郑用熙等. 高等学校化学学报，1994，15：35.
[296] Wang Z. P. et al. Talanta，2000，51：315.
[297] 卓琪等. 分析化学，1990，18：840.
[298] 江淑芙等. 分析化学，1991，19：1269.
[299] 陈兰化. 分析化学，1995，23：1333.
[300] Mori I. et al. Anal. Lett.，1995，28：649.
[301] 宋桂兰等. 分析化学，1996，24：77.
[302] 宋桂兰等. 分析化学，1996，24：806.
[303] Viriot M. L. et al. Analusis，1995，23：312.
[304] Mahieuxe B. et al. Analusis，1999，27：735.

[305] 郑肇生等. 分析化学，1992，20：91.
[306] Perezruiz T. et al. Anal. Chim. Acta，1992，265：103.
[307] 陈兰化等. 分析化学，1996，24：790.
[308] 徐远金等. 分析测试学报，2003，22 (4)：32.
[309] 张爱梅等. 分析化学，2001，29：370.
[310] 张贵珠等. 分析化学，1994，22：1006.
[311] Mohr G. J. et al. Anal. Chim. Acta，1995，316：239.
[312] Sasaki S. et al. Anal. Lett.，1998，31：555.
[313] Taniai T. et al. Anal. Sci.，2000，16：275.
[314] 张政等. 分析测试学报，1994，13 (3)：67.
[315] Masserrini R. T. et al. Marine Chem.，2000，68：323.
[316] Jie N. Q. et al. Talanta，1993，40：1009.
[317] Jie N. Q. et al. Anal. Lett.，1994，27：1001.
[318] Juskowiak B. et al. Mikrochim. Acta，1996，122：183.
[319] 林德娟等. 分析化学，1995，23：512.
[320] Mohr G. J. et al. Analyst，1996，121：1489.
[321] 任慧娟等. 分析化学，1998，26：1264.
[322] Jie N. Q. et al. Microchem. J.，1999，62：371.
[323] 董存智. 分析化学，2002，30：1407.
[324] 朱展才等. 分析化学，2001，29：941.
[325] 苑宝玲等. 分析化学，2000，28：692.
[326] 李建国等. 分析化学，1997，25：590.
[327] Buldt A. et al. Anal. Chem.，1999，71：3003.
[328] Wang H. et al. Anal. Chim. Acta，2000，419：169.
[329] Li D. H. et al. Talanta，1999，49：745.
[330] 许金钩等. 分析化学，1991，18：664.
[331] 董存智等. 光谱学与光谱分析，2003，23：170.
[332] 宋桂兰等. 光谱学与光谱分析，2003，23：315.
[333] Collins G. E. et al. Anal. Chim. Acta，1993，284：207.
[334] Collins G. E. et al. Analyst，1994，119：1907.
[335] Gromping A. H. J. et al. J. Chromat. A，1993，653：341.
[336] Tanaka A. et al. Anal. Chim. Acta，1992，261：281.
[337] Gong G. Q. et al. Anal. Lett.，1994，27：2797.
[338] 江崇球等. 分析化学，1994，22：1190.
[339] Stein K. et al. Mikrochim. Acta，1995，118：93.
[340] Lee J. I. et al. Anal. Chim. Acta，1995，313：69.
[341] Narinesingh D. et al. Anal. Chim. Acta，1997，354：189.
[342] Miralles E. et al. Analyst，1998，123：217.

[343] Miralles E. et al. Fresenius J. Anal. Chem.，1999，365：516.
[344] Miralles E. et al. Anal. Chim. Acta，2000，403：197.
[345] Sicilia D. et al. Analyst，1999，124：615.
[346] Li R. H. et al. Analyst，1993，118：563.
[347] 宋功武. 分析化学，1997，25：1404.
[348] 宋功武等. 分析测试学报，1998，17 (3)：75.
[349] 宋功武. 光谱学与光谱分析，1995，15 (4)：115.
[350] 宋功武. 光谱学与光谱分析，1999，19：466.
[351] 蒋淑艳. 光谱学与光谱分析，1997，17 (4)：120.
[352] Diacu E. et al. Analyst，1995，120：2613.
[353] Perezruiz T. et al. Analyst，1996，121：477.
[354] Perezruiz T. et al. Anal. Chim. Acta，2001，442：147.
[355] 刘保生等. 分析化学，2001，29：42.
[356] 冯素玲等. 分析化学，2001，29：1315.
[357] 吴芳英等. 分析化学，1998，26：1404.
[358] 李学强等. 光谱学与光谱分析，2000，20：420.
[359] Feng N. C. et al. Talanta，1994，41：1841.
[360] Campana A. M. et al. Anal. Sci.，1996，12：647.
[361] 俞英等. 分析化学，1996，24：479.
[362] 俞英等. 分析化学，1996，24：1147.
[363] Khaskhely A. A. et al. J. Chem. Soc. Pakistan，1996，18：110.
[364] 鲍所言等. 分析化学，2001，29：1170.
[365] 陈兰化等. 光谱学与光谱分析，2003，23：1154.
[366] Gao J. Z. et al. Anal. Chim. Acta，2002，455：159.
[367] 陈兰化等. 分析化学，1997，25：656.
[368] 鲍所言等. 光谱学与光谱分析，2002，22：284.
[369] 李文杰等. 分析化学，1990，18：305.
[370] 俞英等. 分析化学，1995，23：903.
[371] 揭念琴等. 分析化学，1991，19：1314.
[372] Morishige K. et al. Bunseki Kagaku，1997，46：195.
[373] Wang Z. P. et al. Microchem. J.，60：271.
[374] 张杰等. 分析化学，1997，25：1082.
[375] 张仁德等. 分析化学，1992，20：819.
[376] 赵锦端等. 分析化学，1994，22：419.
[377] Zakharov A. I. et al. J. Anal. Chem.，1996，51：818.
[378] Velascogarcia N. et al. Analyst，1997，122：1405.
[379] Potyrailo R. A. et al. Anal. Chim. Acta，1998，370：1.
[380] Chuang H. et al. Anal. Chim. Acta，1998，368：83.

[381] 吕太平等. 分析化学，2001，29：245.
[382] Sakai T. et al. Anal. Chim. Acta，2001，438：117.
[383] Gong G. Q. et al. Anal. Chim. Acta，1994，298：135.
[384] Ohta T. et al. Fresenius J. Anal. Chem.，1992，343：550.
[385] Jie N. Q. et al. Talanta，1995，42：1575.
[386] Schubert F. et al. Mikrochim. Acta，1995，121：237.
[387] 慈云祥等. 分析化学，1990，18：334.
[388] Zhu Q. Z. et al. Anal. Lett.，1996，29：1729.
[389] 陈莉华等. 分析化学，2003，31：1237.
[390] Zhu Q. Z. et al. Microchem. J.，1997，57：332.
[391] Li Y. Z. et al. Anal. Chim. Acta，1998，359：149.
[392] Mori I. et al. Talanta，1998，47：631.
[393] Hong J. G. et al. Fresenius J. Anal. Chem.，1998，361：124.
[394] Meyer J. et al. Anal. Chim. Acta，1999，401：191.
[395] Zhu L. et al. Anal. Chim. Acta，1998，369：205.
[396] Sakuragawa A. et al. Anal. Chim. Acta，1998，374：191.
[397] Taniai T. et al. Anal. Sci.，1999，15：1077.
[398] Chen Q. Y. et al. Anal. Lett.，1999，32：457.
[399] Chen Q. Y. et al. Anal. Chim. Acta，1999，381：175.
[400] 陈秋影等. 分析化学，1999，27：997.
[401] Chen Q. Y. et al. Anal. Chim. Acta，2000，406：209.
[402] 李永新等. 分析化学，2003，31：768.
[403] Chen L. H. et al. Anal. Chim. Acta，2003，480：143.
[404] 王全林等. 分析化学，2002，30：928.
[405] Khan S. S. et al. Anal. Chim. Acta，2000，404：213.
[406] Chen X. L. et al. Anal. Chim. Acta，2001，434：51.
[407] 陈小兰等. 高等学校化学学报，2001，22：1120.
[408] 田益玲等. 分析化学，2002，30：183.
[409] Yang X. F. et al. Anal. Chim. Acta，2001，434：169.
[410] 杨小峰等. 高等学校化学学报，2001，22：396.
[411] 任凤莲等. 分析化学，2001，29：60.
[412] 刘立明等. 分析化学，2003，31：723.
[413] 徐向荣等. 分析化学，1998，26：1460.
[414] 陈冠华等. 光谱学与光谱分析，2002，22：634.
[415] Rodriguezfernandez J. et al. Anal. Chim. Acta，1999，398：23.
[416] Hunt A. L. et al. Anal. Chim. Acta，1999，387：207.
[417] 杨梅等. 分析化学，2000，28：50.
[418] Xia H. et al. Bulletin Des Societes Chimiques Belges，1996，105：5.

[419] Choi M. M. F.. Analyst，1998，123：1631.
[420] Ogasawara Y. et al. Analyst，1991，116：1359.
[421] Kamaya M. et al. Bunseki Kagaku，1993，42：519.
[422] Nagashima K. et al. J. Liq. Chrom.，1995，18：515.
[423] Spaziani M. A. et al. Analyst，1997，122：1555.
[424] Gong G. Q. et al. Anal. Lett.，1995，28：909.
[425] 朱国辉等. 分析化学，1999，27：1303.
[426] 曾恚恚等. 高等学校化学学报，1993，14：180.
[427] 朱元保等. 高等学校化学学报，1993，14：476.
[428] Gong B. L. et al. Anal. Chim. Acta，1999，394：171.
[429] Zhan X. Q. et al. Anal. Chim. Acta，2001，448：71.
[430] Yang X. F. et al. Anal. Chim. Acta，2002，456：121.
[431] Chimpalee N. et al. Anal. Chim. Acta，1994，298：401.
[432] Li D. H. et al. Talanta，1999，49：745.
[433] Watanabe K. et al. Bunseki Kagaku，1993，42：381.
[434] Rodriguez E. M. et al. Talanta，1994，41：2025.
[435] Harrison I. et al. Analyst，1996，121：1641.
[436] 李娟等. 光谱学与光谱分析，1997，17 (4)：110.
[437] 胡益水等. 分析化学，1996，24：371.
[438] 谢剑炜等. 分析化学，1992，20：416.
[439] 解宏智等. 分析测试学报，1998，17 (1)：61.
[440] 孙沂等. 分析测试学报，2001，20 (2)：39.
[441] 路丹红等. 分析化学，1991，19：1023.
[442] Andersson O. et al. Chemia Analityczna，1995，40：373.
[443] Johansson K. et al. Analyst，1995，120：423.
[444] Rodriguez E. M. et al. Anal. Lett.，1999，32：1699.
[445] 高愈希等. 分析化学，2001，29：629.
[446] 马莺等. 分析化学，1998，26：496.
[447] 于水等. 分析化学，1993，21：331.
[448] 陈亚华等. 分析化学，1993，21：102.
[449] 奉平等. 分析化学，1997，25：1072.
[450] Piriou B. et al. J. Euro. Cer. Soci.，1996，16：195.
[451] 郭祥群等. 高等学校化学学报，1991，12：454.
[452] 陈同森等. 分析化学，1994，22：129.
[453] Paleologos E. K. et al. Analyst，1998，123：1005.
[454] Jie N. Q. et al. Anal. Lett.，1992，25：1447.
[455] Kabasakalis V.. Anal. Lett.，1993，26：2269.
[456] Jie N. Q. et al. Talanta，1998，46：215.

[457] 冯素玲等. 分析化学，2000，28：61.
[458] 陈兰化等. 分析化学，1997，25：120.
[459] Yamada S. et al. Bunseki Kagaku，1995，44：67.
[460] Razek T. M. A. et al. Talanta，1999，48：269.
[461] 冯素玲等. 分析化学，2001，29：558.
[462] 揭念琴等. 分析化学，1994，22：864.
[463] Capitan F. et al. Anal. Chim. Acta，1992，259：345.
[464] 赵慧春等. 分析测试通报，1992，11 (1)：48.
[465] Blanco C. C. et al. Anal. Chim. Acta，1993，283：213.
[466] 张桂恩等. 分析化学，1996，24：539.
[467] Kawakubo S. et al. Anal. Sci.，1996，12：767.
[468] 王筱敏等. 高等学校化学学报，1991，12：1181.
[469] Jiang C. Q. et al. Anal. Chim. Acta，2001，439：307.
[470] 赵一兵等. 分析化学，1997，25：372.
[471] 张在整等. 分析化学，1997，25：489.
[472] 王宗花等. 分析化学，1998，26：615.
[473] 龚国权等. 分析化学，1990，18：383.
[474] Aoki I. et al. Bull. Chem. Soc. Japan，1992，65：911.
[475] Yuchi A. et al. Anal. Sci.，1995，11：221.
[476] Perezruiz T. et al. Analyst，1996，121：477.
[477] Tarafder P. K. et al. Chemia Analityczna，1997，42：391.
[478] Nishimoto J. et al. Anal. Chim. Acta，2001，428：201.
[479] 嵇志琴等. 分析化学，1996，24：555.
[480] Nakano N. et al. Bunseki Kagaku，1995，44：151.
[481] Gong G. Q. et al. Anal. Lett.，1993，26：147.
[482] Kar S. et al. Talanta，1995，42：663.
[483] Watanabe T. et al. Anal. Sci.，1992，8：207.
[484] Li D. H. et al. Talanta，1999，49：745.
[485] 唐江宏等. 分析化学，2002，30：1383.
[486] Vilchez J. L. et al. Mikrochim. Acta，1994，113：29.
[487] 郑肇生等. 分析化学，1993，21：1092.
[488] 冯素玲等. 光谱学与光谱分析，1997，17 (4)：104.
[489] 邵建章. 分析测试学报，2002，21 (1)：87.
[490] Gong G. Q. et al. Anal. Lett.，1993，26：2277.
[491] Gahr A. et al. Mikrochim. Acta，1998，129：281.
[492] Gong G. Q. et al. Anal. Lett.，1994，27：1719.
[493] Yamada H. et al. Bunseki Kagaku，1995，44：1027.
[494] 龚波林等. 分析化学，1997，25：906.

[495] 曾恚恚等. 分析化学，1994，22：10.
[496] Zhang G. et al. Talanta，1993，40：1041.
[497] 张桂恩等. 分析化学，1993，21：931.
[498] 郑肇生等. 分析化学，1990，18：1079.
[499] 郭雅先等. 分析测试通报，1990，9 (3)：59.
[500] 汪宝琪等. 分析测试通报，1992，11 (1)：59.
[501] 王军锋等. 高等学校化学学报，1995，16：188.
[502] 俞英等. 分析化学，1998，26：414.
[503] Watanabe K. et al. Bunseki Kagaku，1995，44：933.
[504] 熊国华等. 化学学报，1993，51：897.
[505] 熊国华等. 分析化学，1994，22：1141.
[506] 俞英等. 分析化学，1997，25：567.
[507] 俞英等. 分析化学，1994，22：543.
[508] 嵇志琴等. 分析测试学报，1994，13 (6)：67.
[509] 史慧明等. 分析化学，1992，20：1043.
[510] 邹淑仙等. 分析化学，1995，23：398.
[511] Yan G. F. et al. Anal. Chim. Acta，1992，264：121.
[512] 蔡亚岐等. 分析化学，2000，28：753.
[513] Barreromoreno J. M. et al. Analyst，1995，120：431.
[514] Pulidotofino P. et al. Talanta，2000，51：537.
[515] 章竹君等. 化学学报，1994，52：492.
[516] 黄厚评等. 高等学校化学学报，1995，16：47.
[517] 方国桢等. 分析化学，1993，21：170.
[518] 章竹君等. 高等学校化学学报，1996，17：535.
[519] 俞英等. 高等学校化学学报，1996，17：1381.
[520] Cha K. W. et al. Talanta，1996，43：1335.
[521] 侯明等. 分析化学，2000，28：1103.
[522] Cha K. W. et al. Talanta，1998，46：1567.
[523] 崔毅. 分析化学，1993，21：494.
[524] 张桂恩等. 分析化学，1994，22：919.
[525] 敖登高娃等. 光谱学与光谱分析，2001，21：846.
[526] 鲍所言等. 光谱学与光谱分析，2001，21：87.
[527] Perezruiz T. et al. Microchem. J.，1995，52：33.
[528] 俞英等. 光谱学与光谱分析，2000，20：110.
[529] Mori I. et al. Fresenius J. Anal. Chem.，1992，343：902.
[530] Zeng Z. T. et al. Anal. Lett.，1992，25：1573.
[531] Zhang G. E. et al. Microchem. J.，1996，53：308.
[532] Mori I. et al. Talanta，1998，47：631.

[533] 揭念芹等. 分析化学，1998，26：1018.
[534] Zeng Z. T. et al. Analyst，1998，123：2845.
[535] 俞英等. 分析化学，1999，27：636.
[536] 熊国华等. 高等学校化学学报，1994，15：367.
[537] Park C. I. et al. Bulletin of the Korean Chemical Society，2000，21：483.
[538] 向海艳等. 光谱学与光谱分析，2000，20：566.
[539] 朱霞石等. 光谱学与光谱分析，2001，21：515.
[540] Tikhomirova T. I. et al. Anal. Chim. Acta，1992，257：109.
[541] 文志明等. 化学学报，1990，48：256.
[542] Cao Q. E. et al. Indian J. Chem. Sec. a - Inorg. Bio - Inorg. Phy. Theo. & Anal. Chem.，1998，37：1029.
[543] Pal B. K. et al. Mikrochim. Acta，1999，131：139.
[544] 朱国辉等. 分析化学，2003，31：48.
[545] Zhu Q. Z. et al. Mikrochim. Acta，1994，116：197.
[546] 王克太等. 分析化学，1996，24：914.

（本章编写者：王尊本）

第十九章　有机化合物的荧光分析

脂肪族有机化合物的分子结构较为简单，会发生荧光的为数不多。但也有许多脂肪族有机化合物与某些有机试剂反应后生成的产物在不同波长的光线照射下会发生荧光，可用于它们的测定。芳香族有机化合物因其具有共轭的不饱和体系，易于吸光，其中分子庞大而结构复杂者在不同波长光线的照射下多能发生荧光。有时为了提高测定方法的灵敏度和选择性，常使弱荧光性的芳族化合物经与某种有机试剂作用从而获得强荧光性的产物，然后进行测定。例如降肾上腺素经与甲醛缩合而得到一种强荧光性产物，然后采用荧光显微镜法可以检测出组织切片中含量低至 10^{-17} g 的降肾上腺素。

在生命科学研究工作及医疗工作中，所遇到的分析对象常常是分子庞大而结构复杂的有机化合物，如维生素、氨基酸、蛋白质、核酸、胺类和甾族化合物、酶和辅酶以及各种药物、毒物和农药等。如能结合色谱（包括纸上色谱、柱色谱、薄层色谱、气相色谱和高效液相色谱等）、萃取、电泳、沉淀、吸附等分离手段，并采用荧光分析法，常可测定它们在试样中的低微含量。荧光分析法，特别是后期发展起来的同步荧光法、导数荧光法、三维荧光光谱法、时间分辨荧光法、相分辨荧光法、动力学荧光法、近红外荧光法、偏振荧光法、低温荧光法、荧光光化学传感技术、激光诱导荧光法、免疫荧光法、荧光探针技术、荧光显微镜法以及空间分辨荧光技术和单分子荧光检测等新技术，往往都具有灵敏度高、选择性好、取样量少、方法快速简便等优点，因而已成为各种领域中进行痕量和超痕量物质分析的一种重要工具。

现将有机化合物的某些荧光分析方法分门别类叙述如下。

§19.1　脂肪族有机化合物的荧光分析

脂肪族有机化合物中本身会发生荧光的并不多。联乙酰在紫外线照射下会发生绿色荧光。其他含有乙酰基的化合物，如乙醛和丁酮也会发生荧光。具有高度共轭体系的脂肪族化合物，例如 1-甲基十碳五烯-ω-羧酸，以及脂环化合物，例如维生素 A 和胡萝卜素等，也会发生荧光。

脂肪族有机化合物的荧光分析，主要依赖它们与某种有机试剂反应的产物，这些产物在紫外线照射下会发出各种不同波长的荧光，由荧光的波长和强度可以定性或定量地分析该脂肪族有机化合物。

§19.1.1　醇的荧光分析

在乙醇氧化酶的存在下，以芘丁酸为氧指示剂，通过测量乙醇氧化所消耗的氧可以测定乙醇的含量。此法已用于生物液中乙醇含量的测定[1]。

在乙醇脱氢酶存在下，乙醇会使烟酰胺腺嘌呤二核苷酸还原成荧光性的还原型烟酰胺腺嘌呤二核苷酸，据此可用以测定空气中乙醇的含量，检测限约为1μg/L[2]。利用相同的原理，试样不必经过预处理，也曾用于含有少量乙醇的饮料和醋中乙醇的测定，测定的范围为 $5.5\times10^{-5}\sim3.2\times10^{-3}$ mol/L，检测限为 1.0×10^{-6} mol/L[3]。利用相同的原理，但采用停止-流动技术，通过测量还原型烟酰胺腺嘌呤二核苷酸荧光强度变化的初始速率，可以测定低直链醇混合物（如甲醇-丁醇、乙醇-丁醇和甲醇-丙醇）中含量低至亚微摩尔的各个成分[4]。

阳离子表面活性剂 CTMAB 会与红区发射荧光染料四磺基铝酞菁发生诱导缔合作用而猝灭其荧光，但此时如存在具有分散作用的乙醇，又会使其解聚而恢复体系的荧光。据此可测定白酒中乙醇的含量。测定波长为 614/686nm，线性范围为 0.5%～90%（体积分数）的乙醇，检测限为 0.48%的乙醇[5]。

6-甲氧基-2-甲基磺酰喹啉-4-碳酰氯曾作荧光衍生试剂，用于高效液相色谱法中伯醇和仲醇（如 1-丙醇、苄醇、环己醇和 1-己醇）的测定。该试剂在吡啶存在下与上述醇类的苯溶液反应生成相应的酯，再经反相柱分离后进行荧光检测。当注射体积为 10μL 时，对 1-丙醇的检测限为 0.07×10^{-12} mol，对 1-己醇和苄醇为 0.1×10^{-12} mol，对环己醇为 0.7×10^{-12} mol[6]。

由亲脂性荧光试剂荧光素十八烷基酯做成一种光极膜，再用这种膜组装成光传感器或光导纤维传感器，可用于甲醇、乙醇、丙醇和异丙醇的测定，测定波长为 463/527nm。此法曾用于含醇饮料中乙醇的测定[7]。

以 2，3-萘甲叉亚胺乙酰氯为标记试剂，可在 4-二甲基氨基吡啶存在下对脂肪族伯醇和仲醇进行标记，然后过液相色谱柱，用 90∶10 的乙腈/水洗脱所得衍生物，再进行荧光测定，测定波长为 258/391nm，检测限为 4fmol[8]。

以 6-氨基喹啉基-*N*-羟基琥珀酰亚胺基氨基甲酸酯为标记试剂，可用于标记 $C_1\sim C_8$ 的醇。标记后可采用反相高效液相色谱法将全部衍生物完全分离，然后进行荧光测定，测定波长为 290/365nm。此法曾用于食物和饮料中含量低至皮摩尔级的醇类的测定[9]。

用 1-乙基-3-(二甲基氨基丙基) 碳二亚胺盐酸盐为偶联试剂，可以用 2-(4-羧苯基)-6-甲氧基苯并呋喃为荧光衍生试剂在碱催化剂存在下对短链和长链伯醇进行衍生。接着采用反相高效液相色谱进行分离，最后进行荧光测定，测定波长为 315/390nm，检测限为 0.1～0.5pg[10]。如在该体系中改用 2-(4-羧苯基)-6-*N*，*N*-二乙基氨基苯并呋喃为荧光衍生试剂，则测定波长变为 387/537nm，可用于

C_1～C_{20}醇的测定，检测限为 0.2～0.5pg[11]。

以咔唑-9-乙基氯化甲酸酯为衍生试剂，对 C_1～C_{12}、C_{14}、C_{15}和 C_{18}醇等 15 种脂肪醇进行柱前荧光衍生，经高效液相色谱分离后可用荧光法检测，测定波长为 293/365nm，检测限为 13.3～93.5nmol/L[12]。

用对-*N*，*N*-辛胺基-4′-三氟乙酰芪做成的一种荧光传感膜，也曾用于醇类的测定[13]。基于在 pH7.0 的 KH_2PO_4 缓冲介质中甲醇会增强荧光素十八烷基酯的荧光的原理，将后者固定在聚氯乙烯膜中做成光纤传感器，可用于甲醇的测定。测定波长为 470/555nm，测定范围为 30%～80%（体积分数），响应时间少于 2min[14]。

本身无荧光的 7-苯磺酰-4-(2，1，3-苯并二噁唑基）异氰酸盐与 1-辛醇、1-壬醇、1-癸醇和十一醇的衍生物具有强的荧光性，可用于这些醇的测定，测定波长为 368/490nm，检测限为 10fmol[15]。

将挥发性醇与三乙胺在二氯甲烷或氯仿中与吖啶酮-9-*N*-乙酰苯二磺酸盐缩合得到的荧光性衍生物，可用于人体血浆中挥发性醇的液相色谱法测定。测定波长为 404/435nm，检测限也在 fmol 数量级[16]。如在该体系中改用咔唑-9-*N*-乙酰苯二磺酸盐为缩合剂，利用反相高效液相色谱分离，则测定波长为 335/365nm，也同样可以检测 fmol 数量级的伯醇和仲醇[17]。

3-(1-{[4-(5，6-二甲基-1-氧代异吲哚满基-2)-2-甲氧苯基] 磺酸基}-吡咯烷基-2-羰氨基）苯基硼酸也曾作为荧光标记试剂，用于二醇类化合物的高效液相色谱测定[18]。

利用 4-(*N*，*N*-二甲基氨基磺酰)-7-(2-氯甲酰吡咯烷基-1)-2，1，3-苯并二噁唑作为标记试剂，采用液相色谱技术，可以进行 1-庚醇等 9 种醇的常规荧光法或激光诱导荧光法测定。测定波长约为 450/560nm，常规荧光法测定的检测限为 10～500fmol，激光诱导荧光法测定的检测限为 2～10fmol[19,20]。

丙三醇与苯胺在浓硫酸介质中发生反应生成喹啉，可通过测量喹啉的荧光强度而间接测定丙三醇的含量。也可以在丙三醇激酶存在下用三磷酸腺苷等为试剂间接测定丙三醇。或者以蒽酮为试剂进行测定[1]。酒中的丙三醇经全蒸发与乙醇分离之后，在固定化于有孔玻璃上的丙三醇脱氢酶的催化下，可被 *β*-烟酰胺腺嘌呤二核苷酸氧化，生成的还原型烟酰胺腺嘌呤二核苷酸即可用荧光法予以测定，借此间接测得酒中丙三醇的含量。测定的波长为 340/460nm，线性范围在 2～8g/L之间[21]。

硫醇类化合物可以用 5-二甲基氨基萘-1-磺酰氮丙啶为试剂进行荧光测定[1]。*β*-巯基乙醇、巯基乙酸、L-巯基丙氨酸（即半胱氨酸）和谷胱甘肽等含有巯基的化合物，可以采用镧系元素标记-高效液相色谱分离-时间分辨荧光检测的方法进行测定。例如测定尿液中的 L-巯基丙氨酸，测定范围为 2.0×10^{-7}～$1.6\times$

10^{-5}mol/L，检测限为 1.5×10^{-7}mol/L[22]。2-巯基苯并噻唑可用带有一个碘代乙酰胺反应基团的磺化二羰花青作为标记物进行衍生，再经液相色谱分离后用可见二极管激光诱导荧光法测定。利用此法测定河水和尿液样品中 2-巯基苯并噻唑的线性范围为 $2.5\times10^{-9}\sim1.0\times10^{-5}$mol/L，检测限为 1×10^{-9}mol/L[23]。

§19.1.2　肼的荧光分析

曾经采用对-二甲基-氨基苯甲醛的乙醇溶液或荧胺和酞醛为荧光试剂测定肼和肼的衍生物[1]。

有人采用 Tl(Ⅲ) 为氧化剂氧化肼，然后以流动注射荧光分光光度法测定水中的肼，测定范围为 25～500ng/mL，检测限为 20ng/mL[24]。

§19.1.3　醛和酮的荧光分析

Vogel 等[25]曾就以 2，4-二硝基苯肼为代表的肼类有机试剂作为环境分析、食品分析和工业分析中醛类和酮类测定的衍生试剂发表了综论。2，4-二硝基苯肼法曾用于空气样品中醛和酮的测定[26]。

为了测定空气中的甲醛和乙醛，也可以 2-二苯乙酰基-1，3-茚满二酮-1-腙为试剂，采样 1h，可检测出 0.25×10^{-9}mL/mL 的甲醛或乙醛。此法的灵敏度比经典的 2，4-二硝基苯肼法更佳[27]。该试剂也曾用于丙酮等羰基化合物的荧光检测[1]。

甲醛与乙酰丙酮以及氨的缩合产物可用于甲醛的荧光检测。J 酸（6-氨基-1-萘酚-3-磺酸）也曾用于甲醛或丙烯醛的荧光测定[1]。

在硫酸介质中，甲醛可以催化溴酸钾氧化罗丹明 6G 的反应而使后者的荧光猝灭。基于此可测定用于树脂整理特殊织物释放的痕量可疑致癌物甲醛的含量。测定波长为 348.4/548.3nm，测定范围为 20～160μg/L，检测限为 5.8μg/L[28]。

环己烷-1，3-二酮可用于汽车尾气和热降解发射气中甲醛、乙醛、丙醛和正丁醛等挥发性醛的流动注射荧光分析，测定波长为 376/452nm，测定范围为 $100\times10^{-9}\sim1000\times10^{-9}$mL/mL，检测限为 30×10^{-9}mL/mL[29]。

在 NO_2^- 离子存在下，可采用邻苯基苯酚为试剂进行乙醛的荧光测定[1]。

以硫代巴比妥酸为试剂，可进行风湿病患者等病人血液中丙醛的动力学荧光法测定，测定波长为 515/553nm，测定范围为 1.1～50ng/mL，检测限为 0.3ng/mL[30]。如在该体系中加入羟丙基-β-环糊精，则可使荧光强度提高 5 倍，并用于鲜肉和熟肉中丙醛的测定。测定的范围为 0.1～10μmol[31]。

1，3-环己二酮可用于人体和某些动物血浆中游离脂肪醛的柱后反相高效液相色谱测定。测定波长为 395/457nm，线性范围为 0～10μg/mL[32]。此法也曾用于雨水中低分子量醛总量的流动注射荧光分析，测定波长为 376/452nm，线性范围为 10～100ng/mL[33]。

4-(1-甲基-2-菲并［9，10-d］咪唑基-2)-苯肼曾作为衍生试剂，用于醛的常规荧光检测和激光诱导荧光检测[34]。

1H，5H，11H-(1) 苯并吡喃（6，7，8-ij）喹嗪-9-乙酸 2，3，6，7-四氢-11-氧代酰肼（即 Luminarin-3）曾用作醛和酮的液相色谱测定中的荧光试剂，检测限一般为 60～1950fmol。当它用于游离丙醛的高效液相色谱测定时，测定波长为 395/500nm，线性范围为 7.2～90ng/mL，检测限低于 7ng/mL[35,36]。

间-氨基苯酚可用于丙烯醛的快速荧光检测[1]。

4-(2-酞酰亚胺基) 苯酰肼曾作为脂肪醛的高效液相色谱法测定中的荧光标记试剂。当其在磷酸存在下作为丙二醛的柱前荧光标记试剂时，测定波长为 320/385nm，注射体积为 20μL 时的检测限为 8fmol[37,38]。4-(5，6-二甲氧基-2-酞酰亚胺基) 苯酰肼也可作为醛的高效液相色谱法测定中的荧光标记试剂[39]。

4-氨基磺酰-7-肼基-2，1，3-苯并二噁唑、4-(*N*，*N*-二甲基氨基磺酰)-7-肼基-2，1，3-苯并二噁唑和 4-肼基-7-硝基-2，1，3-苯并二噁唑肼都可作为荧光试剂，用于丙醛、丁醛、对羟基苯甲醛、丙酮、庚-4-酮和 4′-乙基苯乙酮等的测定，测定波长为（450～470)/(548～580)nm，检测限可达 pmol 数量级[40]。

正丁醛等六种脂肪醛在利用 4-(2-咔唑基吡咯烷-1)-7-(*N*，*N*-二甲胺基磺酰)-2，1，3-苯并噁唑进行标记后，可采用高效液相色谱法分离和荧光法检测。测定波长约为 450/540nm，检测限可达亚 pmol 数量级[41]。

4，4′-磺酰二苯胺和对-氨基苯甲酸乙酯都曾用于丙二醛的荧光分析。邻氨基苯硫酚则可用于香草醛的荧光测定[1]。

非荧光性的 *N*-氨基苝-3，4，9，10-四羧双酰亚胺可作为醛类和酮类的荧光衍生化试剂，用于羰基化合物的定量和半定量测定[42]。

6，7-二甲氧基-1-甲基-2-氧代-1，2-二羟基喹噁啉-3-丙肼曾作为脂肪醛和芳香醛的反相高效液相色谱测定中的荧光衍生化试剂。测定波长为 362/442nm，对 10μL 注射体积的检测限为 13～18fmol[43]。

某些 pmol 量的醛类在薄层色谱板上用 4-氨基-5-肼基-1，2，4-三唑-3-硫醇、二苯基-2-胺、孔雀绿以及磷钼酸等试剂喷淋后，可以进行荧光检测[1]。

丙酮在紫外线照射下所生成的自由基会使荧光素钠的荧光强度下降，借此可测定丙酮的含量。邻-硝基苯甲醛曾用于丙酮等 α-甲基酮类化合物的荧光检测。邻苯二醛曾用于 1，4-环己二酮的荧光检测[1]。

异烟肼和锆盐可用于食物中丁二酮和 2，3-戊二酮的荧光测定[44]。

§19.1.4　有机酸的荧光分析

曾采用间苯二酚、Ce^{4+} 离子或锆-黄酮醇等为试剂，进行草酸的荧光测定[1]。

在阳离子表面活性剂存在下，草酸根离子、茜素红 S 和 Zr^{4+} 离子会形成荧光性三元络合物，借此可测定生物液和生物组织中草酸根离子的含量。测定波长为 490/605nm，检测限为 4.4ng/mL[45]。

在 $HClO_4$ 溶液中，草酸对 Fe^{3+} 离子催化 H_2O_2 氧化罗丹明 6G 的反应具有抑制作用，据此可测定菠菜和尿液中草酸的含量。测定波长为 348.4/548.4nm，线性范围为 0.1～1.2mg/L，检测限为 93ng/mL[46]。

在硫酸介质中，草酸会催化 $K_2Cr_2O_7$ 氧化罗丹明 6G 而使其荧光猝灭的反应，据此也可用于测定菠菜和人尿中草酸的含量。测定波长也是 348.4/548.4nm，线性范围为 0.8～14.0mg/L[47]。在盐酸介质中，草酸会催化 $K_2Cr_2O_7$ 氧化丁基罗丹明 B 而使其荧光猝灭的反应，据此也可用于测定菠菜中草酸的含量。测定波长为 567.6/583.9nm，线性范围为 1.20～10.0mg/L[48]。在硫酸介质中，草酸会催化 $K_2Cr_2O_7$ 氧化罗丹明 B 而使其荧光猝灭的反应，据此也可用于测定菠菜、草莓晶和尿液中草酸的含量。测定波长为 558/583nm，线性范围为0.4～12.0mg/L，检测限为 0.16mg/L[49]。

丙二酸根离子与 *N*-水杨叉-乙二胺以及 Al^{3+} 离子会生成荧光性的 Al^{3+}-席夫碱络合物，据此可采用流动注射技术测定 0.15～20μg/mL 的丙二酸根离子[50]。以 1-芘基二偶氮甲烷为荧光衍生试剂，采用毛细管区域电泳分离和氦-镉激光诱导荧光检测技术，可以测定甲基丙二酸和其他短链二羧酸，检测限约为40nmol/L[51]。

生物试样中的 γ-(胆甾醇氧代）丁酸，可采用 5-(溴甲基）荧光素为衍生试剂，经高效液相色谱分离后再用氩离子激光诱导荧光法检测，检测限为 6.34×10^{-11} mol/L[52]。利用装有固定化 γ-氨基丁酸酶的玻璃珠的柱子，可采用流动注射荧光法测定绿茶浸泡液中 γ-氨基丁酸的含量，线性范围为 1～500μmol/L[53]。

苹果酸及其 α-或 β-取代的衍生物可与 β-萘酚或间苯二酚等试剂反应，生成香豆素类衍生物，可供这些物质的荧光测定[1]。如以 4-氨基甲基-6，7-二甲基香豆素为柱前荧光衍生试剂，可采用高效液相色谱法测定多种羧酸。注射体积为 10μL 时的检测限为 20～50fmol[54]。

乙酸、己二酸、二苯乙醇酸、D-α-或 D-β-羟基丁酸、氯乙酸、DL-柠檬酸、甲酸、L-戊酰胺酸、乙醇酸、苏-D-异柠檬酸、L-乳酸、L-苹果酸、丙二酸、草酸、酞酸、DL-琥珀酸和 L-酒石酸等有机酸，在适当的酶存在下，可使烟酰胺腺嘌呤核苷酸还原为还原型的烟酰胺腺嘌呤核苷酸；后者在吩嗪甲硫酸盐或心肌黄酶存在下，又能使非荧光性的刃天青转变为荧光性的试卤灵。借此可进行上述有机酸的荧光测定[1]。

在硫酸介质中，柠檬酸（即枸橼酸）会活化钒（Ⅴ）催化 $KClO_3$ 氧化罗丹明 6G 而使其荧光猝灭的反应，据此可用于测定柠檬酸钠注射液和汽水中柠檬酸的含量。测定波长为 348.4/548.3nm，线性范围为 $4.0\times10^{-6}\sim1.2\times10^{-4}$ mol/L，检测限为 1.3×10^{-6} mol/L[55]。

人血中甲基丙二酸的含量是钴氨素缺乏症的基本指标。甲基丙二酸及其他短链二羧酸与 1-芘基二偶氮甲烷反应，会生成一种强荧光性产物，据此可进行荧光法测定，测定范围为 0.1～200μmol/L[56]。

将水溶性的荧光素钠固定化在亲水性胶膜中而做成一种反相光极膜，可用于以苯甲酸为代表的有机酸的测定，线性范围为 $4.72\times10^{-4}\sim4.72\times10^{-2}$ mol/L[57]。

对于患有早发性痴呆症和较严重的神经衰弱症的病人而言，血浆中苯乙酸的测定十分重要。可以采用一种远红区噁嗪标记物（耐尔蓝）作为柱前荧光衍生试剂，并利用柱前相转变催化手段和可见二极管激光诱导荧光检测法测定血浆中苯乙酸的含量。检测限为 7.33×10^{-11} mol/L，检测出四份血浆中苯乙酸的含量在 30～70ng/mL 之间[58]。

氨三乙酸会猝灭 Ga^{3+}-8-羟基喹啉配合物的荧光，借此可对其进行测定[1]。

将辣根过氧化物酶和乳酸盐氧化酶固定化在一起组成光导纤维荧光传感器，可用于测定血浆中 L-乳酸盐的含量。线性范围为 3～200μmol/L[59]。

表面活性剂的存在，会提高利用敏化铽的荧光法测定乳清酸的灵敏度。当使用非离子表面活性剂聚氧化乙烯-23 十二烷基酯（Brij35）时，检测限为 1.8×10^{-9} mol/L；当使用阳离子表面活性剂溴化十六烷基三甲基铵（CTAB）时，检测限为 1.0×10^{-10} mol/L；而不使用表面活性剂时，检测限只为 1.0×10^{-8} mol/L[60]。

某些食物和酒精饮料中含有的 1，2，3，4-四氢-β-咔啉-3-羧酸和 1-甲基-1，2，3，4-四氢-β-咔啉-3-羧酸，可经反相高效液相色谱分离后，采用荧光法予以测定[61]。

曾采用间-苯二酚为荧光试剂测定某些生物样品中乙醛酸的含量。也曾采用邻-二乙酰苯、邻-苯二醛和荧胺等荧光试剂测定 21 种取代的氨基膦酸。丙酮酸或其他 α-酮式酸可用邻苯二胺或 4′-肼基-2-苯乙烯基吡啶为荧光试剂进行测定，也有人用吡哆胺及 Zn^{2+} 离子来测定丙酮酸盐[1]。同步荧光法曾用于苹果、桃、梨和草莓等水果中丙酮酸的测定，$\Delta\lambda=80$nm，在 380nm 处测定，线性范围为 0～1.25mg/L[62]。

为了测定药物中糖醛酸的含量，可将其转变为糖醛酸内酯后以肼和二氯化氧锆为试剂进行荧光测定[1]。

高草酸盐尿症是一种严重的遗传性疾病，它是由于对细胞有毒的二羟基乙酸的积累而引起的。可以利用含硫的生物胺或氨基酸与二羟基醋酸缩合生成 1，3-四氢噻唑，以便研究由二羟基乙酸引起的草酸盐尿症的治疗方法。因此有人提出采用二甲氨基萘磺酰氯进行荧光标记后以反相高效液相色谱法测定尿液中的 1，3-四氢噻唑-羧酸的含量，检测限可达 2～3nmol/mL[63]。

2-(5-肼基羰基-2-噻嗯基)-5，6-甲叉二氧苯并呋喃和 2-(5-肼基羰基-2-呋喃基)-5，6-甲叉二氧苯并呋喃可以用作羧酸的液相色谱法测定中的柱前荧光衍生试剂。若注射体积为 10μL，则对月桂酸的检测限为 0.1pmol。此法已应用于人精液中前列腺素的分析[64]。

利用 D-苹果酸脱氢酶做成的固定化酶反应器可用于酒中 L-酒石酸的停止-流动注射分析，测定波长为 340/460nm，测定范围为 0.01～1.20mmol/L[65]。

酒精饮料和食品中的谷氨酸盐，可采用荧光素异硫氰酸盐作为衍生剂，然后进行毛细管电泳分离、氩离子激光诱导荧光法检测。此法的线性范围为 10^{-7}～10^{-4} mol/L，检测限为 5.4×10^{-10} mol/L[66]。

蛋黄酱中的对-羟基苯甲酸的各种烷基酯，可采用 4-溴甲基-6，7-二甲氧基香豆素作为衍生试剂，然后进行反相高效液相色谱分离、荧光标记法检测。此法的测定波长为 355/420nm[67]。

一种将尿酸酶和辣根过氧化物酶一起固定在牛蛋白上做成的光导纤维生物传感器，可用于检测血清和尿液中尿酸的含量。此法测定范围为 0.5～5.0μg/mL，检测限为 0.15μg/mL[68]。尿液中苯的代谢物 *S*-苯基巯基尿酸，也可采用经高效液相色谱分离后的荧光法检测，检测限约为 1ng/mL[69]。

N-(溴乙酰基)-*N*-[5-(二甲基氨基) 萘-1-磺酰] 哌嗪曾作为羧酸荧光检测的灵敏标记试剂，测定波长为 255/470nm，对于取代的苯甲酸的检测限为 0.8～1.0pmol[70]。

基于胭脂红酸对 Eu(Ⅲ)-2-二苯基乙酰基-1，3-茚满二酮-氨体系在 Triton X-100 存在下的发光具有抑制作用，可以进行胭脂红酸的动力学荧光测定。此法的测定范围为 0.5～15μg/mL，曾用于橙软饮料中胭脂红酸的测定[71]。

采用 2-(4-氨基苯基)-6-甲基苯并噻唑作为衍生试剂，将硫辛酸和二氢硫辛酸转变成它们相应的酰胺，再经高效液相色谱分离后，可进行硫辛酸和二氢硫辛酸的荧光测定。测定波长为 343/423nm，曾用于生物试样中两者的分析[72]。

人体尿液中的喹啉酸可用反相液相色谱分离后进行荧光检测，测定波长为 326/380nm，测定范围为 0.36～68.8nmol/mL[73]。

丹宁酸对 Cu(Ⅱ) 催化过氧化氢氧化罗丹明 6G 的反应具有活化作用，据此可测定茶叶和中药五倍子中丹宁酸的含量。测定范围为 0.08～1.28mg/L，检测限为 0.0455mg/L[74]。

鞣酸对 Cu(Ⅱ) 催化过氧化氢氧化罗丹明 B 的反应具有活化作用，据此可测定茶叶中鞣酸的含量。测定波长为 560/576nm，测定范围为 0.04～0.72mg/L，检测限为 0.025mg/L[75]。

植酸对 Cu^{2+} 离子催化的 2，2′-二吡啶基酮腙的氧化反应具有活化作用，而氧化的产物具有荧光性，因而可用于植酸的测定。测定范围为 0.05～0.6mg/L，检测限为 0.03mg/L，曾用于人体尿液以及食物中植酸的测定[76]。

关于羧酸手性对映体的荧光测定，大多采用各种衍生试剂进行衍生化反应，再经高效液相色谱分离，最后利用激光诱导荧光等技术予以分析[77~80]。

§19.1.5 脂肪酸及其酯类的荧光分析

所有未取代的和大部分已取代的脂肪族单羧酸，都会与 4-溴甲基-7-甲氧基香豆素形成具有强烈蓝色荧光的衍生物。利用此法可以测定含量低至 pmol 的脂肪酸[1]。该试剂也曾用于过氧化物酶体增生作用中月桂酸代谢物的测定[81]。4-羟甲基-7-甲氧基香豆素曾用于牛奶或牛奶产品中游离脂肪酸的测定，测定波长为 330/395nm，对 1g 样品的检测限为 0.1μg[82]。3-溴乙酰基-7-甲氧基香豆素和 3-溴乙酰基-6，7-甲叉二氧香豆素都曾用于游离脂肪酸的测定。如测定的是人体血清中的月桂酸，检测限为 0.4pmol[83,84]。

6，7-二甲氧基-1-甲基-2(1H)-喹噁啉酮-3-丙酰羧酸酰肼可作为反相高效液相色谱法测定羧酸的高灵敏荧光衍生试剂。此法曾用于戊酸、己酸、辛酸、癸酸、月桂酸、肉豆蔻酸、棕榈酸、十七酸、硬脂酸和花生酸等饱和脂肪酸以及花生四烯酸某些代谢物的荧光测定。测定波长为 365/447nm，注射体积为 10μL 时的检测限为 3～6fmol[85]。

4-(氨磺酰基)-7-(1-哌嗪基)-2，1，3-苯并二噁唑等三种 4-(氨磺酰基)-2，1，3-苯并二噁唑的衍生物也可作为羧酸的柱前荧光标记试剂，用于月桂酸、肉豆蔻酸、棕榈酸、十七酸、硬脂酸、花生酸、山萮酸和二十四酸的反相高效液相色谱分离-荧光测定。测定波长为 (429～440)/(570～580) nm，检测限为 10～50fmol[86]。

9-(2-羟基乙基)-咔唑作为荧光衍生试剂，用于 C_1～C_{20} 脂肪酸的测定，测定波长为 335/365nm，对 C_{14}～C_{20} 脂肪酸的检测限为 45～68fmol，对＜C_{14} 脂肪酸的检测限则更低[87]。

5，6-二甲氧基-2-(4′-肼基羰基苯基) 苯并噻唑可作为荧光衍生试剂，用于饱和的和不饱和的脂肪酸的测定，测定波长为 365/447nm，注射体积为 20μL 时的线性范围为 10fmol～5.0pmol[88]。2-(5-肼基羰基-2-呋喃基)-5，6-二甲氧基苯并噻唑则用于生物试样中脂肪酸的测定，注射体积为 10μL 时的检测限为 50fmol[89]。

2-(4-肼基羰基苯基)-4，5-二苯基-咪唑曾用于二十碳五烯酸和二十二碳六烯酸的荧光测定试剂，此时采用 1-乙基-3-(3-二甲基氨基丙基) 碳二亚胺和吡啶作为缩合剂。若注射体积为 20μL，则对二十碳五烯酸和二十二碳六烯酸的检测限分别为 200 和 190fmol，测定范围均为 1～600pmol。此法已应用于人体血清、饮食补充剂和药物制剂中二十碳五烯酸和二十二碳六烯酸的测定[90]。2-(2-萘氧基)

乙基 2-(哌啶基）乙基磺酸盐曾作二十二烷酸、二十四碳烯酸和二十六碳烯酸的荧光测定试剂，测定波长为 235/366nm，测定范围为 0.028～1.4μmol/L，若注射体积为 10μL，则检测限约为 56fmol[91]。

3-溴甲基-7-甲氧基-1，4-苯并噁嗪酮-2 可用于正己酸等饱和脂肪酸的荧光测定，测定波长为 345/440nm，检测量从 pmol 到 nmol[92]。9-蒽甲醇作为标记试剂，可用于机油中含 C_6～C_{22} 的直链脂肪酸的荧光测定，测定波长为 251/412nm，线性范围为 1～4mg/mL，以十八烷酸为例，检测限为 85μg/mL[93]。也可以在吡啶和 1-乙基-3-(3-二甲基氨基丙基）碳二亚胺存在下，以 4-(1-甲基菲[9，10-d］咪唑基-2)-苯酰肼为衍生化试剂，采用常规荧光法或激光诱导荧光法测定含 C_{16}～C_{20} 的直链饱和脂肪酸，测定波长为 325/460nm，若注射体积为 10μL，则检测限为 2～12fmol[94]。

N-(溴乙酰基)-*N*′-［5-(二甲氨基）萘-1-磺酰］哌嗪和 4-(5，6-二甲氧基-2-酞酰亚胺基）苯基磺酰半哌嗪，都曾作为标记试剂用于脂肪酸的荧光测定[95,96]。2-(2，3-蒽二羰酰亚胺）乙基三氟甲烷磺酸盐也曾作为标记试剂用于包括不饱和脂肪酸在内的 18 种脂肪酸的荧光测定，检测限为 0.8～2.7fmol[97]。7-乙酰胺基-4-巯基-2，1，3-苯并二噁唑作为脂肪酸测定的荧光试剂时，测定波长为 368/524nm，检测限为 10～20fmol[98]。2-溴乙酰基-6-甲氧基萘也曾用作脂肪酸和胆汁酸测定的荧光标记试剂[99]。

前列腺素是一类具有多种生理功能的不饱和脂肪酸，其基本骨架为 20 个碳原子。以 4-溴甲基-7-甲氧基香豆素为荧光标记试剂，可以采用反相高效液相色谱法对不同蛹期的蚕蛹体提取物中的 7 种前列腺素进行分离分析。测定波长为 325/397nm，检测限为 10^{-10}g/mL[100]。

一种由聚甲川氰化物组成的近红外荧光团标记物，已应用于脂肪酸的二极管激光诱导荧光检测[101]。远红区染料罗丹明 800 也可应用于丙戊酸等脂肪酸的反相液相色谱二极管激光诱导荧光检测，测定范围为 40～200μg/mL，检测限为 15.0μg/mL[102]。

食品中丁二酸盐（琥珀酸盐）的含量可用流动注射荧光法进行测定。此法是基于利用由异柠檬酸盐酶和异柠檬酸盐脱氢酶共固定化组成的反应器实现测定的。测定波长为 340/455nm，测定范围为 5～200μmol，曾用于贝壳类和酒类等食品中丁二酸盐的测定[103]。

甘油三酸酯被 KOH 异丙醇溶液水解为甘油后再用高碘酸钠氧化得到的甲醛，可与乙酰丙酮以及氨反应生成荧光性的 3，5-二乙酰基-1，4-二氢卢剔啶，借此可进行甘油三酸酯的测定。也可以采用薄层色谱荧光法测定甘油三酸酯、游离脂肪酸、脂肪酸酯、游离胆甾醇、胆甾醇酯、胆固醇和磷脂等物质[1]。

将磷脂加入到 1，6-二苯基-1，3，5-己三烯的水溶液中，可以使荧光强度增大几百倍，可用于磷脂含量的测定[1]。也可以采用高效液相色谱分离和柱前在线水解生成磷钼酸，再与硫胺素反应生成硫胺荧的荧光法测定磷脂[104]。

将磷脂用磷脂酶C水解后的产物在4-二甲基氨基吡啶存在下与氯化萘普生作用，最终产物经薄层色谱纯化和反相高效液相色谱分离后，可进行荧光测定。测定波长为332/352nm。此法曾用于老鼠大脑和小脑中二酰基甘油磷乙醇胺的测定，检测限为1pmol[105]。

脂质过氧化物在酸性加热条件下会分解产生丙二醛，一分子的丙二醛与二分子的硫代巴比妥酸缩合的产物具有荧光，据此可测定人体胃黏膜组织中的过氧化脂质。测定波长为530/553nm，线性范围为0.04～0.4nmol，检测限为0.01nmol[106]。

异氰酸酯与1-萘甲基胺作用会转变成稳定的尿素衍生物，该衍生物可采用反相色谱-荧光法进行测定。此法曾用于测定空气中的六甲撑二异氰酸酯-缩二脲三聚体[1]。

§19.1.6 酰氯和酸酐的荧光分析

乙酰氯、氯代乙酰氯、丙酰氯、丁酰氯、异丁酰氯、戊酰氯、异戊酰氯、己酰氯、庚酰氯、苯磺酰氯、对甲苯磺酰氯以及乙酸酐、丁二酸酐、戊二酸酐、间苯二酸酐、磷酰氯、亚硫酰氯等酰化剂，与2-羧基肟基乙酰替苯胺在水-丙酮介质中反应的产物具有荧光性，可用于它们的测定[1]。

§19.1.7 糖类的荧光分析

戊糖（如D-木糖、L-阿拉伯糖、D-核糖）和糠醛在浓硫酸介质中与蒽酮会形成荧光性的产物，借此可测定它们的含量。酮式糖的纸上色谱经1，1-二甲基-3，5-二羰环己烷和磷酸的乙醇溶液喷淋并干燥后会发出荧光，可用于酮式糖的检测[1]。利用氯化氧锆作为荧光试剂，不仅可测定果糖之类的酮式糖，也可测定葡萄糖和蔗糖之类的己糖。此法可用于生物样品和软包装饮料中这些糖类的测定[1,107]。

葡萄糖、甘露糖、半乳糖、果糖等己糖，以及分子中含有己糖的低聚糖和多糖，在硫酸介质中与5-羟基-1-萘满酮缩合的产物苯并萘二酮具有荧光性，曾用于血液中葡萄糖含量的测定[1]。

D-(+)-葡萄糖、D-(+)-半乳糖、D-(+)-甘露糖、L-(+)-鼠李糖、D-(−)-核糖、L-(−)-阿拉伯糖和L-(−)-岩藻糖等糖类在浓盐酸介质中脱氢后生成糠醛，后者与间苯二酚缩合生成的产物在碱性介质中具有荧光性，可用于这些糖类的测定[1]。

D-葡萄糖、D-甘油糖、D-赤藓糖和D-阿拉伯糖等与乙二胺硫酸盐在加热情况下会生成荧光性产物，可用于许多糖类的测定[1]。

葡萄糖在三磷酸腺苷和氯化镁的存在下被己糖激酶转变为葡萄糖 6-磷酸盐，后者在葡萄糖 6-磷酸盐脱氢酶的存在下使烟酰胺腺嘌呤核苷酸磷酸盐还原为还原型的烟酰胺腺嘌呤核苷酸磷酸盐，接着后者在吩嗪甲硫酸盐存在下又能使无荧光的刃天青转变为有荧光的试卤灵。此法已应用于葡萄糖、果糖等多种糖类的测定。也可以利用前一步反应，通过测定还原型的烟酰胺腺嘌呤核苷酸磷酸盐的荧光强度直接测定葡萄糖的含量。相类似的方法也曾用于糖原的测定[1]。

利用硫胺素在 pH8 的介质中作为氯化血红素的荧光底物，可采用快速而灵敏的荧光法测定人体血清中的葡萄糖[108]。

吡咯红 B 在氯化血红素的催化下可被 H_2O_2 氧化而使荧光猝灭，据此可测定 H_2O_2 的含量。若与葡萄糖氧化酶联用时，可用于测定人血清中葡萄糖的含量。测定波长为 345/547nm，线性范围为 $0\sim1\times10^{-5}$ mol/L，检测限为 3.3×10^{-8} mol/L[109]。如用辣根过氧化物酶代替氯化血红素，测定波长不变，线性范围为 $0\sim8.0\times10^{-7}$ mol/L，检测限为 3.4×10^{-8} mol/L[110]。

葡萄糖会使荧光染料 3-[5-(4-二甲氨基苯基)-4，5-二氢噁唑-2-苯磺酰氨基]苯硼酸的荧光猝灭，故可用于人体血清中葡萄糖含量的直接测定。测定波长为 362/573nm，线性范围为 $0\sim1\times10^{-2}$ mol/L，检测限为 5×10^{-5} mol/L[111]。在 pH9.1 的 Tris-HCl 缓冲溶液中，利用以酪氨酸为底物的辣根过氧化物酶催化荧光反应可测定 H_2O_2，进而可应用于测定人体血清中的葡萄糖，测定波长为 316/412nm[112]。

可用 CTMAB 增敏下的葡萄糖氧化酶-辣根过氧化物酶-对羟基苯丙酸-过氧化氢体系测定葡萄糖，测定波长为 297.6/414.0nm，线性范围为 0.5～50μg，检测限为 0.46μg[113]。

基于氯化血红素对 H_2O_2 氧化邻-羟基苯基荧光酮或对-羟基苯乙酸的催化作用，可以测定 H_2O_2，进而可应用于测定人体血清中的葡萄糖[114,115]。

Mn(Ⅱ)-十二烷基磺酸钠络合物可以作为过氧化物酶的模拟酶，对过氧化氢氧化焦宁 B 的反应具有催化作用而导致焦宁 B 荧光猝灭。将此模拟催化反应与葡萄糖氧化酶的催化反应偶合，可用于人体血清中葡萄糖的测定，线性范围为 $0.0\sim1.4\times10^{-7}$ mol/L，检测限为 4.2×10^{-9} mol/L[116]。

用荧光素-5(6)-羰氨基-己酸酯标记葡萄糖氧化酶，可直接用于血清中葡萄糖的测定。测定波长为 489/520nm，检测限为 85mg/L[117]。也曾采用 7-羟基香豆素-4-乙酸标记葡萄糖氧化酶，用于果汁中葡萄糖含量的测定，测定范围为 $5.0\times10^{-4}\sim6.0\times10^{-3}$ mol/L[118]。

葡萄糖与葡萄糖脱氢酶反应过程中，烟酰胺腺嘌呤核苷酸被还原为还原型烟酰胺腺嘌呤核苷酸，而硫堇会猝灭后者的荧光，借此可测定葡萄糖的含量，检测限为 2.2μmol/L。根据此原理也可做成测定葡萄糖的光导纤维生物传感器[119]。

利用葡萄糖氧化酶与辣根过氧化物酶偶合制成的固定化酶反应柱，可用于葡萄糖的流动注射荧光分析。此法曾用于各种酒类中葡萄糖的测定，测定范围为 30μg/L～0.5mg/L，检测限为 54ng[120]。

将能够大量生成葡萄糖氧化酶的地衣芽孢杆菌固定在 Sephadex 100 或海藻酸钠-氯化钙载体上制成微生物传感器，利用其氧化葡萄糖产生 H_2O_2 的机理，可采用模拟酶血红素催化荧光底物 *N*，*N*′-二腈甲基邻苯二氨的方法测定血清和尿液中的葡萄糖。测定波长为 256/455nm，测定范围为 $3.6\times10^{-7}\sim1.0\times10^{-4}$ mol/L[121]。

用 9-蒽基二偶氮甲烷将葡糖酸酯化后，再经反相液相色谱分离，可采用荧光法测定海水和沉积物中含量低至 10nmol/L 的葡糖酸[122]。

2-脱氧糖（如 2-脱氧核糖、2-脱氧半乳糖和 2-脱氧葡萄糖）可以用 4′-氨基苯乙酮或者 2-硫代巴比妥酸鉴定和测定[1]。

以 3-(对-羰基苯酰）喹啉-2-羧乙醛为荧光试剂，先经过毛细管电泳分离，再采用激光诱导荧光法可以测定五种氨化糖。此法对荧光标记的氨基葡萄糖的检测限达 75zmol[123]。

经毛细管电泳分离后，采用以异硫氰酸荧光素为衍生试剂的激光诱导荧光法，并以增强型电荷耦合器件为检测器，可以测定氨基葡萄糖、氨基半乳糖和氨基葡糖酸等痕量氨基糖。采用 488nm 氩离子激光激发，对氨基葡萄糖的质量检测限达 170zmol[124]。

用氨基吡嗪为衍生试剂再采用反相高效液相色谱分离后，可以荧光法测定糖朊中的八种单糖（如 *N*-乙酰化单糖），测定波长为 245/410nm，检测限在 45～800fmol 之间[125]。

也有人用 9-氨基芘-1，4，6-三磺酸盐或 8-氨基芘-1，3，6-三磺酸盐为衍生试剂，经毛细管电泳分离，再采用氩离子激光诱导荧光法测定单糖和寡糖[126,127]。

3-(4-羧基苯甲酰)-2-喹啉羧醛可作为氨基糖（如 1-氨基-1-脱氧葡萄糖、2-氨基-2-脱氧葡萄糖、6-氨基-6-脱氧葡萄糖、1-氨基-1-脱氧半乳糖、2-氨基-2-脱氧半乳糖和 D-半乳糖氨基酸等）的毛细管电泳柱前衍生试剂。分离后采用激光诱导荧光法进行测定，可检测至 10^{-18} mol 数量级[128]。

用 3-氨基苯酰胺或 3-氨基苯甲酸为标记试剂，经毛细管电泳分离，再采用氦-镉激光诱导荧光法可测定一些复杂的糖类，检测限可达 10^{-16} mol[129]。

人体血清中的烯糖白朊和 D-葡萄糖，可以用高效液相色谱分离后，采用柱后荧光衍生的方法进行同时测定。所用的衍生试剂为 4-甲氧基苄脒或内消旋-1，2-双（4-甲氧基苯基）乙二胺，用前者时对烯糖白朊和 D-葡萄糖的检测限分别为

100 和 3pmol，用后者时对两者的检测限分别为 150 和 5pmol，本方法只要使用 1μL 的血清样品[130]。

利用胍为试剂，通过柱后液相色谱分离，可以检测一系列还原糖。此法对戊糖、6-脱氧己糖和还原糖的检测限为 5pmol，而对己糖、*N*-乙酰基胺基葡萄糖和 *N*-乙酰基神经氨酸的检测限为 10pmol[131]。

在 pH5.0 的 NaAc-HAc 缓冲介质中，壳聚糖对茜素红 S 的荧光具有猝灭作用，借此可测定康心胶囊中壳聚糖的含量。测定波长为 470/510nm，线性范围为 0～16.667mg/L，检测限为 0.473mg/L[132]。

可以用蒽酮为荧光试剂或者用酶法测定糖原[1]。

采用荧光法测定肾导管流体中的菊粉，则只需要 10nL 的样品溶液[1]。

§19.2 芳族有机化合物的荧光分析

许多芳族化合物在室温或低温下的发光性质一直受到重视的原因，在于它们的发光光谱在理论上的重要性和一些多核芳族化合物的致癌作用。苯在室温下的荧光效率较低，且需要短波长的激发光，它的荧光强度比萘和蒽的小。电解荧光法曾用于炼焦厂废水中苯含量的测定[133]。2-氨基联苯或 4-氨基联苯曾采用离子色谱荧光检测法进行过测定[134]。固定波长同步荧光法曾用于 2，2′-二羟基联苯和 4-羟基联苯的同时测定，线性范围均为 0～8mg/L，检测限分别为 61μg/L 和 87μg/L[135]。胶束增敏二阶导数-可变角同步荧光法曾用于 2，2′-二羟基联苯和 4-羟基联苯的同时测定，线性范围分别为 0.05～0.5mg/L 和 0.07～2mg/L，检测限分别为 53μg/L 和 72μg/L[136]。

多环芳烃化合物具有复杂的荧光光谱，荧光分析法常用于这类化合物的分析[1]。

§19.2.1 多环芳烃的荧光分析

蒽、菲和芴的混合物可以不经过分离而用荧光分析法同时测定。利用迟滞荧光可以测定精制菲中的蒽[1]。利用 He-Cd 激光器的 325nm 线激发，采用激光诱导荧光法可测定 10^{-9}mol/L 的蒽[137]。利用非线性可变角同步荧光法可快速同时测定蒽、9，10-二甲基蒽、2-氨基蒽和二苯并蒽，测定波长分别为 358/380、399/408、414/465 和 298/394nm，线性范围分别为 10～1000、5～500、50～1000 和 10～200ng/mL，检测限分别为 2.7、2.0、15.8 和 4.2ng/mL，回收率为 90.0%～111.0%。此法已应用于某些真实水样的分析[138]。

荧光法曾用于蒽中丁省的测定。以亚硝酸甲酯为溶剂，也可在蒽、菲、芘和芘存在下测定荧蒽的含量[1]。

多环芳烃普遍存在于大气、水、土壤和动植物及其加工产品之中。目前已知在多环芳烃中具有致癌活性的化合物有几百种。其中致癌活性最强的首推3，4-苯并芘，中等的有苯并荧蒽，较弱的有苯并蒽、䓛、20-甲基胆蒽、1，2，5，6-二苯并蒽、3，4，8，9-二苯并芘、3，4，9，10-二苯并芘、1，2，3，4-二苯并芘和1，2，4，5-二苯并芘等。世界卫生组织和欧洲共同体委员会都对水中多环芳烃的最大允许浓度作了明确规定。我国规定地下水中3，4-苯并芘的含量在0.001～0.01ng/mL范围内为未受污染的水。正是由于多环芳烃具有致癌活性，因而它们的分析方法越来越受到人们的重视。

由于荧光分析法的灵敏度很高，许多多环芳烃又都具有特征的荧光激发光谱和荧光发射光谱，因此多环芳烃的荧光分析法发展十分迅速。荧光法测定水中的萘、蒽、芘、苯并芘和荧蒽的灵敏度可达0.03、0.03、0.15、0.10和0.17ng/mL。当样品中存在会相互干扰的多种多环芳烃时，就必须采用适当的分离手段（例如液-液萃取、液-固萃取、气相色谱、柱色谱、纸色谱、薄层色谱、高效液相色谱、离子色谱、毛细管电泳等）将它们分离开来，然后进行荧光测定。例如采用石油醚/二乙醚（85∶15）为萃取剂萃取水样和空气样品中的多环芳烃，然后进行反相液相色谱分离，可以检测到pg数量级的荧蒽、苯并荧蒽、苯并芘和茚并苝等，测定波长为290/438nm。此法曾用于西班牙巴塞罗纳大气中多环芳烃的测定[139]。一般认为，在紫外-可见光检测器、电化学检测器和荧光检测器这三种最普遍使用的HPLC检测器中，荧光检测器用以测定多环芳烃的灵敏度和选择性最佳。

Shpol'skii低温荧光法曾多用于多环芳烃的分析[1,140]。近年来有人利用Shpol'skii低温荧光法测定环境样品中萘、蒽和芴的氨基取代衍生物[141]、海洋沉积物和鸟肉中的芘[142]以及湖泊沉积物和海洋高潮线与低潮线之间的沉积物样品中的多环芳烃（如检测限达0.008～7ng/mL的芘、䓛、苯并蒽、苯并荧蒽、苯并芘、苝、苯并苝、茚并芘、苯并䓛和二苯并蒽等）[143]。也有人用KBH_4将多环芳烃的硝基化合物还原成荧光性的氨基化合物，然后采用高分辨的Shpol'skii低温荧光法测定环境样品中的22种硝基或氨基多环芳烃[144]。还有人将Shpol'skii低温荧光法与时间分辨激光诱导荧光法结合用于多环芳烃的分析[145,146]。激光诱导Shpol'skii低温荧光法还曾用于尿液和血浆中苯并蒽的代谢物1-羟基苯并蒽的测定，对20μL的样品，检测限为12fg（即0.05fmol）[147]。激光诱导时间分辨荧光法还曾用于波士顿港海水中的芘以及其他多环芳烃的测定[148]。利用激光诱导荧光法进行多环芳烃的快速扫描和环境材料的指纹识别，已用于原油、石油产品和颗粒物中蒽、芘、䓛、荧蒽、苯并芘和苯并荧蒽等的测定[149]。时间分辨激光诱导荧光法也曾用于固相萃取膜上直接检测河水样品中的苯并芘[150]。时间分辨荧光法还曾用于蒽、1，2-苯并芘、3，4-苯并芘、芘和1，2，5，6-二苯并蒽的测定，测定波长为337/418nm[151]。

同步荧光法因其选择性好故常用于多环芳烃的分析[1]。在 Triton X-100 胶束介质中，采用同步荧光法可同时测定海水中的苯并芘和苝，检测限分别为0.27和0.30ng/mL[152]。在十二烷基苯磺酸钠胶束介质中，采用同步荧光法测定苯并芘，检测限可达0.0093ng/mL，线性范围为0.1～15.0ng/mL[153]。采用同步荧光法测定大气飘尘中的苯并芘，Δλ＝20nm，在404.7nm处测定，检测限为0.5ng/mL，线性范围为0～100ng/mL[154]。在非离子表面活性剂胶束介质中，采用同步荧光法可同时测定苯并荧蒽和苯并芘，检测限分别为6.8和2.6 ng/L[155]。在溴化十六烷基三甲铵胶束介质中，采用同步荧光法可同时测定海水中的䓛、苝、二苯并蒽和晕苯等四者中的二元或三元混合物，利用Δλ＝89nm同时测定二苯并蒽和晕苯的检测限分别为0.20和0.22ng/mL；同时测定䓛、苝和晕苯所用的Δλ分别为41、3和140nm，检测限分别为0.17、0.13和0.14 ng/mL[156]。同样在溴化十六烷基三甲铵胶束介质中，采用同步荧光法可同时测定海水中的苝和苯并苝，检测限分别为0.12和0.21ng/mL[157]。水样中的蒽、苯并蒽、苯并芘、䓛、荧蒽、芴、萘、苝、菲和芘等十种多环芳烃也可采用同步荧光法进行同时测定[158]。在液-固萃取后，可采用同步荧光法同时测定水中含量为ng/mL数量级的萘、菲、蒽和芘或人体尿液中的1-羟基菲和1-羟基芘[159]。同步荧光法还曾用于真鲷和鮟鱼的胆汁中1-羟基芘的测定，Δλ为37nm，线性范围为0～87ng/mL[160]。基于溴化十六烷基吡啶对芴的荧光的猝灭作用，采用同步荧光法可测定地下水中芴的含量，Δλ＝10nm，检测限为8.5ng/mL[161]。香烟的香料中苯并芘的含量也可以采用不同的溶剂利用同步荧光法加以测定，以二甲亚砜（DMSO）为溶剂可获得最佳检测限（0.09ng/mL）[162]。同步荧光法与高效液相色谱法联用曾用于海洋沉积物中䓛和苯并蒽以及苯并荧蒽和苝的测定[163]。

除上述恒波长差同步荧光法外，可变角同步荧光法和恒能量同步荧光法也逐渐应用于多环芳烃的分析。在非离子表面活性剂聚乙醚胶束介质中，合成样品或水样中的苯并芘、苯并苝、晕苯、二苯并蒽和茚并芘等均可利用线性可变角同步荧光法进行测定[164]。各种不同来源的水样中的芴、苊和菲也可采用可变角同步荧光法进行测定，测定范围分别为0.70～7.00、4.0～60.0和0.50～5.00ng/mL，检测限分别为0.07、0.4和0.05ng/mL，回收率为93.0%～105.0%[165]。恒能量同步荧光法曾用于煤转化气中的苊、蒽、苯并蒽、苯并芘、联苯、晕苯、䓛、二苯并蒽、菲、荧蒽、芴、萘和芘等13种多环芳烃的测定[166]。恒能量同步荧光法还曾用于咔唑、蒽和苝的同时测定[167]以及大气、底泥和柴油机尾气等样品中苯并芘、蒽、苝等17种多环芳烃的测定[168]。

在聚氧化乙烯（10）十二醚胶束介质中，导数同步荧光法曾用于海水中3，3′，4，4′-四氯联苯和2，3，7，8-四氯二苯并呋喃二元混合物的测定，Δλ＝

48nm，检测限分别为5.3和2.7ng/mL[169]。二阶导数同步荧光法曾用于苊、蒽、苯并蒽、苯并芘、苯并荧蒽、䓛、菲、荧蒽、茚并芘和苝的测定，$\Delta\lambda=95nm$，除茚并芘的检测限为4.95ng/mL外，其余的检测限均在0.01～0.7ng/mL之间[170]。二阶导数同步荧光法也曾用于3-甲基胆蒽和苯并芘的同时测定，$\Delta\lambda=20nm$，分别在409和400nm处测定，线性范围分别为$2.0\times10^{-2}\sim1.0$和$1.0\times10^{-3}\sim0.1mg/L$[171]。一阶或二阶导数-恒能量同步荧光法可同时测定芴、苊、蒽和苝[172]。

三维荧光光谱法曾用于测定不同环境介质中的芘[173]。三维荧光光谱总体积积分法曾用于萘、芘和苝的同时测定[174]。三维偏最小二乘法曾用于同时测定芴、萘、菲和芘[175]。

由于多环芳烃异构体之间物理性质和化学性质均十分相似，经高效液相色谱分离后，它们的色谱峰如尚不能分开，此时可以通过选择不同的$\Delta\lambda$采用三维同步荧光光谱法予以快速测定[176]。也可以采用偏振同步荧光光谱法予以测定，例如测定大气和海洋沉积物中的芴、苊、䓛和苯并荧蒽。前两者的$\Delta\lambda=3nm$，检测限分别为0.039和0.046mg/L；后两者的$\Delta\lambda=95nm$，检测限分别为0.016和0.042mg/L[177]。偏振同步荧光法还曾用于芴、苊、蒽、苝及䓛的测定[178,179]。如在此基础上再加上导数技术，检测的下限更低[180]。更多种技术的联用，例如磁效应-偏振-共振同步荧光法，也曾用于䓛、蒽和苝的同时测定[181]。

多变量校正法和人工神经网络法曾用于水样中蒽、苯并蒽、苯并芘、䓛、荧蒽、芴、萘、苝、菲和芘等多环芳烃的同步荧光分析中，测定的浓度范围在0～20ng/mL之间[182,183]。

除同步荧光法之外，利用其他荧光技术测定多环芳烃的还有：将毛细管电泳分离与波长分辨激光诱导荧光法相结合，用以测定易北河河水中萘磺酸盐及其羟基或氨基取代的衍生物[184]。全光谱快速扫描荧光法用于水样中多环芳烃的测定[185]。在采用不同的分离手段后利用程序化的多个激发/发射波长对的荧光检测技术，曾用于自来水和蓄水池水样中浓度在2.33～48.7ng/L水平的13种多环芳烃的测定[186]、大气气溶胶中的14种多环芳烃的测定[187]、户内外空气中12种气相或颗粒状多环芳烃的测定[188]、红茶、绿茶和去咖啡因的茶叶浸渍样品中多环芳烃的测定[189]以及烤面包样品中含量范围在0.15～3.56g/kg的多环芳烃的测定[190]。也有人采用主成分分析和主成分回归的技术，只要通过简单和直接的荧光测量即可进行5种多环芳烃混合物的分析[191]，或采用广义减秩-荧光法测定萘、菲、芘和芴四元混合物[192]。有人采用常规荧光法、导数荧光法和导数-同步荧光法结合多波长线性回归、双峰倍增配平和峰值系数等计算手段同时测定萘、1-萘酚和2-萘酚[193]。

单一成分的苯并芘、䓛和芴采用荧光法测定时的检测限分别为6、67和

109ng/L，但不能用于混合物的测定[194]。在十二烷基磺酸钠阴离子胶束中，芘、菲、苯并芘、苊和芴等5种多环芳烃荧光分析的检测限均可达到ng/mL的数量级[195]。若以Triton X-100胶束溶液为介质，荧光法测定苯并芘的检测限可达3pg/mL[196]。如以Brij-35胶束溶液为介质，荧光法测定芘、苯并芘和苯并芘的检测限可低至pg/mL的数量级[197]。同样以Brij-35作为表面活性剂，采用柱液相色谱分离技术，可以荧光检测表层水中16种亚pg/mL数量级的多环芳烃[198]。采用高效液相色谱分离技术与荧光检测结合的更为普遍，如用于测定橄榄油中的苯并芘，检测限可达0.23μg/kg[199]；用于测定烟熏过的食品（如腊肠）中的苯并芘，检测限可达0.049μg/L[200]；用于测定河水中的氯代（或溴代）苯并蒽，检测限可达20pg/20μL注射体积[201]；用于测定柴油颗粒物中的多环芳烃，检测限在0.24～0.91μg/L之间[202]。

利用溶胶-凝胶免疫亲和柱色谱分离富集后，采用荧光法测出每公斤草中含有0.1～1.4μg的1-硝基芘[203]。超声萃取分离技术与荧光检测结合，曾用于测出Balaton湖的湖水中多环芳烃的总含量在178～720ng/L之间，而湖底沉积物中多环芳烃的总含量在30～360ng/g之间[204]。超声萃取分离技术与荧光检测结合，还曾用于测出土壤中多环芳烃的总含量在15～282μg/kg之间[205]。

胶束电动力学色谱分离技术与激光荧光检测结合，测定苝的检测限为1.4×10^{-7}mol/L（用He-Cd激光器激发）和3.4×10^{-7}mol/L（用半导体激光器激发）[206]。

以十二烷基硫酸钠为稳定剂，采用浊点萃取分离技术与荧光检测结合，可以测定环境水样中含量达ng/L甚至更低的多环芳烃[207]。

§19.2.2　芳族硝基化合物的荧光分析

芳族硝基化合物用铁粉等还原剂还原为相应的芳胺后，再与某些试剂反应生成强荧光性的产物，然后进行荧光检测。如以1，2-萘醌-4-磺酸/硼氢化钾为试剂，测定波长为355/460nm，测定范围为8～40μg[1]；如以吡咯啉酮形式测定，测定波长为395/495nm，对3-硝基苯酚、硝基苯、4-硝基甲苯和2-硝基甲苯的检测限分别为60、12、60和280ng/L[208]。

一种用姜黄素与聚氯乙烯膜做成的光化学传感器，曾用于水样中邻-硝基苯酚的荧光测定，测定范围为$1.5\times10^{-4}\sim1.0\times10^{-2}$mol/L，检测限为$8.0\times10^{-5}$mol/L[209]。后来，该作者采用2-(4-二苯基)-6-苯并噁唑代替姜黄素，做成的光化学传感器用于环境水样中邻-硝基苯酚的测定，效果比前者更好，测定范围为$2\times10^{-6}\sim1.2\times10^{-4}$mol/L[210]。

采用1，2-二（1-萘基）乙炔和聚（对-苯乙炔）固定化在聚氯乙烯膜上组成的光敏膜，曾用于测定湘江水中的邻-硝基苯胺，测定范围为$4.0\times10^{-7}\sim4.0\times$

10^{-4}mol/L[211]。

一种将芘固定化在聚氯乙烯膜上形成的可逆光极膜，基于苦味酸（2，4，6-三硝基苯酚）对芘荧光的猝灭作用，可用于苦味酸的荧光分析，测定范围为 $8.7\times10^{-6}\sim4.3\times10^{-3}$mol/L[212]。该作者改用荧蒽（给予体）和荧光素十八烷基酯（接受体）代替芘做成光极膜，基于荧蒽与荧光素十八烷基酯之间的荧光能量转移作用，测定苦味酸的效果比用芘做成的更好，测定范围为 $5.0\times10^{-7}\sim8.0\times10^{-4}$mol/L[213]。也可将荧蒽固定化在增塑的 PVC 膜中做成测定苦味酸的荧光敏感膜，用于药物辛可宁的间接测定，测定范围为 $1.78\times10^{-6}\sim1.28\times10^{-3}$mol/L[214]。苦味酸对固定化在增塑的 PVC 膜中的 N，N'-二苄基-3，3′，5，5′-四甲基联苯二胺的荧光也有可逆猝灭作用，可做成光化学传感器用于药物辛可宁的间接测定。测定波长为 328/454nm，测定范围为 $2.10\times10^{-7}\sim4.00\times10^{-4}$mol/L，检测限为 7.8×10^{-8}mol/L[215]。

苦味酸会猝灭 4-甲基伞形酮的荧光，可用于水样中苦味酸的直接测定和复方奎宁注射液的间接测定。测定波长为 363/448，线性范围为 $1\times10^{-6}\sim1\times10^{-4}$mol/L，检测限为 8×10^{-7}mol/L[216]。

常规荧光法和激光诱导荧光法曾用于废水和土壤中三硝基甲苯的测定[1,217]。

§19.2.3 芳族羰基化合物的荧光分析

曾采用各种试剂进行香草醛、松柏醛、胡椒醛、茴香醛、水杨醛等芳族醛类化合物的荧光分析[1]。

7 种 2-氨基硫代苯酚衍生物曾用作苯甲醛和 4-羟基苯甲醛的荧光衍生试剂，其中以 2-氨基-5-甲氧基硫代苯酚为最佳，测定的柱上检测限为 0.1～0.4pmol[218]。后来作者改用 2-氨基-4，5-乙撑二氧苯酚为 4-羟基苯甲醛的荧光衍生试剂，测定的柱上检测限为 5～10pmol[219]。而采用 2，2′-二硫代双（1-氨基-4，5-二甲氧基苯）为苯甲醛和 4-羟基苯甲醛的荧光衍生试剂，测定的柱上检测限可达到 8～20fmol[220]。

采用柱后光化学衍生的手段，可以用荧光法测定食物和农产品中聚酚醛的含量[221]。

人体血浆和尿液中的乙酰水杨酸及其代谢物水杨酸、龙胆酸和水杨尿酸等，可采用二阶导数同步荧光法或矩阵等高同步荧光法等进行同时测定[222～227]。一阶导数线性可变角同步荧光法也曾用于对-氨基苯甲酸、水杨酸和龙胆酸的同时测定[228]。

双峰倍增配平法曾用于邻羟基苯甲酸和间羟基苯甲酸的同步荧光法或导数-同步荧光法同时测定，测定的线性范围为 0～1.0mg/L[229]。

在 1.0mol/L 的硫酸介质中，一阶导数-同步荧光法曾用于苯甲酸和水杨酸的同时测定。$\Delta\lambda=80nm$，线性范围均为1.0～20.0μg/mL，检测限分别为0.026和0.083μg/mL[230]。

在pH11的$NH_4Cl\text{-}NH_3 \cdot H_2O$缓冲介质中，对羟基苯丙酮酸对色氨酸的自体荧光有显著的猝灭作用，据此可测定血清中对羟基苯丙酮酸的含量。测定波长为285/356nm，线性范围为0～15μg/mL，检测限为0.37μg/mL[231]。

11(a)，15(s)-双羟基-9-酮-13-反前列烯酸（即前列腺素E_1）对甲醇的荧光有猝灭作用，据此可测定前列腺素E_1。测定波长为270/300nm，线性范围为0～0.11mg/mL[232]。

基于镧系元素铽的敏化发光，可测定未经处理的血液样品中的水杨酸和二氟苯水杨酸，检测限可达ng/mL数量级[233]。也有人采用同步荧光法测定这两者，$\Delta\lambda=128nm$，测定范围为60～240μg/mL[234]。如采用同步荧光法测定血浆中的甲氧萘丙酸（naproxen）和二氟苯水杨酸，$\Delta\lambda=20nm$时后者的存在不影响前者的测定，$\Delta\lambda=110nm$时前者的存在不影响后者的测定，测定范围均为0.02～2.0μg/mL[235]。

其他许多种类的芳族羰基化合物也曾采用荧光分析法进行测定[1]。1，2-二氨基-4，5-甲叉二氧苯作为高灵敏的荧光试剂曾用于7种α-二羰基化合物的反相高效液相色谱分离和荧光测定，对10μL注射体积的检测限为65～280fmol[236]。

§19.2.4 酚和醌的荧光分析

各种酚类和醌类化合物曾用荧光法进行测定[1]。

以8-(4，6-二氯-1，3，5-三吖嗪基氨基）喹啉为荧光试剂，可以测定工业废水中的酚。测定波长为443/485nm，线性范围为$1.7\times10^{-7}\sim1.3\times10^{-5}$g/mL，检测限为$1.1\times10^{-8}$g/mL[237]。

由聚（2，5-二甲氧基苯基二乙炔）固定化在聚氯乙烯膜上组成的一种选择性光极，它的荧光会被邻硝基苯酚猝灭，因而可作为测定邻硝基苯酚的探针。测定波长为399/446nm，测定范围为$1.8\times10^{-6}\sim1.8\times10^{-3}$mol/L[238]。

竞争流动免疫荧光分析法曾用于自来水、雨水等样品中4-硝基苯酚不经预处理的直接测定。测定范围为5～1000μg/L，检测限为0.5μg/L[239]。

将2，2，7，7，12，12，17，17-八甲基-21，22，23，24-四氧杂四烯固定化在增塑的聚氯乙烯敏感膜中做成的荧光化学传感器，可用于工业废水中苯酚的测定。测定波长为272/302nm，测定范围为$4.47\times10^{-6}\sim4.17\times10^{-3}$mol/L，检测限为$6.30\times10^{-7}$mol/L[240]。

通过调节介质的不同pH值，可以采用荧光法直接测定环境水中的苯酚和十二烷基苯磺酸钠的含量，测定苯酚的波长为230/295nm，测定范围为0～0.85μg/mL，检测限为4.0ng/mL[241]。

当苯酚和间苯二酚的浓度比在 1∶10 和 10∶1 之间时，采用一种双体系和双波长的荧光法可以测定它们在药物中的含量[242]。在 $HClO_4$ 溶液中，间苯二酚对 Fe^{3+} 离子催化 H_2O_2 氧化罗丹明 6G 使其荧光猝灭的反应具有抑制作用，据此可测定自来水样品中间苯二酚的含量。测定波长为 348.4/548.4nm，测定范围为 0.008～0.096mg/L，检测限为 5.9μg/L[243]。

褶合曲线分析法曾用于苯酚和对苯二酚的同步荧光法同时测定[244]。

在硫酸介质中，对苯二酚能活化 V(Ⅴ) 催化 $KBrO_3$ 氧化吖啶橙使其荧光猝灭的反应，据此可用固定时间动力学荧光法测定水样或显影废液中对苯二酚的含量，测定波长为 452/510nm，测定范围为 2～40μg/L，检测限为 1.15μg/L[245]。

采用一种 H-点标准加入法，可以测定水样中的苯酚、间甲酚和对甲酚[246]。利用 4-(4，5-二苯基-1H-咪唑基-2) 苯酰氯作为荧光衍生试剂，可以与 HPLC 法结合测定尿样中的苯酚、对甲酚和二甲苯酚，检测限在 0.2～1.6pmol/20μL 之间。测得在未经水解处理的正常尿样中苯酚和对甲酚的含量分别为 (1.5±1.3) 和 (23.9±24.3) μmol，而经水解处理后则分别为 (87.3±81.2) 和 (203.7±195.4)μmol[247]。

对酞内酰胺苯甲酰氯荧光衍生法可用于饮用水中苯酚和氯代酚（邻氯酚、间氯酚、2，4-二氯酚、2，4，5-三氯酚和五氯酚）的液相色谱测定。测定波长为 310/410nm，苯酚和邻氯酚的检测限为 0.16pmol，其他氯代酚的检测限为 0.08pmol；苯酚的测定范围为 2～2000pmol，氯代酚的测定范围为 1～1000pmol[248]。

在 pH7 的 KH_2PO_4-Na_2HPO_4 缓冲介质中，采用可变角同步荧光法可同时测定苯酚和苯胺，检测限分别为 0.0087 和 0.030μg/mL[249]。

导数-可变角同步荧光法可同时测定 1-萘酚和 2-萘酚，线性范围分别为 0～2 和 0～0.5μg/mL，检测限分别为 6.7 和 3.6ng/mL[250]。

经液-液萃取后可采用一阶导数荧光法在苯酚存在下测定二酚，测定波长为 239/306nm，测定范围为 0.5～10.0μg/L，检测限为 0.07μg/L[251]。

单宁是酚类化合物。在 pH2.10 的缓冲介质中，单宁对 Cu^{2+} 离子催化 H_2O_2 氧化吡咯红 Y 使其荧光猝灭的反应具有活化作用，据此可测定茶叶中单宁的含量。测定波长为 525/550nm，测定的线性范围为 0.06～0.96mg/L 检测限为 0.032mg/L[252]。

经连二亚硫酸钠或硼氢化钠还原后，2-甲氧基-6-正戊基-1，4-苯醌、2-甲基-5-羟基-1，4-萘醌和 2-羟基-3-(3-甲基-2-丁基)-1，4-萘醌等原本不发荧光或荧光微弱的醌类化合物，可以采用荧光法进行测定，检测限在 0.16～210ng/mL 之间[253]。

§ 19.2.5　杂环化合物的荧光分析

阿脲、吡啶、皮考啉、吲哚及吖啶等含氮杂环芳族化合物和一些含硫杂环芳族化合物均可采用荧光法进行测定[1]。

9-氨基吖啶对许多革兰氏阴性微生物具有抑制细菌繁殖的活性，可以用流动注射荧光法进行测定。测定波长为 400/432nm，测定范围为 0.066～2900ng/mL，检测限为 0.06ng/mL[254]。

在酸性介质中吲哚与过氧化氢反应生成强荧光性的产物（靛蓝），可用于小虾等海洋食品中吲哚含量的测定，测定范围为 2.0×10^{-7}～2.0×10^{-6}mol/L[255]。在阳离子表面活性剂苯甲基二甲基十六烷基氯化铵存在下，可以采用同步荧光法测定吲哚-4-羧酸，检测限为 1.0ng/mL[256]。利用反相高效液相色谱法与荧光法相结合，可以测定葡萄汁和白酒中吲哚-3-乙酸、色氨酸、吲哚及 3-甲基吲哚等的含量[257]。利用毛细管电泳与荧光法相结合，可以测定豆科植物中吲哚-3-乙酸和吲哚-3-乙酰基天门冬酸的含量，测定波长为 254/360nm，检测限分别为 0.39fmol 和 0.73fmol（注射体积为 26nL）[258]。以 4-(溴甲基)-7-甲氧基香豆素作为荧光衍生试剂，再利用反相高效液相色谱法与荧光法相结合，可以测定海水和海洋沉积物样品中吲哚-3-乙酸的含量，检测限为 20fmol/注射体积[259]。

可以用 3，4-二甲氧基苯基乙二醛作为荧光试剂，利用液相色谱法与荧光法相结合测定鸟嘌呤及其核苷和核苷酸，测定范围为 40～400fmol/注射体积[260]。也可以采用苯基乙二醛作为荧光试剂，利用反相高效液相色谱法与荧光法相结合测定鼠脑组织和人红血球中鸟嘌呤及其核苷和核苷酸的含量，检测限为 0.11～2.54pmol[261]。

有人采用 *N*-(丹磺酰基）乙二胺作为荧光试剂，利用高效液相色谱法与荧光法相结合测定 2′-脱氧核苷酸 5′-单磷酸盐的含量，检测限为 6.4～6.7pmol/10mL 注射体积[262]。此法也可用于单、二和三核苷酸的同时测定，检测限为 4.7～20.3pmol/10mL 注射体积[263]。

1-甲基-6-硝基-苯并咪唑、1-甲基-6-氨基-苯并咪唑和 1-甲基-6-(对-甲苯基氨基)-苯并咪唑等某些新的苯并咪唑衍生物所具有的天然荧光的性质，除与它们的取代基团有关外，还与所用的溶剂以及介质的 pH 值有关，利用这些关系可以对它们进行荧光测定[264]。

利用半导体激光器（655nm）作为激发光源和一种特殊的光二极管作为荧光检测器，将毛细管电泳法与激光诱导荧光法相结合，测定噁嗪 725 的检测限达到 47amol，比用光电倍增管作检测器要灵敏 100 倍[265]。

在 pH12.0 的硼酸-磷酸-氢氧化钠缓冲溶液中以及丙酮和 Triton X-100 的存在下，可用荧光法测定吩噻嗪卤代衍生物（如 3-溴-*N*-乙基吩噻嗪），测定波长为

320/355nm，线性范围为 $1\times10^{-7}\sim1\times10^{-4}$mol/L，检测限为 1×10^{-8}mol/L[266]。

在聚氧化乙烯（10）十二烷基醚介质中，导数同步荧光法曾用于 3，3′，4，4′-四氯联苯和 2，3，7，8-四氯二苯并呋喃二元混合物的分析，$\Delta\lambda=48$nm，检测限为 5. 3ng/mL[267]。

1，3-二氨基-7（1-乙基丙基）-8-甲基-7H-吡咯并-(3，2-f)-喹唑啉（简称 1954U89）在抗癌医学上具有一定的价值。采用高效液相色谱法与荧光法相结合，可以测定鼠和狗的血浆中 1954U89 的含量，测定波长为 335/460nm，测定范围为 0. 01～2. 0μg/mL[268]。

生物材料中存在的大环化合物卟啉（如羧酸卟啉），酯化后经高效薄层色谱分离，再用氩离子激光荧光法进行测定，检测限为 18～35pg[269]。

§19. 2. 6　油分的荧光分析

同步荧光法和二阶导数荧光法都曾用于重油、柴油和机油等的测定[1]。

经 NaOH 消解后，以二氯甲烷为萃取剂、20-3# 油为标准，可采用荧光法测定海藻中的石油烃。测定波长为 310/360nm，线性范围为 0～100μg/ml，检测限为 0. 075mg/kg[270]。

恒能量差同步荧光法曾用于厦门港避风坞的淤泥和海水中的油污分析。$\Delta\bar{v}=800\text{cm}^{-1}$，测定柴油、机油、重油和液压油的线性范围分别为 0. 05～40、0. 1～80、0. 05～80 和 0. 1～100μg/mL[271]。

三维荧光法曾用于井中岩芯、地表土样和地下水的油分研究，用以判断油气的属性与油源的关系[272]。

也曾将高效薄层液相色谱法与荧光法相结合，用于发酵肉汤中的油菜籽油的测定[273]。

§19. 2. 7　荧光黄、罗丹明 6G 和罗丹明 B 的同时荧光分析

曾采用同步荧光法进行荧光黄、罗丹明 6G 和罗丹明 B 的同时测定[1]。

§19. 2. 8　叶绿素的荧光分析

常规荧光法、导数荧光法和同步荧光法等都曾用于叶绿素 a 和叶绿素 b 以及脱镁叶绿素 a 和脱镁叶绿素 b 的测定[1]。用同步荧光法测定脱镁叶绿素 a 和脱镁叶绿素 b 的线性范围分别为 0～400 和 0～200ng/mL，检测限分别为 1 和 0. 5ng/mL[274]。

激光诱导荧光法也曾用于稻叶和浮游生物中叶绿素 a 和叶绿素 b 以及脱镁叶绿素 a 和脱镁叶绿素 b 的测定[275,276]。

一种基于发光二极管和光声调谐滤波器的荧光计可用于叶绿素 a 和叶绿素 b 的测定[277]。

§19.3 维生素的荧光分析

§19.3.1 维生素A的荧光分析

维生素A和维生素A乙酸盐、维生素A酯、维生素A醇等的有机溶剂溶液，在紫外线照射下都会产生荧光，可用于它们的分析[1]。

荧光法曾用于蛋鸡饲料、鱼粉和骨粉中维生素A和维生素C的同时测定，测定波长分别为295/340和340/480nm[278]。

§19.3.2 维生素B_1的荧光分析

1936年建立的测定维生素B_1（即盐酸硫胺素）的硫胺荧光法及其各种改进方法应用最为广泛[1,279]。

用V(Ⅳ)作为氧化剂将硫胺素氧化为硫胺荧，可测定维生素B_1注射液、复合维生素B片和维生素B_1片剂中维生素B_1的含量。测定波长为370/438nm，线性范围为0.8～240.0ng/mL，检测限为0.45ng/mL[280]。用V(Ⅴ)作为氧化剂，可测定大米粉、小豆粉和玉米粉等粮食以及复方降糖粉等药物样品中的硫胺素含量，测定波长为400/460nm，线性范围为2.5×10^{-7}～2.5×10^{-5}mol/L[281]。

如改用钼酸铵为氧化剂测定复合维生素B片和多种维生素糖丸中的维生素B_1含量，则测定波长为370/440nm，线性范围为0.008～2ng/mL，检测限为0.0067ng/mL[282]。

如以过氧化氢为氧化剂并以Triton X-100为增敏剂，测定大米粉、豌豆粉和玉米粉等粮食以及维生素B_1针剂等药物样品中的维生素B_1含量，则测定波长为375/433nm，线性范围为5.0×10^{-7}～2.0×10^{-5}mol/L[283]。

也可以在碱性介质中以Hg^{2+}离子为氧化剂测定维生素B_1片剂中的维生素B_1含量，则测定波长为360/420nm，线性范围为3×10^{-7}～1×10^{-5}mol/L，检测限为3×10^{-7}mol/L[284]。

还曾在碱性介质中以$K_3Fe(CN)_6$为氧化剂并采用时间扫描动态荧光法测定多种药物制剂中维生素B_1含量，则测定波长为372/460nm，线性范围为5.40～4.32×10^3μg/L，检测限为1.44μg/L[285]。

基于硫胺素在非离子表面活性剂Triton X-100碱性胶束介质中与Co^{2+}离子的作用，也可采用荧光法测定维生素B_1，测定波长为375/433nm，检测限为5.0×10^{-8}mol/L[286]。

基于在2-巯基乙醇存在下用邻苯二醛进行伯胺基的衍生化反应，可以进行药剂中维生素B_1的荧光法流动注射分析，线性范围为0.2～6ng/mL，检测限为

0.1ng/mL[287]。

利用模拟酶四磺基铁酞菁作为过氧化氢氧化硫胺素的催化剂，可以测定维生素 B_1 和复合维生素 B 片剂以及大米中的维生素 B_1 的含量，L-酪氨酸、酪胺和对羟基苯丙酸等具有对羟基苯基结构的物质对该反应都具有活化作用。该方法的线性范围为 $1.0\times10^{-8}\sim1.0\times10^{-4}$ mol/L，检测限为 4.3×10^{-9} mol/L[288]。

经反相高效液相色谱分离后，在强碱性介质中，维生素 B_1 通过光化学反应会转化为强荧光性物质，然后进行荧光检测。据此可测定猪肝和奶粉等食品中维生素 B_1 的含量，测定波长为 370/440nm，线性范围为 0.033～10mg/L，检测限为 3.8μg/L[289]。

§19.3.3 维生素 B_2 的荧光分析

常规荧光法和激光诱导荧光法都曾用于维生素 B_2（即核黄素）的分析[1]。

利用柱层析光导纤维荧光法可测定复合维生素片、多种维生素糖丸和 21 金维他中的维生素 B_2 的含量。测定波长为 470/565nm，线性范围为 0.2～23.0μg，维生素 B_1、维生素 B_6、维生素 B_c 和维生素 C 不会干扰维生素 B_2 的测定[290]。

在中性介质中，维生素 B_2 在汞灯激发下会发射 520nm 荧光，据此可测定尿液中维生素 B_2 的含量。测定范围为 $8.0\times10^{-8}\sim2.0\times10^{-5}$ mol/L，检测限为 6.0×10^{-8} mol/L[291]。

§19.3.4 维生素 B_6 的荧光分析

维生素 B_6 具有吡哆醇、吡哆醛和吡哆胺等 3 种不同形式，都可以采用荧光法测定它们[1,292]。以 292/382nm 为测定波长，可测定胡萝卜和鱼肉等样品中 3 种形式的维生素 B_6 的总量[293]。如与高效液相色谱法联用，可快速测定蜂皇浆及制品中添加的维生素 B_6 的含量，测定波长为 290/390nm，线性范围为 0～120ng[294]。

以吡哆胺 5′-磷酸盐作为内标，经高效液相色谱分离后，可用荧光法检测人体血清中维生素 B_6 的含量，测定波长为 325/400nm[295]。采用一种基于导数同步荧光检测的流通传感装置，利用吡哆醛、吡哆醛-5-磷酸盐和吡哆酸与 Be^{2+} 离子在不同 pH 的氨缓冲溶液中会生成荧光性络合物的原理，可以测定它们在血清样品中的含量，测定范围为 0.05～15.00μmol/L[296]。也可以采用非线性可变角同步荧光法进行吡哆醛、吡哆胺和吡哆酸的同时测定，测定范围分别为 8.0～80、30.0～300 和 2.4～24ng/mL[297]。

§19.3.5 维生素 B_1 和维生素 B_2 混合物的荧光分析

常规荧光法和同步荧光法都曾用于维生素 B_1 和维生素 B_2 混合物的荧光分

析[1]。

§19.3.6　维生素 B_1 和维生素 B_6 混合物的荧光分析

采用选择波长或时间的光化学动力学荧光法，可进行维生素 B_1 和维生素 B_6 的联合测定，因为在碱性介质中维生素 B_6 不干扰维生素 B_1 的测定。测定波长分别为 370/440 和 310/372nm，测定范围分别为 0～1.4 和 0～2.0μg/mL，检测限分别为 0.60 和 1.0ng/mL[298]。

§19.3.7　维生素 B_2 和维生素 B_6 混合物的荧光分析

利用三维荧光光谱法通过测量总荧光强度可以进行维生素 B_2 和维生素 B_6 混合物的同时测定，其灵敏度比常规法大约分别高 130 和 310 倍[299]。

利用可变角同步荧光法同时测定维生素 B_2 和维生素 B_6，测定范围分别为 0.05～1.6 和 0.1～2.0μg/mL，检测限分别为 0.05 和 1.0μg/mL[300]。

§19.3.8　维生素 B_1、维生素 B_2 和维生素 B_6 混合物的荧光分析

在碱性介质中，硫胺素经光化学反应可转变为强荧光性物质，丙酮会敏化该反应。利用此原理可进行维生素 B_1 的测定。检测限为 0.46ng/mL。如选择一定的条件，并与同步荧光技术联用，可同时测定药剂中的维生素 B_1、维生素 B_2 和维生素 B_6[301]。

利用光导纤维传感器与同步荧光技术结合，也可以同时测定复合维生素 B 片剂中的维生素 B_1、维生素 B_2 和维生素 B_6[302]。

在双-2-乙己基硫代琥珀酸钠胶束介质中，可以采用同步荧光法测定药物中的维生素 B_1、维生素 B_2 和维生素 B_6，检测限分别为 12、9 和 10μg/L[303]。

将偏最小二乘法用于同步荧光法，也可同时测定复合维生素 B 片剂中的维生素 B_1、维生素 B_2 和维生素 B_6[304]。

在同步荧光法的基础上再加上一阶导数技术，可同时测定这三种维生素，但采用的 $\Delta\lambda$ 不同，有的 $\Delta\lambda=50$nm[305]，有的 $\Delta\lambda=20$nm[306]。

在 pH7.0 的磷酸氢二钠-柠檬酸缓冲介质中，人工神经网络-荧光光谱法可用于维生素 B_1、维生素 B_2 和维生素 B_6 的同时测定[307]。

§19.3.9　维生素 B_{12} 的荧光分析

在 pH7.0 的磷酸缓冲溶液中，维生素 B_{12} 的激发峰在 275nm，发射峰在 305nm，可用于维生素 B_{12} 片剂、多种维生素片剂以及发酵液中维生素 B_{12} 的测定，测定的线性范围为 1.0～100.0ng/mL，检测限为 0.1ng/mL[1,308,309]。

§19.3.10 维生素 B_c的荧光分析

维生素 B_c（亦称叶酸或蝶酰谷氨酸）在 365nm 射线照射下会发生蓝色荧光，荧光峰在 490nm，可用于维生素 B_c的测定[1]。以高锰酸盐为试剂并与高效液相色谱法结合，也可测定含量低至 150ng/mL 的维生素 B_c及其衍生物[310]。在 pH5.0 的 NaAc-HAc 介质中，过氧化氢将维生素 B_c氧化为强荧光性的蝶呤-6-甲醛，借此可测定片剂中维生素 B_c的含量。测定波长为 282/445nm，线性范围为 0～6.0mg/L，检测限为 5.2μg/L[311]。此前该作者也曾采用高锰酸钾为氧化剂进行过测定[312]。

如果以荧胺为试剂并采用同步荧光法进行检测，则可测定软酒精饮料中含量低至 16ng/mL 的维生素 B_c[313]。

利用光化学荧光法与流动技术结合测定维生素 B_c，测定范围为 0.1～40.0μg/mL[314]。如在 pH9.5 的介质中测定，测定波长为 274/466nm，测定范围为 0.001～4μg/mL，检测限为 0.16ng/mL[315]。

§19.3.11 维生素 C 及其衍生物的荧光分析

维生素 C（即抗坏血酸）及其衍生物可采用荧光法进行测定[1]。

用 Cu^{2+} 离子与抗坏血酸反应，再在对羟基苯乙酸存在下用辣根过氧化物酶处理生成的过氧化氢，即可得到荧光性的对羟基苯乙酸的二聚体。此法测定抗坏血酸的浓度范围为 50μmol/L～4mmol/L[316]。

虫漆酶会催化抗坏血酸氧化为脱氢抗坏血酸的反应，后者与邻苯二胺反应则生成荧光性的喹噁啉。利用这一原理可测定酒、啤酒、尿以及药剂中的抗坏血酸，测定范围为 0.025～1.0μg/mL[317]。

痕量抗坏血酸对模拟酶 β-环糊精氯化血红素催化 H_2O_2氧化对甲基酚的反应具有增强作用，可用于饮料以及维生素 C 片剂和注射液中抗坏血酸的含量。测定波长为 322/410nm，线性范围为 $1\times10^{-9}\sim8\times10^{-8}$ mol/L，检测限为 3.45×10^{-10} mol/L[318]。

在 pH10.2～10.5 的介质中，抗坏血酸与 2，3-二氨基萘反应生成荧光性的杂环缩合物，借此可测定 2～30μg/mL 的抗坏血酸，测定波长为 400/520nm，检测限为 0.4μg/mL[319]。

硫堇蓝敏化抗坏血酸的光氧化反应时会生成强荧光性的白硫堇蓝，据此可测定药剂、果汁和软饮料中的抗坏血酸含量，测定范围为 $8\times10^{-7}\sim5\times10^{-5}$ mol/L[320]。

利用催化剂 V(Ⅴ) 存在下抗坏血酸对溴酸钾氧化罗丹明 6G 的反应具有活化作用，可测定药剂、果汁和蔬菜中的抗坏血酸，测定范围为 1.6～28ng/mL，检测限为 0.62ng/mL[321]。

基于脱氢抗坏血酸对还原型罗丹明 B 在 V(Ⅴ) 催化下的自动氧化反应的活化作用，可测定维生素 C 片剂、复方芦丁片剂、芦柑汁、甜橙汁、绿豆芽和油菜中的抗坏血酸。测定波长为 554/580nm，测定范围为 0～4.0×10^{-7}mol/L，检测限为 4.0×10^{-9}mol/L[322]。

脱氢抗坏血酸与邻苯二胺偶联，可得荧光性的脱氢抗坏血酸对-氮杂萘，据此可测定果蔬中的抗坏血酸，测定波长为 350/430nm[323]。

在 pH12.9～13.3 的介质中，抗坏血酸与 2-二氰基乙酰胺反应会生成强荧光性的产物，借此可测定 0.1～50μg/mL 的抗坏血酸，测定波长为 329/380nm，检测限为 0.03μg/mL[324]。

利用时间分辨荧光免疫分析法也可以测定马铃薯叶片中抗坏血酸的含量，测定范围为 0.05～50pmol/孔[325]。

利用同步荧光法可测定苹果、桃、梨和草莓等水果中抗坏血酸的含量。$\Delta\lambda$=80nm，在 350nm 处测定，线性范围为 0～1.25mg/L[326]。

采用硫酸铜或乙酸铜作为氧化剂，1，2-二氨基苯二盐酸盐或 1，2-二氨基 3，4-二甲基苯二盐酸盐作为柱后衍生试剂，可以进行人体血浆中抗坏血酸和脱氢抗坏血酸的同时测定，检测限分别为 16ng 和 3ng[327]。

§19.3.12　维生素 D 的荧光分析

维生素 D_2 和维生素 D_3 都曾采用荧光法进行测定[1]。

利用狄尔斯-阿德耳（Diels-Alder）反应生成强荧光性的加合物的原理，并与高效液相色谱法结合，可以测定人体血清中的 25-羟基维生素 D_3，对加合物的检测限可达到 2.93×10^{-14}mol/注射体积[328]。荧光法与反相高效液相色谱法结合，可以测定人体血浆中的 25-羟基维生素 D_3、24，25-二羟基维生素 D_3 和 1，25-二羟基维生素 D_3 这三种主要的维生素 D_3 代谢物[329]。

利用高效液相色谱柱后衍生技术和荧光分析法结合，可以测定0.1pg/mL～100ng/mL 的 25-羟基维生素 D_3、24，25-二羟基维生素 D_3 和 1，25-二羟基维生素 D_3，此法已应用于人体血浆中这三种物质的测定[330]。该作者改用激光诱导荧光法进行检测，测定人体血浆中的 25-羟基维生素 D_3 的检测限可达 0.01pg/mL[331]。

§19.3.13　维生素 E 的荧光分析

荧光法曾用于维生素 E（即生育酚）的分析[1]。

天然的维生素 E 是由 α-、β-、γ-、δ-生育酚和 α-、β-、γ-、δ-生育三烯醇等八种拟维生素组成的，采用不同的色谱柱可以将它们分离开来，然后进行测定[332]。人造奶油和菜油制品（如涂面包的果酱）中的 α-、γ-和 δ-生育酚这三种生育酚的同系物，可以采用简化的萃取法和高效液相色谱法分离，然后进行荧光检测。三者的检测限分别为 23.2、2.96 和 1.98μg/100g[333]。利用高效液相色谱法和荧光法相结合，也曾测定过老鼠的肝、脑和心等组织中 α-生育酚的含量，测定波长为 296/340nm，发现随鼠龄的增大 α-生育酚的水平提高，并且雌鼠的水平高于同龄雄鼠[334]。采用类似的方法，还测定过实验动物的食物中 α-生育酚和 α-生育乙酸盐的含量[335]。

以二极管阵列为检测手段，利用高效液相色谱法和荧光法相结合，也曾测定过食用油中的 α-、β-、γ-、δ-生育酚和α-、β-、γ-生育三烯醇。对 α-生育酚和 β-生育三烯醇的测定线性范围为 0.5～7.5μg/mL；对 β-生育酚为 0.5～10μg/mL；而对其他四者则为 0.5～15μg/mL[336]。

用 0.1mol/L HCl-乙醇处理样品，再用石油醚作萃取剂，可测定食物中的维生素 E，测定波长为 296/340nm，线性范围为 0.05～10μg/mL[337]。

§19.3.14　维生素 F 及其衍生物的荧光分析

荧光法曾用于维生素 F（即烟酸）及其衍生物烟酰胺等的分析[1]。

光化学反应与荧光法结合，可以测定复合维生素 B 片剂中的烟酸含量，检测限为 0.60ng/mL[338]。在光照射后再经液相色谱分离，可采用荧光法测定人体尿液和血清中的 *N*-1-甲基烟酰胺，线性范围为 5.0～20.4pmol（注射体积为 20～100μL）[339]。

§19.3.15　维生素 K 的荧光分析

维生素 K_1（即 2-甲基-3-叶绿基-1，4-萘醌）本身虽为非荧光性的，但也可采用荧光法进行测定[1]。

利用维生素 K_1 对葡萄糖的光氧化反应具有的敏化作用，可以用荧光法测定药物制剂和蔬菜中的维生素 K_1，测定范围为 1×10^{-6}～1×10^{-4}mol/L[340]。在固相萃取后再经高效液相色谱分离，可采用荧光法测定维生素 K_1，检测限约为 0.1pg/100μL 注射体积，测定的范围为 0～2pg/100μL 注射体积[341]。

维生素 K_3（即甲萘醌）本身也是非荧光性的，但在紫外线照射下会转变为强荧光性的化合物，因而可采用荧光法进行测定。此法应用于维生素注射液和尿液中维生素 K_3 含量的测定，检测限可达 0.76ng/mL[342]。以锌为还原剂，可将维生素 K_3 还原为荧光性的萘氢醌，测定波长为 325/425nm，测定范围为 0.1～18μg/mL，检测限为 5ng/mL[343]。如改用二氯化锡为还原剂，测定波长为 334/427nm，则检测限可达 2.06ng/mL[344]。

也可采用 260nm 紫外线作为光化学反应的光源，将甲萘醌还原为氢醌型强荧光物质，然后进行测定。测定波长为 335/430nm，测定范围为 0～9.60μg/mL，检测限为 2.5ng/mL[345]。

波长扫描-反应速差分析法也曾用于维生素 K_3 和维生素 B_2 的荧光测定，测定范围分别为 0～2.70μg/mL 和 0～1.20μg/mL，检测限分别为 2.6ng/mL 和 0.22ng/mL[346]。

§19.4　氨基酸和蛋白质的荧光分析

某些氨基酸在紫外线照射下会发生荧光，可直接用荧光法进行检测。大多数的氨基酸在紫外线照射下虽不发生荧光，但在与某一有机试剂反应之后，它们的产物会发生荧光，也可用各种荧光分析方法进行测定[1]。

纸上色谱法、离子交换柱法、薄层色谱法和高效液相色谱法等分离手段，经常配合荧光法进行多种氨基酸同时测定前的分离。酶法与荧光法结合则能提高测定的灵敏度[1]。

常用来与氨基酸作用形成荧光性衍生物以进行荧光法测定的有机试剂，除荧胺、邻苯二醛、茚满酮和二甲氨基萘磺酰氯等[1]外，还曾用过许多其他试剂。例如，先经毛细管区域电泳分离，再以四甲基罗丹明氨荒酰类试剂衍生氨基酸，然后采用低功率的氦-氖激光器的 543.5nm 绿光激发，可以检测到 1×10^{-21} mol（600 个分子）的氨基酸[347]。以 3- 或 4-(2-菲［9′，10′-d］噁唑基）苯基异硫代氰酸盐为衍生试剂，与反相高效液相色谱法结合，可以检测到 10^{-12} mol 量级的 21 种氨基酸[348]。以 7-［(*N*，*N*-二甲基氨基）磺酰基］-2，1，3-苯噁二唑基-4-异硫代氰酸盐为衍生试剂，与反相高效液相色谱法结合，可以检测到 50 fmol 到亚 pmol 量级的氨基酸[349]。吖啶酮-乙酰氯、咔唑-9-乙酰氯和咔唑-9-丙酰氯都曾作为液相色谱的柱前荧光衍生试剂，用于检测 fmol 量级的氨基酸[350,351]。如先经毛细管电泳分离，再以荧光素异硫氰酸盐为衍生试剂，然后采用氩离子激光诱导荧光法检测，可以检测到 0.052～1.01fmol 的氨基酸[352]。也有人以 2-(9-蒽基）乙基氯甲酸酯为柱前衍生试剂，采用荧光法可测定 0.06pmol 的氨基酸[353]。香豆素-6-磺酰氯曾作为离子对色谱的柱前标记物用于人体尿液中 ng 量级的精氨酸、半胱氨酸、苏氨酸、脯氨酸、组氨酸、丝氨酸、色氨酸、酪氨酸、缬氨酸和赖氨酸的测定[354]。4-甲基-7-羟基香豆素-6-磺酰氯也曾作为荧光探针用于多种氨基酸的荧光层析法测定[355]。4，7-邻菲咯啉-5，6-二酮可作为反相高效液相色谱分离的柱前荧光标记试剂，用于胶囊等药剂中氨基酸的荧光测定，测定波长为 400/460nm[356]。吖啶-9-*N*-乙酰基-*N*-羟基琥珀酰亚胺可作为柱前衍生试剂用于氨基酸的荧光测定，测定波长为 404/435nm[357]。2，4-二硝基苯基氯化吡啶可用于 26 种氨基酸以及伯胺、仲胺、硫醇、硫酮和羧酸等有机物的色谱分离检测[358]。倍频半导体二极管激光器曾用于氨基酸的毛细管电泳分离-激光诱导检测，检测限可达 0.9 amol[359]。3-(4-酮基苯甲酸）-2-喹啉甲醛也可作为柱前衍生试剂用于氨基酸的毛细管电泳分离-激光诱导检测，检

测限可达 10^{-9} mol/L[360]。以 3-对羟基苯甲酰喹啉-2-甲醛作为柱前衍生试剂，采用氩离子激光器 488nm 射线激发，并利用增强型电荷耦合器件检测，可以测定鼠脑微透析液中的 16 种氨基酸。测定甘氨酸的线性范围为 $1\times10^{-9}\sim1\times10^{-7}$ mol/L，质量检测限可达 5×10^{-15} mol[361]。

§19.4.1 酪氨酸和色氨酸的荧光分析

曾经利用酪氨酸和色氨酸的自身荧光，或采用各种荧光试剂对它们进行测定[1]。

Mo(Ⅵ) 会猝灭酪氨酸的荧光，据此可测定啤酒和葡萄酒中酪氨酸的含量。测定波长为 278/305nm，测定范围为 0.01～14.4μg/mL，检测限为 6ng/mL[362]。

采用倍频氖激光器的 284nm 射线激发和 CCD 检测器检测，可以在毛细管电泳分离后通过检测酪氨酸和色氨酸的自身荧光来同时测定它们，检测限分别为 2×10^{-8} mol/L 和 2×10^{-10} mol/L[363]。

在 pH7.4 的 KH_2PO_4-NaOH 缓冲介质中，采用二阶导数荧光法可同时测定苹果中的酪氨酸和色氨酸。以 221nm 射线激发，分别在 283nm 和 318nm 测量，测定范围分别为 0.002～0.250μg/mL 和 0.004～0.200μg/mL，检测限分别为 0.0014μg/mL 和 0.0023μg/mL[364]。

在 pH7.15 的 KH_2PO_4-K_2HPO_4 缓冲介质中，采用人工神经网络-荧光光谱法可同时测定医院营养输液用的复合氨基酸注射液中的酪氨酸和色氨酸[365]。

酪氨酸与固定化在反应器上的酪氨酸酶作用生成多巴醌，再用 1，2-二苯基乙二胺衍生多巴醌，可以测定血清中的 L-酪氨酸，测定波长为 350/480nm，测定范围为 $5\times10^{-7}\sim2\times10^{-4}$ mol/L，检测限为 2×10^{-7} mol/L[366]。利用酪氨酸酶做成的反应器，还可用于 L-酪氨酸和 L-3，4-二羟基苯丙氨酸的同时测定，测定波长为 360/490nm，测定范围分别为 0.01～30μmol/L 和 0.005～15μmol/L，检测限分别为 27pg/30μL 注射体积和 6pg/30μL 注射体积[367]。

有人将固定化的 β-环糊精做成流通式的光传感器，用于酪氨酸和苯丙氨酸的同时测定，检测限分别为 8.9ng/mL 和 0.20μg/mL[368]。

在 pH7.4 的 KH_2PO_4-NaOH 缓冲介质中，采用卡尔曼（Kalman）滤波荧光法可同时测定酪氨酸、色氨酸和苯丙氨酸，测定波长为 261.6/292.0nm，测定范围分别为 0.01～5μg/mL、0.01～0.5μg/mL 和 0.07～5μg/mL[369]。也可以采用一阶导数荧光-偏最小二乘法同时测定这三者[370]。

以氯化血红素为过氧化物酶的模拟酶，可以采用荧光法测定 $1\times10^{-6}\sim7\times10^{-6}$ mol/L 的酪氨酸[371]。

在氨性缓冲溶液中，经 275nm 的光线照射，酪氨酸会发生光化学反应产生会发出荧光的二聚体，据此可用于啤酒和氨基酸注射液中酪氨酸的测定。测定波长为 315/410nm，线性范围为 $2.0\times10^{-7}\sim2.0\times10^{-5}$mol/L，检测限为 3.2×10^{-9}mol/L[372]。

以苯基乙二醛为荧光试剂，可以测定人体血清中的色氨酸，检测限为 0.84nmol/mL[373]。

亚硝酸与色氨酸反应能生成荧光性产物，可用于测定合成样品和蛋白质样品中的色氨酸，测定波长为 320/392nm，测定范围为 0.2～1.6μg/mL[374]。

先采用薄层色谱法将色氨酸及其相关的代谢物分离，再利用带有光导纤维传感器的荧光计进行原位扫描，可以同时测定色氨酸及其相关的代谢物。测定的范围为 10～100ng，检测限为 16.39～22.5ng[375]。

以 C_{18} 硅胶或 β-环糊精为传感剂的流通式光传感器均可用于色氨酸的测定，检测限分别为 25ng/mL 和 4ng/mL[376,377]。

利用反相高效液相色谱分离技术与荧光检测技术结合，可以测定葡萄汁和白酒中含量为 μg/L 的色氨酸和吲哚-3-乙酸[378]。

荧光分析法也可用于 D-色氨酸和 L-色氨酸对映体的测定[379,380]。

§19.4.2　组氨酸的荧光分析

利用荧胺、邻苯二醛和溴丁二酰亚胺等为荧光试剂，可进行组氨酸及其相关化合物的荧光分析[1]。

§19.4.3　甘氨酸、谷氨酸、赖氨酸的荧光分析

7-氯-4-硝基苯噁二唑、2，4-丁二酮/甲醛、茚满三酮/乙酰丙酮等试剂，都曾用于甘氨酸的荧光分析[1]。邻苯二醛也曾用于甘氨酸的荧光分析[1,381]。以 *N*-羟基琥珀酰亚胺基-α-(9-吖啶)-乙酸盐作为液相色谱柱前荧光衍生试剂，可以测定甘氨酸、甘氨酰甘氨酸、三甘氨酸、谷胱甘肽、谷氨酸和胱氨酸，线性范围都在 0.08～260nmol/mL 之间，检测限均为 fmol 量级[382]。

在弱碱性介质中，紫外线的照射会使谷氨酸发生光化学反应而生成 H_2O_2 和 NH_3，其效果与谷氨酸氧化酶存在下的酶促反应等同。接着再利用氯化血红素作为过氧化酶的替代物催化 H_2O_2 与对羟基苯乙酸的偶合荧光反应，据此可间接测定味精中谷氨酸的含量。测定波长为 320/410nm，线性范围为 $1.0\times10^{-8}\sim1.0\times10^{-6}$mol/L，检测限为 3.9×10^{-9}mol/L[383]。

利用毛细管电泳分离和激光诱导荧光检测技术的结合，可以测定鼠脑渗析液中的谷氨酸和蛋白质，尿液、血清中的 γ-羧基谷氨酸[384,385]。采用相同的技术，在 pH9 介质中用菁色素衍生物（Cy5）作为荧光衍生试剂，再经毛细管电泳分离后进行激光诱导荧光法测定，可以测出大鼠血浆中的抑制性神经递质甘氨酸和兴奋性神经递质谷氨酸。测定波长为 635/670nm，线性范围为 $7.5\times10^{-8}\sim3.5\times$

10^{-6}mol/L，检测限分别为 3.3×10^{-9}mol/L 和 1.0×10^{-9}mol/L[386]。

1-赖氨酸氧化酶与 1-赖氨酸作用会产生荧光性产物，借此可测定饲料中 1-赖氨酸的含量[387]。

§19.4.4 脯氨酸的荧光分析

N-氯二甲氨基萘磺酰胺曾用于脯氨酸的荧光测定[1]。也曾用 4-(5，6-二甲氧基-2-酞酰亚胺基）苯磺酰氯作为高效液相色谱柱前荧光标记试剂测定人体血清中的羟基脯氨酸和脯氨酸，测定波长为 315/385nm，检测限为 10fmol/注射体积。研究发现，慢性肾衰竭病人血清中羟基脯氨酸和脯氨酸的平均含量约为正常人的 2.6 和 1.6 倍[388]。

利用 4-(2-酞酰亚胺基）苯磺酰氯作为血清中羟基脯氨酸和脯氨酸的液相色谱柱前荧光标记试剂和 4-(5，6-二甲氧基-2-酞酰亚胺基）苯磺酰氯作为尿中羟基脯氨酸和脯氨酸的液相色谱柱前荧光标记试剂，可以同时测定血清和尿中的羟基脯氨酸和脯氨酸，测定波长为 300/400nm，用前者标记的检测限分别为 30 和 40fmol/注射体积，用后者标记的检测限均为 5fmol/注射体积[389]。

§19.4.5 丙氨酸、甲基丙氨酸和苯基丙氨酸的荧光分析

以 4-氟-7-硝基苯-2，1，3-噁二唑为荧光衍生试剂，再经环糊精手性毛细管分离，最后用 488nm 光线激发进行激光诱导荧光法检测，可以测定 140μg/mL 的丙氨酸[390]。

甲基丙氨酸和苯基丙氨酸也曾应用荧光分析法进行测定[1]。

§19.4.6 甲胍基乙酸和精氨酸的荧光分析

茚满三酮曾作为甲胍基乙酸和精氨酸等的荧光试剂[1]。也可利用 3-(对-羧基苯酰）喹啉-2-羧醛为标记试剂以氩离子激光器的 488nm 射线激发，在毛细管电泳分离后进行精氨酸的荧光检测，检测限可达 9.0zmol(1zmol=10^{-21}mol)[391]。

§19.4.7 丝氨酸、胱氨酸和缬氨酸的荧光分析

利用环糊精修饰的胶束电动力学色谱法和激光诱导荧光检测法相结合，曾对 L-丝氨酸在 100℃水中的外消旋速率进行测定[392]。

Cu^{2+} 离子与 L-色氨酸形成配合物后，会使 L-色氨酸的荧光降低大约 95%。而当氨基酸与该配合物发生置换反应顶替出 L-色氨酸，其荧光又得以恢复。利用这一原理并结合高效液相色谱分离技术可以测定约 20 种氨基酸，对 L-胱氨酸的检测限为 3.8pmol/10μL 注射体积，对其他大部分氨基酸的检测限都在 10pmol/10μL 注射体积[393]。

利用一种基于荧光黄的手性合成染料，采用毛细管电泳与激光诱导荧光法相结合的技术，可以进行如D-和L-缬氨酸之类的氨基酸的手性测定，可以测至pmol量级[394]。还有一些手性衍生试剂，如（+)-2-甲基-2-β-萘基-1，3-苯并噁二唑-4-羧酸和（S)-(+)-2-t-丁基-1，3-苯并噁二唑-4-羧酸等，也曾与高效液相色谱法结合用于氨基酸的手性测定[395,396]。

§19.4.8　α-，ε-二氨基庚二酸和鲱肉碱的荧光分析

α-，ε-二氨基庚二酸是细菌细胞壁的一种成分，鲱肉碱是一种特别的氨基酸，它们都曾用荧光法进行过测定[1]。

§19.4.9　肽的荧光分析

邻苯二醛和荧胺常用于肽的荧光分析[1]。以荧胺为毛细管电泳的柱后衍生试剂测定肽，可获得比用邻苯二醛更高的灵敏度，检测限可低于0.1μmol/L[397]。乙二醛也曾作为反相高效液相色谱的柱前衍生试剂用于含有*N*-端位色氨酸的肽的测定，检测限在55～382fmol/100μL注射体积[398]。

三种具有2，1，3-苯并噁二唑（苯并呋咱）结构的水溶性荧光试剂，也曾用于肽的测定[399]。

§19.4.10　谷胱甘肽的荧光分析

邻苯二醛曾用于谷胱甘肽或还原型谷胱甘肽的荧光分析[1]。

5-马来酰亚胺基-2-(间-甲基苯基）苯并噻唑与谷胱甘肽作用，会生成强荧光性的产物。据此可用于人体血液、猪肝和猪心等生物样品中谷胱甘肽的测定，而不受半胱氨酸和其他氨基酸的干扰。测定波长为299.2/355.8nm，线性范围为0～1.62×10^{-7}mol/L，检测限为3.23×10^{-10}mol/L[400]。

4-(氨基磺酰)-7-氟-2，1，3-苯并二噁唑等三种试剂，能穿透到细胞中与谷胱甘肽反应，生成强荧光性的产物。该产物经毛细管区域电泳分离后，可采用激光诱导荧光法进行检测。此法曾用于老鼠的肝实质细胞内谷胱甘肽的测定，测得每一个细胞中谷胱甘肽的含量为14～103fmol[401]。

§19.4.11　尿素的荧光分析

荧光分析法曾用于人或鼠的尿或血浆中尿素的测定[1]。

§19.4.12　蛋白质的荧光分析

由于蛋白质中含有酪氨酸和色氨酸，它在紫外线照射下会发出紫外线荧光，借此可进行荧光测定。蛋白质与某些荧光染料作用，有时会使染料的荧光增强，

有时却使染料的荧光减弱，视染料的性质而定，但均可用于蛋白质的检测。除此之外，荧胺、邻苯二醛、四汞荧光素和 1-氟-2，4-二硝基苯等试剂都曾用于蛋白质的荧光分析[1]。

茜素红 S 荧光猝灭法曾用于牛血清白蛋白、溶菌酶、人血丙种球蛋白和胰蛋白酶等蛋白质的测定。测定波长为 470/515nm，线性范围为 0～6.0mg/L，检测限为 0.4mg/L[402]。

在 pH2.53 的盐酸介质中，牛血清蛋白会猝灭曙红 Y 的荧光，据此可测定 0～2.5mg/L 的牛血清蛋白。测定波长为 308/540nm，检测限为 2.8μg/L[403,404]。

在 pH1.2 的适宜浓度的十二烷基苯磺酸钠介质中，耐尔蓝会形成弱荧光性的二聚体，再加入蛋白质，荧光强度增大，据此可测定人血清白蛋白和 γ-球蛋白。测定波长为 592/664nm，线性范围均为 0～16mg/L，检测限分别为 0.020 和 0.030mg/L[405]。

应用柱后高效液相色谱分离技术，丹磺酰十一酸曾作为荧光探针用于鼠肝中与脂肪酸结合的蛋白质的测定[406]。

红区荧光染料四磺基铝酞菁可作为探针，以荧光猝灭法直接测定人体血清中的白蛋白。测定波长为 358/685nm，线性范围为 0.10～4.5mg/L，检测限为 40μg/L[407]。

采用氩离子激光诱导的非竞争性毛细管电泳免疫荧光分析法，可以测定牛血清白蛋白及其单克隆抗体。测定的线性范围为 8～150nmol/L，检测限为 5nmol/L[408]。

荧光素在 CTMAB 作用下形成二聚体而导致荧光猝灭，加入蛋白质后二聚体解聚从而使荧光恢复，据此可用于测定血清样品中的蛋白质含量。测定波长为 329/515nm，线性范围为 0～50mg/L，检测限为 0.7mg/L[409]。

在十二烷基硫酸钠存在下，蛋白质标记上非荧光性的吖啶橙二聚体后，会呈现出很强的荧光。据此可测定 0.66～39.8μg/mL 的蛋白质[410]。灿烂甲酚蓝在十二烷基磺酸钠作用下形成的现场二聚体也可作为测定蛋白质的荧光探针。测定波长为 590/630nm，测定牛血清白蛋白的线性范围为 0～7mg/L，检测限为 3.66×10^{-3}mg/L[411]。

由丙烯酰胺荧光素固定化在硅烷化的平面波导上形成的敏感膜，可作为牛血清白蛋白的光化学生物传感器。测定波长为 460/525nm，线性范围为 0.4～20μmol/L，检测限为 0.1μmol/L[412]。

磺酸基杯［8］芳烃与 Ce(Ⅲ) 形成超分子后会猝灭其荧光。当加入蛋白质后由于发生从超分子到蛋白质的静电作用而使荧光进一步猝灭。因此该超分子可作为蛋白质的荧光探针。测定的线性范围为 1.1～11.4mg/L，检测限为 2.83×10^{-3}mg/L[413]。

用血红素为标记试剂，可以采用聚合物（聚-*N*-异丙基丙烯酰胺）模拟酶免疫法测定人体血清中的α-1-甲胎蛋白。测定的线性范围为0～380ng/mL，检测限为1.0ng/mL[414,415]。

采用功能化CdS纳米颗粒作为荧光探针可以进行蛋白质的同步荧光测定。当$\Delta\lambda$=260nm时，在274nm进行检测，对牛血清白蛋白、γ-球蛋白和人血清白蛋白的测定范围分别为0.1～3.0、0.1～11.0和0.1～1.4μg/mL，检测限分别为0.01、0.019和0.021μg/mL[416]。在合成胶态纳米粒子CdS的外表修饰一层巯基乙酸，即可作为荧光探针用于人血清白蛋白的荧光增敏法测定。测定波长为360/516nm，线性范围为0.2～3.5μg/mL，检测限为0.18μg/mL[417]。

也曾采用一种荧光光纤流动免疫分析系统测定人血清白蛋白，测定波长为500/530nm，线性范围为0.10～10.00g/L，检测限为0.1g/L[418]。

血红蛋白是脊椎动物红细胞内的呼吸蛋白，它具有过氧化物酶活性，能催化过氧化氢氧化对甲基酚的反应，而十二烷基磺酸钠对此反应有增敏作用。利用上述原理可采用胶束增敏催化荧光法测定尿液中血红蛋白的含量。测定波长为327/410nm，线性范围为$0.1\times10^{-9}\sim8\times10^{-8}$mol/L，检测限为$3.4\times10^{-10}$mol/L[419]。

§19.5 核酸的荧光分析

§19.5.1 鸟嘌呤核苷和一磷酸腺苷的荧光分析

利用氩离子激光器的275.4nm射线或波导KrF激光器的248nm射线为激发光，采用激光诱导荧光法测量鸟嘌呤核苷和一磷酸腺苷的天然荧光强度，可以对它们进行测定，检测限分别为1.5×10^{-8}mol/L和5.0×10^{-8}mol/L[420]。

以氯乙醛为柱前高效液相色谱分离的荧光衍生试剂，可以测定1，N^6-乙烯-腺嘌呤、1，N^6-乙烯-腺苷、1，N^6-乙烯-腺苷5′-一磷酸盐、1，N^6-乙烯-腺苷5′-二磷酸盐和1，N^6-乙烯-腺苷5′-三磷酸盐，测定波长为290/415nm，对10μL注射体积的检测限为0.5～1.7pmol。此法曾用于老鼠血清中这些物质的测定[421]。

环腺苷单磷酸存在于哺乳动物体内组织和体液中，环鸟苷单磷酸是它的拮抗物，两者同时起作用。在pH9.65的$NaHCO_3$溶液中，以荧光素为荧光添加剂，采用毛细管区带电泳-激光诱导荧光法，可以测定环腺苷单磷酸和环鸟苷单磷酸的含量。测定范围分别为30～500mg/L和15～500mg/L，检测限分别为9.0mg/L和0.5mg/L[422]。

§19.5.2 核糖核酸（RNA）和脱氧核糖核酸（DNA）的荧光分析

核糖核酸（RNA）和脱氧核糖核酸（DNA）的测定在分子生物学研究和临床医学检测等领域具有很重要的意义。有关RNA和DNA的荧光分析方法，许多文献已有详细介绍[1]。

RNA 可直接与 Tb^{3+} 离子发生荧光反应，DNA 则要经酸变性后才能与 Tb^{3+} 离子发生荧光反应，反应结果能使 Tb^{3+} 离子的荧光增强数十倍。用于测定小牛胸腺 DNA 和鱼精子 DNA 时，测定波长为 292/543.5nm，线性范围为 0.05～20.0μg/mL，检测限为 0.02μg/mL[423]。

当 5，10，15，20-四（4-*N*-三甲基氨基苯基）卟吩阳离子和 5，10，15，20-四（4-磺基苯基）卟吩阴离子在水溶液中混合时，由于静电作用两者很快发生聚集，而使原有的荧光猝灭。而当加入 DNA 或 RNA 后，聚集现象被破坏，荧光得以重现，据此可进行 DNA 或 RNA 的测定。此法的测定范围为 0.03～0.4μg/mL（DNA）和 0.05～0.6μg/mL（RNA），检测限分别为 0.016μg/mL（DNA）和 0.020μg/mL（RNA），并曾应用于源于噬菌体的 DNA 的测定[424]。

许多有机化合物可以作为荧光探针用于 DNA 和 RNA 的测定，例如溴化乙啶染料就曾用于海水中 DNA 和 RNA 的测定。用 5L 海水样品经预富集后测定 DNA 和 RNA 的检测限分别为 0.6 和 1.1μg/L[425]。竹红菌素 A 也曾用作 DNA 和 RNA 测定的荧光探针。用于测定小牛胸腺 DNA 和酵母 RNA 的线性范围分别为 0～200.0 和 13.0～200ng/mL，检测限分别为 5.0 和 13.0ng/mL，并且可在 20%（质量分数）的后者存在下测定前者[426]。碱性染革黄棕 3R 也曾用作 DNA 和 RNA 测定的荧光探针，测定波长为 468/505nm。用于测定小牛胸腺 DNA、鲑鱼精子 DNA 和酵母 RNA 的线性范围分别可达 2.0、2.0 和 1.6μg/mL，而检测限分别为 5.0、6.0 和 13.0ng/mL，并且也可在 20%（质量分数）的后者存在下测定前者[427]。苯胺红 T 也可用于 DNA 的测定，测定波长为 520/570nm，检测限为 0.069μmol/L[428]。萘红也是一种 DNA 和 RNA 测定的荧光探针，测定波长为 540/555nm。用于测定小牛胸腺 DNA、鲑鱼精子 DNA 和酵母 RNA 的线性范围分别为 0.01～1.2、0.01～1.2 和 0.015～1.0μg/mL，而检测限分别为 6.0、7.0 和 15.0ng/mL，同样也可在 20%（质量分数）的后者存在下测定前者[429]。核酸会猝灭 Nb(Ⅴ)-桑色素的荧光，因此 Nb(Ⅴ)-桑色素也是 DNA 和 RNA 测定的荧光探针，测定波长为 428/497nm。用于测定鲱鱼精子 DNA、小牛胸腺 DNA、鲑鱼精子 DNA 和酵母 RNA 的线性范围分别为 10～110、0～30、5～60 和 200～600μg/L，而检测限分别为 3.8、1.7、0.96 和 60μg/L。此法曾用于花蜜样品中 DNA 和 RNA 的测定[430]。2-苯基（4-氯）咪唑[f]邻菲咯啉（简写为 PIP）与钌联吡啶络离子形成的 $Ru(bpy)_2PIP$ 在 pH7.4 的缓冲介质中会与 DNA 作用而产生强的荧光，可用于测定小牛胸腺 DNA。测定波长为 460/590nm，线性范围为 0～4mg/L，检测限为 3.1μg/L[431]。如将 2-苯基（4-氯）咪唑[f]邻菲咯啉改为 2-苯基（4-溴）咪唑[f]邻菲咯啉，则测定波长为 471/587nm，线性范围为 0～1.2mg/L，检测限为 2.8μg/L[432]。核酸会猝灭邻菲咯啉的荧光，也曾用于鱼精子 DNA 和酵母 RNA 的测定。测定波长为 267/367nm，线性范围分别为 0.5～18.0 和 2.0～32.0mg/L，检测限分别为 0.070 和 0.124mg/L[433]。中性红也可作为核酸的荧光探针，用于小麦 DNA 和果蝇 DNA 的测定，测定波长为 545/600nm[434]。

由于在近红区或红区测定具有受背景荧光和杂散光的干扰小等优点，因此采用了一些可在近红区或红区测定的荧光探针。例如耐尔蓝染料就是其中的一种，用它测定小牛胸腺 DNA 和酵母 RNA 的线性范围分别为 3.0ng/mL～2.0μg/mL 和 27ng/mL～10μg/mL，检测限分别为 3.0 和 27ng/mL[435]。阳离子花菁则是其中的另一种，测定波长为 765/790nm。用它测定小牛胸腺 DNA、鲑鱼精子 DNA 和酵母 RNA 的线性范围分别为 0.10～1.2、0.10～1.2 和 0.10～1.6μg/mL，而检测限分别为 30、25 和 70ng/mL[436]。此外还有亮甲苯基蓝，测定波长为 626/670nm。用于测定鲑鱼精子 DNA 和酵母 RNA 的线性范围分别为 0.02～0.8 和 0.25～1.5μg/mL，而检测限分别为 7 和 25ng/mL，并且可在 40%（质量分数）的后者存在下测定前者。此法曾用于金球菌 DNA 的测定[437]。七甲撑花青和酞菁染料 Alcian blue 8GX 也曾作为双试剂系统用于核酸的近红区荧光检测，测定波长为 766/796nm。用于测定鲑鱼精子 DNA 和酵母 RNA 的线性范围分别为 10～250和 10～200ng/mL，而检测限分别为 6.8 和 6.3ng/mL[438]。红区阴离子荧光染料四磺基铝酞菁与阳离子荧光染料爱尔新蓝发生缔合作用会使前者的荧光猝灭，而当加入核酸后由于核酸与四磺基铝酞菁竞争结合爱尔新蓝使缔合平衡受影响，从而导致四磺基铝酞菁的荧光恢复。基于此可进行核酸的测定，测定波长为 615/688nm，线性范围为 0～200μg/L，对鲑鱼精子 DNA、小牛胸腺 DNA 和酵母 RNA 的检测限分别为 1.8、2.0 和 5.4μg/L，曾用于实际样品金黄色葡萄球菌中 DNA 含量的测定[439]。

9，10-蒽醌-2-磺酸钠曾作为光化学荧光探针用于小牛胸腺 DNA 的测定，因为试剂嵌入 DNA 的碱基对中而导致自身荧光猝灭。测定波长为 470/551nm，测定范围为 0～80ng/mL，检测限为 3.2ng/mL[440]。

维生素 K_3 可作为 DNA 和 RNA 的测定的光化学荧光探针，因为在紫外线照射下维生素 K_3 会转变成一种强荧光性产物，而核酸会减缓该光化学反应。在固定的时间测定荧光强度即可求得核酸的含量。此法测定小牛胸腺 DNA 和酵母 RNA 的线性范围分别为 0～1.5 和 0～2.0μg/mL，而检测限分别为 10 和 26ng/mL，并且可在 40%（质量分数）的后者存在下测定前者，或在小于 6%（质量分数）的前者存在下测定后者[441]。

用巯基乙酸修饰过的硫化镉纳米溶胶可作为核酸的荧光探针，曾采用荧光猝灭法测定小牛胸腺 DNA 的含量。测定波长为 360/565nm，测定范围为 0.1～1.5μg/mL，检测限为 18ng/mL[442]。

中药黄连素的主要成分小檗碱（berberine）与核酸结合之后，其荧光量子产率可提高 25～30 倍，因此可用于核酸的测定。用 355 或 450nm 射线激发，在 520nm 附近测定。此法测定小牛胸腺 DNA 的线性范围为 0.05～14.0μg/mL，检测限为 10ng/mL[443]。有人在 pH3.0～9.1 时用于测定小牛胸腺 DNA，测定波长为 362/531nm，线性范围为 0～2.5mg/L，检测限为 1.1μg/L[444]。还有人在 pH3.05 的缓冲介质中采用相同的测定波长测定小牛胸腺 DNA 和酵母 RNA，线性范围为 0～12μg/mL，检测限为 7.3ng/mL[445]。

核酸的存在有时会改变某些金属离子与某种有机试剂形成的配合物的荧光，使其增强或减弱，据此可用于核酸的测定。例如在 pH8.0～8.4 的 NH_3-NH_4Cl 缓冲介质中，天然的或热变性的核酸会与 La^{3+} 离子以及 8-羟基喹啉形成三元荧光性配合物，借此可用于测定小牛胸腺 DNA、酵母 RNA 和鲑鱼精子 DNA。测定波长分别为 267.0/485.0、267.0/480.0 和 265.0/480.0nm。测定的线性范围分别为 0.4～3.6μg/mL（小牛胸腺 DNA）、0.4～4.0μg/mL（鲑鱼精子 DNA 和酵母 RNA），而检测限分别为 76、68 和 329ng/mL[446]。将 La^{3+} 离子换成 Y^{3+} 离子也有类似的效果，测定的线性范围分别为 0.5～4.0μg/mL（小牛胸腺 DNA）、0.5～2.5μg/mL（鲑鱼精子 DNA）和 0.5～4.0μg/mL（酵母 RNA），而检测限分别为 30、20 和 90ng/mL[447]。将 La^{3+} 离子换成 Sc^{3+} 离子也有类似的效果，线性范围分别为 0～2.50μg/mL（小牛胸腺 DNA）、0.25～2.50μg/mL（鱼精子 DNA）和 0.25～2.5μg/mL（酵母 RNA），而检测限分别为 77、50 和 68ng/mL[448]。如再换为 Al^{3+} 离子，采用 265 或 365nm 射线激发，则线性范围分别为 0.25～3.0μg/mL（小牛胸腺 DNA）、0.25～3.5μg/mL（鲑鱼精子 DNA）和 0.5～3.5μg/mL（酵母 RNA），而检测限分别为 24、13 和 130ng/mL[449]。

在 pH7.8～8.3 的 $NH_3 \cdot H_2O$-NH_4Cl 缓冲介质中，天然的或热变性的核酸会与 La^{3+} 离子以及栎精形成三元荧光性配合物，借此可用于测定小牛胸腺 DNA、酵母 DNA 和酵母 RNA。测定波长为 280/470nm。测定的线性范围分别为 0.5～3.0μg/mL（小牛胸腺 DNA）、0.5～4.0μg/mL（酵母 DNA 和酵母 RNA），而检测限分别为 72、142 和 307ng/mL[450]。

在 pH5.9 的六亚甲基四胺-HCl 缓冲介质中，Al^{3+} 离子与水杨叉-邻-氨基苯酚形成荧光性的配合物，激发峰在 410nm，荧光峰在 508nm。在室温下该配合物与核酸反应 8min 即可产生一种非荧光性的产物，从而导致铝配合物的荧光强度下降，借此可用于测定小牛胸腺 DNA、鲑鱼精子 DNA 和酵母 RNA。测定的线性范围分别可达 5.0、4.0 和 3.0μg/mL，检测限分别为 49、52 和 62ng/mL[451]。

在 pH6.9 的介质中，Tb^{3+} 离子与 1，2-二羟基苯-3，5-二磺酸钠（试钛灵）形成的配合物的荧光会被核酸所猝灭，据此可用于核酸的测定，测定波长为

317/546nm。此法用于测定小牛胸腺DNA、鲑鱼精子DNA和鲱鱼精子DNA的线性范围为0.005～1.0μg/mL，用于测定酵母RNA的线性范围为0.005～0.7μg/mL，而检测限分别为1、1、0.9和0.6ng/mL[452]。

荧光性染料吖啶橙或者吖啶黄的单体，在阴离子表面活性剂十二烷基硫酸钠的预胶束聚集作用的诱导下，形成了非荧光性的二聚体，从而使荧光强度下降。但是若在体系中加入核酸，由于吖啶橙或者吖啶黄的单体插入到DNA中间而使得二聚体解离，荧光强度又会明显增大，据此可进行DNA的测定。测定小牛胸腺DNA的线性范围分别为7.8ng/mL～10.0μg/mL和0～40μg/mL，采用后者时的检测限为23ng/mL[453,454]。

高浓度的水杨酸在激发光照射下，由于激发态与基态分子通过分子间氢键形成非荧光性的二聚体而使原有的荧光猝灭。当加入DNA后二聚体被破坏，荧光得以恢复，据此可进行DNA的测定。测定小牛胸腺DNA、鲑鱼精子DNA和鲱鱼精子DNA的线性范围分别为25～6000ng/mL、25～6000ng/mL和15～3000ng/mL，检测限分别为6.0、6.0和5.0ng/mL[455]。

Sc^{3+}、Y^{3+}、La^{3+}、Gd^{3+}和Lu^{3+}等离子，会增强Tb^{3+}离子与鲑鱼精子DNA或酵母RNA等核酸组成的体系的荧光强度。这些共发光体系可用于核酸的测定。测定的线性范围分别为0.01～120μg/mL（DNA）和0.025～850μg/mL（RNA），检测限分别为4.3和6.4ng/mL[456]。

以6-*N*-[*N*-(6-氨基己基氨基甲酰)-2′，3′-二脱氧腺苷5′-三磷酸盐为试剂，也曾采用时间分辨荧光法检测DNA[457]。

利用DNA低聚核苷酸与丝氨酸蛋白酶的结合，并以双（四丙氨酸）罗丹明为底物，可以采用荧光法测定溶液中少量的DNA。此法测定丝氨酸蛋白酶的检测限为0.49fmol[458]。

以标记上生物素的DNA作为荧光探针，并以4-(4-羟基苯基氨基甲酰）丁酸作为过氧化物酶的底物，可以测定硝化纤维滤纸上含量低至0.1pg的λ-噬菌体DNA[459]。

借助于氯乙酸在三乙胺存在下与DNA的荧光反应也可进行DNA的测定，检测限为6.0ng/mL[460]。

双光子荧光激发技术[461]和共振光散射技术[462]也都曾用于DNA的测定，前者对383碱基对DNA碎片的检测效率约为75%，后者测定小牛胸腺DNA、鲑鱼精子DNA和酵母RNA的检测限分别为11.0、4.9和8.6ng/mL。也曾在流体聚焦流动溶液中进行过DNA单分子荧光检测和大小测定[463]。

以α，β，γ，δ-四［4-(三甲铵）苯基］卟啉为试剂，采用一种环沉积技术可以进行DNA的荧光显微测定。小牛胸腺DNA和鲑鱼精子DNA的线性范围分别为0.10～3.00和0.20～3.00pmoL，检测限分别为6.8和19fmoL[464]。

碱性染料乙基紫与 DNA 形成的共振发光体可用于小牛胸腺 DNA 的测定。$\lambda_{ex}=\lambda_{em}=510$nm,线性范围为 0～500ng/mL，检测限为 1.54ng/mL[465]。

氯化血红素（hemin）可作为辣根过氧化物酶的模拟酶，催化 H_2O_2 氧化对-羟基苯乙酸生成荧光性产物联二对-羟基苯乙酸的反应。hemin 在碱性介质中为阴离子化合物，能与阳离子化合物爱尔新蓝发生缔合反应，使其催化性能受到抑制，荧光强度下降。当加入带负电荷的 DNA 时，爱尔新蓝与 DNA 发生强烈作用，使 hemin 与爱尔新蓝的缔合物被破坏，hemin 的催化活力得以恢复，荧光强度上升。据此原理可采用固定时间的动力学荧光法测定金黄色葡萄球菌的核酸样品，测定波长为 325/410nm，测定小牛胸腺 DNA、鲑鱼精子 DNA 和酵母 RNA 的线性范围均为 0～400ng/mL，检测限分别为 0.91、0.87 和 7.5ng/mL[466]。

§19.6 胺类化合物的荧光分析

§19.6.1 脂肪胺的荧光分析

2-(4′异氰酰苯基)-6-甲基苯并噻唑、7-氯-4-硝苯基-2-噁-1，3 二唑等试剂曾用于脂肪胺的荧光测定。荧光法也曾用于脂肪二胺和脂肪多胺的测定[1]。

在碱性溶液中，水杨醛和 Be^{2+} 离子会与脂肪伯胺反应生成荧光性西夫碱配合物。借此可测定 6×10^{-6}～6×10^{-3}mol/L 的甲胺或 3×10^{-5}～ 8×10^{-3}mol/L 的乙胺、1-丙胺和 1-丁胺。仲胺和叔胺不干扰测定。此法曾用于二甲胺试剂中 0.007%～0.008% 甲胺的测定[467]。

邻苯二醛和巯基化合物（如 2-巯基乙醇）组成的 Roth 试剂，曾用于伯氨基化合物（如甲胺等）的荧光测定[468]。3-(2-糠酰）喹啉-2-醛也曾用作伯胺分析的荧光试剂，经液相色谱分离后用氩离子激光诱导荧光测定[469]。

在碳酸钾存在下，6-甲氧基-2-甲基磺酰喹啉-4-碳酰氯与戊胺、己胺、庚胺等胺类在乙腈中反应，会生成相应的荧光性的酰胺。检测限为 0.5～1.0 pmol/20μL 注射体积。醇类不干扰测定[470]。

2-氟-4，5-二苯基噁唑等标记试剂曾用于仲胺的荧光分析。检测限为 3.7～28.4fmol[471]。

以 2，3-萘甲叉亚胺乙酰氯为标记试剂，可在 4-二甲基氨基吡啶存在下对脂肪族伯胺和仲胺进行标记，然后过液相色谱柱，用 90：10 的乙腈/水洗脱所得衍生物，再进行荧光测定，测定波长为 258/391nm，检测限为 4fmol[472]。

4-(5′，6′-二甲氧基苯并噻唑基）苯甲酰氟和 2-(5′，6′-二甲氧基苯并噻唑基）苯磺酰氯都曾作为衍生试剂，用于脂肪族伯胺和仲胺的荧光测定。对 20μL 注射体积而言，前者对伯胺和仲胺的检测限分别为 3 和 30 fmol，后者分别为 3

和 300 fmol。芳香胺均不干扰它们的测定[473]。4-(5′，6′-二甲氧基苯并噻唑基)苯基异硫氰酸盐也曾作为衍生试剂，用于丙胺、庚胺和 N-甲基庚胺等脂肪族胺类的荧光测定[474]。

利用 4-(N，N-二甲基氨基磺酰)-7-(2-氯甲酰吡咯烷基-1)-2，1，3-苯并二噁唑作为标记试剂，采用液相色谱技术，可以进行 1-庚胺等三种胺的常规荧光法或激光诱导荧光法测定。测定波长约为 450/560nm，常规荧光法测定的检测限为 10～500 fmol，激光诱导荧光法测定的检测限为 2～10 fmol[475]。

亲脂性的七（2，6-二氧异丁基)-β-环糊精与四苯基卟啉一起固定化在聚氯乙烯膜上组成的主-客体光传感器，可用于脂肪胺的荧光测定。对辛胺的测定范围为 $1.0\times10^{-6}\sim 8\times10^{-4}$ mol/L[476]。

以丹磺酰氯为柱前衍生试剂，经高效液相色谱分离，可进行某些亚硝胺的荧光分析。测定波长为 350/530nm，测定 N-亚硝基二甲胺和 N-亚硝基二乙胺的检测限为 0.06ng，测定 N-亚硝基二丙胺和 N-亚硝基二丁胺则分别为 0.09 和 0.16ng[477]。吖啶酮-N-乙酰氯也曾作为 N-亚硝胺的柱前衍生试剂，测定波长为 404/430nm，检测限为 fmol 数量级[478]。N-亚硝基二乙胺经碱脱亚硝基作用，释放出来的亚硝酸盐与 4-甲基-7-氨基香豆素在硫酸介质中反应，生成荧光性的 4-甲基伞形酮，据此可进行 N-亚硝基二乙胺的测定。测定波长为 325/380nm，线性范围为 1～30μg/L，检测限为 0.8μg/L[479]。

§19.6.2　酰胺的荧光分析

L-谷酰胺被 L-谷酰胺-酰胺基水解酶分解后，生成的 L-谷氨酸可用荧光法测定，或者改用大肠埃希氏菌谷氨酸盐合成酶以类似的方法测定 L-谷酰胺。L-天冬酰胺被 L-天冬酰胺-酰胺基水解酶分解后，生成的 L-天冬氨酸也可用荧光法测定[1]。

胆汁酸 N-乙酰葡糖酰胺用 9-蒽基氰化物柱前衍生后，也可用荧光法进行测定，测定波长为 362/470nm，检测限为 100 fmol[480]。

§19.6.3　芳胺的荧光分析

多种伯芳胺和仲芳胺均可采用荧光法进行测定[1]。

在乙酸介质中，痕量苯胺对溴酸钾和过氧化氢氧化罗丹明 6G 使其荧光猝灭的反应具有抑制作用，据此可测定自来水和河水等样品中苯胺的含量。测定波长为 348.4/548.4nm，线性范围为 8.40～58.7μg/L，检测限为 0.50μg/L[481]。

三维荧光光谱法曾用于苯胺、二苯胺和 N-甲基苯胺的连续测定，测定波长分别为 345/460nm、340/560nm 和 365/500nm，线性范围分别为 $2.0\times10^{-7}\sim5.0\times10^{-6}$ mol/L、$9.0\times10^{-8}\sim7.4\times10^{-6}$ mol/L 和 $1.3\times10^{-7}\sim2.0\times10^{-6}$ mol/L，

检测限分别为 1.0×10^{-7}mol/L、8.0×10^{-9}mol/L 和 1.0×10^{-7}mol/L[482]。

以邻苯二醛和 *N*-乙酰基-L-半胱氨酸为荧光衍生试剂，可以测定血浆和尿液中的苯异丙胺，线性范围为 0.1～10.0μg/mL，检测限为 10ng/mL[483]。

N-[4-(6-甲氧基-2-苯并噁唑基)] 苯甲酰-L-苯丙氨酸和 *N*-[4-(6-甲氧基-2-苯并噁唑基)] 苯甲酰-L-脯氨酸，都可作为手性荧光衍生化试剂用于胺对映体的高效液相色谱分离和测定。例如，以后者为试剂，可用于 *R*-1-(1-萘基) 乙胺的测定，测定波长为 325/432nm，检测限为 30fmol[484]。

§19.6.4 己糖胺的荧光分析

己糖胺与吡哆醛在吡啶甲醇溶液中发生缩合反应后，可进行荧光测定[1]。以 9-芴基甲氧基碳酰为衍生试剂，也可进行己糖胺和 *N*-乙酰基己糖胺的荧光测定[485]。

§19.6.5 肾上腺素、降肾上腺素及其代谢物的荧光分析

肾上腺素、降肾上腺素及其各种代谢物具有重要的生理作用，因此经常要测定它们在血液、尿及动物组织中的含量。在它们的荧光分析方法中，主要分为两大类型：一是先用各种不同的氧化剂进行氧化，再经碱处理而使其生成三羟基吲哚类的荧光性产物加以测定；另一种是令其与乙二胺二盐酸缩合生成对二氮萘类的荧光产物加以测定。有关反应机理及一些具体的测定方法在文献[1]中已有详细讨论。

以碘为氧化剂时，可采用一种碘固相反应器测定肾上腺素，线性范围为 5～25μg/mL，每小时可测定 32 个样品[486]。以二氧化锰为氧化剂时，则可采用另一种由聚酯树脂珠做成的二氧化锰固相反应器测定肾上腺素，线性范围为 0.5～20μg/mL，每小时可测定 65 个样品，曾用于药物制剂中肾上腺素含量的测定[487]。还有一种以溶解氧为氧化剂的连续流动注射装置也曾用于药物制剂中肾上腺素含量的测定[488]。$K_3Fe(CN)_6$也可作为氧化剂，用于大鼠脑、脾脏等组织中去甲肾上腺素含量的测定，测定波长为 410/505nm，线性范围为 10～100ng[489]。

利用倍频氩离子激光器发射的 257nm 紫外线作为激发源的开管式液相色谱法，曾用于肾上腺素和降肾上腺素的荧光测定，检测限低于 fmol 数量级[490]。

在 β-环糊精存在下，肾上腺素与 2，3-二氨基萘在碱性介质中的反应，可用于肾上腺素的荧光测定。加入少量丙酮可大大提高荧光强度。线性范围为 6.0×10^{-8}～1.0×10^{-5}mol/L，检测限为 1.5×10^{-8}mol/L[491]。或者利用肾上腺素与邻苯二胺在碱性介质中的反应，也可进行肾上腺素的荧光测定。加入 0.2%的丙酮可提高荧光强度 50 倍。线性范围为 2.0×10^{-8}～6.0×10^{-6}mol/L，检测限为

9.3×10^{-9} mol/L[492]。

Tb^{3+}离子与多巴胺在 pH6.5～6.8 的介质中能形成 1∶1 的荧光性配合物，可用于测定血清和尿样中多巴胺的含量。测定波长为 300/545nm，线性范围为 6.0×10^{-7}～4.7×10^{-5} mol/L，检测限为 3.2×10^{-7} mol/L[493]。

毛细管区域电泳法与激光诱导荧光法结合，曾用于脑微渗析液中去肾上腺素和多巴胺的测定，线性范围为 10^{-9}～10^{-6} mol/L[494]。以荧光素异硫氰酸盐作为去肾上腺素和多巴胺的衍生试剂，再经毛细管区域电泳分离，最后采用激光诱导荧光法检测，可以测定马齿苋叶菜中去肾上腺素和多巴胺的含量。测定范围为 0.05～2.00μmol/L，检测限分别为 1.02 和 0.34nmol/L[495]。导数-同步荧光法也曾用于尿液中肾上腺素和去肾上腺素的同时测定，线性范围为 2～60 ng/mL 或1～200ng/mL[496,497]。一种生物模拟声波传感器也曾用于肾上腺素的测定，线性范围为 5.0×10^{-8}～2.0×10^{-5} mol/L，检测限为 2.0×10^{-8} mol/L[498]。

离子色谱荧光检测法也曾用于盐酸肾上腺素注射液和盐酸多巴胺注射液的分析。流动相采用 0.05mol/L 的盐酸溶液和 0.05（体积分数）的乙腈溶液，流速为 1mL/min。测定波长为 280/320nm，线性范围分别为 1.6×10^{-7}～1.0×10^{-5} mol/L和 9.0×10^{-7}～1.0×10^{-5} mol/L，检测限分别为 1.6×10^{-7} 和 9.0×10^{-7} mol/L[499]。

1，2-二苯基乙二胺作为液相色谱测定中的荧光衍生试剂，可用于测定血浆、尿和组织等生物样品中的儿茶酚胺及其前身和代谢物，柱上检测限可达 fmol 量级[500]。2-苯基甘氨腈和苄胺也曾作为反相液相色谱测定中的柱前荧光衍生试剂，用于尿中的肾上腺素、去肾上腺素和多巴胺等儿茶酚胺类物质的测定，线性范围分别为 5.2～11.0 fmol 和 1.6～100fmol（50μL 注射体积）[501]。

毛细管电泳分离技术与激光诱导荧光法检测结合，可用于测定牛肾上腺髓细胞中的肾上腺素和去肾上腺素，检测限可达 nmol 数量级[502]。

肾上腺素能与稀土离子（例如 Tb^{3+}）发生络合反应，从而发射稀土离子的特征荧光。据此曾用于血清和盐酸肾上腺素注射液中肾上腺素含量的测定，测定波长为 305/550nm，线性范围为 8.0×10^{-8}～5.0×10^{-5} mol/L，检测限为 2.5×10^{-8} mol/L[503]。

§19.6.6 组胺的荧光分析

邻苯二醛和 1-芘醛曾作为荧光试剂用于组胺的测定[1]。

利用邻苯二醛为柱上荧光衍生试剂的高效液相色谱法，其线性范围为 0.05～5μg/mL。此法曾用于食物和动物组织中组胺和 1-甲基组胺的测定[504]，也曾用于金枪鱼样品中组胺和组胺酸的同时测定[505]。如采用邻苯二醛的四氢呋喃溶液为试剂，则检测限可达 2～5pg，曾用于人体血浆和尿中组胺的测定[506]。如利用柱上荧光衍生的液相色谱法，其线性范围为 0.01～10μg/mL，曾应用于小鼠组织和发酵豆制品中组胺和 1-甲基组胺的测定[507]。

也曾利用荧胺为荧光衍生试剂进行组胺的高效液相色谱测定，线性范围为 1～10ng/mL，并应用于血浆中组胺的测定[508]。

§19.6.7 胍基丁胺、精咪、亚精胺和精胺的荧光分析

邻苯二醛、荧胺和苯乙醛等都曾作为荧光试剂，用于胍基丁胺、精咪、亚精胺和精胺的测定[1]。

胍基丁胺亦称鲱精胺，是一种内生的神经调节器。以 7-氟-4-硝基苯并噁二唑为荧光标记试剂进行高效液相色谱柱前衍生，可采用激光诱导荧光法测定人体血浆、鼠脑组织和鼠胃组织中胍基丁胺的含量。此法的检测限为 5×10^{-9}mol/L[509]。

§19.6.8 色胺、5-羟基色胺及其代谢物的荧光分析

在参考文献[1]中已介绍了有关色胺、5-羟基色胺及其代谢物的几种荧光分析方法。

羟基丙基-β-环糊精会增强色胺的荧光，使其检测限达到（0.454±0.002）ng/mL[510]。

5-羟基色胺、儿茶酚胺以及它们的多种前身和代谢物，都曾用柱后荧光衍生的反相液相色谱法加以测定，其中包括先用高碘酸盐氧化，然后在六氰合铁（Ⅲ）酸盐存在下与内消旋-1，2-二苯基乙二胺反应。该方法的柱上检测限为 13～570fmol，曾用于鼠脑组织中上述物质的测定[511]。

§19.6.9 吲哚衍生物的荧光分析

邻苯二醛曾作为荧光试剂用于许多吲哚衍生物的测定[1]。

苄胺和六氰合铁（Ⅲ）酸盐也曾作为柱后荧光衍生试剂，用于 5-羟基吲哚类物质的反相高效液相色谱测定。此法的检测限为 140～470 fmol（100μL 注射体积），曾用于人体尿液中 5-羟基吲哚-3-乙酸的测定[512]。

§19.6.10 降肾上腺素、多巴胺和 5-羟基色胺等混合物的荧光分析

茚满三酮和邻苯二醛等曾作为荧光试剂用于去肾上腺素、多巴胺和 5-羟基色胺等混合物的分析[1]。

§19.6.11 麦角胺的荧光分析

麦角胺具有天然荧光，可用荧光法进行测定[1]。

§19.6.12 生物胺的荧光分析

生物胺包括腐胺、尸胺、精脒、精胺等。2-萘基氧代碳酰氯可作为高效液相色谱柱前荧光衍生试剂用于生物胺的测定，测定波长为274/335nm。此法曾用于果汁、酒、醋、发酵的甘蓝菜汁和鲑鱼等食品和饮料中2-苯基乙胺、腐胺、组胺、尸胺、酪胺、精脒和精胺等生物胺的测定，检测限除组胺为747μg/kg（注射量为267pg）外，其他均在49～113μg/kg之间（注射量为18～41pg）[513]。

邻苯二醛也曾作为高效液相色谱柱上荧光衍生试剂用于生物胺的测定。此法曾用于西班牙出产的各种红葡萄酒中八种生物胺的测定，测定的线性范围为0.5～15μg/mL，检测限在100～300ng/mL之间[514]。

腐胺、尸胺、精脒和精胺等生物胺在微波炉中丹磺酰化后，再经高效薄层色谱分离，可用带有光导纤维的荧光检测器进行原位扫描测定。测定的范围为2～85ng，检测限在1.8～3.0ng之间[515]。在该方法的流动相中添加非离子表面活性剂聚氧乙烯-10-十二烷基醚，可使测定的范围扩大为0.5～85ng，检测限降低到0.28～0.39ng之间[516]。

§19.6.13 聚胺的荧光分析

以邻苯二醛和*N*-乙酰基-L-半胱氨酸为柱上荧光衍生试剂，可以采用液相色谱法测定食物样品中聚胺的含量[517]。

利用咔唑基-9-丙酰氯为柱前荧光衍生试剂，可以采用反相高效液相色谱法测定植物组织中聚胺的含量，测定范围为50～250pmol，检测限在fmol数量级[518]。

§19.7 甾族化合物的荧光分析

§19.7.1 胆甾醇的荧光分析

动物组织和血液中的胆甾醇可用荧光分析法加以测定[1]。采用经荧光素衍生物衍生过的胆甾醇氧化酶也能直接测定血清中胆甾醇的总含量，测定波长为498/519nm，检测限为2.5mg/L[519]。

甲羟戊酸（3-甲基-3，5-二羟基戊酸）是一种测定胆甾醇生物合成速率的有用指示剂。采用2-(对-氨基甲苯基)-*N*，*N*-二甲基-二氢-苯并三唑基-5-胺为柱前衍生试剂，经液相色谱分离后，可用荧光法测定人体尿液中甲羟戊酸的含量。此法测定范围为0～400ng/mL，测得26位男性自愿者每天尿液中甲羟戊酸的排泄量为160～549μg，平均值为（279±20）μg[520]。

§ 19.7.2 雌激素的荧光分析

血液和尿液等样品中的雌激素（包括雌酮、β-雌二醇及雌三醇等）可用荧光分析法加以测定[1]。

利用 N-异丙烯酰胺水凝胶毛细管电泳分离技术与激光诱导荧光检测技术相结合，可以进行雌二醇的免疫分析，检测限可达 30 pg/mL[521]。

一种基于对温度敏感的水凝胶可用于雌二醇的荧光免疫分析，测定波长为 490/520nm，线性范围为 10～625ng/mL，检测限为 3.2ng/mL[522]。

以氯磺酰基噻吩基三氟丙酮的铕螯合物作为非均相竞争抑制免疫分析法的标记试剂，可以采用时间分辨荧光免疫分析法直接测定人体血清中的雌二醇含量。测定波长为 350/614nm，线性范围为 1.0×10^{-3}～1.0×10^{-2} μg/L，检测限为 5.6ng/L[523]。

由一种分子印迹聚合体组成的荧光传感器与液相色谱技术结合，可用于β-雌二醇的荧光检测，测定范围为 30～5000ng/mL，单样测定的时间约为 15min[524]。

§ 19.7.3 皮质甾类的荧光分析

1-乙氧基-4-(二氯-S-三嗪基）萘曾作为荧光试剂用于皮质甾类的测定[1]。

患有初期醛甾酮增多症病人的尿液中的 18-氧化皮质甾类、18-羟基皮质甾醇、18-羟基可的松和 18-氧代皮质甾醇等皮质甾类化合物，可经高效液相色谱分离后采用荧光分析法检测。测定的线性范围为 0.5～25pmol/注射体积，检测限为 0.1pmol[525]。

皮质甾醇也曾采用荧光法进行测定[1]。如果以异烟酸酰肼为荧光衍生试剂，可以采用薄层色谱法测定猪的血浆和尿中皮质甾醇的含量。此法的测定范围为 1～200ng[526]。

也曾采用十二烷基磺酸钠、Eu^{3+} 离子的螯合物以及三-正-辛基膦氧化物为试剂，利用时间分辨荧光免疫法测定尿液中的皮质甾醇。测定上限可达 2500ng/mL，检测限为 0.5ng/mL[527]。

大鼠血浆或肾上腺组织中的皮质酮可用二氯甲烷萃取，再经硫酸乙醇反萃取后进行荧光测定。测定波长为 470/525nm，线性范围为 0.01～0.24μg/mL[528]。

§ 19.7.4 胆酸、胆碱及其衍生物的荧光分析

生物样品中的胆酸、脱氧胆酸、胆碱和乙酰胆碱等化合物，都曾采用荧光分析法进行检测[1]。

在 pH6.68 的 HAc-NaAc 缓冲介质中，用 4-溴甲基-7-甲氧基香豆素作为反

相高效液相色谱的荧光衍生试剂，可以测定人血清中的 14 种胆汁酸，包括胆酸、熊脱氧胆酸、鹅脱氧胆酸、脱氧胆酸、石胆酸、甘氨胆酸、甘氨熊脱氧胆酸、甘氨鹅脱氧胆酸、甘氨脱氧胆酸、甘氨石胆酸、牛磺胆酸、牛磺熊脱氧胆酸、牛磺鹅脱氧胆酸、牛磺脱氧胆酸、牛磺石胆酸等。测定波长为 320/380nm，线性范围为 0.025～1.5μg/mL[529]。

以 9-蒽基重氮甲烷为荧光探针，可以采用反相高效液相色谱法测定胆碱甘油基磷脂，可测至 pmol 数量级[530]。

§19.7.5　睾丸激素的荧光分析

睾丸激素即睾丸甾酮，经薄层色谱、液相色谱或高效液相色谱分离后，都可用荧光法进行检测[1]。

利用离解增强镧系荧光免疫分析法测定牛血清中的睾丸激素、雌二醇以及孕甾酮的含量，比采用常规的放射免疫分析法和酶免疫分析法更加灵敏和安全[531]。

1-α-(3′-羧丙基)-4-雄烯-17-β-醇-3-酮作为一种免疫试剂，曾用于睾丸激素的荧光偏振免疫分析[532]。

§19.8　酶和辅酶的荧光分析

§19.8.1　氧化酶的荧光分析

过氧化酶、马萝卜过氧化酶、葡糖氧化酶、黄嘌呤氧化酶、黄质氧化酶、半乳糖氧化酶、单胺氧化酶、二胺氧化酶、吲哚-3-乙酸氧化酶、氨基酸氧化酶等氧化酶，都曾采用荧光分析法进行测定[1]。

以 EGTA 和 $(NH_4)_2Fe(SO_4)_2$ 为试剂，葡糖氧化酶催化反应的产物 H_2O_2 会转变为羟自由基，而羟自由基氧化对苯二酸会得到荧光性产物。根据反应的速率，可以采用催化荧光法测定葡糖氧化酶的含量[533]。

在含有 Triton X-100 的磷酸盐缓冲溶液（pH＝6.80）中，辣根过氧化酶会催化过氧化氢氧化邻苯二胺生成 2，3-二氨基吩嗪的反应。利用此原理测定辣根过氧化酶的波长为 425/536nm，线性范围为 10～200pg，检测限为 8pg。应用此体系并结合酶联免疫吸附法可测定人体血清中的甲胎蛋白[534]。

Fe^{2+} 离子与 H_2O_2 在硫酸介质中发生 Fenton 反应生成 ·OH，·OH 与喹啉经芳香羟基化反应生成羟基化喹啉，它在碱性介质中会发生强烈荧光，荧光强度与 H_2O_2 的含量成正比。当有过氧化氢酶存在时，它会催化 H_2O_2 分解为氧和水的反应，抑制 Fenton 反应，导致荧光强度下降。根据此原理可测定非洲鲫鱼肝脏中过氧化氢酶活力和牡蛎外腔液中过氧化氢酶活力。测定波长为 360/440nm，线

性范围为 1.7×10^{-3}～1.7×10^{-2} U/mL，检测限为 8.5×10^{-4} U/mL[535]。

§19.8.2　二磷酸吡啶核苷酸（DPN）和三磷酸吡啶核苷酸（TPN）的荧光分析

二磷酸吡啶核苷酸（DPN）和三磷酸吡啶核苷酸（TPN）以及它们的类似物，都曾采用荧光分析法进行测定[1]。

§19.8.3　黄素单核苷酸（FMN）和黄素腺嘌呤二核苷酸（FAD）的荧光分析

黄素单核苷酸（FMN）和黄素腺嘌呤二核苷酸（FAD）都曾采用荧光分析法进行测定[1]。

§19.8.4　脱氢酶的荧光分析

乳酸盐脱氢酶等脱氢酶曾采用荧光分析法进行测定[1]。

以 4-甲氧基-1-萘醛和 6-甲氧基-2-萘醛为荧光底物，可分别测定Ⅰ类醇脱氢酶和Ⅱ类醇脱氢酶的含量。在正常人的血清中，Ⅰ类醇脱氢酶的活性低于该方法的检测限（1.0nmol/min），而Ⅱ类醇脱氢酶的活性为（15 ± 5）nmol/min。在某些病人的血清中，曾测得Ⅰ类醇脱氢酶的活性高达 2100nmol/min，而且Ⅱ类醇脱氢酶的活性总比Ⅰ类醇脱氢酶的活性更高[536]。

以 7-甲氧基-1-萘醛为荧光底物，可测定人体血液中醛脱氢酶的含量。健康人血液中醛脱氢酶的正常水平为 4.9 U/L[537]。

§19.8.5　葡糖苷酸酶和糖苷酶的荧光分析

各种葡糖苷酸酶和糖苷酶都曾采用荧光分析法进行测定[1]。

利用萘酚、萘胺、4-甲基伞形酮和 4-甲基-7-氨基香豆素等的衍生物做为荧光性被酶作用物，可在电泳分离之后采用荧光法测定酯酶、糖苷酶和肽酶[538]。

§19.8.6　磷酸酶的荧光分析

酸性磷酸酶和碱性磷酸酶都曾采用荧光分析法进行测定[1]。

荧光素二磷酸酯是非荧光性的，但在碱性磷酸酯酶或酸性磷酸酯酶的催化下发生水解，水解产物为强荧光性的荧光素，据此可测定碱性磷酸酯酶或酸性磷酸酯酶。测定温度和介质酸碱度各不相同，线性范围分别为 10^{-9}～10^{-4} U/mL 和 10^{-4}～1U/mL，检测限分别为 1.4×10^{-9} U/mL 和 3.6×10^{-4} U/mL[539]。

§19.8.7　犬尿氨酸酶的荧光分析

犬尿氨酸酶也曾采用荧光分析法进行测定[1]。

§19.8.8　玻璃酸酶的荧光分析

曾利用3-乙酰氧基吲哚作为荧光底物测定玻璃酸酶[1]。

§19.8.9　硫酸酶的荧光分析

β-萘酚硫酸酯和4-甲基伞形酮硫酸酯都曾作为荧光底物用于硫酸酶的测定[1]。

§19.8.10　脂酶的荧光分析

脂酶及其衍生物曾采用荧光分析法进行测定[1]。

某些含吲哚基的化合物可作为测定脂酶的底物。此法曾用于测定肥猪肝中的脂酶[540]。

§19.8.11　胆碱脂酶的荧光分析

胆碱脂酶和乙酰胆碱脂酶都曾采用荧光分析法进行测定[1]。

§19.8.12　组织朊酶的荧光分析

组织朊酶A、组织朊酶B、组织朊酶D、弹性硬朊酶、二肽酶、胰凝乳朊酶、胰朊酶和弹性朊酶等组织朊酶，都曾采用荧光分析法进行测定[1]。

§19.8.13　水解朊酶的荧光分析

常规荧光法和偏振荧光法都曾用于水解朊酶的分析[1]。

§19.8.14　血纤维朊溶酶等的荧光分析

动力学荧光法和偏振荧光法都曾用于血纤维朊溶酶、血纤维朊溶酶原以及链激酶和尿激酶的分析[1]。

§19.8.15　凝血酶的荧光分析

凝血酶适配分子G-15D可与凝血酶以高亲和力结合，从而改变标记上荧光素的G-15D溶液的荧光偏振强度，故可用于人体血浆中凝血酶含量的测定。测定波长为494/522nm，起偏器与检偏器的角度为63.5°，线性范围为0.1～4IU/mL，检测限为0.09 IU/mL[541]。

§19.9　药物、毒物及农药的荧光分析

§19.9.1　抗疟药品的荧光分析

奎宁、疟涤平、扑疟母星、嘧啶甲胺和利凡诺等抗疟药品，都曾采用荧光法

进行测定[1]。

利用作为计数离子的（＋）-10-樟脑磺酸与奎宁和奎尼定形成的非对映体配合物荧光寿命的差异，可以采用相分辨荧光法测定奎宁和奎尼定。奎宁配合物的荧光寿命为 21.79ns，奎尼定配合物的荧光寿命为 22.89ns。两者的检测限分别为 1.8μmol/L 和 0.97μmol/L[542]。

§19.9.2 抗生素的荧光分析

青霉素、金霉素、四环素、抗霉素 A、链霉素和放线菌素 D 等抗生素药品，都曾采用荧光法进行测定[1]。

曾经采用动力学荧光法测定药物制品中的羟氨苄青霉素，测定范围为 0.06～15.0μg/mL[543]。

在含有 20％乙醇的缓冲溶液（pH＝7.2）中，D-青霉素胺与 4-氟-7-硝基苯并-2-噁-1，3-二唑偶合形成的产物具有强的荧光，据此可测定纯品或药剂中 D-青霉素胺的含量。测定波长为 465/530nm，测定范围为 0.6～3μg/mL，检测限为 2×10^{-3}μg/mL[544]。

在氯化十四烷基二甲基苄基胺（Zeph）存在下，四环素的荧光会增强 23.4 倍，可用于四环素片剂和软膏中四环素含量的测定。测定波长为 400/510nm，测定范围为 0～10^{-2}μg/mL，检测限为 10^{-3}μg/mL[545]。

四环素与 Eu^{3+}- TOPO - 十二烷基磺酸钠组成的荧光体系，可用于人体血清和尿液中四环素含量的测定。测定波长为 400/610nm，测定范围为 2.0×10^{-8}～1.0×10^{-5}mol/L，检测限为 1.2×10^{-8}mol/L[546]。

五种四环类抗生素（四环素、土霉素、金霉素、甲烯土霉素和强力霉素）曾采用滤纸为基质的固体表面荧光法进行测定。测定波长分别为 350/450nm、379/480nm、385/483nm、386/494nm 和 380/480nm，测定范围分别为 2.1～205.0ng/斑点、5.9～496.4ng/斑点、3.8～481.0ng/斑点、5.8～192.0ng/斑点和 3.7～462.6ng/斑点，检测限分别为 1.3ng/斑点、1.8ng/斑点、3.6ng/斑点、5.2ng/斑点和 2.7ng/斑点[547]。

在聚乙烯醇-124 的存在下，四环素的六氢吡啶液滴可在憎水性玻璃表面上形成一个自组装环，环直径为 1.14mm，环线宽为 0.025mm。通过测量环线上的荧光强度，即可测得四环素的含量。测定的线性范围为 8.5×10^{-14}～4.8×10^{-12}mol/环，检测限为 8.52×10^{-15}mol/环，环体积为 0.20μL[548]。

在十二烷基硫酸钠的存在下，四环素和脱水四环素与 Al^{3+} 离子形成的配合物可用于这两者的同步荧光同时测定。Δλ＝60nm，线性范围分别为 1.0×10^{-8}～3.0×10^{-6}mol/L 和 8.0×10^{-9}～2.2×10^{-6}mol/L，检测限分别为 4.0×10^{-9}mol/L 和 2.0×10^{-9}mol/L[549]。

土霉素、四环素和金霉素与 Zr^{4+} 离子螯合，都会生成荧光性产物。据此可用于牛奶中这些抗生素残留量的测定，三者的检测限分别为 1、2 和 4ng/mL[550,551]。

四环素可的松眼膏和金霉素眼膏中的四环素、金霉素和美满霉素等四环素类药物，可用 Al^{3+} 作为柱前衍生化试剂，采用离子对反相高效液相色谱荧光检测法进行测定。测定波长为 383/480nm，线性范围分别为 0.02～2.5、0.03～3.5 和 0.01～2.6mg/L，检测限分别为 0.1、0.15ng 和 70pg[552]。

甲基丙烯酸［9-蒽］甲基酯与丙烯酸乙酯的共聚物可作为土霉素荧光光纤传感器的敏感膜，可用于土霉素的荧光猝灭法测定。测定波长为 369.2/412.3nm，线性范围为 2.0×10^{-7}～2.0×10^{-4}mol/L[553]。

用 Al^{3+} 离子为柱后荧光衍生试剂，也可采用高效液相色谱法同时测定土霉素、四环素和金霉素。测定波长为 390/490nm，线性范围可达 2500ng/g，检测限为 20～230ng/g。此法曾用于肝、肾和肉等动物组织中土霉素、四环素和金霉素含量的测定[554]。

金霉素与 Eu(Ⅲ) 以及三辛基膦氧化物可形成配阳离子。该配阳离子在水与四氯化碳界面上的全内反射荧光强度与金霉素的含量成正比，据此可用于尿、血和乳等体液中金霉素的测定。测定波长为 397/619nm，测定范围为 0.17×10^{-7}～10.0×10^{-7}mol/L，检测限为 2×10^{-9}mol/L[555]。

金霉素在 0.25mol/LNaOH 溶液中发生降解，可用于金霉素产品或四环素产品中杂质金霉素含量的测定，也可用于尿液和血清中金霉素含量的测定。测定波长为 365/418nm，测定范围为 10^{-8}～10^{-5}mol/L，检测限为 6.0×10^{-9}mol/L[556]。

根据四环素类抗生素会强烈地猝灭蒽的荧光的机理，利用一种用含蒽化合物材料制成的光导纤维传感器，可以测定药物制剂和尿中四环素、土霉素和强力霉素的含量。测定范围分别为 2.02×10^{-7}～2.02×10^{-4}mol/L、2.00×10^{-7}～2.00×10^{-4}mol/L 和 4.05×10^{-7}～2.03×10^{-4}mol/L。对前两者的检测限为 1.00×10^{-7}mol/L，后者为 2.00×10^{-7}mol/L[557]。

在 pH 为 6～10 的介质中，土霉素与二价金属离子（Ca^{2+}）会形成黄色配合物，可采用二阶导数同步荧光法进行土霉素的测定，$\Delta\lambda$＝115nm[558]。

在中性介质中和 Mg^{2+} 离子存在下，强力霉素在汞灯激发下会发射 520nm 荧光，据此可测定尿液中强力霉素的含量。测定范围为 3.0×10^{-6}～8.0×10^{-5}mol/L，检测限为 2.0×10^{-6}mol/L[559]。

在 CTMAB 存在下，经碱性降解后，可采用同步荧光法同时测定强力霉素和土霉素。$\Delta\lambda$＝70nm，线性范围均为 1.0×10^{-7}～6.0×10^{-6}mol/L，检测限分别为 6.9×10^{-9} 和 1.5×10^{-9}mol/L[560]。

以 β-萘醌-4-磺酸盐为柱后荧光衍生试剂，可以测定肉、牛奶和蜂蜜等食品中链霉素的残留量[561]。

在*N*-乙酰基半胱氨酸存在下，以邻苯二醛为试剂，可以采用动力学荧光法同时测定药物样品中的新霉素和短杆菌素的含量。测定的线性范围分别为 0.07～70μg/mL 和 0.08～40μg/mL[562]。

经薄层色谱分离之后，用 4-氯-7-硝基苯并-2-噁-1，3-二唑进行荧光衍生，可以测出新霉素硫酸盐中的 B 和 C 两种组分的相对含量[563]。

经液相色谱分离之后，用邻苯二醛和 2-巯基乙醇进行柱后荧光衍生，可以测定小牛的肉、肝、肾和脂肪等组织中庆大霉素的含量[564]。

人体血清中庆大霉素的含量也可采用酶联免疫荧光分析法进行测定，线性范围为 1～30ng/mL，检测限为 0.5ng/mL[565]。

头孢菌素亦称头孢氨苄、头孢力新、头孢环己烯或先锋霉素。在 pH4.0 的弱酸性介质中，在紫外线照射下，它会发生光化学反应，生成荧光性产物，可用于尿液中头孢菌素Ⅳ的测定。测定波长为 334/442nm，线性范围为 0.01～4.0μg/mL，检测限为 0.66ng/mL[566]。当测定波长为 345/432nm 时，线性范围为 0.1～4.0μg/mL，检测限为 0.01μg/mL[567]。

头孢菌素Ⅳ经酸降解或碱降解后均产生荧光性产物，都可用于血清和尿样中头孢菌素Ⅳ的测定，但酸降解的效果优于碱降解的[568,569]。

诺氟沙星（即氟哌酸）学名为 1-乙基-6-氟-1，4-二氢-4-氧代-7-(1-哌嗪基)-3-喹啉羧酸。它本身具有荧光，在含有十二烷基硫酸钠的 0.1mol/L HCl 介质中，测定范围为 20～320μg/L，检测限为 2μg/L，测定波长为 320/450nm，可用于血清中诺氟沙星含量的测定[570]。在微酸性介质中，诺氟沙星与 Al^{3+} 离子反应会生成一种强荧光性的配合物。加入十二烷基硫酸钠可增大荧光强度，测定波长为 320/440nm。据此可用于血清或药物制剂中诺氟沙星的测定。如果共存有萘啶酸，则可改用一阶导数恒波长同步荧光法进行测定。尿液中的诺氟沙星可采用二阶导数同步荧光法不需冗长的预分离而进行测定[571,572]。

诺氟沙星与 Tb^{3+} 离子或 Sc^{3+} 离子形成配合物的反应也能用于它的荧光法测定。前者如采用包括能量转移过程的动力学法（初始速率法），测定范围为 0.4～9.0μg/mL，检测限为 0.13μg/mL，曾用于血清中诺氟沙星的测定[573]；如加入表面活性剂 SLS，可使荧光强度增大三倍，检测限可达 0.017μg/mL，也曾用于血清中诺氟沙星的测定[574]。后者的测定波长为 280/430nm，检测限为 0.5nmol/L[575]。

还曾采用薄层色谱、高效液相色谱、高效薄层色谱以及反相胶束与荧光分析相结合的方法测定诺氟沙星[576～579]。

氧氟沙星是一种喹诺酮类全合成的抗菌药物。在盐酸介质中测定氧氟沙星的波长为 293/507nm，线性范围为 0.500～25.0mg/L[580]。十二烷基硫酸钠胶束对氧氟沙星的荧光具有增敏作用，可以采用同步荧光法直接测定人体尿液中氧氟沙星的含量。测定波长为 292/483nm，$\Delta\lambda$＝90nm，线性范围为 0.12～3.6mg/L，检测限为 0.12mg/L[581]。同步-一阶导数荧光法可用于尿样中痕量氧氟沙星的测定，$\Delta\lambda$＝ 80nm，线性范围为 0.36～3.6mg/L，检测限为 0.30mg/L[582]。氧氟沙星含有手性因素，也可采用同步-一阶导数荧光法识别及测定它的对映体[583]。左氧氟沙星亦称洛氟沙星，是氧氟沙星的左旋体，其抗菌活力是氧氟沙星外消旋体的两倍。在体内，左旋体会向右旋体转化，令 $\Delta\lambda$＝ 80nm，同样可以采用同步-一阶导数荧光法分别测定两者在尿液中的含量[584]。也有人令 $\Delta\lambda$＝90nm，同样采用同步-一阶导数荧光法测定洛氟沙星在尿液中的含量，线性范围为 0.35～28.10mg/L，检测限为 0.35mg/L[585]。

环丙沙星也是一种广泛应用的喹诺酮类抗菌药物。在微酸性环境中，十二烷基硫酸钠对它的荧光有增敏作用，可用于针剂中环丙沙星的分析。测定波长为 270/440nm，测定范围为 0.033～0.66mg/L，检测限为 0.033mg/L[586]。它与电子受体 2，3-二氢-5，6-二氯-1，4-对苯醌发生荷移反应生成稳定的 n-π 配合物而使荧光显著增强，借此可测定盐酸环丙沙星片剂中环丙沙星的含量。测定波长为 330/441nm，测定范围为 0.1～7.2mg/L，检测限为 0.1mg/L[587]。在近中性条件下，Tb^{3+} 离子会与环丙沙星形成 1∶2 的荧光性配合物，可用于血清和片剂中环丙沙星的测定。测定波长为 325/545nm，线性范围为 13～1000μg/L，检测限为 10μg/L[588]。该体系也曾用于尿液测定，测定波长为 328/545nm，线性范围为 1.0×10^{-8}～1.0×10^{-6}mol/L，检测限为 5.0×10^{-9}mol/L[589]。

加替沙星学名为 1-环丙基-6-氟-7-(3-甲基-1-哌嗪基)-8-甲氧基-1，4-二氢-4-氧-喹啉-3-羧酸，是第三代氟喹诺酮类抗菌药物。在 pH3.2 的 HAc-NaAc 缓冲介质中，它本身的荧光可供血清和尿样分析。测定波长为 291/492nm，线性范围为 3.0×10^{-7}～1.0×10^{-5}mol/L，检测限为 8.8×10^{-8}mol/L[590]。

司帕沙星是第四代氟喹诺酮类抗菌药物，本身的荧光微弱。亚硝酸能迅速氧化司帕沙星，继而被卤素（最好是溴）取代，得到的衍生物具有强的荧光性。根据这一原理再采用同步-导数荧光法可测定尿液中司帕沙星的含量，$\Delta\lambda$＝70nm，在 349nm(＋) 和 375nm(－) 波长处用峰零法测量导数值。测定范围为 0.1～4.0mg/L，检测限为 0.1mg/L[591]。Zn^{2+} 离子、十二烷基硫酸钠和司帕沙星形成的三元体系，会使司帕沙星的荧光强度增大 28 倍。在此基础上采用同步-一阶导数荧光法可测定尿液中司帕沙星的含量，$\Delta\lambda$＝80nm，在 416.2nm 波长处进行测定，测定范围为 0.04～4.0mg/L，检测限为 0.04mg/L[592]。

司帕沙星在酸性介质中与亚硝酸反应，生成的重氮盐在氯化亚铜的存在下与氢氯酸反应会生成一种比司帕沙星本身荧光强 110 倍的产物，据此可测定司帕沙星片剂世保扶的纯度。测定波长为 285/462nm，线性范围为 8.5×10^{-8}～1.2×10^{-5}mol/L，检测限为 8.5×10^{-8}mol/L[593]。

荧光薄层色谱法曾用于血样和尿样中司帕沙星和氟罗沙星的分离分析。测定的线性范围分别为 0.5～100ng 和 0.5～85ng，检测限均为 0.4ng[594]。

利用氟罗沙星与 2，3-二氰-5，6-二氯-1，4-对苯醌的荷移反应，可以测定片剂中氟罗沙星的含量。测定波长为 338/445nm，线性范围为 0.4～8.4mg/L，检测限为 0.1mg/L[595]。

芦氟沙星学名为 9-氟-2，3-二氢-10-(4-甲基-1-哌嗪基)-7-氧代-7H-吡啶并［1，2，3-de］-1，4-苯并噻嗪-6-羧酸。它在中性介质中被 H_2O_2 氧化的产物与 Eu^{3+} 离子及 EDTA 形成荧光性三元配合物，可供尿液中芦氟沙星的测定。测定波长为 352/617nm，线性范围为 5.0×10^{-8}～2.5×10^{-6}mol/L，检测限为 1.5×10^{-8}mol/L[596]。

人血清和尿液中的甲磺酸培氟沙星也可用荧光法进行测定，测定波长为 282/440nm，线性范围为 1×10^{-9}～1×10^{-6}mol/L，检测限为 1×10^{-9}mol/L[597]。

滤纸表面迟滞荧光法曾用于尿液中培氟沙星、诺氟沙星和吡哌酸的测定，测定波长分别为 280/428nm、280/429nm 和 275/420nm，线性范围分别为 0.17～34.3、0.64～31.9 和 1.21～243ng/μL，检测限分别为 0.018、0.066 和 0.093ng/μL[598]。

吡哌酸曾用固体表面迟滞荧光法进行测定，以滤纸为基质，以 $SrCl_2$ 为增强剂，测定波长为 333/400nm，线性范围为 1.8～1800ng/斑点[599]。

也曾利用 Tb^{3+}-吡哌酸荧光体系测定片剂、血清和尿样中吡哌酸的含量。测定波长为 273/544nm，线性范围为 5.0×10^{-8}～4.0×10^{-6}mol/L，检测限为 3.6ng/mL[600]。

萘啶酸的学名为 1，4-二氢-1-乙基-7-甲基-4-氧代-1，8-二氮杂萘-3-甲酸。它与 β-环糊精形成的 1∶1 主客体配合物可用于药物制剂和尿液中萘啶酸含量的测定，测定范围为 0.1～2μg/mL[601]。利用停止流动动力学法（初始速率法）测定萘啶酸、Tb^{3+} 离子与 EDTA 形成的三元配合物的荧光强度，也能检测血清中萘啶酸的含量，测定范围为 0.02～7.0μg/mL，检测限为 0.006μg/mL[573]。

萘啶酸与 Mg^{3+} 离子形成的配合物的荧光强度是萘啶酸本身荧光强度的 58 倍，据此采用一阶导数荧光法进行测定，可测出尿液中的萘啶酸，检测限为 0.015μg/mL[602]。也有人采用同步荧光法不经预处理而测定尿液中的萘啶酸，测定范围为 25～1000ng/mL[603]。利用萘啶酸、Tb^{3+} 离子与六胺形成的三元配合物，也能检测血浆等生物液中萘啶酸的含量，测定范围为 0.1～2.4μg/mL，检测限为 2ng/mL[604]。

借助高效液相色谱分离与荧光检测的结合，可以测定比目鱼类动物血清中的羰氢萘酸含量，测定范围为 0.020～2.500μg/mL，检测限为 5ng/mL[605]。利用萃取、反相液相色谱分离与荧光检测三者的结合，可以测定猪肉、鲑鱼和鸡肉等食用动物组织中羰氢萘酸的含量，检测限小于 1μg/kg[606]。同样借助高效液相色谱分离与荧光检测的结合，也能测定尿液中的萘啶酸、7-羟甲基萘啶酸噜噁星等药物的含量，测定波长为 260/360nm[607]。

在 pH5.5 的醋酸盐缓冲溶液中，萘啶酸、7-羟甲基萘啶酸、羰氢萘酸、吡哌酸和噜噁星等喹啉酸类抗生素都能与 Zn^{2+} 离子形成配合物，从而使荧光强度增大。在 pH3.0 的氯代醋酸盐缓冲溶液中，羰氢萘酸、吡哌酸和噜噁星与 Al^{3+} 离子也有类似的现象。利用这种机理可以进行尿液中这些抗生素的测定[608]。

黄连素（亦称小檗碱）是一种治疗痢疾和胃炎的抗生素。它会猝灭四苯基卟啉-氯代四苯基卟啉锰复合物的荧光。据此原理组成的一种光导纤维传感器可用于药物片剂中黄连素含量的测定[609]。十二烷基磺酸钠可使黄连素的荧光增强 5 倍，借此可采用流动注射荧光法测定药物片剂中盐酸黄连素的含量。测定波长为 362/531nm，线性范围为 $0 \sim 9 \times 10^{-5}$mol/L，检测限为 2.4×10^{-8}mol/L[610]。

氨苯砜（dapsone）是一种治疗麻风病的抗生素。无论有否直链醇存在，氨苯砜都能与 β-环糊精形成 1∶1 的超分子配合物。据此可用于药物片剂和人体血浆中氨苯砜含量的测定，测定范围为 $3.39 \sim 1.50 \times 10^{3}$ ng/mL，检测限为 1.02ng/mL[611]。

环丝氨酸也是一种抗生素，可以采用 9-氯-10-甲基吖啶作为荧光标记试剂对它进行高效液相色谱分离测定，测定波长为 257/475nm，测定范围为 0.8～5.0μg/mL。如在样品中加入冰醋酸，检测限可达 0.15μg/mL。此法曾用于尿液中环丝氨酸的测定[612]。

乙酰螺旋霉素是一种半合成的大环内酯类抗生素，本身荧光微弱，但与浓硫酸反应后荧光增强。据此可采用同步荧光法测定尿液中乙酰螺旋霉素的含量，$\Delta\lambda = 16$nm，在 490nm 处进行测定，线性范围为 20μg/L～7mg/L，检测限为 7μg/L[613]。

由磺胺甲基异噁唑和甲氧苄氨嘧啶两者按比例混合压片而成的复方新诺明，是一种磺胺抗生药。可以采用 $\Delta\lambda$ 分别为 72nm 和 94nm 的同步荧光法测定其中的两个成分，线性范围分别为 0.125～4.00μg/mL 和 0.125～3.00μg/mL[614]。

抗生素阿莫西林的学名为（2*S*，5*R*，6*R*)-3，3-二甲基-6[(*R*)-(-)-2-氨基-2-(4-羟基苯基）乙酰氨基] -7-氧代-4-硫杂-1-氮杂双环［3，2.0］庚烷-2-甲酸三水化合物。在 CTMAB 存在下，可在微碱性介质中对它进行荧光测定。测定波长为 277/303nm，线性范围为 $2 \times 10^{-10} \sim 2 \times 10^{-5}$mol/L[615]。

§19.9.3　抗结核菌药品的荧光分析

异烟酰肼曾采用荧光法进行测定[1]。

异烟肼可将 Ce^{4+} 离子还原为具荧光性的 Ce^{3+} 离子，据此可采用多相流动系统测定药物制剂中的异烟肼。此法的检测限为 34.3ng/mL，每小时可测定 50 个样品[616]。

以过氧化氢为氧化剂，利用装有金属铜反应器的流动注射系统，可用于异烟酰异丙肼和异烟肼的荧光测定。此法对两者的检测限分别为 0.008μg/mL 和 0.005μg/mL，每小时可分析 24 个样品，曾用于药物制剂中异烟酰异丙肼和异烟肼的测定[617]。

§19.9.4　止痛药和麻醉药的荧光分析

哮啶盐酸盐、大麻醇、四氢大麻醇、吗啡、可待因、那可汀、罂粟碱、吐根酚碱、依米丁、麻黄素、马钱子碱盐酸盐、可卡因、毛果（芸香）盐酸盐、弗勒可丁、二丁卡因和麦角酸二乙胺等麻醉药，都曾采用荧光法进行过测定[1]。

利用热可逆的聚-*N*-异丙基丙烯酰胺水凝胶作为充填材料，可以采用毛细管电泳免疫分析与激光诱导荧光检测相结合的方法测定血清中的吗啡含量，检测限达 8.5ng/mL[618]。

在六氰合铁酸钾存在下，吗啡与苄胺在中性介质中反应会生成强荧光性的衍生物。据此可利用液相色谱分离与荧光检测相结合的方法测定老鼠血浆中吗啡的含量，测定范围为 3ng/mL～1μg/mL，检测限为 5.7pg/20μL 注射体积[619]。

在碱性介质中，六氰合铁酸钾会将吗啡氧化为荧光性的假吗啡。据此曾利用动力学荧光法测定尿液中吗啡的含量，测定范围为 15～925ng/mL[620]。此法也曾用于可待因中吗啡的测定，检测限为 10ng；也可改用热的氨气处理可待因样品，如有吗啡存在即会产生强荧光性衍生物，检测限为 20ng[621]。

人体血浆中的可待因和烯丙吗啡，可采用反相高效液相色谱与荧光检测相结合的方法测定，测定波长为 214/345nm，测定范围为 10～300ng/mL，检测限为 5ng/mL[622]。

在过氧化钡存在下，通过紫外光衍生化反应，可以采用流动注射技术结合荧光分析测定注射针剂和人尿中依米丁二盐酸盐的含量，线性范围为 0.05～50μg/mL[623]。

由碘固定化制成的固相反应器，曾用于药剂中依米丁盐酸盐含量的荧光测定，线性范围为 0.1～100μg/mL[624]。

利用可卡因的天然荧光，曾采用反相高效液相色谱分离与直接荧光检测的方法测定血浆和人发中可卡因的含量。测定波长为 230/315nm，线性范围为 1.5～500ng/mL，检测限约为 1ng/mL。此法还能同时检测出苯甲酰芽子碱[625]。

以 5-二甲基氨基萘-1-磺酰氯为衍生试剂，采用高效液相色谱与荧光检测相结合的方法，可以测定豚鼠血浆中的（l)-麻黄素和（d)-假麻黄素的含量，检测限为 100pg。此法也曾用于口服小青龙合剂后人体血浆中这两种立体异构体含量的测定[626]。

也曾采用偏振荧光免疫分析法测定尿液中麻黄素和去甲麻黄素的含量[627]。

局部麻醉剂普鲁卡因在 pH12 的介质中水解的产物对氨基苯甲酸具有荧光，可用于盐酸普鲁卡因注射液的分析。测定波长为 268/340nm，线性范围为 0～5.00μg/mL，检测限为 49ng/mL[628]。

水杨酸具有止痛、退热和抗炎等作用，是防腐剂和杀菌剂的主要成分。当 pH 为 3.8～7.0 时，Br^- 与 BrO_3^- 作用生成的 Br_2 会使 2′，7′-二氯荧光素的荧光猝灭，而水杨酸的存在会使反应体系的荧光增强。据此可用于脚癣药水中水杨酸含量的测定，测定波长为 505/520nm，线性范围为 2.0～48.0ng/mL，检测限为 2.0ng/mL[629]。

阿司匹林（乙酰水杨酸）是一种具有消炎、解热、镇痛作用的常用药剂。人体尿液中阿斯匹林的代谢物水杨酸、水杨基尿酸和龙胆酸，曾用二阶导数同步荧光法进行测定。测定的激发波长范围为 325～375nm，测定的线性范围为 0.02～0.2μg/mL[630]。也可以采用一阶导数同步荧光法进行测定，对水杨酸的测定波长为 274/389nm，对龙胆酸的测定波长为 345/560nm，测定范围均为 0.02～0.25μg/mL[631]。

二阶导数同步荧光法也曾用于人体血液中乙酰水杨酸和水杨酸的同时测定。测定乙酰水杨酸时的 $\Delta\lambda$＝60nm，测定范围为 0.2～60μg/mL；测定水杨酸时的 $\Delta\lambda$＝130nm，测定范围为 0.05～10μg/mL[632]。

药物样品中的水杨酰胺和水杨酸，可用固相荧光检测与流动分析技术相结合的方法进行同时测定。测定波长为 260/415nm，测定的线性范围分别为 0.01～0.32μg/mL 和 0.04～1.0μg/mL[633]。

血清和尿液中的消炎镇痛药物水杨酰胺、水杨基水杨酸酯和萘普生（甲氧萘丙酸），可以在氯仿介质中采用一阶导数非线性可变角同步荧光法进行同时测定。测定的线性范围为 0.100～1.000μg/mL[634]。如在上述氯仿介质中加入吡咯烷使其呈碱性，则会使水杨基水杨酸酯的荧光强度明显增大，采用常规荧光法即可测定尿液、血清和药物制剂中的水杨基水杨酸酯的含量。测定波长为 299/410nm，测定的浓度范围亦为 0.10～1.00μg/mL[635]。

利用萘普生和水杨酸的天然荧光性质，可以采用二阶导数同步荧光光谱法同时测定人体血清中它们的含量。测定水杨酸时，$\Delta\lambda$＝130nm，测定范围为 0～13μg/mL，检测限为 0.01μg/mL；测定萘普生时，$\Delta\lambda$＝60nm，测定范围为 0～14μg/mL，检测限为 0.003μg/mL[636]。

以 290nm 光线为激发光，记录 300～520nm 的荧光发射光谱，利用全荧光光谱部分最小二乘方多变量校正法，可以同时测定药物和人体血清中萘普生、水杨酸和乙酰水杨酸的含量，检测范围分别为 0.1～1.0、0.5～5.0 和 2.0～

12.0μg/mL[637]。借助于化学计量分析也能进行人体全血中萘普生和水杨酸酯含量的直接同时荧光测定，激发波长为315nm，测定范围分别为50～200ng/mL和100～300ng/mL[638]。

二氟苯水杨酸与Tb^{3+}离子以及EDTA会形成强荧光性的三元配合物，据此可测定人体血清和尿液中二氟苯水杨酸的含量。测定波长为284/546nm，应用范围为0.01～6.00μg/mL，检测限为2.4μg/L[639]。利用相同的体系，但改用二阶导数同步荧光法进行检测，可以同时测定人体血清和尿液中二氟苯水杨酸和水杨酸的含量。血清中的检测限分别为0.9和1.2μg/L；尿液中的检测限分别为1.8和1.7μg/L[640]。

扑热息痛（即对-乙酰氨基苯酚）具有解热镇痛作用。在pH9.6的硼砂缓冲溶液中，0.04%丙酮的存在会提高扑热息痛的在线光化学荧光强度。据此可测定扑热息痛片、安芬伪麻那敏片、泰诺胶囊和小儿百服宁等药物片剂中扑热息痛的含量。测定波长为360/426nm，线性范围为0.1～2.0mg/L，检测限为19μg/L[641]。

在$NaHCO_3$-NaOH介质中，扑热息痛在光照下会发生自氧化还原反应，产生荧光性二聚体。据此可用于测定扑热息痛在片剂中的含量，测定波长为325/425nm，线性范围为0.5～10.0μg/mL，检测限为5.0ng/mL[642]。

药根碱是一种季铵盐型的生物碱，具有抗菌、消炎和抗病毒等作用。将荧光单体3-烯丙氧基苯嵌蒽酮、丙烯酰胺和N，N'-亚甲基双丙烯酰胺三者一起共聚在含乙烯基团的硅烷化石英玻片上形成光极膜，在pH4.74HAc-NaAc缓冲溶液中，药根碱会快速而可逆地猝灭该光极膜的荧光。据此可测定尿液中药根碱的含量，测定波长为420/515nm，线性范围为1.00×10^{-5}～4.00×10^{-4}mol/L，检测限为2.00×10^{-6}mol/L[643]。

秋水仙碱对急性痛风性关节炎有消炎作用。它在热的1mol/L NaOH溶液（pH8.5～10）中水解的产物具有弱的荧光。但加入Ca^{2+}离子后荧光强度会增大9.5倍。据此可测定片剂中秋水仙碱的含量，测定波长为248/460nm，线性范围为0.1～5.0mg/L[644]。

氟灭酸、甲氯灭酸和甲灭酸等非甾类抗炎药物，可以利用部分最小二乘方多变量校正法进行荧光测定。以352nm光线为激发光，记录370～550nm的荧光发射光谱，前两者的测定范围为0.25～1.00μg/mL，后者的测定范围为1.00～4.00μg/mL，曾用于合成混合物和药物制剂中这三种成分的分析[645]。也可以利用二阶导数同步荧光法测定这三种成分的二元混合物。对氟灭酸和甲灭酸混合物或甲灭酸和甲氯灭酸混合物，$\Delta\lambda=105$nm；而对氟灭酸和甲氯灭酸混合物，$\Delta\lambda=40$nm。如果检测的是血清样品，应先用三氯乙酸脱除蛋白质，再萃取入氯仿中进行测定；如果是药物制剂样品，则不必进行处理而直接测定[646]。

吲哚美辛的学名为2-甲基-(4-氯苯甲酰基)-5-甲氧基-1H-吲哚-3-乙酸。它具有解热、镇痛和消炎的作用。在 pH10.8 的介质中，β-环糊精会与吲哚美辛形成包络物，CTMAB 具有增敏作用，据此可用于市售吲哚美辛的测定。测定波长为 288/370nm，线性范围为 $0\sim2.79\times10^{-6}$ mol/L，检测限为 5.73×10^{-9} mol/L[647]。

消炎痛的学名为 1-对氯苯甲酰-5-甲氧基-2-甲基吲哚乙酸。以过氧化氢为在线氧化剂，利用高效液相色谱与荧光法结合，可以测定血清中消炎痛的含量。注射量为 20μL 脱蛋白质血清时，线性范围为 2.5～15.0μg/mL，检测限为 0.5μg/mL[648]。如不加氧化剂而用乙酸乙酯萃取并经水解后过柱测定，则检测限为 2μg/mL[649]。

消炎药磺胺嘧啶片剂可用光化学荧光法进行测定，测定波长为 315/401nm，线性范围为 0.02～3.2μg/mL，检测限为 0.02μg/mL[650]。

4-(2-咔唑基吡咯烷基-1)-7-(*N*，*N*-二甲基氨基磺酰基)-2，1，3-苯并二噁唑和 4-(2-咔唑基吡咯烷基-1)-7-硝基-2，1，3-苯并二噁唑，曾用于芳基丙酸类抗炎药的高效液相色谱分离-荧光测定，检测限为 nmol 数量级[651]。

2-［(8-三氟甲基)-4-喹啉］氨基苯甲酸-2，3-二羟基丙酸及其酯也是镇痛药。利用一阶导数同步荧光法可以同时测定它们在血浆样品中的含量，测定范围分别为 3.0～10.0 和 0.4～2.0μg/mL[652]。

§19.9.5　强心剂、止血药及治高血压药品的荧光分析

地芰他生物碱类物质可作为治疗心血管病的药剂。地芰他的各种配质和苷（如地毒苷和地芰毒苷）曾用荧光法进行测定。地高辛、吉妥辛、地芰毒苷和乌本箭毒苷等强心糖苷也曾用荧光法进行测定。可他宁等止血药也可以用荧光法进行测定[1]。毛细管电泳分离-激光诱导荧光免疫分析法也曾用于强心剂地高辛的均相免疫分析[653]。

酒石酸美托洛尔是一种抗高血压药物，它在 0.1mol/L HCl 溶液中会发出荧光，据此可用于片剂的测定。测定波长为 275/600nm，线性范围为 0.010～50mg/L，检测限为 0.42ng/mL[654]。

利血平是一种治疗精神病的镇定剂和治疗高血压症的药品，其氧化产物的荧光在可见区，且荧光强度较大，测定较为方便。采用的氧化剂有过氧化氢、亚硝酸钠、五氧化二钒及硫酸铈等，但采用后者比前三者更为简便和快速，检测限为 1.2ng/mL[1,655]。

在 10%HAc 介质中，利血平经紫外线照射发生光化学反应的产物具有强荧光性，可用于片剂和注射液中利血平的测定。测定波长为 385/490nm，线性范围为 0.01～0.30μg/mL，检测限为 1.3ng/mL[656]。

利血平与硫酸反应能生成强荧光性产物，可用于尿液中利血平的测定。测定波长为 400/464nm，线性范围为 0～0.6μg/mL，检测限为 0.2ng/mL[657]。

多沙唑嗪是一种降血压药物。它在 pH7.4 的 Tris-HCl 缓冲介质中与蛋白质形成复合物会使蛋白质的荧光发生静态猝灭，据此可测定多沙唑嗪片剂和人体血清中多沙唑嗪的含量。测定波长为 322/405nm，线性范围为 $1.0\times10^{-7}\sim3.0\times10^{-6}$ mol/L，检测限为 3.6ng/mL[658]。

氯酰心安的学名为 4-[2-羟基-3(1-甲基乙基) 氨] 丙氧基苯乙酰胺，具有抗心律失常作用，也可用于治疗高血压合并冠心病。利用荧光法测定氯酰心安的波长为 222.3/297.4nm，线性范围为 0～3.00μg/mL，检测限为 16.9ng/mL[659]。

具有抗心律失常作用的药物氨酰心安、心得安、潘生丁和氨氯吡咪等，可采用一阶导数非线性可变角同步荧光法进行快速同时测定。测定波长分别为 228.8/300、287.2/340、366.4/412.8 和 288/487.2nm，线性范围分别为 10～400、6～200、5.6～280 和 5～100ng/mL[660]。

双嘧达莫也是治疗高血压的常用药物，可在 CTMAB、β-环糊精和 SDS 共存的体系中进行片剂中双嘧达莫的荧光测定。测定波长为 309/489、500、499nm，线性范围为 $6.40\times10^{-8}\sim3.20\times10^{-6}$ mol/L，检测限为 3.20×10^{-9} mol/L[661]。

§19.9.6　镇静剂的荧光分析

11-去甲氧基利血平、1-{1-[4，4-双（4-氟苯基）丁基]-4-哌啶基}-1，3-二氢-苯并咪唑-2-酮（pimozide)、龙胆酸（2，5-二羟基苯甲酸或 5-羟基水杨酸)、甲氨二氮杂草、氯苯生氨基甲酸盐和马佛生等镇静剂，都曾采用荧光法进行测定[1]。

氯丙嗪是属于吩噻嗪类抗精神病药物，本身荧光微弱，但经光化学反应后荧光增强。据此可用于盐酸氯丙嗪片剂和针剂中盐酸氯丙嗪的测定。测定波长为 253.0/374.5nm，线性范围为 0.01～6.00mg/L，检测限为 5.4ng/mL[662]。

用 Ce^{4+} 离子氧化吩噻嗪类镇静剂异丁嗪［10-(3-二甲基氨基-2-甲基丙基）吩噻嗪］和三氟吡啦嗪［10-(3-(1-甲基-4-哌嗪基）丙基)］-2-三氟甲基吩噻嗪，生成的荧光性 Ce^{3+} 离子可采用流动注射荧光法进行测定。借此可测定药物制剂中的这两种镇静剂，测定范围为 $2\times10^{-7}\sim1\times10^{-5}$ mol/L[663]。

硫噻蒽是硫杂蒽类的一种衍生物，其镇静作用比吩噻嗪类更好。它本身无荧光，但经紫外线照射发生光化学反应后会形成强荧光性亚砜化合物。据此可测定血清中的硫噻蒽含量，在 442nm 处测定，线性范围为 0.001～0.50mg/L，检测限为 0.20ng/mL[664]。

骨胳肌肉松弛剂氯左杀腙在尿液、血浆及药剂中的含量，可用荧胺为试剂进行测定[1]。氯苯氨丁酸（β-对氯苯基-γ-氨基丁酸）也是一种肌肉松弛剂，以 4-氯-7-硝基苯并呋咱为荧光衍生试剂，结合反相高效液相色谱分离，可以测定人体血浆和尿液中它的含量，测定波长为 463/524nm[665]。如改用萘-2，3-二羧醛为荧光衍生试剂，结合毛细管电泳分离，可以采用激光诱导荧光法测定人体血浆中氯苯氨丁酸的含量，测定波长为442/500nm，检测限为10ng/mL[666]。

艾司唑仑（又名舒乐安定）是一种苯并氮杂草类抗焦虑药物，它在稀硫酸介质中酸解的产物具有荧光性，据此可测定它在片剂中的含量。测定波长为292/456nm，线性范围为0.020～2.00mg/L，检测限为12.4μg/L[667]。

在含有十二烷基硫酸钠的稀硫酸介质中，可以采用光化学荧光法测定片剂及注射液中安定的含量。测定波长为368/476nm，线性范围为0～2.5μg/mL，检测限为0.044μg/mL[668]。

茶碱的学名为1，3-二甲基黄嘌呤，是一种平滑肌松弛剂，常用于支气管性和心脏性哮喘以及心源性水肿。在Triton X-100存在下，可利用Gd(Ⅲ）离子的协同发光作用测定血清中的茶碱含量。测定波长为325/404nm，线性范围为0.1～20mg/L，检测限为0.05mg/L[669]。

苯乙胺、苯丙胺和巴比妥及其类似物都对神经系统具有抑制作用，故可做为镇静剂和安眠药。2-甲基-3-O-甲苯基-4（3H)-喹唑啉酮也有类似的作用。可以利用这些物质的天然荧光进行荧光测定[1]。

§19.9.7　其他药物的荧光分析

治疗急性白血病的重要药剂6-巯基嘌呤、治疗阿米巴痢疾的吐根碱、作为补肾药品的育亨宾、治疗精神病的吩噻嗪类药品、轻泻剂申诺噻（sennoside）和口服抗炎药2，3-双（对甲氧苯基)-吲哚等，都曾采用荧光法进行过测定[1]。

6-巯基嘌呤是治疗白血病的常用药物。它在1.0×10^{-3}mol/L的NaOH介质中被$KMnO_4$氧化的产物2-氨基-6-嘌呤磺酸钠具有较强的荧光。将微透析技术与荧光分析相结合，可对其进行测定。测定波长为329/406nm，线性范围为$2.0\times10^{-11}\sim2.0\times10^{-6}$mol/L，检测限为$4.0\times10^{-12}$mol/L[670]。

卡马西平是一种常用的抗惊厥的药物，本身无荧光，但被氧化后会发荧光。可利用电解Mn^{2+}离子产生的MnO_4^-离子来氧化卡马西平，据此测定片剂中卡马西平的含量。测定波长为254/478nm，线性范围为$8.4\times10^{-9}\sim1.76\times10^{-6}$mol/L，检测限为$8.4\times10^{-10}$mol/L[671]。

氨茴酸（邻氨基苯甲酸）的衍生物利尿剂速尿（亦称速尿灵、腹安酸或利尿磺胺）和具有消炎镇痛作用的药品甲灭酸（亦称扑湿痛）等，可以采用铽敏化荧光法进行测定。应用范围均为$2.5\times10^{-8}\sim5.0\times10^{-5}$mol/L，检测限分别为$6\times10^{-9}$和$1.4\times10^{-8}$mol/L。此法曾用于血清中这些药物的测定[672]。速尿和氨基蝶啶（亦称三氨蝶呤）等利尿剂，也可采用线性或非线性可变角同步扫描荧光法进行同时测定，可检测μg/mL～ng/mL数量级[673]。利尿剂丁苯氧酸可采用自动流动注射荧光法测定，激发波长为314nm，发射波长大于370nm，测定范围为

0.05～10.0μg/mL。此法曾用于丁苯氧酸片剂和注射液的分析[674]。

血清中的抗肿瘤药氨甲蝶呤（亦称氨基甲叶酸）的含量，可用过氧化氢在线氧化、高效液相色谱分离、荧光法测定。测定波长为 379/457nm，注射体积为 20μL 脱蛋白血清时，线性范围为 $1\times10^{-6}\sim1\times10^{-5}$mol/L。注射体积为 50μL 脱蛋白血清时，检测限为 2×10^{-8}mol/L[675]。

甲硝唑是一种抗厌氧菌药物，可作为肿瘤治疗的增敏剂。将 1，4-二（苯并噁唑-1′，3′-基-2′）苯包埋在增塑的聚氯乙烯膜中，可制成一种测定甲硝唑的荧光光纤传感器，因为甲硝唑会与其形成电荷转移复合物而使其荧光猝灭。测定波长为 344/390nm，线性范围为 $4.00\times10^{-6}\sim1.00\times10^{-4}$mol/L，检测限为 1.00×10^{-6}mol/L[676]。

3-(2-氨基乙基)-5-吲哚酚是一种能使血管收缩和改变神经细胞的药物。以苄胺为衍生试剂，然后利用反相微孔液相色谱分离与荧光检测相结合的方法，可以测定鼠脑微渗析液中 3-(2-氨基乙基)-5-吲哚酚的含量。对 5μL 注射体积而言，测定的检测限为 80amol[677]。

灭滴灵（亦称甲硝哒唑）是一种抗滴虫的药剂。利用芘丁酸做成的一种光导纤维化学传感器，可测定兔血清中灭滴灵的含量，检测限为 2.6μg/mL[678]。

洁尔灭是一种季铵盐类灭菌剂，可采用 3，5-二溴水杨醛缩氨基吡啶为试剂的萃取荧光法予以测定。测定波长为 420/505nm，检测限为 3.1×10^{-6}mol/L[679]。

金刚烷胺（又称三环癸胺或氨基三环癸烷）是一种预防和早期治疗亚洲甲-Ⅱ型流行性感冒的药物。它与抗菌素合用可治败血病和病毒性肺炎，并有退烧和抗震颤麻痹作用。在三乙胺存在下，人体血浆中的金刚烷胺与 3，4-二氢-6，7-二甲氧基-4-甲基-3-氧代-喹噁啉-2-碳酰氯反应，生成的荧光性衍生物经反相高效液相色谱分离后，可用荧光法进行测定。测定波长为 400/500nm，检测限为 360fmol(54pg)/mL[680]。也可以用直接荧光法测定片剂中金刚烷胺的含量，测定波长为 305/415nm，线性范围为 0.5～30.0μg/mL，检测限为 0.26μg/mL[681]。

色甘酸二钠是一种治疗支气管哮喘病的药物。人体尿液中的色甘酸二钠先经 18-冠-6 分离后，再用杀菌灯的光线照射，最后采用高效液相色谱-荧光法测定。测定波长为 325/448nm，注射体积为 100μL 时，线性范围为 38～2340ng/mL[682]。

哌嗪是一种驱蛔虫的药物，利用它与牛血清白蛋白的作用，可以采用同步荧光法测定血浆和尿液样品中哌嗪的含量，检测限为 0.21mg/L[683]。

中草药葛根中所含的葛根素属于黄酮类化合物，是治疗冠心病药物的有效成分之一，对脑血管有一定的扩张作用。可采用薄层扫描荧光法测定生药葛根中葛根素的含量。测定波长为 330/400nm，线性范围为 0.06～0.7μg/斑点[684]。经薄层色谱分离后，也有人在 pH8.0～9.0 的氨-氯化铵缓冲介质中用荧光法测定愈风宁心片中葛根素的含量。测定波长为 258.6/477.0nm，线性范围为 0～6.0μg/mL，检测限为 0.042μg/mL[685]。

槲皮素（即 3，5，7，3′，4′-五羟基黄酮）具有祛痰、止咳、平喘作用，用于治疗慢性支气管炎，对冠心病和高血压也有辅助治疗作用。它与钨（Ⅵ）以及十六烷基三甲基溴化铵组成的三元体系的荧光可用于槲皮素的测定。测定波长为 400/510nm，线性范围为 $1.46\times10^{-6}\sim1.40\times10^{-4}$ mol/L，检测限为 8.0×10^{-7} mol/L[686]。它与 Tb^{3+} 离子以及 EDTA 组成的三元体系的荧光可用于血清、尿液及药物中槲皮素的测定。测定波长为 316/548nm，线性范围为 $5.0\times10^{-7}\sim1.0\times10^{-5}$ mol/L，检测限为 5.1×10^{-8} mol/L[687]。

中药槐角的主要成分是芦丁，又名芸香苷或维生素 P。以慢速定量滤纸为基质，以 $Cd(Ac)_2$ 为重原子盐，可以采用固体表面延迟荧光法测定芦丁。测定波长为 406/496nm，线性范围为 $5\times10^{-6}\sim1\times10^{-4}$ mol/L，检测限为 0.52ng/斑点。类似地，中药牡丹皮、徐长卿的主要成分是丹皮酚，又名牡丹酚或芍药醇。以慢速定量滤纸为基质，以 $Mg(Ac)_2$ 为重原子盐，可以采用固体表面延迟荧光法测定丹皮酚。测定波长为 358/418nm，线性范围为 $1\times10^{-6}\sim1\times10^{-3}$ mol/L，检测限为 0.08 ng/斑点[688]。

中药厚朴中的两种有效成分厚朴酚及和厚朴酚是同分异构体。在十二烷基硫酸钠的 HAc-NaAc(pH=4) 缓冲介质中利用两者荧光光谱的差异性可进行兔血中两者的同时测定。测定波长分别为 285/345 和 285/400nm，线性范围分别为 0.2～6 和 0.4～6mg/L，检测限分别为 0.002 和 0.02 mg/L[689]。

中药苦参和广豆根中的有效成分苦参碱具有清热解毒和燥湿作用，并对 S_{180} 肉瘤和艾氏腹水癌有抑制作用。苦参碱对乙酸（β-二羧基-α-甲基）乙烯酯的荧光有猝灭作用，可用于苦参碱的测定。测定波长为 420/470nm，线性范围为 $2\times10^{-9}\sim2\times10^{-6}$ g/mL，检测限为 1.4×10^{-11} g/mL[690]。此法也曾用于治疗肝癌的药物中苦参碱和氧化苦参碱的测定[691]。

血浆中中草药大黄的有效成分大黄素，可采用反相胶束增稳荧光法进行测定。测定波长为 420/512nm，线性范围为 3.0～30mg/L，检测限为 0.12mg/L[692]。

中药秦皮的有效成分秦皮甲素和秦皮乙素经薄层硅胶 G 色谱分离后可用荧光法测定。测定波长分别为 360/420nm 和 360/470nm，线性范围分别为 $2\times10^{-8}\sim8\times10^{-6}$ g/mL 和 $2\times10^{-9}\sim8\times10^{-6}$ g/mL，检测限分别为 3.78×10^{-10} g/mL 和 5.54×10^{-11} g/mL[693]。

中药北豆根具有清热解毒和祛风止痛之功效。其中含有的两种生物碱（粉防己碱和青藤碱）可用薄层色谱分离-胶束荧光法进行测定。测定波长分别为 470/550nm 和 550/650nm，线性范围分别为 $10^{-10}\sim10^{-7}$ g/mL 和 $10^{-9}\sim10^{-6}$ g/mL，检测限分别为 3.5×10^{-12} g/mL 和 5.85×10^{-11} g/mL[694]。

丁基茴香醚（2-和 3-特-丁基-4-甲氧基苯酚，简写为 BHA）、2，6-二-特-丁基-4-甲氧基苯酚，简写为 BHT)、棓酸丙酯（简写为 PG）以及单-特-丁基氢醌（简写为 TBHQ）等，都可作为猪油、谷类等食物的抗氧化剂，它们都可用荧光法测定[1]。

含有芳族或脂肪族伯胺基团的药物，也可采用荧光法测定[1]。

§19.9.8　毒物的荧光分析

黄曲霉素是强致癌物。它的强毒性代谢物 aflatoxin B_1、B_2、G_1 和 G_2 等曾采用与薄层色谱或高效液相色谱分离技术相结合的常规荧光法、激光诱导荧光法或时间分辨激光诱导荧光法进行测定[1]。

也曾采用时间分辨荧光免疫分析法测定大豆种子、干的无花果和葡萄干中的 aflatoxin B_1 含量，测定的线性范围为 2.5～5.0×10^4 pg，检测限为 0.5μg/kg[695]。

单克隆抗体亲和柱分离-荧光法曾用于测定花生和玉米中的 aflatoxin B_1 含量，测定波长为 360/415nm，线性范围为 0～100ng，检测限为 0.3μg/kg[696]。

蜂蜜中的有毒物质 1-萘基甲基甲氨酸酯、黑素瘤细胞中的黑素（melanin)、食物和饲料中的霉菌赭曲霉素（ochratoxin）和棒曲霉素（patulin)、肉汤发酵过程中产生的艮他霉素（gentamicin）以及河豚毒素等毒物，都曾采用荧光法进行测定[1]。

以 4-(2-氨基乙胺基)-7-硝基-2，1，3-苯并噁二唑为柱前衍生试剂，采用反相高效液相色谱分离-荧光检测法，可以测定肉毒碱和 16 种酰基肉毒碱。激发波长为 470～485nm，发射波长为 530～540nm，检测限为 10～100fmol[697]。

食用油、泡制食用茶、草药大麻和大麻种子等含有大麻的食物中的 δ(9)-四氢大麻醇及其相应的酸，可以采用荧光法进行测定，检测限为 0.1ng[698]。

有一种基于偏振荧光免疫分析法的自动分析仪，能够测出人体尿液中尼古丁主要代谢物 cotinine 的含量。分析结果发现，吸烟者尿液中的含量超过 1mg/L，而不吸烟者为 0.081mg/L 或更低[699]。

贻贝、扇贝和蛤等甲壳类动物体内含有可能引起腹泻的冈田（软海绵）酸等毒素。以 1-溴乙酰芘为衍生试剂，可以在高效液相色谱分离后采用荧光法测定这些毒素[700]。后经改进，不用衍生试剂而直接采用高效液相色谱分离-荧光检测牡蛎、蛤和扇贝中冈田（软海绵）酸的含量，检测限为 0.3μg/g[701]。也有人采用免疫亲和固相萃取法改善液相色谱-荧光法测定贝壳类和藻类中的冈田（软海绵）酸[702]。

被污染的农作物（如玉米、稻谷等）可能含有各种类型的霉菌毒素。曾有人以香豆素-3-碳酰氯为衍生试剂，经高效液相色谱分离后采用荧光法测定 T-2 型、HT-2 型、T-3 型和 T-4 型三单端孢霉烯霉菌毒素。对注射体积为 10μL 的 T-2 型三单端孢霉烯霉菌毒素及其代谢物，最低检测量分别为 2.0 和 0.83ng[703]。也有人利用相同的衍生试剂和分离、测定方法，检测 T-2 型和 HT-2 型等四种三单端孢霉烯霉菌毒素。当注射体积为 20μL 时，对 T-2 型毒素的检测限为 10ng/g，对其他毒素则为 15ng/g，测定的线性范围均为 10～2000ng[704]。

已受损的西红柿中含有一种称为阿特纳内酯（亦称格链孢醇）的霉菌毒素。采用固相萃取分离与荧光分析相结合的方法，可以测定西红柿糊中该毒素的含量。测定范围为 5.2～196ng/mL，检测限为 1.93ng/mL[705]。

β-*N*-草酰-L-*α*，*β*-二氨基丙酸是一种神经毒素。可以用 9-芴基氯甲酸酯作为衍生试剂，经反相高效液相色谱分离后进行它的荧光测定，测定波长为 254/315nm[706]。

软骨藻酸（domoic acid）是存在于海产品和海洋浮游植物中的一种神经毒素，这种毒素会导致人脑健忘。以 4-氟-7-硝基-2，1，3-苯并二噁唑作为衍生试剂，可以采用反相液相色谱法分离后进行荧光法测定。测定的范围为 0.04～2μg/mL，检测限低于 1ng/mL。此法曾用于受污染的贝壳类海产品和海洋浮游植物中软骨藻酸的测定[707]。

§19.9.9　农药和杀虫剂的荧光分析

多种有机磷、有机氯农药，如胺乙基硫代膦酸酯、1605、118、E-605、甲基对硫磷、七氯、1-萘基-N-甲基氨基甲酸酯、2，4-D（即 2，4-二氯苯氧基乙酸）、1，2，3，4，5，6-六氯环己烷、甲基 1-丁胺基甲酸基-2-苯并咪唑氨基甲酸酯和赤霉素等，都曾采用荧光法进行过测定[1]。

DDT、氯丹、毒杀芬、甲氧氯、二嗪农、三硫磷、DDVP、杀鼠灵、苯氧基乙酸、甲基 1-萘乙酸盐、氯醌、二氯萘醌、1，4，5，6，7，7-六氯-N-(乙基汞)-5-降冰片烯-2，3-二甲酰亚胺、杀鼠迷、敌鼠、喹啉甲二磺酸盐等杀虫剂也曾采用荧光法进行测定[1]。

将甲基对硫磷氧化为硫代过磷酸盐，后者再将无荧光的吲哚氧化为强荧光的吲哚酚，据此可测定自来水、河水、海水和用药后的农田水中甲基对硫磷的含量。测定波长为 410/490nm，线性范围为 0～2.5mg/L，检测限为 5.2μg/L[708]。

敌敌畏是一种有机磷农药，可采用间苯二酚荧光法进行测定。测定波长为 491.6/521.1nm，线性范围为 0～1.0mg/L，检测限为 0.022mg/L[709]。

一水合二甲基-氢代-2-(1，3-二磺酸基单钠硫代丙基) 铵是一种沙蚕毒系农药。Pd^{2+} 离子与钙黄绿素形成配合物后会使钙黄绿素的荧光猝灭，但该农药与 Pd^{2+} 离子会形成更稳定的配合物，从而使钙黄绿素的荧光恢复。据此可测定稻米粉中该农药的残留量，测定波长为 493.9/514.2nm，线性范围为 2×10^{-7}～3×10^{-6}mol/L，检测限为 6×10^{-8}mol/L[710]。

以荧光素为标记试剂，停止-流动荧光免疫分析法曾用于柑桔汁和葡萄汁中

2，4-D含量的测定，检测范围为10～400ng/mL[711]。类似地，以结晶紫为标记试剂，停止-流动荧光免疫分析法也曾用于泉水、白酒和葡萄汁中2，4，5-T（即2，4，5-三氯苯氧乙酸）含量的测定。如采用动力学法，检测范围为0.02～10ng/mL；如采用平衡法，检测范围为0.1～100ng/mL。检测限分别为6pg/mL和30pg/mL[712]。

将胆碱脂酶涂敷在四甲基正硅酸盐上做成的溶胶-凝胶生物传感器，曾用于杀螟松（即螟硫磷）、谷硫磷（即保棉磷）、杀扑磷、二溴磷和灭蚜磷等有机磷农药的荧光分析。测定范围从二溴磷的1.21～11.99μg/mL到灭蚜磷的4.9～328.9μg/mL，检测限从二溴磷的0.12μg/mL到杀扑磷的57.6μg/mL[713]。

1-萘基-N-甲基氨基甲酸盐（商品名为西维因）、2-(2′-呋喃基）苯并咪唑和杀鼠灵都是具有荧光性的杀虫剂，利用可变角扫描荧光法可以测定它们的含量。检测限分别为0.051、0.050和0.200μg/mL[714]。

采用多变量校正三维荧光法可测定水中2-(2′-呋喃基）苯并咪唑、2-(噻唑基-4）苯并咪唑（亦称涕必灵）等能杀灭真菌的农药[715]。也可采用连续注射-可变角扫描荧光法测定2-(2′-呋喃基）苯并咪唑和2-(噻唑基-4）苯并咪唑，测定的线性范围分别为0.04～10μg/L和0.08～20μg/L，检测限分别为0.012μg/L和0.012μg/L[716]。

乙基己二醇（即驱蚊醇）在紫外区存在相当强的荧光。当存在表面活性剂时，其荧光强度可提高1.2～2.7倍；在纯有机溶剂中则可提高1.4倍，且其激发和发射波长均无明显移动。经固相萃取分离后，自来水、井水和河水样品中的乙基己二醇可以进行荧光测定，线性范围为0.03～2.4μg/mL[717]。

利用高效液相色谱柱前连续在线光化学诱导的方法，可以用荧光法检测黄瓜中含有的杀虫剂拟除虫菊酯的含量，测定范围为8～90ng/mL，相当于0.8～9μg/kg蔬菜样品[718]。拟除虫菊酯的代谢物苯氧苯甲酸可采用均相荧光免疫分析法进行测定，测定范围为2～50nmol，检测限为0.9nmol[719]。

杀鼠灵的学名是3-(α-丙酮基苄基)-4-羟基香豆素，它是一种广泛使用的杀鼠剂，但对人体和动物具有很强的毒性。可以采用多注射器流动注射荧光法测定水中痕量的杀鼠灵，样品用量为0.2～12mL，测定范围为50ng/L～64μg/L[720]。

敌鼠的学名是2-(2，2-二苯基乙酰基)-1，3-茚满二酮，是一种广泛使用的抗凝血类杀鼠剂，本身无荧光，但与铕、DL-组氨酸及十六烷基三甲基溴化铵会形成荧光体系，可用于敌鼠的测定。测定波长为330/612nm，线性范围为$6.0\times10^{-7}\sim9.0\times10^{-5}$mol/L，检测限为$8.0\times10^{-8}$mol/L[721]。

1-[(6-氯-3-吡啶基)-甲基]-N-硝基-2-咪唑二亚胺也是一种杀虫剂。利用流动注射-光化学诱导荧光法可以测定它在水中的含量。测定波长为334/377nm，测定范围为1.0～60.0ng/mL，检测限为0.3ng/mL[722]。

氨基甲酸酯类除莠剂、尿素除莠剂和毒莠定（即4-氨基-3，5，6-三氯皮考啉酸）等除莠剂也曾采用荧光法进行测定[1]。

经羟基苯并三唑和二异丙基碳二酰亚胺活化后，苯氧酸类除莠剂中的苯氧酸与5-(氨基乙酰氨基)荧光素可在二甲基甲酰胺介质中进行衍生化反应。衍生化产物经胶束电动力学色谱分离后，采用488nm氩激光线激发，可以进行试液中苯氧酸类除莠剂含量的荧光检测。当注射体积为4nL时，检测限为2fg[723]。

去草净等三嗪类除莠剂也曾采用时间分辨免疫荧光法进行测定，最低检测限可达0.1ng/mL[724]。

西玛津、阿特拉津和特丁津等1，3，5-三嗪（即均三氮苯）类除莠剂，还曾采用偏振荧光免疫法进行测定，其检测限与液相或气相色谱法接近（约为0.1ng/mL）[725]。如采用基于反应初始速率测定的动力学荧光偏振免疫法，则可在4～5s内完成测定。此法测定白酒、红酒、桔汁和茶叶等食品中阿特拉津的含量，校正曲线的动态范围为0.7～100ng/mL，检测限为0.2ng/mL[726]。

以Eu(Ⅲ)螯合物W8044-Eu作为标记物和以过氧化聚丁二烯聚丙烯酸珠粒作为亲和柱组成的流动注射免疫传感器，曾用于阿特拉津等三嗪类除莠剂的激光诱导荧光测定，检测限为1ng/mL[727]。

2-甲基-4-氯苯氧乙酸是一种比2，4-D更安全的除莠剂，可以采用离子色谱分离-荧光法测定它在土壤中的含量。测定波长为284.9/314.5nm，测定范围为0.093～100mg/L[728]。

抑草生（或称西力特）也是一种除莠剂，它在酸性介质中水解生成1-萘胺，后者在碱性介质中具有荧光。基于这一原理，并采用C-18硅胶柱进行在线固相萃取预富集，可以测定河水样品中含量在ng/mL级的抑草生[729]。

以1-[(2-氯)苯磺酰基]-单琥珀酰胺酸作为除莠剂氯杀螨的衍生剂，用以结合载体蛋白质，采用荧光偏振免疫分析法可以进行水中氯杀螨的快速测定。取样50μL，检测限为10ng/mL，测定10个样品只需7min[730]。

§19.9.10 植物生长调节剂的荧光分析

吲哚3-乙酸（亦称茁长素）、2-(1-萘基)乙酸、吲哚3-丙酸、2-(2-萘基)乙酸、吲哚3-丁酸、2-(1-萘基)乙酰胺和吲哚3-乙酸乙酯等都是植物生长调节剂。以十二烷基硫酸钠作为流动相，可以采用胶束液相色谱法在23min内将样品中的上述植物生长调节剂一一洗出，然后再用一阶导数荧光法进行测定。此法的检测限为0.3～1.10μg/g[731]。

在碳酸钾存在下，用冠醚作为催化剂，吲哚3-乙酸与荧光标记试剂4-溴甲基-7-甲氧基香豆素作用生成香豆酯。据此曾采用高效液相色谱法测定取自波兰格旦斯克海湾的海水和海洋沉积物样品中吲哚3-乙酸的含量，检测限为

20fmol[732]。

参考文献

[1] 陈国珍等. 荧光分析法. 第二版. 北京：科学出版社，1990.
[2] Schilling M. J. Anal. Chem.，1999，364：100.
[3] Demarcos S. et al. Anal. Chim. Acta，1997，343：117.
[4] Forster E. et al. Anal. Chim. Acta，1993，274：109.
[5] 詹心琪等. 分析化学，2001，29：710.
[6] Yoshida T. et al. Anal. Sci.，1992，8：355.
[7] Zeng H. H. et al. Talanta，1994，41：969.
[8] Tanaka M. et al. Microchem. J.，1995，52：350.
[9] Motte J. C. et al. J. Chromat. A，1996，728：333.
[10] Hajyehia A. I. et al. J. Chromat. A，1996，724：107.
[11] Assaf P. et al. J. Chromat. A，2000，869：243.
[12] 陈国防等. 分析化学，2003，31：62.
[13] Mohr G. J. et al. Anal. Chim. Acta，1997，351：189.
[14] 曾恚恚等. 化学学报，1995，53：78.
[15] Uchiyama S. et al. Anal. Chem.，1999，71：5367.
[16] You J. M. et al. Anal. Chim. Acta，1999，391：43.
[17] You J. M. et al. Chromatographia，1999，49：657.
[18] Terado I. et al. Anal. Sci.，2000，16：881.
[19] Toyooka T. et al. Analyst，1993，118：759.
[20] Toyooka T. et al. Anal. Chim. Acta，1994，285：343.
[21] Mataix E. et al. Talanta，2000，51：489.
[22] Schreurs M. et al. Anal. Chem.，1990，62：5367.
[23] Mark A. J. G. et al. Anal. Chem.，1993，65：2197.
[24] Ensafi A. A. et al. Talanta，1998，47：645.
[25] Vogel M. et al. Fresenius J. Anal. Chem.，2000，366：781.
[26] Gromping A. H. J. et al. J. Chromat. A，1993，653：341.
[27] Possanzini M. et al. Chromatographia，1997，46：235.
[28] 樊静等. 分析化学，2002，30：942.
[29] Sakai T. et al. Talanta，1996，43：859.
[30] Espinosamansilla A. et al. Anal. Chim. Acta，1996，320：125.
[31] Castrejon S. E. et al. Talanta，1997，44：951.
[32] Matsuoka M. et al. Chromatographia，1996，43：501.
[33] Nishikawa H. et al. Bunseki Kagaku，1998，47：225.
[34] Iwata T. et al. Anal. Sci.，1997，13：501.
[35] Traore F. et al. Anal. Chim. Acta，1992，269：211.

[36] Traore F. et al. J. Chromat. A，1993，648：111.
[37] Tsuruta Y. et al. Anal. Sci.，1993，9：311.
[38] Tsuruta Y. et al. Analyst，1994，119：1047.
[39] Inoue H. et al. Anal. Sci.，1997，13：669.
[40] Uzu S. et al. Analyst，1990，115：1477.
[41] Toyooka T. et al. J. Chromat. A，1995，695：11.
[42] Langhals H. et al. Chemistry-A European J.，1998，4：2110.
[43] Iwata T. et al. Analyst，1993，118：517.
[44] Garciavillanova R. J. et al. Talanta，1993，40：1419.
[45] Munoz J. A. et al. Talanta，1998，47：387.
[46] 冯素玲等. 分析化学，2000，28：621.
[47] 冯素玲等. 分析化学，1997，25：1274.
[48] 冯素玲等. 光谱学与光谱分析，2000，20：113.
[49] 陈兰化等. 光谱学与光谱分析，2003，23：203.
[50] Watanabe K. et al. Bunseki Kagaku，1993，42：563.
[51] Schneede J. et al. J. Chromat. A，1994，669：185.
[52] Mukherjee P. S. et al. Anal. Chem.，1996，68：327.
[53] Horie H. et al. Anal. Lett.，1995，28：259.
[54] Sasamoto K. et al. Anal. Sci.，1996，12：189.
[55] 陈小兰等. 分析化学，1997，25：1324.
[56] Schneede J. et al. Anal. Chem.，1995，67：812.
[57] Lee A. W. M. et al. Anal. Chim. Acta，1996，322：99.
[58] Rahavendran S. V. et al. Anal. Chem.，1997，69：3022.
[59] Schubert F. et al. Mikrochim. Acta，1995，121：237.
[60] Arnaud N. et al. Analyst，1994，119：2453.
[61] Herraiz T. J. Chromat. A，2000，871：23.
[62] 蒋淑艳等. 分析化学，1997，25：1064.
[63] Bringmann G. et al. Anal. Lett.，1992，25：497.
[64] Saito M. et al. Anal. Chim. Acta，1995，300：243.
[65] Tsukatani T. et al. Anal. Sci.，2000，16：265.
[66] Perezruiz T. et al. Chromatographia，2000，52：599.
[67] Burini G. J. Chromat. A，1994，664：213.
[68] Gong Z. L. et al. Anal. Lett.，1996，29：695.
[69] Einig T. et al. J. Chromat. A，1995，697：371.
[70] Kwakman P. J. M. et al. Analyst，1991，116：1385.
[71] Panadero S. et al. Fresenius J. Anal. Chem.，1997，357：80.
[72] Hajyehia A. I. et al. J. Chromat. A，2000，870：381.
[73] Mawatari K. et al. Anal. Chim. Acta，1995，302：179.

[74] Feng S. L. et al. Anal. Chim. Acta，2002，455：187.
[75] 冯素玲等. 分析化学，2003，31：198.
[76] March J. G. et al. Analyst，1999，124：897.
[77] Toyooka T. et al. Analyst，1992，117：727.
[78] Toyooka T. et al. J. Chromat.，1992，625：357.
[79] Kondo J. et al. J. Chromat.，1993，645：75.
[80] Kondo J. et al. Anal. Sci.，1994，10：17.
[81] Jansen E. H. J. M. et al. J. Liquid Chromat.，1992，15：2247.
[82] Totsuka S. et al. Bunseki Kagaku，1996，45：927.
[83] Takadate A. et al. Anal. Sci.，1992，8：663.
[84] Takadate A. et al. Anal. Sci.，1992，8：695.
[85] Yamaguchi M. et al. Analyst，1990，115：1363.
[86] Toyooka T. et al. Analyst，1991，116：609.
[87] You J. M. et al. Anal. Chim. Acta，2001，436：163.
[88] Yamaguchi M. et al. J. Liquid Chromat.，1995，18：2991.
[89] Saito M. et al. Anal. Sci.，1995，11：103.
[90] Kuroda N. et al. Anal. Sci.，1995，11：989.
[91] Lu C. Y. et al. Chromatographia，2000，51：315.
[92] Nakanishi A. et al. J. Chromat.，1992，591：159.
[93] Lewis S. W. et al. J. Chromat. A，1994，667：91.
[94] Iwata T. et al. Analyst，1994，119：1747.
[95] Kwakman P. J. M. et al. Analyst，1991，116：1385.
[96] Inoue H. et al. J. Chromat. A，1998，816：137.
[97] Akasaka K. et al. Analyst，1993，118：765.
[98] Santa T. et al. Analyst，1999，124：1689.
[99] Gatti R. et al. Chromatographia，1992，33：13.
[100] 陈培榕等. 分析化学，1997，25：1369.
[101] Gallaher D. L. et al. Analyst，1999，124：1541.
[102] Rahavendran S. V. et al. Anal. Chem.，1996，68：3763.
[103] Tsukatani T. et al. Anal. Chim. Acta，2000，416：197.
[104] Ikeguchi Y. et al. Anal. Sci.，1999，15：229.
[105] Rastegar A. et al. J. Chromat.，1990，518：157.
[106] 李秉真等. 光谱学与光谱分析，1993，13 (3)：83.
[107] Danielson N. D. et al. Microchem. J.，1999，63：405.
[108] Zhu Q. Z. et al. Anal. Lett.，1996，29：1729.
[109] 陈莉华等. 分析化学，2003，31：1237.
[110] 陈莉华等. 光谱学与光谱分析，2003，23 (5)：917.
[111] 韦寿莲等. 分析化学，2001，29：425.

[112] 慈云祥等. 高等学校化学学报，1990，11：81.
[113] 李庆阁等. 分析化学，1994，22：896.
[114] Zhu Q. Z. et al. Microchem. J.，1997，57：405.
[115] Chen M. et al. Anal. Chim. Acta，1999，388：11.
[116] Chen L. H. et al. Anal. Chim. Acta，2003，480：143.
[117] Sierra J. F. et al. Anal. Chim. Acta，2000，414：33.
[118] Sierra J. F. et al. Anal. Chim. Acta，1998，368：97.
[119] Sharma A. et al. Spectrochimica Acta Part A-Molecular Spectroscopy，1994，50：1179.
[120] Taniai T. et al. Anal. Sci.，2000，16：517.
[121] 朱龙等. 化学学报，2002，60：692.
[122] Nakabayashi S. et al. Anal. Chim. Acta，1993，271：25.
[123] Zhang Y. N. et al. J. Chromat. A，1995，716：221.
[124] 熊少祥等. 分析化学，1998，26：392.
[125] Wu W. et al. Anal. Sci.，2000，16：919.
[126] Evangelista R. A. et al. Anal. Chem.，1995，67：2239.
[127] 党福全等. 分析化学，2000，28：80.
[128] Liu J. et al. Anal. Chem.，1991，63：413.
[129] Kakehi K. et al. J. Chromat. A，1999，863：205.
[130] Zhang G. Q. et al. Anal. Sci.，1993，9：9.
[131] Yamauchi M.. Analyst，1993，118：773.
[132] 高贵珍等. 光谱学与光谱分析，2003，23 (5)：895.
[133] 王伦等. 分析化学，1996，24：1258.
[134] 朱岩等. 分析化学，2001，29：1024.
[135] 李耀群等. 分析测试学报，1995，14 (2)：27.
[136] 李耀群等. 分析化学，1996，24：41.
[137] Ramaley L. et al. Instrumentation Science & Technology，2000，28：189.
[138] Sui W. et al. Fresenius J. Anal. Chem.，2000，368：669.
[139] Nunez M. D. et al. Anal. Chim. Acta，1990，234：269.
[140] 於立军等. 光谱学与光谱分析，2002，22：819.
[141] Kozin I. S. et al. Anal. Chim. Acta，1996，333：193.
[142] Ariese F. et al. Fresenius J. Anal. Chem.，1991，339：722.
[143] Saber A. et al. Fresenius J. Anal. Chem.，1991，339：716.
[144] Matsuzawa S. et al. Anal. Chim. Acta，1995，312：165.
[145] Bystol A. J. et al. Appl. Spectrosc.，2000，54：910.
[146] Bark K. et al. Talanta，1991，38：181.
[147] Weeks S. et al. Anal. Chem.，1990，62：1472.
[148] Rudnick S. M. et al. Talanta，1998，47：907.

[149] Mellone A. et al. Talanta，1990，37：111.
[150] Whitcomb J. L. et al. Anal. Chim. Acta，2002，464：261.
[151] 汤又文等. 分析化学，1990，18：962.
[152] Rodriguez J. J. S. et al. Anal. Chim. Acta，1991，255：107.
[153] 朱亚先等. 分析测试学报，1996，15 (1)：44.
[154] 蒋淑艳. 光谱学与光谱分析，1997，17 (3)：115.
[155] Bockelen A. et al. Fresenius J. Anal. Chem.，1993，346：435.
[156] Rodriguez J. J. S. et al. Analyst，1993，118：917.
[157] Martinlazaro A. B. et al. Fresenius J. Anal. Chem.，1992，343：509.
[158] Guiteras J. et al. Anal. Chim. Acta，1998，361：233.
[159] Algarra M. et al. J. Fluo.，2000，10：355.
[160] 张勇等. 分析化学，2002，30：467.
[161] Ayala J. H. et al. Microchem. J.，1998，60：101.
[162] Falcon M. S. G. et al. Talanta，1999，48：377.
[163] 曹学丽等. 分析化学，1994，22：664.
[164] Amadorhernandez J. et al. Boletin de La Sociedad Chilena de Quimica，1999，44：299.
[165] Capitanvallvey L. F. et al. Anal. Chim. Acta，1995，302：193.
[166] Mastral A. M. et al. Anal. Lett.，1995，28：1883.
[167] 李耀群等. 分析化学，1990，18：827.
[168] 何文琪等. 光谱学与光谱分析，1996，16 (4)：100.
[169] Rodriguez J. J. S. et al. Analyst，1994，119：2241.
[170] Eiroa A. A. et al. Analyst，1998，123：2113.
[171] 李静红等. 分析化学，1998，26：368.
[172] 李耀群等. 高等学校化学学报，1997，18：538.
[173] 鄢远等. 化学学报，1996，54：917.
[174] 鄢远等. 高等学校化学学报，1995，16：1519.
[175] 张军延等. 分析化学，1991，19：1379.
[176] Yao W. X. et al. J. Molec. Struc.，1993，294：279.
[177] 张勇等. 分析化学，1997，25：1303.
[178] 顾丽忠等. 高等学校化学学报，1992，13：1214.
[179] 顾丽忠等. 光谱学与光谱分析，1993，13 (3)：87.
[180] 时宁等. 分析化学，1995，23：128.
[181] 张勇等. 分析测试学报，1995，14 (3)：10.
[182] Ferrer R. et al. Talanta，1998，45：1073.
[183] Ferrer R. et al. Anal. Chim. Acta，1999，384：261.
[184] Kok S. J. et al. J. Chromat. A，1997，771：331.
[185] Ferrer R. et al. J. Chromat. A，1997，779：123.
[186] Kayalisayadi M. N. et al. J. Liqu. Chromat. & Related Technol.，1996，19：3135.

[187] 于彦彬等. 分析测试学报，1998，17 (6)：62.
[188] Zhu L. Z. et al. Talanta，1997，45：113.
[189] Kayalisayadi M. N. et al. Analyst，1998，123：2145.
[190] Kayalisayadi M. N. et al. J. Liqu. Chromat. & Related Technol.，2000，23：1913.
[191] Giamarchi P. et al. J. Fluo.，2000，10：393.
[192] 丛培盛等. 高等学校化学学报，1991，12：1308.
[193] 唐波等. 化学学报，1995，53：805.
[194] Miller J. S. Anal. Chim. Acta，1999，388：27.
[195] Lazaro E. et al. Anal. Chim. Acta，2000，413：159.
[196] 赵法等. 分析化学，1995，23，67.
[197] Rubiobarroso S. et al. Anal. Chim. Acta，1993，283：304.
[198] Brouwer E. R. et al. J. Chromat. A，1994，669：45.
[199] Troche S. V. et al. Talanta，2000，51：1069.
[200] Falcon M. G. et al. J. Chromat. A，1996，753：207.
[201] Mori Y. et al. Fresenius J. Anal. Chem.，1993，345：63.
[202] Arai M. Bunseki Kagaku，1994，43：157.
[203] Spitzer B. et al. J. Chromat. A，2000，880：113.
[204] Kiss G. et al. Chromatographia，1998，48：149.
[205] Kayalisayadi M. N. et al. Fresenius J. Anal. Chem.，2000，368：697.
[206] Kaneta T. et al. Anal. Chim. Acta，1995，299：371.
[207] Sicilia D. et al. Anal. Chim. Acta，1999，392：29.
[208] Djozan D. et al. Chromatographia，1996，43：25.
[209] Wang Y. et al. Talanta，1997，44：1319.
[210] Wang Y. et al. Microchem. J.，1998，58：90.
[211] Huang H. M. et al. Anal. Chim. Acta，2003，481：109.
[212] Zeng H. H. et al. Talanta，1993，40：1569.
[213] Zeng H. H. et al. Anal. Chim. Acta，1994，298：271.
[214] 曾恚恚等. 化学学报，1994，52：176.
[215] 龙立平等. 分析化学，2003，31：414.
[216] 沈爱宝等. 分析化学，1996，24：569.
[217] Wu D. D. et al. Applied Optics，1996，35：3998.
[218] Nohta H. et al. Anal. Chim. Acta，1993，282：625.
[219] Nohta H. et al. Anal. Chim. Acta，1994，287：223.
[220] Hara S. et al. Anal. Chim. Acta，1994，291：189.
[221] Lores M. et al. J. Chromat. A，1994，683：31.
[222] Konstantianos D. G. et al. Analyst，1992，117：877.
[223] Villari A. et al. Analyst，1994，119：1561.
[224] Delapena A. M. et al. Fresenius J. Anal. Chem.，1995，353：211.

[225] Pulgarin J. A. M. et al. Anal. Chim. Acta，1994，296：87.
[226] Pulgarin J. A. M. et al. Analyst，1994，119：1915.
[227] Pulgarin J. A. M. et al. Microchem. J.，1995，52：341.
[228] Pulgarin，J. A. M. et al. Anal. Chim. Acta，1996，319：361.
[229] 唐波等. 分析测试学报，1997，16 (5)：28.
[230] 朱亚先等. 分析化学，1995，23：1313.
[231] 吴芳英等. 光谱学与光谱分析，2001，21：359.
[232] 王敦清等. 光谱学与光谱分析，1997，17 (4)：113.
[233] Panadero S. et al. Anal. Chim. Acta，1996，329：135.
[234] Delapena A. M. et al. Talanta，1996，43：1349.
[235] Perezruiz T. et al. Fresenius J. Anal. Chem.，1998，361：492.
[236] Hara S. et al. Anal. Chim. Acta，1988，215：267.
[237] Su M. H. et al. Anal. Chim. Acta，2001，426：51.
[238] Huang H. M. et al. Anal. Chim. Acta，2001，439：55.
[239] Nistor C. et al. Anal. Chim. Acta，2001，426：185.
[240] 龙立平等. 分析化学，2002，30：152.
[241] 王化南等. 分析化学，1995，23：787.
[242] 张贵珠等. 高等学校化学学报，1995，16：43.
[243] 王瑞勇等. 分析化学，2000，28：968.
[244] 鄢远等. 分析测试学报，1995，14 (1)：1.
[245] 鲍所言等. 分析化学，2003，31：357.
[246] Verduandres J. et al. Chromatographia，1996，42：283.
[247] Nakashima K. et al. Analyst，1998，123：2281.
[248] 郑明辉等. 高等学校化学学报，1993，14：197.
[249] 李耀群等. 分析化学，1993，21：1420.
[250] 李耀群等. 高等学校化学学报，1993，14：334.
[251] Delolmo M. et al. Talanta，2000，50：1141.
[252] 冯素玲等. 光谱学与光谱分析，2003，23：322.
[253] Alcanfor S. K. D. et al. Anal. Chim. Acta，1994，289：273.
[254] Calatayud J. M. et al. Anal. Lett.，1990，23：2315.
[255] Jie N. Q. et al. Indian J. Chem. Sect. B，1996，35：1104.
[256] Gonzalez A. et al. Mikrochim. Acta，1995，118：153.
[257] Mattivi F. et al. J. Chromat. A，1999，855：227.
[258] Olsson J. et al. J. Chromat. A，1998，824：231.
[259] Mazur H. et al. J. Chromat. A，1997，766：261.
[260] Ohba Y. et al. Anal. Chim. Acta，1994，287：215.
[261] Yonekura S. et al. Anal. Sci.，1994，10：247.
[262] Sonoki S. et al. J. Liqu. Chromat.，1993，16：2731.

[263] Sonoki S. et al. J. Liqu. Chromat., 1994, 17: 1057.
[264] Verdasco G. et al. Anal. Chim. Acta, 1995, 303: 73.
[265] Kawazumi H. et al. J. Chromat. A, 1996, 744: 31.
[266] 马丽花等. 光谱学与光谱分析, 1999, 19: 250.
[267] Rodriguez J. J. S. et al. Analyst, 1994, 119: 2241.
[268] Studenberg S. D. et al. J. Liqu. Chromat. & Related Technol., 1996, 19: 823.
[269] Huie C. W. et al. Anal. Chem., 1989, 61: 2288.
[270] 尚龙生等. 分析化学, 1997, 25: 205.
[271] 李耀群等. 光谱学与光谱分析, 1993, 13 (6): 117.
[272] 宋继梅等. 光谱学与光谱分析, 2000, 20: 115.
[273] Kreuzig F. JPC-Journal of Planar Chromatography-Modern TLC, 1995, 8: 284.
[274] 李耀群等. 光谱学与光谱分析, 1992, 12 (2): 43.
[275] Subhash N. et al. Remote Sensing of Environment, 1994, 47: 45.
[276] Demidov A. A. et al. Applied Spectroscopy, 1995, 49: 200.
[277] Alexander T. A. et al. Applied Spectroscopy, 1997, 51: 1603.
[278] 邵晓芬等. 光谱学与光谱分析, 1993, 13 (3): 93.
[279] Perezruiz T. et al. Talanta, 1992, 39: 907.
[280] 陈小明等. 分析化学, 1999, 27: 1435.
[281] 揭念琴等. 分析化学, 1993, 21: 333.
[282] 陈小明等. 分析化学, 1999, 27: 992.
[283] 揭念琴等. 分析化学, 1992, 20: 984.
[284] 杨屹等. 分析化学, 1993, 21: 360.
[285] 李松青等. 分析测试学报, 2001, 20 (3): 51.
[286] Jie N. Q. et al. Anal. Lett., 1993, 26: 2283.
[287] Vinas P. et al. Mikrochim. Acta, 2000, 134: 83.
[288] Chen Q. Y. et al. Analyst, 1999, 124: 771.
[289] 任一平等. 分析化学, 2000, 28: 554.
[290] 陈小明等. 分析化学, 1999, 27: 620.
[291] 赵一兵等. 分析化学, 1992, 20: 1261.
[292] Escandar G. M. et al. Anal. Chim. Acta, 2002, 466: 275.
[293] 高海涛等. 分析化学, 1996, 18: 377.
[294] 鲍晓霞等. 分析测试学报, 1995, 14 (5): 77.
[295] Reynolda T. M. et al. J. Liqu. Chromat., 1992, 15: 897.
[296] Chen D. H. et al. Anal. Chim. Acta, 1992, 261: 269.
[297] Nevado J. J. B. et al. Analyst, 1998, 123: 483.
[298] 郭祥群等. 分析化学, 1992, 20: 910.
[299] 鄢远等. 高等学校化学学报, 1997, 18: 877.
[300] 李耀群等. 分析化学, 1991, 19: 538.

[301] Guo X. Q. et al. Anal. Chim. Acta，1993，276：151.
[302] Li W. et al. Anal. Chim. Acta，2000，408：39.
[303] Garcia L. et al. Anal. Chim. Acta，2001，434：193.
[304] 弓晓峰等. 分析化学，1994，22：935.
[305] 唐波等. 高等学校化学学报，1994，15：970.
[306] 刘春英等. 分析测试学报，1998，17 (1)：64.
[307] 吴根华等. 光谱学与光谱分析，2003，23：535.
[308] Li H. B. et al. Fresenius J. Anal. Chem.，2000，368：836.
[309] Li H. B. et al. J. Chromat. A，2000，891：243.
[310] Ichinose N. et al. Fresenius J. Anal. Chem.，1993，346：841.
[311] 刘欣等. 分析化学，2002，30：1018.
[312] 刘欣等. 分析化学，2000，28：1406.
[313] Blanco C. C. Anal. Lett.，1994，27：1339.
[314] Lapa R. A. S. et al. Anal. Chim. Acta，1997，351：223.
[315] 黄朝表等. 分析化学，2003，31：229.
[316] Baker W. L. et al. Mikrochim. Acta，1992，106：143.
[317] Huang H. P. et al. Anal. Chim. Acta，1995，309：271.
[318] 王全林等. 分析化学，2000，28：1229.
[319] Yang J. H. et al. Talanta，1997，44：855.
[320] Perezruiz T. et al. Analyst，1997，122：115.
[321] Feng S. L. et al. Anal. Lett.，1998，31：463.
[322] 冯宁川等. 分析测试学报，1993，12 (4)：26.
[323] 邵晓芬等. 光谱学与光谱分析，1994，14 (2)：125.
[324] Yang J. H. et al. Anal. Lett.，1998，31：2757.
[325] Bacigalupo M. A. et al. Analyst，1998，123：731.
[326] 蒋淑艳等. 分析化学，1997，25：1064.
[327] Capellmann M. Fresenius J. Anal. Chem.，1992，342：462.
[328] Jordan P. H. et al. Analyst，1991，116：1347.
[329] Wang X. X. et al. Anal. Sci.，1997，13：255.
[330] Boyer F. O. et al. Talanta，1999，50：57.
[331] Boyer F. O. et al. Chromatographia，1999，50：399.
[332] Kamaleldin A. et al. J. Chromat. A，2000，881：217.
[333] Ye L. et al. J. Liqu. Chromat. & Related Technol.，1998，21：1227.
[334] Chou S. T. et al. Anal. Chim. Acta，2000，419：81.
[335] Ruperez F. J. et al. J. Chromat. A，1999，839：93.
[336] Gama P. et al. J. Liqu. Chromat. & Related Technol.，2000，23：3011.
[337] 阚健全. 分析测试通报，1991，10 (3)：51.
[338] Guo X. Q. et al. Anal. Lett.，1996，29：203.

[339] Mawatari K. et al. Anal. Chim. Acta，1998，363：133.
[340] Perezruiz T. et al. Talanta，1999，50：49.
[341] Iwase H.. J. Chromat. A，2000，881：261.
[342] Guo X. Q. et al. Anal. Chim. Acta，1997，343：109.
[343] Torro I. G. et al. Analyst，1997，122：139.
[344] Nevado J. J. B. et al. Analyst，1998，123：287.
[345] 郭祥群等. 高等学校化学学报，1992，13：1199.
[346] 郭祥群等. 高等学校化学学报，13：1225.
[347] Zhao，J. Y. et al.，*J. Chromat.*，608，117（1992).
[348] Imakyure O. et al. Anal. Sci.，1993，9：647.
[349] Matsunaga H. et al. Anal. Chem.，1995，67：4276.
[350] Fan X. J. et al. Anal. Chim. Acta，1998，367：81.
[351] 尤进茂等. 分析化学，1998，26：1196.
[352] Takizawa K. et al. Anal. Sci.，1998，14：925.
[353] Bjorklund J. et al. J. Chromat. A，1998，798：1.
[354] Al-Kindy S. M. Z. et al. Anal. Chim. Acta，1989，227：145.
[355] 曹秋娥等. 分析化学，1993，21：1472.
[356] Gatti R. et al. Anal. Chim. Acta，2002，474：11.
[357] You J. M. et al. Analyst，1999，124：1755.
[358] Grosvenor P. W. et al. J. Chromat.，1990，504：456.
[359] Jansson M. et al. Anal. Chem.，1993，65：2766.
[360] 黄慧玲等. 分析化学，2000，28：125.
[361] 熊少祥等. 高等学校化学学报，2000，21：1191.
[362] 向海艳等. 光谱学与光谱分析，2002，22：816.
[363] Timperman A. T. et al. Anal. Chem.，1995，67：3421.
[364] 王怀友等. 光谱学与光谱分析，2000，20：427.
[365] 吴根华等. 光谱学与光谱分析，2003，23：318.
[366] Kiba N. et al. Talanta，1993，40：995.
[367] Kiba N. et al. J. Chromat.，1993，648：481.
[368] Gong Z. L. et al. Anal. Lett.，1996，29：2441.
[369] 张晶玉等. 光谱学与光谱分析，1994，14（5)：5.
[370] 丁亚平等. 光谱学与光谱分析，2001，21：212.
[371] Wang F. et al. Anal. Lett.，1992，25：1469.
[372] 蔡维平等. 分析化学，2000，28：1535.
[373] Kojima E. et al. Anal. Sci.，1993，9：25.
[374] 揭念琴等. 化学学报，1994，52：496.
[375] Aponte R. L. et al. J. Liqu. Chromat. & Related Technol.，1996，19：687.
[376] Gong Z. L. et al. Fresenius J. Anal. Chem.，1997，357：1097.

[377] Gong Z. L. et al. Mikrochim. Acta，1997，126：325.
[378] Mattivi F. et al. J. Chromat. A，1999，855：227.
[379] Sanchez F. G. et al. Chromatographia，1996，42：494.
[380] 谢剑炜等. 高等学校化学学报，1997，18：1447.
[381] Beketov V. I. et al. J. Anal. Chem.，2000，55：1148.
[382] You J. M. et al. Anal. Chim. Acta，1998，367：69.
[383] 蔡维平等. 分析化学，2000，28：1284.
[384] Hernandez L. et al. J. Chromat. A，1993，652：399.
[385] Britzmckibbin P. et al. Anal. Chem.，1999，71：1633.
[386] 付敏等. 分析化学，2003，31：296.
[387] Hikuma M. et al. Anal. Lett.，1991，24：2225.
[388] Inoue H. et al. Analyst，1995，120：1141.
[389] Inoue H. et al. Anal. Chim. Acta，1998，365：219.
[390] Ruyters H. et al. J. Liqu. Chromat.，1994，17：1883.
[391] Arriaga E. A. et al. Anal. Chim. Acta，1995，299：319.
[392] Nouadje G. et al. J. Chromat. A，1995，716：331.
[393] Yang M. et al. Anal. Chim. Acta，2000，409：45.
[394] Vandenabeeletrambouze O. et al. J. Chromat. A，2000，894：259.
[395] Itoh E. et al. Bunseki Kagaku，1995，44：739.
[396] Itoh E. et al. Anal. Sci.，1996，12：551.
[397] Zhu R. et al. J. Chromat. A，1998，814：213.
[398] Kai M. et al. J. Chromat. A，1993，653：235.
[399] Kajiro T. et al. Analyst，2000，125：1115.
[400] Liang S. C. et al. Anal. Chim. Acta，2002，451：211.
[401] Toyo，oka T. et al. Anal. Chim. Acta，2001，433：1.
[402] 覃文武等. 分析化学，2000，28：526.
[403] 宋功武等. 分析化学，2000，28：659.
[404] 卢臻等. 分析测试学报，2000，19（5）：48.
[405] 高峰等. 分析化学，2003，31：1085.
[406] Yamaguchi M. et al. Analyst，1992，117：1859.
[407] 李东辉等. 分析化学，1999，27：1018.
[408] 王清刚等. 分析化学，2000，28：687.
[409] 宋功武等. 分析测试学报，2002，21（3）：56.
[410] Luo Y. J. et al. Analytical Communications，1999，36：135.
[411] 高峰等. 分析化学，2002，30：324.
[412] 李军等. 分析化学，2002，30：257.
[413] 高建华等. 分析化学，2002，30：295.
[414] Zhu Q. Z. et al. Analyst，1998，123：1131.

[415] Zhu Q. Z. et al. Fresenius J. Anal. Chem., 1998, 362: 537.
[416] Wang L. Y. et al. Anal. Chim. Acta, 2002, 466: 87.
[417] 汪乐余等. 高等学校化学学报, 2003, 24: 612.
[418] 何俊等. 分析测试学报, 2001, 20 (5): 31.
[419] 王全林等. 分析化学, 2001, 29: 421.
[420] Milofsky R. e. et al. Anal. Chem., 1993, 65: 153.
[421] Sonoki S. et al. J. Chromat., 1989, 475: 311.
[422] 陈勇等. 分析化学, 1999, 27: 694.
[423] 慈云祥等. 分析化学, 1992, 20: 1083.
[424] Nakamura J. et al. Anal. Lett., 1996, 29: 2453.
[425] Sakano S. et al. Marine Chemistry, 1992, 37: 239.
[426] Zhu Q. Z. et al. Analyst, 1997, 122: 937.
[427] Zhu Q. Z. et al. Anal. Chim. Acta, 1999, 394: 177.
[428] 叶宝芬等. 高等学校化学学报, 2002, 23: 2253.
[429] Yang H. H. et al. Fresenius J. Anal. Chem., 2000, 366: 303.
[430] 朱展才等. 分析化学, 2002, 30: 1319.
[431] 宋功武等. 分析化学, 2000, 28: 982.
[432] 宋功武等. 分析化学, 1999, 27: 1183.
[433] 魏亦男等. 分析化学, 1998, 26: 1178.
[434] 李文友等. 高等学校化学学报, 2003, 24: 1787.
[435] Chen Q. Y. et al. Analyst, 1999, 124: 901.
[436] Zheng, H. et al. Fresenius J. Anal. Chem., 2000, 366: 504.
[437] Zheng, H. et al. Microchem. J., 2000, 64: 263.
[438] Zheng H. et al. Anal. Chim. Acta, 2002, 461: 235.
[439] 魏玲等. 分析化学, 2002, 30: 946.
[440] 李文友等. 高等学校化学学报, 1996, 17: 1706.
[441] Li W. Y. et al. Anal. Lett., 1997, 30: 245.
[442] 汪乐余等. 分析化学, 2003, 31: 83.
[443] Gong G. Q. et al. Spectrochimica Acta Part a-Molecular and Biomolecular Spectroscopy, 1999, 55: 1903.
[444] 宋功武等. 分析化学, 1999, 27: 44.
[445] 方光荣等. 光谱学与光谱分析, 2002, 22: 631.
[446] Huang C. Z. et al. Anal. Lett., 1996, 29: 1705.
[447] Huang C. Z. et al. Mikrochim. Acta, 1997, 126: 231.
[448] 黄承志等. 分析化学, 1997, 25: 759.
[449] Huang C. Z. et al. Anal. Lett., 1997, 30: 1305.
[450] Zhou J. et al. Anal. Chim. Acta, 1999, 381: 17.
[451] Hao Y. M. et al. Spectrochimica Acta Part a-Molecular and Biomolecular Spectroscopy,

2000，56：1013.
[452] Zhao Y. B. et al. Anal. Chim. Acta，1997，353：329.
[453] Guo X. Q. et al. Appl. Spectros.，1997，51：1002.
[454] Zhang H. M. et al. Anal. Chim. Acta，1998，361：9.
[455] 赵一兵等. 高等学校化学学报，1997，18：1456.
[456] Lin C. G. et al. Anal. Chim. Acta，2000，403：219.
[457] Schoetzau T. et al. Journal of the Chemical Society-Perkin Transactions，2000，19：1411.
[458] Johnson A. F. et al. Anal. Chem.，1993，65：2352.
[459] Shiga M. et al. Anal. Sci.，1995，11：591.
[460] Li Y. Z. et al. Anal. Sci.，1997，13：251.
[461] Vanorden A. et al. Anal. Chem.，1999，71：2108.
[462] Huang C. Z. et al. Bulletin of the Chemical Society of Japan，1999，72：1501.
[463] Castro A. et al. Anal. Chem.，65：849.
[464] Huang C. Z. et al. Anal. Chim. Acta，2002，466：193.
[465] 李天剑等. 高等学校化学学报，1998，19：1570.
[466] 魏玲等. 高等学校化学学报，2003，24：43.
[467] Aoki I. et al. Anal. Sci.，1992，8：323.
[468] Dai F. et al. Microchem. J.，1997，57：166.
[469] Beale S. C. et al. J. Chromat.，1990，499：579.
[470] Yoshida T. et al. Analyst，1993，118：29.
[471] Toyooka T. et al. Analyst，1993，118：257.
[472] Tanaka M. et al. Microchem. J.，1995，52：350.
[473] Hara S. et al. Analyst，1997，122：475.
[474] Yamaguchi M. et al. Anal. Sci.，1998，14：425.
[475] Toyooka T. et al. Anal. Chim. Acta，1994，285：343.
[476] Yang R. H. et al. Fresenius J. Anal. Chem.，2000，367：429.
[477] Wang Z. et al. J. Chromat.，1992，589：349.
[478] You J. M. et al. Talanta，1999，48：437.
[479] Diallo S. et al. J. Chromat. A，1996，721：75.
[480] Niwa T. et al. Anal. Sci.，1992，8：659.
[481] 程定玺等. 分析化学，2002，30：719.
[482] 王伦等. 分析化学，1995，23：97.
[483] Herraezhernandez R. et al. Chromatographia，1999，49：188.
[484] Kondo J. et al. Anal. Sci.，1994，10：697.
[485] Zhang Z. D. et al. J. Chromat. A，1996，730：107.
[486] Kojlo A. et al. Anal. Chim. Acta，308：334.
[487] Kojlo A. et al. Anal. Lett.，1995，28：239.

[488] Torres A. C. et al. Mikrochim. Acta，1998，128：187.
[489] 熊忠等. 光谱学与光谱分析，1999，19：106.
[490] Swart R. et al. Journal of Microcolumn Separations，1997，9：591.
[491] Yang J. H. et al. Spectrochim. Acta Part A-Mol. and Biomol. Spectroscopy，1997，53：1671.
[492] Yang J. H. et al. Anal. Chim. Acta，363：105.
[493] 吴霞等. 分析化学，1999，27：1069.
[494] Robert F. et al. Anal. Chem.，1995，67：1838.
[495] Zhang J. Y. et al. Anal. Chim. Acta，2002，471：203.
[496] Canizares P. et al. Anal. Chim. Acta，1995，317：335.
[497] 吴惠毅等. 分析化学，1997，25：496.
[498] Liang C. D. et al. Anal. Chim. Acta，2000，415：135.
[499] 童裳伦等. 分析化学，2001，29：1237.
[500] Ohkura Y. et al. TRAC-Trends in Analytical Chemistry，1992，11：74.
[501] Nohta H. et al. Anal. Chim. Acta，1997，344：233.
[502] Chang H. T. et al. Anal. Chem.，1995，67：1079.
[503] 童裳伦等. 分析化学，2000，28：293.
[504] Saito K. et al. J. Chromat.，1992，595：163.
[505] Frattini V. et al. J. Chromat. A，1998，809：241.
[506] Kuruma K. et al. Anal. Sci.，1994，10：259.
[507] Saito K. et al. Anal. Sci.，1993，9：803.
[508] Lowe D. R. et al. J. Liqu. Chromat.，1994，17：3563.
[509] Zhao S. L. et al. Anal. Chim. Acta，2002，470：155.
[510] Galian R. E. et al. Analyst，1998，123：1587.
[511] Nohta H. et al. Anal. Sci.，1994，10：5.
[512] Ishida J. et al. Analyst，1993，118：165.
[513] Kirschbaum J. et al. Chromatographia，1997，45：263.
[514] Busto O. et al. J. Chromat. A，1997，757：311.
[515] Linares R. M. et al. Anal. Lett.，1998，31：475.
[516] Linares R. M. et al. Analyst，1998，123：725.
[517] Saito K. et al. Anal. Sci.，1992，8：675.
[518] You J. M. et al. Analyst，1999，124：281.
[519] Galban J. et al. Appl. Spectros.，2000，54：1157.
[520] Kawasaki S. et al. Anal. Chim. Acta，1998，365：205.
[521] Su P. et al. Anal. Chim. Acta，2000，418：137.
[522] 王永成等. 高等学校化学学报，2002，23：792.
[523] 唐棣等. 分析化学，1999，27：899.
[524] Rachkov A. et al. Anal. Chim. Acta，2000，405：23.

[525] Kurosawa S. et al. J. Liquid Chromatogr.，1995，18：2383.
[526] Fenske M. Chromatographia，1998，47：695.
[527] Yang X. D. et al. Anal. Chem.，1994，66：2590.
[528] 熊忠等. 光谱学与光谱分析，1999，18：237.
[529] 汪海林等. 分析测试学报，1997，16 (5)：18.
[530] Ou Z. L. et al. J. Chromat. A，1996，724：131.
[531] Elliott C. T. et al. Analyst，1995，120：1827.
[532] Adamczyk M. et al. Tetrahedron，1997，53：12855.
[533] 李庆阁等. 高等学校化学学报，1997，18：52.
[534] 魏永锋等. 分析化学，2000，28：99.
[535] 毛玉霞等. 高等学校化学学报，2002，23：1864.
[536] Wierzchowski J. et al. Anal. Chem.，1992，64：181.
[537] Wierzchowski J. et al. Anal. Chim. Acta，1996，319：209.
[538] Weder J. K. P. et al. J. Chromat. A，1995，698：181.
[539] 龚国权等. 高等学校化学学报，1992，13：913.
[540] Karlsson H. J. et al. Tetrahedron，2000，56：8939.
[541] 蔡晓坤等. 分析化学，2002，30：352.
[542] Diaz A. N. et al. Anal. Chim. Acta，1999，381：11.
[543] Izquierdo P. et al. Analyst，1993，118：707.
[544] Almajed A. A. Anal. Chim. Acta，2000，408：169.
[545] 郑永红等. 分析化学，1991，19：1424.
[546] 杨景和等. 高等学校化学学报，1993，14：339.
[547] 解宏智等. 高等学校化学学报，1996，17：1216.
[548] 郭宏平等. 分析化学，2003，31：425.
[549] 赵一兵等. 分析化学，1993，21：1439.
[550] Croubels S. et al. Analyst，1994，119：2713.
[551] Croubels S. et al. Anal. Chim. Acta，1995，303：11.
[552] 熊耀华等. 分析化学，2000，28：745.
[553] 唐江宏等. 分析化学，1998，26：797.
[554] Mccracken R. J. et al. Analyst，1995，120：1763.
[555] Feng P. et al. Anal. Chim. Acta，2001，442：89.
[556] 赵一兵等. 高等学校化学学报，1992，13：1233.
[557] Liu W. H. et al. Analyst，1998，123：365.
[558] Fernandez-Gonzalez R. et al. Anal. Chim. Acta，2002，455：143.
[559] 赵一兵等. 分析化学，1992，20：1261.
[560] 胡乃梁等. 分析测试学报，1996，15 (5)：77.
[561] Edder P. et al. J. Chromat. A，1999，830：345.
[562] Gala B. et al. Anal. Chim. Acta，1995，303：31.

[563] Roets E. et al. J. Chromat. A，1995，696：131.
[564] Sar F. et al. Anal. Chim. Acta，1993，275：285.
[565] Kolosova A. Y. et al. Fresenius J. Anal. Chem.，1998，361：329.
[566] Cai W. P. et al. Anal. Lett.，1998，31：439.
[567] 欧阳耀国等. 分析化学，1994，22：1211.
[568] 唐波等. 分析化学，1994，22：1089.
[569] 何锡文等. 高等学校化学学报，1995，16：26.
[570] Stankov M. et al. Spectroscopy Letters，1993，26：1709.
[571] Djurdjevic P. T. et al. Anal. Chim. Acta，1995，300：253.
[572] Perezruiz T. et al. Analyst，1997，122：705.
[573] Panadero S. et al. Anal. Chim. Acta，1995，303：39.
[574] Huang Z. Y. et al. Anal. Lett.，1997，30：1531.
[575] Drakopoulos A. I. et al. Anal. Chim. Acta，1997，354：197.
[576] Wang P. L. et al. Microchem. J.，1997，56：229.
[577] Mascher H. J. et al. J. Chromat. A，1998，812：381.
[578] Simonovska B. et al. J. Chromat. A，1999，862：209.
[579] Liu Z. H. et al. Analyst，2000，125：1477.
[580] 屠一锋等. 光谱学与光谱分析，2000，20：880.
[581] 杜黎明等. 分析化学，2002，30：59.
[582] 弓巧娟等. 光谱学与光谱分析，2001，21：356.
[583] 弓巧娟等. 分析化学，2000，28：672.
[584] 弓巧娟等. 光谱学与光谱分析，2001，21：688.
[585] 许庆琴等. 光谱学与光谱分析，2002，22：444.
[586] 王静萍等. 光谱学与光谱分析，2002，22：287.
[587] 杜黎明等. 分析化学，2002，30：658.
[588] 吴淑清等. 分析化学，2000，28：1462.
[589] 王磊等. 光谱学与光谱分析，2001，21：691.
[590] 连宁等. 分析测试学报，2002，21（1）：79.
[591] 杜黎明等. 分析化学，2001，29：249.
[592] 杜黎明等. 分析化学，2000，28：403.
[593] 杜黎明等. 光谱学与光谱分析，2003，23：131.
[594] 郑红莲等. 分析测试学报，2003，22（3）：45.
[595] 杜黎明等. 光谱学与光谱分析，2003，23：328.
[596] 刘建群等. 分析测试学报，2001，20（2）：77.
[597] 黄淑萍等. 光谱学与光谱分析，1997，17（2）：45.
[598] 李建晴等. 光谱学与光谱分析，2003，23：311.
[599] 晋卫军等. 高等学校化学学报，1995，16：363.
[600] 刘春等. 光谱学与光谱分析，1999，19：447.

[601] Duranmeras I. et al. Analyst，1994，119：1215.
[602] 徐岩等. 高等学校化学学报，1996，17：211.
[603] Pulgarin J. A. M. et al. Talanta，1996，43：431.
[604] Rizk M. et al. Anal. Lett.，1997，30：1897.
[605] Pouliquen H. et al. J. Liqu. Chromat. & Related Technol.，1998，21：591.
[606] Hernandezarteseros J. A. et al. Chromatographia，2000，52：58
[607] Meras I. D. et al. J. Chromat. A，1997，787：119.
[608] Meras I. D. et al. Analyst，2000，125：1471.
[609] Zhang X. B. et al. Anal. Chim. Acta，439：65.
[610] 宋功武等. 分析化学，2001，29：248.
[611] Ma L. et al. Anal. Chim. Acta，2002，469：273.
[612] Yoo G. S. et al. Anal. Lett.，1990，23：1245.
[613] 陈奎等. 分析化学，1998，26：1471.
[614] 庞志功等. 分析化学，1994，22：363.
[615] 马丽花等. 光谱学与光谱分析，1999，19：230.
[616] Lapa R. A. S. et al. Anal. Chim. Acta，2000，419：17.
[617] Bautista J. A. G. et al. Anal. Lett.，1998，31：1209.
[618] Zhang X. X. et al. J. Chromat. A，2000，895：1.
[619] Hara S. et al. Anal. Chim. Acta，1999，387：121.
[620] Cepas J. et al. Analyst，1993，118：923.
[621] Wintersteiger R. et al. Spectroscopy Letters，1994，27：1447.
[622] Weingarten B. et al. J. Chromat. A，1995，696：83.
[623] Benito C. G. et al. Anal. Chim. Acta，1993，279：293.
[624] Ortiz S. L. et al. Anal. Lett.，1995，28：971.
[625] Tagliaro F. et al. J. Chromat. A，1994，674：207.
[626] Shao G. et al. J. Liquid Chromat.，1995，18：2133.
[627] Eremin S. A. et al. Analyst，1993，118：1325.
[628] 孙悦等. 光谱学与光谱分析，2002，22：637.
[629] 龚波林. 分析化学，2001，29：1055.
[630] Damiani P. et al. Analyst，1995，120：443.
[631] Salinas F. et al. Analyst，1990，115：1007.
[632] Konstantianos D. G. et al. Analyst，1991，116：373.
[633] Medina A. R. et al. Fresenius J. Anal. Chem.，1999，365：619.
[634] Pulgarin J. A. M. et al. Anal. Chim. Acta，1998，373：119.
[635] Pulgarin J. A. M. et al. Talanta，2000，51：89.
[636] Konstantianos D. G. et al. Analyst，1996，121：909.
[637] Navalon A. et al. Talanta，1999，48：469.
[638] Damiani P. C. et al. Anal. Chim. Acta，2002，471：87.

[639] Ioannou P. C. et al. Anal. Chim. Acta, 1995, 300: 237.
[640] Lianidou E. S. et al. Anal. Chim. Acta, 1996, 320: 107.
[641] 曹晓霞等. 分析化学, 2000, 28: 491.
[642] 王冬媛等. 分析化学, 1995, 23: 870.
[643] 刘万卉等. 分析化学, 2000, 28: 17.
[644] 刘永明等. 分析化学, 2000, 28: 330.
[645] Capitanvallvey L. F. et al. Talanta, 2000, 52: 1069.
[646] Ruiz T. P. et al. Talanta, 1998, 47: 537.
[647] 潘祖亭等. 分析测试学报, 2003, 22 (5): 26.
[648] Kubo H. et al. J. Liqu. Chromat., 1993, 16: 465.
[649] Baudrit O. et al. J. Liqu. Chromat., 1995, 18: 3283.
[650] 荀莉萍等. 分析化学, 1992, 20: 499.
[651] Alkindy S. Quimica Analitica, 2000, 19: 57.
[652] Sabry S. M. Anal. Chim. Acta, 1997, 351: 211.
[653] Chen F. T. A. et al. J. Chromat. A, 1994, 680: 425.
[654] 杨梅等. 分析化学, 1996, 24: 740.
[655] Sanchez M. et al. Analyst, 1996, 121: 1581.
[656] 欧阳耀国等. 分析化学, 1993, 21: 422.
[657] 赵一兵等. 分析化学, 1995, 23: 1055.
[658] 江崇球等. 分析化学, 1999, 27: 894.
[659] 赵慧春等. 分析测试学报, 1994, 13 (6): 81.
[660] Pulgarin J. A. M. et al. Anal. Chim. Acta, 1998, 370: 9.
[661] 颜承农等. 分析测试学报, 2002, 21 (3): 51.
[662] 朱京平等. 分析化学, 1997, 25: 573.
[663] Perezruiz T. et al. Talanta, 1993, 40: 1361.
[664] 蔡维平等. 分析化学, 1997, 25: 519.
[665] Tosunoglu S. et al. Analyst, 1995, 120: 373.
[666] Chiang M. T. et al. J. Chromat. A, 2000, 877: 233.
[667] 蔡维平等. 分析化学, 1996, 24: 954.
[668] 欧阳耀国等. 分析化学, 192, 20: 48.
[669] 张珂等. 分析化学, 1997, 25: 825.
[670] 王畅等. 化学学报, 2002, 60: 1672.
[671] 潘祖亭等. 分析化学, 1998, 26: 997.
[672] Ioannou P. C. et al. Analyst, 1998, 123: 2839.
[673] Sanchez F. G. et al. Anal. Chim. Acta, 1995, 306: 313.
[674] Solich P. et al. Anal. Chim. Acta, 2001, 438: 131.
[675] Kubo H. et al. Anal. Sci., 1992, 8: 789.
[676] 唐江宏等. 高等学校化学学报, 1998, 19: 1383.

[677] Ishida J. et al. Anal. Chim. Acta，1998，365：227.
[678] Zhu B. et al. Anal. Chim. Acta，1994，292：311.
[679] 王惠琴等. 分析化学，1996，24：681.
[680] Iwata T. et al. Anal. Sci.，1997，13：467.
[681] 张文伟等. 分析化学，2002，30：508.
[682] Mawatari K. et al. Analyst，1997，122：715.
[683] Jiang C. Q. et al. Anal. Chim. Acta，2002，452：185.
[684] 尚晓虹. 分析化学，2001，29：115.
[685] 赵慧春等. 分析测试学报，1997，16（2）：36.
[686] 余琳等. 分析化学，2000，2000，28：253.
[687] 刘春等. 光谱学与光谱分析，1999，19：569.
[688] 牛承岗等. 分析化学，2000，28：35.
[689] 白小红等. 分析化学，1999，27：388.
[690] 汪宝琪等. 分析化学，1997，25：693.
[691] 庞志功等. 分析测试学报，2000，19（5）：56.
[692] 白小红等，分析化学，1997，25：822.
[693] 庞志功等. 分析化学，1996，24：703.
[694] 庞志功等. 分析化学，1995，23：539.
[695] Bacigalupo M. A. et al. Analyst，1994，119：2813.
[696] 王光建等. 分析化学，1995，23：933.
[697] Matsumoto K. et al. J. Chromat. A，1994，678：241.
[698] Zoller O. et al. J. Chromat. A，2000，872：101.
[699] Eremin S. A. et al. Analyst，1992，117：697.
[700] Gonzalez J. C. et al. J. Chromat. A，1998，793：63.
[701] Gonzalez J. C. et al. J. Chromat. A，2000，876（1～2）：117.
[702] Delaunay N. et al. Anal. Chim. Acta，2000，407：173.
[703] Cohen H. et al. J. Chromat.，1992，595：143.
[704] Jimenez M. et al. J. Chromat. A，2000，870（1～2）：473.
[705] Fente C. A. et al. Analyst，1998，123：2277.
[706] Geda A. et al. J. Chromat.，1993，635：338.
[707] James K. J. et al. J. Chromat. A，2000，871（1～2）：1.
[708] 梅建庭等. 分析化学，1997，25：1052.
[709] 于彦彬等. 分析化学，1995，23：1470.
[710] 牟兰等. 光谱学与光谱分析，1997，17（2）：41.
[711] Matveeva E. G. et al. Analyst，1997，122：863.
[712] Aguilarcaballos M. P. et al. Anal. Chim. Acta，1999，381：147.
[713] Diaz A. N. et al. Sensors and Actuators B-Chemical，1997，39：426.
[714] Sanchez F. G. et al. Anal. Chim. Acta，1990，228：293.

[715] Zamora D. P. et al. Analyst，2000，125：1167.
[716] de Armas G. et al. Anal. Chim. Acta，2001，427：83.
[717] Nakamura M. et al. Fresenius J. Anal. Chem.，2000，367：658.
[718] Lopez-Lopez T. et al. Anal. Chim. Acta，2001，447：101.
[719] Matveeva E. G. et al. Anal. Chim. Acta，2001，444：103.
[720] de Armas G. et al. Anal. Chim. Acta，2002，467：13.
[721] 王磊等. 分析化学，1998，26：1052.
[722] Vilchez J. L. et al. Anal. Chim. Acta，2001，439：299.
[723] Jung M. et al. J. Chromat. A，1995，717 (1～2)：299.
[724] Wortberg M. et al. Fresenius J. Anal. Chem.，1994，348：240.
[725] Eremin S. A. et al. Anal. Lett.，1994，27：3013.
[726] Sendra B. et al. Talanta，1998，47：153.
[727] Wortberg M. et al. Anal. Chim. Acta，1994，289：177.
[728] 张培志等. 分析测试学报，2003，22 (2)：90.
[729] Diaz T. G. et al. Anal. Chim. Acta，1999，384：185.
[730] Eremin S. A. et al. Anal. Chim. Acta，2002，468：229.
[731] Sanchez F. G. et al. J. Chromat. A，723 (2)：227.
[732] Mazur H. et al. J. Chromat. A，1997，766 (1～2)：261.

（本章编写者：王尊本）